力学丛书·典藏版 25

线性与非线性波

〔美〕G. B. 惠瑟姆 著

庄峰青 岳曾元 译

科学出版社

1986

内 容 简 介

本书系统地论述了物理、力学中的各种波动现象，特别是波在固体和流体中的传播问题。本书试图以尽可能统一的方法，揭示各种波动的一般特点。本书不但包括了线性理论的主要结果，还用相当篇幅介绍了非线性理论和一些当前活跃的研究课题。

本书可供力学、物理以及天文方面的大学生、研究生、教师和科研工作者参考。

图书在版编目 (CIP) 数据

线性与非线性波 / (美) 惠瑟姆 (Whitham，G. B.) 著；庄峰青，岳曾元译. —北京：科学出版社，2016.1

(力学名著译丛)

书名原文：Linear and nonlinear waves

ISBN 978-7-03-046970-0

I. ①线… II. ①惠… ②庄… ③岳… III. ①波—研究 ②非线性波—研究 IV. ① 0347.4 ② 0534

中国版本图书馆 CIP 数据核字 (2016) 第 006511 号

责任编辑：杨 岭 李成香 / 责任校对：邹慧卿

责任印制：张 伟 / 封面设计：陈 敬

科学出版社出版

北京东黄城根北街 16 号

邮政编码：100717

http://www.sciencep.com

北京凌奇印刷有限责任公司印刷

科学出版社发行 各地新华书店经销

*

1986 年 10 月第 一 版 开本：850 × 1168 1/32

2019 年 11 月第四次印刷 印张：19 1/4

字数：503, 000

POD定价： 158. 00元

(如有印装质量问题，我社负责调换)

译　者　序

波动理论的重要性是不言而喻的，自然界各种形态的物质运动都含有波动现象。从日常熟悉的水波、声波，直到银河系以及许多河外星系中的密度波和星系激波，这个丰富多采、气象万千的波动世界，涉及力学、物理学、化学、生物学、地质学、气象学和天文学等几乎一切学科领域，而数学，既是定量研究波动现象的工具，又从波动现象的研究中获得新的动力和生机。

本书是当前系统介绍波动理论的一本名著。作者本人曾对波动理论作过大量出色的工作。本书不但包括线性理论的主要结果，又用相当篇幅介绍了非线性理论和一些当前活跃的研究课题。书中对于若干基本概念阐述得深入浅出，易于读者理解。

本书第一章至第八章由庄峰青同志翻译，第九章至第十六章由岳曾元同志翻译。第十七章由张彬同志翻译。黄敦先生负责校阅全书译稿。

1984 年 10月

序　言

本书是根据加利福尼亚理工学院开设多年的一门课程的教材扩充而成。本教材当初是打算作为应用数学专业一、二年级研究生学习之用；它似乎对学习工科和物理的学生也同样有用。

书中叙述力求自成体系，但是所选题目的主旨以及采用的叙述方法都假定读者已经具有线性波传播的一些基本知识。本书旨在论述所有主要的发展成熟的思想，但同时从一开始就强调非线性理论，并介绍这一领域中一些非常活跃的研究课题。第一章详细地概述了本书所包括的内容。在从数学上阐明论题的同时也大量讨论其应用。在大部分情况下我们并不要求读者对于应用所涉及到的领域很了解；有关的一些物理概念和基本方程的推导在书中力求讲得深入。读本书所需要的具体数学预备知识就是熟悉变换技巧，积分的渐近展开方法，标准边值问题的求解以及平常统称为“数学方法”的一些有关题目。

书中所叙述的内容部分取自海军研究办公室在最近几年所支持的研究工作．我很感谢那里的人们，特别对 Leila Bram 和 Stuart Brodsky 表示感谢。

我特别感谢 Vivian Davies 和 Deborah Massey 把底稿用打字机腾清并愉快地容忍稿子中那么多的改写和更动。

G. B. 惠瑟姆

1973 年 12 月于

加利福尼亚州　帕萨迪纳

目　　录

第一部分　双　曲　波

第二部分 色 散 波

第一章　引言和概论

波动是最广泛的科学论题之一，它的独特之处在于人们可以在任何技术水平上研究它。水波的特性以及光和声的传播特征，是日常经验中所熟悉的。像声震[1]或交通中的运动瓶颈这样的现代问题，当然是人们普遍感兴趣的。所有这些问题可以通过描述的方法来了解，而不需要任何技术知识。另一方面，专家们也在精深地研究这些问题，并且几乎任何一个科学技术领域都涉及到某些波动问题。

为了从理论上了解这些现象，以及解决出现的问题，数学的概念及其技巧已经有了相当丰富的发展。在任一特殊应用中的一些细节也许不同，并且某些课题会具有一些它们自己独特的侧重，但是一种相当一般的全面观点已经发展起来了。本书叙述基础数学理论，重点放在那些能说明波的特性的主要的论点和统一的思想上。典型的解题技巧，大部分已经给出，但当这些技巧不能继续提供有关波的本质的知识，而只成为"数学方法"的练习时，尽管它们可能既困难又令人感兴趣，我们也不再叙述下去。这一点特别适用于线性波问题。线性理论的重要而基本的性质是理解波动现象的基础，因此必须包括。然而有人可能因此以特定问题的解和技巧为内容写几卷书，但这不是本书的目的。虽然本书包括关于线性波的基本材料，但是仍然假定读者具有线性理论的知识，因此重点放在从概念上讲比较困难的非线性理论上。非线性波的研究是从一百多年前 Stokes (1848) 和 Riemann (1858) 的首创性工作开始的，以后前进的步伐越来越快，最近几年已有相当大的发展。本书的目的是统一地论述这部分材料。

---

1) sonic boom，亦译作声爆。——译者

在数学思想的叙述中我们把特定情况和特定物理领域的讨论充分地穿插进去。特别在非线性问题中，这对于启发和阐明正确的数学观点是必不可少的，无论如何，它会使波动这个论题更有趣味。穿插进去的这些特定课题中很多是与流体力学的某个分支有关，或者是与像交通流那样的用类似方式处理的一些例子有关。这是不可避免的，因为非线性波的主要思想是在这些课题中发展起来的，不过选这些课题无疑也反映了作者本人的兴趣和经验。但是本书不是专为流体动力学工作者而写。这些思想是以一般方式叙述的，选择应用性的或启发性的题目是以一般读者为对象。我们假定江河中的洪水波、冰川中的波、交通流、声震、爆震波、风暴引起的海洋波等等，是大家普遍感兴趣的。本书也涉及到其他领域，例如，书中详细讨论了非线性光学和各种力学系统中的波。然而，总的说来，在应用方面看来还是深入集中地讨论某些典型领域为好，尽量避免面面具到，广而不深。

本书分为两部分，第一部分论述双曲波，第二部分论述色散波。这两种波的区别将在下一节中加以解释。第一部分的基本思想在第二、五、七章中叙述，第二部分的基本思想出现在第十一、十四、十五、十七章中。其间各章针对特定问题详细叙述一般思想，读者可根据自己的兴趣全部阅读或选读其中几章。也可以在读了第二章以后直接读第二部分。

1.1 两类主要的波动

似乎还没有一个精确的定义来说明波到底是由什么构成的。我们可以给出各种具有局限性的定义，但是要想包括所有的波动现象，似乎最好用直观的观点来作指导。直观的观点认为，波是以可识别的传播速度从介质的一部分传到介质另一部分的任何可识别的讯号。这个讯号可以是扰动的任何特征，例如可以是某个量的最大值或突变，只要能清楚地识别它，并且能确定它在任何时间所处的位置就行。这个讯号可以发生畸变，它的大小可以改变，并且它的速度可以改变，只要它仍然是可识别的就行。看来这也许有点不明确，但是事实证明这是完全恰如其分的，要想更精确一些的任何尝试似乎是局限性太大了；不同的特征在不同类型的波中是重要的。

然而，能区别两类主要的波。第一类在数学上是用双曲型偏微分方程来表示的，这类波将称为**双曲波**。第二类的特征是不容易确定的，但由于它起源于线性问题中色散波这个最简单的情况，我们将称整个这类波为**色散波**，并且慢慢地建立一个更加全面的图象。这两类波不是互不相容的。有些波动同时具有这两类波的特性，所以这两类波有重叠的地方；也有一些波例外，它们不属于这两类波中的任一类。

通常认为双曲波的原型是波动方程

$$\varphi_{tt} = c_0^2\nabla^2\varphi, \tag{1.1}$$

虽然方程

$$\varphi_t + c_0\varphi_x = 0 \tag{1.2}$$

事实上是双曲波中最简单的。正如我们将看到的那样，双曲型方程有一个精确的定义，该定义只依赖于方程的形式，而与是否能求得显式解无关。与之相反，色散波的原型是根据解的类型，而不是根据方程的类型。线性色散系统是具有

$$\varphi = a\cos(\kappa x - \omega t) \tag{1.3}$$

这种形式的解的任何系统，其中频率 ω 是波数 κ 的一个确定的实函数，并且函数 $\omega(\kappa)$ 由特殊的系统来确定。于是相速度为 $\omega(\kappa)/\kappa$；如果这个相速度不是常数，而是依赖于 κ 的，就说这种波是“色散波”。这个术语指的是这样一个事实，即更一般的解将由一些具有不同 κ 的如 (1.3) 那样的模式叠加而成。[在最一般的情况，从 (1.3) 导出 Fourier 积分。] 如果相速度 ω/κ 对所有 κ 而言不是相同的，也就是说，$\omega \neq c_0\kappa$，其中 c_0 是某个常数，则具有不同 κ 的模式将以不同的速度传播；它们将发生色散。比较方便的是稍为修改一下定义，而说：如果 $\omega'(\kappa)$ 不是常数，也就是说，$\omega''(\kappa) \neq 0$，则 (1.3) 是色散波。

应该注意到，当 $\omega = c_0\kappa$ 时 (1.3) 也是双曲型方程 (1.2) 的

解，或者当 $\omega = \pm c_0\kappa$ 时 (1.3) 是方程 (1.1) 的解。但是根据 $\omega'' \neq 0$ 这个条件，这些情况是不属于色散波这一类的。然而，不难找到方程是双曲型而解 (1.3) 具有非平凡色散关系 $\omega = \omega(\kappa)$ 的真正重叠的情况。Klein-Gordon 方程

$$\varphi_{tt} - \varphi_{xx} + \varphi = 0 \tag{1.4}$$

就是这样的一个例子。它是双曲型，然而 (1.3) 是解，其中 $\omega^2 = \kappa^2 + 1$。这种双重特性只限于个别例子中，我们不应该由于这种双重特性例子的存在而看不清两类主要波动之间总的差别。也许它的确造成一种相当普遍的误解（数学书尤其助长了这一误解），即认为波动是双曲型方程的同义词，而 (1.3) 是对相同事物的比较简单的处理方法。真正需要强调的也许应该是其反面。尽管双曲波的具体形式极其繁多，但是说大部分波动属于色散类也许是不错的。所有波动中最熟悉的波——海洋波是由 Laplace 方程控制的、在自由表面具有奇异边界条件的色散波！

本书第一部分讨论双曲波，第二部分讨论色散波。双曲波理论又以各种奇妙的方式应用到色散波的研究中去，因此第二部分不是完全独立于第一部分的。本章其余部分是各种课题的概述，这些课题中的大部分，在本书其余各章中详细讨论。概述这些课题的目的是介绍材料，但同时又给出从详细论述中提取出来的总观点。

1.2 双曲波

波动方程 (1.1) 出现在声学、弹性力学和电磁学中，它的基本性质和解首先是在这些经典物理学领域中推导出来的。然而，就一切情况而论，这不是全部历史。

在声学中，从可压缩流体的方程组着手。即使忽略粘性和热传导，也还是一组以速度向量 $\boldsymbol{u}$、密度 ρ 和压力 p 表示的非线性方程。声学指的是这样一种近似的线性理论，即对于 $\boldsymbol{u} = 0$，$\rho = \rho_0$，$p = p_0$ 的定常环境状态，所有的扰动都是小扰动。线化这些方程的方法是只保留 $\boldsymbol{u}$，$\rho - \rho_0$，$p - p_0$ 这些小量的一阶项，也就

是说，所有这些小量的高于一次幂的项以及这些小量的所有乘积都略去。于是可以证明 $\boldsymbol{u}$ 的每一分量以及 $\rho-\rho_0$，$p-p_0$ 这两个扰动都满足波动方程 (1.1)。 在提供声源的适当的边界条件或初始条件下求解这个线化方程组之后，很自然的会对这个解与原始非线性方程组有什么样的关系提出各种各样的问题。即使对这样一些弱扰动也会提出，线性结果是否精确？在这种近似中是否失去任何重要的定性特征？如果扰动不是弱的，如像在爆炸中或者在高超音速飞机和导弹引起的扰动中那样，直接从原始非线性方程组出发会得到多大进展？粘性和热传导的修正效应是什么？气体动力学中对这些问题的答案导出了非线性双曲波的大部分基本思想。非线性理论的最突出的新现象是激波的出现(激波是压力、密度和速度的突跃)：爆炸产生的爆震波和高速飞机产生的声震。但是，要预言这些现象必须发展整个复杂的非线性双曲型方程组系统，而要完全理解这些现象则需要分析粘性效应以及分子运动论的某些方面。

因此在气体动力学范围内一套基本想法变得很清楚了，虽然有人会补充说，例如，研究一些更复杂的情况和寻求对分子运动论各方面的更深入的理解仍然是很活跃的领域。从气体动力学中发展起来的基本数学理论适用于由非线性双曲型方程控制的任何系统，并且这个理论在其他许多领域中已经得到应用和改进。

在弹性力学中，经典波动理论也是在线化之后得到的。即使利用线化理论，情况还是比较复杂，因为弹性力学方程组导致两个本质上是 (1.1) 那样形式的波动方程，涉及两个函数 φ_1，φ_2 和两个波速 c_1，c_2，这两个方程与压缩波和剪切波这两种不同的传播模式有关。φ_1 和 φ_2 这两个函数通过适当的边界条件耦合起来，而且一般地说这个问题比单独解波动方程 (1.1) 复杂得多。 在一个弹性体的自由表面上，由于可能存在表面波，即所谓 Rayleigh 波，所以更复杂了；表面波同色散波更为类似，它以介于 c_1 和 c_2 之间的中间速度行进。由于这些问题非常复杂，所以非线性理论发展得没有像在气体动力学中那样完善。

在电磁学中也存在这样的复杂性：电磁场各个分量满足(1.1)，但是补充方程和边界条件使这些分量耦合起来。虽然经典的 Maxwell 方程从一开始就是以线性形式提出的，但是现在对“非线性光学”的兴趣很大，因为像激光器这样的设备产生强烈的波，并且各种介质的反作用也是非线性的。

相应的数学题目是从研究(1.1)的解开始的。一维平面波方程

$$\varphi_{tt}-c_0^2\varphi_{xx}=0 \tag{1.5}$$

是特别简单的。利用新变量

$$\alpha=x-c_0t,\quad \beta=x+c_0t, \tag{1.6}$$

可将(1.5)改写为

$$\varphi_{\alpha\beta}=0。 \tag{1.7}$$

直接积分可证其通解为

$$\varphi=f(\alpha)+g(\beta)=f(x-c_0t)+g(x+c_0t), \tag{1.8}$$

其中 f 和 g 为任意函数。

这个解是两个波的合成，一个波以速度 c_0 向右运动，它的形状由函数 f 来描述；另一个波以速度 c_0 向左运动，它的形状由函数 g 来描述。如果只有一个波，那就还要简单。所需要的方程相应于将(1.5)因式分解为

$$\left(\frac{\partial}{\partial t}-c_0\frac{\partial}{\partial x}\right)\left(\frac{\partial}{\partial t}+c_0\frac{\partial}{\partial x}\right)\varphi=0, \tag{1.9}$$

并且只保留一个因式。如果我们只保留

$$\varphi_t+c_0\varphi_x=0, \tag{1.10}$$

则其通解为

$$\varphi=f(x-c_0t)。 \tag{1.11}$$

这是最简单的双曲波问题。虽然由经典问题导出了(1.5)，但是目前许多经过研究的波动，实际上导出的却是(1.10)。洪水波、冰川中的波、交通流中的波以及化学反应中的某些波动现象都是例子。我们将在第二章和第三章中着手研究这些波。正如在经典问题中那样，原始的推导过程将导出非线性方程，最简单的是

$$\varphi_t + c(\varphi)\varphi_x = 0, \tag{1.12}$$

其中传播速度 $c(\varphi)$ 是局部扰动 φ 的函数。研究这个看起来很简单实际上并不简单的方程将提供所有关于非线性双曲波的主要概念。我们将遵循首先在气体动力学中提出的思想，但是现在要用更简明的数学语言重新描述这些思想。非线性主要的特点是波发生间断从而产生激波，其相应的数学理论是特征线理论和激波的特殊处理方法。这些内容在第二章中都有详细论述。在第三章，通过全面讨论我们在前面提到的洪水波及其类似的波，这个理论将得到应用和补充。

一阶方程 (1.12) 叫做拟线性方程，因为它对 φ 是非线性的，但是对导数 φ_t、φ_x 是线性的。关于 $\varphi(x, t)$ 的一般的一阶非线性方程是 φ、φ_t、φ_x 之间的任何函数关系式。这种更一般的情况以及具有 n 个独立变量的一阶方程的推广形式都包括在第二章中。

在 (1.12) 所描述的范围内，激波作为 φ 的间断面而出现。然而，(1.12) 的推导通常包括当激波出现时就不严格成立的一些近似。在气体动力学中相应的近似是忽略粘性效应和热传导效应。而且，数学上相同的效应可以在比气体动力学更简单的例子中看到，虽然相应的思想是首先在那里研究的。在第二章和第三章中论述了这些效应。最简单的情况是方程

$$\varphi_t + c(\varphi)\varphi_x = \nu\varphi_{xx}。 \tag{1.13}$$

Burgers (1948) 特别强调指出，这是一个把典型的非线性与典型的热扩散结合起来的最简单的方程，通常称为 Burgers 方程。它大概是 Bateman (1915) 首先提出的。当 Hopf (1950) 和 Cole(1951) 证明可以求出它的显式通解之后，人们对它的兴趣更大了。根据这个典型的例子可以非常详细地研究各种问题，然后可以有把握地将它们用到尚未求得全部解因而必须依靠特殊方法或近似方法的其它地方。第四章专讲 Burgers 方程及其解。

对两个独立变量(通常一个是时间变量，一个是空间变量)相应于 (1.12) 的关于 n 个未知函数 $u_i(x,t)$ 的一般方程组为

$$A_{ij}\frac{\partial u_j}{\partial t}+a_{ij}\frac{\partial u_j}{\partial x}+b_i=0,\ i=1,\cdots,n。\tag{1.14}$$

(这里采用通常的约定,即重复下标 j 理解为对 $j=1,\cdots,n$ 求和)对线性方程组,矩阵 A_{ij}, a_{ij} 是与 $\boldsymbol{u}$ 无关的,而向量 b_i 是 $\boldsymbol{u}$ 的线性表达式

$$b_i=b_{ij}u_j;\tag{1.15}$$

(1.5) 可以写成这种形式。当 A_{ij}, a_{ij}, b_i 是 $\boldsymbol{u}$ 的函数而不是它的导数的函数时,这个方程组是拟线性的。第五章着手讨论 (1.14) 为双曲型方程(因而对应双曲波)的必要条件,然后讨论这样的双曲型方程组的特征线和激波的一般理论。

气体动力学是为特征线和激波一般理论提供基础的一门学科,也是该理论在物理上最富有成果的一门学科。第六章相当详细地论述气体动力学中非定常问题和超音速流动。柱面和球面爆炸问题也包括在内,因为它们也可以化为两个独立变量。

对真正的二维或三维问题,我们在第七章中再更广泛地讨论波动方程 (1.1) 的解。在一本论述波的传播的书中迟迟不广泛讨论波动方程 (1.1) 的解,而首先全面讨论非线性效应,这或许是很新奇的。之所以这样是因为本书内容是根据问题的维数来安排的,而不是根据概念的困难程度或数学方法的可用程度来安排的。第七章包括 (1.1) 的解的这样一些方面,这些方面揭示了所研究的波动的本质,并且提供向其他波动系统推广的可能性。这方面主要的例子是几何光学理论,它可推广到非均匀介质中的线性波,并且是非线性问题中与激波传播有关的相类似的推导的基础。关于绕射和散射理论这两个巨大领域,以及弹性波和电磁波的特点,我们甚至不打算作简单的叙述。这些内容都太广泛,即使在一本论题范围已经如此可观的书中仍不能适当地加以安排。

第八章和第九章讨论激波动力学以及与声震有关的传播问题,并且根据所有这些材料说明它是如何与困难的非线性问题发生联系的。在这两章中,利用直观的想法和在物理论证基础上作出的近似来克服数学上的困难。虽然这些问题起源于流体力学,

我们希望这些结果和思考问题的方法在其他领域中也将会有用。

双曲波的最后一章研究阶数不同的波同时出现的那些情况。典型的例子是方程

$$\eta(\varphi_{tt}-c_0^2\varphi_{xx})+\varphi_t+a_0\varphi_x=0。\tag{1.16}$$

这是双曲型方程，根据二阶波算子可确定它的特征速度为 $\pm c_0$。然而，如果 η 很小，在某种意义上，一阶波算子 $\varphi_t+a_0\varphi_x=0$ 应该是较好的近似，并且这个算子预言波具有速度 a_0。结果发现这两种波都具有重要的作用，并且这两种波之间存在重要的相互作用效应。高阶波以速度 c_0 将“第一信号”带走，但是“主扰动”却以速度 a_0 随着低阶波前进。在与 (1.16) 相对应的非线性方程中，这对激波性质及其结构将产生重大的影响。这个一般性课题在第十章讨论。

1.3 色散波

色散波的分类不像双曲波那样容易。正如叙述 (1.3) 时所解释的那样，这种讨论起源于代表一列波的某些类型的振荡解。这样的解可以从许多偏微分方程，甚至可以从某些积分方程求得。大家马上就会认识到，正是色散关系，即联系频率 ω 和波数 κ 的关系式

$$\omega=W(\kappa),\tag{1.17}$$

表示问题的特征。在描述问题的特殊方程组中这个关系式的来源是次要的。某些典型例子是:

梁方程

$$\varphi_{tt}+r^2\varphi_{xxxx}=0,\quad \omega=\pm\gamma\kappa^2,\tag{1.18}$$

线性 Korteweg-de Vries 方程

$$\varphi_t+c_0\varphi_x+\nu\varphi_{xxx}=0,\ \omega=c_0\kappa-\nu\kappa^3,\tag{1.19}$$

和线性 Boussinesq 方程

$$\varphi_{tt}-\alpha^2\varphi_{xx}=\beta^2\varphi_{xxtt},\ \omega=\pm\alpha\kappa(1+\beta^2\kappa^2)^{-1/2}。\tag{1.20}$$

方程 (1.19) 和 (1.20) 出现在长水波的近似理论中。线性水波的一般方程需要更详细地解释，但是其结果是：表面位移的解为

(1.3)，其中

$$\omega = \pm(g\kappa \tanh \kappa h)^{1/2}, \tag{1.21}$$

而 h 是未扰动深度，g 是重力加速度。另一个例子是电磁波在电介质中色散效应的经典理论；这个理论导出

$$(\omega^2 - \nu_0^2)(\omega^2 - c_0^2\kappa^2) = \omega^2\nu_p^2, \tag{1.22}$$

其中 c_0 是光速，ν_0 是振子的自然频率，ν_p 是等离子体频率。

对于线性问题，比 (1.3) 更一般的解可用叠加法构成 Fourier 积分来求得，例如

$$\varphi = \int_0^\infty F(\kappa)\cos(\kappa x - Wt)\,d\kappa, \tag{1.23}$$

其中 $W(\kappa)$ 是适合该系统的色散函数 (1.17)。 至少从形式上讲，对于任意的 $F(\kappa)$，这是解，然后利用 Fourier 反演定理，选择满足边界条件或初始条件的 $F(\kappa)$。

解 (1.23) 是波数不同的波列的叠加，每个波列以它自己的相速度

$$c(\kappa) = \frac{W(\kappa)}{\kappa} \tag{1.24}$$

前进。随着时间的流逝，这些不同的模式成分发生“色散”，因此，例如一个集中的单峰色散成一个全振荡列。 对 (1.23) 使用不同的渐近展开，就可以研究这个过程。根据分析得出的关键的概念是**群速度**概念，群速度的定义是

$$C(\kappa) = \frac{dW}{d\kappa}。 \tag{1.25}$$

由 (1.23) 引起的振荡列不具有固定的波长；仍然存在着各种各样的波数 κ。 在我们将要解释的意义上，不同的波数值通过这个振荡列传播，而且传播速度是群速度 (1.25)。在类似的意义上，我们发现能量也以群速度传播。 对于真正的色散波，$W \propto \kappa$ 的情况除外，所以相速度 (1.24) 和群速度 (1.25) 是不相同的。并且正是这个群速度在传播中起主导作用。

考虑到群速度的极端重要性，并考虑到非均匀介质和非线性

波，我们希望不经过 Fourier 分析这个中间过程而找出推导群速度及其性质的直接方法。在直观的基础上这非常容易办到，关于直观的正确性我们以后可以证明。假设非均匀振荡波近似地用公式

$$\varphi = a\cos\theta \tag{1.26}$$

来描述，其中 a 和 θ 是 x 和 t 的函数。函数 $\theta(x,t)$ 是"相位"，它量度在 $\cos\theta$ 的一个周期中在其极值 ± 1 之间的位置；而 $a(x,t)$ 是振幅。特别的均匀波列具有

$$a = 常数,\ \theta = \kappa x - \omega t,\ \omega = W(\kappa)。 \tag{1.27}$$

在更一般的情况，我们定义局部波数 $k(x,t)$ 和局部频率 $\omega(x,t)$ 为

$$k(x,t) = \frac{\partial\theta}{\partial x},\ \omega(x,t) = -\frac{\partial\theta}{\partial t}。 \tag{1.28}$$

现在假设它们之间仍然由色散关系

$$\omega = W(k) \tag{1.29}$$

联系起来。于是关于 θ 的方程为

$$\frac{\partial\theta}{\partial t} + W\left(\frac{\partial\theta}{\partial x}\right) = 0, \tag{1.30}$$

并且它的解决定了波列的运动学性质。更方便的是从 (1.28) 中消去 θ 得到

$$\frac{\partial k}{\partial t} + \frac{\partial\omega}{\partial x} = 0, \tag{1.31}$$

并且求解 (1.29) 和 (1.31) 这两个关系式。在 (1.31) 中用 $W(k)$ 代替 ω，我们得到

$$\frac{\partial k}{\partial t} + C(k)\frac{\partial k}{\partial x} = 0, \tag{1.32}$$

其中 $C(k)$ 是由 (1.25) 定义的群速度。这个关于 k 的方程正好是由 (1.12) 给出的最简单的非线性双曲型方程！它可以解释为以速度 $C(k)$ 传播的 k 的波动方程。双曲波现象是以这种相当巧妙的方式隐藏在色散波之中。利用这一点可以使第一部分的方法与

色散波问题发生联系。

这里指出的关于群速度的更直观的分析可以马上推广到多维情况，也可以马上推广到精确解或者很麻烦或者不能求解的非均匀介质情况。因此通常可以把这些结果作为近似解的第一项来直接验证其正确性。第十一章研究这些基本问题，重点放在理解群速度的论证上。

当群速度的论证确立之后，它们就为推演任何线性色散系统的主要特点提供了非常简单然而有效的方法。第十二章中给出很多种这样的情况。

由 Fourier 积分 (1.23) 用渐近方法容易证明能量最终以群速度传播。为了推广起见，建立导致这一基本结果的直接方法又一次成为重要的事情。在第十一章中解释了某些直接方法，但是直到最近几年以前还没有一个完全满意的方法。最近几年，这个问题作为相应的非线性波问题研究中的一个分支已经解决了。非线性问题完全需要一个更有效的方法，最后利用变分原理的可能性被人们认识了。变分原理看来似乎是为线性和非线性这两种色散波中的所有这些问题提供了正确的工具。根据其最近的成就来判断，这种变分方法已经导致关于这个论题的完全崭新的观点。第十一章中对线性波使用了初等形式的变分方法，而在第十四章中叙述了完全非线性形式的变分方法。

中间的第十三章是讨论水波这个论题。这也许是所有关于波动的论题中最变化多端而又引人入胜的。它包括江河海洋中范围很广的自然现象;适当地加以解释,它适用于大气和其它流体中的重力波。它已经为色散波理论的发展提供了动力和基础，其作用与气体动力学对双曲波所起的作用非常相像。具体地说，非线性色散波的基本思想起源于水波的研究。

1.4 非线性色散

1847 年 Stokes 证明深水上的一个平面波列中的表面高度 η 可按振幅 a 的幂展开为

$$\eta = a\cos(\kappa x - \omega t) + \frac{1}{2}\kappa a^2\cos 2(\kappa x - \omega t) + \frac{3}{8}\kappa^2 a^3\cos 3(\kappa x - \omega t) + \cdots\cdots \tag{1.33}$$

其中

$$\omega^2 = g\kappa(1 + \kappa^2 a^2 + \cdots)。 \tag{1.34}$$

线性结果应是 (1.33) 中的第一项,与 (1.3) 一致;而色散关系应是

$$\omega^2 = g\kappa, \tag{1.35}$$

与 (1.21) 一致，因为对于深水情况我们取 $\kappa h \to \infty$ 这种极限形式。这里有两个关键的思想。首先,存在这样的周期波列解,在这种解中因变量是相 $\theta = \kappa x - \omega t$ 的函数，但是这个函数不再是正弦函数了；(1.33) 是适当函数 $\eta(\theta)$ 的 Fourier 级数展开。第二个关键的思想是色散关系 (1.34) 也包含振幅。这提出了一个从定性上来讲是新的特点,因而非线性效应不仅仅是微小的修正。

1895 年 Korteweg 和 deVries 证明,在深度较浅的水中,长波可近似地用如下形式的非线性方程来描述:

$$\eta_t + (c_0 + c_1\eta)\eta_x + \nu\eta_{xxx} = 0, \tag{1.36}$$

其中 c_0, c_1 和 ν 是常数。对振幅非常小的情况，这个方程的线化过程应该是略去 $c_1\eta\eta_x$ 这一项;这样得到的线性方程的解为

$$\eta = a\cos(\kappa x - \omega t),$$
$$\omega = c_0\kappa - \nu\kappa^3。 \tag{1.37}$$

可以利用按振幅的 Stokes 型展开式来改良这个结果。但是可以做得更好些：Korteweg 和 deVries 证明，利用雅可比椭圆函数，则不需作进一步近似就可求得 (1.36) 的封闭形式的周期解

$$\eta = f(\theta),\ \theta = \kappa x - \omega t。$$

因为 $f(\theta)$ 是利用椭圆函数 $\mathrm{cn}\theta$ 而求得的，所以他们称这个解为**椭圆余弦波**。这篇文章证实了 Stokes 文章的一般结论。首先，明确地指出周期波列的存在。其次，$f(\theta)$ 包含一个任意的振幅 a，并且这个解包括由 ω, κ 和 a 所共有的一个确定的色散关系式,最重要的非线性效应是在这个关系式中还包含振幅。

但是还可以得到更多的结果。 $\mathrm{cn}\theta$ 的一个极限(当模趋于 1)是 sech 函数。或者取这个极限，或者直接从 (1.36) 出发，都能求得特解为

$$\eta = a\,\mathrm{sech}^2\left\{\left(\frac{c_1 a}{12\nu}\right)^{1/2}(x - Ut)\right\}, \tag{1.38}$$

$$U = c_0 + \frac{1}{3}c_1 a。 \tag{1.39}$$

在这种极限情况下，周期已经变成无穷大，因而 (1.38) 代表单一的正高度峰值。这便是“孤波”，由 Scott Russell (1844) 在实验中发现，并且首先由 Boussinesq (1871) 和 Rayleigh (1876) 根据近似方法进行分析。在同一个分析中，既得到周期波列又得到孤波，这是重要的一步。用振幅表示的关于传播速度 U 的方程 (1.39)，是色散关系在这种非周期情况的退化形式。

虽然这个方程起源于水波，不过后来人们认识到，Korteweg-deVries 方程是兼有非线性和色散的最简单的原型之一。 在这方面，它与 Burgers 方程相似，后者使非线性同扩散结合起来。现在，它已经作为一个有用的方程在其它一些领域中被推导出来。

最近几年，其他一些简单的方程已经在各种不同的领域中推导出来，它们也用来作为发展和检验思想的原型。这些方程中值得注意的是

$$\varphi_{tt} - \varphi_{xx} + V'(\varphi) = 0, \tag{1.40}$$

它是线性 Klein-Gorden 方程的自然推广，以及

$$i\phi_t + \phi_{xx} + |\phi|^2\phi = 0, \tag{1.41}$$

它是 Schrödinger 方程的推广。我们以后再回过来评论这些方程。

首先我们必须考虑这样一个问题，即如何根据 Stokes 的一般结果(它已被其他许多例子所证实)进一步得到这样一个结论：周期波列的存在是非线性色散系统的一个典型特点。 这些解是与 (1.3) 相对应的解，但是我们不能进一步利用简单的 Fourier 叠加。然而，线性理论许多重要结果的最终描述是利用如像 (1.26) 以下所描述的已调制波列的群速度。 这些思想不是非依赖 Fourier 合

成法不可，因此可以发展一个非线性群速度理论。利用已经提到过的变分方法，可以使有关分析成为更一般更简洁的形式。这个理论在第十四章中给出。色散关系对振幅的依赖性引出了若干新现象(例如,有两个群速度),并且在第十五章中用一般的说法讨论这些现象。除了原始的水波问题以外，主要的应用领域之一是非线性光学这个飞速发展的新领域。在第十六章中有选择地叙述了这两个领域中的一些应用。

非线性光学中最令人感兴趣的课题之一是光束的自聚焦，并且(1.41)出现在这个课题中。方程(1.40)，特别是所谓的 Sine-Gordon 方程

$$\varphi_{tt}-\varphi_{xx}+\sin\varphi=0, \tag{1.42}$$

出现在许多领域中。这两个方程和 Korteweg-deVries 方程共同都以孤波解作为极限情况。孤波过去一直是大家非常感兴趣的，因为它是严格的非线性现象，在线性色散理论中没有与它相对应的现象。直到最近为止，人们几乎不知道关于孤波的进一步的情况。现在，根据 Gardner, Greene, Kruskal 和 Miura (1967) 论述 Korteweg-deVries 方程、Perring 和 Skyrme(1962) 以及 Lamb (1967, 1971) 论述 Sine-Gordon 方程的出众的文章,已经求得代表相互作用的孤波的若干族精确解。惊人的结果是孤波在相互作用下保留自己的个性，并且最后还以原来的形状和速度出现。这些解只是用更一般的方法求解这些方程所得到的一种解，关于任意初始条件下的解的更进一步的结果是相当完全的。Zakharov 和 Shabat (1972) 把 Gardner 等人的方法推广到立方 Schrödinger 方程 (1.41) 并求得相似的结果。第十七章叙述了这些重要而有创造性的研究。

第一部分 双 曲 波

第二章 波和一阶方程

我们开始详细讨论双曲波，先研究一阶方程。正如在第一章中所注意到的那样，最简单的波动方程是

$$\rho_t + c_0\rho_x = 0, \quad c_0 = \text{常数}。 \tag{2.1}$$

当这个方程出现时，因变量一般是某物的密度，所以我们现在使用符号 ρ，而不用引言中的通用符号 φ。(2.1) 的通解是 $\rho = f(x - c_0t)$，其中 $f(x)$ 是任意函数，求解任何特殊问题只是使函数 f 满足初始值或边界值。它清楚地描述波的运动，因为在时间 t，初始剖面 $f(x)$ 应该形状不变地向右平移一段距离 c_0t。在间距为 s 的两个观察点，应当记录到完全一样的扰动，时间滞后量为 s/c_0。

虽然这个线性情况似乎不那么重要，但是与之相对应的非线性方程

$$\rho_t + c(\rho)\rho_x = 0, \tag{2.2}$$

(其中 $c(\rho)$ 是 ρ 的已知函数) 无疑是重要的。非线性双曲波基本思想，大部分可通过研究该方程而得出。如前所述，许多有关波传播的经典例子是由像波动方程 $c_0^2\nabla^2\varphi = \varphi_{tt}$ 那样的二阶或高阶方程来描述的，但是很多物理问题的确都可以直接导出 (2.2) 及其推广形式。在初步讨论其解之后将给出一些例子。甚至在高阶问题中，也常常寻找 (2.2) 的特解或近似解。

2.1 连续解

(2.2) 的一种解法是：在 (x, t) 平面的每一点考虑函数 $\rho(x,$

t)，并注意到 $\rho_t + c(\rho)\rho_x$ 是 ρ 沿这样一条曲线的全导数，这条曲线上的每一点的斜率为

$$\frac{dx}{dt} = c(\rho)。\tag{2.3}$$

因为沿 (x,t) 平面上的任何曲线，我们可以认为 x 和 ρ 是 t 的函数，所以 ρ 的全导数是

$$\frac{d\rho}{dt} = \frac{\partial\rho}{\partial t} + \frac{dx}{dt}\frac{\partial\rho}{\partial x}。$$

当 x 和 ρ 作为某一曲线上 t 的函数来处理时，用全导数记号来表示应该是足够的；每引入一次新符号最后就变得很混乱。我们现在考虑 (x,t) 平面上满足 (2.3) 的一条曲线 $\mathscr{C}$。当然这样一条曲线不能预先以显函数形式确定，因为其定义方程 (2.3) 中包含 ρ 在这条曲线上的未知值。然而，这种考虑方法将使我们能同时确定一条可能的曲线 $\mathscr{C}$ 和在这条曲线上的解 ρ。在 $\mathscr{C}$ 上，我们根据全导数关系式并根据 (2.2) 推导出

$$\frac{d\rho}{dt} = 0，\ \frac{dx}{dt} = c(\rho)。\tag{2.4}$$

我们首先观察到 ρ 在 $\mathscr{C}$ 上保持不变。于是可知 $c(\rho)$ 在 $\mathscr{C}$ 上保持不变，因此曲线 $\mathscr{C}$ 一定是 (x,t) 平面上斜率为 $c(\rho)$ 的一条直线。这样一来 (2.2) 的通解依赖于 (x,t) 平面上一族直线的构造，每一条直线具有与它上面的 ρ 值相对应的斜率 $c(\rho)$。在任何特定问题中这是容易做到的。

让我们以初值问题

$$\rho = f(x)，\ t = 0，\ -\infty < x < \infty$$

作为例子，并参看图 2.1 上的 (x,t) 图。如果这些曲线中有一条曲线 $\mathscr{C}$ 与 x 轴相交于 $x = \xi$ 处，于是在整个这条曲线上 $\rho = f(\xi)$。这条曲线相应的斜率是 $c(f(\xi))$，我们将以 $F(\xi)$ 来表示它；$F(\xi)$ 是 ξ 的已知函数，可根据方程中的函数 $c(\rho)$ 和已知初始函数 $f(\xi)$ 计算而得。于是这条曲线的方程是

$$x = \xi + F(\xi)t。$$

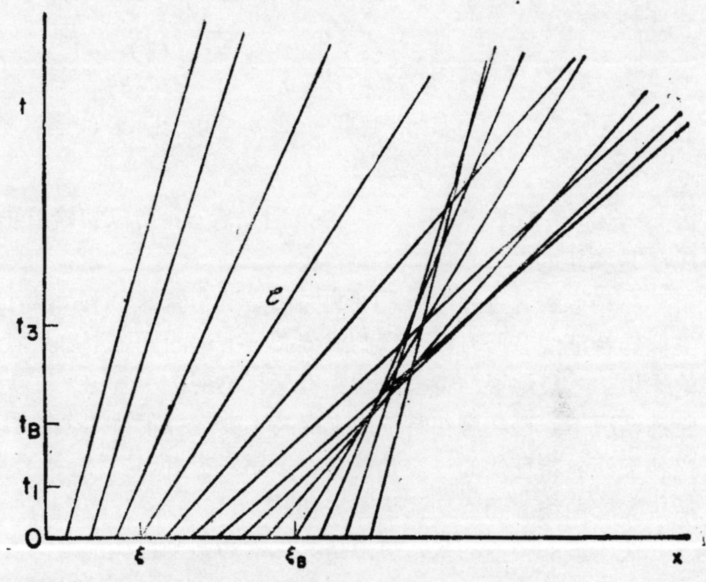

图 2.1　非线性波特征线图

这确定了一条典型的曲线，ρ 在这条曲线上的值是 $f(\xi)$。使 ξ 变化，就得到整个曲线族：

$$\rho = f(\xi), \quad c = F(\xi) = c(f(\xi)) \tag{2.5}$$

在

$$x = \xi + F(\xi)t \tag{2.6}$$

上。

我们现在从另一方面来谈，把 (2.5) 和 (2.6) 看作为一个解析解，而不考虑这个特殊解怎么构造出来的。也就是说，认为 ρ 由 (2.5) 给定，(2.5) 中的 $\xi(x,t)$ 由 (2.6) 以隐函数形式给出。首先检验这是否确是解。根据 (2.5)，

$$\rho_t = f'(\xi)\xi_t, \quad \rho_x = f'(\xi)\xi_x,$$

并根据 (2.6) 对 t 和 x 的导数可得

$$0 = F(\xi) + \{1 + F'(\xi)t\}\xi_t,$$
$$1 = \{1 + F'(\xi)t\}\xi_x。$$

因此

$$\rho_t = -\frac{F(\xi)f'(\xi)}{1+F'(\xi)t}, \quad \rho_x = \frac{f'(\xi)}{1+F'(\xi)t}, \tag{2.7}$$

并且我们看出

$$\rho_t + c(\rho)\rho_x = 0,$$

因为 $c(\rho) = F(\xi)$。另外当 $t = 0$ 时 $\xi = x$，所以初始条件 $\rho = f(x)$ 是满足的。

在构造解的过程中所用到的曲线是这个特殊问题的**特征线**。类似的特征线在所有涉及双曲线偏微分方程的问题中总具有重要的作用。一般地说沿特征线解并不保持不变。只是在 (2.2) 这个特殊情况下，碰巧解在特征线上保持不变；并不按这个性质来定义特征线。特征线的一般定义将在以后研究，但是目前就把 (2.3) 所定义的曲线称为特征线倒是方便的。

关于波的传播的基本思想是：扰动的某个可识别的特征是以某一有限的速度运动。对双曲型方程而言，特征线就对应于这个思想。(x, t) 空间中每一条特征线代表了 x 空间中一个运动的子波，并且解在一条特征线上的特性所对应的思想是信息由那个子波传递。不同的 ρ 值以速度 $c(\rho)$"传播"的说法，可给 (2.4) 中的数学陈述以这种类型的强调。事实上，把初始曲线 $\rho = f(x)$ 上的每一点向右移动一段距离 $c(\rho)t$，就能够构成在时间 t 的解；不同的 ρ 值所移动的距离是不同的。图 2.2 表示 $c'(\rho) > 0$ 这种情况下的曲线变化过程；相对应的时间值表示在图 2.1 上。c 对 ρ 的依赖性使波在传播时产生典型的非线性畸变。当 $c'(\rho) > 0$ 时，较大的 ρ 值比较小的 ρ 值传播得快。当 $c'(\rho) < 0$ 时，较大的 ρ 值传播得慢些，畸变的趋势与图 2.2 中所表示的相反。对线性情况而言，c 是常数，剖面平移一段距离 ct，而形状没有任何变化。

从图 2.2 立即明白，上述讨论是非常不完全的。波的任何压缩部分(那里的传播速度是 x 的递减函数)终究要发生"间断"，结果给出 $\rho(x,t)$ 的一个三值解。在图 2.2 上用 $t = t_B$ 表示的那个时间开始发生间断，那时 ρ 的剖面第一次产生一个无限的斜率。解

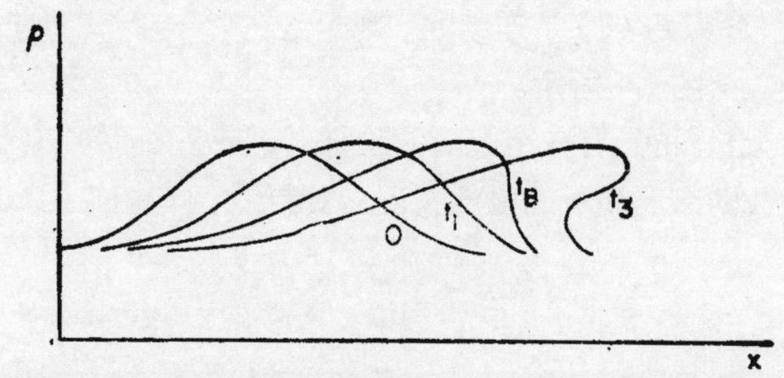

图 2.2　间断波：剖面依次对应图 2.1 上时间 0，t_1，t_B，t_3

析解 (2.7) 证实了这一点，并且使我们能确定间断时间 t_B。在 $F'(\xi)<0$ 的任一特征线上，当

$$t=-\frac{1}{F'(\xi)}$$

时，ρ_x 和 ρ_t 变为无限。因此间断第一次发生在 $F'(\xi)<0$ 并且 $|F'(\xi)|$ 是极大值的特征线 $\xi=\xi_B$ 上；第一次间断的时间是

$$t_B=-\frac{1}{F'(\xi_B)}。\tag{2.8}$$

这个结果也可以在 (x, t) 平面上得到。$F'(\xi)<0$ 的波的压缩部分具有会聚的特征线；因为特征线是直线，它们最后一定相交，形成一个多值解区域，如图 2.1 中那样。这个区域可以认为是 (x, t) 平面上三张纸叠合而成，每张纸上有不同的 ρ 值。这个区域的边界是特征线的包络。特征线族由 (2.6) 给出，ξ 为参数。相邻的两条特征线 ξ，$\xi+\delta\xi$ 在点 (x, t) 处相交的条件是

$$x=\xi+F(\xi)t$$

和

$$x=\xi+\delta\xi+F(\xi+\delta\xi)t$$

同时成立。取极限 $\delta\xi\to 0$，这两个方程给出

$$x=\xi+F(\xi)t \quad 和 \quad 0=1+F'(\xi)t$$

这是包络的隐式方程。这两个关系式中的第二个说明，在 $t>0$ 时包络是由 $F'(\xi)<0$ 的那些特征线所形成。当 ξ 值使 $-F'(\xi)$ 取极大值时，t 在包络上取极小值。根据 (2.8)，这是第一次间断

的时间。如果 $F''(\xi)$ 是连续的，则包络在 $t = t_B$，$\xi = \xi_B$ 处具有一个尖点，如图 2.1 所示。

当初始分布具有一个间断的阶梯，间断处后面的 $c(\rho)$ 值比前面的大时，则出现间断的极端情况。如果我们有初始函数

$$f(x) = \begin{cases} \rho_1, & x > 0 \\ \rho_2, & x < 0 \end{cases}$$

和

$$F(x) = \begin{cases} c_1 = c(\rho_1), & x > 0 \\ c_2 = c(\rho_2), & x < 0 \end{cases}$$

其中 $c_2 > c_1$，于是间断立即出现。图 2.3 表示 $c'(\rho) > 0$，$\rho_2 > \rho_1$ 这种情况下的间断情况。多值区就在原点开始，并且以 $x = c_1 t$ 和 $x = c_2 t$ 这两条特征线为边界；边界不再是具有尖点的包络线，因为 F 及其导数不是连续的。然而，这个结果可以认为是一系列光滑化的阶梯的极限，并且当初始剖面趋近间断的阶梯时，间断点向原点接近。

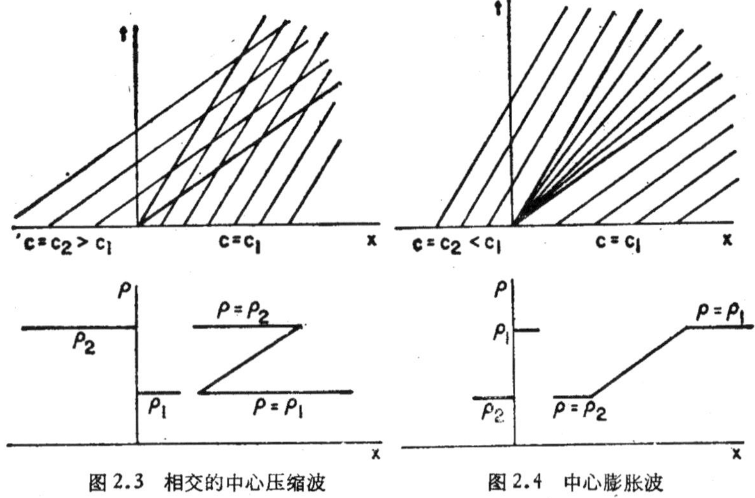

图 2.3　相交的中心压缩波

图 2.4　中心膨胀波

相反，如果初始阶梯函数是膨胀的，即 $c_2 < c_1$，则存在一个十分好的连续解。它可以作为 (2.5) 和 (2.6) 的极限来求得，在此

极限中 c_2 和 c_1 之间的所有 F 值在通过原点 $\xi=0$ 的特征线上取值。这对应于图 2.4 中 (x, t) 平面上的一个特征线扇形。扇形中的每一根特征线具有不同的斜率 F，但 ξ 都相同。F 是阶梯函数，但是根据这个阶梯的形状，我们可以利用 c_2 和 c_1 之间的所有 F 值，并且取它们都对应于 $\xi=0$。因此在扇形中，解 (2.5)，(2.6) 为

$$c=F,\ x=Ft,\ 对\ c_2<F<c_1,$$

消去 F，我们得到关于 c 的简单显式解：

$$c=\frac{x}{t},\qquad c_2<\frac{x}{t}<c_1。$$

c 的全部解是

$$c=\begin{cases} c_1, & c_1<\dfrac{x}{t}, \\ \dfrac{x}{t}, & c_2<\dfrac{x}{t}<c_1, \\ c_2, & \dfrac{x}{t}<c_2。\end{cases}\tag{2.9}$$

求解关系式 $c=c(\rho)$ 就可以确定 ρ。 对压缩阶梯，即 $c_2>c_1$，(x,t) 平面上的扇形区颠倒过来，所以产生如图 2.3 所示的相交。

在提出这个理论的大部分物理问题中，$\rho(x,t)$ 正好是某一介质的密度，而且本来就是单值的。所以当间断发生时，(2.2) 肯定不能再正确地描述该物理问题。甚至在像水波这样的情况中，虽然表面高度的多值解至少还可以加以解释，我们仍然发现 (2.2) 不适合于描述其过程。因此情况是这样的： 在推导 (2.2) 所列的方程中某个假设或者某个近似关系式不再适用了。原则上我们必须回到该问题的物理内容上，找出错误所在，然后提出一个改进理论。然而，正如我们将看到的那样，最后发现，只要允许解出现间断，上述解可以省掉；于是存在一个具有简单跳跃间断性的单值解，它可以代替多值连续解。这需要把我们所理解的 (2.2) 的“解”作某些数学上的推广，因为严格地说 ρ 的导数在间断处是不存在

的。它可以通过“弱解”这个概念来完成。但是实际情况不仅仅是一个数学上推广 (2.2) 的解的问题，理解这一点是重要的。连续解的不存在与物理学中某个近似关系式的失效有关，而且这两个方面必须一起考虑。例如，我们发现，可能存在几族间断解，从数学上讲，它们都是满意的；要解决这个解不唯一的问题，只能求助于物理学。

因此，很显然，如果我们不讨论某些物理问题，就不能更深入一步。其原型是气体中波和激波形成的非线性理论。当忽略粘性和热传导时，气体动力学方程组具有如前所述的解相类似的间断解。当梯度变得很陡时，正好在间断之前，粘性和热传导这两种效应不再是可忽略的。包括这两种效应可给出一个改进理论，并且在此理论中波不再间断了。存在一个很薄的区域，即激波，在那里粘性和热传导是非常重要的；在激波之外，粘性和热传导仍然可以忽略。在激波中各流动变量急剧变化。在“广义”无粘理论中激波区域理想化为一个间断面，并且只需要把与通过间断面时各流动变量的跳跃有关的激波条件加到无粘理论中去。

我们将详细研究所有这些不同的方面。然而，气体动力学不是最简单的例子，因为它涉及高阶方程组，因此我们将首先在更简单的一阶问题的范围内讨论其基本思想。可是应该记住，这些思想当初是针对气体动力学而提出的，但是我们把年代的次序颠倒过来。阐明这些基本思想的是 Poisson (1807)，Stokes (1848)，Riemann (1858)，Earnshaw (1858)，Rankine (1870)，Hugoniot (1889)，Rayleigh (1910)，Taylor (1910)——一份给人印象非常深刻的名单。所需要的时间表明，将这些不同的方面放在一起是一件十分复杂的事情。

2.2 运动学波

在许多波的传播问题中，或是物质或是介质的某种状态是连续分布的，并且(对一维问题)我们可以定义单位长度的密度 $\rho(x,t)$ 和单位时间的流量 $q(x,t)$。于是我们可以定义流动速度

$v(x,t)$ 为

$$v = \frac{q}{\rho}。$$

假设物质(或状态)是守恒的,我们可以规定:在任何区间 $x_1 > x > x_2$ 中,它的总值的变化率一定等于通过 x_1 和 x_2 的净流入。也就是说,

$$\frac{d}{dt}\int_{x_2}^{x_1}\rho(x,t)dx + q(x_1,t) - q(x_2,t) = 0。\tag{2.10}$$

如果 $\rho(x,t)$ 具有连续的导数,我们可以取 $x_1 \to x_2$ 时的极限而得到守恒方程

$$\frac{\partial\rho}{\partial t} + \frac{\partial q}{\partial x} = 0。\tag{2.11}$$

当根据理论或实验假设(以一级近似表示!)一个 q 和 ρ 之间的函数关系式是合理的时候,就出现最简单的波动问题。如果这个关系式写为

$$q = Q(\rho),\tag{2.12}$$

则 (2.11) 和 (2.12) 形成一个完整的方程组。经过置换以后我们得到

$$\rho t + c(\rho)\rho_x = 0,\tag{2.13}$$

其中

$$c(\rho) = Q'(\rho)。\tag{2.14}$$

这导出我们以前讲过的 (2.2),其典型解由 (2.5) 和 (2.6) 给出。发生间断则要求我们重新考虑 ρ 和 q 具有导数的数学假设以及重新考虑 $q = Q(\rho)$ 是一个很好的近似的物理假设。为了确定进一步阐述这个理论时所用的思想,在这里简短地叙述几个特殊例子。在理论思想完备以后,我们将在第三章更详细地讨论它们。

一个有趣的情况(它也是重要的)涉及到交通流。这样的假设是合理的,即把交通流看作具有可观测的密度 $\rho(x,t)$(等于单位长度上的汽车数)和流量 $q(x,t)$(等于单位时间内通过位置 x 的汽车数)的连续介质,从而得到高密集交通流的某些基本特性。对

一段没有出入口的公路而言，汽车是守恒的！所以我们规定(2.10)。对交通而言，认为交通流量 q 主要由局部密度 ρ 决定，并且建议把(2.12)当作一级近似，这似乎也是合理的。在某种程度上，这样的函数关系式已由交通工程师们研究并用资料证明过。因此我们可以应用这个理论。但当间断发生时，原来的数学提法在这种情况就不适用了。显然，对此总能找到足够的理由来解释。当然，假设 $q=Q(\rho)$ 是对一个非常复杂的现象的一种非常简单化的观点。例如，如果密度正在迅速地变化着（当接近间断时），那么希望司机不止是对局部密度有所反应，并且也希望经过一段滞后时间以后司机能够对正在变化的一些条件作出适当的反应。人们也可以对连续介质假设本身提出疑问。

另一个例子是漫长的河流中的洪水波。在这里 ρ 由河道横截面积 A 来代替，并且当河面升高时 A 随 x 和 t 而变。如果 q 是通过截面的体积流量，那么表达 A 和 q 之间关系的(2.10)表示水的守恒。虽然流体流动非常复杂，但是看来合理的方法是先研究函数关系式 $q=Q(A)$，以此作为表达河面升高而流动增加时的一级近似式。根据对各种河流的实地观测资料，已经总结出一些这样的关系式。但是又很显然，这个假设过于简单，如果在这个理论中出现问题，那还是得把假设修正一下。

类似的一个例子是冰川流，Nye(1960)提出并广泛研究过这个问题。他认为流动速度会随着冰的厚度的增加而增加，看来是合理的一个假设是这两个量之间存在一个函数关系式。

在化学工程问题中研究的层析法以及类似的层析交换过程中，也出现同样的理论。提问题列方程更复杂一些。情况是这样的：带有溶质或者粒子或者离子的流体流过一固定的流床，正被带走的材料有一部分吸附在流床中固定的固体材料上。把这个流体流动理想化为具有定常的速度 V。于是，如果 ρ_f 是这个流体中被带走的材料的密度，ρ_s 是沉淀在固体上的密度，则

$$\rho=\rho_f+\rho_s,\quad q=V\rho_f。$$

因此守恒方程(2.11)成为

$$\frac{\partial}{\partial t}(\rho_f+\rho_s)+\frac{\partial}{\partial x}(V\rho_f)=0。$$

第二个关系式涉及在固体流床上的沉淀速率。交换方程

$$\frac{\partial \rho_s}{\partial t}=k_1(A-\rho_s)\rho_f-k_2\rho_s(B-\rho_f)$$

显然是具有所需性质的最简方程。第一项代表从流体向固体的沉淀，其速率正比于该流体中的材料密度，但是受到已沉淀在固体上的材料密度容量为 A 的限制。 第二项是从固体向流体的逆输运。(在某些过程中，第二项刚好正比于 ρ_s；这是 $B\to\infty$，k_2B 有限这种极限情况) 在平衡时，方程右边为零，ρ_s 是 ρ_f 的一定的函数。在缓慢变化条件下，具有比较大的反应速率 k_1 和 k_2，我们可以取这样的一级近似，即方程右边仍然为零("准平衡")，因此我们得到

$$\rho_s=A\frac{k_1\rho_f}{k_2B+(k_1-k_2)\rho_f}。$$

于是 ρ_s 是 ρ_f 的函数；因此 q 是 ρ 的函数。当变化迅速时，正好在发生间断之前，速率方程中 $\partial\rho_s/\partial t$ 这一项不能再忽略了。

作为一个不同类型的例子，可以使群速度概念适应这个一般的方案。在线性色散波中，正如在 (1.26) 以后已注意到的那样，有一些振荡解具有局部波数 $k(x,t)$ 和局部频率 $\omega(x,t)$。于是 k 是波密度——单位长度上的波峰数，ω 是流量——单位时间内通过位置 x 的波峰数。 如果我们认为在传播过程中波峰将是守恒的，那么我们就得到微分形式的守恒方程

$$\frac{\partial k}{\partial t}+\frac{\partial \omega}{\partial x}=0。$$

而且，k 和 ω 通过色散关系

$$\omega=\omega(k)$$

联系起来。因此

$$\frac{\partial k}{\partial t}+\omega'(k)\frac{\partial k}{\partial x}=0。$$

我们得到关于"载体"波列局部波数变化的波传播，其传播速度是

$d\omega/dk$。这就是群速度。这些思想将在以后讨论色散波时非常详细地加以研究。

这里列举的一些波动问题主要依赖于守恒方程 (2.11)，正是由于这个原因称它们为**运动学波** (Lighthill 和 Whitham，1955)，以区别于一般的声学波和弹性波，对于后面这些波怎样通过动力学定律以确定加速度是很重要的。

在回顾了某些物理问题之后，我们再回过来研究连续解怎样断开并研究激波，以讲完这个理论。在第三章将进一步详细讨论这类物理问题。

2.3 激波

当间断发生时，我们怀疑 (2.12) 中 $q=Q(\rho)$ 的假设，也怀疑 (2.11) 中 ρ 和 q 的可微性。但是，如果连续介质假设是适用的话，那么我们仍然利用守恒方程 (2.10)。

首先考虑间断是否可能这个数学问题。当然，就 (2.10) 而言，简单跳跃间断在 ρ 中和在 q 中是可能的；(2.10) 中的所有表达式都有意义。(2.10) 是否提出任何限制？为了回答这个问题，假设在 $x=s(t)$ 处间断，并且假设所取的 x_1 和 x_2 使 $x_1>s(t)>x_2$ 成立。假设 ρ 和 q 以及它们的一阶导数在 $x_1\geqslant x>s(t)$ 中和在 $s(t)>x\geqslant x_2$ 中是连续的，并且当从上面和下面使 $x\to s(t)$ 时具有有限的极限。于是 (2.10) 可以写为

$$
\begin{aligned}
q(x_2,t)-q(x_1,t)&=\frac{d}{dt}\int_{x_2}^{s(t)}\rho(x,t)\,dx\\
&\quad+\frac{d}{dt}\int_{s(t)}^{x_1}\rho(x,t)\,dx=\rho(s^-,t)\dot{s}-\rho(s^+,t)\dot{s}\\
&\quad+\int_{x_2}^{s(t)}\rho_t(x,t)\,dx+\int_{s(t)}^{x_1}\rho_t(x,t)\,dx,
\end{aligned}
$$

其中 $\rho(s^-,t)$，$\rho(s^+,t)$ 分别是从下面和上面使 $x\to s(t)$ 时 $\rho(x,t)$ 的值，而 $\dot{s}=ds/dt$。因为 ρ_t 在每个区间中分别是有界的，所以当取 $x_1\to s^+$ 和 $x_2\to s^-$ 的极限时积分都趋于零。于是

$$q(s^-,t) - q(s^+,t) = \{\rho(s^-,t) - \rho(s^+,t)\}\dot{s}。$$

常用的记号是用下标 1 表示激波前的值而用下标 2 表示激波后的值。因此，如果 U 是激波速度，即 $\dot{s}$，那么

$$q_2 - q_1 = U(\rho_2 - \rho_1)。\tag{2.15}$$

这个条件也可以写为下列形式：

$$-U[\rho] + [q] = 0,\tag{2.16}$$

其中方括号表示该量的跳跃。这个形式给出激波条件和微分方程 (2.11) 之间很好的对应关系，这个对应关系是

$$\frac{\partial}{\partial t} \longleftrightarrow -U[\,],\quad \frac{\partial}{\partial x} \longleftrightarrow [\,]。\tag{2.17}$$

现在我们可以把 (2.10) 的解推广到允许这样的间断存在。在解是连续的任一部分，(2.11) 仍应得到满足，并且 (2.12) 这个假设可以采用。又因为在连续部分 $q = Q(\rho)$，所以在激波的任一侧也成立，我们有 $q_2 = Q(\rho_2)$ 和 $q_1 = Q(\rho_1)$，并且激波条件 (2.15) 可以写为

$$U = \frac{Q(\rho_2) - Q(\rho_1)}{\rho_2 - \rho_1}。\tag{2.18}$$

于是问题就归结为设法将激波这样的间断装配到这时既要使 (2.18) 成立也要设法避免出现多值解。满足(2.5)，(2.6)的解中去。

最简单的情况是下面这个问题：

$$\left.\begin{aligned} \rho = \rho_1,\ c = c(\rho_1) = c_1,\ x > 0, \\ \rho = \rho_2,\ c = c(\rho_2) = c_2,\ x < 0, \end{aligned}\right\} t = 0,$$

其中 $c_2 > c_1$。其间断解曾在图 2.3 中表示过。现在可能有一个单值解，它正好是一个以速度 (2.18) 运动的激波：

$$\rho = \rho_1,\ x > Ut,$$
$$\rho = \rho_2,\ x < Ut。$$

这在图 2.5 中用简图表示。

推导激波条件的普通方法是从一个激波在其中是静止的参考系来观察这个特解，正如图 2.6 中所表示的那样。相对流量成为 $q_1 - U\rho_1$ 和 $q_2 - U\rho_2$。守恒定律可以立刻陈述为如下形式：

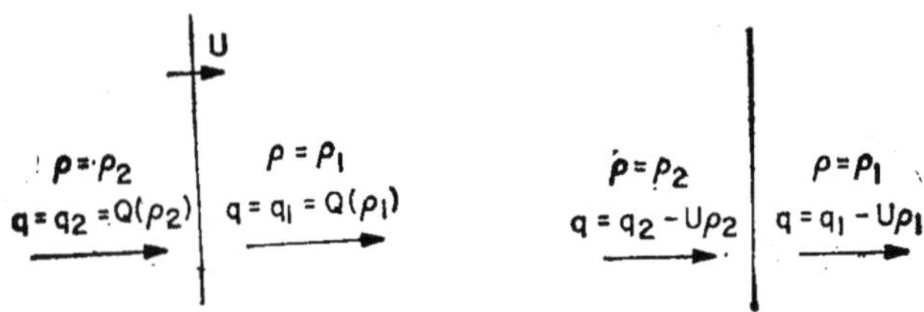

图 2.5　运动激波的流动参数　　　　图 2.6　相对静止激波的流动参数

$$q_1 - U\rho_1 = q_2 - U\rho_2,$$

于是可得 (2.15)。

在进一步讨论激波装配的一般问题之前，我们考虑另一个观点：微分方程 (2.11) 是合适的，但是所假设的关系式 (2.12) 是不充分的。

2.4　激波结构

作为一个特殊情况，我们需要寻找和考察表示在图 2.5 中的简单间断解的一个更精确的描述。这是寻找“激波结构”的问题。

在许多运动学波问题中，更好的近似应该是：q 既是 ρ 的函数又是密度梯度 ρ_x 的函数。一个简单的假设是取

$$q = Q(\rho) - \nu\rho_x, \tag{2.19}$$

其中 ν 是一个常数。例如，在交通流中，我们可以说由于前面的密度不断增加，司机将减低车速，或者反之。这种说法建议 ν 取正值，下面我们将看到正负号的重要性。如果 ν 很小，在某一合适的无量纲尺度中，只要 ρ_x 不是比较大的，那么 (2.12) 是一个好的近似。在间断处，ρ_x 变得很大，并且不管 ν 多么小，修正项变得很重要。现在在这种含义下，考虑连续解。根据 (2.11) 和 (2.19)，它们满足

$$\rho_t + c(\rho)\rho_x = \nu\rho_{xx}, \quad c(\rho) = Q'(\rho)。 \tag{2.20}$$

(2.20) 中 $c(\rho)\rho_x$ 项导致变陡和间断。相反地，$\nu\rho_{xx}$ 项引进热传导方程

$$\rho_t = \nu\rho_{xx}$$

所独有的扩散。对这个热传导方程而言，初始阶梯函数问题

$$\left.\begin{array}{l}\rho=\rho_1,\ x>0,\\ \rho=\rho_2,\ x<0,\end{array}\right\}\quad t=0$$

的解是

$$\rho=\rho_2+\frac{\rho_1-\rho_2}{\sqrt{\pi}}\int_{-\infty}^{x/\sqrt{4\nu t}}e^{-\zeta^2}d\zeta。$$

这代表一个当 $x\to\pm\infty$ 时趋于值 ρ_1，ρ_2 的光滑化的阶梯，并且它的斜率像 $(\nu t)^{-1/2}$ 那样地减小。在 (2.20) 中非线性变陡和扩散这两种相反的倾向同时存在。$\nu>0$ 的重要性可以从热传导方程中看出；如果 $\nu<0$，那么解是不稳定的。

现在我们在更精确的理论范围内寻找一个解去代替图 2.5 中所表示的解。一个显而易见的想法是寻找一个定常剖面解，在这个解中

$$\rho=\rho(X),\ X=x-Ut,$$

其中 U 是一个待定常数。于是根据 (2.20)，

$$\{c(\rho)-U\}\rho_X=\nu\rho_{XX}。$$

积分一次，我们得到

$$Q(\rho)-U\rho+A=\nu\rho_X,\tag{2.21}$$

其中 A 是一个积分常数。求得关于 $\rho(X)$ 的隐式关系式的形式如下：

$$\frac{X}{\nu}=\int\frac{d\rho}{Q(\rho)-U(\rho)+A},\tag{2.22}$$

但是直接从 (2.21) 更容易看出其定性的性态。我们对这样一个解的可能性感兴趣，这个解趋于定常状态，即当 $X\to+\infty$ 时 $\rho\to\rho_1$，当 $X\to-\infty$ 时 $\rho\to\rho_2$。如果这样一个解存在，而且当 $X\to\pm\infty$ 时 $\rho_X\to0$，那么任意参数 U，A 一定满足

$$Q(\rho_1)-U\rho_1+A=Q(\rho_2)-U\rho_2+A=0。$$

特别地，

$$U=\frac{Q(\rho_2)-Q(\rho_1)}{\rho_2-\rho_1}。\tag{2.23}$$

在这样一个解中，速度 U 和在 $\pm\infty$ 处的两个状态之间的关系式与在激波条件中的完全一样！

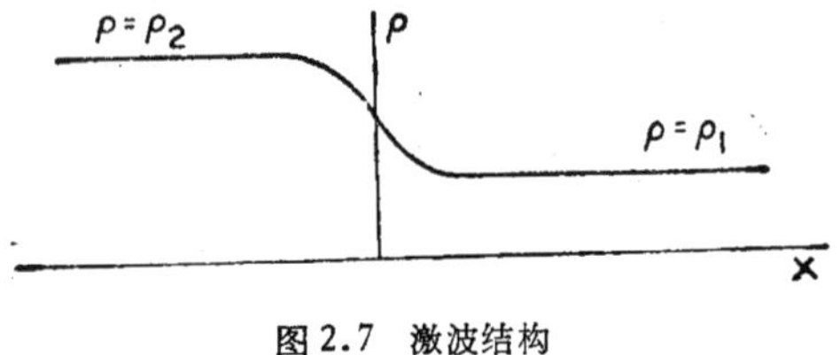

图 2.7　激波结构

ρ_1，ρ_2 是 $Q(\rho)-U\rho+A$ 的零点，并且一般来说它们是简单零点。在 (2.22) 中当 $\rho\to\rho_1$ 或 ρ_2 时，积分发散并且如要求的那样 $X\to\pm\infty$。如果在这两个零点之间 $Q(\rho)-U\rho+A<0$，且 ν 为正，那么我们得到 $\rho_X<0$，而且解正如图 2.7 中所表示的那样，ρ 从 $+\infty$ 处的 ρ_1 单调地增加到 $-\infty$ 处的 ρ_2。如果 $Q(\rho)-U\rho+A>0$ 并且 $\nu>0$，那么解从 $-\infty$ 处的 ρ_2 增加到 $+\infty$ 处的 ρ_1。从 (2.21) 显然可知，如果 ρ_1，ρ_2 保持不变（所以 U，A 也不变），ν 的变化可以被 X 尺度的变化所吸收。当 $\nu\to 0$ 时，图 2.7 中的剖面沿 X 方向压缩，并且在极限情况下趋于这样一个阶梯函数：它使 ρ 从 ρ_1 增加到 ρ_2，而且以 (2.23) 所给定的速度行进。这恰恰是图 2.5 中所看到的间断激波解。对于小的非零 ν 而言，激波是发生在一个狭窄区域上的迅速而且连续增大的陡变。在这个狭窄的区域中，由于非线性产生的间断被扩散所平衡，结果给出定常的剖面。

非常重要的一点是 ρ 的符号变化。一个使得 ρ 增加的连续波，如果 $c'(\rho)>0$，它将向前发生间断，并且需要一个 $\rho_2>\rho_1$ 的激波；如果 $c'(\rho)<0$，它将向后发生间断，并且需要一个 $\rho_2<\rho_1$ 的激波。这与 (2.21) 给出的激波结构必须一致。如上所述，由于稳定性的要求，ν 总是正的，所以 ρ 增加的方向依赖于在 ρ_1 和 ρ_2 这两个零点之间的 $Q(\rho)-U\rho+A$ 的符号。但是 $c'(\rho)=Q''(\rho)$。因此，当 $c'(\rho)>0$ 时，在两零点之间 $Q(\rho)-U\rho+A<0$，并且解如图 2.7 中所看到的那样，具有所需要的 $\rho_2>\rho_1$。如果

$c'(\rho) < 0$，阶梯相反，而 $\rho_2 < \rho_1$。因此关于间断的论述与激波结构是一致的。

在 $Q(\rho)$ 是二次式这种特定情况下，取此二次式为

$$Q(\rho) = \alpha\rho^2 + \beta\rho + \gamma, \tag{2.24}$$

则 (2.22) 中的积分很容易求出。 α 的符号决定 $c'(\rho) = Q''(\rho)$ 的符号，并且为明确起见，我们认为 $\alpha > 0$。可以写出

$$Q - U\rho + A = -\alpha(\rho - \rho_1)(\rho_2 - \rho),$$

其中

$$U = \beta + \alpha(\rho_1 + \rho_2),\ A = \alpha\rho_1\rho_2 - \gamma。$$

因此 (2.22) 变为

$$\begin{aligned}\frac{X}{\nu} &= -\int \frac{d\rho}{\alpha(\rho - \rho_1)(\rho_2 - \rho)} \\ &= \frac{1}{\alpha(\rho_2 - \rho_1)} \log \frac{\rho_2 - \rho}{\rho - \rho_1}。\end{aligned} \tag{2.25}$$

当 $X \to \infty$ 时，按指数规律 $\rho \to \rho_1$，而当 $X \to -\infty$ 时，按指数规律 $\rho \to \rho_2$。对于过渡区域而言，没有精确的厚度，但是我们可以引进关于这个尺度的各种量度方法，例如，发生 90% 变化的长度，或者用最大斜率 $|\rho_X|$ 除 $(\rho_2 - \rho_1)$。显然，所有这样的厚度量度都与

$$\frac{\nu}{\alpha(\rho_2 - \rho_1)} \tag{2.26}$$

成比例。如果与该问题中其他典型长度相比，这是很小的，那么用间断来作为迅速激波过渡的近似是很满意的。我们确信，对于固定的 ρ_1，ρ_2 而言，当 $\nu \to 0$ 时该厚度趋于零；但是也应该注意到，对于固定的 ν，无论它多么小，$(\rho_2 - \rho_1)/\rho_1 \to 0$ 的足够弱的激波最终要变得很厚的。对于弱激波而言，在 ρ_1 到 ρ_2 的范围内，$Q(\rho)$ 总可以用一个适当的二次式来近似，所以 (2.25) 适用。甚至对于中等强度的激波而言，它是对形状的很好的总的近似。

激波结构仅仅是 (2.20) 的一个特解，但是根据它我们可以一般地预料，当在某一适当的无量纲形式中 $\nu \to 0$ 时，(2.20) 的解

趋于

$$\rho_t + c(\rho)\rho_x = 0$$

的解，并且间断的激波满足

$$U = \frac{Q(\rho_2) - Q(\rho_1)}{\rho_2 - \rho_1}。$$

当在 (x,t) 固定而 $\nu \to 0$ 的条件下比较解时，这是成立的。然而，对固定的 ν 而言，当 $(\rho_2 - \rho_1)/\rho_1 \to 0$ 时，激波过渡变得非常宽广。这一事实意味着：在激波强度随着 $t \to \infty$ 而趋于零的任何问题中，当间断理论将要不适用时，可能存在某一具有特弱激波的最后阶段。这往往是一个非常不令人感兴趣的阶段，因为激波一定非常弱。

就其他方面来说，我们可以说改进不可接受的多值解的这两种可能的方法是一致的。间断激波的使用，从分析上讲是比较容易的，并且可以用于更复杂的一些问题中。

更详细的证明将需要 (2.20) 的涉及变强度激波的某些显式解。虽然对于一般的 $Q(\rho)$ 而言，解是不知道的，但是当 $Q(\rho)$ 又一次是 ρ 的二次式时，(2.20) 倒可以求出显式解。如果 (2.20) 乘以 $c'(\rho)$，那么它可以写为

$$c_t + cc_x = \nu c'(\rho)\rho_{xx} = \nu c_{xx} - \nu c''(\rho)\rho_x^2。\qquad (2.27)$$

如果 $Q(\rho)$ 是二次式，那么 $c(\rho)$ 是 ρ 的线性式，于是 $c''(\rho) = 0$，因而我们得到

$$c_t + cc_x = \nu c_{xx}。\qquad (2.28)$$

这是 Burgers 方程，而且它可以求出显式解。其主要结果在第四章中给出。现在，我们先接受求取 (2.20) 的间断解的证明，但要记住，对于特弱激波而言，它将不适用。对于特弱激波而言，$Q(\rho)$ 可以用一个二次式来近似，并且可以利用 Burgers 方程。

这一节中的论述主要依赖于 $\nu > 0$。正如以前所注意到的那样，这是该问题的稳定性所需要的。然而，在交通流和洪水波中确实存在令人感兴趣的不稳定情况。它们在第三章中加以讨论。

2.5 弱激波

在一些情况中，激波之弱在于 $(\rho_2-\rho_1)/\rho_1$ 之小，但是还不至于弱到可以不再用间断来处理的程度。对这样一些情况，注意某些近似是有用的。

在激波强度 $(\rho_2-\rho_1)/\rho_1\to 0$ 的极限情况下，激波速度

$$U=\frac{Q(\rho_2)-Q(\rho_1)}{\rho_2-\rho_1}$$

趋于特征速度

$$c(\rho)=\frac{dQ}{d\rho}。$$

对于弱激波而言，关于激波速度 U 的表达式可以展为 $(\rho_2-\rho_1)/\rho_1$ 的 Taylor 级数：

$$U=Q'(\rho_1)+\frac{1}{2}(\rho_2-\rho_1)Q''(\rho_1)+O(\rho_2-\rho_1)^2。$$

传播速度 $c(\rho_2)=Q'(\rho_2)$ 也可以展为

$$c(\rho_2)=c(\rho_1)+(\rho_2-\rho_1)Q''(\rho_1)+O(\rho_2-\rho_1)^2。$$

于是

$$U=\frac{1}{2}(c_1+c_2)+O(\rho_2-\rho_1)^2, \tag{2.29}$$

其中 $c_1=c(\rho_1)$ 和 $c_2=c(\rho_2)$。对于这个近似而言，激波速度是其两侧的特征速度的平均值。在 (x,t) 平面中，激波曲线二等分相交于该激波的两条特征线之间的夹角。这个性质对于画激波图来说是有用的，但是它也简化了激波位置的解析定位法。显然，当 $Q(\rho)$ 是一个二次式时，这个关系式是精确的。

2.6 间断条件

当且仅当传播速度 c 随 x 增加而减小时，连续的波才会断开并且需要有一个激波。于是，当包括激波时，应该有

$$c_2>U>c_1, \tag{2.30}$$

其中所有的速度都是以 x 增加的方向作为正方向。下标 1 表示刚好在该激波前面(即较大的 x 值)的 c 值，下标 2 表示刚好在该激波后面的 c 值。激波引起 c 的增加,并且从前面看它是超音速的,而从后面看是亚音速的。仅仅根据跳跃条件来判断，可以想像配进一个间断且 $c_2 < c_1$。然而，具有 $c_2 < c_1$ 的激波永远不可能从一个连续波而形成,并且永远也不需要这种激波;这就是我们不考虑它的理由。

关于这段论述的一个问题是： 图 2.5 中所表示的解可以在 $c_2 < c_1$ 的情况下建立(用某种复杂的但是也许是非常不现实的办法)。当然我们在(2.9)中和在图 2.6 中已经注意到关于这样的初始条件的一个满意的连续解。不过，非常为难的是有人可能坚决认为图 2.5 给出另一个解。我们的回答是： 所建议的这个解是不稳定的。也就是说，小扰动就可以把流动改变为十分不同的某种东西——(2.9)的膨胀扇形解。这是“分解论述法”，它是对“形成论述法”的补充。在这一章将不详细考虑这种不稳定性,因为形成论述法具有说服力而且不含糊。对于高阶方程组而言，激波形成变得更难研究，而且不稳定性论述有时可提供一种较易采用的方法以确定某个满足激波条件的特殊的激波是否真正可能存在。

对于气体动力学激波而言,对应于(2.30)的不等式等价于这个条件：即当气体通过激波时，气体的熵增加。熵条件曾经是关于激波的不可逆性(即激波过渡只能向一个方向进行)的最好的论述。但是,像(2.30)那样的条件更加一般。在某些问题中并没有与熵明显地对应的量;在其他一些问题中，例如磁气体动力学中，熵条件并不排除某些不可容许的激波。

关于这些准则的另一个观点是：任一可接受的间断激波，当用更精确的方程来描述时，必定具有满意的激波结构。这是一个更加满意的观点，因为它求助于对该现象的更符合实际情况的描述。但是这种分析也会变得不可能，从而人们往往只好在简单理论的范围内作些间接的论述。

这另一种处理方法曾经在 2.4 节关于激波结构的讨论中验证

过。当 $c'(\rho)>0$ 时，我们只找到关于 $\rho_2>\rho_1$ 情况的一个激波结构；因为 $c'(\rho)>0$，这等价于 $c_2>c_1$。当 $c'(\rho)<0$ 时，我们找到 $\rho_2<\rho_1$，但是 $c'(\rho)$ 的符号的改变意味着 $c_2>c_1$。因为 $c(\rho)=Q'(\rho)$，根据 Rolle 定理，激波速度介于值 c_1 和 c_2 之间。

2.7 关于守恒定律和弱解的注释

从数学上讲，由满足

$$\frac{\partial\rho}{\partial t}+\frac{\partial Q(\rho)}{\partial x}=0 \tag{2.31}$$

的连续可微部分以及满足

$$-U[\rho]+[Q(\rho)]=0 \tag{2.32}$$

的跳跃间断部分组成的合成解，可以认为是 (2.31) 的一个弱解。简而言之，其思路如下。把方程

$$-\iint_R\{\rho\phi_t+Q(\rho)\phi_x\}dx\,dt=0 \tag{2.33}$$

与 (2.31) 结合起来；在 (2.33) 中，R 是 (x,t) 平面上的一个任意矩形，而 ϕ 是一个任意的“试验”函数，它在 R 中具有连续的一阶导数，在 R 的边界上 $\phi=0$。如果 ρ 和 $Q(\rho)$ 是连续可微的，那么 (2.31) 和 (2.33) 是等价的。一方面，如果 (2.31) 乘以 ϕ 并在 R 上积分，那么经过分部积分之后我们可以推出 (2.33)。另一方面，对 (2.33) 进行分部积分导出

$$\iint_R\left\{\frac{\partial\rho}{\partial t}+\frac{\partial Q(\rho)}{\partial x}\right\}\phi\,dx\,dt=0,$$

而且，由于对所有任意的连续的 ϕ 而言，这一定成立，所以得出 (2.31)。然而，(2.33) 允许更一般的可能性，因为可容许的函数 $\rho(x,t)$ 不必具有导数。对所有试验函数 ϕ 而言满足 (2.33) 的函数 $\rho(x,t)$ 称为 (2.31) 的“弱解”。

现在我们研究从这种推广意义下的解能得到什么结论。考虑有一个弱解 $\rho(x,t)$，即有一个满足 (2.33) 的解的可能性，这个解在 R 的两个部分 R_1 和 R_2 中是连续可微的，但是在通过 R_1 和 R_2

之间的分界线 S 时具有简单的跳跃间断。我们根据 (2.33)，在分离的区域 R_1，R_2 的每一个中进行分部积分，就可推出

$$\iint_{R_1}\left\{\frac{\partial\rho}{\partial t}+\frac{\partial Q(\rho)}{\partial x}\right\}\phi dx\,dt+\iint_{R_2}\left\{\frac{\partial\rho}{\partial t}+\frac{\partial Q(\rho)}{\partial x}\right\}$$

$$\times\phi dx\,dt+\int_S\{[\rho]l+[Q(\rho)]m\}\phi dS=0,$$

其中 (l,m) 是 S 的法线，而 $[\rho]$，$[Q(\rho)]$ 表示通过 S 的跳跃。在 S 上的线积分由两个贡献组成，这两个贡献是分部积分中所得的 R_1 和 R_2 的边界项所给出的。由于这个方程必须对所有的试验函数成立，所以我们推出 (2.31) 在区域 R_1 和 R_2 的每一个中成立，但是除此之外我们还推出

$$[\rho]l+[Q(\rho)]m=0 \quad 在\ S\ 上。$$

这是激波条件 (2.32)，因为 $U=-l/m$。于是，这种类型的弱解在具有连续性的点处满足 (2.31)，并且允许满足激波条件的跳跃间断。这正好是我们需要的！

初看起来，弱解概念好像迴避了对实际物理过程的更复杂而且不太精确的讨论。但是实际情况并不如此。对应于微分方程

$$\frac{\partial\rho}{\partial t}+c(\rho)\frac{\partial\rho}{\partial x}=0$$

存在无数个守恒方程

$$\frac{\partial f(\rho)}{\partial t}+\frac{\partial g(\rho)}{\partial x}=0。\tag{2.34}$$

满足

$$g'(\rho)=f'(\rho)c(\rho)\tag{2.35}$$

的任一选择都行。对于可微函数 $\rho(x,t)$ 而言，这些都是等价的。但是，它们的积分形式**不是**等价的，并且导致不同的跳跃条件。(2.34) 的弱解将要求激波条件

$$-U[f(\rho)]+[g(\rho)]=0;\tag{2.36}$$

f 和 g 的不同的选择导致 ρ_1，ρ_2 和 U 之间的不同的关系式。因此，为了识别哪一个弱解适合所研究的特殊物理问题，对物理过程

的讨论仍然是必要的。

根据微分方程 (2.34)，我们可以推荐积分形式守恒方程的一个候选方程：

$$\frac{d}{dt}\int_{x_2}^{x_1} f(\rho)dx + [g(\rho)]_{x_2}^{x_1} = 0。\tag{2.37}$$

但是，要决定这是否对不可微的 ρ 成立，只能回到该问题的原始的列方程过程。在 2.2 节中我们是按照正确的次序论述的：首先 (2.10)，然后 (2.11)。相反的次序，即从等价的偏微分方程到积分形式，引进不唯一性的缺点。

如果 (2.37) 是真正的守恒方程，那么利用在 2.3 节中用过的相同论述，就可以推出 (2.36) 是激波条件。于是根据哪些量通过激波真正守恒，我们可以正确地选择弱解。考虑到弱解的概念具有不唯一性的缺点并可能引起混淆，我们感到，弱解概念在这里并不是特别有价值的，并且最好是应强调首先要以基本的积分形式表达物理问题，从这种基本的积分形式出发既得出偏微分方程又得出恰当的跳跃条件[1]。

在初步考虑一个问题时，以不够严谨的形式采用弱解思想有时倒是有好处的。例如，如果我们问 (2.34) 是否可以容许一个具有运动的间断作为解的一部分，那么我们可以试验

$$f(\rho) = f_0(x)H(x - Ut) + f_1,$$
$$g(\rho) = g_0(x)H(x - Ut) + g_1,$$

其中 $H(x)$ 是 Heaviside 阶梯函数，而 f_1，g_1 是连续函数。代入方程后，我们得到 δ 函数项

$$(-Uf_0 + g_0)\delta(x - Ut),$$

再加上奇性比较小的项。我们推出

$$-Uf_0 + g_0 = 0,$$

并且这是激波条件 (2.36)，因为 $f_0 = [f]$，$g_0 = [g]$。当然，这没

---

1) 这个观点很重要，应该理解成物理或力学工作者对某些抽象化了的数学理论工作的一种评价或不同看法。——校者

有避免不唯一性的缺点，而且它也以有点靠不住的方式使用了 δ 函数。通常在非线性问题中不许使用 δ 函数，因为这样的广义函数的幂和乘积没有令人满意的意义；我们已经通过分别表示 $f(\rho)$ 和 $g(\rho)$ 的方法来保持人为的线性性，而不是通过利用关于 ρ 的单一表达式的方法。当然，证明关于 δ 函数的论述的正确性仍然是通过弱解来进行的。

作为对比，对于写为

$$\frac{\partial \rho}{\partial t}+\frac{\partial Q(\rho)}{\partial x}=\nu \frac{\partial^2 \rho}{\partial x^2}$$

形式的 (2.20)，考虑同一个关于动间断是否有可能的问题。如果 ρ 和 $Q(\rho)$ 用 $H(x-Ut)$ 表示，$\partial^2\rho/\partial x^2$ 项将具有 $[\rho]\delta'(x-Ut)$ 项，并且不存在像 $\delta'(x-Ut)$ 那样奇异的其他项来平衡它。于是我们得出结论：$[\rho]=0$ 并且间断是不可能的。对于初步估计来说，这显然是一个有用的工具。

2.8 激波的装配：$Q(\rho)$ 是二次式的情形

在讨论这些不同观点以后，现在我们转到这样的解析问题：怎样才能使满足

$$U=\frac{Q(\rho_2)-Q(\rho_1)}{\rho_2-\rho_1} \tag{2.38}$$

的具有间断的激波能和下列连续解相搭配

$$\begin{aligned} &\rho=f(\xi),\\ &x=\xi+F(\xi)t。\end{aligned} \tag{2.39}$$

波剖面的任一多值部分一定要由一个适当的间断来代替，正如图 2.8 中所表示的那样[1)]。间断的正确位置可以用如下的巧妙的论述来确定。多值曲线和间断曲线都满足守恒律。因此，在每一曲线下的 $\int \rho dx$ 一定相等；于是间断一定切割出面积相等的凸

1) 图中所画的是 $c'(\rho)>0$ 情况下的曲线，但是这一节中的所有公式对两种情况都是正确的。

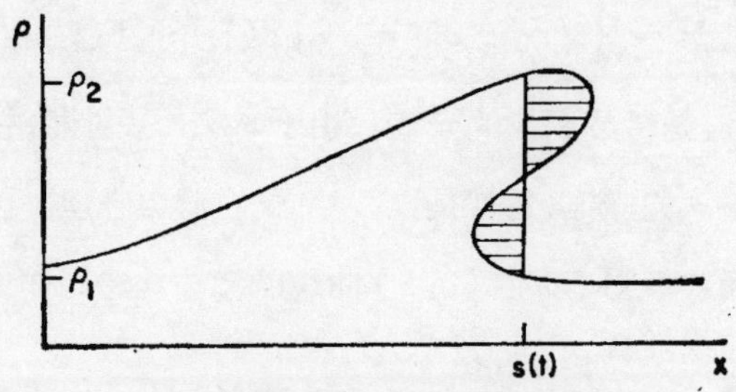

图 2.8 间断波中激波位置的等面积构造

出部分(图 2.8 中用阴影表示)。

这种定位法虽然十分一般，但对分析工作来说不是方便的形式。一般情况很复杂，因此值得首先研究特殊情况。这个特殊情况又是规定 $Q(\rho)$ 为二次式。这包括 $\rho=\rho_0$ 值附近的弱扰动情况，因为 $Q(\rho)$ 在那种情况可以用

$$Q=Q(\rho_0)+Q'(\rho_0)(\rho-\rho_0)+\frac{1}{2}Q''(\rho_0)(\rho-\rho_0)^2$$

来近似，并且由于这个原因，它具有相当大的一般性。

我们考虑

$$Q(\rho)=\alpha\rho^2+\beta\rho+\gamma。$$

因此，

$$c(\rho)=Q'(\rho)=2\alpha\rho+\beta,$$

而且激波速度 (2.38) 变为

$$U=\frac{1}{2}(c_1+c_2),$$

其中 $c_1=c(\rho_1)$，$c_2=c(\rho_2)$。

这个情况的简单之处在于整个问题可以用 c 来写出。连续解是

$$\begin{aligned}c&=F(\xi),\\x&=\xi+F(\xi)t,\end{aligned}\tag{2.40}$$

而与之相适应的激波必须满足

$$U = \frac{1}{2}(c_1 + c_2) = \frac{1}{2}\{F(\xi_1) + F(\xi_2)\}, \tag{2.41}$$

其中 ξ_1 和 ξ_2 是激波两侧的 ξ 值。由于 ρ 和 c 线性相关，所以 ρ 的守恒意味着 c 的守恒；也就是说，$\int c dx$ 在解中守恒。因此对这个特殊情况而言，图 2.8 中 (ρ, x) 曲线的激波构造同样地非常适用于 (c, x) 曲线。

为了将来查阅方便起见，我们注意这一点：这个用 c 表示的解适合方程

$$c_t + cc_x = 0, \tag{2.42}$$

而所选的弱解要满足守恒方程

$$c_t + \left(\frac{1}{2}c^2\right)_x = 0, \tag{2.43}$$

所以激波条件是

$$U = \frac{\frac{1}{2}c_2^2 - \frac{1}{2}c_1^2}{c_2 - c_1} = \frac{1}{2}(c_1 + c_2)。 \tag{2.44}$$

方程 (2.42) 适用于一般的 $Q(\rho)$，因为它是 $c'(\rho)$ 乘 $\rho_t + c(\rho)\rho_x = 0$；(2.44) 永远是一个可能的弱解，但是只有当 $Q(\rho)$ 是二次式或用二次式近似时，它才是**正确**的选择，因为只有在这种情况，(2.43) 的积分形式在通过间断时适用。

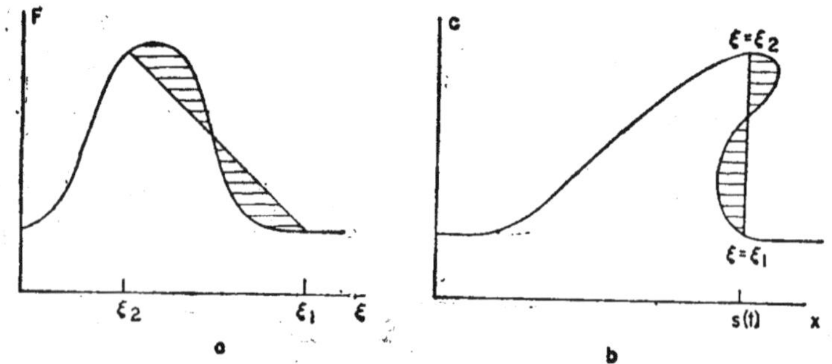

图 2.9　等面积构造：(a) 初始剖面上；(b) 变换后的间断剖面上

现在可以把激波构造与连续解 (2.40) 结合起来。由于我们现在研究 c，所以不存在在 $c'(\rho)\gtrless 0$ 这两种情况之间的难以辨别的问题。根据 (2.40)，在时间 t 的解可从初始剖面 $c=F(\xi)$ 的每一点向右平移一段距离 $F(\xi)t$ 来求得，正如图 2.9 中所表示的那样。激波切割对应于 $\xi_2\geqslant\xi\geqslant\xi_1$ 的部分。如果图 2.9 b 中的间断线也映射回图 2.9 a，那么它是曲线 $F(\xi)$ 上 $\xi=\xi_1$ 和 $\xi=\xi_2$ 这两个点之间的直线弦。而且，由于映射时面积不变，所以等面积性质在图 2.9 a 中仍然成立；F 曲线上的弦切割出面积相等的凸出部分。激波的定位完全可以在固定的 $F(\xi)$ 曲线上说明，其方法是作出具有等面积性质的所有弦。每一条弦两端的 ξ 值，即 $\xi=\xi_1$，$\xi=\xi_2$ 这一对值，与在激波上相交的特征线有关。图 2.10 表示 $(x,\ t)$ 平面。等面积性质可以解析地写为

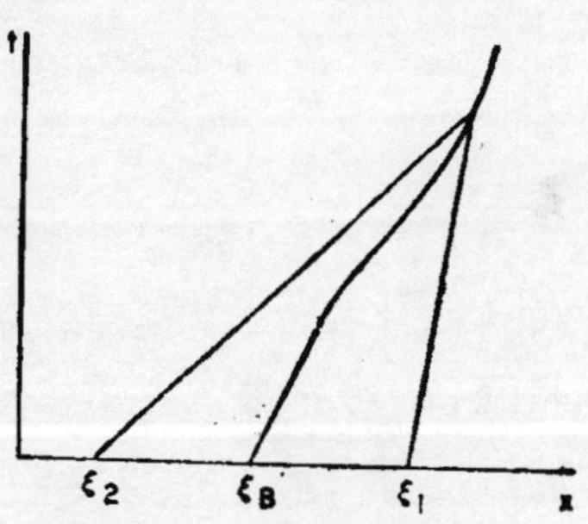

图 2.10　与图 2.9 中激波构造有关的 (x,t) 图

$$\frac{1}{2}\{F(\xi_1)+F(\xi_2)\}(\xi_1-\xi_2)=\int_{\xi_2}^{\xi_1}F(\xi)d\xi, \tag{2.45}$$

因为左边是弦下面的面积，而右边是 F 曲线下面的面积。如果在时间 t 激波位于 $x=s(t)$，那么我们根据 (2.40) 的第二式也得到

$$s(t)=\xi_1+F(\xi_1)t, \tag{2.46}$$

$$s(t)=\xi_2+F(\xi_2)t。 \tag{2.47}$$

(2.45)—(2.47) 三个方程决定 $s(t)$，$\xi_1(t)$ 和 $\xi_2(t)$ 三个函数。$s(t)$ 的确定不是明显的，因为它涉及两个附加函数 $\xi_1(t)$ 和 $\xi_2(t)$，这两个函数确定在时间 t 相交于激波的特征线。激波两侧的 c 值是 $c_1=F(\xi_1)$ 和 $c_2=F(\xi_2)$；ρ 值可从 c 值求得。

因为确定激波的方程 (2.45)—(2.47) 是从几何上得来的，所以感兴趣的是直接验证它确实是满足激波条件 (2.41)。我们可以

写出这个验证过程，以作为 (2.45) 结果的独立推导。我们必须求出满足 (2.46)，(2.47) 和

$$\dot{s}(t)=\frac{1}{2}\{F(\xi_1)+F(\xi_2)\} \tag{2.48}$$

的三个函数 $s(t)$，$\xi_1(t)$，$\xi_2(t)$，文字上的点表示对 t 的导数。根据 (2.46) 和 (2.47)，我们得到

$$t=-\frac{\xi_1-\xi_2}{F(\xi_1)-F(\xi_2)}, \tag{2.49}$$

和

$$\dot{s}(t)=\{1+tF'(\xi_1)\}\dot{\xi}_1+F(\xi_1),$$
$$\dot{s}(t)=\{1+tF'(\xi_2)\}\dot{\xi}_2+F(\xi_2)。$$

如果我们为了保持对称性而取最后这两个关于 $\dot{s}$ 的表达式的平均，根据 (2.49) 消去 t，然后代入 (2.48)，那么我们得到

$$\frac{1}{2}\{F'(\xi_1)\dot{\xi}_1+F'(\xi_2)\dot{\xi}_2\}(\xi_1-\xi_2)$$
$$+\frac{1}{2}\{F(\xi_1)+F(\xi_2)\}(\dot{\xi}_1-\dot{\xi}_2)$$
$$=F(\xi_1)\dot{\xi}_1-F(\xi_2)\dot{\xi}_2。$$

这可以积分后得到 (2.45)；积分常数可以略去，因为激波的起点，$\xi_1=\xi_2$，一定是解。

关于时间的表达式 (2.49) 可以用来研究激波的发展。因为 $t>0$，所以图 2.9 a 中所有有关的弦一定具有负的斜率。因为根据所选择的记号，$\xi_1>\xi_2$，所以 $F(\xi_2)>F(\xi_1)$，也就是说，$c_2>c_1$，正象我们曾经根据间断条件决定过的那样。激波的最早时间对应于最陡的弦。比方说，弦的极限是拐点 $\xi=\xi_B$ 处的切线。于是 $F(\xi_1)=F(\xi_2)$，所以激波在开始时具有零强度，开始时间是

$$t_B=-\frac{1}{F'(\xi_B)}。$$

这完全与 (2.8) 中所讨论的第一间断点条件一致。对于像图 2.9 a 那样的 F 曲线而言，当 $t\to\infty$ 时弦趋于水平，而 $F(\xi_2)-F(\xi_1)\to$

0；因此，当 $t\to\infty$ 时 $c_2-c_1\to 0$，而且激波强度趋于零。

单峰

为了详细研究激波，我们首先假设在区间 $0<\xi<L$ 之外 $F(\xi)$ 等于常数 c_0，而在该区间中 $F(\xi)>c_0$。方程 (2.45) 可以写为

$$\frac{1}{2}\{F(\xi_1)+F(\xi_2)-2c_0\}(\xi_1-\xi_2)$$

$$=\int_{\xi_2}^{\xi_1}\{F(\xi)-c_0\}d\xi。$$

随着时间的流逝，ξ_1 增加并且最后超过 L。在这一阶段 $F(\xi_1)=c_0$，而且激波正向常数区域 $c=c_0$ 中运动。于是函数 $\xi_1(t)$ 可以消去，因为我们有

$$\frac{1}{2}\{F(\xi_2)-c_0\}(\xi_1-\xi_2)=\int_{\xi_2}^{L}\{F(\xi)-c_0\}d\xi,$$

$$t=\frac{\xi_1-\xi_2}{F(\xi_2)-c_0}。$$

所以

$$\frac{1}{2}\{F(\xi_2)-c_0\}^2t=\int_{\xi_2}^{L}\{F(\xi)-c_0\}d\xi。$$

在这一阶段，激波位置和刚好在激波后的 c 值由

$$s(t)=\xi_2+F(\xi_2)t, \qquad (2.50)$$
$$c=F(\xi_2)$$

给出，其中 $\xi_2(t)$ 满足

$$\frac{1}{2}\{F(\xi_2)-c_0\}^2t=\int_{\xi_2}^{L}\{F(\xi)-c_0\}d\xi。$$

当 $t\to\infty$ 时，我们得到 $\xi_2\to 0$ 和 $F(\xi_2)\to c_0$；因此关于 $\xi_2(t)$ 的方程取极限形式

$$\frac{1}{2}\{F(\xi_2)-c_0\}^2t\sim A,$$

其中

$$A = \int_0^L \{F(\xi) - c_0\} d\xi$$

是未扰值 c_0 上面的单峰面积。我们得到 $\xi_2 \to 0$，$F(\xi_2) \sim c_0 + \sqrt{2A/t}$。因此关于 (2.50) 中 $s(t)$ 和 c 的渐近公式是：在激波处

$$s \sim c_0 t + \sqrt{2At},$$
$$c - c_0 \sim \sqrt{\frac{2A}{t}}。 \tag{2.51}$$

激波曲线呈渐近抛物型，而激波强度 $(c - c_0)/c_0$ 像 $t^{-1/2}$ 那样趋于零。

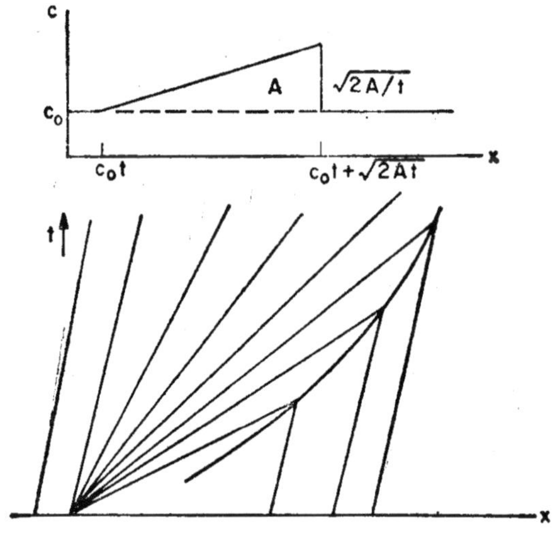

图 2.11　渐近三角波

激波后的解由 (2.40) 给出，其中 $0 < \xi < \xi_2$。因为当 $t \to \infty$ 时 $\xi_2 \to 0$，所有有关的 ξ 值也都趋于零，而且渐近公式是

$$c \sim \frac{x}{t}, \quad c_0 t < x < c_0 t + \sqrt{2At}。 \tag{2.52}$$

渐近解和相应的 (x, t) 图表示在图 2.11 中。请注意初始分布的细节消失了；只有 $A = \int_0^L \{F(\xi) - c_0\} d\xi$ 出现在最终的渐近性态中。

N波

其他问题可以用同样的方法来处理。一个重要的情况是 $F(\xi)$ 在未扰值 c_0 附近有一正相位和一负相位的情况，如图 2.12 中所示。现在存在两个激波，对应前面和后面 $F'(\xi)<0$ 的两个压缩相位。在图 2.12 中画出对应每一个激波的弦族。当 $t\to\infty$ 时，关于前激波的一对值 (ξ_2,ξ_1) 趋近 $(0,\infty)$，而对于后激波而言，(ξ_2,ξ_1) 趋近 $(-\infty,0)$。用渐近式表示，前激波是

$$s\sim c_0t+\sqrt{2At},$$

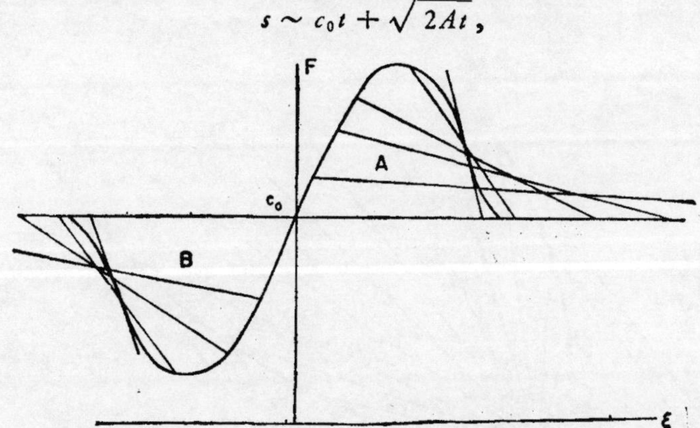

图 2.12　N波的激波构造

而 c 的跳跃是

$$c-c_0\sim\sqrt{\frac{2A}{t}},$$

其中 A 是在 $c=c_0$ 上面的 F 曲线的面积。后激波有

$$x\sim c_0t-\sqrt{2Bt},$$

$$c-c_0\sim-\sqrt{\frac{2B}{t}},$$

其中 B 是在 $c=c_0$ 下面的面积。激波之间解的渐近式再次为

$$c\sim\frac{x}{t},\quad c_0t-\sqrt{2Bt}<x<c_0t+\sqrt{2At}。\qquad(2.53)$$

渐近形式和 $(x,\ t)$ 图表示在图 2.13 中。由于波剖面的形状的缘

故，人们称它为 N 波。

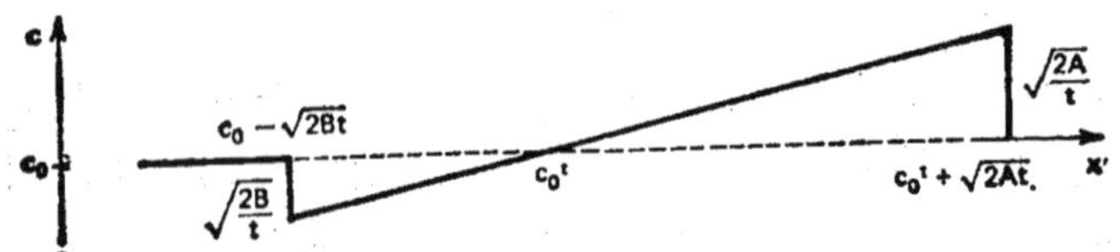

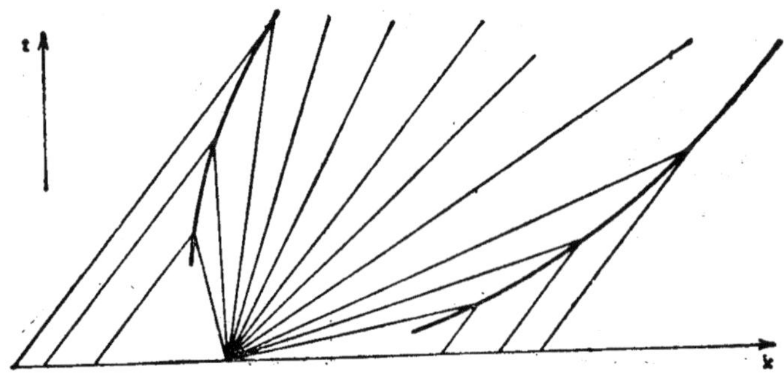

图 2.13 渐近 N 波

周期波

另外一个令人感兴趣的问题是初始分布为

$$c = F(\xi) = c_0 + a \sin \frac{2\pi\xi}{\lambda} \tag{2.54}$$

的问题。在这种情况，对于所有的时间 t 而言，激波方程 (2.45)—(2.47) 大大地简化。考虑如图 2.14 中的一个周期 $0 < \xi < \lambda$。关系式 (2.45) 变为

$$(\xi_1 - \xi_2) \sin \frac{\pi}{\lambda}(\xi_1 + \xi_2) \cos \frac{\pi}{\lambda}(\xi_1 - \xi_2)$$

$$= \frac{\lambda}{\pi} \sin \frac{\pi}{\lambda}(\xi_1 - \xi_2) \sin \frac{\pi}{\lambda}(\xi_1 + \xi_2),$$

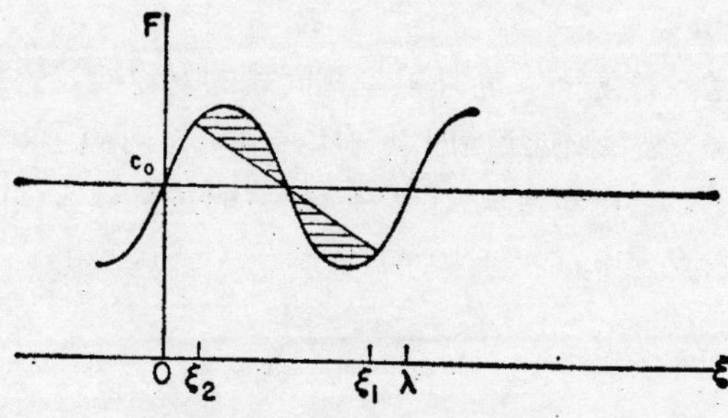

图 2.14　周期波的激波构造

而有关的选择是显而易见的：

$$\sin\frac{\pi(\xi_1+\xi_2)}{\lambda}=0,\ 即,\ \xi_1+\xi_2=\lambda。$$

从 (2.46) 和 (2.47) 的差和和，我们分别得到

$$t=\frac{\xi_1-\xi_2}{2a\sin\frac{\pi}{\lambda}(\xi_1-\xi_2)},$$

$$s=c_0t+\frac{\lambda}{2}。$$

激波处 c 的间断是

$$c_2-c_1=a\sin\frac{2\pi\xi_2}{\lambda}-a\sin\frac{2\pi\xi_1}{\lambda}$$
$$=2a\sin\frac{\pi}{\lambda}(\xi_1-\xi_2)。$$

如果我们引进

$$\xi_1-\xi_2=\frac{\lambda\theta}{\pi},\ \xi_1+\xi_2=\lambda,$$

我们得到

$$t=\frac{\lambda}{2\pi a}\frac{\theta}{\sin\theta},$$

$$s=c_0t+\frac{\lambda}{2}, \tag{2.55}$$

$$\frac{c_2 - c_1}{c_0} = \frac{2a}{c_0}\sin\theta。$$

激波具有常数速度 c_0，而且根据该问题的对称性，这个结果可以事先推导出来。激波开始时具有零强度，这对应于 $\theta = 0$，时间 $t = \lambda/2\pi a$。它在 $\theta = \pi/2$，$t = \lambda/4a$ 时达到最大强度 $2a/c_0$，但最终要随着 $\theta \to \pi$，$t \to \infty$ 而衰减：

$$\frac{c_2 - c_1}{c_0} \sim \frac{\lambda}{c_0 t}。 \tag{2.56}$$

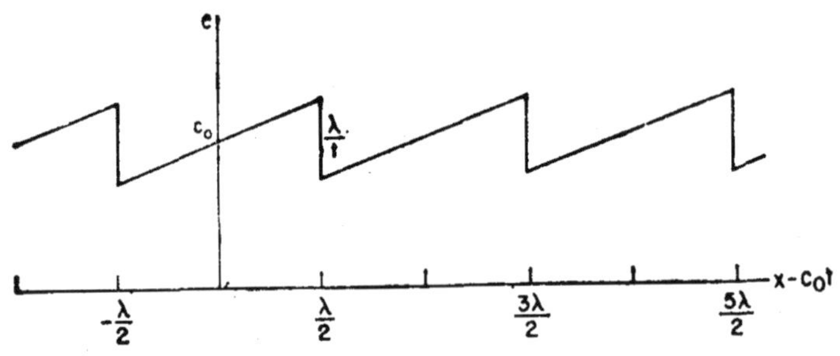

图 2.15　周期波的渐近形式

令人感兴趣的是最后的衰减公式甚至不明显地依赖于振幅 a。然而，它的适用条件是 $t \gg \lambda/a$。对于任何周期的 $F(\xi)$，正弦的或非正弦的，当 $t \to \infty$ 时 $\xi_1 - \xi_2 \to \lambda$；因此根据 (2.49)

$$\frac{c_2 - c_1}{c_0} = \frac{F(\xi_2) - F(\xi_1)}{c_0} \sim \frac{\lambda}{c_0 t}。$$

在相继的两激波之间，同以前一样，关于 c 的解是 x 的线性式，斜率为 $1/t$，而整个剖面的渐近形式是图 2.15 中所示的锯齿波。

激波的汇合

当有若干激波产生时，一般地说可能其中有一个激波会追上它前面的激波；然后它们合在一起作为单个激波而继续传播。这也可以用我们得到的关于激波的解来描述。考虑图 2.16 中的 F 曲线。所形成的两个激波对应于 P 和 Q 这两个拐点，并具有以 P_1P_2 和 Q_1Q_2 为代表的两族等面积弦。随着时间的增长，Q_1 和

P_2 这两个点互相接近，一直到达图 2.16 b 中的阶段——一根公共弦把两个峰都切割成面积相等的凸出部分。在这个阶段，对应于 P_2' 和 Q_1' 的特征线相同，因此，正如图 2.17 的 (x, t) 图中所表示的那样，两个激波刚好合成为一个。Q_2' 和 P_1' 之间的所有特征线现在已被某个激波所吸收；单个激波的继续是利用如图 2.16 c 中的 $P_1''Q_2''$ 弦，在等面积构造中只计算在这根弦上下的总面积。

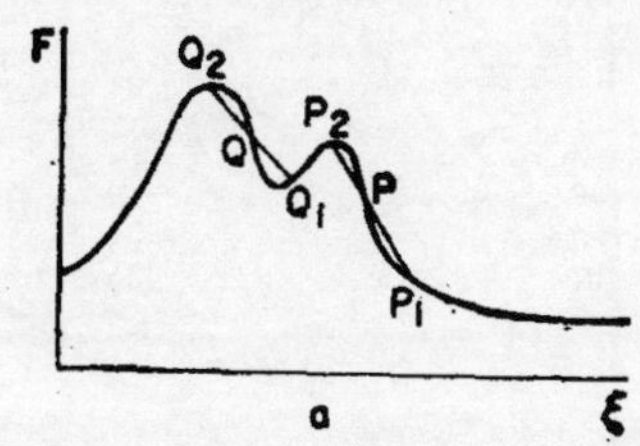

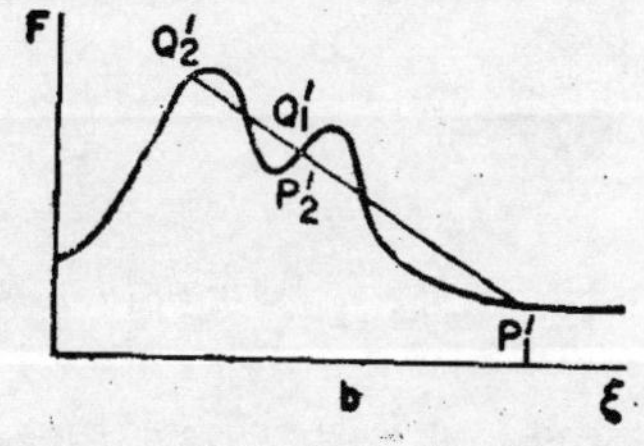

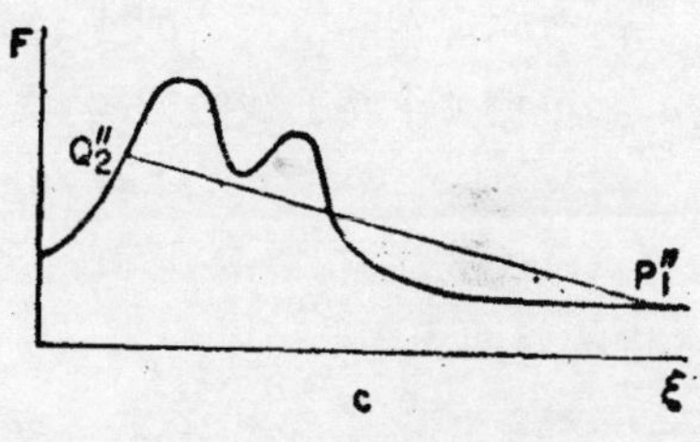

图 2.16 合并激波的构造

2.9 激波的装配：一般的 $Q(\rho)$

对于 q 与 ρ 之间一般的依赖关系而言，可以使激波定位具有与 (2.45)—(2.47) 相类似的解析形式。复杂性在于 c 与 ρ 之间的非线性关系，所以图 2.8 的构造对 ρ 而言是正确的，但是对 c 而言是不正确的。因此，我们必须研究 ρ。但是，如果我们因此画出类似于图 2.9 的 (ρ, x) 曲线，那么间断线不是映射为一条直线弦，因为平移与 c 成比例，而与 ρ 不成比例。因此，映射回初始曲线上没有特殊的优越性。

然而，我们可以用如下的方法进行研究。引进函数 $\xi(\rho)$，它是

$$\rho = f(\xi)$$

的反函数，并且还引进函数 $X(\rho, t)$，它是多值解中函数 $\rho = \rho(x,$

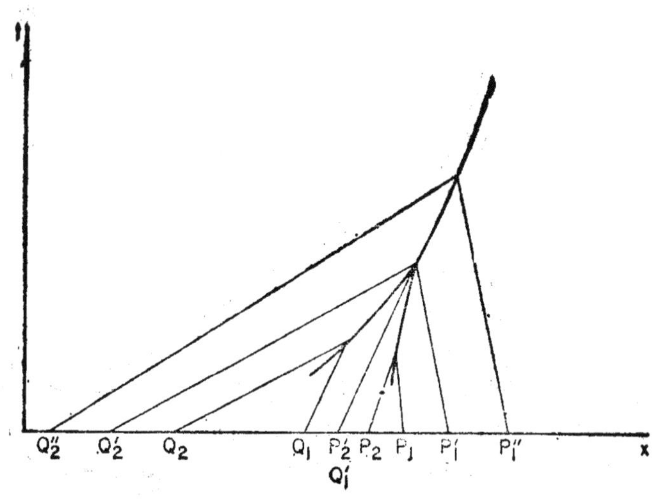

图 2.17　对应于图 2.16 的合并激波的 (x, t) 图

t)的反函数。也就是说,我们把我们的注意力集中于 ρ 的特殊值,并且注意它现在的位置,即 $X(\rho, t)$,以及它初始的位置,即 $\xi(\rho)$。根据关于特征线的方程,我们得到

$$X(\rho,t)=c(\rho)t+\xi(\rho)。\tag{2.57}$$

考虑 $s(t)$ 处的激波,并令 ρ_1 和 ρ_2 分别为激波前和激波后的值。图 2.8 中的等面积构造可以写为

$$\int_{\rho_2}^{\rho_1} X(\rho,t)d\rho=(\rho_1-\rho_2)s(t)。$$

[对于 $c'(\rho)\gtrless 0$ 中任何一种情况,这都是成立的。我们总是取 ρ_1 为激波前的值,ρ_2 为激波后的值。如果 $c'(\rho)>0$,那么 $\rho_2>\rho_1$;如果 $c'(\rho)<0$,那么 $\rho_2<\rho_1$。]因此,根据 (2.57),

$$\int_{\rho_2}^{\rho_1}\{c(\rho)t+\xi(\rho)\}d\rho=(\rho_1-\rho_2)s(t)。$$

因为 $c(\rho)=Q'(\rho)$,这可以写为

$$(q_1-q_2)t-(\rho_1-\rho_2)s(t)=-\int_{\rho_2}^{\rho_1}\xi(\rho)d\rho。\tag{2.58}$$

右边可以分部积分而写为

$$-\rho_1\xi_1 + \rho_2\xi_2 + \int_{\xi_2}^{\xi_1} \rho(\xi) d\xi。$$

激波位置 $s(t)$ 由

$$s(t) = \xi_1 + c_1 t,$$
$$s(t) = \xi_2 + c_2 t, \tag{2.59}$$

给定;解这些方程可得 $s(t)$ 和 t，并代入 (2.58)。最后，(2.58) 变为

$$\{(q_2 - q_1) - (\rho_2 c_2 - \rho_1 c_1)\} \frac{\xi_1 - \xi_2}{c_1 - c_2} = \int_{\xi_2}^{\xi_1} \rho d\xi, \tag{2.60}$$

其中 ρ，q 和 c 都是作为 ξ 的函数而通过关系式

$$\rho = f(\xi), \; q = Q(f(\xi)), \; c = Q'(f(\xi)) \tag{2.61}$$

来赋值的，下标表示关于 $\xi = \xi_1$ 和 $\xi = \xi_2$ 的值。[这使它比用 $f(\xi)$ 表示 ρ，用 $F(\xi)$ 表示 c 并引进一个新符号表示 q 为 ξ 的函数的方法更清楚一些。] 方程 (2.59) 和 (2.60) 给出关于 $s(t)$，$\xi_1(t)$，$\xi_2(t)$ 的三个关系式。而且经过微分可以直接验证激波条件

$$\dot{s} = \frac{q_2 - q_1}{\rho_2 - \rho_1}$$

是满足的。当 q 是 ρ 的二次式时，容易验证 (2.60) 简化为 (2.45)。像单峰或N波这样的问题可以同以前一样地进行分析，而且定性上是相似的。渐近公式 (2.51)，(2.52) 和 (2.53) 仍然适用，但是有点修改:

$$A = c'(\rho_0) \int_0^L (\rho - \rho_0) d\xi,$$

而 B 也作类似的变化。关于 ρ 的表达式可以从关于 c 的表达式推出，因为在渐近极限情况中扰动是弱的，而且 $\rho - \rho_0 = (c - c_0)/c'(\rho_0)$ 准确到一阶量。

2.10 关于线化理论的注释

当扰动弱时，非线性方程常常要"线化"，其方法是保留扰动的一次幂而略去其他所有的幂。对 $(c - c_0)/c_0 \ll 1$ 的弱扰动而言，

方程

$$c_t + cc_x = 0$$

应当线化为

$$c_t + c_0 c_x = 0。$$

正如以前所注意到的那样，这个方程的解是 $c - c_0 = f(x - c_0 t)$。不产生间断不形成激波，然而我们从图 2.11，2.13 和 2.15 看出，**无论初始扰动多么弱**，经过足够长的时间，这些就变得很重要了。于是，从不同答案的比较可知，当 $t \to \infty$ 时线化近似不能一致地成立。

这也可以直接看出。其方法是把线化理论看作为按小参数幂的自然展开式中的第一项。假设 ε 刻划初始时刻 $(c - c_0)/c_0$ 的最大值，并且找下列形式的解

$$c = c_0 + \varepsilon c_1(x,t) + \varepsilon^2 c_2(x,t) + \cdots。$$

当把这个展开式代入 $c_t + cc_x = 0$ 并且令 ε^n 的系数等于零时，我们得到一系列方程，开始几个为

$$c_{1t} + c_0 c_{1x} = 0,$$

$$c_{2t} + c_0 c_{2x} = -c_1 c_{1x},$$

$$c_{3t} + c_0 c_{3x} = -c_2 c_{1x} - c_1 c_{2x}。$$

这些方程很容易一个一个地求解，因为每一步我们得到

$$\phi_t + c_0 \phi_x = \Phi(x,t),$$

其中 Φ 从前一步可以知道。如果我们引进特征坐标 $y = x - c_0 t$，这可以写为

$$\left(\frac{\partial \phi}{\partial t}\right)_{y=\text{常数}} = \Phi(y + c_0 t, t)。$$

因此

$$\phi = \int_0^t \Phi(y + c_0 \tau, \tau) d\tau + \Psi(y)。$$

关于 c 的初始条件可以写为

$$c = c_0 + \varepsilon P(x), \quad \text{在 } t = 0 \text{ 时},$$

而且

$$c_1 = P(x),\ c_n = 0\,(n > 1),\ \text{在 } t = 0 \text{ 时}$$

满足它。因此在关于 c_n，$n > 1$ 的解中余函数 $\Psi(y)$ 是零。我们求出前面三个 c_n 是

$$c_1 = P(y),$$
$$c_2 = -tP(y)P'(y),$$
$$c_3 = \frac{t^2}{2}(P^2P')'。$$

显然，一般的 c_n 中将包含形式为 $t^{n-1}R_n(y)$ 的项。于是在所假设的关于 c 的级数中相继的项的量级为 $\varepsilon^n t^{n-1}$，而且当 $t \to \infty$ 时，该级数不是一致有效的。

线化理论的不足之处(在关于高阶项的解中强烈地表现出来)是它把特征线近似为 $x - c_0 t =$ 常数的线。真正的特征线相对直线有微小的偏离，当 $t \to \infty$ 时积累成很大的位移。正确的解可以写为自身依次叠进函数 (telescoping function)

$$c = c_0 + \varepsilon P(x - ct) = c_0 + \varepsilon P(x - [c_0 - \varepsilon P]t),$$

如此继续下去。于是自然的扰动展开式可以勉强利用 Taylor 级数求得!

2.11 其他边界条件;发信号问题

关于初值问题的解已经非常详细地给出。其他一些边值问题可以用类似的方法来解。从特征形式 (2.4) 显然可知，只要在与每条特征线相交一次的任何一条曲线上给定 ρ 值，则解是确定的。沿通过那个点的特征线积分 (2.4) 中两个常微分方程时，这样的边界值提供初始值。原则上，在边界曲线上每个点重复这个过程就可以在被通过边界曲线的特征线所覆盖的整个区域中构成解。如果曲线与特征线相交两次，正如图 2.18 中曲线 ABC 那样，数据只能在 AB 上或 BC 上给出，否则，例如从 AB 开始的积分在到达 BC 上时将与数据发生矛盾。因为特征线会依赖于解，所以特征线所覆盖的区域以及边界曲线的容许性并不总是事先就能定下来的。

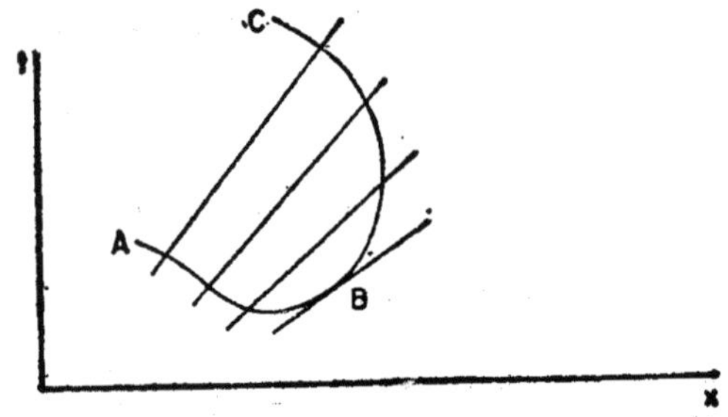

图 2.18 特征线和初始数据

一个标准的边值问题是所谓的发信号问题，对这个问题而言

$$\rho = \rho_0 \quad \text{对 } x > 0,\ t = 0,$$

$$\rho = g(t) \text{ 对 } t > 0,\ x = 0,$$

并且需要求在 $x > 0$，$t > 0$ 中的解。当然，这个问题只发生在 $c = Q'(\rho) > 0$ 的情况。(x,t) 图表示在图 2.19 中。特征线从正 x 轴和正 t 轴开始。从 t 轴开始的那些特征线有 $\rho = \rho_0$，$c = c(\rho_0) = c_0$ 而且是直线 $x - c_0t =$ 常数。因此它们预言

$$\rho = \rho_0,\ c = c_0 \text{ 在 } x > c_0t \text{ 中} \tag{2.62}$$

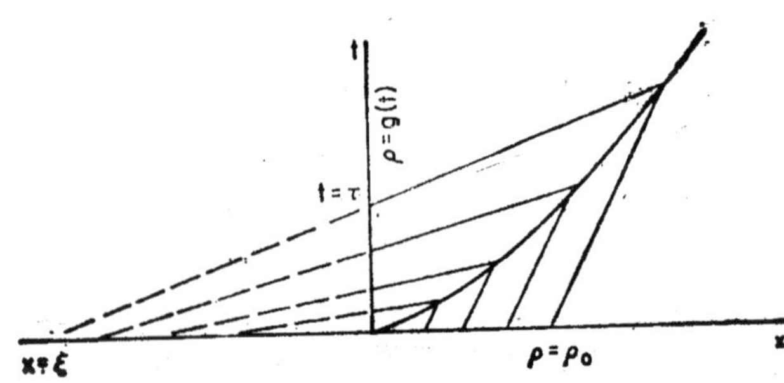

图 2.19 发信号问题的 (x,t) 图

对于从 t 轴开始的特征线，令典型的一条特征线在 $t = \tau$ 处开始。于是

$$\begin{aligned} &\rho = g(\tau), \\ &x = G(\tau)(t - \tau), \end{aligned} \tag{2.63}$$

其中 $G(\tau)=c\{g(\tau)\}$。这通过 $\tau(x,t)$ 给出隐式解。

可以通过两种方法把这个解与初值问题的解联系起来。第一种方法是注意到如果

$$\xi=-\tau G(\tau),\ f(\xi)=g(\tau),\ F(\xi)=G(\tau), \tag{2.64}$$

那么这两个解就一致了。这相当于把通过 $t=\tau$，$x=0$ 的特征线向反方向延长到 x 轴，并把交点表示为 $x=\xi$；这样就可以把发信号问题陈述为一个初值问题。另一种方法是交换 x 和 t，q 和 ρ 的作用；在公式中，$d\rho/dq=1/c$ 将出现，以代替 $dq/d\rho=c$。

在解 (2.63) 中的任何多值相交必须由激波来解决。如果 $G(0_+)>c_0$，那么将马上发生相交，因为扰动区域的第一根特征线 $x=tG(0_+)$ 在未扰区域最后一根特征线 $x=c_0t$ 的前面。在那种情况一个有限强度的激波将从原点开始。激波的定位可以利用上面所述的方法中的任一方法，从关于初值问题的结果来进行，或者它可以独立地进行。如果在时间 t 特征线 $\tau_1(t)$ 和 $\tau_2(t)$ 相交于激波上，那么从 (2.63)，

$$\begin{aligned}s(t)&=(t-\tau_1)c_1,\ c_1=G(\tau_1),\\ s(t)&=(t-\tau_2)c_2,\ c_2=G(\tau_2),\end{aligned} \tag{2.65}$$

而且与 (2.60) 相对应的公式可以写为

$$\{(q_2-\rho_2c_2)c_1-(q_1-\rho_1c_1)c_2\}\frac{\tau_2-\tau_1}{c_2-c_1}=-\int_{\tau_1}^{\tau_2}q(\tau)d\tau。 \tag{2.66}$$

方程 (2.65) 和 (2.66) 提供关于函数 $\tau_1(t)$，$\tau_2(t)$，$s(t)$ 的三个隐式方程。最重要的情况是：在原点形成前激波[即，$G(0_+)>c_0$]并且向未扰区域中传播。于是我们有 $\rho_1=\rho_0$，$c_1=c_0$，$q_1=q_0$，而且 τ_1 可以从 (2.65) 和 (2.66) 中消去。同时我们略去下标 2 并把激波关系式 (2.66) 简化为

$$\begin{aligned}\{(q-q_0)-(\rho-\rho_0)c\}(t-\tau)\\ =-\int_0^{\tau}\{q(\tau')-q_0\}d\tau'。\end{aligned} \tag{2.67}$$

这里 ρ，q 和 c 是根据

$$\rho = g(\tau),\ q = Q(g(\tau)),\ c = Q'(g(\tau))$$

确定的 τ 的函数；它们都互为已知函数，当作为 τ 的函数给定其中一个，其他的也就给定。方程 (2.63) 决定激波后扰动区域中的解；(2.67) 决定激波处适当的 $\tau(t)$ 值，将此 $\tau(t)$ 值代入 (2.63) 中我们既得到激波的位置，又得到正好在激波后的 ρ 值。

在激波的初始运动中，(2.67) 中的 $\tau(t)$ 值是小的，我们有

$$\{(q_i - q_0) - (\rho_i - \rho_0)c_i\}(t - \tau) = -(q_i - q_0)\tau + O(\tau^2),$$

其中 ρ_i，q_i 和 c_i 是在 $x = 0$ 上的初始值；也就是说，$\rho_i = g(0_+)$，等等。因此

$$\tau = \left\{1 - \frac{q_i - q_0}{(\rho_i - \rho_0)c_i}\right\} t + O(t^2)。$$

根据 (2.63)，激波位置是

$$\begin{aligned} x &= (t - \tau)c_i + O(t^2) \\ &= \frac{q_i - q_0}{\rho_i - \rho_0} t + O(t^2)。\end{aligned}$$

激波开始时具有速度 $(q_i - q_0)/(\rho_i - \rho_0)$，而这个结果可以直接从激波条件看出。如果 $g(\tau)$ 保持不变并且等于 ρ_i，那么对于所有 t 而言这是精确的，而且解是一个分隔 $\rho = \rho_0$ 和 $\rho = \rho_i$ 这两个均匀区域的速度为常数的激波。

如果 $g(\tau)$ 回到 ρ_0，那么激波终究要衰减。对于在 $\tau = T$ 处 $g(\tau)$ 回到 ρ_0 的单一的正相位而言，渐近性态相应于 (2.67) 中 $\tau = T$，$t \to \infty$，$\rho \to \rho_0$。利用这个极限，(2.67) 变为

$$\frac{1}{2} c'(\rho_0)(\rho - \rho_0)^2 t \sim \int_0^T \{q(\tau') - q_0\} d\tau',$$

而 (2.63) 中关于激波位置的表达式变为

$$x \sim c_0 t + c'(\rho_0)(\rho - \rho_0)t。$$

因此在激波处我们有

$$\rho - \rho_0 \sim \frac{1}{c'(\rho_0)} \sqrt{\frac{2A}{t}},\quad c - c_0 \sim \sqrt{\frac{2A}{t}},$$

$$x \sim c_0 t + \sqrt{2At}, \tag{2.68}$$

其中

$$A = c'(\rho_0)\int_0^T (q - q_0)d\tau。$$

在激波后面的区域中，

$$c \sim \frac{x}{t}, \quad c_0 t < x < c_0 t + \sqrt{2At},$$
$$\rho - \rho_0 \sim \frac{(c - c_0)}{c'(\rho_0)} \sim \frac{1}{c'(\rho_0)} \frac{x - c_0 t}{t}。 \tag{2.69}$$

这些结果与初值问题的结果非常相似。其他一些情况可以用同样的方法来加以研究。如果正相位后面接着是负相位，那么存在第二个激波，它的渐近性态可由修改后的(2.68)式给出，修改在于用负相位上相应的积分来代替 A，而符号要作适当的改变。最后的形式是N波，公式(2.69)向后推广到后面的激波。

2.12 更一般的拟线性方程

一般的一阶拟线性方程，对 ρ_t 和 ρ_x 是线性的，但是还可以有一个不带导数的项。ρ_t，ρ_x 的系数和不带导数的项可以是 ρ，x，t 的任何函数。如果 ρ_t 的系数不为零，那么可以用这个量除方程而把方程写为如下形式：

$$\rho_t + c\rho_x = b, \tag{2.70}$$

其中 b 和 c 是 ρ，x 和 t 的函数。这样的方程又可以归结为沿着特征线求积常微分方程组，也就是把(2.70)写为特征形式：

$$\frac{d\rho}{dt} = b(\rho, x, t), \quad \frac{dx}{dt} = c(\rho, x, t)。 \tag{2.71}$$

具体地说，具有初始数据

$$\rho = f(x), \quad t = 0$$

的初值问题的解法是在初始条件

$$\rho = f(\xi), \quad x = \xi, \quad t = 0$$

之下积分(2.71)中联立的常微分方程组。每选择一个 ξ 就能确定

通过 $x=\xi$ 的那条特征线以及沿此特征线的 ρ 值。使参数 ξ 变化，就可求得在整个区域中的解。

当 $b\neq 0$ 时，ρ 沿特征线不再是常数，而且一般来说各特征线并不是直线。但是确定的方法定性上是一样的。同样在 (x,t) 平面中的特征线的相交时，可以发生波的间断。同样可以引入适当的间断以避免多值解。

出现了一些有趣的关于间断的情况，我们在这里将考虑两个例子。

阻尼波

作为第一个例子，考虑

$$c_t+cc_x+ac=0 \tag{2.72}$$

的情况，其中 a 是一个正常数。在特征形式中它写为

$$\frac{dc}{dt}=-ac,\quad \frac{dx}{dt}=c。 \tag{2.73}$$

如果我们取初值问题作为例子，那么第一个方程可以积分为

$$c=e^{-at}f(\xi)。 \tag{2.74}$$

于是第二个方程是

$$\frac{dx}{dt}=e^{-at}f(\xi),$$

并且我们要求在 $t=0$ 时 $x=\xi$。解是

$$x=\xi+\frac{1-e^{-at}}{a}f(\xi)。 \tag{2.75}$$

非线性性导致典型的波剖面畸变，但是由于原方程中有不带导数的项，波同时是受到阻尼的。

现在考虑间断发生的问题。这是非常容易研究的，其方法是看一看特征线 (2.75) 是否具有包络线。这些曲线的包络线满足 (2.75) 对参数 ξ 的导数：

$$0=1+\frac{1-e^{-at}}{a}f'(\xi)。 \tag{2.76}$$

因为 $a>0$，$t>0$，所以当且仅当

$$f'(\xi) < -a \tag{2.77}$$

时这才是可能的。因此，当且仅当初始曲线具有足够大的负斜率时才发生间断；如果压缩相不是足够陡的话，那么阻尼可以防止间断的发生。

这种类型的不等式可用以确定向河流上游传播的潮汐波的变化是否足够强以致波破碎而形成涌浪[1]，即确定摩擦是否占主导地位。不过相应的方程比刚才考虑的更复杂(见第三章)。对大多数河流而言，摩擦效应是占主导地位的。然而，那些具有涌浪的有名的河流在河口处有足够高的潮汐波，并且由于河流急剧变窄产生了附加的加强作用，因此可以克服各种各样的摩擦效应。Abbott (1956) 讨论和应用过这个理论。5.7 节中会再次谈到。

运动源产生的波

如果 (2.70) 中的 b 是与 ρ 无关的，那么它可以解释为一个外来的流体源。一个特别令人感兴趣的情况是当源扰动以定常速度 V 运动时的情况。在更复杂的磁气体动力学范围内，最近有一个例子：波动是由于对流体施加一个运动的力而产生 (Hoffman, 1967)。我们可以利用我们的简单模型来考察某些定性的效应。

我们取

$$b = B(x - Vt),$$

其中 V 是常数，而 $B(x)$ 是一个当 $|x| \to \infty$ 时迅速趋于零的正函数。我们假设在 $t = 0$ 时 ρ 具有常数值 $\rho = \rho_0$。如果 $c_0 = c(\rho_0)$，那么存在重大的差别，具体情况视源运动的速度是超音速(即 $V > c_0$) 还是亚音速(即 $V < c_0$) 而定。

令人惊奇的结果是超音速源不产生激波，而亚音速源总是产生激波。利用寻找一个具有

$$\rho = \rho(X), \quad X = x - Vt \tag{2.78}$$

形式的定常剖面解，就可以非常简单地看出这一点。然而，我们仅仅是在考察模型而已，目的在于显示其定性的效应，因此我们取

---

1) 涌浪 (bore) 指壮观的陡而高的潮如钱塘江就有这种现象。——校者

$$c_t + cc_x = B(x - V_t) \tag{2.79}$$

这个特定情况。于是在定常剖面解中

$$(c - V)c_X = B(X),$$

$$\frac{1}{2}(V - c)^2 - \frac{1}{2}(V - c_0)^2 = -\int_X^\infty B(y)dy。$$

在超音速情况，$V > c_0$，关于 c 的解是

$$c = V - \left\{(V - c_0)^2 - 2\int_X^\infty B(y)dy\right\}^{1/2}。 \tag{2.80}$$

如果

$$V - c_0 > \left\{2\int_{-\infty}^\infty B(y)dy\right\}^{1/2}, \tag{2.81}$$

那么对所有 X 而言，(2.80) 是一个令人满意的系值解，而激波是不需要的。(2.81) 这个判据是速度 $V - c_0$ 和总源强度

$$\int_{-\infty}^\infty B(y)dy$$

之间的一个不等式。

我们可以用如下的论述来获得关于这个结果的一些感性知识。如果源以一个很大的超音的速度运动，能够跟上它的唯一的激波应该是很强的。但是如果源比较小，不可能产生一个强激波，而且是不需要的。

当不等式 (2.81) 不成立时，对 $X \leqslant X_0$ 而言，其中 X_0 满足

$$V - c_0 = \left\{2\int_{X_0}^\infty B(y)dy\right\}^{1/2},$$

(2.80) 不成立。在 $X = X_0$ 处，$c = V$，而且由起始条件引起的瞬变过程能够赶上并且的确赶上了此波。不详细讨论瞬变过程就不可能完成这个解。同样地，在亚音速情况，不全面地讨论瞬变过程就不可能建立其解。在这两种情况中都发现有激波存在。详细讨论由 Hoffman (1967) 给出。

2.13 非线性一阶方程

关于拟线性方程的讨论已经提出了许多需要进一步考虑的问

题。然而，在进一步考虑这些问题之前，我们简单地提一下：在完全非线性一阶方程这个一般情况中也存在相类似的利用特征线的构造。这些结果以后也将需要。

求出一个含有 n 个独立变量 $(x_1, \cdots, x_n)$ 的方程的特征形式将是有用的。于是我们考虑一个函数 $\phi(x_1, \cdots, x_n)$，它满足微分方程

$$H(\boldsymbol{P}, \phi, \boldsymbol{X}) = 0, \tag{2.82}$$

其中 $\boldsymbol{P}$ 和 $\boldsymbol{X}$ 表示分量为 p_i 和 x_i，$i = 1, \cdots, n$ 的向量，而

$$p_i = \frac{\partial \phi}{\partial x_i}。 \tag{2.83}$$

我们提出一个问题：在 x 空间中是否存在具有类似于拟线性方程特征线的特殊性质的曲线，问这个问题可以启发大家得出特征形式。在 x 空间中的任何曲线 $\mathscr{C}$ 可以写为参数形式

$$\boldsymbol{X} = \boldsymbol{X}(\lambda)。$$

ϕ 沿曲线 $\mathscr{C}$ 的全导数是[1)]

$$\frac{d\phi}{d\lambda} = \frac{\partial \phi}{\partial x_i} \frac{dx_i}{d\lambda} = p_i \frac{\partial x_i}{d\lambda}。$$

是否可以选择一个方向向量 $dx_i/d\lambda$，它对于 (2.82) 的解具有特别的重要性？在拟线性情况，我们有 $H \equiv c_i(\phi, \boldsymbol{X}) p_i - b(\phi, \boldsymbol{X})$，我们选择

$$\frac{dx_i}{d\lambda} = c_i(\phi, \boldsymbol{X}),$$

所以 $d\phi/d\lambda = c_i p_i$；于是我们利用这个方程得到

$$\frac{d\phi}{d\lambda} = b(\phi, \boldsymbol{X})。$$

但是，一般来说，无论怎样选择 $dx_i/d\lambda$，我们不能在关于 $d\phi/d\lambda$ 的表达式中消去 p_i。我们得不到一个只是关于 ϕ 的常微分方程；p_i 也包括在内了。然而，另外再考虑在 $\mathscr{C}$ 上的 p_i 的全导数。我们得到

1）我们利用这个求和约定：一个重复的下标自动地对 $1, \cdots, n$ 求和。

$$\frac{dp_i}{d\lambda}=\frac{d}{d\lambda}\left(\frac{\partial\phi}{\partial x_i}\right)=\frac{\partial^2\phi}{\partial x_i\partial x_j}\frac{dx_j}{d\lambda},\tag{2.84}$$

而且 (2.82) 的 x_i 导数产生

$$\frac{\partial^2\phi}{\partial x_i\partial x_j}\frac{\partial H}{\partial p_j}+\frac{\partial H}{\partial\phi}\frac{\partial\phi}{\partial x_i}+\frac{\partial H}{\partial x_i}=0。\tag{2.85}$$

比较这两个方程，我们看出选择由

$$\frac{dx_i}{d\lambda}=\frac{\partial H}{\partial p_i}\tag{2.86}$$

定义的曲线 $\mathscr{C}$ 的特殊的优越性。因为在那种情况下，根据 (2.85)，可以算出 (2.84) 为

$$\frac{dp_i}{d\lambda}=-p_i\frac{\partial H}{\partial\phi}-\frac{\partial H}{\partial x_i}。\tag{2.87}$$

于是，如果我们加上

$$\frac{d\phi}{d\lambda}=p_j\frac{\partial H}{\partial p_j},\tag{2.88}$$

那么 (2.86)—(2.88) 是一个包含 $(2n+1)$ 个常微分方程的完整的方程组，它决定"特征线" $x_i(\lambda)$ 以及在此特征线上的 ϕ 值和 p 值。原则上，在整个一个区域中的解可以通过沿覆盖该区域的特征线积分这些特征方程的方法来求得。

在拟线性方程这个特殊情况中，$H\equiv c_i(\phi,\boldsymbol{X})p_i-b(\phi,\boldsymbol{X})$，(2.86) 和 (2.88) 简化为

$$\frac{dx_i}{d\lambda}=c_i(\phi,\boldsymbol{X}),$$

$$\frac{d\phi}{d\lambda}=p_jc_j=b(\phi,\boldsymbol{X}),$$

它们可以独立于 (2.87) 而求解。在以前的讨论中，x_i 中有一个是时间 t，其相应的 c_i 是 1，而参数 λ 是 t 本身。

第三章 特殊问题

在这一章中我们要把到目前为止所阐述的基本思想更详细地应用到在 2.2 节中所提出的特殊情况中去。同时，在这些特定的方程组的基础上可以使一般思想更深入一步。

3.1 交通流

这些思想在交通流上的应用是由 Lighthill, Whitham (1955) 和 Richards (1956) 独立地列出方程并加以讨论的。在这种情况下，流动速度

$$V(\rho)=\frac{Q(\rho)}{\rho}$$

显然一定是 ρ 的一个递减函数，它从 $\rho=0$ 时的一个有限的最大值开始，随着 $\rho\to\rho_j$ 而减小到零，ρ_j 是当汽车一辆紧挨着一辆时的 ρ 值。因此 $Q(\rho)$ 在 $\rho=0$ 和 $\rho=\rho_j$ 时都为零，而在中间某一密度 ρ_m 处具有一个最大值 q_m。它具有图 3.1 中所表示的凸起形

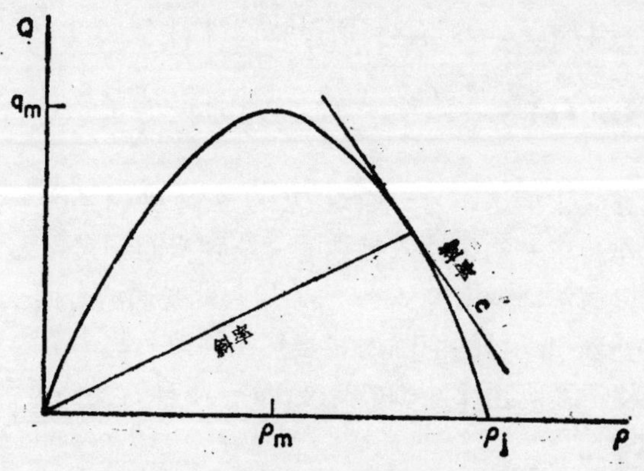

图 3.1　交通流中流量-密度曲线

状。交通流的实际观测结果表明，对于单一通道而言，典型的值是：ρ_j 约为每英里 225 辆，ρ_m 约为每英里 80 辆，q_m 约为每小时 1500 辆。对于多通道公路而言，把这些数值乘上通道数看来大体上是正确的。令人感兴趣的是，根据这些数字，最大流量是在每小时 20 英里附近的一个低速度处达到。

波的传播速度是

$$c(\rho) = Q'(\rho) = V(\rho) + \rho V'(\rho)。$$

因为 $V'(\rho) < 0$，所以传播速度小于汽车速度；波通过交通流向后传播，而司机得到警告说前面有扰动。速度 c 是 (q, ρ) 曲线的斜率，所以波相对道路向前或向后运动，具体情况取决于 $\rho < \rho_m$ 还是 $\rho > \rho_m$。在最大流量处，$\rho = \rho_m$，波相对道路是不动的，所以相对汽车的传播速度与 $q_m/\rho_m \sim 20$ 英里/小时相同。

在 $\rho = \rho_j$ 附近，我们可以单从反应时间这一点来作一粗略的估计。如果我们假设司机及其汽车需要经过一段时间 δ 之后才能对前面的任何变化作出反应，那么为了安全起见汽车之间的间隙应该保持为 $V\delta$。如果 h 是车头距，它定义为相继的两汽车头部之间的距离，而 L 是典型的汽车长度，那么这导出

$$V = \frac{h - L}{\delta}。$$

因为 $h = 1/\rho$，$L = 1/\rho_j$，所以我们得到

$$V(\rho) = \frac{L}{\delta}\left(\frac{\rho_j}{\rho} - 1\right), \quad Q(\rho) = \frac{L}{\delta}(\rho_j - \rho)。$$

大家也许应该把这作为对曲线 $Q(\rho)$ 在 ρ_j 处斜率的一个估计，而不应该作为对 ρ 的线性依赖性的一个现实的预言。无论如何，它给出那里的传播速度为 $c_j = -L/\delta$。就交通流方面来说，通常估计 δ 在 0.5～1.5 秒的范围内，虽然在其他一些情况中人的反应时间可能快得多。由 $L = 20$ 英尺，$\delta = 1$ 秒，我们得到 $c_j \sim -14$ 英里/小时。

Greenberg (1959) 发现，如果取

$$Q(\rho) = a\rho \log \frac{\rho_j}{\rho},$$

其中 $a = 17.2$ 英里/小时，$\rho_j = 228$ 辆/英里，那么就能与纽约的 Lincoln 隧道的数据符合得很好。对于这个公式而言，相对传播速度 $V-c$ 在所有密度时都等于常数值 a。 ρ_m 和 q_m 的值为 $\rho_m = 83$ 辆/英里，$q_m = 1430$ 辆/小时。 当 $\rho \to 0$ 时，这个对数公式不能给出一个有限的 V 值，但是对于非常稀疏的交通而言，这个理论就靠不住了，所以单就这一点来说是不重要的。由一个有限的最大值 V 和一个有限的 $V'(\rho)$，我们得到当 $\rho \to 0$ 时 $c \to V$，所以大家应该预料到密度变小时 $V-c$ 就减小。

因为 $Q(\rho)$ 是凸的，即 $Q''(\rho) < 0$，所以 c 本身始终是 ρ 的一个递减函数。这意味着局部的密度增加如图 3.2 所示的那样传播开去，并在其后部形成一个激波。个别汽车运动得比波快，因此司机是从后面进入这样一个局部密度增加区；他穿过激波时必须迅速地减速，但是当他离开交通拥挤的地方时只能慢慢地加速。这似乎是与经验一致的。其详细情况可以用第二章的理论来加以分析。尤其是，最后的渐近性态是三角波，它是图 3.2 中最后一个剖面。波长按 $t^{1/2}$ 增加，而激波按 $t^{-1/2}$ 减小。 真正的解析表达式是

$$c \sim \frac{x}{t}, \quad \rho - \rho_0 \sim \frac{x - c_0 t}{c'(\rho_0) t}, \text{ 对于 } c_0 t - \sqrt{2Bt} < x < c_0 t,$$

其中

$$B = |c'(\rho_0)| \int_{-\infty}^{\infty} (\rho - \rho_0)\, dx 。$$

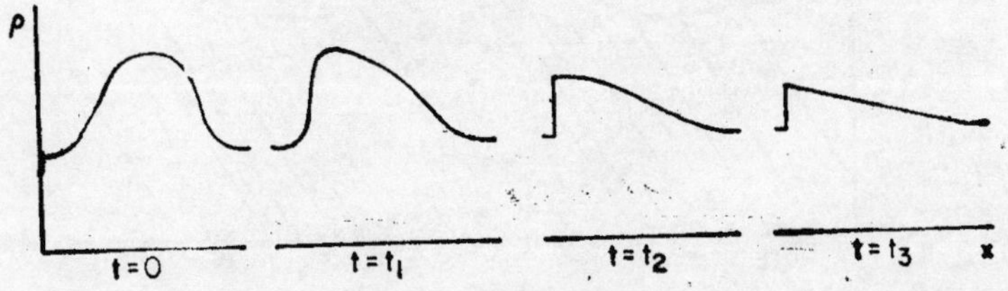

图 3.2 交通流中间断波

激波位于

$$x=c_0t-\sqrt{2Bt},$$

而 c 和 ρ 在激波处的跳跃为

$$c-c_0\sim-\sqrt{\frac{2B}{t}},\quad \rho-\rho_0\sim\frac{1}{|c'(\rho_0)|}\sqrt{\frac{2B}{t}}。$$

交通灯问题

更复杂的一个问题是交通灯处的流动分析。我们在 (x,t) 图中构造特征线。它们是密度为常数的直线，它们的斜率 $c(\rho)$ 决定在它们上面的 ρ 的对应值。所以一旦得到 (x,t) 图，便可解此问题。

首先假设红灯时间足够长，以致允许下次通行的车辆以某个密度值 $\rho_i<\rho_m$ 自由地流动。于是我们可以从图 3.3 的区间 AB 中与 t 轴相交的，斜率为 $c(\rho_i)$ 的特征线着手；AB 是一个绿灯时间的一部分。[画 (x,t) 图是以 x 为垂直轴，t 为水平轴，因为这是论述交通流的参考文献中一般的习惯。]刚好在红灯时间 BC 下面，汽车不动而 $\rho=\rho_j$；因此特征线具有负的斜率 $c(\rho_j)$。交通灯处停着的汽车长龙和自由流之间的分界线必定是一个激波 BP，并且根据激波条件它的速度是

$$-\frac{q(\rho_i)}{\rho_j-\rho_i}。$$

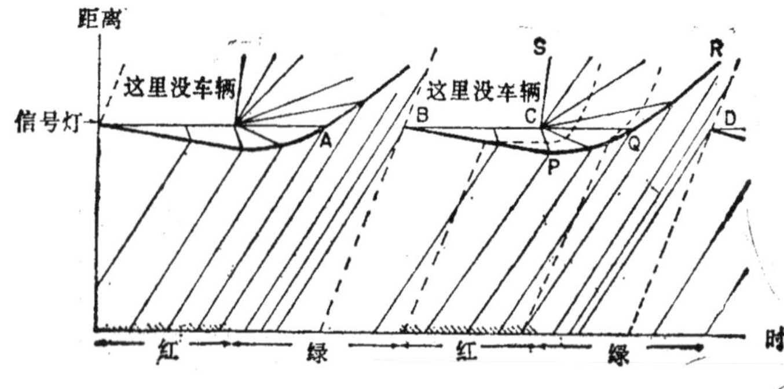

图 3.3　高效率交通灯的波图

当在 C 处变为绿灯时，前面的汽车可以以最大速度前进，因为在它们前面 $\rho=0$。（用延长有效红灯时间的方法就可以粗略地考虑有限的加速度。）这是用具有最大斜率 $c(0)$ 的特征线 CS 来表示的。在 CS 和 CP 之间我们得到一个可取所有 c 值的膨胀扇形。正好在交界线 CQ 处，斜率 c 必定为零。但是这对应于最大值 $q=q_m$。因此我们得到有趣的结果：q 正好在交通灯处达到其最大值。只要绿灯时间足够长，激波 $BPQR$ 被膨胀扇形所削减，并且最后加速穿过交界线。关于激波是否能穿过交界线的判据是容易建立的。在时间 BQ 内总来流是 $(t_r+t_s)q_i$，其中 t_r 是红灯时间 BC，而 t_s 是绿灯时间中激波穿过交界线之前的那部分。在这段时间内通过交界线的流动是 t_sq_m。这两项一定相等；所以

$$t_s=\frac{t_rq_i}{q_m-q_i}。$$

为了激波能穿过交界线，并且为了交通灯能自由地操纵，绿灯时间必须超过这个临界值。

如果激波不能穿过交界线，那么流动决不能成为自由的，而且使人头痛的交通蠕动就会发展下去。给大家看一下相应的 (x,t) 图即图 3.4 而不加以评论也许就够了！

高阶效应；扩散和反应时间

有两个明显的附加效应可能是人们希望把它们包括在这个理论中的。一个是 2.4 节中所提到的：q 不但依赖于 ρ，而且依赖于 ρ_x。这以一种粗略的方式引入司机对前面条件的感觉程度，并且它产生波的**扩散**。具有正确的定性性态的最简单的假设是

$$q=Q(\rho)-\nu\rho_x,\quad v=V(\rho)-\frac{\nu}{\rho}\rho_x, \tag{3.1}$$

并且人们没有更多的理由去选择更复杂的任何假设。

第二个效应是司机及其汽车对流动条件的任何变化作出反应的时间滞后。引入这个效应的一种方法是认为 (3.1) 中关于 v 的表达式是司机加速所希望达到的速度；所以方程

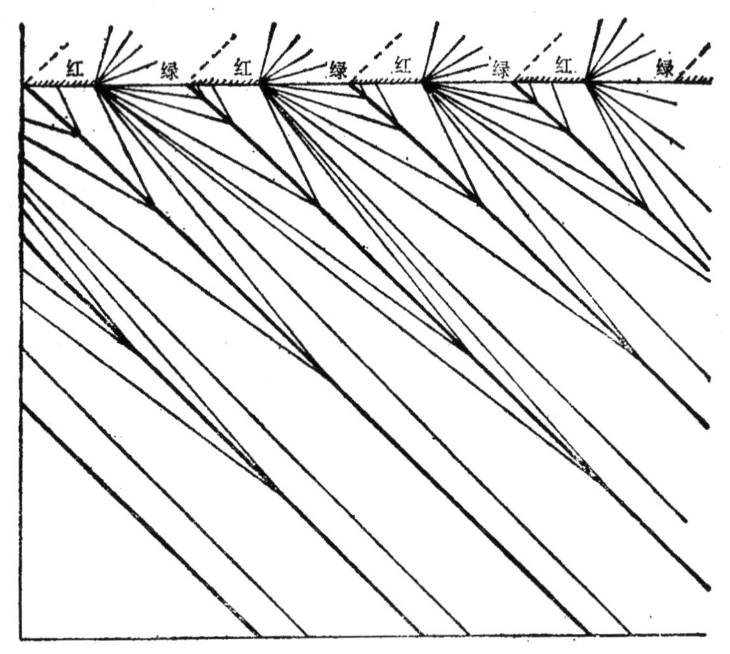

图 3.4 交通灯变化过分频繁时缓慢蠕动的波图

$$v_t + vv_x = -\frac{1}{\tau}\left\{v - V(\rho) + \frac{\nu}{\rho}\rho_x\right\} \tag{3.2}$$

可以作为加速度而引入。系数 τ 是反应时间的一种量度，并且与以前提到过的量 δ 相类似。方程 (3.2) 要与守恒方程

$$\rho_t + (\rho v)_x = 0 \tag{3.3}$$

一起求解。当 ν，τ 在一个适当的无量纲量度中都很小时，(3.2) 用 $v = V(\rho)$ 来近似，因此我们得到更简单的理论。把高阶项包括在 (3.2) 中，我们预料激波作为平滑的阶梯而出现，等等。总的来说，这是对的，但是情况原来更要复杂。

即使如 2.10 节中我们所讨论的那样线化可能具有其本身的缺点，我们还是通过考察线化理论来获得关于非线性方程的初步知识，这样做总是有帮助的。如果 (3.2) 和 (3.3) 是对 $\rho = \rho_0$，$v = v_0 = V(\rho_0)$ 附近的小扰动进行线化的，即用

$$\rho = \rho_0 + r, \quad v = v_0 + w$$

代入方程并且仅仅保留 r 和 w 的一次幂，那么我们得到

$$\tau(w_t + v_0 w_x) = -\left\{w - V'(\rho_0)r + \frac{\nu}{\rho_0} r_x\right\},$$

$$r_t + v_0 r_x + \rho_0 w_x = 0。$$

运动学波速是

$$c_0 = \rho_0 V'(\rho_0) + V(\rho_0);$$

因此 $V'(\rho) = -(v_0 - c_0)/\rho_0$。引入这一表达式，然后消去 w，我们得到

$$\frac{\partial r}{\partial t} + c_0 \frac{\partial r}{\partial x} = \nu \frac{\partial^2 r}{\partial x^2} - \tau\left(\frac{\partial}{\partial t} + v_0 \frac{\partial}{\partial x}\right)^2 r。 \tag{3.4}$$

当 $\nu = \tau = 0$ 时，我们得到运动学波的线化近似：$r = f(x - c_0 t)$。与 ν 成比例的项引入典型的热传导方程类型的扩散。有限反应时间的效应更加复杂，但是用如下的方法可以很快地洞察这个效应。在由左边所控制的基本波动中，$r = f(x - c_0 t)$，所以对 t 的导数近似等于 $-c_0$ 乘以对 x 的导数：

$$\frac{\partial}{\partial t} \simeq -c_0 \frac{\partial}{\partial x}。 \tag{3.5}$$

如果这个近似式用于(3.4)的右边，那么这个方程简化为

$$\frac{\partial r}{\partial t} + c_0 \frac{\partial r}{\partial x} = \{\nu - (v_0 - c_0)^2 \tau\} \frac{\partial^2 r}{\partial x^2}。 \tag{3.6}$$

当

$$\nu > (v_0 - c_0)^2 \tau \tag{3.7}$$

时，存在一种联合的扩散；但是如果

$$\nu < (v_0 - c_0)^2 \tau, \tag{3.8}$$

那么存在不稳定性。这是合理的；为了稳定起见，司机应该往前面看得足够远以弥补其反应时间。

稳定性判据可以从完全的方程(3.4)出发用传统的方法来直接验证。如果

$$\tau(\omega - v_0 k)^2 + i(\omega - c_0 k) - \nu k^2 = 0,$$

那么 (3.4) 存在指数解

$$r \propto e^{ikx-i\omega t}。$$

如果对 ω 的两个根都有虚部 $\mathscr{I}\omega<0$，那么指数解将是稳定的。容易验证，关于的条件是 (3.7)，所以近似方法的结果得到证实，并且可推广到所有波长。

高阶波

重要的是注意这一点：(3.4) 右边本身是一个波算子，而且我们可以把这个方程写为

$$\frac{\partial r}{\partial t}+c_0\frac{\partial r}{\partial x}=-\tau\left(\frac{\partial}{\partial t}+c_+\frac{\partial}{\partial x}\right)\times\left(\frac{\partial}{\partial t}+c_-\frac{\partial}{\partial x}\right)r \tag{3.9}$$

其中

$$c_+=v_0+\sqrt{\nu/\tau},\quad c_-=v_0-\sqrt{\nu/\tau}。 \tag{3.10}$$

因此人们应该预料到，以速度 c_+ 和 c_- 行进的波也起着某种作用。目前深入研究这个问题为时过早，但是对这个问题作一评论在解释稳定性条件中具有重大的意义。我们以后在讨论高阶方程时将看到，最高阶导数中的传播速度总是决定最快的和最慢的信号。于是，在现在的情况中无论 τ 多么小，只要它不为零，那么最快的信号以速度 c_+ 前进，而最慢的信号以 c_- 前进。因此，很显然，近似式

$$\frac{\partial r}{\partial t}+c_0\frac{\partial r}{\partial x}=0 \tag{3.11}$$

只有在

$$c_-<c_0<c_+ \tag{3.12}$$

的条件下才有意义。但是这刚好是稳定性判据 (3.7)。所以只有当 (3.12) 成立时流动是稳定的，于是对于小的 τ 而言，用 (3.11) 来近似 (3.9) 是合适的。稳定性和波相互作用之间存在极好的对应性。

方程 (3.9) 出现在一些应用问题中，全面的讨论在第十章给

出。

激波结构

更复杂形式的高阶修正项有可能导致一种新的激波结构。对于 2.4 节中所用的具有 $\nu>0$ 的简单扩散项而言，我们曾经得到一个连续的激波结构。我们现在将要看到，当存在其他高阶项时情况不一定这样。我们寻找 (3.2)—(3.3) 的定常剖面解，即

$$\rho=\rho(X),\ v=v(X),\ X=x-Ut,$$

其中 U 是固定不变的平移速度。方程 (3.3) 变为

$$-U\rho_X+(v\rho)_X=0 \tag{3.13}$$

并且可以积分为

$$\rho(U-v)=A, \tag{3.14}$$

其中 A 是一个常数。方程 (3.2) 变为

$$\tau\rho(v-U)v_X+\nu\rho_X+\rho v-Q(\rho)=0。 \tag{3.15}$$

因为 $v=U-A/\rho$，这可以化为

$$\left(\nu-\frac{A^2}{\rho^2}\tau\right)\rho_X=Q(\rho)-\rho U+A。 \tag{3.16}$$

对于 $\tau=0$，它与 (2.21) 相同，这本来应该如此。对于 $\tau\neq 0$ 而言，$\nu-A^2\tau/\rho^2$ 也许为零引起一些新的效应。

和以前一样，我们对 $X=+\infty$ 处的 ρ_1 和 $X=-\infty$ 处的 ρ_2 之间的解的曲线感兴趣。ρ_1，ρ_2 使 (3.16) 右面为零。对于交通流而言，$c'(\rho)=Q''(\rho)<0$，所以 $\rho_2<\rho_1$，而且对于 $\rho_2<\rho<\rho_1$ 而言，(3.16) 的右边是正的。如果在这个范围内 $\nu-A^2\tau/\rho^2$ 保持为正，那么 $\rho_X>0$，因而我们得到如图 3.5 中那样的一个光滑剖面。考虑到 (3.14)，$\nu-A^2\tau/\rho^2$ 保持为正这个条件可以写为

$$\nu>(v-U)^2\tau,\ 即，\ v-\sqrt{\nu/\tau}<U<v+\sqrt{\nu/\tau}。 \tag{3.17}$$

如果将 (3.7) 中的 v_0 用局部速度来代替，c_0 用激波速度 U 来代替，那么在形式上 (3.17) 与线化稳定性判据 (3.7) 相似。我们也可以用类似 (3.12) 的方法把它解释为激波企图违反高阶信号速度时可能带来一些麻烦的一种警告。然而，它未必是一种不稳定的情况。使 $\pm\infty$ 处的均匀状态稳定的条件是

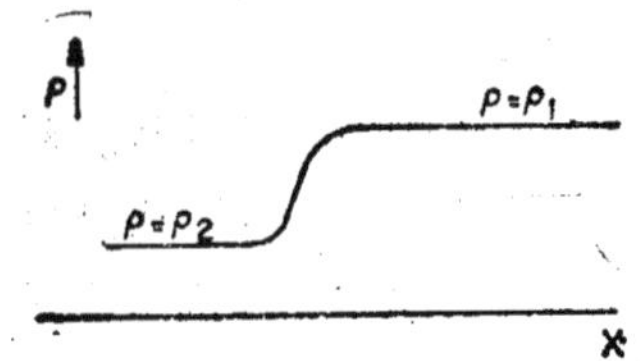

图 3.5 连续的激波结构

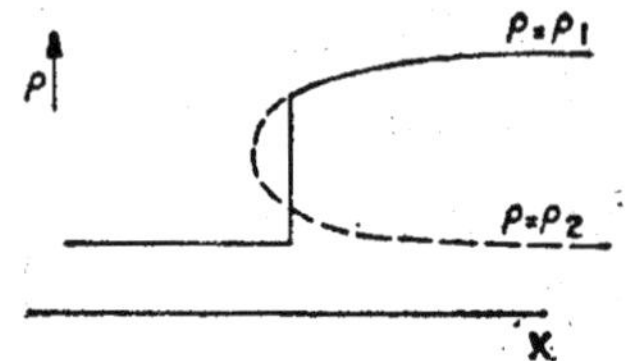

图 3.6 具有内部间断的激波结构

$$v_1-\sqrt{\nu/\tau}<c_1<v_1+\sqrt{\nu/\tau},$$
$$v_2-\sqrt{\nu/\tau}<c_2<v_2+\sqrt{\nu/\tau}。\tag{3.18}$$

一般来说，可能这些条件得到满足然而 (3.17) 却得不到满足。如果这样的话，在剖面中 $\nu-A^2\tau/\rho^2$ 改变符号，如图 3.6 中那样，因而一个单值的连续的剖面不再可能。

在大多数激波结构问题中，当剖面以这种方式折向自己的后面时，修正它的方法是引入一个适当的间断。严格地说，这种情况又对应于关于特殊描述水平的一些假设的失效，但是一个间断的引入，只要它对应于基本方程的有效的积分形式，那么就可以避免明显地讨论更高阶的效应。在 (3.2) 和 (3.3) 这种情况，哪些守恒形式适合于间断条件，哪些附加效应应该引入，都不是清楚的。人们预料图 3.6 中实线所表示的一个间断剖面，但是对于这种情况而言，间断的精确位置是不清楚的。在以后讨论的其他一些情况中，可以讨论其详细情况。这里要强调的一点是：利用

$$\rho_t+c(\rho)\rho_x=0$$

的简单理论中的间断，在一更精确的描述中只能部分地分解为连续过渡。

关于汽车跟踪理论的注释

关于离散模型，人们已经做了大量的工作，在离散模型中汽车长队中第 n 辆汽车的运动是用其他汽车的运动来决定的。[例如见 Newell (1961) 和那里给出的更早的参考文献。] 如果在时间 t 第 n 辆汽车的位置是 $s_n(t)$，所假设的运动定律通常取如下形式：

$$\dot{s}_n(t+\Delta)=G\{s_{n-1}(t)-s_n(t)\},\tag{3.19}$$

在速度 $\dot{s}_n$ 和车头距 $h_n = s_{n-1} - s_n$ 之间有一时间滞后△以考虑司机的反应时间。如果 $G(h_n)$ 选为 h_n 的线性函数，或者如果为了研究一均匀状态附近的起伏现象而把方程线化的话，那么可以用 Laplace 变换来求解。然而，一般来说，人们必须依靠计算机来进行研究。

这种类型的模型更严格地观察个别汽车是如何运动的，所以它比连续介质理论范围更窄，在连续介质理论中这些个别汽车的全部复杂性态都包括在函数 $Q(\rho)$ 和参数 ν 和 τ 中。但是每一个模型导出关于这些量的一个特殊形式，它在解释观察资料中也许很有用。而且，这样一些模型可以导出连续介质理论所不能看出的一些附加效应。

为了看出 (3.19) 中特殊的汽车跟踪模型与连续介质理论的对应关系，我们先注意 $G(h)$ 与 $Q(\rho)$ 的关系式。在一个具有等间距 h 的均匀流中，(3.19) 中的速度都相等，并且由关系式 $v=G(h)$ 给出。因为 $h = 1/\rho$，$v = q/\rho$，所以对应的连续介质方程中的函数 $Q(\rho)$ 是

$$Q(\rho) = \rho G\left(\frac{1}{\rho}\right)。$$

如果已知关于 $G(h)$ 的经验的或其他的信息，那么就可以把这些信息转化为 $\rho = \rho_j$ 附近的 $Q(\rho)$ 的信息。当然，在密度更低的地方 $Q(\rho)$ 将还要受到超车的和改变通道的汽车的影响。

在由 (3.19) 所描述的波的传播中，头上一辆汽车的运动通过流动依次传向后面，这种波的传播应该是具有这样选择的 $Q(\rho)$ 的前面所述的连续介质理论结果的一个典型的有限差分格式。(3.19) 这个有限差分形式也引入与 (3.2) 中那些高阶效应等价的一些高阶效应，而且我们可以作一详细比较。如果我们令

$$v_n(t) = \dot{s}_n(t), \quad s_{n-1}(t) - s_n(t) = h_n(t), \qquad (3.20)$$

那么 (3.19) 等价于如下的两个方程:

$$v_n(t + \Delta) = G(h_n), \qquad (3.21)$$

$$\frac{dh_n}{dt} = v_{n-1}(t) - v_n(t)。 \tag{3.22}$$

在这一形式中我们引入连续的函数 $v(x, t)$ 和 $h(x,t)$ 使它们满足

$$v(s_n, t) = v_n(t), \tag{3.23}$$

$$h\left(\frac{s_{n-1} + s_n}{2}, t\right) = h_n(t), \tag{3.24}$$

并且求在小 Δ 和小 h_n 这种近似下的对应的偏微分方程组。 方程 (3.21) 可以写为

$$v\{s_n(t + \Delta), t + \Delta\} = G\left\{h\left(s_n + \frac{1}{2}h_n, t\right)\right\},$$

而且它可以用

$$v + (v_t + vv_x)\Delta = G(h) + \frac{1}{2}hG'(h)h_x \tag{3.25}$$

来近似,其中的函数都在 $x = s_n(t)$ 处赋值,误差的量级为 Δ^2, h^2。方程 (3.22) 可以写为

$$\frac{d}{dt}h\left(\frac{s_{n-1} + s_n}{2}, t\right) = v(s_{n-1}, t) - v(s_n, t)$$

并且可以用

$$h_t + vh_x = hv_x, \text{ 在 } x = \frac{s_{n-1} + s_n}{2} \text{ 上} \tag{3.26}$$

来近似。 (3.26) 中的误差是 h 的三阶量[由于把 h 放在中点 $(s_{n-1} + s_n)/2$ 上],所以此方程对一阶量和二阶量都是正确的。利用 $\rho = 1/h$, $V(\rho) = G(h)$, (3.25)—(3.26) 变为

$$v + (v_t + vv_x)\Delta = V(\rho) + \frac{1}{2}\frac{V'(\rho)}{\rho}\rho_x, \tag{3.27}$$

$$\rho_t + (\rho v)_x = 0。 \tag{3.28}$$

保留 Δ 和 h 的最低阶量,我们就得到

$$v = V(\rho), \ \rho_t + (\rho v)_x = 0,$$

这刚好是运动学理论。我们已经这样来安排差分过程，使下一级修正不改变守恒方程 (3.28)。

如果我们取

$$\tau = \Delta, \ \nu = -\frac{1}{2} V'(\rho),$$

那么方程 (3.27) 和 (3.28) 同 (3.2) 和 (3.3) 是一样的。因为 $V-c=-\rho V'(\rho)$，所以稳定性判据 (3.7) 可以写为

$$2\rho^2|V'(\rho)|\Delta < 1,$$

或者，等价地，

$$2G'(h)\Delta < 1。$$

这刚好是在汽车跟踪理论 (Chandler, Herman 和 Montroll, 1958; Kometani 和 Sasaki, 1958) 中找到的条件。类似地，以前在 (3.2) 基础上所讨论的激波结构应该接近于 Newell (1961) 在 (3.19) 基础上所讨论的激波结构。

连续介质理论所不能包括的一个效应是实际的汽车碰撞。在由 (3.19) 描述的汽车长队中，如果 $s_{n-1}-s_n$ 甚至减少到汽车长度 L，那么就发生碰撞。在这种特殊情况下

$$\dot{s}_n(t+\Delta) = \alpha\{s_{n-1}(t) - s_n(t) - L\},$$

它可以用 Laplace 变换来求解。可以证明，避免碰撞的判据是

$$\alpha\Delta < \frac{1}{e};$$

这比上面找到的稳定性判据 $2\alpha\Delta < 1$ 稍为严一些。这种分析会使我们离题太远，所以请读者参考 Herman, Montroll, Potts 和 Rothery (1959) 文章中有关局部稳定性的讨论。

3.2 洪水波

对于洪水波而言，第二章一般理论里的"密度"是 t 时沿河流 x 处的河床横截面积 $A(x, t)$。如果单位时间通过这个截面的体积流为 $q(x,t)$，那么守恒方程是

$$\frac{d}{dt}\int_{x_2}^{x_1} A(x,t)dx + q(x_1,t) - q(x_2,t) = 0,$$

或者，用微分形式表示，

$$\frac{\partial A}{\partial t}+\frac{\partial q}{\partial x}=0。\tag{3.29}$$

江河中的流动显然很复杂，因此关于 q 和 A 之间第二个关系式的任何流动模型必定是非常近似的，只给出一些定性的效应以及传播速度、波剖面等的总的数量级结果。然而，在江河水面缓慢变化期间的观察结果也可以用来建立深度和面积 A 对流量 q 的依赖关系。这些结果提供定常流动中有关函数

$$q=Q(A,x)\tag{3.30}$$

的经验曲线。这一关系式与(3.29)结合在一起可以给出缓慢变化的非定常流动的一级近似。于是 $A(x,t)$ 满足

$$\frac{\partial A}{\partial t}+\frac{\partial Q}{\partial A}\frac{\partial A}{\partial x}=-\frac{\partial Q}{\partial x}。\tag{3.31}$$

我们又得到第二章中所讨论的理论，传播速度为

$$c=\frac{\partial Q}{\partial A}=\frac{1}{b}\frac{\partial Q}{\partial h}。\tag{3.32}$$

(第二个式子引入宽度 b 和深度 h，并且 $dA=bdh$。) 这是关于洪水波的 Kleitz-Seddon 公式，它是由 Kleitz (1858，未发表) 明显地建立并为 Seddon (1900) 充分讨论和有效应用的。

关于(3.30)的经验关系式可以对照简单的理论模型来考察。这个关系式是有关河床摩擦力和重力之间平衡的一个表达式。在一些理论模型中，摩擦力一般假设与 v^2 成比例，其中 v 是平均速度

$$v=\frac{q}{A},$$

而且还与位置 x 处的横截面的润湿周长 P 成比例。于是，河流的每单位长度上的摩擦力表达为 $\rho_0 C_f P v^2$，其中 ρ 是水的密度，而 C_f 是摩擦系数。单位长度上的重力为 $\rho_0 g A\sin\alpha$，其中 α 是河流表面的倾角。因此

$$v=\sqrt{\frac{A}{P}\frac{g\sin\alpha}{C_f}},\tag{3.33}$$

$$Q = vA = \sqrt{\frac{A^3}{P}\frac{g\sin\alpha}{C_f}}。\tag{3.33}$$

润湿周长 P 是 A 的一个函数，也可以让 C_f 依赖于 A。对于宽阔的河流而言，P 几乎不随河流的深度而变化，因此可以取为常数。如果 C_f 和 α 也取为常数，那么 (3.33) 给出 Cheezy 定律

$$v \propto A^{1/2},\ Q \propto A^{3/2}。$$

于是传播速度

$$c = \frac{d}{dA}(vA) = v + A\frac{dv}{dA} = \frac{3}{2}v。$$

更一般地，P 和 C_f 是 A 的函数，并且对这些量的幂函数式关系给出 $v \propto A^n$，$Q \propto A^{1+n}$，其中 n 为其他一些值。例如，三角形横截面给出 $P \propto A^{1/2}$ 因而导出 $n = \frac{1}{4}$；Manning 定律 $C_f \propto A^{-1/3}$ 导出 $n = \frac{2}{3}$。对于所有这些幂函数式关系而言，传播速度是

$$c = (1+n)v。$$

正如所预料的那样，洪水波比流体运动得快，但是传播速度未必比流体速度大得多。

Seddon 把计算过程倒过来，利用传播速度的观察结果推出河床的有效形状，即，P 对 A 的依赖关系。在所有运动学波问题中这是一个很有价值的想法：利用传播速度的观察结果去推出 q-ρ 关系式。

如果忽略 Q 对 x 的依赖关系，那么 (3.31) 简化为

$$A_t + c(A)A_x = 0,$$

并且根据第二章可以求出其通解，激波是作为满足

$$U = \frac{q_2 - q_1}{A_2 - A_1}$$

的间断而引入的。对于所提出的幂函数式关系（而且这也得到观察结果的证实），$c(A)$ 是 A 的一个递增函数，因此由于高度增加所引起的波向前发生间断，而激波传递高度的增加，即 $A_2 > A_1$。

高阶效应

正如在其他例子中讨论的那样，要比 (3.30) 更精确地描述 q、A 之间的关系，其处理方法涉及高阶导数。在非定常流动中摩擦力和重力不是刚好平衡，它们的差值与流体的加速度成比例；水面斜率和底面斜率之差也促成流动的加速度。

为了必要时也能推出相应的间断条件，用守恒形式来表示方程将是有价值的。为了简单起见，我们考虑倾角 α 为常数的宽阔的矩形渠道的情况，并且把深度 h 和平均速度 v 作为基本变量来研究以代替 A 和 q。于是单位宽度上的流体的守恒可以写为

$$\frac{d}{dt}\int_{x_2}^{x_1} h dx + [hv]_{x_2}^{x_1} = 0, \tag{3.34}$$

并且我们需要加上一个关于动量守恒的更详细的方程式。水力学理论中适当的方程是

$$\frac{d}{dt}\int_{x_2}^{x_1} hv dx + [hv^2]_{x_2}^{x_1} + \left[\frac{1}{2} gh^2 \cos\alpha\right]_{x_2}^{x_1} = \int_{x_2}^{x_1} gh\sin\alpha dx - \int_{x_2}^{x_1} C_f v^2 dx。 \tag{3.35}$$

除了已经完全消去的公因子 ρ_0（等于常数的水的密度）和宽度 b 以外，这个方程中的五项分别是：(1) 在区间 $x_2 < x < x_1$ 中的动量增加率，(2) 通过 x_1 和 x_2 的净动量输运，(3) 通过 x_1 和 x_2 而作用的净总压力，(4) 沿倾斜方向的重力分量，(5) 底面的摩擦效应。也许压力项需要说明一下。在水力学理论中把速度对垂直河床的坐标 y 的依赖性平均以后得到 $v(x,t)$，并且忽略 y 方向的流体加速度。后一假设意味着压力满足水力学定律

$$\frac{\partial p}{\partial y} = -\rho_0 g\cos\alpha。$$

因此

$$p - p_0 = (h - y)\rho_0 g\cos\alpha$$

而对河流横截面积分所得的扰动压力的总贡献是

$$b\int_0^h (p - p_0) dy = \frac{1}{2} h^2 \rho_0 g b\cos\alpha;$$

这是(3.35)中第三项的由来。

方程(3.34)和(3.35)是关于 h 和 v 的两个守恒方程。如果假设 h 和 v 是连续可微的，那么我们可以取极限 $x_1 - x_2 \to 0$ 而得到关于 h 和 v 的偏微分方程。引入 $g' = g\cos\alpha$ 和斜率 $S = \tan\alpha$ 将使书写稍为简单一些。于是关于 h 和 v 的方程为

$$h_t + (hv)_x = 0, \tag{3.36}$$

$$(hv)_t + \left(hv^2 + \frac{1}{2}g'h^2\right)_x = g'hS - C_f v^2。$$

我们也可以利用第一个方程去简化第二个方程而取等价的两个方程：

$$h_t + vh_x + hv_x = 0, \tag{3.37}$$

$$v_t + vv_x + g'h_x = g'S - C_f\frac{v^2}{h}。$$

对(3.37)的运动学波近似忽略第二个方程的左边而取

$$h_t + (hv)_x = 0,\quad v = \left(\frac{g'S}{C_f}\right)^{1/2} h^{1/2}。 \tag{3.38}$$

在这个运动学理论中，间断的激波必须满足激波条件

$$U = \frac{v_2h_2 - v_1h_1}{h_2 - h_1}。 \tag{3.39}$$

稳定性；起伏波

我们现在考虑(3.37)中一些附加项的结果。为了简单起见，假设 S 和 C_f 为常数。正如交通流问题中那样，设有一固定不变的状态 $v = v_0$, $h = h_0$, 其中

$$C_f\frac{v_0^2}{h_0} = g'S。 \tag{3.40}$$

我们首先看看对于这一固定状态的小扰动的线化形式方程。如果我们代入

$$v = v_0 + w,\quad h = h_0 + \eta$$

并且忽略 w 和 η 的除一次幂以外的所有幂，那么我们得到

$$\eta_t + v_0\eta_x + h_0w_x = 0,$$

$$w_t + v_0 w_x + g'\eta_x + g'S\left(\frac{2w}{v_0} - \frac{\eta}{h_0}\right) = 0。$$

于是我们可以消去 w 而写出如下形式的关于 η 的单个方程：

$$\left(\frac{\partial}{\partial t} + c_+\frac{\partial}{\partial x}\right)\left(\frac{\partial}{\partial t} + c_-\frac{\partial}{\partial t}\right)\eta$$

$$+ \frac{2g'S}{v_0}\left(\frac{\partial}{\partial t} + c_0\frac{\partial}{\partial x}\right)\eta = 0, \qquad (3.41)$$

其中

$$c_+ = v_0 + \sqrt{g'h_0},\quad c_- = v_0 - \sqrt{g'h_0},\quad c_0 = \frac{3v_0}{2}。\qquad (3.42)$$

现在这个方程与以前讨论 (3.4) 和 (3.9) 时一样，即在关于 c_+，c_- 和 c_0 的表达式中要作适当的变化。因此，稳定性条件是

$$c_- < c_0 < c_+, \qquad (3.43)$$

并且这也保证低阶近似

$$\frac{\partial\eta}{\partial t} + c_0\frac{\partial\eta}{\partial x} = 0 \qquad (3.44)$$

不违反特征条件。当然，(3.44) 是 (3.38) 的线化形式。

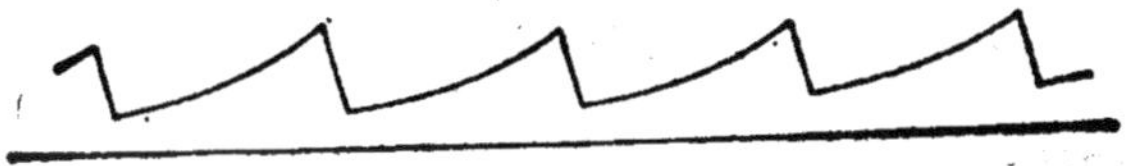

图 3.7　起伏波

利用 (3.42)，稳定性条件也可以写为

$$v_0 < 2\sqrt{g'h_0},$$

或者，再根据 (3.40)，写为

$$S < 4C_f。$$

对于河流而言，v_0 一般远小于 $\sqrt{g'h_0}$，但是水坝的溢洪道以及其他人造渠道容易超过这些临界值。其产生的流动未必是完全随机的和无结构的。在有利的情况下，它取“起伏波”形式，如图 3.7 中所表示的那样，具有一个周期的结构：一些不连续的涌浪被一些光滑剖面所分开。关于这个现象的早期观测数据和照片是

Cornish 在 1905 年获得并在其经典著作 (Cornish, 1934) 中进行了漂亮的描述，那本书总结了他对沙和水中的波的观察结果。最具体的数据是有关阿尔卑斯山脉中斜率为 1:14 的石头渠道的。在平均深度近似为 3 英寸时，平均流速估计为 10 英尺/秒，而整个起伏波图案以 13.5 英尺/秒这样一个平均速度向下游运动。对这些数字而言，Froude 数 $v_0/\sqrt{g'h_0}$ 是 3.6，大大超过临界值 2。这些值就给出 $S/C_f=12.5$ 并且导出 $C_f\approx 0.006$。

Jeffreys (1925) 提出了不稳定论述，并且注意到对光滑的水泥渠道(他对这种渠道做了一些实验)而言，摩擦系数是 $C_f\approx 0.0025$；这个 C_f 值与现在所用的值一致。对于后一值而言，当斜率 S 超过 1:100 时均匀流动就变得不稳定。Jeffreys 发现他自己的有关起伏波产生的实验没有确定的结果，但是他认为长渠道的斜率需要大大超过 1:100。很久以后 Dressler (1949) 研究了这个课题，并且指出如何构造 (3.36) 的非线性解 (具有适当的跳跃条件) 以描述起伏波图案。在关于稳定情况的定常剖面波问题已经考虑过以后将指出其详细情况。

单斜洪水波

运动学理论中出现的激波结构 ((3.38) 和 (3.39)) 在洪水波问题中是特别重要的，因为实际上激波厚度的量级为 50 英里！象往常一样，求它的方法是在更详细的描述中 (在这种情况下由 (3.37) 提供这种描述) 寻找定常剖面解。我们寻找

$$h=h(X),\ v=v(X),\ X=x-Ut$$

这样的解。方程组可以写为

$$(v-U)\frac{dv}{dX}+g'\frac{dh}{dX}=g'S-C_f\frac{v^2}{h}, \tag{3.45}$$

$$h(U-v)=B, \tag{3.46}$$

其中连续方程已经积分为 (3.46)，而 B 是积分常数。$X=\infty$ 处的均匀状态满足

$$g'S-C_f\frac{v_1^2}{h_1}=g'S-C_f\frac{v_2^2}{h_2}=0$$

$$h_1(U-v_1)=h_2(U-v_2)=B。$$

如果我们用 h_1 和 h_2 表示所有流动量，那么我们得到

$$v_1^2=\frac{S}{C_f}g'h_1,\quad v_2^2=\frac{S}{C_f}g'h_2, \tag{3.47}$$

$$B=\left(\frac{v_2-v_1}{h_2-h_1}\right)h_1h_2=\left(\frac{g'S}{C_f}\right)^{1/2}\frac{h_1h_2}{h_1^{1/2}+h_2^{1/2}}, \tag{3.48}$$

$$U=\frac{v_2h_2-v_1h_1}{h_2-h_1}=\left(\frac{g'S}{C_f}\right)^{1/2}\frac{h_2^{3/2}-h_1^{3/2}}{h_2-h_1}。 \tag{3.49}$$

这些式子中的最后一个刚好是运动学理论中控制间断的激波条件(3.39)。这是通常的图案，并且我们预料，(3.45) 和 (3.46) 的解提供这些运动学激波的结构。

当从 (3.45) 和 (3.46) 中消去 v 后，关于 $h(X)$ 的方程取下述形式：

$$\frac{dh}{dX}=-\frac{(B-Uh)^2C_f-g'h^3S}{g'h^3-B^2}. \tag{3.50}$$

因为对 $h=h_1$ 和 $h=h_2$ 而言分子一定为零，所以这两个值必定是三次方程的根。于是第三个根是

$$H=\frac{C_f}{S}\frac{B^2}{g'h_1h_2}=\frac{h_1h_2}{(h_1^{1/2}+h_2^{1/2})^2}。$$

因为 $H<h_1h_2$，而且 h 要处于 h_1 和 h_2 之间，所以第三个根 $h=H$ 决不是所考虑的解中所取的值。

方程 (3.50) 现在可以写为

$$\frac{dh}{dX}=-S\frac{(h_2-h)(h-h_1)(h-H)}{h^3-B^2/g'}, \tag{3.51}$$

而解的性态紧密地依赖于分母 h^3-B^2/g' 的符号以及它在剖面中可能的符号变化。根据 (3.46)，

$$\begin{aligned}g'h^3-B^2&=g'h^3-(U-v)^2h^2\\&=h^2\{g'h-(U-v)^2\};\end{aligned}$$

因此符号是正是负取决于

$$U\lessgtr v+\sqrt{g'h}。$$

[根据 (3.48)，$B>0$；因此根据 (3.46)，$U>v$ 并且 U 总是大于 $v-\sqrt{g'h}$。]

当 $h_2\to h_1$ 时，我们从 (3.49) 看出

$$U\to\frac{3}{2}\left(\frac{g'S}{C_f}\right)^{1/2}h^{1/2}=\frac{3}{2}v_1。$$

在稳定情况，$\frac{3}{2}v_1<v_1+\sqrt{g'h_1}$；于是对于弱激波而言，我们使 (3.51) 的积分曲线从 $h=h_1$，$X=\infty$ 处开始，这相当于 (3.51) 中的分母取负号。因此，$h_X>0$，h 增加，$g'h^3-B^2$ 保持为正，而且我们得到如图 3.8 中所表示那样的一个光滑剖面。这是所谓的单斜洪水波。对于这个剖面而言需要 $h_2>h_1$，这一事实是与运动学波发生间断的倾向一致的，因为这是一个具有 $c'(h)>0$ 的问题。对于如下的激波速度范围：

$$\frac{3v_1}{2}<U<v_1+\sqrt{g'h_1} \tag{3.52}$$

而言，这种类型的光滑剖面将继续存在。根据 (3.47) 和 (3.49) 容易证明这个范围就是

$$1<\left(\frac{h_2}{h_1}\right)^{1/2}<\frac{1+\{1+4(S/C_f)^{1/2}\}^{1/2}}{2(S/C_f)^{1/2}}。$$

但是考虑到这些速度的物理解释，(3.52) 是更重要的形式。激波比低阶波运动得快，但是比前面流动中的高阶波慢。

当

$$v_1+\sqrt{g'h_1}<U<v_2+\sqrt{g'h_2}$$

时，(3.51) 中的分子在剖面中改变符号，而积分曲线如图 3.9 中那

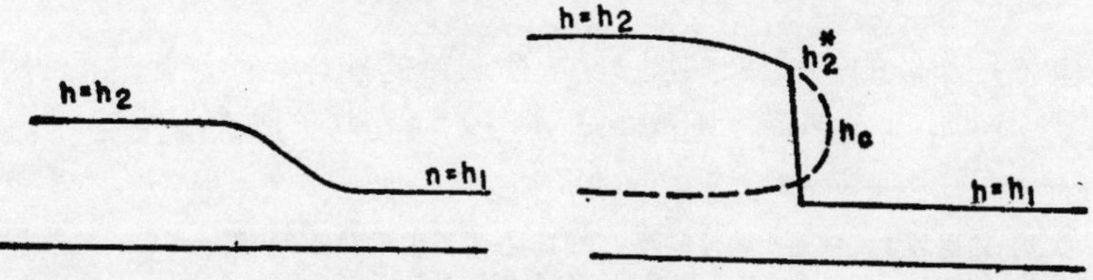

图 3.8　单斜洪水波结构　　图 3.9　具有内部间断的单斜洪水波结构

样折回自己后面。如所指出的那样，只要引入一个间断就能恢复单值剖面。与交通流情况相反，积分形式的基本守恒方程(3.34)和(3.35)是已知的，并且不管解有否间断，它们都适用。如果把2.3节中所阐述的同样的方法用于这些方程[1]，那么位于 $x=S(t)$ 的一个间断处的适当的跳跃条件是

$$-\dot{s}[h]+[hv]=0, \tag{3.53}$$

$$-\dot{s}[hv]+\left[hv^2+\frac{1}{2}g'h^2\right]=0。 \tag{3.54}$$

应该特别注意，(3.35)的右边在最后的极限 $x_1\to x_2$ 中没有贡献。这些间断条件和方程(3.36)配合在一起，正如(3.39)和(3.38)配合在一起一样。在每一描述水平上必须小心地把方程和激波条件正确地配合起来。在描述水平改变时，方程和激波条件的数目都要变化。由(3.53)和(3.54)所描述的间断实际上是紊流涌浪，在水波理论中称为"水力学跳跃"或海滩激浪。

这里我们建议把满足(3.53)和(3.54)的一个间断装配到定常剖面解(3.36)中去;因此，它也将具有速度 U。考虑到(3.46)，剖面的分支[包括作为(3.51)的可能解的 $h=h_1$ 和 $h=h_2$ 这两条线]之间的任何间断将自动使 $h(U-v)$ 连续以满足(3.53)。第二个条件(3.54)决定间断应该放在什么地方。条件(3.54)要求

$$hv(v-U)+\frac{1}{2}g'h^2$$

是连续的。根据(3.46)，这可以改写为

$$\frac{B^2}{h}+\frac{1}{2}g'h^2$$

应该是连续的。如果如图3.9中所表示的那样，所选择的间断取从 $h=h_1$ 到上面分支上的一点 $h=h^*$ 的剖面，那么条件是

---

1) 这里为了完成这个物理问题，我们现在需要后面第五章和第十章中的数学描述的结果，但是看来还是以最少的解释把结果包括在这里为宜，而不是推迟解的完成。

$$\frac{B^2}{h^*}+\frac{1}{2}g'h^{*2}=\frac{B^2}{h_1}+\frac{1}{2}g'h_1^2,$$

即

$$\frac{h^*}{h_1}=\frac{\{1+8B^2/g'h_1^3\}^{1/2}-1}{2}。$$

利用 (3.48)，这可以用 h_1 和 h_2 来表示。可以验证它满足下列条件：(1) $g'h^{*3}-B^2>0$，所以 $h=h^*$ 是在上面的分支，(2) $h^*<h_2$，只要 $S<4C_f$。

于是，全面的结论是：只要 (3.52) 得以满足，当从更详细的描述 (3.36) 来观察时，运动学理论的原始间断 ((3.38) 和 (3.39)) 分解为一个光滑的剖面。对于不满足 (3.52) 的强激波而言，某一间断继续存在，并且对应于 (3.36) 的解中的一个激波间断。在高阶方程组的特征和激波的理论已经详细阐述以后我们将对 (3.52) 的重要性给出进一步的解释(见第十章)。

把一些满足 (3.50) 的光滑线段与一些满足 (3.53) 和 (3.54) 的间断的浪头拼起来，就得到以前提到过的起伏波图案。可以证明：$g'h^3-B^2$ 在剖面中一定改变符号，但是如果要求 (3.50) 的分子在临界深度处也为零，则光滑部分可保持为单调的。这个要求与 B 和 U 这两个参数有关；这个或者那个可以作为解族中的基本参数而保持下来，并且可以用总的体积流量来确定它。有关进一步的详细情况，应该参考 Dressler (1949) 这篇论文。

3.3 冰川

Nye (1960, 1963) 已经指出，这些关于洪水波的思想同样适用于研究冰川波，并且已经阐述了在那里非常重要的一些特殊方面。他认为 Finsterwalder (1907) 首先研究了冰川的波动，而 Weertman (1958) 独立地列出了方程。

考虑到收集关于冰川流动曲线资料的困难(由于冰川流的难于达到以及缓慢性这两个原因)，所以人们更依赖一些半理论的推导。这些推导更详细地考虑沿一斜率为常数的斜面的二维定常流的剪切运动。设 $u(y)$ 是离地面距离为 y 处的冰层的速度，而 $\tau(y)$ 是剪切应力。对于冰而言，看来取应力-应变关系式为

$$\mu \frac{du}{dy} = \tau^n \tag{3.55}$$

是合适的，其中 $n \approx 3$ 或 4。（牛顿粘性就是 $n = 1$ 的情况。）此外，冰在冰床中的滑移所遵循的近似定律是

$$\nu u(0) = \tau^m(0), \tag{3.56}$$

其中 $m \approx \frac{1}{2}(n+1) \approx 2$。在 y 与 $y + \delta y$ 之间的冰层上，剪切应力之差一定与重力相平衡。如果 α 是倾角，而 ρ 是冰的密度，那么我们得到

$$\delta\tau = -\rho\delta y g \sin\alpha。$$

即，

$$\frac{d\tau}{dy} = -\rho g \sin\alpha。\tag{3.57}$$

因为在表面 $y = h$ 处 τ 为零，所以关于 τ 的解为

$$\tau = (h - y)\rho g \sin\alpha。$$

于是，根据边界条件 (3.56) 积分 (3.55)，我们得到

$$u(y) = \frac{(\rho g \sin\alpha)^m h^m}{\nu} + \frac{1}{\mu}\frac{(\rho g \sin\alpha)^n}{n+1}\{h^{n+1} - (h-y)^{n+1}\}。\tag{3.58}$$

单位宽度上的流动是

$$Q^*(h) = \int_0^h u\,dy = \frac{(\rho g \sin\alpha)^m h^{m+1}}{\nu} + \frac{(\rho g \sin\alpha)^n h^{n+2}}{n+2}。\tag{3.59}$$

为了进行量级分析，我们可以取

$$Q^*(h) \propto h^N,$$

其中 N 大约在 3 到 5 的范围内。传播速度是

$$c = \frac{dQ^*}{dh} = Nv,$$

其中 v 是平均速度 Q^*/h。这样一来，波动运动速度是平均流速的 3 到 5 倍。典型的速度是每年 10 到 100 米的量级。

利用第二章的结果和思想可以解各种各样的问题。Nye 所考虑的一个令人感兴趣的问题是冰的周期积累和蒸发效应；这可以指季节的变化，也可以指气候的变化，具体视周期而定。为此在连续方程上加一项已知的源项 $f(x,t)$，也就是说，我们取

$$h_t + q_x^* = f(x,t),\ q^* = Q^*(h,x)。\tag{3.60}$$

根据特征方程组

$$\frac{dh}{dt} = f(x,t) - Q_x^*(h,x),$$

$$\frac{dx}{dt} = Q_h^*(h,x)$$

的积分就可以决定其结果。主要结果是：冰川的各部分可以是非常敏感的，而且比较快的局部变化可以由源项所引起。

3.4 化学交换过程；色层法；江河中的沉淀

关于一固体流床和一流过该流床的流体之间的交换过程，我们曾经在 2.2 节中列出其方程组。此交换可以涉及某物质的粒子或离子，或者它可以是固体流床和流体之间的热交换。另一个例子是江河中的沉淀输运(见 Kynch, 1952)。

使流体中的密度 ρ_f 和固体上的密度 ρ_s 耦合起来的方程是

$$\frac{\partial}{\partial t}(\rho_f + \rho_s) + \frac{\partial}{\partial x}(V\rho_f) = 0,\tag{3.61}$$

$$\frac{\partial \rho_s}{\partial t} = K_1(A - \rho_s)\rho_f - K_2\rho_s(B - \rho_f)。\tag{3.62}$$

对于比较慢的密度变化和比较高的反应速率 K_1，K_2 而言，这第二个方程取近似的准平衡形式，其中 $\partial\rho_s/\partial t$ 被忽略而

$$\rho_s = R(\rho_f) = \frac{K_1 A\rho_f}{K_2 B + (K_1 - K_2)\rho_f}。\tag{3.63}$$

当把这个关系式代入(3.61)时,我们得到

$$\frac{\partial \rho_f}{\partial t}+\frac{V}{1+R'(\rho_f)}\frac{\partial \rho_f}{\partial x}=0。\tag{3.64}$$

这样一来,密度变化顺流而下传播的速率是

$$c=\frac{V}{1+R'(\rho_f)},\tag{3.65}$$

而且

$$R'(\rho_f)=\frac{K_1K_2AB}{\{K_2B+(K_1-K_2)\rho_f\}^2}。\tag{3.66}$$

如果有关的密度很小,那么这近似地为

$$c=\frac{K_2B}{K_1A+K_2B}V。\tag{3.67}$$

传播速度依赖于有关的反应速率,对于对固体吸引力较大的物质而言,传播速度较慢。如果在柱状物入口处的流体中存在一个由许多物质组成的混合物,并且各成分具有不同的反应速率,那么它们将以不同的速度沿柱状物向下行进。这样,这个柱状物可以用来把混合物分离成一些单成份带。如果它们还是彩色的,那么就形成谱。这是色层法的基本过程。非线性效应在带的始端或末端产生较重的浓度,具体情况视 $c'(\rho_f)$ 的符号而定。当然,关于一个成分的非线性方程只能在发生分离以后才能应用。

根据完全的方程组(3.61)和(3.62)可以研究激波结构和其他一些方面。在这种情况下值得注意的是完全的方程组可以(精确地)变换为一个线性方程。这是 Thomas (1944) 证明的。首先,引入一个运动的坐标系:

$$\tau=t-\frac{x}{V},\quad \sigma=\frac{x}{V};$$

于是方程组取如下形式

$$\frac{\partial \rho_f}{\partial \sigma}+\frac{\partial \rho_s}{\partial \tau}=0,\tag{3.68}$$

$$\frac{\partial \rho_s}{\partial \tau}=\alpha\rho_f-\beta\rho_s-\gamma\rho_s\rho_f。$$

设

$$\rho_j = \psi_\tau, \quad \rho_s = -\psi_\sigma, \tag{3.69}$$

则第一个方程是一个恒等式，而第二个方程提供关于ψ的一个方程

$$\psi_{\sigma\tau} + \alpha\psi_\tau + \beta\psi_\sigma + \gamma\psi_\sigma\psi_\tau = 0。 \tag{3.70}$$

如果我们现在作非线性变换

$$\gamma\psi = \log \chi, \tag{3.71}$$

那么我们推出

$$\chi_{\sigma\tau} + \alpha\chi_\tau + \beta\chi_\sigma = 0; \tag{3.72}$$

这个非线性变换消去非线性项。利用原始变量来表示，这个变换是

$$\rho_j = \frac{1}{\gamma}\frac{\chi_t}{\chi}, \quad \rho_s = -\frac{\chi_t + V\chi_x}{\gamma\chi}, \tag{3.73}$$

$$\chi_{tt} + V\chi_{xt} + (\alpha + \beta)\chi_t + \beta V\chi_x = 0。 \tag{3.74}$$

这个线性方程一般可以用变换法求解，所以在这种情况下近似方程(3.64)的解(必要时包括激波)可以详细地与精确解作比较。这已经由 Goldstein (1953) 和 Goldstein 和 Murray (1959) 广泛地研究过。精确解证明了在(3.64)的解中包括间断的激波的一些观点和方法。这里不给出其详细情况，因为 Burgers 方程处理起来更简单并且提供同样的证明。某些有关分析将在第十章的一个不同的情况中出现。

对于交换过程而言，$\alpha = K_1A$ 和 $\beta = K_2B$ 都是正的。对于这些符号来说，均匀状态总是稳定的。这可以用考虑(3.74)中的扰动的方法来验证。我们注意，低阶波行进速度为

$$c_0 = \frac{\beta V}{\alpha + \beta},$$

而高阶项给出的波速是 $c_- = 0$ 和 $c_+ = V$。因此，对于 $\alpha > 0$，$\beta > 0$ 而言，稳定性判据 $c_- < c_0 < c_+$ 是满足的。

第四章　Burgers 方程

最简单的兼有非线性传播效应和扩散效应的方程是 Burgers 方程

$$c_t + cc_x = \nu c_{xx}。\tag{4.1}$$

我们在 (2.28) 中看到，对于由

$$\rho_t + q_x = 0, \quad q = Q(\rho) - \nu\rho_x \tag{4.2}$$

描述的波而言，在 $Q(\rho)$ 是 ρ 的二次函数的情况下，(4.1) 是一个精确的方程。一般来说，如果在一个问题中这两个效应都重要的话，那么通常总有某种方法把描述该问题的数学方程化为 (4.1)，或者作为一个精确的近似，或者作为粗略估计的有用的基本方程。

例如，对于 (4.2) 式中的一般 $Q(\rho)$ 而言，方程可以写为

$$c_t + cc_x = \nu c_{xx} - \nu c''(\rho)\rho_x^2, \tag{4.3}$$

和平常一样，其中 $c(\rho) = Q'(\rho)$。$\nu c''(\rho)\rho_x^2$ 与 νc_{xx} 的比值同扰动的振幅同数量级，因此我们预料，对于小振幅而言，(4.1) 是一个很好的近似。现在我们则假设忽略这个特殊的小振幅项不会产生最后导致非一致有效性的积累误差（比如说，当 $t \to \infty$ 时）。作为对比，我们知道用 $c_t + c_0c_x$（其中 c_0 是某个未扰常数值）来线化左边在这方面会造成很大的损失。但是作为检验，我们可以验证，在激波结构解中（见 2.4 节），那里扩散项最大，在激波强度中项 $\nu c''(\rho)\rho_x^2$ 的量级仍然比 νc_{xx} 小。这种观点可以作为按适当的精确定义的小参数进行形式上的摄动展开的基础。另一方面，保留在 (4.1) 中的项虽代表可识别的和重要现象，而项 $\nu c''(\rho)\rho_x^2$ 的出现却带来数学上的麻烦。因此，有人认为，甚至在其严格的适用范围之外，(4.1) 也是一种有用的全面的描述。

类似地，当非线性传播与扩散相结合时，在象 (3.2)—(3.3) 那

样的高阶系统中，Burgers 方程也是很有用的。当然，这仅限于稳定范围和低阶波占主导地位的解的部分。其相应的形式很容易识别，而且通常可以用更形式的方法来证实。就 (3.2)—(3.3) 而言，我们从 (3.6) 知道，有效扩散率是 $\nu^* = \nu - (v_0 - c_0)^2\tau$，而且我们应该利用具有这个值的 (4.1)。实际上，(3.6) 是关于这个方程组的完全线化的 Burgers 方程。

现在我们的总目的是要说明 Burgers 方程的精确解证实了第二章中阐述的有关激波的那些思想。也就是说，我们想证实当 $\nu \to 0$ 时(在适当的无量纲形式中) (4.1) 的解简化为

$$c_t + cc_x = 0 \tag{4.4}$$

的解，并且具有满足

$$U = \frac{1}{2}(c_1 + c_2),\ c_2 > U > c_1 \tag{4.5}$$

的间断的激波，而激波位于 2.8 节中所确定的位置上。

4.1 Cole-Hopf 变换

Cole (1951) 和 Hopf (1950) 都独立地注意到了这样一个惊人的结果，即 (4.1) 可以用非线性变换

$$c = -2\nu\frac{\varphi_x}{\varphi} \tag{4.6}$$

简化为线性热传导方程。这类似于前面 3.4 节中描述的交换方程的 Thomas 变换。作这个变换分两步走更方便些。首先引入

$$c = \psi_x,$$

所以 (4.1) 可以积分为

$$\psi_t + \frac{1}{2}\psi_x^2 = \nu\psi_{xx}。$$

然后引入

$$\psi = -2\nu\log\varphi$$

而得到

$$\varphi_t = \nu\varphi_{xx}。 \tag{4.7}$$

这个非线性变换刚好消去非线性项。热传导方程 (4.7) 的通解是众所周知的，并且可以用各种方法来进行处理。

第二章中考虑的基本问题是初值问题:

$$c = F(x) \quad 在\ t = 0。$$

这通过 (4.6) 变换为关于热传导方程的初值问题

$$\varphi = \Phi(x) = \exp\left\{-\frac{1}{2\nu}\int_0^x F(\eta)d\eta\right\}, \quad t = 0。 \tag{4.8}$$

关于 φ 的解是

$$\varphi = \frac{1}{\sqrt{4\pi\nu t}}\int_{-\infty}^{\infty}\Phi(\eta)\exp\left\{-\frac{(x-\eta)^2}{4\nu t}\right\}d\eta。 \tag{4.9}$$

因此，根据 (4.6)，关于 c 的解是

$$c(x, t) = \frac{\int_{-\infty}^{\infty}\frac{x-\eta}{t}e^{-G/2\nu}d\eta}{\int_{-\infty}^{\infty}e^{-G/2\nu}d\eta}, \tag{4.10}$$

其中

$$G(\eta; x, t) = \int_0^\eta F(\eta')d\eta' + \frac{(x-\eta)^2}{2t}。 \tag{4.11}$$

4.2 $\nu \to 0$ 时的性态

现在考虑 $\nu \to 0$ 而 x, t 和 $F(x)$ 保持不变时精确解 (4.10) 的性态。[严格地讲这意味着我们考虑 $\nu = \varepsilon\nu_0$ 的一族解并且在保持 ν_0, x, t, $F(x)$ 不变的条件下取 $\varepsilon \to 0$ 时的极限。] 当 $\nu \to 0$ 时，对 (4.10) 中积分的主要贡献来自 G 的一些逗留点的邻域。逗留点处

$$\frac{\partial G}{\partial \eta} = F(\eta) - \frac{x-\eta}{t} = 0。 \tag{4.12}$$

令 $\eta = \xi(x, t)$ 是这样一个点；也就是说，$\xi(x, t)$ 是定义为

$$F(\xi) - \frac{(x-\xi)}{t} = 0 \tag{4.13}$$

的一个解。在积分

$$\int_{-\infty}^{\infty} g(\eta) e^{-G(\eta)/2\nu} d\eta$$

中由一个逗留点 $\eta=\xi$ 的邻域所引起的贡献是

$$g(\xi)\sqrt{\frac{4\pi\nu}{|G''(\xi)|}}\, e^{-G(\xi)/2\nu};$$

这是最速下降法的标准公式。

首先假设只有一个满足 (4.13) 的逗留点 $\xi(x,t)$。于是

$$\int_{-\infty}^{\infty} \frac{x-\eta}{t} e^{-G/2\nu} d\eta \sim \frac{x-\xi}{t} \sqrt{\frac{4\pi\nu}{|G''(\xi)|}}\, e^{-G(\xi)/2\nu}, \tag{4.14}$$

$$\int_{-\infty}^{\infty} e^{-G/2\nu} d\eta \sim \sqrt{\frac{4\pi\nu}{|G''(\xi)|}}\, e^{-G(\xi)/2\nu}, \tag{4.15}$$

并且在 (4.10) 中我们有

$$c \sim \frac{x-\xi}{t}, \tag{4.16}$$

其中 $\xi(x,t)$ 由 (4.13) 来定义。这个渐近解可以改写为

$$\begin{aligned} c &= F(\xi), \\ x &= \xi + F(\xi)t。 \end{aligned} \tag{4.17}$$

它刚好是 (2.5) 和 (2.6) 中讨论过的 (4.4) 的解；逗留点 $\xi(x, t)$ 成为特征变量。

然而，我们以前看到，在某些情况下，在充分长的一段时间后，(4.17) 给出一个多值解，并且必须引入间断。但是关于 Burgers 方程的解 (4.10) 显然对所有 t 而言都是单值和连续的。其解释是：当达到这个阶段时存在两个满足 (4.13) 的逗留点，而关于渐近性态的上述分析需要加以修改。如果这两个逗留点用 ξ_1 和 ξ_2 来表示，而且 $\xi_1>\xi_2$，那么将存在由 ξ_1 和 ξ_2 这两个逗留点引起的如 (4.14) 和 (4.15) 中所表示那样的贡献。因此，如果我们取

$$\begin{aligned} c \sim \Big\{ & \frac{x-\xi_1}{t} |G''(\xi_1)|^{-1/2} e^{-G(\xi_1)/2\nu} \\ & + \frac{x-\xi_2}{t} |G''(\xi_2)|^{-1/2} e^{-G(\xi_2)/2\nu} \Big\} \Big/ \\ & \{ |G''(\xi_1)|^{-1/2} e^{-G(\xi_1)/2\nu} + |G''(\xi_2)| e^{-G(\xi_2)/2\nu} \}, \end{aligned} \tag{4.18}$$

那么主要的性态将包括进来。当 $G(\xi_1) \neq G(\xi_2)$ 时，指数中由小分母 ν 引起的强调使某一项在 $\nu \to 0$ 时比另一项大得多。如果 $G(\xi_1) < G(\xi_2)$，那么我们得到

$$c \sim \frac{x-\xi_1}{t};$$

如果 $G(\xi_1) > G(\xi_2)$，

$$c \sim \frac{x-\xi_2}{t}。$$

在每一种情况中 (4.17) 都适用，其中 ξ 或者取 ξ_1 或者取 ξ_2。但是这种选择现在是很清楚的。ξ_1 和 ξ_2 都是 (x,t) 的函数；对给定的 (x,t) 而言，判据 $G(\xi_1) \gtrless G(\xi_2)$ 将决定到底选取 ξ_1 还是选取 ξ_2 是合适的。从 ξ_1 到 ξ_2 的转换将发生在那些 (x,t) 上，对它们来说

$$G(\xi_1) = G(\xi_2)。$$

根据 (4.11)，这时有

$$\int_0^{\xi_2} F(\eta')\,d\eta' + \frac{(x-\xi_2)^2}{2t} = \int_0^{\xi_1} F(\eta')\,d\eta' + \frac{(x-\xi_1)^2}{2t}。\tag{4.19}$$

因为 ξ_1 和 ξ_2 都满足 (4.13)，所以这个条件可以写为

$$\frac{1}{2}\{F(\xi_1)+F(\xi_2)\}(\xi_1-\xi_2) = \int_{\xi_2}^{\xi_1} F(\eta')d\eta'。\tag{4.20}$$

这刚好是 (2.45) 中所得到的激波定位法。在取极限 $\nu \to 0$ 的过程中，(4.18) 中所选的项的转换导致 $c(x,t)$ 的间断。2.8 节中的所有细节情况都可以同样地证实。我们得出结论：当 $\nu \to 0$ 时 Burgers 方程的解趋近于由 (4.4) 和 (4.5) 描述的解。

实际上 ν 是固定的，但是它比较小，所以我们预料，$\nu \to 0$ 时的极限解常常是一个很好的近似。为了说明这一点，因为 ν 是一个有量纲的量，所以我们必须引入一个关于 ν 的无量纲量度，其方法是将 ν 与某一同量纲的其他量相比。这是不难做到的。例如，在单峰问题中，其中 $F(x)$ 如图 2.9 中所表示的那样，我们可以引入参数

$$A = \int_{-\infty}^{\infty} \{F(x) - c_0\}dx。\tag{4.21}$$

A 和 ν 的量纲都是 L^2/T，所以

$$R = \frac{A}{2\nu} \tag{4.22}$$

是一个无量纲数，而我们说"ν 小"就意味着 $R \gg 1$。如果单峰的长度是 L，那么在关于导数的 x 尺度是 L 的那些区域中，数 R 为非线性项 $(c - c_0)c_x$ 与扩散项 νc_{xx} 之比。(例如，在激波中，x 尺度的量级更小。)按照粘性流动中的习惯，把 R 称为 Reynolds 数将是方便的。

即使"小 ν"的意义明确了，$\nu \to 0$ 时的极限解与关于固定的小 ν 的解之间也存在一些差别。正如我们在 (2.26) 中所看到的那样，如果激波强度趋于零，那么激波厚度趋于无穷大。因此对固定的 R 而言，即使它很大，包括激波形成或 $t \to \infty$ 时的激波衰减过程的任何解，在这些区域中将不一定能用间断理论来很好地近似。至于激波形成区域，其精确的细节通常不是重要的；人们只希望很好地估计其形成的地点，并不需要剖面的细节，而且这地点是由间断理论提供的。关于 $t \to \infty$ 时衰减激波的扩散效应更令人感兴趣。在下面几节中我们将通过一些典型的例子来探讨这些问题。

4.3 激波结构

关于 (4.1) 的激波结构满足

$$-Uc_X + cc_X = \nu c_{XX}, \quad X = x - Ut。$$

因此

$$\frac{1}{2}c^2 - Uc + C = \nu c_X。$$

如果当 $X \to \pm\infty$ 时 $c \to c_1, c_2$，那么

$$U = \frac{1}{2}(c_1 + c_2), \quad C = \frac{1}{2}c_1c_2,$$

并且方程可以写为

$$(c - c_1)(c_2 - c) = -2\nu c_X。$$

其解是

$$\frac{X}{\nu}=\frac{2}{c_2-c_1}\log\frac{c_2-c}{c-c_1};$$

这与 (2.25) 相符合,因为对二次式 $Q(\rho)$ 而言，$c=2\alpha\rho+\beta$。解出 c，我们得到

$$c=c_1+\frac{c_2-c_1}{1+\exp\frac{c_2-c_1}{2\nu}(x-Ut)},\quad U=\frac{c_1+c_2}{2}。\tag{4.23}$$

在 (4.10)—(4.11) 中取

$$F(x)=\begin{cases}c_1, & x>0,\\ c_2>c_1, & x<0,\end{cases}$$

就此可以研究一个初始阶梯如何扩散为这个定常剖面的。解可以写成下列形式:

$$c=c_1+\frac{c_2-c_1}{1+h\exp\frac{c_2-c_1}{2\nu}(x-Ut)},\quad U=\frac{c_1+c_2}{2},\tag{4.24}$$

其中

$$h=\frac{\displaystyle\int_{-(x-c_1t)/\sqrt{4\nu t}}^{\infty}e^{-\zeta^2}d\zeta}{\displaystyle\int_{(x-c_2t)/\sqrt{4\nu t}}^{\infty}e^{-\zeta^2}d\zeta}。\tag{4.25}$$

对于 $c_1<x/t<c_2$ 这个范围中的固定的 x/t 而言，当 $t\to\infty$ 时 $h\to 1$，因此这个解趋近于 (4.23)。

4.4 单峰

取

$$F(x)=c_0+A\delta(x)\tag{4.26}$$

作为初始条件，就可以得到一个具有一个单峰的特解。参数 A 与 (4.21) 一致,而 Reynolds 数是 $R=A/2\nu$。不失一般性，可以把常

数 c_0 略去，因为在 Burgers 方程中作

$$c = c_0 + \tilde{c},\ x = c_0 t + \tilde{x} \tag{4.27}$$

这种变换使它简化为

$$\tilde{c}_t + \tilde{c}\tilde{c}_{\tilde{x}} = \nu \tilde{c}_{\tilde{x}\tilde{x}}。 \tag{4.28}$$

于是略去 c_0 相当于从以速度 c_0 运动的参考系来观察这个解。 因此，我们只考虑

$$F(x) = A\delta(x)。 \tag{4.29}$$

(4.11) 中积分的下限是任意的，因为它在 (4.10) 中消掉了。因此我们可以选它为 O_+ 并且对于 $\eta < 0$ 包括 δ 函数，而对 $\eta > 0$ 则不包括 δ 函数。于是

$$G = \begin{cases} \dfrac{(x-\eta)^2}{2t}, & \eta > 0, \\ \dfrac{(x-\eta)^2}{2t} - A, & \eta < 0。 \end{cases}$$

(4.10) 分子中的积分可以求出，而分母中的积分可以用补余误差函数写出。其结果是

$$c(x, t) = \sqrt{\frac{\nu}{t}} \frac{(e^R - 1)e^{-x^2/4\nu t}}{\sqrt{\pi} + (e^R - 1)\int_{x/\sqrt{4\nu t}}^{\infty} e^{-\zeta^2} d\zeta},$$

$$R = \frac{A}{2\nu}。 \tag{4.30}$$

解的相似形式，即，

$$c = \sqrt{\frac{\nu}{t}} f\left(\frac{x}{\sqrt{\nu t}};\ \frac{A}{\nu}\right),$$

本来是可以通过量纲分析来预言的。在该问题中，仅有的有量纲参数 A 和 ν 都具有 L^2/T 的量纲；不存在分别用来量度 x 和 t 的单独的长度和时间。

当 $R \to 0$ 时，我们必然预料到，扩散支配着非线性性。 对于 $R \ll 1$ 而言，(4.30) 中的分母是 $\sqrt{\pi} + O(R)$，对 x, t, ν 是一致的；因此 c 可以用

$$c(x,t)=\sqrt{\frac{\nu}{\pi t}}Re^{-x^2/4\nu t}=\frac{A}{\sqrt{4\pi\nu t}}e^{-x^2/4\nu t} \tag{4.31}$$

来近似。这是热传导方程 $c_t=\nu c_{xx}$ 的源解，所以预言得到证实。

为了讨论大 R 时的性态，方便的是引入相似变量 $z=x/\sqrt{2At}$ 并把 (4.30) 写为

$$c=\sqrt{\frac{2A}{t}}g(z,R),$$

$$g(z,R)=\frac{(e^R-1)}{2\sqrt{R}}\frac{e^{-z^2R}}{\sqrt{\pi}+(e^R-1)\int_{z\sqrt{R}}^{\infty}e^{-\zeta^2}d\zeta}, \tag{4.32}$$

$$z=\frac{x}{\sqrt{2At}}。$$

我们现在对 z 的不同范围讨论 $R\to\infty$ 时 g 的性态。在所有情况，e^R-1 可以用 e^R 来近似，因此我们可以利用

$$g\sim\frac{1}{2\sqrt{R}}\frac{e^{R(1-z^2)}}{\sqrt{\pi}+e^R\int_{z\sqrt{R}}^{\infty}e^{-\zeta^2}d\zeta}。 \tag{4.33}$$

如果 $z<0$，那么积分趋近于

$$\int_{-\infty}^{\infty}e^{-\zeta^2}d\zeta=\sqrt{\pi};$$

因此 $g\to0$ 的速度至少像 $1/\sqrt{R}$ 那样。如果 $z>0$，那么积分变得很小，并且我们利用渐近展开式

$$\int_{\eta}^{\infty}e^{-\zeta^2}d\zeta\sim\frac{e^{-\eta^2}}{2\eta}\quad 当\ \eta\to\infty。$$

于是

$$g\sim\frac{z}{1+2z\sqrt{\pi R}\,e^{R(z^2-1)}},\quad z>0,\ R\to\infty。 \tag{4.34}$$

如果 $0<z<1$，那么我们得到

$$g\sim z,\ 0<z<1,\ R\to\infty, \tag{4.35}$$

而如果 $z>1$，那么当 $R\to\infty$ 时 $g\to0$。于是，除了在 $0<z<1$

中以外 $g \to 0$，而在那个范围内 $g \sim z$。用原始变量表示，结果为

$$c \sim \begin{cases} \dfrac{x}{t}, & 0 < x < \sqrt{2At}, \\ 0, & x < 0 \text{ 或 } x > \sqrt{2At}。\end{cases}$$

这是 (4.4) 的相应的解，在 $x = \sqrt{2At}$ 处具有一个激波。激波速度是 $U = \sqrt{A/2t}$，而 c 从零跳跃为 $\sqrt{2A/t}$，所以激波条件 (4.5) 得以满足。

相同的表达式（为满足我们这里的假设取 $c_0 = 0$）出现在 (2.52) 中。(2.52) 是描述一个一般单峰的 (4.4) 的解的最后性态的。那是在不同意义下的渐近；它是在由 (4.4) 所提供的描述之内的当 $t \to \infty$ 时的性态。对于一个 δ 函数初始条件而言，它是立即有效的。

激波位于 $z = 1$，并且对于大而有限的 R 而言，(4.34) 说明从 $z > 1$ 中的指数形式的小值向 $z < 1$ 中的 $g \sim z$ 的迅速的过渡。在过渡层 $z \approx 1$ 中，(4.34) 可以由

$$g \approx \frac{1}{1 + 2\sqrt{\pi R}\, e^{2R(z-1)}}. \tag{4.36}$$

来近似。用原始变量来表示，这就给出

$$c \approx \sqrt{\frac{2A}{t}} \frac{1}{1 + \exp\left\{\dfrac{1}{2\nu}\sqrt{\dfrac{2A}{t}}\left(x - \sqrt{2At}\right) + \dfrac{1}{2}\log\dfrac{2\pi A}{\nu}\right\}}。 \tag{4.37}$$

它与激波剖面 (4.23) 是一致的，其中 $c_2 - c_1 = \sqrt{2A/t}$ 而激波位于 $x = \sqrt{2At}$（准确到一阶量）。根据 (4.36)，过渡层是在 $z = 1$ 附近厚度为 $O(R^{-1})$ 的层。

在 $z = 0$ 处存在另一个（更弱的）过渡层使 $z < 0$ 中的 $g \sim 0$ 和 $0 < z < 1$ 中的 $g \sim z$ 之间的导数的间断光滑化。根据 (4.33) 显然可知，这个过渡层出现在

$$z = O(R^{-1/2})$$

的范围内，并且对于这些值而言(4.33)可以用

$$g \approx \frac{e^{-Rz^2}}{2\sqrt{R}\int_{z\sqrt{R}}^{\infty} e^{-\zeta^2}\, d\zeta} \tag{4.38}$$

来近似。用原始变量来表示，我们得到

$$c \approx \sqrt{\frac{\nu}{t}}\,\frac{e^{-x^2/4\nu t}}{\int_{x/\sqrt{4\nu t}}^{\infty} e^{-\zeta^2}\, d\zeta}。 \tag{4.39}$$

关于大 R 的这种形式的解表示在图 4.1 中，其中 $g(z) = c \times \sqrt{t/2A}$ 曲线是以 z 为横坐标画出的。当 $R \to \infty$ 时，激波层变成 c 的间断，而 $x = 0$ 处的过渡层变成 c_x 的间断。用作为坐标的变量 g 和 z 表示的话，剖面与 t 无关。因此，如果由初始条件提供的 R 值是大的，那么激波仍然比较薄，(4.4)的间断理论对**所有** t 都是一个很好的近似。即使激波强度与 $\sqrt{2A/t}$ 成比例因而当 $t \to \infty$ 时趋于零，这也是正确的。

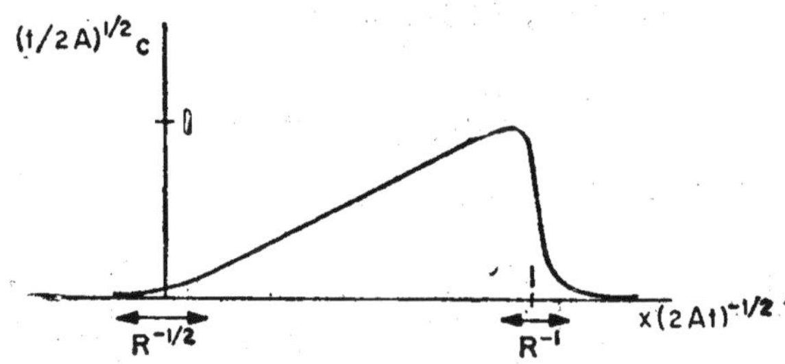

图 4.1 Burgers 方程的三角波解

在这方面重要的一点是：即使把扩散包括进来，剖面下面的面积也保持不变，因为

$$\frac{d}{dt}\int_{-\infty}^{\infty} c\,dx = \left[\nu c_x - \frac{1}{2}c^2\right]_{-\infty}^{\infty} = 0。$$

所以由

$$\frac{1}{2\nu}\int_{-\infty}^{\infty} c\,dx$$

所定义的“有效” Reynolds 数，对所有的 t 都保持不变。下一个例

子将说明更普通的情况是扩散终究要在最后的衰减中起主要作用，并且将说明单峰在这一点上是例外的。

4.5 N波

选取满足热传导方程(4.7)的关于 φ 的适当解，然后代入(4.6)得到 c，用这种方法可以更容易导出我们考虑的最后一些例子。作为对这种适当选择的一种粗略的定性指导，我们指出，关于 c 的剖面将有点像 φ_x。于是对于单峰而言，我们本来可以取相应于一个初始阶梯函数的 φ 解。为了得到一个关于 c 的 N 波，我们选取关于 φ 的热传导方程的源解：

$$\varphi = 1 + \sqrt{\frac{a}{t}}\, e^{-x^2/4\nu t}。\tag{4.40}$$

根据(4.6)，相应的关于 c 的解是

$$c = -\frac{2\nu\varphi_x}{\varphi} = \frac{x}{t}\,\frac{\sqrt{a/t}\; e^{-x^2/4\nu t}}{1+\sqrt{a/t}\; e^{-x^2/4\nu t}},\tag{4.41}$$

因为当 $t \to 0$ 时 φ 具有 δ 函数的性态，所以把它解释为关于 c 的一个初值问题是有一点困难的。然而，对于任何 $t > 0$ 而言，它具有图 4.2 中所表示的形式，具有一个正的和负的相位，并且我们可以取任何的 $t = t_0 > 0$ 时的剖面作为初始剖面。它应该是所有 N 波解的代表。

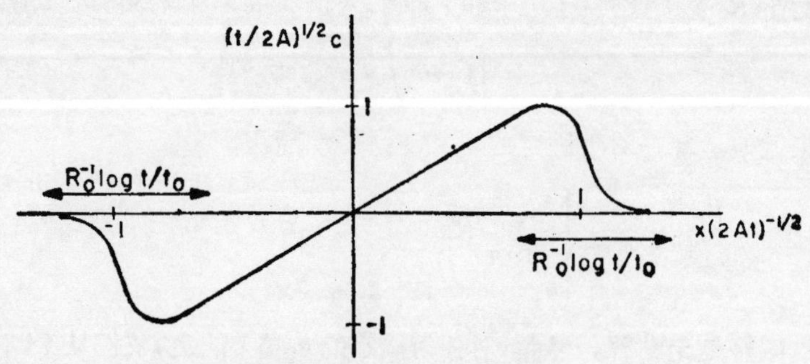

图 4.2 Burgers 方程的 N 波解

剖面正相位下面的面积是

$$\int_0^\infty c\,dx = -2\nu[\log\varphi]_0^\infty = 2\nu\log\left(1+\sqrt{\frac{a}{t}}\right)。 \tag{4.42}$$

负相位的面积值与此相同。这样，与前一情况明显地不同，当 $t\to\infty$ 时正相位的面积趋于零。 如果在初始时间 t_0 时 (4.42) 的值用 A 表示，那么我们可以引入一个 Reynolds 数

$$R_0 = \frac{A}{2\nu} = \log\left(1+\sqrt{\frac{a}{t_0}}\right)。 \tag{4.43}$$

但是随着时间的流逝，有效 Reynolds 数将是

$$R(t) = \frac{1}{2\nu}\int_0^\infty c\,dx = \log\left(1+\sqrt{\frac{a}{t}}\right), \tag{4.44}$$

并且当 $t\to\infty$ 时这趋于零。 如果 $R_0 \gg 1$，那么我们可以预料，(4.4)—(4.5) 的无粘理论在某一段时间内是一个很好的近似，但是当 $t\to\infty$ 时，$R(t)\to 0$，并且扩散项将终究要成为主要的。这是与前一例子不同的，在前一例子中，用同样方法定义的有效 Reynolds 数始终保持与初始 Reynolds 数相同。 我们现在详细证明这一点。

用 R_0 和 t_0 来表示，$a = t_0(e^{R_0}-1)^2$；因此 (4.4) 可以写为

$$c = \frac{x}{t}\left\{1+\sqrt{\frac{t}{t_0}}\,\frac{e^{x^2/4\nu t}}{e^{R_0}-1}\right\}^{-1}。 \tag{4.45}$$

对于 $R_0 \gg 1$ (对应于 $t_0 \ll a$) 而言，对所有的 x 和 t，它可以用

$$c \sim \frac{x}{t}\left\{1+\sqrt{\frac{t}{t_0}}\,e^{(x^2/2At-1)R_0}\right\}^{-1} \tag{4.46}$$

来近似。现在对于固定的 t 和 $R_0\to\infty$ 而言，

$$c \sim \begin{cases} \dfrac{x}{t}, & -\sqrt{2At} < x < \sqrt{2At}, \\ 0, & |x| > \sqrt{2At}。 \end{cases}$$

这刚好是无粘解。然而，对任何固定的 a 和 ν 而言，我们从 (4.41) 直接看出[并且它也可以根据 (4.46) 来证明]:

$$c \sim \frac{x}{t}\sqrt{\frac{a}{t}}\,e^{-x^2/4\nu t} \quad 当\ t \to \infty。 \tag{4.47}$$

这是热传导方程的偶极子解。在最后的衰减中扩散支配了非线性项。然而，应该记住，这个最后的衰减时期是对非常大的时间而说的；无粘理论适用于我们感兴趣的大部分范围。

4.6 周期波

取 φ 为一种间距为 λ 的热源的分布，这样就可以得到一个周期解。于是

$$\varphi = (4\pi\nu t)^{-1/2}\sum_{n=-\infty}^{\infty}\exp\left\{-\frac{(x-n\lambda)^2}{4\nu t}\right\}, \tag{4.48}$$

$$c = -2\nu\frac{\varphi_x}{\varphi}$$

$$= \frac{\sum_{-\infty}^{\infty}\{(x-n\lambda)/t\}\exp\{-(x-n\lambda)^2/4\nu t\}}{\sum_{-\infty}^{\infty}\exp\{-(x-n\lambda)^2/4\nu t\}}。 \tag{4.49}$$

当 $\lambda^2/4\nu t \gg 1$ 时，具有最小的 $(x-n\lambda)^2/4\nu t$ 值的指数将大大超过所有其他的指数。于是，对于 $\left(m-\frac{1}{2}\right)\lambda < x < \left(m+\frac{1}{2}\right)\lambda$ 而言，$n=m$ 的项将是主要的，因此 (4.49) 近似为

$$c \sim \frac{x-m\lambda}{t}, \quad \left(m-\frac{1}{2}\right)\lambda < x < \left(m+\frac{1}{2}\right)\lambda。$$

这是一个锯齿波，它有一组间距为 λ 的周期性的激波，并且在每一激波处 c 从 $-\lambda/2t$ 跳跃为 $\lambda/2t$。这个结果与 (2.56) 是一致的。

为了研究最后的衰减，即 $\lambda^2/4\nu t \ll 1$ 时的情况，我们可以利用解的另一种形式。表达式 (4.48) 对 x 是周期的，并且在区间 $-\lambda/2 < x < \lambda/2$ 中，

$$\varphi \to \delta(x) \quad 当\ t \to 0。$$

初始条件可以展开为如下的一个 Fourier 级数

$$\Phi(x)=\frac{1}{\lambda}\left\{1+2\sum_{1}^{\infty}\cos\frac{2\pi nx}{\lambda}\right\},$$

而且关于 φ 的热传导方程的相应的解是

$$\varphi=\frac{1}{\lambda}\left\{1+2\sum_{1}^{\infty}\exp\left(-\frac{4\pi^2n^2}{\lambda^2}\nu t\right)\cos\frac{2\pi nx}{\lambda}\right\}。\tag{4.50}$$

可以直接验证，这是(4.48)的 Fourier 级数。用这个形式来表示，

$$\begin{aligned}c&=-\frac{2\nu\varphi_x}{\varphi}\\&=\frac{\frac{8\pi\nu}{\lambda}\sum_{1}^{\infty}n\exp\left(-\frac{4\pi^2n^2}{\lambda^2}\nu t\right)\sin\frac{2\pi nx}{\lambda}}{1+2\sum_{1}^{\infty}\exp\left(-\frac{4\pi^2n^2}{\lambda^2}\nu t\right)\cos\frac{2\pi nx}{\lambda}}。\end{aligned}\tag{4.51}$$

当 $\nu t/\lambda^2\gg 1$ 时，$n=1$ 的项是级数的主项，所以我们得到

$$c\sim\frac{8\pi\nu}{\lambda}\exp\left(-\frac{4\pi^2\nu t}{\lambda^2}\right)\sin\frac{2\pi x}{\lambda}。\tag{4.52}$$

这是 $c_t=\nu c_{xx}$ 的一个解，而且扩散又在最后的衰减中起主要作用。

4.7 激波的汇合

当一个激波追上另一个激波时，如像在图 2.16 中的 F 曲线上对无粘解 $(\nu\to 0)$ 所描述的那样，它们就汇合成为强度增加的单激波。对于任意的 ν 而言，给出一个描述这个过程的 Burgers 方程的简单解是可能的。

关于单激波解由(4.23)给出，而关于 φ 的相应的表达式可以写为下列形式：

$$\varphi=f_1+f_2;\quad f_i=\exp\left(-\frac{c_jx}{2\nu}+\frac{c_j^2t}{4\nu}-b_j\right)。\tag{4.53}$$

在(4.23)中，确定激波初始位置的参数 b_1，b_2 取为零。表达式 f_1，f_2 显然是热传导方程(4.7)的解。关于 c 的表达式是

$$c=-\frac{2\nu\varphi_x}{\varphi}=\frac{c_1f_1+c_2f_2}{f_1+f_2}。\tag{4.54}$$

对于 $c_2 > c_1$ 而言，当 $x \to +\infty$ 时 f_1 为主要的，所以我们得到 $c \to c_1$；当 $x \to -\infty$ 时 f_2 为主要的，所以我们得到 $c \to c_2$。激波的中心在 $f_1 = f_2$ 处，即 $x = \frac{1}{2}(c_1 + c_2)t$ 处。

现在因为任一 f_i 是热传导方程的一个解，所以我们可以明显地在 (4.53) 中再加一些项而构成 Burgers 方程的一些更一般的解。这样一些解代表一些相互作用的激波。我们考虑下列情况：

$$\varphi = f_1 + f_2 + f_3,\ b_1 = b_2 = 0,\ b_3 = \frac{c_3 - c_2}{2\nu}$$
$$c = \frac{c_1 f_1 + c_2 f_2 + c_3 f_3}{f_1 + f_2 + f_3},\ c_3 > c_2 > c_1 > 0。\tag{4.55}$$

如果 ν 相当小，那么我们只要注意在哪一些区域中相应的 f 占主要地位，就可以辨认出在状态 c_1，c_2，c_3 之间的一些激波过渡。$t = 0$ 时，在 $x > 0$ 中 f_1 起主要作用；在 $-1 < x < 0$ 中 f_2 起主要作用；在 $x < -1$ 中 f_3 起主要作用。这样一来，我们得到中心在 $x = 0$ 处的从 c_1 到 c_2 的一个激波过渡，以及中心在 $x = -1$ 处的从 c_2 到 c_3 的一个激波过渡。对于 $t > 0$ 而言，$c \simeq c_1$，$c \simeq c_2$，$c \simeq c_3$ 的这些区域可以用同样的方法找到，其结果示于图 4.3 中。对于开始的一段时间而言，从 c_1 到 c_2 的过渡发生在 $f_1 = f_2$ 处，即在

$$x = \frac{c_1 + c_2}{2} t \tag{4.56}$$

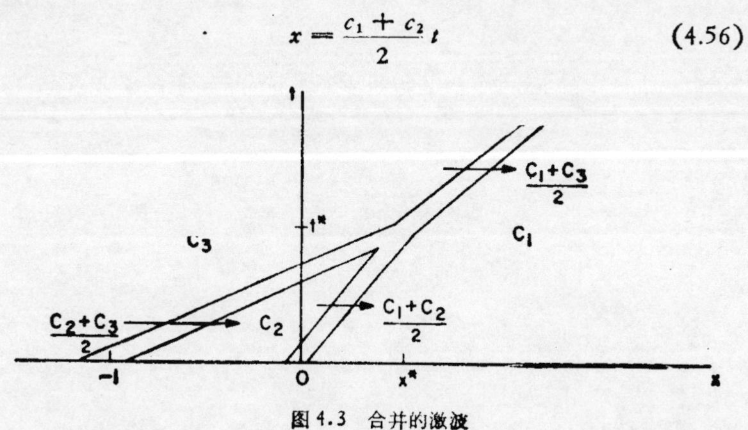

图 4.3 合并的激波

上；从 c_2 到 c_3 的过渡发生在 $f_2=f_3$ 处，即在

$$x=\frac{c_2+c_3}{2}t-1 \tag{4.57}$$

上。因为 $\frac{1}{2}(c_2+c_3)>\frac{1}{2}(c_1+c_2)$，所以在由 (4.56) 和 (4.57) 决定的点 (x^*,t^*) 处，第二个激波追上第一个激波。在这一点

$$f_1=f_2=f_3。$$

对于 $t>t^*$ 而言，不再存在 f_2 起主要作用的任何区域，而继续下去的解描述 c_1 和 c_3 之间的单一的激波过渡，此激波过渡以速度 $\frac{1}{2}(c_1+c_3)$ 沿着由 $f_1=f_3$ 所确定的路线

$$x-x^*=\frac{c_1+c_3}{2}(t-t^*) \tag{4.58}$$

运动。

第五章　双曲型方程组

阐述双曲波理论的下一个步骤是看一看怎样才能把到目前为止所建立的概念和方法推广用于高阶方程组的研究之中。在关于单个基本波动的各种附加效应的讨论中我们已经初步谈到一些，但是直接与一个方程组中出现若干不同波模式的可能性有关的一些问题却只是顺便提了一下。我们现在来全面讨论这些问题。

许多物理问题导致列出一个拟线性一阶方程组；这样一些方程对因变量的一阶导数是线性的，但是其系数可以是因变量的函数。当这些方程描述波动时，对许多结果的很好的理解可以从平面波的研究发展而来。因此，我们从两个独立变量的情况开始。这两个变量常常是时间和一个空间变量，所以我们用 t 和 x 来表示它们，并且采用相应的术语，但是这种讨论适用于任何双变量方程组。如果因变量是 $u_i(x, t)$，$i=1,\cdots,n$，那么一般的拟线性一阶方程组是

$$A_{ij}\frac{\partial u_j}{\partial t}+a_{ij}\frac{\partial u_j}{\partial x}+b_i=0,\ i=1,\cdots,n, \tag{5.1}$$

其中矩阵 $\boldsymbol{A}$, $\boldsymbol{a}$ 和向量 $\boldsymbol{b}$ 不但是 x 和 t 的函数，而且是 $u_1,\cdots,u_n$ 的函数。除非另外说明，这里以及全书，对一个重复下标的求和是自动的。

在这一章中我们建立(5.1)是双曲型的条件，并讨论某些一般结果。对多个空间维量情况给出某些简短的评论，但主要是在一些特殊问题的范围内讨论多维情况，并且大量利用这个事实：一个二维或三维波的任一小区域的局部性态如同平面波一样。

5.1　特征线和分类

如在第二章中所描述过的单个一阶方程的求解的关键在于利

用 (x, t) 平面中的特征线族；沿每一特征线，偏微分方程可以简化为常微分方程。于是在某些情况下可以求得分析解，最坏也能把偏微分方程简化为一组适合于逐步数值积分的常微分方程。无论哪一种情况，我们都能通过对小区域的相继的“局部”的考虑而陆续构成解；整个解不需要一下子算出来。这当然对应于波现象的一些简单思想；在任一小的时间增加中，一点的性态只可能受足够近的、因而它们的波可以及时到达的那些点的影响。对于方程组(5.1)，我们问这样的局部计算是否可能。如果可能，那么方程组是双曲型的并且将可以构成一个适当的精确的定义。

一般来说，(5.1) 中任何一个方程，对每一个 u_j 而言，都具有 $\partial u_j/\partial t$ 和 $\partial u_j/\partial x$ 的不同的组合。也就是说，它使有关不同 u_j 在不同方向上的变化速率的信息耦合起来；对于在任何单个方向上的一个步长而言，人们不能推出有关所有 u_j 的增量的信息。但是我们要对(5.1)中的 n 个方程任意地进行运算，看一看是否可以从它们的某一组合中得到这个信息。于是我们考虑线性组合：

$$l_i\left(A_{ij}\frac{\partial u_j}{\partial t}+a_{ij}\frac{\partial u_j}{\partial x}\right)+l_ib_i=0, \tag{5.2}$$

其中矢量 $\boldsymbol{l}$ 是 $x, t, \boldsymbol{u}$ 的一个函数，并且研究一下是否可能选取 $\boldsymbol{l}$ 使(5.2)取如下形式：

$$m_j\left(\beta\frac{\partial u_j}{\partial t}+\alpha\frac{\partial u_j}{\partial x}\right)+l_ib_i=0。 \tag{5.3}$$

如果这是可能的，那么 (5.3) 提供所有 u_j 在单个方向 (α, β) 上的方向导数之间的一个关系式。如果情况是这样的话，那么在 (x, t) 平面引入由向量场 (α, β) 定义的一些曲线将是有价值的。如果 $x=X(\eta)$，$t=T(\eta)$ 是这族曲线中一条典型曲线的参数表达式，那么 u_j 在该曲线上的全导数是

$$\frac{du_j}{d\eta}=T'\frac{\partial u_j}{\partial t}+X'\frac{\partial u_j}{\partial x}。$$

不失一般性，我们可以取

$$\alpha=X'(\eta),\quad \beta=T'(\eta),$$

并且把 (5.3) 写为

$$m_j \frac{du_j}{d\eta} + l_j b_j = 0。\tag{5.4}$$

(5.2) 取 (5.4) 形式的条件是

$$l_i A_{ij} = m_j T', \quad l_i a_{ij} = m_j X',$$

并且我们可以消去 m_j 而给出

$$l_i(A_{ij}X' - a_{ij}T') = 0。\tag{5.5}$$

这些是关于乘子 l_i 和方向 (X', T') 的 n 个方程。因为它们对 l_i 是齐次的，所以存在非平凡解的充要条件是行列式

$$|A_{ij}X' - a_{ij}T'| = 0。\tag{5.6}$$

这是一个关于曲线方向的条件。这样一条曲线称为**特征线**，而相应的方程(5.4) 称为**特征形式**。

每一个特征形式的方程仅仅提供沿相应特征线的 n 个 u_j 的导数之间的一个关系式。为了在某一小区域中进行解的局部构造，我们在下面将要看到，需要 n 个独立的特征形式方程。这是关于双曲型方程组的定义的基础。

然而，首先必须注意到，在该定义中包含一个对方程组的相对放宽的但又重要的限制。这个限制涉及到系数矩阵 $\boldsymbol{A}$ 和 $\boldsymbol{a}$。不难看出，在一些简单的情况中，$\boldsymbol{A}$ 或 $\boldsymbol{a}$，甚至 $\boldsymbol{A}$ 和 $\boldsymbol{a}$ 都可能是奇异的。如果行列式 $|A_{ij}| = 0$，那么 $T' = 0$ 是(5.6)的一个解，并且 x 方向是特征线；如果 $|a_{ij}| = 0$，那么 $X' = 0$ 是一个解，并且 t 方向是特征线。显然，坐标轴成为特征线是可以接受的，因此这些可能性应该包括在讨论之中。然而，在某些情况中两个矩阵都是奇异的，那么这些方程组已退化到不必讨论了。检验一下坐标轴的旋转是否能够克服这个困难，用这个方法就可以区分以上两种情况。如果麻烦只是在于原来的两个坐标轴与特征线相重合，那么坐标轴的旋转将导致一个具有非奇异矩阵的新方程组。(5.1) 中坐标轴的旋转是用原始矩阵的一个线性组合来代替原始矩阵。因此相应的条件是：

$$|\lambda A_{ij} + \mu a_{ij}| \neq 0 \tag{5.7}$$

对某一组不都为零的 λ, μ 成立，而我们不必明显地进行这种变换。如果 (5.7) 总不能满足，那么我们得到不必讨论的退化情况。在那个情况下，所有方向形式上是特征线，因而讨论是不合逻辑的。根据下一节中给出的一些例子来看，似乎如此退化的一些方程组过份大了，因而可以简化为系数满足 (5.7) 的一些更小的方程组。

在这个限制之下我们引入下列的定义。

定义：一个满足 (5.7) 的方程组 (5.1) 是**双曲型的**，如果可以找到 n 个线性独立的实向量 $\boldsymbol{l}^{(k)}$, $k=1,\cdots,n$，它们使

$$l_i^{(k)}\{A_{ij}\alpha^{(k)}-a_{ij}\beta^{(k)}\}=0 \tag{5.8}$$

对每个 k 成立，而且相应的一些方向 $\{\alpha^{(k)}, \beta^{(k)}\}$ 是实的并满足 $\alpha^{(k)^2}+\beta^{(k)^2}\neq 0$。

应该注意，所强调的是存在 n 个独立向量 $\boldsymbol{l}^{(k)}$，而相应的一些方向 $(\alpha^{(k)}, \beta^{(k)})$ 不同这一点并不重要。如果这些方向是不同的以致存在 n 族不同的特征线，那么这个方程组称为是完全双曲型的；但是我们将几乎不用这个术语。正如我们下面将要看到的那样，可能 (5.6) 所具有的不同的解少于 n 个，然而可以找到 n 个独立向量 $\boldsymbol{l}$。

特殊情况 $A_{ij}=\delta_{ij}$

在许多问题中，方程组 (5.1) 以

$$\frac{\partial u_i}{\partial t}+a_{ij}\frac{\partial u_j}{\partial x}+b_i=0 \tag{5.9}$$

这种特殊形式出现，其中 $\boldsymbol{A}$ 矩阵是单位矩阵。在其他一些情况，只要乘以 $\boldsymbol{A}^{-1}$ 就可以把方程组变换为这种形式，如果原始矩阵 $\boldsymbol{A}$ 是奇异的，那么先作坐标变换。难得有价值去详细作这种简化，但是如果方便的话，我们就可以不失一般性地指这种形式。根据 (5.6)显然可知，在这种形式中 $T'\neq 0$，所以特征线将永远不会有 x 轴的方向。于是我们可以用 t 本身作为一条特征线的参数，并用 $x=X(t)$ 描述这条曲线。线性组合

$$l_i \frac{\partial u_i}{\partial t} + l_i a_{ij} \frac{\partial u_j}{\partial x} + l_i b_i = 0$$

取特征形式

$$l_i \frac{du_i}{dt} + l_i b_i = 0 \quad 在 \quad \frac{dX}{dt} = c \ 上 \tag{5.10}$$

的条件是

$$l_i a_{ij} = l_j c。 \tag{5.11}$$

特别地，特征速度 c 必须满足

$$|a_{ij} - c\delta_{ij}| = 0。 \tag{5.12}$$

可能的一些根 c 是该矩阵的特征值，而向量 $\boldsymbol{l}$ 是一些左特征向量。

根据线性代数中的标准的定理可得出两个结果：

对应于不同特征值 c 的特征向量 $\boldsymbol{l}$ 是线性独立的，因此，如果(5.12)具有 n 个不同的实根 c，那么方程组是双曲型的。

如果 a_{ij} 是一个实对称矩阵，那么(5.12)的所有根是实的，并且可以找到 n 个独立的实向量。因此，如果 $\boldsymbol{a}$ 是实的和对称的，那么方程组是双曲型的。

5.2 分类的例子

在继续利用特征形式的方程并研究更多的特征线性质以前，我们将要举几个例子来说明这些思想，并且给大家指出在方程组分类中可能出现的某些特性。

例 1：首先考虑波动方程

$$u_{tt} - \gamma u_{xx} = 0。$$

这可以写为一个方程组，其方法是引入 $u_x = v$，$u_t = w$ 并且写出

$$v_t - w_x = 0,$$

$$w_t - \gamma v_x = 0。$$

线性组合

$$l_1(v_t - w_x) + l_2(w_t - \gamma v_x) = 0$$

取特征形式

$$l_1(v_t + cv_x) + l_2(w_t + cw_x) = 0$$

的条件是

$$-\gamma l_2 = cl_1,$$

$$-l_1 = cl_2。$$

当 $c^2 = \gamma$ 时存在非平凡解。如果 $\gamma > 0$，我们可以取

$$c = +\sqrt{\gamma}, \quad l_1 = -\sqrt{\gamma}, \quad l_2 = 1;$$

$$c = -\sqrt{\gamma}, \quad l_1 = +\sqrt{\gamma}, \quad l_2 = 1。$$

这两个向量 $\boldsymbol{l}$ 是线性独立的，因此这个方程组是双曲型的。如果 $\gamma < 0$，那么不存在实的特征形式；实际上，这个方程是椭圆型方程的原型。

例 2：热传导方程

$$u_t - u_{xx} = 0$$

等价于方程组

$$u_t - v_x = 0,$$

$$u_x - v = 0。$$

显然，组合

$$l_1(u_t - v_x) + l_2(u_x - v) = 0$$

只有当 $l_1 = 0$ 时才可能取特征形式。于是仅有的解是 $\boldsymbol{l} = (0, 1)$ 或者是它与标量的乘积。因为对这个二阶方程组只有一个向量 $\boldsymbol{l}$，所以它不是双曲型的。如果我们检验其一般形式，那么(5.6) 在这个情况简化为

$$\begin{vmatrix} X' & T' \\ -T' & 0 \end{vmatrix} = 0，即，T'^2 = 0。$$

这样一来，x 轴是一根双重特征线，但是对它来说只存在一个特征形式：

$$u_x - v = 0。$$

例 3：最简单的二阶双曲型方程是

$$u_{xt} = 0;$$

一个等价的方程组是

$$u_t - v = 0,$$
$$v_x = 0。$$

在这个情况中矩阵 $\boldsymbol{A}$ 和 $\boldsymbol{a}$ 都是奇异的，但是(5.7)是满足的，因此没有麻烦之处，方程 (5.6)是

$$\begin{vmatrix} X' & 0 \\ 0 & -T' \end{vmatrix} = 0, \text{ 即, } \quad X'T' = 0。$$

t 轴和 x 轴都是特征线，因而原始方程已经是特征形式。

例 4：现在考虑

$$u_{tt} - \gamma u_{xx} + u = 0。$$

如果我们引入 $u_x = v$，$u_t = w$，如例 1 中那样，那么附加的 u 的一个不带导数项防止 u 的非常明显的消失并且可以建议保持三个方程。如果我们选取

$$u_x - v = 0,$$
$$u_t - w = 0,$$
$$w_t - \gamma v_x + u = 0$$

作为一个等价的方程组，那么我们就碰到这样的麻烦：矩阵 $\boldsymbol{A}$ 和 $\boldsymbol{a}$ 都是奇异的，并且所有由它们组成的线性组合也都是奇异的。方程 (5.6)是

$$\begin{vmatrix} -T' & 0 & 0 \\ X' & 0 & 0 \\ 0 & \gamma T' & X' \end{vmatrix} = 0,$$

并且对 (X', T') 的所有值而言，它显然是满足的。然而，(5.7)把这个方程组排除在外了。

至少在 $\gamma > 0$ 这个情况，我们可以实现以前提到过的建议：这个方程组可能太大了，可以被简化。把该方程写为

$$\left(\frac{\partial}{\partial t} - \sqrt{\gamma}\frac{\partial}{\partial x}\right)\left(\frac{\partial}{\partial t} + \sqrt{\gamma}\frac{\partial}{\partial x}\right)u + u = 0,$$

我们就可以看出这一简化。

然后引入

$$\varphi = u_t + \sqrt{\gamma}\, u_x$$

将导致二阶方程组：

$$\varphi_t - \sqrt{\gamma}\,\varphi_x + u = 0,$$

$$u_t + \sqrt{\gamma}\,u_x - \varphi = 0。$$

这个方程组具有非奇异的系数。事实上，它已经是特征形式，并且正好有两条特征线。

例 5：对于方程

$$u_{tt} - \gamma u_{xx} + u = 0$$

而言，可以提出的另一个方程是

$$u_t - w = 0,$$

$$v_t - w_x = 0,$$

$$w_t - \gamma v_x + u = 0。$$

这与例 4 不同之处在于消去 u 所得的方程 $v_t - w_x = 0$ 已经代替了 $u_x - v = 0$。现在 $\boldsymbol{A}$ 是单位矩阵，而且我们应该没有麻烦了。我们发现条件(5.6)是

$$\begin{vmatrix} X' & 0 & 0 \\ 0 & X' & T' \\ 0 & \gamma T' & X' \end{vmatrix} = 0,\ \text{即},\quad X'(X'^2 - \gamma T'^2) = 0。$$

其中两个根 $X' = \pm\sqrt{\gamma}\,T'$ 显然是原始方程的特征线，但是为什么已经出现一条附加的特征线 $X' = 0$？作为一个方程组来说，这个方程组不是太大了，但是它不再等价于原始方程。实际上它等价于

$$\frac{\partial}{\partial t}(u_{tt} - \gamma u_{xx} + u) = 0。$$

这条附加的特征线相当于附加的导数。

例 6：方程组

$$u_t + C(u, v)u_x = 0,$$

$$v_t + C(u, v)v_x = u,$$

显然是具有一条特征线（在它上面 $dx/dt = C$）但是具有两个独立的特征形式的一个例子。因此它是双曲型。

例 7：方程组

$$u_t + C(u)u_x = 0,$$

$$v_t + C(u)v_x + C'(u)vu_x = 0,$$

出现在色散波中。唯一可能的特征形式实际上是第一个方程。因此这个方程组不是双曲型的。然而，由于这是个例外的情况：第一个方程可以独立于第二个方程而求解，所以我们可以沿特征线 $dx/dt = C$ 积分第一个方程。因此，如果在整个区域中 u 已知了，那么可以算出 u_x，并且第二个方程可以沿相同的特征线积分而求出 v。由于这些原因，它象一个具有一条双重特征线的双曲型方程组，然而形式上应该把它归于抛物型这一类。

在例 2 到例 7 中，分类不是非常简单的。我们现在增加几个非线性的例子，在这些例子中没有分类方面的问题，但是它们是有代表性的并且是相当有名的。我们列举有关知识而尽量少作解释。

例 8：气体动力学。在具有速度 u，压力 p，密度 ρ 和熵 S 的可压缩无粘气体流动中，方程组(见第六章)是

$$\rho_t + u\rho_x + \rho u_x = 0,$$

$$u_t + uu_x + \frac{1}{\rho}p_x = 0,$$

$$S_t + u_1 S_x = 0,$$

其中 $p = p(\rho, S)$。特征方程组是

$$\frac{\partial p}{\partial t} \pm \rho a \frac{du}{dt} = 0 \quad 在 \quad \frac{dx}{dt} = u \pm a \ 上,$$

$$\frac{dS}{dt} = 0 \quad 在 \quad \frac{dx}{dt} = u \ 上,$$

其中 $a^2 = (\partial p/\partial \rho)_{S=常数}$。对于具有定比热的气体而言，$p = k\rho^\gamma e^{S/c_v}$ 而 $a^2 = \gamma p/\rho$。

例 9：江河波和浅水理论。方程组由 (3.37) 给出，其特征形式为

$$\frac{d}{dt}(v \pm 2\sqrt{g'h}) = g'S - C_f \frac{v^2}{h}$$

$$\text{在 } \frac{dx}{dt} = v \pm \sqrt{g'h} \text{ 上。}$$

例 9′：简化的运动学近似（3.38）只有一个特征形式

$$\frac{dh}{dt} = 0 \quad \text{在 } \frac{dx}{dt} = \frac{3}{2}\left(\frac{g'S}{C_f}\right)^{1/2} h^{1/2} \text{ 上。}$$

例 10：磁气体动力学。对于在磁场中的一电导气体而言，方程组（利用标准的记号）往往取为

$$\rho_t + u\rho_x + \rho u_x = 0,$$

$$\rho(u_t + uu_x) + p_x = jB,$$

$$\frac{1}{\gamma - 1}(p_t + up_x) - \frac{\gamma}{\gamma - 1}\frac{p}{\rho}(\rho_t + u\rho_x) = \frac{j^2}{\sigma},$$

$$B_t + E_x = 0,$$

$$\varepsilon_0 E_t + \frac{1}{\mu} B_x + j = 0,$$

其中 $j = \sigma(E - uB)$。特征速度是 $\pm(\varepsilon_0\mu)^{-1/2}$，$u \pm a$，$u$。

例 10′：当电导率 σ 非常高时，可以导出下列简化方程，它常常用来作为一个适当的近似：

$$\rho_t + u\rho_x + \rho u_x = 0,$$

$$B_t + uB_x + Bu_x = 0,$$

$$\rho(u_t + uu_x) + p_x + \frac{1}{\mu} BB_x = 0,$$

$$\frac{1}{\gamma - 1}(p_t + up_x) - \frac{\gamma}{\gamma - 1}\frac{p}{\rho}(\rho_t + u\rho_x) = 0。$$

特征速度现在是 $u \pm (a^2 + B^2/\mu\rho)^{1/2}$，$u$，$u$。

例 11：电磁波的非线性效应。在对非线性光学一些效应的一种简单的但可能不现实的数学提法中，可以取

$$\frac{\partial B}{\partial t} + \frac{\partial E}{\partial x} = 0,$$

$$\frac{\partial D}{\partial t}+\frac{1}{\mu}\frac{\partial B}{\partial x}=0,$$

其中 $D=D(E)$。特征方程组是

$$\frac{dB}{dt}\pm\frac{1}{c(E)}\frac{dE}{dt}=0 \quad 在 \quad \frac{dx}{dt}=\pm c(E) \ 上,$$

其中 $c(E)=\{\mu D'(E)\}^{-1/2}$。色散效应通常使关系式 $D=D(E)$ 不适用。

例 12: 杆中非线性弹性波。可以利用最初处于位置 x 的一截面的位移 $\xi(x,t)$ 和应力 $\sigma(x,t)$ 把杆的一维波动方程写为

$$\rho_0\xi_{tt}=\sigma_x,$$

其中 ρ_0 是无应变状态的初始密度。如果引入应变 $\epsilon=\xi_x$ 和速度 $u=\xi_t$，那么可以利用等价的一对方程

$$\rho_0 u_t+\sigma_x=0,$$
$$\varepsilon_t-u_x=0。$$

线性理论取 $\sigma\propto\varepsilon$，但是把 σ 取为一个更一般的函数 $\sigma=\sigma(\varepsilon)$，就可以包括非线性效应。特征速度是 $\pm\{\sigma'(\varepsilon)/\rho_0\}^{1/2}$。对于适当选择的一些 $\sigma=\sigma(\varepsilon)$ 而言，在波传播中存在一些令人感兴趣的效应；特别地，也许有点令人惊奇的是，人们发现激波产生在一个扰动的卸载的相位中。有关情况包括在 Courant 和 Friedrichs (1948, p. 235) 中。

5.3 Riemann 不变量

每一个特征形式的方程给出各导数的一个特殊的线性组合。为了简单起见，我们考虑简化形式(5.10)，其中有关的线性组合是 $l_i du_i/dt$。在一个线性问题中，向量 $\boldsymbol{l}$ 是独立于 $\boldsymbol{u}$ 的，所以一个新变量 $r=l_i u_i$ 把这种形式的方程简化为

$$\frac{dr}{dt}+f(x,t,\boldsymbol{u})=0。$$

然而，在一些非线性问题中，$\boldsymbol{l}$ 可以依赖于 $\boldsymbol{u}$，因此不会总能化到这种形式。找出 λ 和 r 使它们满足

$$l_i du_i = \lambda dr,$$

或者，等价地，

$$l_i = \lambda \frac{\partial r}{\partial u_i}, \tag{5.13}$$

这应该是必要的。(这里 x 和 t 保持不变；微分 dr 仅仅指 u 的变化。)这是关于微分形式可积性的 Pfaff 问题的一个特殊情况。对于 $n=2$ 而言，我们可以消去 r 而找出一个关于 λ 的显然有解的方程。然而，对于 $n>2$ 而言，从 (5.13) 中把 λ 和 r 都消去，就给出使这成为可能而必须满足的关于 l_i 的一些条件。

对于一个双曲型方程组而言，如果知道相应于每一微分形式 $l_i^{(k)} du_i$ 可以引入一个变量 r_k 的话，那么 n 个特征方程取特别简单的形式。于是函数 r_k 可以用来作为代替 u_i 的新变量，并且特征方程可以写为

$$\frac{dr_k}{dt} + f_k(x, t, r) = 0 \quad 在 \quad \frac{dx}{dt} = c_k(x, t, r) \ 上。 \tag{5.14}$$

对于线性问题而言，这总是可以做到的，并且在那个情况 f_k 对 r 是线性的。对于非线性问题而言，当 $n=2$ 时这可以做到，但是对于 $n>2$ 而言，这不一定可能。

这样一些变量是由 Riemann 在关于气体动力学平面波 (即 $n=2$ 的情况)的工作中引入的。在那个特殊情况(见 6.7 节)，f_k 是零，所以 r_1 和 r_2 在它们各自的特征线上等于常数；函数 r_1 和 r_2 因此叫做 Riemann 不变量。一般来说，我们可以称 r_k 为 Riemann 变量。

5.4 利用特征线的逐步积分

我们来考虑时间增量很小的一些相继时刻的解的构造，这样就可以洞察双曲型方程组的解的结构，例如正确的边界条件数目和依赖区域。为了简单起见，我们将假设特征方程组可以写为形式 (5.14)，但是其定性特点适用于一般情况。

考虑在 $x>0$, $t>0$ 中混合的初边值问题，其数据在 $x=0$

和 $t=0$ 上给定。如果我们取 (x,t) 平面上的任一点 P，而且如果 Q_k 是在通过 P 的第 k 条特征线上的一个邻点，那么(5.14)的准确到一阶量的近似式为

$$r_k(P)-r_k(Q_k)+f_k(Q_k)\{t(P)-t(Q_k)\}=0, \quad (5.15)$$

$$x(P)-x(Q_k)=c_k(Q_k)\{t(P)-t(Q_k)\}, \quad (5.16)$$

式中对于在 P 处和 Q 处的一些量的值用明显的记号表示。如果这些关系式用于所有 n 条特征线，并且如果在 Q_k 处的值都已知，那么(5.15)给出在 P 处的 r_k 的 n 个方程。如果某些 c_k 是相同的，那么某些 Q_k 将重合，但是只要有由 n 个不同的方程(5.15)组成的完全的方程组，这就没有关系。

我们现在重复地利用这个构造，如图5.1中所表示的那样。该图适用于三条特征线，并且 $c_1>c_2>0>c_3$。首先在第一个时间增量 $t(P)=\Delta t$ 处取点 P_0，所取的该点具有足够大的 $x(P)$ 以使特征线 PQ_1，PQ_2，PQ_3 与正 x 轴相交，如图所示。在所有情况 $t(Q_k)=0$。如果对于 $t=0$ 而言，所有的 r_k 一开始就是 x 的已知函数，那么每一个 c_k 是 x 的一个已知函数；因此，对于所选的一个 $x(P)$ 而言，(5.16)决定对应于每一个 k 的 $x(Q_k)$。然后从 r_k 的初始值计算出 $r_k(Q_k)$，$f_k(Q_k)$，并由(5.15)决定 $r_k(P)$。这

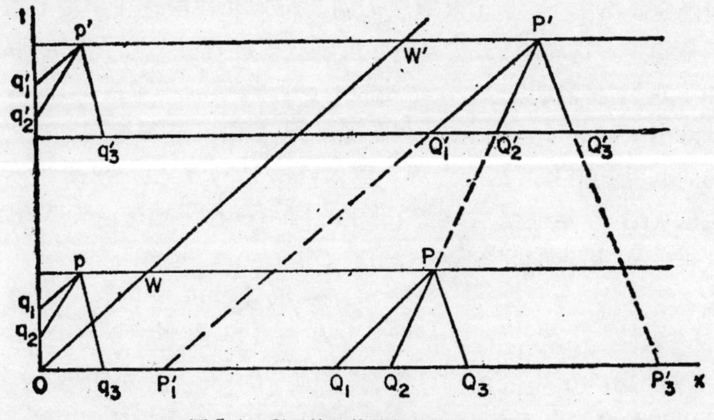

图 5.1　利用特征线的解的逐步构造

可以对 $t=\Delta t$ 线上的不同点重复进行，只要它们在点 W 的右边，W 点是由通过原点并具有最快速度 c_1 的特征线段 OW 所决定的。

这些计算可以在相继的时间步长重复进行。例如，在 P' 处利用前一步确定的 Q'_1，Q'_2，Q'_3 的值来确定各 r_k 的值。这样一来，原则上在特征线 OW 右边的三角形区域中的解可以根据所有 r_k 在 $t=0$，$x>0$ 上的已知值来确定。同样显然的是，在 P' 处的各值将只依赖于 x 轴上 P'_1 和 P'_3 之间的数据，其中 $P'P'_1$ 和 $P'P'_3$ 分别对应于最快和最慢速度的特征线。线段 $P'_1P'_3$ 是 P' 的依赖区域。该依赖区域显示解的波特征；各讯号的传播速度为 c_1，c_2，c_3，而从 P'_1 和 P'_3 之间的点发出的波是仅有的能及时到达 P' 的波。

对于完全初值问题而言，r_k 在 $t=0$，$-\infty<x<\infty$ 上给定，显然，解可以在 $t>0$ 中构造，并且它是唯一的。只要解是稳定的(这是我们在这里没有探讨的问题)，那么这个完全初值问题是适定的。

但是我们回到混合问题，该问题只对 $t=0$ 上 $x>0$ 的部分给出数据，而剩下来的信息由 $x=0$，$t>0$ 上的数据组成。考虑 $t=\Delta t$ 上的一点 p，但是它在 W 的左边，因此两条正的特征线与 t 轴相交于 q_1，q_2。值 $r_3(p)$ 仍然是根据在 x 轴上的 q_3 处的数据来确定。事实上，p 可以取在 t 轴上而 r_3 仍然根据在 x 轴上的数据来确定。这样一来，在 $x=0$ 上不能规定 r_3 值。为了确定 $r_1(p)$ 和 $r_2(p)$，将需要在 q_1 和 q_2 处的 r_1，r_2，r_3 值。在 $x=0$ 上，r_3 是计算出来的而不是规定的，但是显然地 r_1 和 r_2 必须给定。在以后的时间步长中重复这一过程。例如，在 p' 处，r_3 值是根据 q'_3 来确定的；r_1，r_2 是根据 q'_1，q'_2 来确定的，而 r_1，r_2 必须在这些点给定。这样一来，适定的问题是

$$r_1,\ r_2,\ r_3\quad 给定在\ t=0,\ x>0\ 上，$$

$$r_1,\ r_2\quad 给定在\ x=0,\ t>0\ 上。$$

在 $x=0$ 上的数据只影响"波前" OWW' 左边的解。当然，可以提出等价的数据，而且一般来说，在 $t=0$ 上的任何三个条件

和在 $x=0$ 上的任何两个条件将是正确的。唯一的例外是在 $x=0$ 上的这两个条件必须不是确定 r_3，因为这是由初始数据确定的。

这里的一些结果可以推广到 n 个方程以及其它一些边界值。从逐步构造法显然可知，边界条件的数目应该等于指向该区域中的特征线的数目。沿一特征线的方向必须加以定义以便使"指向"是明确的。当 t 是时间，则该方向通常选为 t 增加的方向；但是只要我们一旦选定的方向是一致地被使用，那么 t 增加的方向，或者 x 增加的方向，甚至连它们的某一函数的增加的方向，将都导致适定问题。

存在性和唯一性的详细证明可以以积分方程的迭代为基础；此积分方程把一点处的值表达为对其特征三角形（例如对图5.1中的 P' 是 $P'P_1'P_3'$）的积分。整个程序与常微分方程的 Picard 迭代相似。有关情况可参考 Courant 和 Hilbert (1962, p. 476)。

在非线性问题中，特征速度 c_k 是 $\boldsymbol{u}$ 的函数，因此在任一边界上提出的数据的数目可以随数据而变化。

5.5 间断的导数

从上述解的构造中显然可知，特征线把信息从边界带到有关区域中去。从物理上讲，特征线对应于以速度 c_k 传播的一些波。一般来说，人们根据这一构造预料，在一边界上数据的任何突变将产生沿着通过那些边界点的特征线传播的相应的突变。如果突变取为 $\boldsymbol{u}$ 的某些导数的间断，那么这个模糊的思想变得精确了，而所预料的结果是间断沿特征线传播。一些相应的结果可以直接从方程组得来。我们将论述 u_i 的一阶导数的简单跳跃间断。高阶导数和其他一些奇异性可以同样地处理。

设 $\xi(x,t)=0$ 是一条光滑的曲线，这条曲线是两个区域的分界线，在这两个区域的每一个中 $\boldsymbol{u}$ 是连续可微的。假设当 $\xi\to 0\pm$ 时 u_i 是连续的，并且当 $\xi\to 0\pm$ 时 $\partial u_i/\partial t$，$\partial u_i/\partial x$ 具有有限的极限。如果 $\xi(x,t)$ 是一个足够光滑的函数，我们可以引入

一个新的局部坐标系 $\xi(x, t)$，$\eta(x, t)$，并把(5.1)写为

$$(A_{ij}\xi_t + a_{ij}\xi_x)\frac{\partial u_j}{\partial \xi} + (A_{ij}\eta_t + a_{ij}\eta_x)\frac{\partial u_j}{\partial \eta} + b_i = 0。 \quad (5.17)$$

这些方程在 $\xi > 0$ 和 $\xi < 0$ 这两个区域都成立。根据假设，

$$u_j(0+, \eta) = u_j(0-, \eta); \quad (5.18)$$

因此

$$\frac{\partial u_j(0+, \eta)}{\partial \eta} = \frac{\partial u_j(0-, \eta)}{\partial \eta}。 \quad (5.19)$$

这意味着通过 $\xi = 0$ 时切向导数是连续的，而只有与 $\partial u_j/\partial \xi$ 有关的法向导数才可能跳跃。当 $\xi \to 0\pm$ 时(5.17)的极限是有限的，而系数都是连续的。因此，取两边的极限之差，我们得到

$$(A_{ij}\xi_t + a_{ij}\xi_x)\left[\frac{\partial u_j}{\partial \xi}\right] = 0, \quad (5.20)$$

其中

$$\left[\frac{\partial u_j}{\partial \xi}\right] = \left(\frac{\partial u_j}{\partial \xi}\right)_{\xi=0+} - \left(\frac{\partial u_j}{\partial \xi}\right)_{\xi=0-}。$$

所以，跳跃 $[\partial u_j/\partial \xi]$ 为零，除非在 $\xi = 0$ 上有

$$|A_{ij}\xi_t + a_{ij}\xi_x| = 0。 \quad (5.21)$$

如果曲线 $\xi(x, t) = 0$ 用另一种形式 $x = X(\eta)$，$t = T(\eta)$ 来描述，那么

$$(\xi_t, \xi_x) \propto \{X'(\eta), -T'(\eta)\}。$$

因此(5.21)同(5.6)相同，并且我们得到这样的结果：$\boldsymbol{u}$ **的一阶导数的间断只可能在特征线上产生.**

根据这一点，如果方程组没有特征线，那么间断就不能传播，并且在这种情况，即使边界条件中有间断，解也没有间断。另一方面，特征线的存在不是间断能出现的一个充分保证。(5.20)这些方程提供有关 $[\partial u_j/\partial \xi]$ 的进一步的一些限制，而且如果方程组不完全是双曲型的，那么这些限制甚至可以严到要求 $[\partial u_j/\partial \xi]=0$。然而，如果方程组是双曲型的，那么这些附加关系式不能排除间断；但是这些关系式提供一些方程，这些方程决定间断沿特征线传

播时间断数值的变化。

如果使(5.21)得到满足，而且选定一条特殊的特征线，那么(5.20)中的这些方程给出在那条特征线上$[\partial u_j/\partial\xi]$这些量之间的一些关系式。其数目依赖于(5.20)中系数矩阵的秩。最简单的情况是当存在$n-1$个关系式的时候，所以所有跳跃$[\partial u_j/\partial\xi]$可以利用它们中的一个来确定，或者，更加对称些，

$$\left[\frac{\partial u_j}{\partial\xi}\right]=\sigma L_j, \tag{5.22}$$

其中$\boldsymbol{L}$是

$$(A_{ij}\xi_t+a_{ij}\xi_x)L_j=0 \tag{5.23}$$

的任一非平凡解，而σ目前未定。如果矩阵的秩是r，那么将有$n-r$个独立解，而(5.22)中也将有相应数目的项并具有$(n-r)$个参数σ。

取(5.17)对ξ的导数并考虑当$\xi\to 0\pm$时的极限之差，就可以得到附加的信息。其结果取一般形式

$$(A_{ij}\xi_t+a_{ij}\xi_x)\left[\frac{\partial^2 u_j}{\partial\xi^2}\right]+E_i\left(\frac{d}{d\eta}\left[\frac{\partial u_j}{\partial\xi}\right],\left[\frac{\partial u_j}{\partial\xi}\right]\right)=0, \tag{5.24}$$

其中E_i对第一个自变量是线性的，而对第二个自变量最多是二次的。虽然总的来说，这些方程给出关于通过$\xi=0$时二阶导数$[\partial^2 u_j/\partial\xi^2]$的跳跃的信息，但是矩阵

$$A_{ij}\xi_t+a_{ij}\xi_x$$

是奇异的这一事实意味着E_i的某些线性组合为零。这些组合提供$[\partial u_j/\partial\xi]$所满足的另一些关系式。关系式的数目将是$n-r$(其中$r$还是矩阵的秩)，这正好是在求解(5.20)之后保留下来的自由度。因此这些关系式提供关于(5.22)中引入的那些σ的一些方程。

其详细情况变得相当复杂，所以我们只对向具有定常均匀状态的区域中传播的波前处的间断这个情况作进一步的研究。

5.6 波前附近的展开

我们在允许常数解 $u_j = u_j^{(0)}$ 的情况下考虑方程组(5.9)。这要求 $\boldsymbol{b}$ 是独立于 x, t 的，而且要求 $\boldsymbol{u}^{(0)}$ 满足

$$b_i(\boldsymbol{u}^{(0)}) = 0。 \tag{5.25}$$

对于简化形式(5.9)而言，特征线永远不能在 x 轴方向上，所以我们可以利用 t 本身作为在波前上的一个参数而把波前方程写成 $x = X(t)$ 的形式。我们并不是根据这些方程来计算导数的极限，在波前问题中把解按

$$\xi = x - X(t)$$

的幂展开，而利用这一等价的过程是特别的方便。如果一阶导数是间断的，那么相应的形式是

$$u_j = u_j^{(0)}, \quad \xi > 0, \tag{5.26}$$

$$u_j = u_j^{(0)} + u_j^{(1)}(t)\xi + \frac{1}{2} u_j^{(2)}(t)\xi^2 + \cdots, \ \xi < 0。 \tag{5.27}$$

于是

$$\left[\frac{\partial u_j}{\partial t}\right] = \dot{X}(t)u_j^{(1)}(t), \quad \left[\frac{\partial u_j}{\partial x}\right] = -u_j^{(1)}(t), \tag{5.28}$$

而高阶导数同样地与其他一些系数有关。

幂级数形式是了解含有其他哪些奇异性的一种方便的方法。如果第 m 阶导数是第一个间断的导数，那么 $u_j^{(0)}$ 以后的幂级数是以 ξ^m 项开始的，而且我们也可以把 $|\xi|$ 的分数幂或 $\log|\xi|$ 的展开式相对应的一些奇异性包括进来。关于收敛性的一些问题实际上在这里不属争论之列；我们把形式上的幂级数用来作为计算导数的一个工具，这些导数也可以用取方程组的相应的极限的方法来求得。

把(5.27)代入(5.9)并且使相继的 ξ 幂次项等于零，就可以得到(5.27)的系数。如果 a_{ij} 是 x, t, $\boldsymbol{u}$ 的函数，那么它们必须按 ξ 的幂展开，其系数依赖于 t。也就是说

$$a_{ij} = a_{ij}^{(0)} + \xi\left(\frac{\partial a_{ij}^{(0)}}{\partial u_k} u_k^{(1)} + \frac{\partial a_{ij}^{(0)}}{\partial x}\right) + \cdots, \tag{5.29}$$

其中上标零表示相应的函数的自变量是 $x = X(t)$，t 和 $\boldsymbol{u} = \boldsymbol{u}^{(0)}$。然而，在书写所得的关于 $u_i^{(m)}(t)$ 的方程时，为了清楚起见，将略去上标零。代入(5.9)，我们得到

$$a_{ij}u_j^{(1)} - cu_i^{(1)} = 0, \tag{5.30}$$

$$a_{ij}u_j^{(2)} - cu_i^{(2)} + \left\{\frac{du_i^{(1)}}{dt} + \frac{\partial a_{ij}}{\partial u_k} u_j^{(1)} u_k^{(1)} + \left(\frac{\partial a_{ij}}{\partial x} + \frac{\partial b_i}{\partial u_j}\right) u_j^{(1)}\right\} = 0, \tag{5.31}$$

等等，其中 c 表示 $\dot{X}$，这些当然对应于 (5.20) 和 (5.24)。

根据 (5.30)，我们首先推导出，速度 $\dot{X} = c$ 必须满足

$$|a_{ij} - c\delta_{ij}| = 0, \tag{5.32}$$

并且波前必须是特征线之一。如果我们以 (5.30) 中矩阵的秩为 $n-1$ 这个情况为例，那么我们得到

$$u_j^{(1)} = \sigma L_j, \tag{5.33}$$

其中 L_j 是

$$(a_{ij} - c\delta_{ij})L_j = 0 \tag{5.34}$$

的任一非平凡解。也存在满足

$$l_i(a_{ij} - c\delta_{ij}) = 0 \tag{5.35}$$

的一个非平凡特征向量 $\boldsymbol{l}$。[正是这个左特征向量出现在特征形式 (5.10) 中。]如果把这应用到(5.31)中去，那么可以把含 $u^{(2)}$ 的项消去，因而我们得到

$$l_i \frac{du_i^{(1)}}{dt} + l_i \frac{\partial a_{ij}}{\partial u_k} u_j^{(1)} u_k^{(1)} + l_i \left(\frac{\partial a_{ij}}{\partial x} + \frac{\partial b_i}{\partial u_j}\right) u_j^{(1)} = 0。 \tag{5.36}$$

最后，把由 (5.33) 所得的关于 $u_j^{(1)}$ 的表达式代入，我们得到下列形式的方程：

$$l_i L_i \frac{d\sigma}{dt} + Q\sigma^2 + P\sigma = 0, \tag{5.37}$$

其中 l_i，L_i，Q 和 P 都是 t 的已知函数。

对于双曲型方程组而言，可以证明 $l_iL_i \neq 0$。然而，在其他一些情况下，人们可以得到 $l_iL_i = 0$，$Q = 0$，$P \neq 0$，因而必须得

出这样的结论：$\sigma = 0$；也就是说，间断是不可能的。例如，方程组

$$u_t - v = 0,$$
$$v_t - u_x = 0,$$

它与热传导方程是等价的，其中 t 和 x 交换了一下以便适应标准形式 (5.9)，它以 x =常数这些曲线作为双重特征线。但是 $\boldsymbol{l} = (1, 0)$，$\boldsymbol{L} = (0, 1)$，$Q = 0$，$P = -1$，所以间断是不可能的。

对于双曲型方程组而言，(5.37) 可以简化为

$$\frac{d\sigma}{dt} + q\sigma^2 + p\sigma = 0。\tag{5.38}$$

这是一个 Riccati 方程，为了求得 σ (因而 $u_i^{(1)}$) 沿波前的变化，可以求出这个方程的显式解。

如果原始方程组是线性的，那么 a_{ij} 不依赖于 $\boldsymbol{u}$ 因而没有二次项。其解是

$$\sigma(t) = \sigma(0)e^{-p_1(t)}, \quad p_1(t) = \int_0^t p(t')dt', \tag{5.39}$$

其中 $\sigma(0)$ 根据初始条件来确定。特别地，我们观察到，间断只能作为在边界条件或初始条件中相应的间断的一个结果而出现在解中。而且，一旦出现间断，就不能在一段有限的时间内消失。

对于(5.38)中 $q \neq 0$ 的非线性方程组来说，这个方程可以改写为

$$\frac{d}{dt}\left(\frac{1}{\sigma}\right) - \frac{p}{\sigma} - q = 0,$$

并且其解是

$$\frac{1}{\sigma} = \frac{e^{p_1(t)}}{\sigma(0)} + e^{p_1(t)}\int_0^t q(t')e^{-p_1(t')}dt'。\tag{5.40}$$

同样地，间断一旦产生就不能在一段有限时间内消失；当 $t \to \infty$ 时其强度可以衰减为零。然而，非线性情况的一个新的可能性是：对**有限**的 t 而言，$\sigma \to \infty$。其出现将依赖于 $p(t)$，$q(t)$ 的符号以及 $\sigma(0)$ 的大小。例如，假设这个方程为

$$\frac{d\sigma}{dt} = \nu\sigma^2 - \mu\sigma, \tag{5.41}$$

其中 μ, ν 是正常数，而且 $\sigma(0) = \sigma_0 > 0$。如果 $\sigma_0 < \mu/\nu$，那么(5.41)的右边一开始是负的，所以 σ 开始减少。但是另一方面右边保持为负，因此 σ 继续减少。最后，当 $t \to \infty$ 时，像 $e^{-\mu t}$ 那样 $\sigma \to 0$。然而，如果 $\sigma_0 > \mu/\nu$，情况相反，而 σ 连续地增加。最后，$\nu\sigma^2$ 项占主要地位，因此在有限时间内导致 $\sigma \to \infty$。其显式解是

$$\sigma(t) = \frac{\mu}{\nu} \frac{\sigma_0}{\sigma_0 - (\sigma_0 - \mu/\nu)e^{\mu t}}。 \tag{5.42}$$

如果 $\sigma - \mu/\nu > 0$，那么当

$$t \to \frac{1}{\mu} \log \frac{\sigma_0}{\sigma_0 - \mu/\nu} \tag{5.43}$$

时，$\sigma \to \infty$。

这预示波前发生非线性间断，而且在此时间后必然产生一个激波，即 u_i 函数本身发生间断。虽然像这样的关于间断的讨论以及像(5.43)那样的判据是局限于具有间断导数的波的特殊形式但也是非常有价值的，因为总是可能去直接进行这种计算。出现在(5.38)中的函数 $p(t)$，$q(t)$ 只依赖于系数 a_{ij}，b_i。为了能求得结果，不必先求出 (x, t) 平面的整个区域中的解。一个连续剖面的性态不一定与此完全相同，但是我们可以粗略估计产生一个间断波所需要的导数的大小，并且可以估计发生间断的时间。一般来说，在那些情况下，对于为精确确定判据所需的连续剖面而言，要找到显式解几乎是不可能的。

5.7 江河流动的一个例子

作为波前展开的一个令人感兴趣的应用，我们考虑 3.2 节中讨论过的江河流动方程。它们是

$$h_t + vh_x + hv_x = 0, \tag{5.44}$$

$$v_t + vv_x + g'h_x = g'S - C_f \frac{v^2}{h}。$$

均匀流动具有常数值 $h=h_0$, $v=v_0$, 而且 $g'S=C_f v_0^2/h_0$; 波前在这种情况具有常数速度,所以我们取 $\xi=x-ct$。在波前之后,流动变量展开为

$$h=h_0+\xi h_1(t)+\frac{1}{2}\xi^2 h_2(t)+\cdots,$$

$$v=v_0+\xi v_1(t)+\frac{1}{2}\xi^2 v_2(t)+\cdots。$$

把它们代入(5.44)中,由相继的ξ的幂次项给出

$$\begin{aligned}&(v_0-c)h_1+h_0v_1=0,\\&g'h_1+(v_0-c)v_1=0;\end{aligned}\tag{5.45}$$

$$\begin{aligned}&(v_0-c)h_2+h_0v_2+\frac{dh_1}{dt}+2v_1h_1=0,\\&g'h_2+(v_0-c)v_2+\frac{dv_1}{dt}+v_1^2+g'S\left(\frac{2v_1}{v_0}-\frac{h_1}{h_0}\right)=0;\end{aligned}\tag{5.46}$$

等等。从前面两个方程我们得到

$$(c-v_0)^2=g'h_0,\tag{5.47}$$

所以传播速度是

$$c=v_0\pm\sqrt{g'h_0};\tag{5.48}$$

我们还得到

$$v_1=\frac{(c-v_0)h_1}{h_0}。\tag{5.49}$$

关系式(5.47)允许我们从(5.46)中消去 h_2 和 v_2。结果所得的方程是

$$g'\frac{dh_1}{dt}+2g'v_1h_1+(c-v_0)\left\{\frac{dv_1}{dt}+v_1^2+g'S\left(\frac{2v_1}{v_0}-\frac{h_1}{h_0}\right)\right\}=0。$$

最后,利用(5.49)消去 v_1,我们得到

$$\frac{dh_1}{dt}+\frac{3}{2}(c-v_0)\frac{h_1^2}{h_0}$$

$$+\frac{S}{v_0}(c-v_0)\left(c-\frac{3v_0}{2}\right)\frac{h_1}{h_0}=0。\tag{5.50}$$

$h_1(t)$ 这个量是导数 h_x 在波前处的值。

我们现在考虑各种特殊情况。

浅水波

在一般的浅水理论中，(5.44)中没有斜率项和摩擦项；(5.50)变为

$$\frac{dh_1}{dt}=-\frac{3}{2}(c-v_0)\frac{h_1^2}{h_0}。$$

顺流波具有 $c=v_0+\sqrt{gh_0}$，如果 $h_1<0$ 则发生间断；逆流波具有 $c=v_0-\sqrt{gh_0}$，如果 $h_1>0$ 则发生间断。

洪水波

对于顺流而下的洪水波而言，$c=v_0+\sqrt{g'h_0}$，并且(5.50)为

$$\frac{dh_1}{dt}=-\frac{3}{2}\sqrt{\frac{g'}{h_0}}h_1^2-\frac{g'S}{v_0}\left(1-\frac{v_0}{2\sqrt{g'h_0}}\right)h_1。\tag{5.51}$$

如果 $v_0/\sqrt{g'h_0}>2$，那么对于 h_1 来说，不论其符号是正是负，线性项表示一种指数形式的增加。这对应于在这些条件下的定常流动的不稳定性，并且与根据(3.41)推出的结果一致。如果 $v_0/\sqrt{g'h_0}<2$，那么线性项显示与稳定性相对应的指数形式的减少。然而，如果 $h_1(0)<0$ 而且

$$|h_1(0)|>\frac{2}{3}\frac{S\sqrt{g'h_0}}{v_0}\left(1-\frac{1}{2}\frac{v_0}{\sqrt{g'h_0}}\right),$$

那么 $dh_1/dt<0$ 并且在一段有限时间内 $h_1\to-\infty$。这对应于波前处的非线性间断，并且在波的最前面将形成一个涌浪。这与3.2节中的分析一致，在那里曾经指出，一个足够强的洪水波的最前面应当是一个涌浪。

潮汐涌浪

对于一个逆流而上传播的波而言，$c=v_0-\sqrt{g'h_0}$，并且

(5.50) 简化为

$$\frac{dh_1}{dt}=\frac{3}{2}\sqrt{\frac{g'}{h_0}}h_1^2-\frac{g'S}{v_0}\left(1+\frac{1}{2}\frac{v_0}{\sqrt{g'h_0}}\right)h_1。$$

如果

$$h_1(0)>\frac{2}{3}\frac{S\sqrt{g'h_0}}{v_0}\left(1+\frac{1}{2}\frac{v_0}{\sqrt{g'h_0}}\right), \tag{5.52}$$

那么一个具有正 h_1 的波将发生间断。

从观察资料知道，只有比较少的河流在其河口处具有足够高的潮汐变化，因而能发展成潮汐涌浪。考虑到这一众所周知的观察结果，一个 $h_1(0)$ 的最小值的存在(要形成涌浪必须超过这一最小值)是特别令人感兴趣的。这里的分析局限于波前，而关于潮汐涌浪的相应情况应当是一种开始时是光滑的正弦变化。然而，它具有通常解析结果所具有的一些优点；人们可以明显地看出对各种不同参数的依赖关系，人们可以预言 x 和 t 的值很大时的渐近性态，等等！连续的情况不能求出解析解，也许需要大量的数值计算才能建立明确的判据。这样一来，现在的处理方法提供了有价值的估计。事实上 Abbott (1956) 采用这种类型的分析并且把它详细地应用到 Severn 河，他发现与观察结果符合得非常好。(实际上，Abbott 利用高频近似发展了他的工作，但是这两种处理方法在数学上是等价的。另外，在证明上没有收获；潮汐变化是"低频"，因此人们不得不认为只有高频效应才对间断有贡献。)

然而，重要的是把 (5.52) 推广到包括河流未扰状态中的非均匀的流动和地形。河流向上游方向的变窄在我们作实际估计时是非常重要的，因为它有利于产生间断，而且也是抵消由摩擦力所引起的通常难以制止的阻尼过程所需要的。其详细情况可在 Abbott 的论文中找到。

为了应用这些波前结果，我们利用潮汐变化的最大变化率去确定 $h_1(0)$。如果在河口处潮汐变化是

$$h=h_0+a\sin\omega t,$$

那么 h_t 的最大值是 $a\omega$。 在间断分析中，波前处 h_t 的初始值是 $(\sqrt{g'h_0}-v_0)h_1(0)$。因此我们选取

$$h_1(0)=\frac{a\omega}{\sqrt{g'h_0}-v_0}。$$

对于均匀的渠道而言，如果

$$a\omega>\frac{2S}{3v_0}(\sqrt{g'h_0}-v_0)\left(\sqrt{g'h_0}+\frac{1}{2}v_0\right),$$

那么(5.52)就预言有涌浪形成。这个公式可以利用 $g'S=C_f v_0^2/h_0$ 写成各种不同的形式，而敏感性最小的也许是

$$a\omega>\frac{2}{3}C_f v_0\left(1-\frac{v_0}{\sqrt{g'h_0}}\right)\left(1+\frac{1}{2}\frac{v_0}{\sqrt{g'h_0}}\right)。\tag{5.53}$$

对于河流而言， $v_0/\sqrt{g'h_0}$ 相当小，所以右边可以用第一个因子来近似。对于 $v_0=5$ 英尺/秒，$C_f=0.006$ 这些典型值而言，这导致关于 a 的量级为 100 英尺的不可达到的值。虽然非常高的潮汐和迅速变化的地形是必要的，但是变窄和其他一些因素所引起的一些效应使这个值大大降低。这就是为数非常少的河流具有涌浪的原因。对于 Severn 河而言，Abbott 发现，把所有非均匀效应包括在内，潮汐范围 $2a$ 所需要的值为 39.4 英尺。大潮的平均范围为 41.4 英尺，而小潮的平均范围为 22.2 英尺。因此，Abbott 预言，涌浪的形成应该在最高潮汐时期前后持续出现四天左右。这似乎得到观察结果的证实。他预言的形成涌浪的逆流距离及其最大高度似乎与观察结果符合得很好。

5.8 激波

关于波的间断以及激波产生的情况与单个拟线性方程情况中的非常一样。某些一开始是单值的，甚至是连续的解将发展成为一些多值区域：波将发生间断。这还是被解释为导出(5.1)的一些假设是不合适的，但是一些合适的可取的特点可以通过允许 u 有间断的方法来很好地近似。

我们再次采取这种观点：在列微分方程的过程中一定已经有

一个更早的阶段，在那个阶段这些方程取积分形式

$$\frac{d}{dt}\int_{x_2}^{x_1} f_i dx + [g_i]_{x_2}^{x_1} + \int_{x_2}^{x_1} h_i dx = 0, \tag{5.54}$$

其中 f_i, g_i, h_i 是该问题中物理上感兴趣的各种量。例如，在一些力学问题中，f_i 和 g_i 可以是质量密度和质量通量，或者是动量密度和动量通量，或者是能量密度和能量通量。h_i 这个量考虑了扰动源项，例如动量方程中的体积力。方程 (5.54) 是关于所研究的物理量(质量，动量，能量等)的一个守恒方程。

这些密度 f_i 将是 (x, t) 的函数，而且是 n 个基本变量 $\boldsymbol{u}=(u_1, \cdots, u_n)$ 的函数；一般来说，在一些相应的物理定律的陈述中将有 n 个(5.54) 那样的方程。于是将要作各种不同的简化假设把 g_i, h_i 与 x, t, $\boldsymbol{u}$ 联系起来。在一级近似程度上，g_i 和 h_i 将只是 x, t, $\boldsymbol{u}$ 的函数。如果 $\boldsymbol{u}$ 具有连续的一阶导数，那么(5.54)就可以写为微分形式：

$$\frac{\partial f_i(x, t, \boldsymbol{u})}{\partial t} + \frac{\partial g_i(x, t, \boldsymbol{u})}{\partial x} + h_i(x, t, \boldsymbol{u}) = 0。 \tag{5.55}$$

这是一个守恒形式的微分方程。

如果要包括 $\boldsymbol{u}$ 的间断，那么必须用积分形式(5.54)，而且首先不确定 g_i 和 h_i 对 $\boldsymbol{u}$ 的依赖关系。如果在 $x=s(t)$ 处出现一个间断的激波，那么与 2.3 节中所叙述的完全相同的论述给出激波条件：

$$-U[f_i] + [g_i] = 0, \quad i = 1, \cdots, n, \tag{5.56}$$

其中 U 是激波速度 $\dot{s}(t)$。我们然后认为，在激波两侧解的连续部分中，取

$$g_i = g_i(x, t, \boldsymbol{u}), \quad h_i = h_i(x, t, \boldsymbol{u})$$

仍然是一个很好的近似。因此(5.56)中也应用相同的 g_i 对 $\boldsymbol{u}$ 的函数依赖关系。如像在第二章中那样，选取一个更精确的 g_i 将涉及到 $\boldsymbol{u}$ 的一些导数，而激波将被光滑化为迅速变化的薄的区域。然而，间断处理更简单而且通常是合适的。

关于 (5.55) 的弱解的正式的数学定义 [它导出跳跃条件

(5.56)]可以完全仿照 2.7 节中的讨论。求出 (5.55) 中的各导数，我们看出，这是方程组(5.1)的一个情况，其中

$$A_{ij}=\frac{\partial f_i}{\partial u_j},\quad a_{ij}=\frac{\partial g_i}{\partial u_j}。\tag{5.57}$$

弱解的讨论只适用于这些特殊情况。而且必须强调一下重要的关于不唯一性的警告。在一些典型情况，从有关的方程组 (5.1) 出发，将可能找到 n 个以上像(5.5)那样的不同的守恒形式方程。选定它们中间任意的 n 个所得到的激波条件 (5.56)，从数学上讲将是满意的，但是只有与 (5.54) 中原始物理描述相对应的那 n 个方程将给出关于该问题的正确的解。关于这个不唯一性的一个很好的例子出现在气体动力学中(见第六章)。考虑到不唯一性，这里强调一下与物理定律的关系。

5.9 具有两个以上独立变量的方程组

我们简短地评论一下具有 m 个独立变量(其中 $m>2$)的拟线性方程组的情况。该方程组可以写为

$$a_{ij}^{\nu}\frac{\partial u_j}{\partial x^{\nu}}+b_i=0,\ i=1,\cdots,n,\tag{5.58}$$

其中因变量 u_j 是 m 个独立变量 $x^1, x^2,\cdots, x^m$ 的函数，而且求和不但对 $j=1,\cdots,n$ 进行，还对 $\nu=1,\cdots,m$ 进行。与 $m=2$ 时的特征线相似的东西是在 $m-1$ 维 X 空间中的特征曲面。与以前有点相似，我们可以把它们引进来，而且它们的某些性质是类似的。然而，它们在构造解方面的有效性是非常有限的。

这种局限性产生的原因是：一般来说，人们不可能预料到能够找到(5.58)中这些方程的一些线性组合而使每一 u_j 的方向导数具有相同的方向。关于方程组的或者关于解的一些限制会使它们太特殊了。所以在这种情况下的相似的性质必定是有关的一些方向位于一个 $m-1$ 维面积元素上，如果相应的线性组合是

$$l_i a_{ij}^{\nu}\frac{\partial u_j}{\partial x^{\nu}}+l_i b_i=0,\tag{5.59}$$

那么关于 u_j 的方向导数是 $l_i a_{ij}^{\nu}$。如果面积元素属于一个 $S(\boldsymbol{X})=$ 常数的曲面，那么法向量是 $\partial S/\partial x^{\nu}$，而正交性条件是

$$l_i a_{ij}^{\nu} \frac{\partial S}{\partial x^{\nu}}=0, \quad j=1,\cdots,n。 \tag{5.60}$$

使 $\boldsymbol{l}$ 是不平凡的条件是行列式

$$\left|a_{ij}^{\nu} \frac{\partial S}{\partial x^{\nu}}\right|=0。 \tag{5.61}$$

具有这种性质的曲面是**特征曲面**。而且如果可以找到有 n 个 (5.59) 形式的独立方程具有这种性质，那么这个方程组是双曲型的。通常这些方程将对应于 n 个不同的特征曲面，但是如果可以找到有 n 个向量 $\boldsymbol{l}$ 的完全的组合，那么这就是不必要的。然而，这些选择不能把解简化到如像 $m=2$ 这种情况那样的程度，因为在每个曲面内我们仍然有 $m-1$ 个耦合的方向。

考虑到这一点，适用于波的传播问题的特征曲面的主要性质是：它们传播解中的奇异性，特别是它们描述波前。与 5.5 节中的处理方法非常相似，令 $S(\boldsymbol{X})=0$ 为这样一个曲面，通过这个曲面时 u_j 是连续的但是 $\partial u_j/\partial x^{\nu}$ 允许有简单的跳跃间断。根据 u_j 的连续性，所有切向导数必定是连续的；因此只有法向导数可能是间断的。如果把曲面 $S=0$ 嵌入一族 $S=$ 常数的曲面之中，因此 S 可以用来作为一个局部坐标，然后再补充上任意选择的其他 $n-1$ 个坐标的话，那么间断的导数是 $\partial u_j/\partial S$。于是完全仿照关于 $m=2$ 时的情况的论述，我们推导出

$$a_{ij}^{\nu} \frac{\partial S}{\partial x^{\nu}}\left[\frac{\partial u_j}{\partial S}\right]=0。 \tag{5.62}$$

因此间断只可能发生在满足

$$\left|a_{ij}^{\nu} \frac{\partial S}{\partial x^{\nu}}\right|=0 \tag{5.63}$$

的曲面上。这和 (5.61) 相同，并且定义了特征曲面。方程 (5.62) 和 (5.63) 是 (5.20) 和 (5.21) 的推广形式。和以前一样，然后可以导出关于 $[\partial u_j/\partial S]$ 这些跳跃的另一些关系式。

5.10 二阶方程组

具有形式

$$A_{ij}\frac{\partial^2\varphi}{\partial x_i\partial x_j}+B_i\frac{\partial\varphi}{\partial x_i}+C\varphi=0 \tag{5.64}$$

的二阶线性方程经常出现，甚至在两个独立变量的情况下通常还是保留这种形式更为方便，而不把它作为一个一阶方程组来处理。实际上，在 5.2 节中我们看到一种迹象，那就是在求一个满意的等价方程组的过程中可能存在问题，当然除非 (5.64) 是从一个方程组导出的。

关于 (5.64) 的分类有很多方法。在波的传播这个范围内，关于传播导数间断的波前的可能性是一个重要的问题，而且它提供最简单的联系以表明与一阶方程组的讨论的一致性。显然，在 (5.64) 的确来自一个合理的等价方程组的那些情况，关于双曲性的一些定义应该一致。这里不打算详细证明其一致性，但是所选择的这种处理方法证明了这种紧密的联系。

我们然后考虑 φ 的二阶导数的跳跃间断的可能性。如果这些间断发生在穿过一个 $S(\boldsymbol{X})=0$ 曲面时，而 φ 和 $\partial\varphi/\partial x_i$ 保持连续，那么我们可以和以前一样地引进以 $S(\boldsymbol{X})=0$ 为基础的局部坐标而推出这样的结论：$\partial^2\varphi/\partial S^2$ 是间断的，但是其他一些二阶导数保持连续。于是，取(5.64) 在 $S=0$ 两侧的极限之差，我们得到

$$A_{ij}\frac{\partial S}{\partial x_i}\frac{\partial S}{\partial x_j}\left[\frac{\partial^2\varphi}{\partial S^2}\right]=0。\tag{5.65}$$

使 $[\partial^2\varphi/\partial S^2]\neq 0$ 的必要条件是

$$A_{ij}\frac{\partial S}{\partial x_i}\frac{\partial S}{\partial x_j}=0。\tag{5.66}$$

可以证明，一阶导数的间断甚至 φ 本身的间断 (因为方程是线性的)也必须限于这样的一些曲面。但是这些论述需要更仔细的讨论，包括解的精确含义是什么这样一个问题，因而我们把这些论述

推迟到 7.7 节中需要时再讨论。

现在的分类依赖于二次型 $A_{ij}\xi_i\xi_j$。在任一点 $\boldsymbol{X}$，利用线性变换可以把二次型化为这种形式：

$$a_1\xi_1^2 + \cdots + a_m\xi_m^2。\tag{5.67}$$

如果所有 a_i 都是相同的符号，那么(5.66)显然无解；在这样一个点上方程是椭圆型的。如果某些 a_i 是零，它是抛物型的；在通常的情况下，a_i 中有一个为零，而其他的有相同的符号。如果 a_i 不为零，但是不是都具有相同的符号，那么我们得到双曲型情况。在应用上，似乎所出现的仅有的一些双曲型情况是 a_i 中有 $m-1$ 个具有相同的符号，而只有一个具有相反的符号。关于这一点的解释是：如果不是这样，那么由 (5.66) 所描述的曲面具有一些特殊的几何性质，因此，例如，不可能代表一个膨胀波前的简单的直观图形。所以双曲型这个术语限于这种情况。

为使分类不依赖于间断分析，人们只要注意，把二次型 $A_{ij}\xi_i\xi_j$ 化为 (5.67) 所需要的线性变换也可以用来产生一个局部坐标变换，这个局部坐标变换把 (5.64) 的首项化为形式

$$a_1\frac{\partial^2\varphi}{\partial X_1^2} + \cdots + a_m\frac{\partial^2\varphi}{\partial X_m^2}。$$

这是不依赖于任何间断性问题的，而分类和以前一样地根据首项中的 a_i 的一些符号来进行。

对以后工作中将不直接出现的那些问题，这里当然只是作了简短的讨论。读者可进一步参考有关偏微分方程一般理论的许多杰出的教科书，例如，Courant 和 Hilbert (1962) 或 Petrovsky (1954)。

第六章　气体动力学

正如第一章中所解释的那样，关于双曲波的许多基本思想，特别是激波现象的阐明，来源于气体动力学。这一章讨论气体动力学中的波和激波。它提供对上一章阐述的一般思想的一个自然的例证，并添加了只有在某些特殊问题中才能讲清楚的那些引伸。当然气体动力学本身就是一门重要而有趣的学科，所以这一章是作为一篇全面的引论而写的，不只是写成数学理论的一个例证。更进一步的一些专题在后面几章叙述，所有这些材料综合起来就广泛地涉及了气体动力学。只对波理论的一般论述感兴趣的读者可以浏览一下本章内容。

6.1　运动方程组

对一块任意体积的流体写出质量、动量和能量的守恒方程，就可以导出可压缩流的运动方程组。这个方程组中的每一个方程都引入相应的一些变量来描述守恒。质量流的描述需要两个量：在时间 t 在任一点处的密度 $\rho(\boldsymbol{X}, t)$ 和速度向量 $\boldsymbol{u}(\boldsymbol{X}, t)$。动量需要另一些量描述作用于流体上的一些力。可能有体积力，通常就是重力，它作用于任何体积中的所有流体。单位质量的体积力用向量 $\boldsymbol{F}(\boldsymbol{X}, t)$ 表示，而对重力而言，应该是垂直方向的单位向量乘以 g。还有应力作用于任意一块流体的边界上。我们认为作用于边界表面的任一小面积元素上的力是与那块面积成比例的。一般来说，应力也依赖于那块面积元素的方向。因此单位面积的力将是位置 $\boldsymbol{X}$，时间 t 和垂直于此面积元素的单位向量 $\boldsymbol{l}$ 的一个函数。标准的论述方法(它将在后面详细叙述)表明：该应力的第 i 个分量 p_i 可以写为

$$p_i = p_{ji}l_j \quad (\text{对 } j \text{ 求和}), \tag{6.1}$$

其中量 $p_{ij}(\boldsymbol{X}, t)$ 只依赖于位置 $\boldsymbol{X}$ 和时间 t。因为 p_i 和 l_i 是向量，所以分量 p_{ji} 形成一个张量，并且它称为 $(\boldsymbol{X}, t)$ 处的应力张量。分量 p_{ji} 是法线在第 i 个方向的面积元素上的单位面积所受力的第 i 个分量。

能量方程还要引入另一些量。流体由于分子的热运动的缘故具有内能。在连续介质理论中，单位质量的内能用 $e(\boldsymbol{X}, t)$ 这个量来描述。还有通过边界的热流，单位表面积的热流用向量$\boldsymbol{q}(\boldsymbol{X}, t)$ 来表示。

我们现在能够把这些守恒方程写下来，因为未知数比方程多，它们仍然不能提供一个完整的方程组。我们考虑一个为流体所占据的、具有固定不变的任意体积的区域 V，并且写出关于那个区域的总账，要记住通过边界表面 S 有流体的出和入。对于质量守恒而言，V 中的总质量的变化率

$$\int_V \rho dV$$

是被通过 S 的质量流所平衡。如果 $\boldsymbol{l}$ 表示 S 的外法线，那么通过 S 的法向速度分量是 $l_j u_j$。因此

$$\frac{d}{dt}\int_V \rho dV + \int_S \rho l_j u_j dS = 0。\tag{6.2}$$

同样地，关于第 i 个动量分量的净平衡的方程是

$$\frac{d}{dt}\int_V \rho u_i dV + \int_S (\rho u_i l_j u_j - p_i) dS$$
$$= \int_V \rho F_i dV。\tag{6.3}$$

第一项是在 V 内部的动量变化率，第二项是由于流动所带动而通过边界的动量输运，第三项是通过表面 S 而作用的应力 p_i 所产生的动量变化率，而右边是在 V 内部由于体积力所产生的动量。

单位体积的总能量密度由宏观运动的动能 $\frac{1}{2}\rho u_i^2$ 加上分子运动的内能 ρe 所组成。对于能量平衡而言，我们得到

$$\frac{d}{dt}\int_V \left(\frac{1}{2}\rho u_i^2 + \rho e\right) dV$$

$$+\int_S\left\{\left(\frac{1}{2}\rho u_i^2+\rho e\right)l_ju_j-p_iu_i+l_iq_i\right\}dS$$
$$=\int_V\rho F_iu_idV。\tag{6.4}$$

面积分中的第一项代表流体通过边界流出流入时所带的能，第二项是边界上的应力 p_i 所产生的功率，而第三项是由通过边界的热传导所引起的热的损失或增加。右边是体积力所产生的功率。

如果允许各流动量具有间断，那么就需要用这些积分形式。对于一维问题而言，体积分变为对 x 的积分，例如从 x_2 到 x_1，而面积分简化为被积函数在 x_2 和 x_1 处的差值；这些积分形式具有以前处理激波时在 (5.54) 中所用过的那种形式。然而，除间断面以外在流体的大区域中，这些量将是连续可微的，而且我们可以取体积 V 趋于零时的极限以便得到相应的微分方程组。在 (6.2)—(6.4) 中因为 V 是与 t 无关的可以在各体积分号之内取时间导数，而且对于任何连续可微的向量 v_j 和任何相当光滑的 V 而言，可以利用散度定理：

$$\int_S l_jv_jdS=\int_V\frac{\partial v_j}{\partial x_j}dV,\tag{6.5}$$

把面积分化为体积分。这样一来，(6.2)可以改写为

$$\int_V\left\{\frac{\partial\rho}{\partial t}+\frac{\partial}{\partial x_j}(\rho u_j)\right\}dV=0。\tag{6.6}$$

因为被积函数是连续的，而且 (6.6) 对于任意小的 V 都成立，所以我们推出

$$\frac{\partial\rho}{\partial t}+\frac{\partial}{\partial x_j}(\rho u_j)=0。\tag{6.7}$$

[如果它在任一点不为零，那么根据连续性它在某一小体积中必然具有相同的符号，因此(6.6)就不能满足。]如果现在采用 (6.1)，那么 (6.3) 和 (6.4) 同样地导出

$$\frac{\partial}{\partial t}(\rho u_i)+\frac{\partial}{\partial x_j}(\rho u_iu_j-p_{ji})=\rho F_i,\tag{6.8}$$

和

$$\frac{\partial}{\partial t}\left(\frac{1}{2}\rho u_i^2+\rho e\right)+\frac{\partial}{\partial x_j}\left\{\left(\frac{1}{2}\rho u_i^2+\rho e\right)u_j\right.$$

$$\left.-p_{ji}u_i+q_j\right\}=\rho F_i u_i。\tag{6.9}$$

事实上，建立(6.1)的通常的论述方法是对(6.3)的一级近似。如果V的最大尺寸是d，那么体积V是$O(d^3)$，于是根据平均值定理，具有连续的被积函数的任一体积分是$O(d^3)$。根据散度定理(6.5)，(6.3)中第一个面积分是等于相应的体积分，因此也是$O(d^3)$。于是(6.3)表明，对所有的S而言，

$$\int_S p_i dS=O(d^3)。\tag{6.10}$$

(6.1)中给出的关系式显然是充分的，因为可以利用散度定理证明(6.10)是满足的。为了证明它也是必要的，我们首先把$j=1$，2，3时的各p_{ji}量定义为面积元素分别垂直x_1，x_2，x_3轴时的p_i值。于是我们把(6.10)应用到这样一个特殊情况：有一个小四面体，它有三个面与三个坐标轴垂直。如果第四个面具有单位法线$\boldsymbol{l}$和面积ΔS，那么其他三个面的面积是投影$l_1\Delta S$，$l_2\Delta S$，$l_3\Delta S$。于是(6.10)表明

$$p_i(\boldsymbol{l})\Delta S=p_{1i}l_1\Delta S+p_{2i}l_2\Delta S+p_{3i}l_3\Delta S+O(d^3),$$

其中$p_i(\boldsymbol{l})$和p_{ji}是在相应的面上适当的平均值点处取值。在$d\to 0$的极限情况，我们得到

$$p_i(\boldsymbol{l})=p_{1i}l_1+p_{2i}l_2+p_{3i}l_3,$$

它与(6.1)相符。这是一个相当粗糙的证明，但是显然没有办法对它作根本的改变。

关于守恒方程组，自然要问角动量守恒是否增加任何新的内容。对于角动量的x_3分量而言，我们就得到

$$\frac{\partial}{\partial t}(x_1\rho u_2-x_2\rho u_1)+\frac{\partial}{\partial x_j}\{(x_1\rho u_2-x_2\rho u_1)u_j$$

$$-(x_1p_{j2}-x_2p_{j1})\}=x_1\rho F_2-x_2\rho F_1,\tag{6.11}$$

而其他分量具有类似的表达式。当把(6.8)代入(6.11)中时，大

部分项消去了而只剩下

$$p_{12}=p_{21}。$$

这样一来,角动量导致应力张量的对称性:

$$p_{ji}=p_{ij}。\tag{6.12}$$

这是有价值的信息，但是与其他一些方程相比，这是一个辅助方程。

方程(6.7)—(6.9)提供关于 14 个量 ρ, u_i, p_{ji}, q_i, e 的五个方程。为了使这个方程组完备起来，要提出各流动变量间的各种附加关系式。

6.2 分子运动论观点

我们从分子的观点来注意一下守恒方程 (6.7)—(6.9) 中不同的项代表什么，这样能加深我们对这些项的理解。分子具有一个完全的速度分布,而各流动量与分布函数 $f(\boldsymbol{X}, \boldsymbol{V}, t)$ 有关,分布函数的定义是这样的:

$$f(\boldsymbol{X}, \boldsymbol{V}, t)dx_1dx_2dx_3dv_1dv_2dv_3$$

表示在以 $\boldsymbol{X}$ 为中心的体积元素 $dx_1dx_2dx_3$ 中在以 $\boldsymbol{V}$ 为中心的速度范围 $dv_1dv_2dv_3$ 中可能的分子数。于是密度 ρ 和宏观速度 $\boldsymbol{u}$ 定义为

$$\rho=\int_{-\infty}^{\infty} mfd\boldsymbol{V},\quad \rho u_i=\int_{-\infty}^{\infty} mv_ifd\boldsymbol{V},\tag{6.13}$$

其中 m 是一个分子的质量,而 $\int d\boldsymbol{V}$ 表示对所有的 v_1, v_2, v_3 值的三重积分。通过具有法线 $\boldsymbol{l}$ 的一个表面的第 i 个动量分量的总通量是

$$\int_{-\infty}^{\infty} mv_i(l_jv_j)fd\boldsymbol{V}。\tag{6.14}$$

如果我们令 $\boldsymbol{v}=\boldsymbol{u}+\boldsymbol{c}$, 使 $\boldsymbol{c}$ 量度分子速度与由(6.13)定义的平均值 $\boldsymbol{u}$ 之间的差值,那么 (6.14) 可以展开为

$$l_j\Big(u_iu_j\int_{-\infty}^{\infty} mfd\boldsymbol{c}+u_i\int_{-\infty}^{\infty} mc_jfd\boldsymbol{c}$$
$$+u_j\int_{-\infty}^{\infty} mc_ifd\boldsymbol{c}+\int_{-\infty}^{\infty} mc_ic_jfd\boldsymbol{c}\Big)。$$

根据 $\mathbf{c}$ 是对平均值的偏离这个定义，中间两项等于零，并且我们得到

$$l_i\left(\rho u_i u_j + \int_{-\infty}^{\infty} m c_i c_j f d\mathbf{c}\right)。\tag{6.15}$$

在完全气体中（其中分子间作用力限于分子之间比较瞬时的"碰撞"之中），(6.15)是对(6.3)中表面积分的唯一贡献，所以我们看出

$$-p_i = l_j \int_{-\infty}^{\infty} m c_i c_j f d\mathbf{c}。\tag{6.16}$$

这与(6.1)中的式子相符，并且表明应力张量是

$$-p_{ji} = \int_{-\infty}^{\infty} m c_i c_j f d\mathbf{c};\tag{6.17}$$

对称性(6.12)是一目了然的。这样一来，(6.3)中应力贡献可以解释为由相对平均值的分子运动所引起的附加动量通量。

每一个分子具有平动动能 $\frac{1}{2}mv_i^2$。分子也可以具有振动能或转动能，但是，目前我们以单原子气体这个情况作为例子，对于单原子气体来说这些附加的能量形式是不存在的。于是单位体积的总能量是

$$\int_{-\infty}^{\infty} \frac{1}{2} m v_i^2 f d\mathbf{v} = \frac{1}{2}\rho u_i^2 + \int_{-\infty}^{\infty} \frac{1}{2} m c_i^2 f d\mathbf{c}。\tag{6.18}$$

因此(6.4)的体积分中的内能项可以解释为相对平均值的分子运动的附加能量，并且我们有

$$\rho e = \int_{-\infty}^{\infty} \frac{1}{2} m c_i^2 f d\mathbf{c}。\tag{6.19}$$

通过具有法线 $\boldsymbol{l}$ 的一个表面元素的能量通量是

$$\int_{-\infty}^{\infty} \frac{1}{2} m v_i^2 l_j v_j f d\mathbf{v}。$$

利用已经定义的一些量，这可以分解为

$$l_j\left(\frac{1}{2}\rho u_i^2 u_j + \rho e u_j - p_{ji} u_i + q_j\right),\tag{6.20}$$

其中

$$q_i = \int_{-\infty}^{\infty} \frac{1}{2} mc_i^2 c_i f d\mathbf{c}。 \tag{6.21}$$

将它与(6.4)作对比，我们看出，(6.20) 与 (6.4)中的能量通量是一致的，而热传导 $\boldsymbol{q}$ 解释为由分子运动引起的过剩的分子能量的输运。

即使对于理想气体的讨论而言，把双原子分子或更复杂的分子所具有的振动转动能包括进来是重要的。这种能量应该加到(6.19)的表达式中，并且在热通量向量(6.21)中将有一项对应的贡献。统计力学中的一个基本结果是：不同形式的能量达到平衡值时每一自由度的贡献相等。这将允许我们在必要时推广(6.19)而不必作详细的说明。

利用随机分子运动对应力、内能和热传导所作的这些解释表明，(6.7)—(6.9)中引入的各种量不仅是代表我们所想到的任何重要效应的相当专门的物理量，而且它们遵循一种利用速度分布 f 的阶数越来越高的矩的一致格式。事实上，在分子运动论本身的论述中，先提出一个关于 f 的基本方程，然后(6.7)—(6.9)这些守恒方程是作为其结果而推导出来的。这个关于 f 的方程通常取为 Boltzmann 方程或其某一近似。

我们现在回到连续介质方程组上来。

6.3 忽略粘性、热传导和松弛效应的方程组

对于一个没有体积力的处于平衡状态的气体而言，我们得到下列结论：

1. 在任何面积元素上的应力垂直于该面积并与其方向无关。因此

$$p_{ji} = -p\delta_{ji}, \tag{6.22}$$

其中 p 是标量压力。

2. 热传导

$$q_i = 0。 \tag{6.23}$$

3. 内能是压力和密度的确定的函数：

$$e = e(p, \rho)。\tag{6.24}$$

该函数的形式由实验和各种热力学论述方法来建立。

当气体是非平衡的并且处于运动之中时，这些结论中没有一个是严格成立的。然而，如果它们对时间和空间的导数不太大的话，那么在许多场合下它们仍然是很好的近似。有了它们，基本守恒方程组成为关于五个流动量的一个完全的方程组。基本守恒方程组是

$$\frac{\partial \rho}{\partial t} + \frac{\partial}{\partial x_j}(\rho u_j) = 0, \tag{6.25}$$

$$\frac{\partial(\rho u_i)}{\partial t} + \frac{\partial}{\partial x_j}(\rho u_i u_j) + \frac{\partial p}{\partial x_i} = \rho F_i, \tag{6.26}$$

$$\frac{\partial}{\partial t}\left(\frac{1}{2}\rho u_i^2 + \rho e\right) + \frac{\partial}{\partial x_j}\left\{\left(\frac{1}{2}\rho u_i^2 + \rho e + p\right)u_j\right\} = \rho F_i u_i。\tag{6.27}$$

当这些方程预言激波或其它高梯度区域时，这些假设也许需要改进一下。

第一个假设，(6.22)，对应于忽略粘性效应，而在 Navier-Stokes 近似中由于加上与速度梯度 $\partial u_j/\partial x_i$ 成线性关系的一些项，这一假设就可以得到改进。第二个假设，(6.23)，忽略热传导，如果取 $\boldsymbol{q}$ 与温度梯度成比例，这一假设就可以得到改进。适用于 Navier-Stokes 方程组的适当的形式是

$$p_{ji} = -p\delta_{ji} - \frac{2}{3}\mu\left(\frac{\partial u_k}{\partial x_k}\right)\delta_{ji} + \mu\left(\frac{\partial u_j}{\partial x_i} + \frac{\partial u_i}{\partial x_j}\right), \tag{6.28}$$

$$q_i = -\lambda\frac{\partial T}{\partial x_i}, \tag{6.29}$$

其中 μ 和 λ 分别为粘性系数和热传导系数。温度 T 是通过气体状态方程而与 p 和 ρ 相联系的。

(6.24) 中的第三个假设是气体处于局部热力学平衡之中。在

变化着的流动中，内能总是趋向新条件下的平衡，但是有一时间滞后，特别是在转动和振动能的调节上。这是所谓的松弛效应，而典型的时间滞后称为松弛时间。这是一个令人感兴趣但相当专门的课题，所以其详细情况暂且不讲，在第十章中作为一个例子再作详细论述。

6.4 热力学关系式

我们就采取这样的观点：(6.24)中的 $e(p,\rho)$ 是某一已知的经验函数。然而，热力学中发展的一些论述方法不仅给我们提供一些公式，而且提出一些重要的量供考虑。合适的方法是：在这里只注意我们需要的一些数学步骤，而关于动机的形成以及这些结果更深远意义的研究，请读者参考数量很多的标准教科书。

微分形式

$$de+pd\left(\frac{1}{\rho}\right) \tag{6.30}$$

具有基本的作用。在考虑少量能量加到单位质量气体中所产生的结果的过程中首先出现(6.30)。如果能量的加入比较慢以致压力没有急剧的变化，那么使体积 $1/\rho$ 膨胀 $d(1/\rho)$ 时作的功是 $pd(1/\rho)$。剩下的能量必定使内能增加 de。在这种情况下，(6.30)等于所加的能量值。但是无论如何，对已给的 $e(p,\rho)$ 来说，它是一个用两变量 p,ρ 表示的微分形式。根据 Pfaff 定理，这总存在一个积分因子，所以存在函数 $T(p,\rho)$ 和 $S(p,\rho)$，它们使

$$TdS=de+pd\left(\frac{1}{\rho}\right) \tag{6.31}$$

成立。根据 T 是绝对温度和 S 是熵这一事实，这个简单的数学表达式具有其深远的意义。

在一些更复杂的系统中，除 p 和 ρ 之外还出现其他一些热力学变量（例如物质在各不同相中的浓度）。于是对应于(6.30)的微分形式中涉及两个以上的变量。在纯数学基础上，人们不再能说总存在一个积分因子把这个微分形式与一全微分相联系。然而，

热力学的基础是：对所有实际的物理系统来说，总存在一个积分因子，而且这个积分因子总是绝对温度。

(6.31)中的数学步骤似乎是从一已知的 $e(p, \rho)$ 出发引进 T 和 S 作为辅助性的导出量。但是它们具有同样基本的作用，而且(6.31)更应该看作同样重要的一些量之间的一个关系式。

理想气体

在普通条件下，大多数气体服从理想气体定律

$$p=\mathscr{R}\rho T, \tag{6.32}$$

其中 $\mathscr{R}$ 是一常数。如果情况是这样的话，那么我们可以把(6.31)写为

$$dS=\frac{de}{T}-d(\mathscr{R}\log\rho)。$$

由此可知，de/T 必定是全微分，因而 e 只是 T 的一个函数：

$$e=e(T)。\tag{6.33}$$

令人感兴趣的是(6.33)可以从假设(6.32)推出来，但是实际上(6.33)更基本一些。

方程(6.32)和(6.33)描述一个理想气体。在运动方程组中把 e 表达为 p 和 ρ 的一个函数是方便的。我们知道，对一个理想气体来说，e 是 p/ρ 的一个函数。这个函数的形式尚未确定，但是实际上一个相当简单的公式适用于气体动力学中范围很广的现象。在讨论比热时我们会提到这个公式。

比热

当热缓慢地加到单位质量气体之中时，只要(6.30)中的和式等于所加的热，那么热可以以各种不同的方式在内能和体积变化之间进行分配。比热定义为对单位质量所加的热与温度变化之比。如果流体体积保持不变，那么所加的热全部变为内能；因此

$$de=c_v dT, \tag{6.34}$$

其中 c_v 是定容比热。另一方面，如果压力保持不变，而且流体可以膨胀，那么我们从(6.30)得到

$$d\left(e+\frac{p}{\rho}\right)=c_p dT, \tag{6.35}$$

其中 c_p 是定压比热，量 $e+p/\rho$ 出现在这里，并且意味深长地也出现在(6.27)中，它是焓：

$$h=e+\frac{p}{\rho}。 \tag{6.36}$$

从(6.32)和(6.33)，我们看出，对一个理想气体来说，e，h，c_v 和 c_p 只是温度的函数。

具有定比热的理想气体

然而，我们根据经验发现，在相当大的温度范围内，取比热为一常数是一很好的近似。因此

$$e=c_v T, \quad h=c_p T。 \tag{6.37}$$

因为这两项之差是 p/ρ，所以由气体定律(6.32)可以得出

$$c_p-c_v=\mathscr{R}。$$

如果引进比热比 $\gamma=c_p/c_v$，那么我们得到

$$\begin{gathered}c_p=\gamma c_v, \quad \mathscr{R}=(\gamma-1)c_v, \\ e=\frac{1}{\gamma-1}\frac{p}{\rho}, \quad h=\frac{\gamma}{\gamma-1}\frac{p}{\rho}, \\ T=\frac{p}{\rho\mathscr{R}}。\end{gathered} \tag{6.38}$$

根据这些式子，熵关系式(6.31)变为

$$\begin{aligned}dS&=\frac{de}{T}+\frac{p}{T}d\left(\frac{1}{\rho}\right)\\&=c_v\left(\frac{dp}{p}-\gamma\frac{d\rho}{\rho}\right);\end{aligned}$$

因此

$$S=c_v\log\frac{p}{\rho^\gamma}+常数,$$

或者，换一种形式，

$$p=\kappa\rho^\gamma e^{S/c_v}, \tag{6.39}$$

其中 κ 是一常数。

一个具有定比热的理想气体有时称为多方气体。

分子运动论

这些关系式中某些关系式具有值得注意的简单的分子运动论解释。首先，温度 T 量度在分子平动运动中的每个分子的平均动能。T 是根据每个分子的平动能等于 $\frac{3}{2}kT$ 来正规化的，其中 k 是 Boltzmann 常数。对于一个理想单原子气体来说，这是全部内能，所以

$$e=\frac{3}{2}kTn,$$

其中 n 是每单位质量的分子数。这样一来，在这种情况下，这个把 e 作为 T 的一个线性函数的表达式本质上是一个恒等式。

当处于平衡状态时，(6.17) 中关于 p_{ji} 的表达式必定简化为 $-p\delta_{ji}$。于是压力可以通过公式

$$p=-\frac{1}{3}p_{ii}=\frac{1}{3}\int_{-\infty}^{\infty}mc_i^2 f d\boldsymbol{c}$$

与分子运动发生联系。但是平动能(6.19) 包含相同积分的二分之一，并且等于 $\frac{3}{2}kTn\rho$；于是我们必定有

$$p=kn\rho T。\tag{6.40}$$

这是具有 $\mathscr{R}=kn$ 的理想气体定律。每单位质量的分子数是 Avogadro 数 N 除以气体分子量。因此这里使用的常数 $\mathscr{R}$ 是通用气体常数 kN 除以气体分子量。

当气体具有其他一些形式的内能，例如振动能或转动能，那么分子运动论的一个基本原理是：处于平衡状态时每一自由度的平均能量相同。温度的定义使每个分子的每一自由度的能量为 $\frac{1}{2}kT$。这样一来，对于三个平动自由度来说，每个分子的能量是 $\frac{3}{2}kT$。当有 α 个自由度时每个分子的平均能量是 $\frac{1}{2}\alpha kT$。因此

单位质量的平均能量是

$$e = \frac{1}{2}\alpha k T n。\tag{6.41}$$

关于 p 的关系式不变，因为 p 与能量的平动部分有关。我们把这些不同的结果结合起来就得到

$$e = \frac{1}{2}\alpha \mathscr{R} T,\ h = \left(\frac{1}{2}\alpha + 1\right)\mathscr{R} T,\ p = \mathscr{R}\rho T,\tag{6.42}$$

并且我们推出

$$c_v = \frac{1}{2}\alpha \mathscr{R},\ c_p = \left(\frac{1}{2}\alpha + 1\right)\mathscr{R},$$

$$\gamma = 1 + \frac{2}{\alpha}。\tag{6.43}$$

这些式子与以前对具有定比热的理想气体所得的表达式形式上一样，但是它们具有另外的特点，即包括了关于 c_v, c_p 和 γ 的公式。

对于一个单原子气体来说，$\alpha = 3$, $\gamma = 5/3$。对于一个包括两个转动自由度的双原子气体来说，$\alpha = 5$, $\gamma = 1.4$；这对空气来说是一个很好的近似。

6.5 运动方程组的其他形式

(6.25)—(6.27)这几个守恒形式相应于积分形式(6.2)—(6.4)并且将用于激波的处理中。但是对其他一些目的来说，该方程组可以简化。方便的是引进算子

$$\frac{D}{Dt} = \frac{\partial}{\partial t} + u_j \frac{\partial}{\partial x_j}$$

作为追随一个单个质点的时间导数。根据(6.25)，质量方程(6.25)可以写为

$$\frac{D\rho}{Dt} + \rho \frac{\partial u_j}{\partial x_j} = 0;\tag{6.44}$$

(6.26) 中的 ρ 的导数可以消去而给出

$$\rho \frac{Du_i}{Dt} + \frac{\partial p}{\partial x_i} = \rho F_i。\tag{6.45}$$

能量方程(6.27)可以写为各种不同形式。首先，利用其他两个方程，我们可以把它化为

$$\rho \frac{De}{Dt} + p \frac{\partial u_j}{\partial x_j} = 0。 \tag{6.46}$$

然后，根据(6.44)，另一种形式是

$$\frac{De}{Dt} - \frac{p}{\rho^2} \frac{D\rho}{Dt} = 0,$$

并且，根据热力学关系式(6.31)，这简化为

$$T \frac{DS}{Dt} = 0。 \tag{6.47}$$

这就是说，一个质点的熵保持不变。满足(6.47)的流动通常称为**绝热流动**。

应该强调，(6.47)的推导方法纯粹是对守恒方程组进行数学变换。原则上，人们早就可以以这样的方式引进一个"令人感兴趣的量 $S(p, \rho)$"而不需要任何热力学预备知识。在那基础上能得到这里的一些结果，这也是确信无疑的。热力学中关于(6.31)的讨论是指无限缓慢的可逆变化，因此我们把讨论用于那个范围以外看来可能是不合理的。然而，只要采用 $p_{ji} = -p\delta_{ji}$ 和 $e = e(p, \rho)$ 这些假设，那么其余的都是数学，因此就可以得出像(6.47)这样的一些结果而不必加上热力学意义下的对缓慢流动的任何限制。

因为用 p 和 ρ 表示的关于 S 的表达式原则上可以解出 $p = p(\rho, S)$，所以我们可以利用

$$\frac{Dp}{Dt} = a^2 \frac{D\rho}{Dt}, \quad a^2 = \left(\frac{\partial p}{\partial \rho}\right)_{S=\text{常数}} \tag{6.48}$$

作为(6.47)的一个等价形式。于是 a 这个量将称为声速。

除非特别需要守恒形式的方程外，通常应用(6.44)，(6.45)以及(6.47)或者(6.48)。把它们汇集一起便于将来进一步参考：

$$\frac{D\rho}{Dt} + \rho \frac{\partial u_j}{\partial x_j} = 0$$

$$\rho\frac{Du_i}{Dt}+\frac{\partial p}{\partial x_i}=\rho F_i, \tag{6.49}$$

$$\frac{DS}{Dt}=0 \quad 或 \quad \frac{Dp}{Dt}-a^2\frac{D\rho}{Dt}=0。$$

对多方气体来说，

$$e=\frac{1}{\gamma-1}\frac{p}{\rho}, \quad S=c_v\log\frac{p}{\rho^\gamma}, \quad a^2=\frac{\gamma p}{\rho}。 \tag{6.50}$$

熵方程只表明在每一质点轨迹上熵保持不变。一般来说，熵在不同的质点轨迹上可以取不同的值。然而，如果流体开始时是处于静止状态并且具有均匀的熵 S_0 的话，那么可以知道，在每一质点轨迹上 $S=S_0$，因此在运动中保持均匀。这样的流动叫做**等熵流动**。如果情况是这样的话，那么 p 只是 ρ 的函数，而且方程组简化为(6.49)中的头两个。对于一个多方气体来说，

$$p=\kappa\rho^\gamma。$$

当存在激波或其他一些间断时，这种论述方法需要修正。微分方程组，特别是熵方程，只适用于函数可微的一些区域。穿过一间断表面时熵跳跃，而且一般来说随着该表面的传播，跳跃量也将随时间和位置而变化。这样一来，一个初始等熵流在一激波通过以后也许不保持等熵。这将在 6.10 节中详细讨论。

6.6 声学

在气体动力学中，有关波传播的第一个信息是由声学理论提供的。声学理论是指一平衡态附近的一些小扰动的线化理论。当忽略体积力并取平衡态具有常数值 $p=p_0$，$\rho=\rho_0$，$u=0$ 时，就出现最简单的情况。如果初始扰动也具有均匀的熵，那么运动保持等熵，并且可以取 $p=p(\rho)$。于是对小扰动来说，

$$p-p_0=a_0^2(\rho-\rho_0) \tag{6.51}$$

准确到一阶量，其中

$$a_0^2=p'(\rho_0), \tag{6.52}$$

关系式(6.51)可以看作为(6.49)中第三个方程的线化形式的解，

我们转过来线化头两个方程。

准确到小量 $(p-p_0)/p_0$，$(\rho-\rho_0)/\rho_0$，u/a_0 以及它们导数的一阶量，我们得到

$$\frac{\partial\rho}{\partial t}+\rho_0\frac{\partial u_j}{\partial x_j}=0, \tag{6.53}$$

$$\rho_0\frac{\partial u_i}{\partial t}+\frac{\partial p}{\partial x_i}=0。 \tag{6.54}$$

(这里以及其他地方，当未扰状态是常数时，各导数仍用各原始量表示以便于书写或防止下标的增多，但是必要时它们就变换为各扰动的导数。)

根据(6.54)，

$$u_i=u_i^{(0)}(\boldsymbol{X})+\frac{\partial}{\partial x_i}\frac{1}{\rho_0}\int_0^t(p-p_0)dt,$$

其中任意函数 $u_i^{(0)}(\boldsymbol{X})$ 是在积分中出现的。在声学中取函数 $u_i^{(0)}(\boldsymbol{X})$ 为零通常是合适的；例如，如果一开始 $u_i=0$，或者如果波向某个处于静止状态的区域中运动，那么情况就是这样。另外向量 $\boldsymbol{u}$ 是一标量的梯度。如果我们引进由 $\boldsymbol{u}=\nabla\varphi$ 定义的速度位 φ，那么我们得到

$$u_i=\frac{\partial\varphi}{\partial x_i},\quad p-p_0=-\rho_0\frac{\partial\varphi}{\partial t},$$

$$\rho-\rho_0=-\frac{\rho_0}{a_0^2}\frac{\partial\varphi}{\partial t}, \tag{6.55}$$

而且(6.54)总是能满足。把这些表达式代入(6.53)中去就得到关于 φ 的方程；其结果是关于 φ 的波动方程:

$$\varphi_{tt}=a_0^2\varphi_{x_ix_i}, \tag{6.56}$$

其中 a_0 作为传播速度。也可以看出，(6.55)中的所有扰动满足这个波动方程。

对于一维波来说，(6.56)可以直接求解而给出

$$\varphi=f(x-a_0t)+g(x+a_0t),$$

其中 f 和 g 为任意函数；相应的关于 u 和 $p-p_0$ 的表达式是

$$u=f'(x-a_0t)+g'(x+a_0t),$$

$$\frac{p-p_0}{\rho_0 a_0}=f'(x-a_0t)-g'(x+a_0t)。\qquad(6.57)$$

然后选择满足初始条件或边界条件的函数 f 和 g。我们把关于一些特殊例子的讨论推迟一下，因为关于平面波的完整的非线性方程组是容易处理的，而且某些线性化结果可以看作为对一些精确解的近似。波动方程的二维解和三维解在第七章中考虑。

实际上任一声学问题都是在有重力场的情况下发生的，因此，未扰状态不是均匀的。在大气层中或海洋中的一些远距离传播问题里，这些效应可能是非常重要的并且产生声波的放大和折射。即使当上述理论适用时，也不至于将整个重力项 ρg 忽略，而只是它的扰动值可能比其他一些扰动项小得多。未扰压力和未扰密度一定满足

$$\frac{dp_0}{dz}=-\rho_0 g,\qquad(6.58)$$

其中 z 是垂直坐标。因为声波中的加速度和压力的变化可能非常小，所以(6.58)中的两项可能是垂直动量方程中的最大项。但是问题在于它们互相平衡，因此它们在扰动方程组中的更进一步的一些效应可以忽略。我们详细考虑平面波垂直传播的情况。如果我们在(6.49)中令 $p=p_0(z)+p_1$, $\rho=\rho_0(z)+\rho_1$, $\boldsymbol{u}=(0,0,w)$ 并且忽略 p, ρ, w 的二次项及高次项，那么我们得到

$$\begin{aligned}\rho_{1t}+w\rho_0'+\rho_0 w_z=0,\\ \rho_0 w_t+p_0'+p_{1z}=-\rho_0 g-\rho_1 g,\\ p_{1t}+wp_0'-a_0^2(\rho_{1t}+w\rho_0')=0。\end{aligned}\qquad(6.59)$$

一般来说平衡熵分布不是均匀的，所以必须包括熵的变化，而且如(6.48)那样来定义 a^2。

根据(6.58)，平衡量的变化发生在量级为 a_0^2/g 的一个长度尺度 L 上。如果 $p_1=O(\varepsilon p_0)$ 而 λ 是各扰动中的一个典型波长，那么

$$p_0'=O\left(\frac{p_0}{L}\right),\quad p_{1z}=O\left(\frac{\varepsilon p_0}{\lambda}\right)。$$

λ/L 可能为 10^4，而振幅 ε 可以很容易地低到 10^{-4} 或更低，所以大

气梯度 p_0' 可以大于声波所产生的梯度 p_{1z}。然而，(6.59)中的项 p_0' 和 $-\rho_0 g$ 对消了，而剩下的几项都与 ε 成比例。$\rho_1 g$，wp_0'，$w\rho_0'$ 各项具有一个附加因子 λ/L。于是，除非传播的距离可以与 L 相比，否则非线性效应就是小的。我们不作更进一步的估算，最简单的是看看 (6.59) 的某些精确解。

按照常规消去(6.59)中的 p_1 和 ρ_1，并且进一步利用(6.58)，我们找到了

$$w_{tt}=a_0^2 w_{zz}+\frac{(\rho_0 a_0^2)'}{\rho_0}w_z。$$

这个方程是双曲型的，其特征速度是 $\pm a_0(z)$。在可变大气的情况，a_0 仍然是这种精确意义下的声速。对于一个多方气体来说，$a_0^2=\gamma p_0/\rho_0$，所以 $(\rho_0 a_0^2)'=\gamma p_0'=-\gamma\rho_0 g$。于是方程简化为

$$w_{tt}=a_0^2 w_{zz}-\gamma g w_z。$$

等温平衡

对于常数平衡温度来说，a_0^2 是常数，而且(6.58)给出一个指数规律的大气分布

$$\rho_0(z)=\rho_0(0)e^{-z/H},\quad H=\frac{\mathscr{R}T_0}{g}=\frac{a_0^2}{\gamma g}。$$

关于 w 的方程有周期解

$$w=Ae^{z/2H}\cos(kz-\omega t),$$

$$\omega^2=a_0^2k^2+\frac{1}{4}\frac{a_0^2}{H^2}。$$

如果 $z\ll H$，那么振幅的变化很小；如果 $\lambda^2/H^2\ll 1$，那么 $\omega^2\simeq a_0^2K^2$。这个解证实了以前的估计。

对流平衡

在对流平衡情况下，熵是常数而且 $p\propto\rho^\gamma$。根据(6.58)，

$$\frac{1}{\rho_0}\frac{dp_0}{dz}=\frac{a_0^2}{\rho_0}\frac{d\rho_0}{dz}=\frac{2}{\gamma-1}a_0\frac{da_0}{dz}=-g;$$

因此

$$a_0^2(z)=a_0^2(0)-(\gamma-1)gz。$$

当然这个分布只有在高度 $a_0^2(0)/(\gamma-1)g$ 以下才是现实的。利用 Bessel 函数可以求得关于 w 的解 (Lamb, 1932, p. 546), 并且可以得出关于非均匀性的各种效应的类似的结论。

某些有关非平面波折射的问题将在 7.7 节中考虑；其他一些方面可在 Lamb (1932, pp. 547—561) 中找到。

6.7 非线性平面波

现在我们在体积力可以忽略的情况下考虑一维流动的精确的非线性方程组。因为现在的兴趣在于大的压力变化，所以在许多场合下重力效应可以完全忽略。

(6.49) 中的方程组简化为

$$\rho_t + u\rho_x + \rho u_x = 0, \tag{6.60}$$

$$\rho(u_t + uu_x) + p_x = 0, \tag{6.61}$$

$$S_t + uS_x = 0, \tag{6.62}$$

其中 $p(\rho, S)$ 是一已知函数，并且最后一个方程也可以写为

$$p_t + up_x - a^2(\rho_t + u\rho_x) = 0, \tag{6.63}$$

其中

$$a^2 = \left(\frac{\partial p}{\partial \rho}\right)_{S=\text{常数}} \tag{6.64}$$

为了研究非线性波，按照 5.1 节中所描述的程序把方程组化为特征形式。我们不是引用一些公式，更快的是直接从 (6.60)—(6.63) 推出特征方程组。我们首先注意，(6.62) 已经取特征形式，其特征速度为 u。因此

$$\frac{dS}{dt} = 0 \quad \text{在特征线} \quad \frac{dx}{dt} = u \text{ 上。} \tag{6.65}$$

这些特征线是质点轨迹，而且 S 在这些特征线的每一条上保持不变。

利用 (6.60), (6.61) 和 (6.63) 能非常容易地找到其他两族特征线。取这样的线性组合：(6.63) 加上 l_1 乘 (6.60) 和 l_2 乘 (6.61)，就足够了。重新排列之后，这个组合是

$$p_t + (u + l_2)p_x + \rho l_2(u_t + uu_x) + \rho l_1 u_x$$
$$+ (l_1 - a^2)(\rho_t + u\rho_x) = 0。$$

选择 $l_1 = l_2 = 0$，这对应于 (6.65) 中已经求出的特征形式。把那个情况除去以后，从含 p 和 ρ 的项的比较中显然可知，唯一可能的具有 $l_2 \neq 0$ 的特征方程要求没有 ρ 的导数，即 $l_1 = a^2$。然后，从 p 和 u 的导数看出，我们要求 $l_2 = l_1/l_2$。结论是 $l_1 = a^2$，$l_2 = \pm a$，并且所需要的组合是

$$p_t + (u \pm a)p_x \pm \rho a\{u_t + (u \pm a)u_x\} = 0。 \tag{6.66}$$

完全的特征方程组可以写为

$$\frac{dp}{dt} + \rho a \frac{du}{dt} = 0 \quad 在 \quad C_+: \frac{dx}{dt} = u + a \ 上, \tag{6.67}$$

$$\frac{dp}{dt} - \rho a \frac{du}{dt} = 0 \quad 在 \quad C_-: \frac{dx}{dt} = u - a \ 上, \tag{6.68}$$

$$\frac{dS}{dt} = 0 \quad 在 \quad P: \frac{dx}{dt} = u \ 上, \tag{6.69}$$

特征线 C_+ 和 C_- 代表相对流体局部速度 u 以速度 $\pm a$ 运动的点。这些是声波，而且如 (6.64) 那样所定义的 a 称为非线性声速。

在线化理论中，这些方程近似为

$$\frac{dp}{dt} + \rho_0 a_0 \frac{du}{dt} = 0 \quad 在 \quad C_+: \frac{dx}{dt} = a_0 \ 上,$$

$$\frac{dp}{dt} - \rho_0 a_0 \frac{du}{dt} = 0 \quad 在 \quad C_-: \frac{dx}{dt} = -a_0 \ 上,$$

$$\frac{dS}{dt} = 0 \quad 在 \quad P: \frac{dx}{dt} = 0 \ 上,$$

并且可以直接积分为

$$\begin{aligned}(p - p_0) + \rho_0 a_0 u &= F(x - a_0 t),\\ (p - p_0) - \rho_0 a_0 u &= G(x + a_0 t),\\ S - S_0 &= H(t)。\end{aligned} \tag{6.70}$$

如果没有熵的变化，这些与 (6.57) 中的解是一致的。

在非线性理论中关于特征线的定义关系式依赖于尚待求取的

解，并且积分不是简单的。

对于等熵流动来说，$S=$ 常数处处成立，所以(6.69)可以略去。而且 $p=p(\rho)$，$a^2=p'(\rho)$，所以头两个特征方程可以写为

$$\int\frac{a(\rho)d\rho}{\rho}+u=\text{常数}\quad\text{在}\quad C_+:\ \frac{dx}{dt}=u+a\ \text{上，}$$

$$\int\frac{a(\rho)d\rho}{\rho}-u=\text{常数}\quad\text{在}\quad C_-:\ \frac{dx}{dt}=u-a\ \text{上。}$$

这些是 Riemann 不变量。对于多方气体来说

$$p=\kappa\rho^{\gamma},\quad a^2=\kappa\gamma\rho^{\gamma-1},$$

并且 Riemann 不变量是

$$\frac{2}{\gamma-1}a\pm u=\text{常数}\quad\text{在}\quad\frac{dx}{dt}=u\pm a\ \text{上。}\tag{6.71}$$

6.8 简单波

如果流动除了是等熵的以外，其 Riemann 不变量中有一个处处都保持为常数，那么解就大大简化。它对应于只在一个方向上的波动，而在线性理论中就对应于(6.70)中或者 F 或者 G 等于零。作为说明这类型的简单波怎样才能产生的一个基本模型，让我们考虑在长管一端中一活塞的已给运动所产生的波。图 6.1 是(x, t)图。倘若激波不违背从微分方程组得来的一些推论，那么可以认为流动一定是简单波。为明确起见，我们针对多方气体情况进行论述，但是对更一般形式的推广是显然的。

假设气体处于静止状态并且具有均匀状态，即在 $t=0$ 时在 $x\geqslant 0$ 处 $u=0$，$a=a_0$，$S=S_0$；并且暂时假定不形成激波。因为该活塞本身就是一条质点轨迹，所以所有质点轨迹显然都起源于均匀区域中的 x 轴上。根据(6.69)，在任何一条质点轨迹 P 上 S 保持为常数，因此等于其初始值 S_0。但是在所有质点轨迹上初始值是相同的。于是在整个流动中

$$S=S_0。\tag{6.72}$$

因为流动是等熵的，所以我们可以利用(6.71)作为其他两族特征

线。

C_- 特征线所具有的 dx/dt 值比质点轨迹的小，因此，它们都从均匀区域中的 x 轴上开始(见图 6.1)。在它们中的每一条上

$$\frac{2}{\gamma-1}a-u=\frac{2a_0}{\gamma-1}, \tag{6.73}$$

因为在它们中的每一条上这个 Riemann 不变量是常数，并且我们已经把取自区域 $u=0$, $a=a_0$ 的初始值代进去了。另外，因为在无论哪一条上面初始值都是相同的，所以我们已经推出：Riemann 不变量 (6.73) 到处都是相同的常数。 这些是证明解为简单波的论据。我们现在转到 (6.71) 中的另一个特征方程，以决定解的其他细节情况。

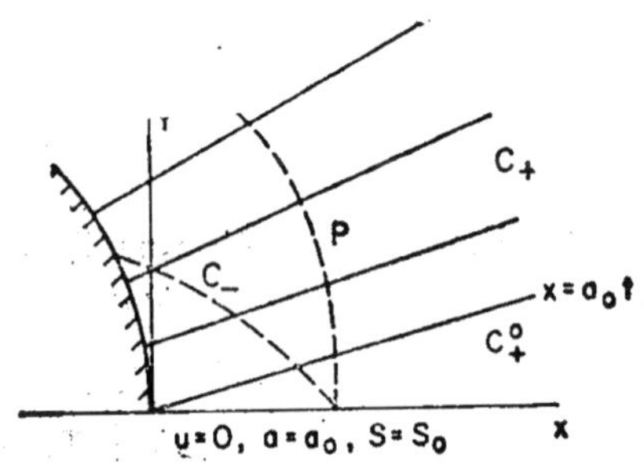

图 6.1　抽出活塞所产生的膨胀波

对于起源于 x 轴上的那些 C_+ 来说，(6.73) 也成立，不过符号相反。于是在由这些 C_+ 所覆盖的区域中 $u=0$, $a=a_0$。我们推出：原始均匀条件在特征线 C_+^0 前面的区域中适用，该特征线把与 x 轴相交的那些 C_+ 同与活塞相交的那些 C_+ 分开。因为我们这里假设流动连续并没有激波，所以我们在 C_+^0 前面以及在 C_+^0 上面有 $u=0$, $a=a_0$。于是 C_+^0 由

$$x=a_0t$$

给出。 对于与活塞相交的那些 C_+ 来说，我们利用具有正号的 (6.71)：

$$\frac{2a}{\gamma-1}+u=\text{常数}\quad \text{在每一 } C_+\text{：}\ \frac{dx}{dt}=u+a\ \text{上。}$$

考虑到(6.73)(它是处处都成立的)，这可以简化为

$$u = 常数 \quad 在每一\ C_+: \frac{dx}{dt} = a_0 + \frac{\gamma+1}{2}u\ 上。 \tag{6.74}$$

在每一C_+上的u值将是不同的，其值视与活塞相交的位置而定，但是我们大体上知道，这族正特征线将是一族直线，每一直线的斜率 $a_0 + \{(\gamma+1)/2\}u$ 对应于它所传播的u值。

在活塞上的边界条件是：流体速度等于活塞速度。因此，如果活塞轨迹由 $x = X(t)$ 给出，那么边界条件是

$$u = \dot{X}(t) \quad 在 \quad x = X(t)\ 上。 \tag{6.75}$$

对于在时间τ与活塞轨迹相交的一条C_+来说，可以知道，沿着它$u = \dot{X}(\tau)$，于是根据(6.74)可知它的方程是

$$x = X(\tau) + \left\{a_0 + \frac{\gamma+1}{2}\dot{X}(\tau)\right\}(t-\tau)。 \tag{6.76}$$

这样一来，解是

$$u = \dot{X}(\tau), \quad a = a_0 + \frac{\gamma-1}{2}\dot{X}(\tau), \quad S = S_0, \tag{6.77}$$

其中 $\tau(x, t)$ 由(6.76)以隐函数形式来确定。

因为C_+是斜率 dx/dt 随u而增加的一些直线，所以显然可知，如果在活塞上的u不断增加，也就是说，对任何τ来说$\ddot{X}(\tau) > 0$，那么特征线将重叠起来。这是图2.1中所描述的典型的非线性间断，它表明在这样一些情况下将形成激波。如果u增加，那么a，p和ρ也增加，所以发生间断并且在扰动的压缩部分出现激波。当激波出现时，我们不但需要讨论一些适当的激波条件，而且还需要重新考察推导(6.72)和(6.73)的步骤。

对于膨胀波来说，(6.76)和(6.77)中的解是完全的。活塞以速度$-V$突然抽出这个极限情况是有特殊意义的。在活塞附近有一个

$$u = -V, \quad a = a_0 - \frac{\gamma-1}{2}V \tag{6.78}$$

的均匀区域，而从初始未扰区域向这个区域的调节是通过如图6.2

中所表示那样的一个中心特征线扇形。在这扇形中，因为所有特征线与活塞交于 $x=t=0$，所以它们由

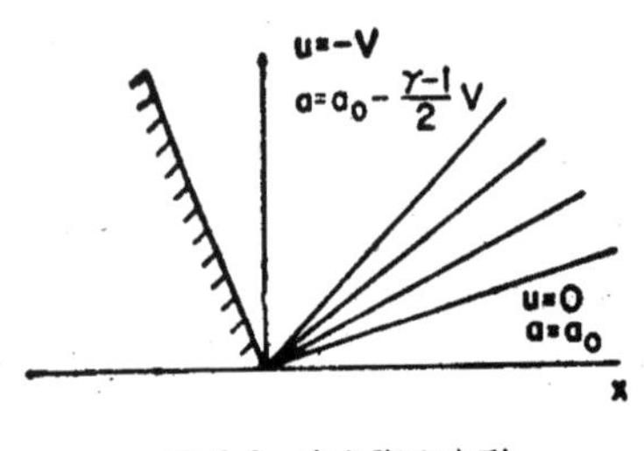

图 6.2　中心膨胀扇形

$$x=\left(a_0+\frac{\gamma+1}{2}u\right)t,$$

$$-V\leqslant u\leqslant 0$$

给定。在 0 和 $-V$ 之间的所有 u 值同时在原点取值，但是每一值导致该扇形中一条不同的特征线。解这个关于 u 的关系式并加上从 (6.73)得来的关于 a 的表达式，我们得到

$$\left.\begin{aligned} u&=\frac{2a_0}{\gamma+1}\left(\frac{x}{a_0t}-1\right),\\ a&=a_0\left(\frac{\gamma-1}{\gamma+1}\frac{x}{a_0t}+\frac{2}{\gamma+1}\right),\end{aligned}\right\}1-\frac{\gamma+1}{2}\frac{V}{a_0}$$

$$<\frac{x}{a_0t}<1。\tag{6.79}$$

如果活塞以正速度 V 推向前方，此扇形倒过来而形成一个多值区域，它可以看作为 (x,t) 平面中的一迭纸(比较图 2.3)。它当然对应于直接的间断并且必须由一激波来代替。

对于其他一些问题来说，简单波的讨论一般适用于向一均匀状态中传播的任何一个扰动的阵面附近。存在一个区域，其中各质点轨迹以及一组特征线起源于前面的均匀状态，所以它是等熵的而且一个 Riemann 不变量是常数。另一族特征线“传播”扰动；在其中每一根特征线上，各流动参量保持不变而且其中每一根特征线是一条直线。简单波区域向后一直延伸到来自非均匀区域的第一条质点轨迹为止。图 6.1 用这根作为边界的特征线代替活塞轨迹。在 6.12 节的初值问题中详细说明邻近均匀区域的这样的简单波区域的出现。

6.9 作为运动学波的简单波

在 2.2 节中，我们看到，连续方程

$$\rho_t + q_x = 0 \tag{6.80}$$

与函数关系 $q = Q(\rho)$ 一起导出最简单的非线性波。这里讨论的简单波可以用这种观点来观察。在气体动力学中，对于 p, ρ, u 这三个量来说，有三个基本方程，而特殊的简单波论述使用两个积分：

$$S = S_0, \quad \frac{2a}{\gamma - 1} - u = \frac{2a_0}{\gamma - 1}。$$

这意味着，方程中有两个可以消掉，并且 p, ρ, u 中任何两个可以表达为第三个的函数。于是我们可以把方程组简化为一个方程（它可以取守恒形式），并且我们得到通量和密度之间的一个函数关系式。

例如，如果我们想用 ρ 来表示所有量，那么关于等熵流的条件提供关系式

$$p = p_0\left(\frac{\rho}{\rho_0}\right)^\gamma,$$

而 Riemann 不变量提供关系式

$$\begin{aligned} u = V(\rho) &= \frac{2a}{\gamma - 1} - \frac{2a_0}{\gamma - 1} \\ &= \frac{2a_0}{\gamma - 1}\left\{\left(\frac{\rho}{\rho_0}\right)^{(\gamma-1)/2} - 1\right\}。 \end{aligned} \tag{6.81}$$

然后我们可以把质量守恒作为最后决定 ρ 的方程。它是取 (6.80) 这种形式，其中 $q = \rho u$。因此运动学波的方程表示法是取 (6.80) 和

$$q = Q(\rho) = \rho V(\rho), \tag{6.82}$$

其中 $V(\rho)$ 由(6.81)给定。在这种情况下，函数 $Q(\rho)$ 是从其他两个微分方程得来，而不是作为该问题的原始方程的一部分而提出的。但是这个分析可以如在运动学理论中那样继续下去。关于

ρ 的方程是

$$\rho_t + c(\rho)\rho_x = 0, \quad c(\rho) = Q'(\rho),$$

而且我们根据上面的一些关系式可以证明

$$\begin{aligned} c(\rho) = Q'(\rho) &= V(\rho) + \rho V'(\rho) \\ &= V(\rho) + a(\rho)。\end{aligned}$$

与第一种推导方法相一致，结论是：各流动参量在特征线上保持不变，并且特征速度是 $u + a$。

这基本上是 Earnshaw (1858) 所使用的推导方法，它的推导方法是在这个解的最早一些推导方法中的一种。他从一开始就假设是等熵流，并且把方程组写为

$$\rho_t + u\rho_x + \rho u_x = 0,$$

$$u_t + uu_x + \frac{a^2(\rho)}{\rho}\rho_x = 0。$$

然后，根据向右运动的线化声波具有 $u = a_0(\rho - \rho_0)/\rho_0$ 这一观察结果，他考虑了具有 $u = V(\rho)$ 这种形式的精确解的可能性。方程组简化为

$$\rho_t + (V + \rho V')\rho_x = 0,$$

$$(\rho_t + V\rho_x)V' + \frac{a^2}{\rho}\rho_x = 0。$$

于是，为了一致起见，

$$V' = \pm\frac{a}{\rho},$$

而方程的共同形式为

$$\rho_t + (V \pm a)\rho_x = 0。$$

选取上面的符号导致

$$V(\rho) = \int_{\rho_0}^{\rho}\frac{a(\rho)}{\rho}d\rho = \frac{2}{\gamma - 1}\{a(\rho) - a_0\},$$

这与上面的一致。 Riemann (1858) 作出了上一节中给出的更深入的论述。

选取 ρ 作为工作变量，从而使此描述与第二章中的描述最接

近，但是这些公式用 u 来表示更简单些。我们可以利用 (6.81) 在这两种变量之间自由地进行转换。用 u 来表示，基本方程是

$$u_t + \left(a_0 + \frac{\gamma + 1}{2} u \right) u_x = 0, \tag{6.83}$$

并且我们得到

$$a = a_0 + \frac{\gamma - 1}{2} u, \quad S = S_0,$$

以确定 p 和 ρ。传播速度是

$$c(u) = a_0 + \frac{\gamma + 1}{2} u_\circ$$

然后如以前一样地求出(6.83) 的解。特别地，对于活塞问题来说，解由 (6.76) 和 (6.77) 给定。

至少在简单波解中，波的间断方式与第二章中所描述的完全一样，而解必须引入激波才能完成。

6.10 激波

当波发生间断时，用嵌入间断的方法可以重新得到符合实际情况的解，而且我们做这件事的总观点与第二章中叙述的一样。在发生间断的区域中，导数变得很大，而且，严格地说，(6.22)—(6.24) 中的一些假设在那里变得不适用了。但是如果引入符合激波条件的间断，并且在流动连续部分中保留 (6.22)—(6.24)，那么就可以非常接近于实际的性态。接着把粘性和热传导等效应包括进来就可以考虑详细的激波结构。

正如以前注意到的那样，一旦形成激波，那么我们必须重新考虑导致这两个积分的简单波的论述方法，而且为了讨论间断我们不得不回到由三个方程组成的完全的方程组。

各激波条件由 5.8 节中介绍的具体方法导出。非常重要的是我们使用守恒形式的方程组，并且我们选择已知其积分形式仍然保持有效的三个方程。为了作出正确的选择，必须回到 (6.2)—(6.4) 中原始的积分表达式去。具体到一维问题并略去体积力(虽然它不会影响各跳跃条件)，它们是

$$\frac{d}{dt}\int_{x_2}^{x_1} \rho\, dx + [\rho u]_{x_2}^{x_1} = 0, \tag{6.84}$$

$$\frac{d}{dt}\int_{x_2}^{x_1} \rho u\, dx + [\rho u^2 - p_{11}]_{x_2}^{x_1} = 0. \tag{6.85}$$

$$\frac{d}{dt}\int_{x_2}^{x_1} \left(\frac{1}{2}\rho u^2 + \rho e\right) dx + \left[\left(\frac{1}{2}\rho u^2 + \rho e\right)u - p_{11}u + q_1\right]_{x_2}^{x_1} = 0。 \tag{6.86}$$

这些方程中的每一个都取 (5.54) 的形式，而相应的跳跃条件是 (5.56)。在导出各跳跃条件以后，$p_{11} = -p$，$q_1 = 0$，$e = e(p, \rho)$ 这些假设又一次用于两侧的连续流动中，因此可代入各跳跃条件中。然后它们变为

$$-U[\rho] + [\rho u] = 0, \tag{6.87}$$

$$-U[\rho u] + [\rho u^2 + p] = 0, \tag{6.88}$$

$$-U\left[\frac{1}{2}\rho u^2 + \rho e\right] + \left[\left(\frac{1}{2}\rho u^2 + \rho e\right)u + \rho u\right] = 0。 \tag{6.89}$$

相应的守恒形式微分方程组是

$$\begin{gathered} \rho_t + (\rho u)_x = 0, \\ (\rho u)_t + (\rho u^2 + p)_x = 0, \\ \left(\frac{1}{2}\rho u^2 + \rho e\right)_t + \left\{\left(\frac{1}{2}\rho u^2 + \rho e\right)u + pu\right\}_x = 0。 \end{gathered} \tag{6.90}$$

这些方程等价于方程组 (6.60)—(6.62)。

从这组方程能导出另一个守恒方程:

$$(\rho S)_t + (\rho u S)_x = 0, \tag{6.91}$$

它直接从 (6.60) 和 (6.62) 得来。 但是这不能更加一般地用积分形式来表示。事实上，我们从 (6.7)—(6.9) 和 (6.31) 得到

$$(\rho S)_t + (\rho u S)_x = \frac{(p_{11} + p)u_x - q_{1x}}{T}。 \tag{6.92}$$

因此

$$\frac{d}{dt}\int_{x_2}^{x_1} \rho S\, dx + [\rho u S]_{x_2}^{x_1} = \int_{x_2}^{x_1} \frac{(p_{11} + p)u_x - q_{1x}}{T}\, dx, \tag{6.93}$$

(6.93) 中右边一项与 (5.54) 中的源项 h_i 是截然不同的，因为它涉及一些流动参量的导数并且没有办法把它们积分出来。因此导出 (5.56) 的论述方法不适用。(应该记住，只是在作了一些适当的限制以后才引入 $p_{11}=-p$，$q_1=0$ 这些假设。)这样一来，形式上对应于 (6.91) 的跳跃条件不能推导出来。事实上，我们以后将从 (6.87)—(6.89) 证明

$$-U[\rho S]+[\rho uS]\neq 0。\tag{6.94}$$

在激波结构的讨论中，将更详细地讨论 (6.93) 右边的真正贡献。

令人感兴趣的是，对于方程组 (6.60)—(6.62) 来说，(6.90)和 (6.91) 中的四个方程是所能找到的仅有的守恒方程。为了证明这个结果，让我们考虑

$$\frac{\partial f}{\partial t}+\frac{\partial g}{\partial x}+h=0,$$

其中 f, g, h 是 p, ρ, u 的函数。如果利用 p, ρ, u 的导数把这个方程展开，并且如果利用 (6.60), (6.61) 和 (6.63) 来代替对 t 的导数，那么我们得到

$$(g_\rho-uf_\rho)\rho_x+\left(g_p-uf_p-\frac{1}{\rho}f_u\right)p_x$$
$$+(g_u-uf_u-\rho f_\rho-\rho a^2f_p)u_x+h=0。$$

因为我们要求这是一个恒等式，所以各导数的系数必须分别为零，而且 h 必须等于零。关于 f 和 g 的三个方程能够解出来以证明关于 f 的最一般解是 ρ, ρu, $\frac{1}{2}\rho u^2+\rho e$, ρS 的一个线性组合。这样一来，仅有的独立守恒方程是已经注意到的那些。这四个中的任何三个可以用来产生一个"弱解"，但是只有选择 (6.90) 再加上 (6.87)—(6.89) 这些跳跃条件，才对应于真正的物理情况。

激波条件的有用形式

首先，利用相对速度 $v=U-u$ 来写出激波条件 (6.87)—(6.89) 是方便的。用 v 代替 u，它们变为

$$[\rho v]=0,$$
$$[p+\rho v^2-\rho vU]=0,$$

$$\left[\rho v\left(h+\frac{1}{2}v^2\right)-(p+\rho v^2)U+\frac{1}{2}\rho vU^2\right]=0,$$

其中 h 是焓 $e+p/\rho$。通过取线性组合,它们可以简化为

$$[\rho v]=0,\ [p+\rho v^2]=0,\ \left[\rho v\left(h+\frac{1}{2}v^2\right)\right]=0。$$

这些是在激波处于静止状态的一个参考系中的关于定常流动的激波条件。如果 $\rho_1 v_1=\rho_2 v_2\neq 0$,那么在第三个条件中的常数因子 ρv 可以略去,于是我们得到

$$\rho_2 v_2=\rho_1 v_1, \tag{6.95}$$

$$p_2+\rho_2 v_2^2=p_1+\rho_1 v_1^2, \tag{6.96}$$

$$h_2+\frac{1}{2}v_2^2=h_1+\frac{1}{2}v_1^2。 \tag{6.97}$$

通常的情况是:已知激波前的流动,使用这些激波条件,或者由激波速度来确定激波后的流动,或者由激波后各流动量中的一个来确定激波速度及其他流动量。我们注意一下多方气体情况下的显式公式。虽然关于声速的一些表达式是从关于 p 和 ρ 的那些表达式得来的,但是把它们包括进来将是有用的。对于多方气体来说

$$e=\frac{1}{\gamma-1}\frac{p}{\rho},\quad h=\frac{\gamma}{\gamma-1}\frac{p}{\rho},\quad a^2=\gamma\frac{p}{\rho}, \tag{6.98}$$

而所需要的公式可对 (6.95)—(6.97) 进行直接运算而导得。

当各流动量用 U 来表示时,使用参数

$$M=\frac{U-u_1}{a_1}$$

比较方便,这个参数是激波相对激波后流动的 Mach 数。于是

$$\frac{u_2-u_1}{a_1}=\frac{2(M^2-1)}{(\gamma+1)M}, \tag{6.99}$$

$$\frac{\rho_2}{\rho_1}=\frac{(\gamma+1)M^2}{(\gamma-1)M^2+2}, \tag{6.100}$$

$$\frac{p_2-p_1}{p_1}=\frac{2\gamma(M^2-1)}{\gamma+1}, \tag{6.101}$$

$$\frac{a_2}{a_1}=\frac{\{2\gamma M^2-(\gamma-1)\}^{1/2}\{(\gamma-1)M^2+2\}^{1/2}}{(\gamma+1)M}。\qquad(6.102)$$

当 p_2 取为已知数时，方便的是引进激波强度

$$z=\frac{p_2-p_1}{p_1}$$

并且解出下列形式的激波关系式：

$$M=\frac{U-u_1}{a_1}=\left(1+\frac{\gamma+1}{2\gamma}z\right)^{1/2},\qquad(6.103)$$

$$\frac{u_2-u_1}{a_1}=\frac{z}{\gamma\left(1+\frac{\gamma+1}{2\gamma}z\right)^{1/2}},\qquad(6.104)$$

$$\frac{\rho_2}{\rho_1}=\frac{1+\frac{\gamma+1}{2\gamma}z}{1+\frac{\gamma-1}{2\gamma}z},\qquad(6.105)$$

$$\frac{a_2}{a_1}=\left\{\frac{(1+z)\left(1+\frac{\gamma-1}{2\gamma}z\right)}{1+\frac{\gamma+1}{2\gamma}z}\right\}^{1/2}。\qquad(6.106)$$

激波性质

我们从有关多方气体的这些公式将会注意到激波的某些重要性质，但其定性的结果适用于一般情况的。首先我们验证条件(6.94)。对于一个多方气体来说，$S=c_v\log p/\rho^\gamma$；因此根据(6.105)以及 z 的定义，我们得到

$$\frac{S_2-S_1}{c_v}=\log\frac{(1+z)\left(1+\frac{\gamma-1}{2\gamma}z\right)^\gamma}{\left(1+\frac{\gamma+1}{2\gamma}z\right)^\gamma}。\qquad(6.107)$$

当 $z\neq 0$ 时，这不为零；实际上熵的确在激波处发生跳跃。

根据热力学第二定律，随着一质点的运动，熵只能增加。于是，如果一质点从 1 侧到 2 侧，那么我们要求 $S_2>S_1$。根据

(6.107) 可以证明，对于 $\gamma > 1$，$z > -1$ 来说，$d(S_2 - S_1)/dz > 0$，而这些条件总是成立的。因此 $S_2 - S_1 > 0$ 隐含着 $z > 0$。这样一来，激波应该总是压缩的，即 $p_2 > p_1$，而根据 (6.103)—(6.106) 中的其他一些关系式，于是可知，

$$p_2 > p_1,\ \rho_2 > \rho_1,\ a_2 > a_1,\ u_2 > u_1,\ M > 1。 \quad (6.108)$$

对各跳跃量符号这个问题的另一种处理方法是从波产生间断来考虑什么时候需要激波。在 6.8 节的简单波中，传播速度是 $u + a$，所以 2.6 节中讨论过的激波形成条件变为

$$u_2 + a_2 > U > u_1 + a_1。 \quad (6.109)$$

也就是说，从前面来观察，激波是超音速的，而从后面来观察，激波是亚音速的。根据(6.103)，显然可知，$U > u_1 + a_1$ 要求 $z > 0$，而另一不等式从 (6.103)，(6.104) 和 (6.106) 就可以得出。

在一激波处熵的跳跃，即(6.107)，依赖于激波强度。因此，在一变强度激波之后的流动不可能是等熵的。这对 6.8 节中简单波的论述方法有重大的影响。同时，我们应该考虑 Riemann 不变量

$$S = \frac{2a}{\gamma - 1} - u$$

跳跃的可能性，上式在(6.73)中使用过。结果我们发现，在激波处这个量有一跳跃。根据这两点，严格地说，当激波发生时，简单波解就不适用了。然而，当激波强度是小的甚至是中等大小时，这些跳跃小得惊人。

弱激波

对于弱激波来说，(6.103)—(6.107) 中所有的表达式都可以按 z 的幂展开。开始几项是

$$\frac{U - u_1}{a_1} = 1 + \frac{\gamma + 1}{4\gamma} z - \frac{(\gamma + 1)^2}{32\gamma^2} z^2 + O(z^3),$$

$$\frac{u_2 - u_1}{a_1} = \frac{z}{\gamma} - \frac{\gamma + 1}{4\gamma^2} z^2 + \frac{3(\gamma + 1)^2}{32\gamma^3} z^3 + O(z^4),$$

$$\frac{\rho_2 - \rho_1}{\rho_1} = \frac{z}{\gamma} - \frac{\gamma - 1}{2\gamma^2} z^2 + O(z^3),$$

$$\frac{a_2-a_1}{a_1}=\frac{\gamma-1}{2\gamma}z-\frac{\gamma^2-1}{8\gamma^2}z^2+\frac{(\gamma-1)(\gamma+1)^2}{16\gamma^3}z^3+O(z^4),$$

$$\frac{S_2-S_1}{c_v}=\frac{\gamma^2-1}{12\gamma^2}z^3+O(z^4),$$

$$\frac{s_2-s_1}{a_1}=\frac{2}{\gamma-1}\frac{a_2-a_1}{a_1}-\frac{u_2-u_1}{a_1}=\frac{1}{32}\frac{(\gamma+1)^2}{\gamma^3}z^3+O(z^4)。$$

一般来说，各流动量的跳跃与 z 成比例，但是 S 和 s 的跳跃只是 $O(z^3)$。即使对于中等强度的激波来说。它们仍然小得惊人；下面给出 $\gamma=1.4$ 时的典型值。

z	$\frac{S_2-S_1}{c_v}$	$\frac{\gamma-1}{2}\cdot\frac{s_2-s_1}{a_1}$
0.5	0.003	0.001
1.0	0.013	0.005
2.0	0.052	0.019
5.0	0.215	0.085
10.0	0.478	0.209

对于弱激波或者中等强度激波来说，忽略熵和 Riemann 不变量的变化是合理的近似。根据这些近似，甚至在包括弱激波时，也能够保留 6.8 节的简单波解并利用它。

强激波

在另一种极限情况，即激波非常强的情况，可以利用 $z\to\infty$ 时的渐近性态。从 (6.99)—(6.101) 可以得出最方便的形式。通常在需要这些式子时，$u\gg 0$，所以我们假设 $M\sim U/a$，而且 $M\gg 1$。于是 (6.99)—(6.101) 可以由

$$u_2\sim\frac{2}{\gamma+1}U,\quad \frac{\rho_2}{\rho_1}\sim\frac{\gamma+1}{\gamma-1},\quad p_2\sim\frac{2}{\gamma+1}\rho_1U^2 \tag{6.110}$$

来近似，其中我们已经利用 $a_1^2=\gamma p_1/\rho_1$ 消去 p_1 和 a_1 这两个量。这

些表达式只涉及前面流动中的参数 ρ_1；现在 u_1，p_1，a_1 与激波后的值相比很小，所以在这一近似中都可以忽略。令人感兴趣的是，不管激波多么强，只有一个有限的压缩 ρ_2/ρ_1。

6.11 简单波中的弱激波

正如以前所注意到的那样，当出现的激波只是弱的或者是中等强度的时候，在简单波中保留关系式

$$S = S_0, \quad a = a_0 + \frac{\gamma - 1}{2} u \tag{6.111}$$

是一个很好的近似。然后，正如我们在(6.83)中所看到的那样，剩下的一个方程可以写为

$$u_t + c(u) u_x = 0, \quad c = a + u = a_0 + \frac{\gamma + 1}{2} u。 \tag{6.112}$$

除了消去两个方程以外，(6.111)中的关系式已经近似地满足激波条件中的两个条件，只剩下一个条件要与(6.112)放在一起。由于这种处理方法是近似的，所以对这一个条件，有许多选择方法，它们的最低阶项是一致的。正如我们在第二章中看到的那样，用于像(6.112)那样的方程中的最方便的一个条件是

$$U = \frac{c_1 + c_2}{2}, \tag{6.113}$$

在这种情况下，它化为

$$\begin{aligned} U &= \frac{1}{2}(a_1 + u_1 + a_2 + u_2) \\ &= a_0 + \frac{\gamma + 1}{4}(u_1 + u_2)。 \end{aligned} \tag{6.114}$$

根据弱激波条件，

$$\frac{U - u_1}{a_1} - 1 = \frac{\gamma + 1}{4\gamma} z - \frac{(\gamma + 1)^2}{32\gamma^2} z^2 + O(z^3),$$

$$\frac{1}{2}\left(\frac{a_2 - a_1}{a_1} + \frac{u_2 - u_1}{a_1}\right) = \frac{\gamma + 1}{4\gamma} z$$

$$-\frac{(\gamma+1)^2}{16\gamma^2}z^2+O(z^3),$$

所以 (6.114) 准确到 z 的一阶项而不是二阶项。这个假设不如 (6.111) 那么准确。人们可能用一个准确到 z 的二阶项的表达式来把 U 同 u_1 和 u_2 联系起来,但是在激波装配中带来了额外的复杂性,因此通常不值得这么做。

激波装配这个问题和第二章中的本质上相同,并且利用简单的形式 (6.113),就可以完全仿照 2.8 节中的说明。

我们仍然可以考虑(6.112)的初值问题,但是这只是气体动力学中完全的初值问题的一个特殊情况;只有在已给值满足 (6.111) 因而所产生的流动是一简单波的情况下它才适用。在这里更加自然的是再次考虑具有

$$u=g(t)=\dot{X}(t)\quad 在\ x=X(t)\ 上$$

的活塞问题并且在形成激波的情况下完成 6.8 和 6.9 这两节中的讨论[1]。解是

$$u=g(\tau),\tag{6.115}$$

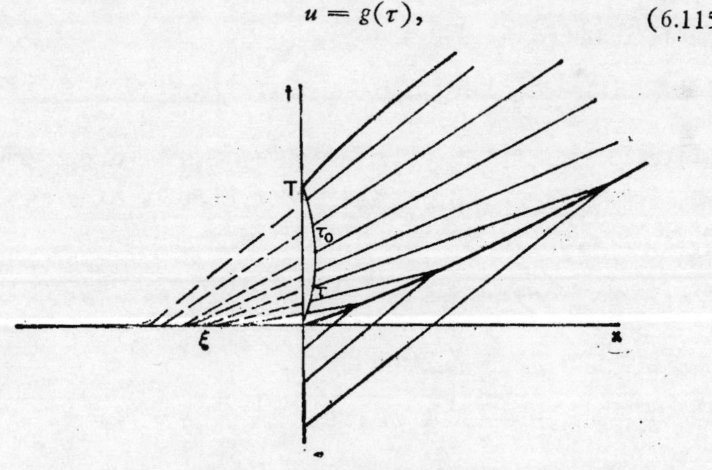

图 6.3　活塞运动所产生的激波

1) 各公式将以这样一种形式给出,这种形式也包括已给的 $g(t)$ 不等于 $\dot{X}(t)$ 这种更加一般的情况。

$$x = X(\tau) + \left\{a_0 + \frac{\gamma+1}{2} g(\tau)\right\}(t-\tau), \qquad (6.116)$$

其中所选的特征变量 τ 使在活塞轨迹上有 $t=\tau$。在 $\dot{g}(\tau)>0$ 的特征线上将需要激波。我们如图 6.3 中那样把特征线向后延伸到 x 轴,并且取

$$\xi = X(\tau) - \left\{a_0 + \frac{\gamma+1}{2} g(\tau)\right\}\tau,$$

$$F(\xi) = a_0 + \frac{\gamma+1}{2} g(\tau)。$$

这样就可以把这个问题与初值问题联系起来。于是就可以应用 2.8节 的一些结果。然而,直接地进行也许更清楚一些。

我们处理这样的情况:一个前向激波向前面具有 $u=0$ 的未扰区域中传播(图 6.3)。如果激波轨迹是 $x=s(t)$,那么激波条件 (6.114) 给出

$$\frac{ds}{dt} = a_0 + \frac{\gamma+1}{4} g(\tau), \qquad (6.117)$$

而特征方程 (6.116) 给出

$$s(t) = X(\tau) + \left\{a_0 + \frac{\gamma+1}{2} g(\tau)\right\}(t-\tau)。 \qquad (6.118)$$

解这两个方程就可以把 s 和 t 作为参数 τ 的函数求出来,这样一来,就确定了激波。因为在激波处 $\dot{X}(\tau)/a_0 \ll 1$, $X(\tau)/a_0 \ll \tau$,并且 $t \gg \tau$,所以在激波计算中用

$$s(t) = \left\{a_0 + \frac{\gamma+1}{2} g(\tau)\right\} t - a_0\tau \qquad (6.119)$$

来近似就足够了。于是我们得到

$$\frac{ds}{dt} = a_0 + \frac{\gamma+1}{2} g(\tau) + \left\{\frac{\gamma+1}{2} \dot{g}(\tau) t - a_0\right\}\frac{d\tau}{dt}。$$

把这与 (6.117) 相比较,我们得到

$$\frac{\gamma+1}{4a_0} g(\tau) + \frac{\gamma+1}{2a_0} \dot{g}(\tau) t \frac{d\tau}{dt} = \frac{d\tau}{dt}。$$

这可以积分为

$$\frac{\gamma+1}{4a_0}g^2(\tau)t=\int_0^\tau g(\tau')d\tau'。\tag{6.120}$$

关系式(6.119)和(6.120)决定了激波。

如果 $g(0)>0$，那么激波直接从原点处开始。τ 和 t 之间的关系式是

$$\frac{\gamma+1}{4a_0}g(0)t\sim\tau,$$

所以

$$s\sim\left\{a_0+\frac{\gamma+1}{4}g(0)\right\}t。$$

激波开始时具有速度 $a_0+\{(\gamma+1)/4\}g(0)$；这与(6.114)一致。

如果活塞停止移动，即当 $\tau\to\tau_0$ 时 $g(\tau)\to 0$，那么其渐近性态是

$$\frac{\gamma+1}{4a_0}g^2(\tau)t\sim\int_0^{\tau_0}g(\tau)d\tau,$$

$$s\sim a_0t+\left\{(\gamma+1)a_0\int_0^{\tau_0}g(\tau)d\tau\right\}^{1/2}t^{1/2}-a_0\tau_0,$$

$$u=g(\tau)\sim\left\{\frac{4a_0}{\gamma+1}\int_0^{\tau_0}g(\tau)d\tau\right\}^{1/2}t^{-1/2}。$$

在(x,t)图中激波轨迹差不多是抛物线，而激波强度以 $t^{-1/2}$ 衰减。在激波与极限特征线 $\tau=\tau_0$ 之间，我们得到

$$x\sim\left\{a_0+\frac{\gamma+1}{2}g(\tau)\right\}t-a_0\tau_0,$$

所以

$$u=g(\tau)\sim\frac{2}{\gamma+1}\frac{x-a_0(t-\tau_0)}{t}。$$

其他一些激波可以同样地处理。如果在 $t=T$ 时活塞回到其原始位置并且停留在那儿，那么其渐近性态是一平衡的N波，它在

$$x = a_0(t - \tau_0) \pm \left\{ (\gamma + 1)a_0 \int_0^{\tau_0} g(\tau)d\tau \right\}^{1/2} t^{1/2},$$

处有激波，并且在激波之间

$$u \sim \frac{2}{\gamma + 1} \frac{x - a_0(t - \tau_0)}{t}。$$

其他一些特殊情况和极限结果可以按照 2.8 节中的论述方法推导出来。

6.12 初值问题；波的相互作用

简单波是在一族特征线上传播的一个扰动。一般来说，在三族特征线上都将存在波。除非已给值已经满足各简单波关系，否则完全的初值问题将需要所有的三族特征线。如果除了在区间 $a \leqslant x \leqslant b$ 中以外，各初始值是均匀的且 $u = 0$，$a = 0$，$S = S_0$，那么其 (x, t) 图如图 6.4 所示。存在一个相互作用区域 $adceb$，但是另一方面，假如不产生激波，那么如图所示扰动分离为三个简单波。确定它们存在的方法是：注意它们每一个中的三条特征线有两条是起源于初始均匀区域。

在两简单波之间，三条特征线都起源于这个或那个均匀区域；因此它们是具有 $u = 0$，$a = a_0$，$S = S_0$ 的均匀状态。只要解出相互作用，那么各简单波就可以用解析式子来描述（与 6.8 节相

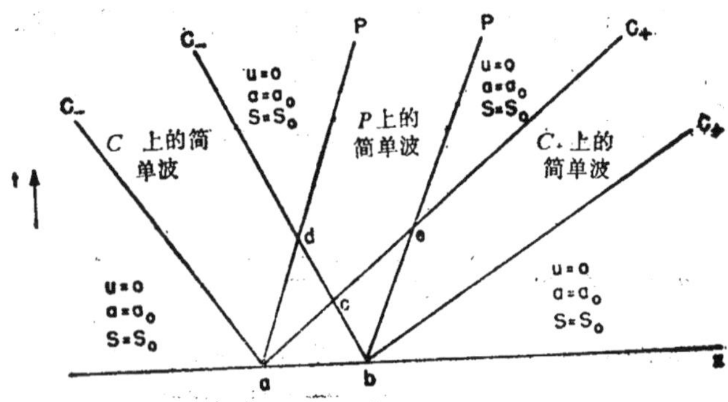

图 6.4 气体动力学中的初值问题

似)，其边界条件由相互作用区域提供。

如果一开始熵是处处均匀的，那么该流动是等熵的。图6.4中的 P 波没有了，而相互作用区域局限于 abc。

实际上，相互作用区域最好用数值解。然而，在等熵情况下可以作出某一解析的简化，而一个有关的问题已经由 Riemann 完全解出。对于等熵流来说，可以用 a 来代替 ρ，而方程组可以写为

$$a_t + ua_x + \frac{\gamma - 1}{2} au_x = 0,$$

$$u_t + uu_x + \frac{2}{\gamma - 1} aa_x = 0。\tag{6.121}$$

如此一类的方程可以变换成一组线性方程组，其方法是交换自变量和因变量的作用：所谓的“速矢”变换。在这个变换中

$$x_u = \frac{-a_t}{J}, \quad x_a = \frac{u_t}{J},$$

$$t_u = \frac{a_x}{J}, \quad t_a = -\frac{u_x}{J},$$

其中 J 是雅可比行列式：

$$J = u_t a_x - a_t u_x。$$

因为方程组(6.121)每一项中有一个而且只有一个导数，所以雅可比行列式全都消去，而方程组变为

$$x_u - ut_u + \frac{\gamma - 1}{2} at_a = 0,$$

$$x_a - ut_a + \frac{2}{\gamma - 1} at_u = 0。$$

这些方程现在是关于 $x(u, a)$ 和 $t(u, a)$ 的线性方程。请注意，非常重要的是 J 全部消去了；否则这些方程仍然是高度非线性的。

如果用交叉微分法消去 x，那么就可以得到关于 $t(u, a)$ 的单个方程。然后我们得到

$$\left(\frac{\gamma - 1}{2}\right)^2 t_{aa} + \frac{\gamma^2 - 1}{4} \frac{1}{a} t_a = t_{uu}。$$

令 $b=2a/(\gamma-1)$，$n=(\gamma+1)/2(\gamma-1)$，这个方程变为

$$t_{bb}+\frac{2n}{b}t_b=t_{uu}。$$

对于 $n=1$ 来说，这是球对称波动方程，它有一个比较简单的通解。实际上，当 n 是任何整数时，其通解是不太困难的，它可以写为

$$t=\left(\frac{\partial^2}{\partial u^2}-\frac{\partial^2}{\partial b^2}\right)^{n-1}\left\{\frac{F(u+b)+G(u-b)}{b}\right\},\quad(6.122)$$

其中 F 和 G 是任意函数。幸运的是 $\gamma=\frac{5}{3}$ 和 $\gamma=\frac{7}{5}$ 这两个令人感兴趣的情况分别作为 $n=2$ 和 $n=3$ 的情况包括进来了。Riemann 不变量是 $u\pm b$，所以基本的特征线结构在这个表达式中是很明显的。

在对 (6.121) 的线化近似，即

$$a_t+\frac{\gamma-1}{2}a_0u_x=0,$$

$$u_t+\frac{2}{\gamma-1}a_0a_x=0$$

中，通解是

$$u=f(x-a_0t)+g(x+a_0t),$$

$$b-b_0=\frac{2}{\gamma-1}(a-a_0)=f(x-a_0t)-g(x+a_0t)。$$

非线性解的形式与这个通解的逆函数有关。

对于初值问题来说，a 和 u 是已给函数：

$$a=\mathscr{A}(x),\ u=\mathscr{U}(x)\quad 在\ t=0。$$

原则上，消去 x，这就在 (b,u) 平面中定义了某一条曲线 $\mathscr{I}$，而且在 $\mathscr{I}$ 上我们有 $t=0$，x 已知。这两个边界条件足以确定在相应的特征线三角形中的解。然而，实际上，正如以前所注意到的那样，在 (x,t) 平面中用数值解更简单些。

简单波或者有 $u+b$ 为常数，或者有 $u-b$ 为常数，所以向

(u, b) 平面的映射是奇异的；(x, t) 平面中整个简单波区域映射为 (u, b) 平面中的一条直线。于是两个简单波的相互作用在 (u, b) 平面中表述为求在特征线

$$u + b = b, \quad u - b = b_2$$

上具有已给 t 的解。在这种情况下 F，G 的确定是更容易些。也可以对一般的 γ 求出解；其详细情况在 Courant 和 Friedrichs (1948) 中给出。这个分析局限于无激波流动，因此似乎主要出于学术上的兴趣。考虑到这一点，我们这里不叙述其详细情况。

6.13 激波管问题

有一种包括一个激波的特殊初值问题，能够精确而又极简单地求出其解来。这种问题也是重要的，因为它与实验研究中产生激波的主要装置有关。激波管是一个长管，其一个端面被一薄膜所隔开。把薄膜后边的气体压力加高。初始状态是具有

$$u = 0,\ p = p_1,\ \rho = \rho_1 \quad 在\ x > 0\ 中$$

和

$$u = 0,\ p = p_4 > p_1,\ \rho = \rho_4 \quad 在\ x < 0\ 中$$

的两个均匀区域。分隔这两个均匀初始状态的膜破裂后产生一个顺管道传播的激波。如果管道侧壁的粘性效应忽略不计，那么这可以作为一个平面波问题来处理，又如果把解局限于波从管道端面反射回来之前这段时间，那么可以得到精确的解析解。

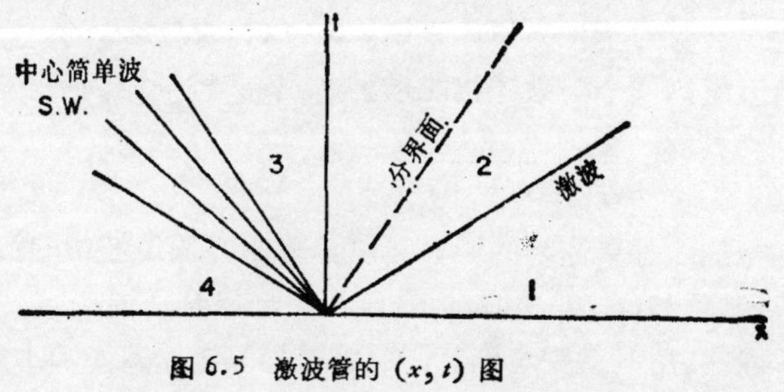

图 6.5 激波管的 (x, t) 图

(x, t) 图表示在图 6.5 中。分隔这两个气体的界面顺管道而运动，有一个压缩激波向低压气体中运动，并且有一个膨胀波向高压气体中运动。因为由各初始条件提供的一些参数没有详细说明一个基本的长度或时间，并且在扰动到达端部之前的这个早期阶段各管道截面的长度是无关紧要的，所以量纲分析表明，(x, t) 平面中的解一定在 $x/a, t =$ 常数的直线上保持不变。于是激波和分界面的速度一定不变，并且膨胀波一定是中心在原点的一个扇形。如图所示，存在均匀区域 1，2，3，4；区域 1 和 4 仍然处于原始均匀状态。该问题可以看作为两个活塞问题的组合，而把分界面当作一个等效活塞。在分界面两侧的流体速度一定和分界面的速度相同，所以就两侧的流动而论，它像是一个固体壁面。然而，它的运动一定要作为问题的一部分来确定而不能预先给定。如果分界面的速度是 V，那么可以用激波条件 (6.103)—(6.105)（其中 $u_2 = V$，$u_1 = 0$）来确定 p_2，ρ_2，U（以 V 来表示）。特别地，激波强度 $z = (p_2 - p_1)/p_1$ 是根据 (6.104)，即

$$\frac{V}{a_1} = \frac{z}{\gamma_1\left(1 + \dfrac{\gamma_1 + 1}{2\gamma_1} z\right)^{1/2}} \tag{6.123}$$

来确定的。在薄膜两侧的气体可以具有不同的 γ 值。我们用 γ_1 表示薄膜前面的气体，用 γ_4 表示薄膜后面的气体。区域 4 和 3 之间的膨胀波是一个具有

$$S_3 = S_4, \quad \frac{2a_3}{\gamma_4 - 1} + V = \frac{2a_4}{\gamma_4 - 1}$$

的简单波。对于多方气体来说，$S = c_v \log p/\rho^{\gamma_4}$，$a^2 = \gamma_4 p/\rho$，所以可以解这两个关系式也能求出 p_3，ρ_3。特别地，p_3 是根据

$$\frac{V}{a_1} = \frac{2}{\gamma_4 - 1}\frac{a_4}{a_1}\left\{1 - \left(\frac{p_3}{p_4}\right)^{(\gamma_4 - 1)/2\gamma_4}\right\} \tag{6.124}$$

来确定的。如果需要的话，可以计算中心简单波中的流动的详细情况；其解与 (6.79) 类似，但是是在另一族特征线上。

现在，用 V 就完全确定了解。最后的关系式是加上条件 $p_2 =$

p_3。因为分界面不具有质量，因此不能承受一个净力的作用。这些压力是根据(6.123)和（6.124）来确定，而且它们提供关于V的方程。然而，最令人感兴趣的结果是激波强度 z。如果我们在(6.124)中代入 $p_3=p_2=p_1(1+z)$，并且使关于 V/a_1 的两个表达式相等，那么我们得到

$$\frac{z}{\gamma_1\left(1+\frac{\gamma_1+1}{2\gamma_1}z\right)^{1/2}}=\frac{2}{\gamma_4-1}\frac{a_4}{a_1}$$

$$\times\left\{1-\left[\frac{p_1}{p_4}(1+z)\right]^{(\gamma_4-1)/2\gamma_4}\right\}。$$

这是用已知量 p_4/p_1，a_4/a_1 表示的关于 z 的方程。

6.14 激波反射

激波从端部壁面上的反射也可以精确地求解。一平面激波从一平面壁面上的正反射可以根据激波条件来分析。令下标1和2表示入射激波前后的状态，下标3表示反射激波后的状态。如果入射激波的强度用 $z_i=(p_2-p_1)/p_1$ 来表示，那么状态2由(6.104)—(6.106)来确定，其中 $z=z_i$。反射波前面为状态2，后面为状态3，所以如果反射激波强度为 $z_r=(p_3-p_2)/p_2$，那么根据(6.104)（因为反射波在相反的方向上行进，下标及速度符号要作适当的变化）我们得到

$$\frac{u_2-u_3}{a_2}=\frac{z_r}{\gamma\left(1+\frac{\gamma+1}{2\gamma}z_r\right)^{1/2}}。$$

壁面附近的气体一定处于静止状态；因此 $u_3=0$。但是我们通过 z_i 又知道 u_2 和 a_2，所以这是用 z_i 表示的关于 z_r 的一个表达式：

$$\frac{z_i}{\gamma\left\{(1+z_i)\left(1+\frac{\gamma-1}{2\gamma}z_i\right)\right\}^{1/2}}$$

$$=\frac{z_r}{\gamma\left(1+\frac{\gamma+1}{2\gamma}z_r\right)^{1/2}}。$$

这导致 z_r 的二次式，而有关的解是

$$z_r = \frac{z_i}{1 + \frac{\gamma - 1}{2\gamma} z_i}。\tag{6.125}$$

对于弱激波来说，$z_i \to 0$，而 (6.125) 近似地为 $z_r \sim z_i$；因此

$$p_3 - p_1 \sim 2(p_2 - p_1),$$

而壁面处压力增加近似地为入射激波的两倍。对于强激波来说，$z_i \to \infty$，我们得到

$$z_r \sim \frac{2\gamma}{\gamma - 1}, \quad \frac{p_3}{p_2} \sim \frac{3\gamma - 1}{\gamma - 1} = 8 \quad 对于\ \gamma = 1.4。$$

6.15 激波结构

根据第二章中阐述的总观点，把激波解释为各流动量发生急剧变化的一个薄的区域。按某种描述，激波被说成是一种间断，如按另一种更加精确的描述则由一个薄的区域来代替间断的说法。作为对这一点的验证，特别是关于各守恒量的正确选择的验证，并且为了在必要时估计激波厚度，我们考虑两均匀状态之间的过渡这个特殊情况。

对于一维流动来说，关于质量、动量和能量的守恒方程是

$$\begin{gathered}\rho_t + (\rho u)_x = 0, \\ (\rho u)_t + (\rho u^2 - p_{11})_x = 0, \\ \left(\frac{1}{2}\rho u^2 + \rho e\right)_t + \left\{\left(\frac{1}{2}u^2 + e\right)\rho u - p_{11}u + q_1\right\}_x = 0。\end{gathered}\tag{6.126}$$

对迄今为止所使用的描述方法的一种改进是取关于应力 p_{11} 和热通量 q_1 的 Navier-Stokes 关系式，但仍然保留局部热力学平衡这个假设。这些假设是：p_{11} 线性地依赖于速度梯度，q_1 线性地依赖于温度梯度。在方程(6.28)和(6.29)中我们已经注意到它们的一般形式；对于一维流动来说，它们简化为

$$p_{11} = -p + \frac{4}{3}\mu u_x, \quad q_1 = -\lambda T_x。\tag{6.127}$$

热力学关系式

$$e = \frac{1}{\gamma - 1}\frac{p}{\rho}, \quad p = \mathscr{R}\rho T \tag{6.128}$$

使关于多方气体的方程组完备了。

对于激波结构解来说，流动相对激波是定常的。因此所有流动量只是 $X = x - Ut$ 的函数。对于这样一些函数来说，

$$\frac{\partial}{\partial t} = -U\frac{d}{dX}, \quad \frac{\partial}{\partial x} = \frac{d}{dX},$$

而方程组 (6.126) 由于是守恒形式，可以积分为

$$\begin{aligned}
&-U\rho + \rho u = A, \\
&-U(\rho u) + \left(\rho u^2 + p - \frac{4}{3}\mu u_X\right) = B, \\
&-U\left(\frac{1}{2}\rho u^2 + \rho e\right) + \left\{\left(\frac{1}{2}u^2 + e\right)\rho u + pu \right. \\
&\qquad \left. - \frac{4}{3}\mu u u_X - \lambda T_X\right\} = C,
\end{aligned} \tag{6.129}$$

其中 A, B 和 C 是积分常数。当 $X \to +\infty$ 时，流动趋于一个用下标 1 表示的均匀状态。于是常数可以用 U, u_1, ρ_1, p_1 来确定。如果当 $X \to -\infty$ 时流动也趋于一个均匀状态 u_2, ρ_2, p_2, 那么在 $\pm\infty$ 处的状态显然由激波条件 (6.87)—(6.89) 来联系。

关系式 (6.127) 还可以用来进一步研究关于熵的变化的方程组。我们现在可以把 (6.92) 明显地写为

$$\frac{d}{dX}\{\rho(U - u)S\} = -\frac{(4/3)\mu u_X^2 + (\lambda T_X)_X}{T},$$

或者，更好一些，

$$\frac{d}{dX}\left\{\rho(U - u)S + \frac{\lambda T_X}{T}\right\} = -\frac{(4/3)\mu u_X^2 + \lambda T_X^2}{T}。$$

因此

$$[\rho(U - u)S]_1^2 = \int_{-\infty}^{\infty}\frac{(4/3)\mu u_X^2 + \lambda T_X^2}{T}\,dX > 0。$$

显然，通过激波时熵的变化是由粘性和热传导引起的能量耗散的一个结果，而且上述方程自动地预言了熵变化的符号。

在 $\pm\infty$ 处的极限值之间的激波剖面的详细情况由(6.129) 中的常微分方程组提供。用 $v=U-u$ 以及与 A, B, C 有关的一些新常数，可以把它们写为下列形式:

$$\rho v=Q,$$

$$\rho v^2+p+\frac{4}{3}\mu v_X=P,$$

$$\left(h+\frac{1}{2}v^2\right)\rho v+\frac{4}{3}\mu v v_X+\lambda T_X=E。$$

这些方程是在与激波一起运动的一个参考系中的定常流动方程，但是负 X 方向作为 v 的正方向。与 $\pm\infty$ 处的均匀状态有关的激波条件现在是取相应的形式 (6.95)—(6.97)。

可以用连续方程 $\rho v=Q$ 和 (6.128) 中的关系式把这个方程组简化为关于 v 和 T 的两个方程。对于一个多方气体来说，

$$h=\frac{\gamma}{\gamma-1}\mathscr{R}T=c_pT,$$

并且处理 v 和 h 稍为方便些。方程组是

$$\frac{4}{3}\mu v_X=P-Q\left(v+\frac{\gamma-1}{\gamma}\frac{h}{v}\right), \tag{6.130}$$

$$\frac{\lambda}{c_p}h_X+\frac{4}{3}\mu v v_X=E-Q\left(h+\frac{1}{2}v^2\right)。 \tag{6.131}$$

现在定性地证明具有所需形式的一个解的存在是一件简单的事情。在 $\lambda/c_p=\frac{4}{3}\mu$ (它对于空气来说是一个很好的近似)这种特殊情况下，可以求出一个积分，并且解可以以显函数形式写出。(量 $\mu c_p/\lambda$ 是 Prandtl 数，对于标准温度下的空气来说，它是 0.71。) 对于 λ/c_p 的这个值，(6.131) 可以写为

$$\frac{4}{3}\mu\left(h+\frac{1}{2}v^2\right)_X=E-Q\left(h+\frac{1}{2}v^2\right)。$$

当 $X\to\infty$ 时，右边为零，也就是说 $h_1+\frac{1}{2}v_1^2=E/Q$。因此，当 $X\to-\infty$ 时唯一的有界的解是

$$h+\frac{1}{2}v^2=\frac{E}{Q}$$

处处成立。在这种情况下，$h+\frac{1}{2}v^2$ 不仅在激波的两侧相同；而且在整个激波上它保持为常数。于是方程(6.130)可以写为

$$\frac{4}{3}\mu v_X=P-Q\left(\frac{\gamma+1}{2\gamma}v+\frac{\gamma-1}{\gamma}\frac{E}{Q}\frac{1}{v}\right)。$$

因为各常数一定使右边在 $v=v_1$ 和 $v=v_2$ 时都等于零，所以一定可能把它写为

$$\frac{4}{3}\mu v_X=\frac{\gamma+1}{2\gamma}Q\frac{(v_1-v)(v-v_2)}{v}。$$

这是容易求积的，积分后给出

$$\frac{3Q}{4\mu}\frac{\gamma+1}{2\gamma}X=\frac{v_2}{v_1-v_2}\log(v-v_2)$$

$$-\frac{v_1}{v_1-v_2}\log(v_1-v)。$$

我们有 $Q=\rho_1v_1$，所以激波厚度与

$$\frac{4\mu}{3\rho_1}\frac{2\gamma}{\gamma+1}\frac{1}{v_1-v_2}$$

成比例。正如所预料的那样，对于固定的强度来说，当 μ 减少时它变薄，并且对于固定的 μ 来说，当强度增加时它也变薄。

6.16 相似解

简单波解局限于向一均匀区域中运动的平面波。柱对称或球对称问题以及向一非均匀区域中运动的平面波问题更加复杂。关于弱波的一个相当一般的近似理论是可以得到的（而且这在第九章中阐述），但是也存在某些特殊的精确解，它们放在这一章来讲解更加方便些。

我们首先考虑柱面或球面波动。方程组 (6.49) 简化为

$$\rho_t + u\rho_r + \rho\left(u_r + \frac{ju}{r}\right) = 0, \tag{6.132}$$

$$u_t + uu_r + \frac{1}{\rho} p_r = 0, \tag{6.133}$$

$$p_t + up_r - a^2(\rho_t + u\rho_r) = 0, \tag{6.134}$$

其中 r 是从中心算起的距离，而 $j = 1, 2$ 分别表示柱面波和球面波。

特征方程组几乎与 6.7 节中的相同；附加的一项 $j\rho u/r$ 不涉及导数，因此不改变线性组合的相应的选择。特征方程组变为

$$\frac{dp}{dt} \pm \rho a \frac{du}{dt} + j\frac{\rho a^2 u}{r} = 0 \quad 在 \quad \frac{dr}{dt} = u \pm a \quad 上, \tag{6.135}$$

$$\frac{dp}{dt} - a^2 \frac{d\rho}{dt} = 0 \quad 在 \quad \frac{dr}{dt} = u \quad 上。 \tag{6.136}$$

(6.135) 中看起来无害的附加项使简单波的论述不适用了。在等熵流动中，C_- 特征线方程变为

$$\frac{d}{dt}\left(\frac{2}{\gamma - 1} a - u\right) + j\frac{au}{r} = 0,$$

$$\frac{dr}{dt} = u - a。 \tag{6.137}$$

这不再可能一劳永逸地积分出来而给出 a 和 u 之间的简单关系式。因此不存在对应于平面流动的简单波的精确解。人们可以利用某些近似方法来得到相似解，但是这种方法局限于弱扰动。这些近似理论在第九章中研究。

然而，换用另一种处理方法，我们可以找到一种非常有用的不同类型的精确解。方程组 (6.132)—(6.134) 具有一些特殊的相似解，在这些相似解中，所有流动量取 $t^m f(r/t^n)$ 这个形式。这些相似解具有简化的特点：偏微分方程简化为以 r/t^n 作自变量的常微分方程。

点爆炸

最有名的相似解之一描述一次强烈爆炸所产生的爆震波。它是由 Taylor, Sedov 和 von Neumann 在研究原子弹时独立地找到的。它的形式可以根据量纲来论证。首先假设爆炸可以理想化为集中于一点的数量为 E 的能量的突然爆发，并且 E 是由爆炸所引进的唯一的有量纲参数。其次假设所产生的扰动将很强，因此周围空气的初压和声速与扰动流动中所产生的压力和速度相比是可以忽略的。于是与周围气体有关的唯一的有量纲参数是密度 ρ_0。特别是，强激波关系式(6.110) 适用；也就是说，在以速度 U 运动的激波后面

$$u=\frac{2}{\gamma+1}U,\quad \rho=\frac{\gamma+1}{\gamma-1}\rho_0,\quad p=\frac{2}{\gamma+1}\rho_0U^2。\tag{6.138}$$

量纲分析是根据这样的事实： 在该问题中仅有的参数是 E (量纲为 ML^2/T^2)和 ρ_0 (量纲为 M/L^3)。涉及长度和时间两量纲的唯一参数是量纲为 L^5/T^2 的 E/ρ_0 或它的某一函数。让我们现在考虑出现在解中的各种量。流动以 $r=R(t)$ 处的一个激波为先导。因为 $R(t)$ 是一个长度，所以它依赖于 t 的唯一可能的形式是

$$R(t)=k\left(\frac{E}{\rho_0}\right)^{1/5}t^{2/5},\tag{6.139}$$

其中 k 是一个无量纲数。于是根据激波条件(6.138)可以知道，在激波后面紧挨激波处的压力和速度是

$$p=\frac{8}{25}\frac{k^2\rho_0}{\gamma+1}\left(\frac{E}{\rho_0}\right)^{2/5}t^{-6/5},$$

$$u=\frac{4}{5}\frac{k}{\gamma+1}\left(\frac{E}{\rho_0}\right)^{1/5}t^{-3/5},$$

或者，等价地，

$$p=\frac{8}{25}\frac{k^5}{\gamma+1}ER^{-3},$$

$$u=\frac{4}{5}\frac{k^{5/2}}{\gamma+1}\left(\frac{E}{\rho_0}\right)^{1/2}R^{-3/2}。\tag{6.140}$$

和往常一样，惊人的是这样有价值的信息可以一开始就根据简单的量纲分析来得到。

可以进一步利用量纲分析来给出全流场中 u，ρ，p 的函数形式。因为该问题中各参数不提供独立的长度和时间尺度，只提供量纲为 L^5/T^2 的组合量 E/ρ_0，所以 r 和 t 的任何一个无量纲函数只能依赖于组合量 $\zeta = Et^2/\rho_0 r^5$ 或它的某一函数。事实上我们将利用

$$\xi = \frac{r}{R(t)},$$

根据(6.139)它是与 $\zeta^{-1/5}$ 成比例的。于是，例如，ut/R，ρ/ρ_0，$pt^2/\rho_0 R^2$ 都是无量纲的，因此一定只是 ξ 的函数。按照 Taylor (1950)，我们取

$$u = \frac{2}{5}\frac{R}{t}\varphi(\xi), \quad \rho = \rho_0\psi(\xi),$$
$$p = \left(\frac{2}{5}\frac{R}{t}\right)^2 \frac{\rho_0}{\gamma} f(\xi); \tag{6.141}$$

之所以包括 $\frac{2}{5}$ 这个因子是因为 $2R/5t$ 是激波速度。存在其他一些等价的形式，而

$$u = \frac{2}{5}\frac{r}{t}V(\xi), \quad \rho = \rho_0 \Omega(\xi),$$
$$p = \left(\frac{2}{5}\frac{r}{t}\right)^2 \rho_0 P(\xi)$$

这种形式适合下面所讨论的一种一般格式。显然其关系是

$$\varphi = \xi V, \quad \psi = \Omega, \quad f = \gamma\xi^2 P。$$

激波位于 $\xi = 1$ 处，而激波速度 U 是 $\dot{R} = 2R/5t$，所以激波条件是

$$\varphi(1) = \frac{2}{\gamma+1}, \quad \psi(1) = \frac{\gamma+1}{\gamma-1},$$
$$f(1) = \frac{2\gamma}{\gamma+1}。 \tag{6.142}$$

当把(6.141)中各表达式代入运动方程组中去时，就得到关于函数 $\varphi(\xi)$，$\psi(\xi)$，$f(\xi)$ 的三个一阶常微分方程。它们必须从 $\xi=1$ 积到 $\xi=0$，而初始条件为(6.142)。参数 k 不出现在这些方程中。它是根据 E 是流动中的总能量这个定义来确定的。也就是说，我们要求

$$E=\int_0^{R(t)}\left(\frac{p}{\gamma-1}+\frac{1}{2}\rho u^2\right)4\pi r^2 dr,$$

它导致

$$1=4\pi k^5\left(\frac{2}{5}\right)^2\int_0^1\left\{\frac{f}{\gamma(\gamma-1)}+\frac{1}{2}\psi\varphi^2\right\}\xi^2 d\xi。$$

图 6.6 中的 φ，ψ，f 各函数是取自 Taylor 对 $\gamma=1.4$ 情况下的方程组的数值积分结果。Sedov 利用不同的变量证明此方程组事实上可以求出解析解；有关情况应该参考 Sedov 关于相似解的书(1959，第四章)。

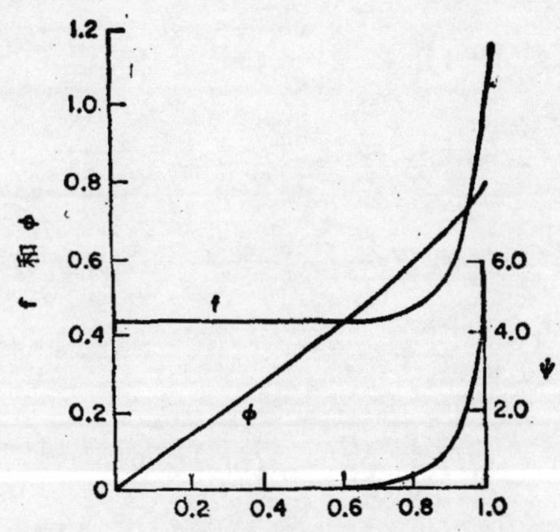

图 6.6　在点爆炸中正规化的速度 φ，密度 ψ 和压力 f (Taylor)。

相似方程组

点爆炸相似解是这样一族解中的一个，在这族解中

$$u=n\frac{r}{t}V(\xi),\quad p=n^2\rho_0\frac{r^2}{t^2}P(\xi), \tag{6.143}$$

$$\rho = \rho_0 \Omega(\xi), \qquad \xi = \frac{r}{(Ct)^n}。$$

如果把这些表达式代入 (6.132)—(6.134)，并且用

$$\frac{\partial}{\partial t} f(\xi) = \xi_t f'(\xi) = -n \frac{\xi}{t} f'(\xi),$$

$$\frac{\partial}{\partial r} f(\xi) = \xi_r f'(\xi) = \frac{\xi}{r} f'(\xi)$$

这些形式代替 ξ 的函数的导数，那么 r 和 t 的因子完全消去而剩下的只是关于 ξ 的常微分方程组。利用 V，$A = (\gamma P/\Omega)^{1/2}$ 和 Ω 来写这些方程非常方便;声速是

$$a = n \frac{r}{t} A(\xi)。$$

方程组是

$$\{(V-1)^2 - A^2\}\xi \frac{dV}{d\xi} = \left\{(j+1)V - \frac{2(1-n)}{n\gamma}\right\}A^2 - V(V-1)\left(V - \frac{1}{n}\right), \tag{6.144}$$

$$\{(V-1)^2 - A^2\}\frac{\xi}{A}\frac{dA}{d\xi} = \left\{1 - \frac{1-n}{\gamma n}(V-1)^{-1}\right\}A^2 + \frac{\gamma-1}{2}V\left(V - \frac{1}{n}\right) - \frac{\gamma-1}{2}(j+1)V(V-1) - (V-1)\left(V - \frac{1}{n}\right), \tag{6.145}$$

$$\{(V-1)^2 - A^2\}\frac{\xi}{\Omega}\frac{d\Omega}{d\xi} = 2\left\{(j+1)U - \frac{1-n}{n\gamma}\right\} \times (V-1)^{-1}A^2 - V\left(V - \frac{1}{n}\right) - (j+1)V(V-1)。 \tag{6.146}$$

如果

$$(V-1)^2 - A^2 = 0, \tag{6.147}$$

那么可能存在奇异性，并且这就是在 $\xi =$ 常数的一条曲线上的奇

异性。原始方程组是双曲型的，所以我们知道，奇异性只能出现在特征线

$$\frac{dr}{dt} = u \pm a = \frac{nr}{t}(V \pm A) \tag{6.148}$$

之上。在 ξ = 常数的一条曲线上，我们有

$$\frac{dr}{dt} = \frac{nr}{t}。$$

于是 ξ = 常数的一条曲线（它也是一条特征线）必定具有 $V \pm A = 1$。这与 (6.147) 是一致的。这样一来，奇异性只能发生在通过原点的那条特征线上，并且这条极限特征线是 ξ = 常数的曲线族中的一条。

在点爆炸问题中，$n = 2/5$，极限特征线不出现在激波后面的流动中。它的位置应该在激波前面的区域中，如图 6.7 所示，但是流动在那里是均匀的，有 $V = A = 0$，并且没有奇异性。在由激波所代替的多值解中它代表 (r, t) 平面中重叠的边缘。

Guderley **内向爆炸问题**

在一个向中心收缩的入射球面或柱面激波问题中，极限特征

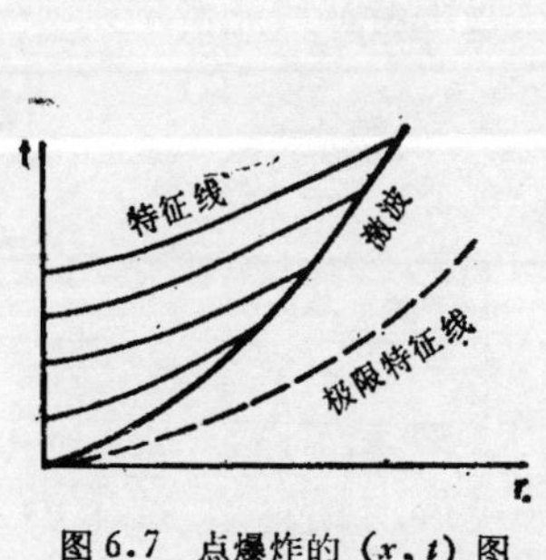

图 6.7　点爆炸的 (x, t) 图

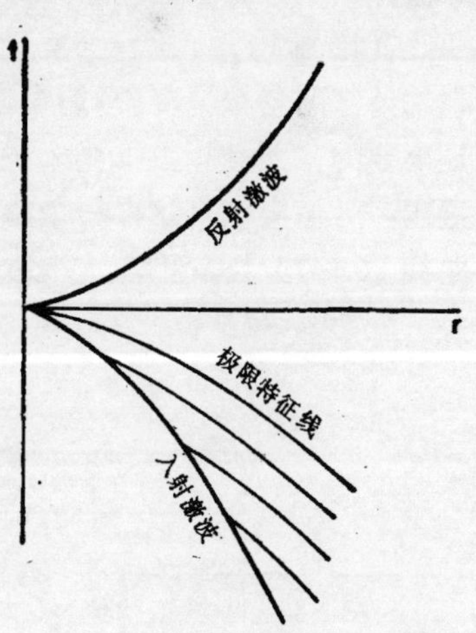

图 6.8　Guderley 内向爆炸解的 (x, t) 图

线具有极其重要的作用。在这种情况下不能用量纲分析来确定其解一定是一相似解。然而，Guderley (1942) 提出：假设它具有上面的形式 (6.143) 而 n 是某个待定的指数。取激波到达中心的时刻为 t 的原点，所以在(6.143)中 $t \leqslant 0$ 和 $C < 0$。人们可以认为有一相似解，其根据是：如果有一激波沿 (r, t) 平面上某一曲线入射并沿另一曲线反射回去，那么在中心处必定存在奇异性。这也许暗示解是与进入原点的一族曲线有关，并且 $r/(-t)^n =$ 常数这族曲线是可以试验的曲线族中最简单的。无论如何它是成功的。于是，如上面所推导的那样，方程组是 (6.144)—(6.146)，而 n 是某一待定指数。可以使入射激波正规化后位于

$$\xi = \frac{r}{(Ct)^n} = 1,$$

因为 C 是一个可调整的参数。

在这种几何关系下，根据 (r, t) 平面的草图 (见图 6.8) 显然可知，通过原点的极限特征线是在流动区域中。而在它上面的奇异性问题变得非常重要了。在从 $\xi = 1$ 处的 $V(\xi)$，$P(\xi)$，$Q(\xi)$ 的值开始积分关于这些函数的(6.144)—(6.146)的过程中，将到达曲线 $(V-1)^2 - A^2 = 0$。于是，除了在(6.144)—(6.146)的右边也都为零的特殊情况外，解中应该有奇异性。显然，一个非奇异解是需要的，而且指数 n 尚未确定。Guderley 把这两点放在一起并提出：n 值应该是这样一个值，它使 (6.144)—(6.146) 的右边在曲线 (6.147) 上等于零，并允许解穿过极限特征线光滑地延拓开去。

表 6.1

γ	柱面波 $j=1$		球面波 $j=2$	
	n	$(1-n)/n$	n	$(1-n)/n$
5/3	0.815625	0.226054	0.688377	0.452692
7/5	0.835217	0.197294	0.717173	0.394364
6/5	0.861163	0.161220	0.757142	0.320756

Butler (1954) 已经以极高的精确度重复地进行了数值积分，求出的 n 值列于表 6.1 中。激波处的压力和激波速度由

$$p \propto r^{-2(1-n)/n}, \quad U \propto r^{-(1-n)/n}$$

给出；指数 $(1-n)/n$ 也已给出。令人感兴趣的是 $j=2$ 时的指数 $(1-n)/n$ 几乎是 $j=1$ 时的两倍。人们总想尝试一下来证明这应该是精确成立的。一个近似理论(后面第八章中叙述)自动给出这个结果，但是所给出的结果似乎不是精确成立的。

Guderley 还证明反射激波也适应相同的相似解。最令人感兴趣的是反射强度的增加。在这个理想化的模型中，在中心处，来的激波和去的激波都具有无限的强度和速度，但是强度比保持有限。Guderley 证明，对于 $\gamma=7/5$ 来说，反射激波后的压力与入射激波后的压力之比，对于球面波 ($j=2$) 来说大约为 26，对于柱面波来说大约为 17。这些值与平面波情况的比值 8 (见 6.14 节) 形成对比。

中心处的无限性无论如何总可以用粘性效应来修正，但是更加重要的一个问题与稳定性有关。以后将说明，一个近似理论预言，激波形状的非对称小偏差要增大，而且激波不能完全交于中心处。然而，这种不稳定性似乎只影响在中心处一个小邻域内的性态，对此运动的大部分来说 Guderley 解适用。

其他相似解

在量纲分析基础上人们可以论证，由一均匀膨胀球面所产生的流动一定是一个相似解，并且 u, p, ρ 只是 r/Ct 的函数，其中 C 是球面膨胀的速度。方程组是 $n=1$ 时的 (6.143)—(6.146)，并且在这种情况下相似解不局限于强激波。这是由 Taylor (1946) 提出并求解的。

同样地，通过一非均匀密度分布 $\rho_0(x)$ 而传播的平面激波问题与球面波或柱面波相类似。人们最后发现存在某些对应的相似解。Sakurai (1960) 研究了 $\rho_0(x) \propto x^m$ 的一些情况，并且发现它们可以象内向爆炸那样地进行分析。特别地，相似变量中的指数是用消去在通过 $x=0$ 的极限特征线上的可能的奇异性的方法而

找到的（参见 8.2 节）。

其他一些情况，包括指数密度分层情况，已经由 Sedov（1959，第四章），Zeldovich 和 Raizer（1966），以及 Hayes（1968）研究过。

6.17 定常超音速流

定常超音速流的一些问题也可以用研究非定常波的一些方法来处理。事实上，这两个领域中的一些问题之间有一些非常相似的地方。二维定常流对应于非定常平面波，而轴对称定常流对应于柱面波。

如果忽略体积力，关于定常流的方程组可以写为

$$\nabla \cdot (\rho \boldsymbol{q}) = 0, \tag{6.149}$$

$$\nabla \left(\frac{1}{2} \boldsymbol{q}^2\right) + \boldsymbol{\omega} \times \boldsymbol{q} = -\frac{1}{\rho} \nabla p, \tag{6.150}$$

$$\boldsymbol{q} \cdot \nabla S = 0。 \tag{6.151}$$

这些方程取自（6.49），并在形式上稍为作些变化。方便的是使用向量符号，用 $\boldsymbol{q}$ 表示速度向量（因为以后在二维流动中分量将用 u 和 v 来表示），并且在（6.150）左边用式中列出的等价的表达式（其中 $\boldsymbol{\omega} = \mathrm{curl}\boldsymbol{q}$ 是涡量）来代替原始表达式 $(\boldsymbol{q} \cdot \nabla)\boldsymbol{q}$。

现在热力学关系式（6.31）可以写为

$$TdS = dh - \frac{1}{\rho} dp$$

并用于（6.150）和（6.151）中把这些方程化为

$$\nabla \left(\frac{1}{2} \boldsymbol{q}^2 + h\right) + \boldsymbol{\omega} \times \boldsymbol{q} = T\nabla S, \tag{6.152}$$

$$\boldsymbol{q} \cdot \nabla \left(\frac{1}{2} \boldsymbol{q}^2 + h\right) = 0。 \tag{6.153}$$

于是根据（6.151）和（6.153），在流动的任何一个连续部分中，熵 S 和“总焓” $h + \frac{1}{2}q^2$ 沿流线保持不变。如果一连续流来自无穷远

处的一个均匀状态 $S=S_0$，$h=h_0$，$q=U$，那么我们在整个流动中有

$$h+\frac{1}{2}q^2=h_0+\frac{1}{2}U^2, \tag{6.154}$$

$$S=S_0。\tag{6.155}$$

如果产生激波的话，那么这些关系式必须重新加以考察，因为当流线穿过一激波时这些量可以间断地跳跃，而且在不同的流线上跳跃可以是不同的。但是我们现在承认这些关系式。因此，(6.152)简化为

$$\boldsymbol{\omega}\times\boldsymbol{q}=0。\tag{6.156}$$

我们只对二维流或轴对称流感兴趣；对于这些流动来说，$\boldsymbol{\omega}$ 和 $\boldsymbol{q}$ 是正交的，所以结论是 $\boldsymbol{\omega}=0$，也就是说，流动是无旋的。一般来说，有一些特殊流动——所谓的 Betrami 流——满足(6.156)而 $\boldsymbol{\omega}\neq 0$。

对于多方气体来说，$h=a^2/(\gamma-1)$，因此 Bernoulli 方程(6.154)可以写为

$$a^2=a_0^2-\frac{\gamma-1}{2}(q^2-U^2) \tag{6.157}$$

这种形式，以便用 q 来表达 a。如果流动也是等熵的，那么 p 和 ρ 可以根据 a 因而可以根据 q 来确定。

我们现在考虑具有均匀上游条件的二维流。所取的该流动是在(x,y)平面中，且有 $\boldsymbol{q}=(u,v)$。因为所有热力学是可以通过(6.155)和(6.157)由 q 来求得，所以我们需要两个关于 u 和 v 的方程。我们可以选取(6.149)和无旋条件 $\boldsymbol{\omega}=0$。于是余下的一些方程自动地被用来得出这一点的各种积分所满足。我们有

$$(\rho u)_x+(\rho v)_y=0,$$

$$v_x-u_y=0,$$

其中 ρ 是要通过(6.157)用 u 和 v 来表达的。a 和 ρ 之间的关系式是 $a^2\propto\rho^{\gamma-1}$；因此

$$\frac{d\rho}{\rho}=\frac{1}{\gamma-1}\frac{d(a^2)}{a^2}=-\frac{udu+vdv}{a^2}。$$

于是方程组可以变换为

$$(u^2-a^2)u_x+2uvu_y+(v^2-a^2)v_y=0, \tag{6.158}$$

$$v_x-u_y=0, \tag{6.159}$$

其中 a^2 由 (6.157) 给定。

特征方程组

下一步是按照第五章的程序研究其特征形式。其数学运算虽然是初等的，但是稍为复杂些，可以利用种种可采用的技巧使运算尽可能短一些。我们决定开始用一种直接的方法来考虑如下的一个线性组合：

$$(u^2-a^2)u_x+(2uv-l)u_y+lv_x+(v^2-a^2)v_y=0。$$

这个线性组合取特征形式

$$(u^2-a^2)(u_x+mu_y)+l(v_x+mv_y)=0$$

的条件是

$$(u^2-a^2)m=2uv-l \quad 和 \quad lm=v^2-a^2。$$

关于 m 的条件是

$$(u^2-a^2)m^2-2uvm+(v^2-a^2)=0。 \tag{6.160}$$

如果 $u^2+v^2>a^2$，那么它具有两个实根。因此这个方程组在流动是超音速的那些区域是双曲型的。相应的特征方程组可以写为

$$(u^2-a^2)m\frac{du}{dx}+(v^2-a^2)\frac{dv}{dx}=0 \tag{6.161}$$

$$在 \quad \frac{dy}{dx}=m \quad 上。$$

因为只涉及两个变量，所以对于所选的每一个 m 来说，微分形式

$$(u^2-a^2)m\,du+(v^2-a^2)dv \tag{6.162}$$

是可以积分的，并且可以得到两个 Riemann 变量。这个程序是清楚的，但是正是在这一点上可以用一点点技巧(结合求取答案的过程！)。这里的关键是对称性。

因为 m 是特征线的斜率，(6.160)可以表达为在该特征线上微分 dx, dy 之间的一个关系式并且取为

$$(u^2-a^2)dy^2-2uv\,dx\,dy+(v^2-a^2)dx^2=0,$$

或者，更好一些，

$$(udy - vdx)^2 = a^2(dx^2 + dy^2)。$$

如果 χ 是该特征线对 x 轴的倾角，而 θ 是流线的倾角，那么我们有

$$dx = \cos\chi ds, \quad dy = \sin\chi ds,$$

$$u = q\cos\theta, \quad v = q\sin\theta。$$

于是这个微分关系式简化为

$$q^2 \sin^2(\chi - \theta) = a^2。 \tag{6.163}$$

但是 a 是 q 的一个函数，所以如果我们引进一个变量 μ，它由

$$\sin\mu = \frac{a}{q}, \quad 0 < \mu < \frac{\pi}{2} \tag{6.164}$$

来定义，那么特征条件 (6.162) 简单地变为

$$\chi = \theta \pm \mu。 \tag{6.165}$$

特征线与流动方向成 μ 角。 μ 这个量称为 Mach 角，它是通过 (6.164) 和 (6.157) 与 q 相关的。考虑到它们的重要作用，我们现在转过来研究 μ, θ 这两个独立变量，而不研究 q, θ 或者 u, v。

剩下的一个问题是把关系式 (6.162) 变为用 Riemann 变量来表示。在一条特征线上，(6.162) 为零；因此 (6.160) 也可以用来联系 du 和 dv。其关系式是

$$(vdv + udu)^2 = a^2(du^2 + dv^2)。$$

利用 q 和 θ 来表示，它变为

$$q^2dq^2 = a^2(dq^2 + q^2d\theta^2),$$

也就是说，

$$d\theta \pm \left(\frac{q^2}{a^2} - 1\right)^{1/2} \frac{dq}{q} = 0。$$

于是 Riemann 变量为

$$\theta \pm P(\mu),$$

其中

$$P(\mu) = \int\left(\frac{q^2}{a^2} - 1\right)^{1/2} \frac{dq}{q}$$

$$= \int \frac{\cos^2\mu}{\sin^2\mu + (\gamma - 1)/2}\, d\mu$$

$$= \sqrt{\frac{\gamma+1}{\gamma-1}}\tan^{-1}\left(\sqrt{\frac{\gamma+1}{\gamma-1}}\tan\mu\right)-\mu_0 \tag{6.166}$$

最后,特征方程组是

$$\theta + P(\mu) = \text{常数} \quad \text{在} \quad C_+: \frac{dy}{dx} = \tan(\theta+\mu) \text{ 上},$$
$$\theta - P(\mu) = \text{常数} \quad \text{在} \quad C_-: \frac{dy}{dx} = \tan(\theta-\mu) \text{ 上}, \tag{6.167}$$

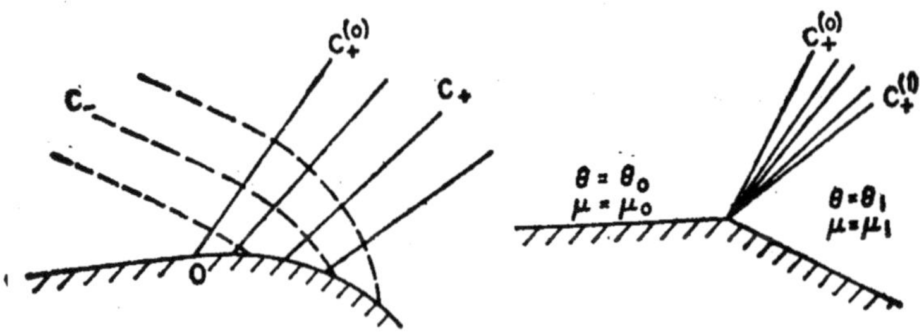

图 6.9 绕连续角的超音速膨胀流

图 6.10 绕尖角超音速流的中心 Prandtl-Meyer 扇形

简单波

Riemann 变量之一在整个流动中是常数的特解将还是称为简单波。它发生在如图 6.9 所示的绕膨胀角流动的研究中。在这个角的上游流动是均匀的,例如,$\mu=\mu_0$,$\theta=0$。C_- 特征线都在这一均匀区域中开始,因此在每一条 C_- 上,

$$P(\mu)-\theta = P(\mu_0)。 \tag{6.168}$$

于是整个流动中这个 Riemann 变量是相同的常数。然后,根据关于 C_+ 的方程,在每一条 C_+ 上 μ 和 θ 各自一定是常数,并且每一条 C_+ 是一条斜率为 $\tan(\theta+\mu)$ 的直线。因为在壁面上的 $\theta=\theta_w$ 是利用壁面形状 $y=Y_w(x)$ 来给定的,所以解可以写为

$$\theta=\theta_w(\xi), \quad P(\mu_w)=P(\mu_0)+\theta_w,$$
$$y=Y_w(\xi)+(x-\xi)\tan(\theta_w+\mu_w)。 \tag{6.169}$$

这与活塞问题非常相似:与解 (6.76)—(6.77) 及其推导方法都非

常相似;对应关系是

$$y \longleftrightarrow x, \quad x \longleftrightarrow t, \quad \xi \longleftrightarrow \tau。$$

所有感兴趣的量可以根据关于 μ 和 θ 的表达式来计算。特别感兴趣的是壁面压力,这只需要 Riemann 不变量(6.168); μ_w 的值由 θ_w 来决定,而压力与 μ 由关系式

$$\frac{p}{p_0} = \left(\frac{a}{a_0}\right)^{2\gamma/(\gamma-1)} = \left\{\frac{1 + (\gamma - 1)/2 \sin^2 \mu_0}{1 + (\gamma - 1)/2 \sin^2 \mu}\right\}^{\gamma/(\gamma-1)} \tag{6.170}$$

来联系。在尖角这个极限情况下(如图 6.10 所示),简单波变为一个扇形 (Prandtl-Meyer 扇形),而扇形中的解由

$$P(\mu) - \theta = P(\mu_0), \qquad \tan(\theta + \mu) = \frac{y}{x} \tag{6.171}$$

来给定。

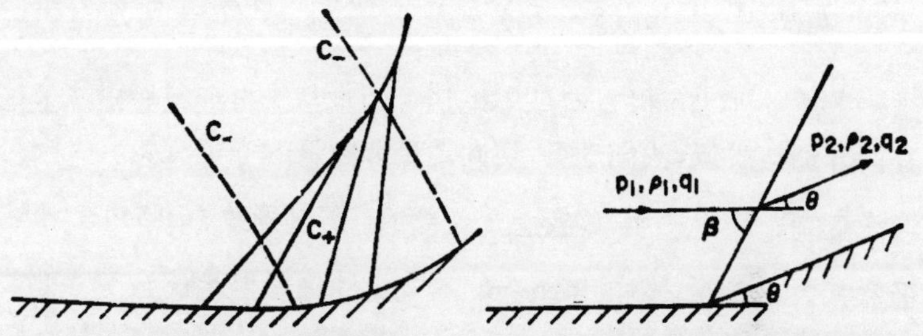

图 6.11 超音速流中的激波形成

图 6.12 绕楔形超音速流中的激波形成

当角是压缩角的时候,由于特征线的会聚就产生多值区域(如图 6.11 所示),并且必须嵌入间断的激波。尖压缩角这一极端情况示于图 6.12 中。一般来说,只要有一个激波出现,那么沿流线和沿 C_- 的各种积分不再严格地成立了,因为各有关量在激波处间断地跳跃。然而,这种情况与以前处理过的相应的非定常问题情况非常相似。对于弱激波来说,各种积分关系式准确到一阶量,而简单波解是一个准确到扰动强度一阶量的近似。这个问题可通过装配适当的激波来解决。

斜激波关系式

对于图 6.12 所示的斜激波来说，将需要一些激波条件。从(6.95)—(6.97) 中的正激波关系式容易求得这些条件。如果由一个以速度 $q_1\cos\beta$ 沿激波运动的观察者来观察图 6.12 中的流动，那么 1 侧的流动将好象是垂直激波似的。于是 (6.95)—(6.97) 给出法向跳跃关系式，其中 $v_1=q_1\sin\beta$，$v_2=q_2\sin(\beta-\theta)$。另外，在这个运动坐标系中，流动是一维的；于是在 2 侧的流动也必定是垂直激波的。因此 $q_1\cos\beta=q_2\cos(\beta-\theta)$。整个一组激波条件可以 (用一种考虑上游流动对某一任意参考方向的倾角 θ_1 的更一般一点的形式) 写为

$$\begin{aligned}
\rho_2 q_2\sin(\beta-\theta_2)&=\rho_1 q_1\sin(\beta-\theta_1),\\
p_2+\rho_2 q_2^2\sin^2(\beta-\theta_2)&=p_1+\rho_1 q_1^2\sin^2(\beta-\theta_1),\\
q_2\cos(\beta-\theta_2)&=q_1\cos(\beta-\theta_1),\\
h_2+\frac{1}{2}q_2^2\sin^2(\beta-\theta_2)&=h_1+\frac{1}{2}q_1^2\sin^2(\beta-\theta_1)。
\end{aligned}\tag{6.172}$$

这些激波条件也可以直接从守恒形式的定常流方程组导出。于是它们分别与质量、法向动量、切向动量和能量的守恒有关。大家可能注意到，$h+\frac{1}{2}q^2$ 事实上是连续的，所以导致 (6.154) 的论述仍然有效。然而，熵和 Riemann 不变量的确发生跳跃。

这些激波条件用 p_1, ρ_1, q_1, θ 来决定 p_2, ρ_2, q_2, β，而且它们可以用来精确地求解如图 6.12 所示的问题。如果在尖角后面壁面弯曲了，如超音速机翼那样，那么我们可以在所有的 θ 值都很小的时候用简单波作为一个近似。激波条件中有三个被简单波关系式所满足；剩下来的一个可以用来与激波相适应。根据(6.172) 可以证明

$$\beta=\mu_1+\frac{\mu_2-\mu_1+\theta}{2}+O(\theta^2)。$$

因此，准确到 θ 和 $\mu_2-\mu_1$ 的一阶量，激波二等分在两侧的特征线之间的夹角。这对应于(6.113)，而激波拟合所遵循的步骤与非定常情况中的极其相似。以后我们在讨论轴对称物体头部所产生的

激波这个更加有趣的情况时将看到这个程序。

斜激波反射

最后，为了以后应用起见，我们注意一下，如果一斜激波从一平面壁面上反射，那么一种可能的局部流动如图 6.13 所示。如果初始均匀状态和 β 都已知，那么 1 和 2 两个区域之间的各激波关系可以用来确定 2 中的所有流动量。然后，在区域 3 中，θ 已知，因为它必须取与壁面平行的原始值，所以应用于从 2 到 3 各跳跃的激波条件又足以决定 3 中其他量以及反射激波角 β_r。

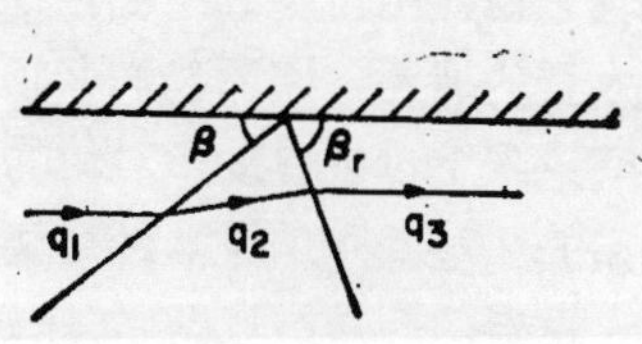

图 6.13　正常激波反射

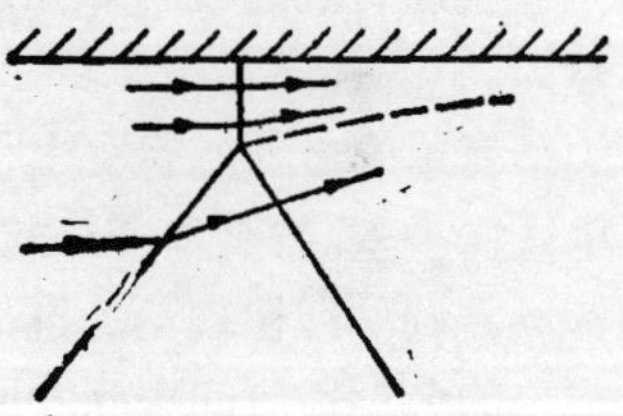

图 6.14　Mach 反射

这个分析的一个重要结果是：所给出的解只包括某一范围内的情况。如果激波足够弱或者有一足够斜的角度，那么就没有解，而所发生的情况是现有的这个反射激波范围不能使区域 3 中的流动转回到平行壁面的程度。整个图象离开壁面而取图 6.14 所示的三激波图象。它称为“Mach 反射”，以纪念 Ernst Mach，他第一个从实验上观察到这种反射。关于 Mach 反射的分析仍然很不完全，某些理论结果明显地与实验结果不符合。

第七章　波 动 方 程

方程

$$\frac{\partial^2\varphi}{\partial t^2}=c^2\nabla^2\varphi,\quad c=\text{常数} \tag{7.1}$$

已经成为有名的波动方程，虽然主要的一些波动并不由它来描述。然而，它的确出现在许多问题中，并且它是开始讨论二维和三维波的最简单的方程。客观上可能存在大量的课题，因而我们必须从中选择一些。按照本书总的题目，我们只限于讨论有助于对波的理解并在向非线性理论的推广中起作用的一些基本结果。针对绕射理论的各种边值问题而发展起来的大量专门而错综复杂的分析，我们甚至不打算作入门介绍。干涉和绕射图象的一些基本方面在很多书当中已有详细记载，至于更高深的理论便立刻成为如何巧妙地利用"数学方法"的问题，而不是更加深入地理解波的实质的问题。

另一方面，几何光学的近似理论涉及一些有价值的一般思想，这些思想可以推广到其他一些领域中去，对线性和非线性问题都可以。这个理论在这里是针对波动方程而阐述的，而且对非均匀介质和对各向异性波的推广也注意到了。这些推广超出了(7.1)的严格的讨论范围，但是其内容可以方便地结合进去。几何光学的其他一些方面以及非线性问题中的类似的思想的发展在后面几章中加以考虑。

7.1　波动方程的出现

波动方程(7.1)主要出现在三个领域中：声学，弹性力学和电磁学。

声学

声学方程组已经在 6.6 节给出。为了引用方便起见，我们再注意一下这些表达式。把气体动力学方程组对一个定常状态附近的一些小扰动进行线化，这个定常状态是

$$u=0,\quad \rho=\rho_0,\quad p=p_0=p(\rho_0)。$$

传播速度是

$$a_0^2=p'(\rho_0), \tag{7.2}$$

而且利用速度位 φ 来表示的话，这些扰动由

$$u=\nabla\varphi, \tag{7.3}$$

$$p-p_0=-\rho_0\varphi_t, \tag{7.4}$$

$$\rho-\rho_0=\frac{-\rho_0}{a_0^2}\varphi_t \tag{7.5}$$

给出。代入线化的连续方程导出关于 φ 的方程：

$$\varphi_{tt}=a_0^2\nabla^2\varphi。 \tag{7.6}$$

线化超音速流

当扰动由一运动固体所引起时，就可以用声学方程。如果扰动要保持很小，那么物体的运动必须非常小(例如，这适用于扩音器的锥形)或者物体必须非常细长。前者是一个典型的声波源而且其方程必须在相应的一些边界条件下求解。细长体以任意的定常速度运动之情况把声学与空气动力学联系起来。如果物体以定常速度运动，则采用固定在该物体上的运动参考系具有明显的优点。令 (x_1, x_2, x_3) 表示原始参考系，在此系中气体的运动很小，并且由(7.3)—(7.6)来描述。如果物体在负 x_1 方向上以速度 U 运动，并且 (x, y, z) 表示相对该物体静止不动的坐标系，那么坐标变换由

$$x=x_1+Ut,\quad y=x_2,\quad z=x_3$$

给出。新参考系中速度分量为 $(U+u_1, u_2, u_3)$，其中 $u_i=\partial\varphi/\partial x_i$。另外，新参考系中所出现的流动是定常的，所以

$$\begin{aligned}\varphi(x_1, x_2, x_3, t)&=\Phi(x, y, z)\\&=\Phi(x_1+Ut, x_2, x_3)。\end{aligned}$$

于是 (7.6) 变成

$$(M^2-1)\Phi_{xx}=\Phi_{yy}+\Phi_{zz},\qquad M=\frac{U}{a_0}; \tag{7.7}$$

(7.4) 变成

$$p - p_0 = - \rho_0 U \Phi_x; \tag{7.8}$$

而且相对物体的各速度分量为

$$(U + \Phi_x, \Phi_y, \Phi_z)。\tag{7.9}$$

对于超音速流来说，$M > 1$，我们重新得到变量数目减少了的波动方程，其中 x 具有时间的作用。这是 6.16 节中将注意到的相类似的方程的线化形式。

弹性力学

关于弦和膜的横振动以及杆的纵波和扭转波，我们认为在它们的基本处理方法中的波动方程的推导是众所周知的。这里我们只注意在完全的三维理论中波动方程是如何出现的。

一弹性体的运动可以用一个点偏离其在未变形体中的位置 $\boldsymbol{X}$ 的位移 $\boldsymbol{\xi}(\boldsymbol{x}, t)$ 来描述。引进 $\boldsymbol{X}(\boldsymbol{x}, t) = \boldsymbol{x} + \boldsymbol{\xi}(\boldsymbol{x}, t)$ 作为时间 t 时的新位置，这也将是方便的。作用于变形体表面的力可以用应力张量 p_{ij} 来描述，正如流体中的情况一样（见 6.1 节）。如果我们暂时把应力作为变形体中现行变量 $\boldsymbol{X}$ 的一个函数，那么各应力产生的单位体积的净力为 $\partial p_{ij}/\partial X_j$。这是根据散度定理得来的，完全和流体中的情况一样。然而，上述 Lagrange 位移描述法（在弹性力学中它一般更加方便些）使所有的量与原始的未变形体联系起来。因此，单位体积未变形体的净力为

$$J \frac{\partial x_k}{\partial X_j} \frac{\partial p_{ij}}{\partial x_k}, \tag{7.10}$$

其中 J 是雅各比行列式:

$$J = \frac{\partial(X_1, X_2, X_3)}{\partial(x_1, x_2, x_3)}。\tag{7.11}$$

另外，$\partial x_k/\partial X_j$ 是 J_{jk}/J，其中 J_{jk} 是行列式 (7.11) 中元素 $\partial X_j/\partial x_k$ 的余因子。于是单位未变形体积的净力，即(7.10)，是

$$J_{jk} \frac{\partial p_{ij}}{\partial x_k},$$

而运动方程组是

$$\rho_0 \frac{\partial^2 X_i}{\partial t^2} = J_{jk} \frac{\partial p_{ji}}{\partial x_k}。 \tag{7.12}$$

任何线元素从其未变形位置到变形位置的伸长可根据

$$dX_i^2 - dx_i^2 = \frac{\partial X_i}{\partial x_j} \frac{\partial X_i}{\partial x_k} dx_j dx_k - dx_i^2$$

$$= 2\varepsilon_{jk} dx_j dx_k$$

求得，其中

$$\varepsilon_{jk} = \frac{1}{2}\left(\frac{\partial X_i}{\partial x_j} \frac{\partial X_i}{x_k} - \delta_{jk}\right)$$

$$= \frac{1}{2}\left(\frac{\partial \xi_k}{\partial x_j} + \frac{\partial \xi_j}{\partial x_k} + \frac{\partial \xi_i}{\partial x_j} \frac{\partial \xi_i}{\partial x_k}\right)。 \tag{7.13}$$

一般来说，应力 p_{ji} 依赖于应变 ε_{jk} 和温度。

在讨论相对于未变形体具有小位移 ξ 情况的弹性力学线性理论中，方程组的线化方法如下。因为 $J_{jk} = \delta_{jk} + O(\nabla\xi)$，所以(7.12)线化为

$$\rho_0 \frac{\partial^2 \xi_i}{\partial t^2} = \frac{\partial p_{ji}}{\partial x_j}; \tag{7.14}$$

应变(7.13)线化为

$$\varepsilon_{jk} = \frac{1}{2}\left(\frac{\partial \xi_k}{\partial x_j} + \frac{\partial \xi_j}{\partial x_k}\right); \tag{7.15}$$

应力-应变关系式取为

$$p_{ji} = 2\mu\varepsilon_{ji} + \lambda\varepsilon_{kk}\delta_{ji}, \tag{7.16}$$

其中 λ, μ 是 Lamé 常数。严格地讲，例如，对于等熵的和等温的运动来说，应该出现不同的常数 λ, μ，但是对于大部分材料来说，差别是小的。(Landau 和 Lifshitz，1959，p. 8，对热力学作了精彩的初步讨论。)

根据(7.14)—(7.16)，关于位移 ξ_i 的三个方程是

$$\rho_0 \frac{\partial^2 \xi_i}{\partial t^2} = \mu\nabla^2\xi_i + (\lambda + \mu)\frac{\partial}{\partial x_i}(\nabla \cdot \xi)。 \tag{7.17}$$

(7.17)的散度和旋度分别导致

$$\frac{\partial^2}{\partial t^2}(\nabla \cdot \xi) = \frac{\lambda + 2\mu}{\rho_0}\nabla^2(\nabla \cdot \xi), \tag{7.18}$$

$$\frac{\partial^2}{\partial t^2}(\nabla \times \xi) = \frac{\mu}{\rho_0}\nabla^2(\nabla \times \xi)。 \tag{7.19}$$

这样一来，存在两个模式，每一个模式满足一个波动方程；(7.18)描述以速度 $\{(\lambda + 2\mu)/\rho_0\}^{1/2}$ 传播的压缩波，而(7.19)描述具有速度 $\{\mu/\rho_0\}^{1/2}$ 的剪切波。这两种模式通过加在 ξ_i 或者 p_{ji} 上的边界条件和初始条件耦合起来，因此求这些问题的完全解比只是解波动方程要复杂得多。

电磁波

关于磁导率为 μ、介电常数为 ε 的一个非导电介质的 Maxwell 方程组可以写为

$$\frac{\partial \boldsymbol{B}}{\partial t} + \nabla \times \boldsymbol{E} = 0, \quad \varepsilon\frac{\partial \boldsymbol{E}}{\partial t} = \frac{1}{\mu}\nabla \times \boldsymbol{B},$$

$$\nabla \cdot \boldsymbol{B} = 0, \quad \nabla \cdot \boldsymbol{E} = 0,$$

其中 $\boldsymbol{B}$ 是磁感应强度，$\boldsymbol{E}$ 是电场强度。于是

$$\frac{\partial^2 B}{\partial t^2} = -\frac{1}{\varepsilon\mu}\nabla \times (\nabla \times \boldsymbol{B}) = \frac{1}{\varepsilon\mu}\nabla^2\boldsymbol{B},$$

并且 $\boldsymbol{E}$ 满足相同的方程。$\boldsymbol{E}$ 和 $\boldsymbol{B}$ 的所有分量满足传播速度为 $c = (\varepsilon\mu)^{-1/2}$ 的波动方程。然而，选择这些分量去满足 $\nabla \cdot \boldsymbol{E} = 0$，$\nabla \cdot \boldsymbol{B} = 0$，这就使这些分量耦合起来，正如边界条件和初始条件使这些分量耦合起来一样，所以求这些问题的解还是比单求标量波动方程的解复杂得多。

7.2 平面波

对于一个空间尺度 x 来说，波动方程是

$$\varphi_{tt} = c^2\varphi_{xx}。$$

如果引进特征线坐标 $\alpha = x - ct$，$\beta = x + ct$，那么它简化为

$$\frac{\partial^2\varphi}{\partial\alpha\partial\beta} = 0,$$

并且通解是

$$\varphi = f(\alpha) + g(\beta) = f(x - ct) + g(x + ct),$$

其中 f 和 g 是任意函数。容易确定这些任意函数以满足已给的初始条件和边界条件。对于这样的讯号传播问题，即对于具有

$$\varphi_x = Q(t), \quad x = 0$$

的向外传播的波问题来说[1]，解是

$$\varphi = -cQ_1\left(t - \frac{x}{c}\right), \tag{7.20}$$

其中 $Q_1(t)$ 是 $Q(t)$ 的积分。对于

$$\varphi = \varphi_0(x), \quad \varphi_t = \varphi_1(x), \quad t = 0, \quad -\infty < x < \infty$$

这个初值问题来说，解是

$$\varphi = \frac{1}{2}\{\varphi_0(x - ct) + \varphi_0(x + ct)\} + \frac{1}{2c}\int_{x-ct}^{x+ct}\varphi_1(\xi)d\xi。 \tag{7.21}$$

7.3 球面波

对关于原点对称的波来说，$\varphi = \varphi(R, t)$，其中 R 是离原点的距离。波动方程化为

$$\frac{1}{c^2}\frac{\partial^2\varphi}{\partial t^2} = \frac{\partial^2\varphi}{\partial R^2} + \frac{2}{R}\frac{\partial\varphi}{\partial R}。$$

非常意外地，这也可以写为

$$\frac{1}{c^2}\frac{\partial^2(R\varphi)}{\partial t^2} = \frac{\partial^2(R\varphi)}{\partial R^2},$$

它是一维波动方程。这样一来，通解取

$$\varphi = \frac{f(R - ct)}{R} + \frac{g(R + ct)}{R} \tag{7.22}$$

这个简单形式。

---

1) 为了与球面波和柱面波的源解作比较，这个边界条件取为 φ_x 已知而不是 φ 已知。

对于一个只产生向外传播的波的源来说，解是

$$\varphi = \frac{f(R - ct)}{R}$$

而 f 根据源的性质来确定。一种方便的标准形式是规定

$$Q(t) = \lim_{R \to 0} 4\pi R^2 \frac{\partial \varphi}{\partial R}; \tag{7.23}$$

这给出

$$Q(t) = -4\pi f(-ct)$$

和

$$\varphi = -\frac{1}{4\pi} \frac{Q(t - R/c)}{R}。 \tag{7.24}$$

在声学中，$\partial\varphi/\partial R$ 是径向速度而 $Q(t)$ 是流体的体积通量。

对于一个初值问题来说，虽然它纯粹是一个确定 (7.22) 中的函数 f 和 g 的问题，但是其解比我们可能预料的更加有趣。考虑声学中的“气球问题”：在半径为 R_0 的一个区域内的压力为 p_0+p，而该区域外的压力为 p_0，气体初始时处于静止状态，而且气球在 $t=0$ 时炸裂。根据 (7.3) 和 (7.4)，这些初始条件可以用公式表示为

$$\varphi = 0, \quad \varphi_t = \begin{cases} -\dfrac{P}{\rho_0}, & R < R_0, \\ 0, & R > R_0。 \end{cases}$$

于是解

$$\varphi = \frac{f(R - a_0 t)}{R} + \frac{g(R + a_0 t)}{R} \tag{7.25}$$

一定有

$$f(R) + g(R) = 0, \quad 0 < R < \infty,$$

$$f'(R) - g'(R) = \begin{cases} \dfrac{P}{\rho_0 a_0} R, & 0 < R < R_0, \\ 0, & R_0 < R < \infty, \end{cases} \tag{7.26}$$

这些条件决定自变量取正值时的 f 和 g。然而，在解 (7.25) 中，也需要自变量取负值时的 f 值。剩下的一个条件来自解在原点的性

态。因为原点处没有源，所以我们要求

$$\lim_{R\to 0} R^2 \frac{\partial\varphi}{\partial R} = 0;$$

因此

$$f(-a_0t) + g(a_0t) = 0,\quad 0 < t < \infty。\tag{7.27}$$

这个条件用正自变量时 g 的值来确定负自变量时的 f 值。

求解 (7.26) 和 (7.27)，我们得到

$$f(\xi) = \begin{cases} \dfrac{1}{4}\dfrac{P}{\rho_0 a_0}(\xi^2 - R_0^2), & -R_0 < \xi < R_0, \\ 0, & R_0 < |\xi|, \end{cases}$$

$$g(\xi) = \begin{cases} -\dfrac{1}{4}\dfrac{P}{\rho_0 a_0}(\xi^2 - R_0^2), & 0 < \xi < R_0, \\ 0, & R_0 < \xi。 \end{cases}$$

最后，关于压力分布的解是

$$p - p_0 = \frac{P}{2R}\{(R - a_0t)F + (R + a_0t)G\},$$

其中

$$F = \begin{cases} 1, & -R_0 < R - a_0t < R_0, \\ 0, & R_0 < |R - a_0t|, \end{cases}$$

$$G = \begin{cases} 1, & 0 < R + a_0t < R_0, \\ 0, & R_0 < R + a_0t。 \end{cases}$$

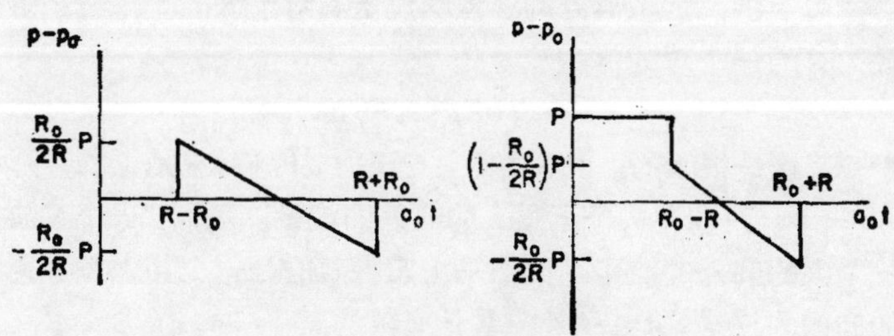

图 7.1 气球问题中的压力讯号

压力随时间的变化示于图 7.1 中。对于 $R > R_0$ 的一个点来

说，一个等于 $PR_0/2R$ 的间断的压力增加在时间 $t=(R-R_0)/a_0$ 达到；然后剩余压力随时间线性地减少，在 $t=(R+R_0)/a_0$ 时减少到 $-PR_0/2R$，之后它又间断地回到零。即使在 $R=R_0$ 处，在波前面的间断只有 $P/2$；构成初始间断 P 的另外的 $P/2$ 被向内传播的膨胀波所取走。

对于 $R<R_0$ 的内点来说，间断的压力减少[从初始值 P 减少到 $P(1-R_0/2R)$] 在时间 $t=(R_0-R)/a_0$ 达到；然后剩余压力随时间线性地减少，在 $t=(R_0+R)/a_0$ 时减少到 $-PR_0/2R$，之后间断地回到零。请注意，在中心 $R=0$ 处这些变化是无限的，但是整个扰动持续的时间为零！

令人感兴趣的是，一个完全是正的初始压力分布导致一个具有相等的正相位和负相位的向外传播的波。事实上，这个 N 波剖面是二维和三维波中具有代表性的。其原因可以理解如下。在一向外传播的波中，压力和径向速度由

$$p-p_0=\frac{\rho_0 q_0 f'(R-a_0t)}{R},$$

$$u=\frac{f'(R-a_0t)}{R}-\frac{f(R-a_0t)}{R^2}$$

给出。我们可以说的第一点是：在整个波通过后 $p-p_0$ 和 u 都回到零的任何波中，f' 和 f 都必须回到零。因此，如果 f' 的总积分值(它是 f)一定要回到零的话，那么 f' 一定具有正的和负的两个部分。第二点涉及远距离处的总体积流量。对于大的 R 来说，通过半径为 R 的一个球的体积流量是

$$4\pi R^2u\sim 4\pi Rf'(R-a_0t)。$$

由于 R，这是很大的。如果 f' (它与压力成比例)总是正的，那么当 $R\to\infty$ 时存在一个无限大的向外的流量。然而，一个 N 波具有一个大的向外的流量，而后马上紧接着的是一个与之相平衡的大的向内的流量，所以净外流量是有限的。

对于平面波来说，这两种效应都不出现，并且一个正的源提供 $p-p_0$ 和 u 全部为正的一个波。

7.4 柱面波

Hadamard 在关于波动方程的经典研究工作中指出，解的一般特征随空间维数是奇数还是偶数而不同。一些精确的例子将在下面出现，但是我们可以把这些结果概括地表达成如下的说法，即奇数维数比偶数维数更容易。因此，三维球的情况已首先考虑了，而柱面波解将根据球面波解演绎出来。这里将得到的只是关于向外传播的波的解。

我们从关于一个点源的解(7.24)开始。假设这样一些源均匀地分布在 z 轴上，每单位长度上有一均匀强度 $q(t)$ (见图 7.2)。由这一分布引起的总扰动显然只是离 z 轴的距离和时间 t 的一个函数；它是由一条线源产生的柱面波。总扰动是

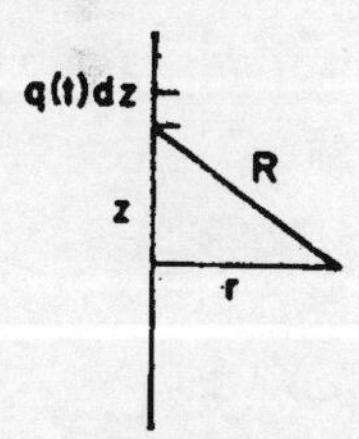

图 7.2 关于线源的构造细节

$$\varphi(r,t) = -\frac{1}{4\pi}\int_{-\infty}^{\infty}\frac{q(t-R/c)dz}{R}$$

$$= -\frac{1}{2\pi}\int_{0}^{\infty}\frac{q(t-R/c)dz}{R},$$

其中 $R=\sqrt{r^2+z^2}$。

这个解的各种不同形式是有价值的。如果用 $z=r\sinh\zeta$，$R=r\cosh\zeta$ 代入这个积分中。那么我们有

$$\varphi = -\frac{1}{2\pi}\int_{0}^{\infty} q\left(t-\frac{r}{c}\cosh\zeta\right)d\zeta; \qquad (7.28)$$

另外，如果

$$t-\frac{R}{c}=\eta, \quad z=c\sqrt{(t-\eta)^2-\frac{r^2}{c^2}},$$

那么我们有

$$\varphi(r,t) = -\frac{1}{2\pi}\int_{-\infty}^{t-r/c}\frac{q(\eta)d\eta}{\sqrt{(t-\eta)^2-r^2/c^2}}。 \qquad (7.29)$$

公式(7.28)对于计算 φ 的各个导数是特别有用的，因而对于直接验证波动方程是满足的这一点来说是特别有用的。容易证明

$$c^2\left(\varphi_{rr}+\frac{1}{r}\varphi_r\right)-\varphi_{tt}=\frac{1}{2\pi}\int_0^\infty \frac{d}{d\zeta}$$

$$\times\left\{\frac{c}{r}\sinh\zeta\, q'\left(t-\frac{r}{c}\cosh\zeta\right)\right\}d\zeta$$

$$=\lim_{\zeta\to\infty}\left\{\frac{c}{2\pi r}\sinh\zeta\, q'\left(t-\frac{r}{c}\cosh\zeta\right)\right\}。$$

如果当 $t\to-\infty$ 时 $q'(t)\to 0$ 的速度足够快，例如，直到 $t=0$ 为止 q 恒等于零，那么上面式子右端为零。

对于一个周期源 $q(t)=e^{-i\omega t}$ 来说，我们允许 ω 有一小的正虚部（它在有限时间内引起的变化不大），这样就可以满足当 $t\to-\infty$ 时 $q(t)\to 0$ 这个条件。根据 (7.28)，关于这个周期源的解是

$$\varphi=-\frac{1}{2\pi}\int_0^\infty e^{i(\omega_r/c)\cosh\zeta}d\zeta\, e^{-i\omega t}。$$

它刚好是

$$\varphi=-H_0^{(1)}\left(\frac{\omega r}{c}\right)e^{-i\omega t},$$

因为这个积分是 Hankel 函数表达式之一。从方程出发，用分离变量法就能够更加简单地得到这个解。这样的一些基本解的 Fourier 叠加提供(7.28)的另一种推导方法。

φ 的一阶导数描述一些重要的物理量（声学中的压力和速度)；根据(7.28)，作变量置换 $\cosh\zeta=c(t-\eta)/r$，就可得到

$$\varphi_t=-\frac{1}{2\pi}\int_0^\infty q'\left(t-\frac{r}{c}\cosh\zeta\right)d\zeta$$

$$=-\frac{1}{2\pi}\int_{-\infty}^{t-r/c}\frac{q'(\eta)d\eta}{\sqrt{(t-\eta)^2-r^2/c^2}},$$

$$\varphi_r=\frac{1}{2\pi c}\int_0^\infty \cosh\zeta\, q'\left(t-\frac{r}{c}\cosh\zeta\right)d\zeta$$

$$=\frac{1}{2\pi}\int_{-\infty}^{t-r/c}\frac{t-\eta}{r}\frac{q'(\eta)d\eta}{\sqrt{(t-\eta)^2-r^2/c^2}}。\tag{7.30}$$

如果合理地运用分部积分法以避免发散的积分，或者如果利用积

分的 Hadamard“有限部分”，那么这些公式也可以直接从(7.29)导得。积分的 Hadamard “有限部分”可以归入利用广义函数理论的类型。

原点附近的性态

根据(7.30)中最后一个积分，容易看出，

$$\varphi_r \sim \frac{1}{2\pi r}\int_{-\infty}^{t} q'(\eta)d\eta = \frac{1}{2\pi r}q(t) \quad 当\ r\to 0\ 时。$$

因此单位长度线源的通量是

$$\lim_{r\to 0} 2\pi r\varphi_r = q(t),$$

它核对了我们关于 $q(t)$ 的定义。这个式子给出

$$\varphi \sim \frac{q(t)}{2\pi}\log r,$$

但是常常需要展开式中的第二项。(7.29)中的表达式可以分部积分后给出

$$\varphi = -\frac{1}{2\pi}\int_{-\infty}^{t-r/c} q'(\eta)\log\left\{\frac{(t-\eta)+\sqrt{(t-\eta)^2-r^2/c^2}}{r/c}\right\}d\eta。$$

如果我们现在把小 r 时的 φ 用

$$\varphi \sim -\frac{1}{2\pi}\int_{-\infty}^{t} q'(\eta)\log\frac{2c(t-\eta)}{r}d\eta,\ \frac{r}{ct}\to 0 \quad (7.31)$$

来近似，那么通过小心的估算可以证明误差与 r 成比例。关于 φ_t 的表达式与(7.31)相同，不过 $q'(\eta)$ 换成 $q''(\eta)$。

波前附近和远距离处的性态

如果对于 $t<0$, $q(t)=0$ 的话，那么(7.29)中的下限可以取为零，而在 $t-r/c>0$ 时解不为零。第一个讯号随波前 $t-r/c=0$ 而到达。如果我们引进

$$\tau = t-\frac{r}{c}$$

来量度波前到达后所经过的时间，那么(7.29)可以写为

$$\varphi = -\frac{1}{2\pi}\int_0^{\tau}\frac{q(\eta)d\eta}{\sqrt{(\tau-\eta)(\tau-\eta+2r/c)}},$$

$$\tau = t - \frac{r}{c} > 0。$$

因为 η 的范围是从 0 到 τ，所以当 $c\tau/r \ll 1$ 时根号下的第二个因子可以用 $2r/c$ 来近似。因此

$$\varphi \sim -\frac{1}{2\pi}\int_0^\tau \frac{q(\eta)d\eta}{\sqrt{\tau-\eta}}\left(\frac{c}{2r}\right)^{1/2}, \quad \frac{c\tau}{r} \ll 1。$$

也就是说

$$\varphi \sim -\left(\frac{c}{2r}\right)^{1/2} Q(t - r/c), \quad \frac{ct-r}{r} \ll 1, \tag{7.32}$$

其中

$$Q(\tau) = \frac{1}{2\pi}\int_0^\tau \frac{q(\eta)d\eta}{\sqrt{\tau-\eta}}。 \tag{7.33}$$

表达式 (7.32) 可以与 (7.20) 和 (7.24) 相对照。所有这三种情况中，我们有一个像 $r^{-(n-1)/2}$ 那样衰减的振幅，其中 n 是空间维数。然而，在现在这种情况，这个公式是不准确的，而且 Q 不仅仅是源强度。7.7 节方程 (7.70) 简单说明了振幅的变化规律。

(7.32) 中的展开可以继续下去，为此我们注意：

$$\begin{aligned}
\varphi &= -\frac{1}{2\pi}\int_0^\tau \frac{q(\eta)}{(\tau-\eta)^{1/2}}\left(\frac{c}{2r}\right)^{1/2} \\
&\qquad \times \left\{1 + c\,\frac{(\tau-\eta)}{2r}\right\}^{-1/2} d\eta \\
&= -\frac{1}{2\pi}\int_0^\tau \frac{\varepsilon(\eta)}{(\tau-\eta)^{1/2}}\left(\frac{c}{2r}\right)^{1/2} \\
&\qquad \times \sum_{m=0}^{\infty}\binom{-1/2}{m}\left\{\frac{c(\tau-\eta)}{2r}\right\}^m d\eta \\
&= -\sum_{m=0}^{\infty}\frac{(m-1/2)!}{(-m-1/2)!}\,\frac{Q_m(\tau)}{m!}\left(\frac{c}{2r}\right)^{m+1/2}, \\
&\qquad \frac{c\tau}{2r} < 1,
\end{aligned} \tag{7.34}$$

其中

$$Q_m(\tau)=\frac{(-1/2)!}{(m-1/2)!}\frac{1}{2\pi}\int_0^{\tau}q(\eta)(\tau-\eta)^{m-1/2}d\eta。\quad(7.35)$$

令人感兴趣的是，如果 $q(O_t)>0$，那么源起作用时有一个有限的强度，因此

$$Q_m(\tau)\propto\tau^{m+1/2},\quad \tau\to 0。\quad(7.36)$$

这样一来，按波前 通过后的时间的展开式是按二分之一次幂展开的。

柱面波的尾巴

Hadamard 所注意到的奇数维数和偶数维数之间的一些重要差别之一是在一个只持续有限时间的源的解的性态上。假设 $q(t)$ 除了在时间区间 $0<t<T$ 中以外都为零。对于平面波或者球面波来说，我们从 (7.20)[1] 和 (7.24) 看出，扰动分别局限于

$$\frac{x}{c}<t<\frac{x}{c}+T \quad 和 \quad \frac{R}{c}<t<\frac{R}{c}+T$$

第一个讯号随 $t=0$ 时离开源的波前而到达；这在所有情况都必定是正确的。令人感兴趣的一点是，在最后时间 $t=T$ 离开源的讯号过去后就没有扰动了。对于柱面波来说，我们涉及到对源强度 $q(t)$ 的一个积分，即 (7.29)，而且扰动在 $t=r/c+T$ 之后继续下去。我们有

$$\varphi=-\frac{1}{2\pi}\int_0^T\frac{q(\eta)d\eta}{\sqrt{(t-\eta)^2-r^2/c^2}},\quad t>\frac{r}{c}+T。$$

对于固定的 r 来说

$$\varphi\sim-\left\{\frac{1}{2\pi}\int_0^T q(\eta)d\eta\right\}\frac{1}{t},\quad t\to\infty。\quad(7.37)$$

该扰动当 $t\to\infty$ 时只是渐近地衰减为零。

7.5 绕旋转体的超音速流

柱面波最令人感兴趣的用途可能是在超音速空气动力学中。

1) 对于 (7.20) 来说，φ_x 是已知的，所以我们所用的“扰动”是指 φ_x 和 φ_t 这两个量。在 $t>x/c+T$ 时 φ 可能是一个不等于零的常数，这一情况不能当作一个扰动。

正如在(7.7)中注意到的那样，扰动速度位满足二维波动方程，其中

$$x \longleftrightarrow t, \quad M^2-1 \longleftrightarrow \frac{1}{c^2}。$$

对于一个旋转体来说，(7.7)变成

$$B^2\Phi_{xx}=\Phi_{rr}+\frac{1}{r}\Phi_r, \quad B=\sqrt{M^2-1},$$

其中 r 是离开飞行轨迹的距离，而 x 是离开物体头部的距离。对于 $x<Br$ 来说，解是零；而

$$\Phi=-\frac{1}{2\pi}\int_0^{x-Br}\frac{q(\eta)}{\sqrt{(x-\eta)^2-B^2r^2}}d\eta, \quad x>Br。\tag{7.38}$$

源强度 $q(\eta)$ 与物体的形状有关。物体上的边界条件是垂直物面的速度为零。因此，如果物体形状由 $r=R(x)$ 给定，那么

$$\Phi_r=R'(x)(U+\Phi_x) \quad 在\ r=R(x)\ 上。$$

为了方程的线化，物体必须是细长的，也就是说，$R'(x)$ 很小，而且 Φ_x 和 Φ_r 这两项都很小。因此，边界条件线化为

$$\Phi_r=UR'(x) \quad 在\ r=R(x)\ 上。\tag{7.39}$$

但是当 $r\to 0$ 时 $\Phi_r\sim q(x)/2\pi r$，于是(7.39)给出

$$q(x)=2\pi UR(x)R'(x)=US'(x),$$

其中 $S(x)=\pi R^2(x)$ 是离开头部距离为 x 的地方的物体横截面积。可以直观地看出，$US'(x)$ 是不断增加的横截面积推开流体的速率，并且这是源强度。因此关于已给物体的解是

$$\Phi=-\frac{U}{2\pi}\int_0^{x-Br}\frac{S'(\eta)d\eta}{\sqrt{(x-\eta)^2-B^2r^2}}, \quad x-Br>0。\tag{7.40}$$

对(7.30)作适当的修改就得到速度扰动的各分量为

$$\Phi_x=-\frac{U}{2\pi}\int_0^{x-Br}\frac{S''(\eta)d\eta}{\sqrt{(x-\eta)^2-B^2r^2}},\tag{7.41}$$

$$\Phi_r=\frac{U}{2\pi r}\int_0^{x-Br}\frac{(x-\eta)S''(\eta)d\eta}{\sqrt{(x-\eta)^2-B^2r^2}}。\tag{7.42}$$

在线性理论中，压力由(7.8)给出。然而，这里出现的一个有

趣的问题是关于线性理论的一致性，特别是在压力方面。在位流中，关于压力的精确表达式由 Bernoulli 方程[见(6.157)]给出

$$\frac{p}{p_0}=\left(\frac{a}{a_0}\right)^{2\gamma/(\gamma-1)}=\left\{1-\frac{\gamma-1}{a_0^2}\left(U\Phi_x+\frac{1}{2}\Phi_x^2+\frac{1}{2}\Phi_r^2\right)\right\}^{\gamma/(\gamma-1)}。$$

于是，因为 $a_0^2=\gamma p_0/\rho_0$，所以

$$\frac{p-p_0}{\rho_0}=-\left(U\Phi_x+\frac{1}{2}\Phi_x^2+\frac{1}{2}\Phi_r^2\right)+\cdots。$$

当 r 与物体的长度相比不是很小时，Φ_x 和 Φ_r 是两个可以比拟的小量，都是 δ^2 的量级，其中 δ 是物体的厚度比（定义为最大直径除以长度）。因此忽略 Φ_x^2，Φ_r^2 的这种线化方法是正确的。然而，在物体上 $r=R(x)=O(\delta)$，并且对于小的 r 来说，

$$\Phi_r\sim\frac{US'(x)}{2\pi r},\quad \Phi_x\sim\frac{US''(x)}{2\pi}\log r。$$

因此在物体上

$$\Phi_r=O(\delta),\quad \Phi_x=O\left(\delta^2\log\frac{1}{\delta}\right)。$$

先不说 $\log(1/\delta)$，它在实际情况中的确不是很大，$\frac{1}{2}\Phi_r^2$ 这一项和 Φ_x 项一样重要。于是，看来人们应该取

$$\frac{p-p_0}{\rho_0}=-U\Phi_x-\frac{1}{2}\Phi_r^2,\tag{7.43}$$

而不是取 (7.8) 作为对压力的一个很好的近似。Lighthill (1945) 和 Broderick (1949) 仔细地考虑了高阶近似后证明(7.43)是正确的，误差为 $O(\delta^4\log^2 1/\delta)$。与此同时，线性理论的一致性必定受到怀疑，因为边界条件是用在 Φ_x 和 Φ_r 不是同数量级的区域中。在所引的一些参考文献中证明，(7.41) 和 (7.42) 是正确的最低阶项，而采用非线性关系式 (7.43) 是唯一的重要变化。

阻力

由于扰动压力所引起的作用在物体表面的阻力是

$$D = \int_0^l (p - p_0) S'(x) dx,$$

其中积分遍及物体长度 l。关于物体附近的 Φ 的表达式是

$$\Phi \sim -\frac{U}{2\pi}\int_0^x S''(\eta)\log\frac{2(x-\eta)}{Br}d\eta,$$

[见(7.31)]，而压力由(7.43)给出。因此阻力可以写为

$$\frac{2\pi D}{\rho_0 U^2} = \int_0^l S'(x)\left\{-S''(x)\log R(x) + \frac{\partial}{\partial x}\int_0^x S''(\eta)\log\frac{2(x-\eta)}{B}d\eta - \frac{1}{4\pi}\frac{S'^2(x)}{R^2(x)}\right\}dx。$$

第一项和第三项合并为

$$-\int_0^l\left\{S'(x)S''(x)\log R(x) + \frac{S'^2(x)}{2R(x)}R'(x)\right\}dx,$$

因为 $S' = 2\pi RR'$，并且对于一个 $S'(0) = S'(l) = 0$ 的物体来说，这是

$$-\int_0^l \frac{d}{dx}\left\{\frac{1}{2}S'^2(x)\log R(x)\right\}dx = 0。$$

经过分部积分后，第 2 项给出

$$D = \frac{\rho_0 U^2}{2\pi}\int_0^l S''(x)\int_0^x S''(\eta)\log\frac{1}{(x-\eta)}d\eta dx$$

$$= \frac{\rho_0 U^2}{4\pi}\int_0^l\int_0^l S''(x)S''(\eta)\log\frac{1}{|x-\eta|}dx d\eta。\quad (7.44)$$

[含 $\log(2/B)$ 的项积分后得零。]这是由 Von Karman 和 Moore 在 1932 年首先得到的著名的超音速阻力公式。

Mach 锥附近及远距离处的性态

波前是 $x - Br = 0$；这是与 x 轴成 $\sin^{-1}1/M$ 角的 Mach 锥。当 $(x - Br)/Br \ll 1$ 时，我们根据(7.32)和(7.33)并针对超音速流进行适当的改写后得到

$$\Phi \sim -\frac{U}{2\pi\sqrt{2Br}}\int_0^\xi \frac{S'(\eta)}{\sqrt{\xi-\eta}}d\eta,\quad \xi = x - Br。$$

因此各速度分量为

$$\Phi_x \sim -\frac{UF(x-Br)}{\sqrt{2Br}}, \quad \Phi_r \sim UB\frac{F(x-Br)}{\sqrt{2Br}},$$

$$\frac{x-Br}{Br} \ll 1, \tag{7.45}$$

其中

$$F(\xi)=\frac{1}{2\pi}\int_0^{\xi}\frac{S''(\eta)}{\sqrt{\xi-\eta}}d\eta。 \tag{7.46}$$

在这种极限情况下，Φ_x 和 Φ_r 是同量级的，而准确到一阶量的压力由

$$\frac{p-p_0}{\rho_0 U^2} \sim \frac{F(x-Br)}{\sqrt{2Br}} \tag{7.47}$$

给出。还应该注意，波前附近和远距离处的性态可以合并在一个表达式中。

如果物体是 $R'(0)=\varepsilon$ 的尖头体，那么对于小的 x 来说，$S(x) \sim \pi\varepsilon^2 x^2$，并且我们得到

$$F(\xi) \sim 2\varepsilon^2\xi^{1/2} \quad 当\ \xi \to 0。 \tag{7.48}$$

图 7.3 是一条典型的 $F(\xi)$ 曲线。负相位的出现是典型的，即使对于一个薄壳形状的物体(它的源强度 $US'(x)$ 总是正的)来说也是如此。事实上，容易证明

$$\int_0^{\infty} F(\xi)d\xi = 0,$$

而利用质量流的物理解释与 7.3 节最后对于球面波所作的解释相似。

可以注意一下，根据这个线性理论，各速度分量和压力在 Mach 锥上是连续的。实际上产生一个激波，这样我们碰到重要的声震现象。因为声震现象是非线性效应，所以我们在这里没有得到这个现象。有关理论在第九章中详细阐述。

7.6 二维和三维初值问题

偏微分方程理论中出现的许多“Poisson 积分”之一给初始条

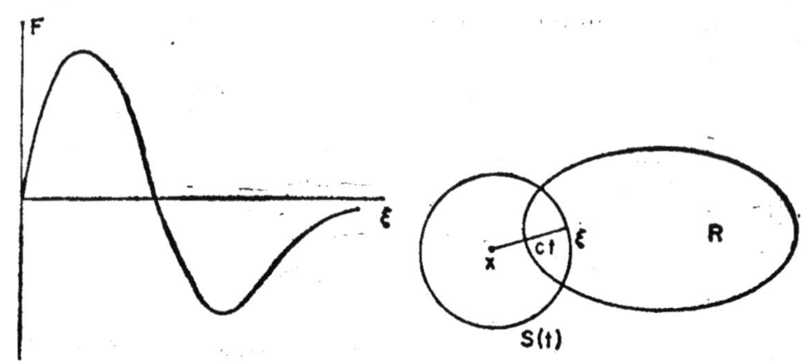

图 7.3 绕物体轴对称超音速流的典型的 F 曲线

图 7.4 初值问题的 Poisson 解的构造细节。R 是初始扰动区

件为

$$\varphi = \varphi_0(\boldsymbol{x}), \quad \varphi_t = \varphi_t(\boldsymbol{x}), \quad t = 0$$

的波动方程提供了解。按照 Hadamard 的思想，三维问题将比二维问题容易，所以我们从三维问题开始。

我们从 7.3 节中讨论过的球面波解知道，对任意 $\boldsymbol{\xi}$ 来说，

$$\phi(\boldsymbol{x}, t) = \frac{f(|\boldsymbol{x} - \boldsymbol{\xi}| - ct)}{|\boldsymbol{x} - \boldsymbol{\xi}|}$$

是一个解。我们现在直观地认为，在任一点 $\boldsymbol{\xi}$ 处已给的初始扰动产生这样一个球面波，并且提出，解应该是象所有球面波叠加而成的某个东西。也就是说，我们考虑

$$\phi(\boldsymbol{x}, t) = \int_{-\infty}^{\infty} \Psi(\boldsymbol{\xi}) \frac{f(|\boldsymbol{x} - \boldsymbol{\xi}| - ct)}{|\boldsymbol{x} - \boldsymbol{\xi}|} d\boldsymbol{\xi}。 \qquad (7.49)$$

之所以加入任意函数 $\Psi(\boldsymbol{\xi})$ 是因为不同的点 $\boldsymbol{\xi}$ 所发出的球面波具有不同的强度，强度值依赖于初始条件。(7.49) 的形式启发我们引进以 $\boldsymbol{x}$ 为原点的球极坐标。于是(7.49)变为

$$\phi(\boldsymbol{x}, t) = \int_0^{\infty} \int_0^{\pi} \int_0^{2\pi} \Psi(\boldsymbol{x} + R\boldsymbol{l}) f(R - ct) R \sin\theta \, dR \, d\theta \, d\lambda,$$

其中 $\boldsymbol{l}$ 是从 $\boldsymbol{x}$ 指向 $\boldsymbol{\xi}$ 的单位向量，而其直角坐标分量可以写为

$$\boldsymbol{l} = (\sin\theta\cos\lambda, \quad \sin\theta\sin\lambda, \quad \cos\theta)。$$

根据决定 f 的初始源强度只作用一瞬间这一思想，我们把这个公式专门用于研究 $f(R - ct) = \delta(R - ct)$ 这一情况。因此

$$\phi(\boldsymbol{x}, t) = ct\int_0^{\pi}\int_0^{2\pi} \Psi(\boldsymbol{x} + ct\boldsymbol{l}) \sin\theta d\theta d\lambda。 \qquad (7.50)$$

从形式上讲，对于任意Ψ，这是一个解。它也可以写为一个面积分

$$\phi(\boldsymbol{x}, t) = \frac{1}{ct}\int_{S(t)} \Psi dS,$$

其中 $S(t)$ 是原点在$\boldsymbol{x}$处半径为 ct 的球面。对于一连续可微函数Ψ来说，我们从 (7.50) 看出，

$$\phi \to 0, \ \phi_t \to 4\pi\Psi(\boldsymbol{x}) \quad 当\ t \to 0。 \qquad (7.51)$$

如果我们选取 $\Psi(\boldsymbol{x}) = \varphi_1(\boldsymbol{x})/4\pi$，那么我们就已经解出如下的特殊的初值问题：

$$\phi \to 0, \ \phi_t \to \varphi_1(\boldsymbol{x}) \quad 当\ t \to 0。 \qquad (7.52)$$

其解是

$$\phi(\boldsymbol{x}, t) = \frac{1}{4\pi ct}\int_{S(t)} \varphi_1 dS。 \qquad (7.53)$$

它代表这样一些瞬时源的总贡献，这些瞬时源所发出的球面波在时间 t 到达点 $\boldsymbol{x}$；它们离开 $\boldsymbol{x}$ 的距离都正好是 ct，它们的以速度 c 行进的贡献刚好在时间 t 到达 $\boldsymbol{x}$（见图 7.4）。请注意，从原理上讲，在 $S(t)$ 内部的所有点仍然可能一直在作贡献。但是对于球面波来说不存在“尾巴”：源的作用时间无限小，而且每一贡献的持续时间也只是无限小。 在二维问题中情况将不是如此。 无论如何，对于初始值 (7.52) 来说，从形式上讲 (7.53) 是解。它也可以写为

$$\phi(\boldsymbol{x}, t) = ctM[\varphi_1],$$

其中

$$M[\varphi_1] = \frac{1}{4\pi c^2t^2}\int_{S(t)} \varphi_1 dS$$

代表 φ_1 在球面 $S(t)$ 上的平均值。

为了满足另外一个初始条件，我们可以把 (7.49) 中的 f 特别地取为 δ' 并推出与上面相类似的结果。然而，更快的是利用一个经常有用的技巧：如果 ϕ 是一个常系数偏微分方程的一个解，那

么它对 t 或对 $\boldsymbol{x}$ 的任何导数也是一个解。在这种情况下，我们注意：

$$\chi(\boldsymbol{x}, t) = \frac{\partial\psi(\boldsymbol{x}, t)}{\partial t}$$

是波动方程的一个解，其中 $\psi(\boldsymbol{x}, t)$ 由 (7.50) 给出。另外，当 $t \to 0$ 时，我们从 (7.51) 看出，

$$\chi = \psi_t \to 4\pi\Psi(\boldsymbol{x}),$$

$$\chi_t = \psi_{tt} = c^2\nabla^2\psi \to 0。$$

为了在 $t \to 0$ 时给出 $\chi \to \varphi_0(\boldsymbol{x})$，$\chi_t \to 0$，我们现在必须选取 $\Psi(\boldsymbol{x}) = \varphi_0(\boldsymbol{x})/4\pi$，并且取

$$\chi(\boldsymbol{x}, t) = \frac{\partial}{\partial t}\left\{\frac{1}{4\pi ct}\int_{S(t)} \varphi_0 dS\right\}。$$

因此关于一般初始值的完全解是

$$\begin{aligned}\varphi(\boldsymbol{x}, t) &= \frac{\partial}{\partial t}\left\{\frac{1}{4\pi ct}\int_{S(t)} \varphi_0 dS\right\} + \frac{1}{4\pi ct}\int_{S(t)} \varphi_1 dS \\ &= \frac{\partial}{\partial t}\{ctM[\varphi_0]\} + ctM[\varphi_1]。\end{aligned} \tag{7.54}$$

解的直接验证

关于 (7.50) 满足波动方程，尚需直接验证。我们马上可以求得

$$\begin{aligned}\psi_{x_i x_i} &= ct\int_0^{\pi}\int_0^{2\pi} \frac{\partial^2\Psi(\boldsymbol{\xi})}{\partial\xi_i^2}\sin\theta d\theta d\lambda \\ &= \frac{1}{ct}\int_{S(t)} \frac{\partial^2\Psi}{\partial\xi_i^2} dS,\end{aligned}$$

其中 $\boldsymbol{\xi} = \boldsymbol{x} + ct\boldsymbol{l}$。对 t 的各导数需要作稍为多一些的运算。首先，

$$\begin{aligned}\psi_t &= \frac{\psi}{t} + c^2t\int_0^{\pi}\int_0^{2\pi} l_i\frac{\partial\Psi}{\partial\xi_i}\sin\theta d\theta d\lambda \\ &= \frac{\psi}{t} + \frac{1}{t}\int_{S(t)} l_i\frac{\partial\Psi}{\partial\xi_i} dS\end{aligned}$$

$$= \frac{\Psi}{t} + \frac{1}{t}\int_{V(t)} \frac{\partial^2 \Psi}{\partial \xi_i^2} dV,$$

其中 $V(t)$ 是球 $S(t)$ 内部的体积。然后，

$$\psi_{tt} = -\frac{\psi}{t^2} + \frac{\psi_t}{t} - \frac{1}{t^2}\int_{V(t)} \frac{\partial^2 \Psi}{\partial \xi_i^2} dV$$

$$+ \frac{c}{t}\int_{S(t)} \frac{\partial^2 \Psi}{\partial \xi_i^2} dS,$$

考虑到关于 ψ_t 的表达式，它可以简化为

$$\psi_{tt} = \frac{c}{t}\int_{S(t)} \frac{\partial^2 \Psi}{\partial \xi_i^2} dS。$$

我们看出

$$\psi_{tt} = c^2 \psi_{x_i x_i},$$

这正是我们所需要的。

在上面论述过程中假设 Ψ 是二阶连续可微的。解(7.54)只要求 φ_0 和 φ_1 是可积的以保证解是有意义的。我们可以把解的意义推广一下以包括(7.54)有定义的所有情况。特别地，如果 φ_0 和 φ_1 是逐块连续的，那么(7.54)是有定义的并且在具有连续性的那些点处 $\varphi \to \varphi_0(\boldsymbol{x})$，$\varphi_t \to \varphi_1(\boldsymbol{x})$。

对于 7.3 节中的气球问题来说，在一初始球中 $\varphi_0 = 0$，$\varphi_1 = -P/\rho_0$。这是一个逐块连续数据的例子。令人感兴趣的是，利用 Poisson 积分构造解不仅对球对称情况适用，而且对一个任意形状的初始压力区域适用。我们把这个问题留给读者了。

波前

如果非零的 $\varphi_0(\boldsymbol{x})$ 和 $\varphi_1(\boldsymbol{x})$ 值局限在如图 7.4 中所表示那样的一个有限区域 R 中，那么在 $S(t)$ 开始与 R 的一些点相交的这一时间以前，在 R 外面的任何点处，解为零。显然，当 ct 等于由 $\boldsymbol{x}$ 到 R 的边界的最小距离时 $S(t)$ 与 R 的一些点相交。这个最小距离是在从 R 到 $\boldsymbol{x}$ 的法线上。把这个论述用在 R 的四周，就可以确定在时间 t 时的波前。画出 R 的边界面的所有法线。沿每一根法线向外量出一段距离 ct。由这些点所构成的面是波前。请注意，

在 R 面上凹的地方，经过一段时间后波前将会自己折叠起来(见图 7.5)。这一构造方法将在几何光学的理论中更进一步加以研究。

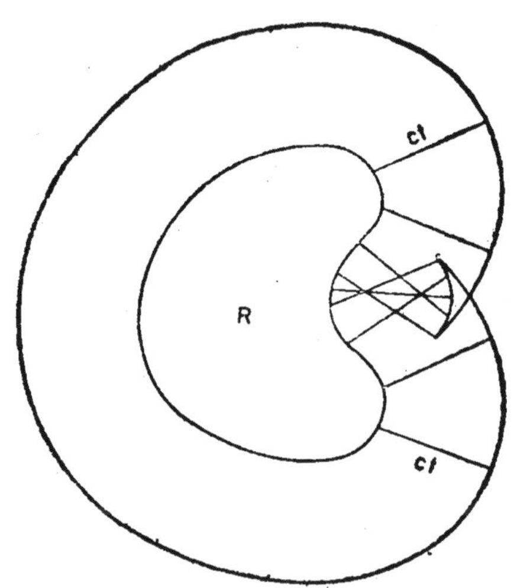

图 7.5 关于开始时局限于区域 R 中的扰动的波前构造

在 R 外部的任一点 $\boldsymbol{x}$ 处，当 $S(t)$ 变得如此之大以致把整个 R 都包括在内时，扰动就停止了。这样一来，在三维时，一个范围有限的初始扰动所产生的一些扰动只持续一段有限时间。不存在"尾巴"。

二维问题

关于一个二维初始值分布的解可以当作 $\varphi_0(\boldsymbol{x})$ 和 $\varphi_1(\boldsymbol{x})$ 是不依赖于 x_3 的特殊情况来处理。假设 $\varphi_0(x_1, x_2)$，$\varphi_1(x_1, x_2)$ 的非零值局限在 (x_1, x_2) 平面的一个有限区域 R_0 中。按照三维的观点，它们占有以横截面 R_0 为底而母线平行于 x_3 的柱体。初始扰动在空间范围讲不再是有限的。对于柱体 R 外面的一个点 $\boldsymbol{x}$ 来说，波前构造方法如前一样，但是在开始相交的时间之后的所有时间，中心在 $\boldsymbol{x}$ 的一切球都将与 R 相交。这就解释了在二维波中产生"尾巴"的原因，并且它生动地表明二维和三维的差别。

在解(7.54)中，$\varphi(\boldsymbol{x}, t)$ 值必不依赖于 x_3。为了明显地表明

这一点，积分可以化为二维形式。我们考虑在点 $(x_1, x_2, 0)$ 处的

$$M[\varphi_0] = \frac{1}{4\pi c^2 t^2}\int_{S(t)} \varphi_0 dS$$

的值。

在 $S(t)$ 的点 (ξ_1, ξ_2, ξ_3) 处(见图 7.6)，φ_0 的值是 $\varphi_0(\xi_1, \xi_2)$。外法线对 x_3 轴的方向余弦 l_3 等于

$$\frac{\xi_3}{ct} = \pm\frac{\sqrt{c^2t^2-(x_1-\xi_1)^2-(x_2-\xi_2)^2}}{ct}。$$

面元素 dS 等于 $d\xi_1 d\xi_2/|l_3|$，其中 $d\xi_1 d\xi_2$ 是它在 (x_1, x_2) 平面的投影。于是，记住从平面上面和从平面下面的两个贡献是相等的，我们可以写出

$$M[\varphi_0] = \frac{1}{2\pi ct}\iint_{\sigma(t)} \frac{\varphi_0(\xi_1, \xi_2)d\xi_1 d\xi_2}{\sqrt{c^2t^2-(x_1-\xi_1)^2-(x_2-\xi_2)^2}},$$

其中 $\sigma(t)$ 是 $S(t)$ 在 (x_1, x_2) 平面上投影的内部：

$$\sigma(t):(x_1-\xi_1)^2+(x_2-\xi_2)^2 \leqslant c^2t^2。$$

完全解化为

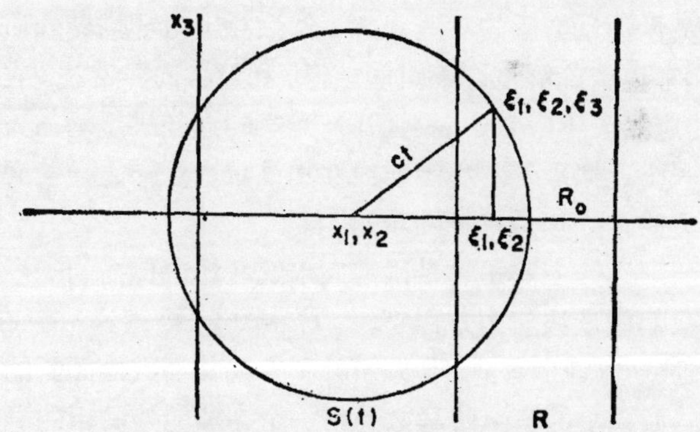

图 7.6 初值问题中从三维降为二维时所涉及的几何关系

$$\varphi(x_1, x_2, t) = \frac{\partial}{\partial t}\frac{1}{2\pi}\iint_{\sigma(t)} \frac{\varphi_0(\xi_1, \xi_2)d\xi_1 d\xi_2}{\sqrt{c^2t^2-(x_1-\xi_1)^2-(x_2-\xi_2)^2}}$$

$$+\frac{1}{2\pi}\iint_{\sigma(t)} \frac{\varphi_1(\xi_1, \xi_2)d\xi_1 d\xi_2}{\sqrt{c^2t^2-(x_1-\xi_1)^2-(x^2-\xi_2)^2}}。\quad(7.55)$$

大家注意其与(7.29)的相似性。

因为积分是遍及整个圆 $(x_1-\xi_1)^2+(x_2-\xi_2)^2=c^2t^2$ 的内部，不仅仅遍及它的边界，所以即使在这个圆完全包围初始区域 R_0 以后扰动还继续下去。

7.7 几何光学

在 5.5 和 5.6 节的一维问题讨论中阐述过特征线作为间断的载体这一作用。也证明间断数值的变化可以直接从方程组得到而不需要求出完全解。这在多维情况同样成立，并且关于线性方程组的间断理论是几何光学的一种形式。第二种形式与高频近似中的周期波有关。这两种情况是密切相关的，因为间断函数的 Fourier 分析与高频性态的一些奇异性有关。人们后来发现几何光学的这两个方面都可以归入相同的起源。

当精确解不能明显地求得或者是异常复杂时，几何光学就特别重要了。甚至对于更加简单的一些问题来说，求波前性态的更加容易的方法常常是这个方法而不是根据精确解来解决问题。我们阐述关于波动方程的一些思想，然后指出对非均匀介质中的波(对它们来说精确解也许不可能求得)和对各向异性波(它们是复杂的)的应用。下一章中，根据几何光学的这些思想阐述关于激波传播的一个近似理论。由于非线性和维数，这样的一些问题用其他一些方法来处理是特别困难的。

间断理论的主要用途是确定向未扰区域中传播的一个波前的性态。我们假设波前由方程 $S(\boldsymbol{x},t)=0$ 来描述，并且在 $S(\boldsymbol{x},t)<0$ 时 φ 恒等于零。面 $S=0$ 和 φ 或其导数的间断的性态有待确定。如果 φ 的第 m 阶导数是第一个在波前处间断的导数，那么我们假设 φ 可以展开成如下形式

$$\varphi=\begin{cases}\Phi_0(\boldsymbol{x})\dfrac{S^m}{m!}+\Phi_1(\boldsymbol{x})\dfrac{S^{m+1}}{(m+1)!}+\cdots, & S>0\\ 0, & S<0\end{cases}$$

系数 $\Phi_0(\boldsymbol{x})$ 决定了间断数值的变化。正如我们在柱面波情况中所

看到的那样，在波前处的奇异性可以涉及分数幂，所以我们允许 m 是非整数。于是我们的想法是：把这个级数代到关于 φ 的方程中去，依次令 S 的幂的系数为零，这样一来，就得到关于 S 和 Φ_n 的方程组。然而，在这样做的过程中，我们最后发现我们所需要的一切只是 φ 应该取这种形式：

$$\varphi = \sum_{n=0}^{\infty} \Phi_n(\boldsymbol{x}) f_n(S), \tag{7.56}$$

其中 $f_n(S)$ 具有

$$f_n'(S) = f_{n-1}(S) \tag{7.57}$$

的性质。在计算 φ 的导数的过程中，将出现 f_n 的导数，但是利用 (7.57) 就可以用 f_n 前面的一些项来代替它们。然后，依次地使 f_n 的系数等于零，就可以满足这个方程。这可以作一些重要的推广，因为

$$f_n(S) = \begin{cases} \dfrac{S^{n+m}}{(n+m)!}, & S > 0, \\ 0, & S < 0, \end{cases} \tag{7.58}$$

满足 (7.57)，所以也包括了前面的情况。

我们将用 (7.56) 式来进行代入，但是目前大家应该认为这是 (7.58) 的记号。然后我们将回过来考虑这些推广。同样地作为研究的第一步，我们将考虑 $m > 2$。严格地说，如果出现在方程中的导数不是连续的，那么“解”的意义就要加以推广。对于波动方程来说，这要求连续的二阶导数，并且 $m > 2$。正如我们将看到的那样，这是有实际用处的，不仅仅是过分的小心！

在代入中，将出现 $f_n(S)$ 的一阶导数和二阶导数，但是根据 (7.57) 它们将由

$$f_n'(S) = f_{n-1}(S), \quad f_n''(S) = f_{n-2}(S)$$

来代替。对于 $n = 0, 1$ 来说，这些式子将引进 $f_{-1}(S)$ 和 $f_{-2}(S)$，它们不出现在原来的集合中。对于 $m > 2$ 的(7.58)来说，它们由同样的公式来定义；在其他一些情况中它们的定义将必须被包括在定义 $f_n(S)$ 的过程中。在代入波动方程之后，我们得到

$$[S_{x_i}^2 - c^{-2}S_t^2]\Phi_0 f_{-2} + \{[S_{x_i}^2 - c^{-2}S_t^2]\Phi_1 + 2S_{x_i}\Phi_{0x_i} + (S_{x_ix_i} - c^{-2}S_{tt})\Phi_0\}f_{-1} + \sum_{n=0}^{\infty} E_n f_n(S) = 0。\tag{7.59}$$

关于 E_n，我们只要注意它所包含的首项为

$$[S_{x_i}^2 - c^{-2}S_t^2]\Phi_{n+2}$$

随后是用 $\Phi_{n+1},\cdots,\Phi_0$ 和 S 的一些导数表示的另外一些项。除此之外，就不需要 E_n 的表达式。

如果 $f_{-2}, f_{-1},\cdots$ 的系数每个都等于零，那么波动方程将得到满足。这样一来，

$$S_{x_i}^2 - c^{-2}S_t^2 = 0,\tag{7.60}$$

$$2S_{x_i}\frac{\partial\Phi_0}{\partial x_i} + (S_{x_ix_i} - c^{-2}S_{tt})\Phi_0 = 0,\tag{7.61}$$

而以后的一些方程依次确定 $\Phi_1, \Phi_2, \cdots$。关于 S 和 φ_0 的方程组是我们最感兴趣的方程组。在讨论其解之前，我们回到通过适当地选择 f_n 来推广其应用的这个问题上来。

φ 及其一阶导数的间断

如果 (7.58) 中 $m < 2$，那么就出现 f_{-2} 和 f_{-1} 的定义问题，并且这是与解的推广意义密切相关的。对于 $m = 2$ 来说，即，对于二阶导数的间断来说，由(7.58)给出的 f_{-2} 和 f_{-1} 的定义仍然是简单的，而解的推广意义仅仅是分别在波前 $S = 0$ 的两侧满足这个方程。

如果 φ 本身是间断的，即 $m = 0$，那么波前后面的级数是

$$\varphi = \Phi_0(\boldsymbol{x}) + \Phi_1(\boldsymbol{x})S + \frac{1}{2}\Phi_2(\boldsymbol{x})S^2 + \cdots。$$

如果只把这代入波动方程中去，那么(7.59) 中的头两项不出现，因此 (7.60)，(7.61) 没有了。然而，如果我们取

$$\varphi = \Phi_0(\boldsymbol{x})H(S) + \Phi_1(\boldsymbol{x})H_1(S) + \cdots,$$

其中 $H(S)$ 是 Heaviside 函数

$$H(S)=\begin{cases}1, & S>0,\\ 0, & S<0,\end{cases}$$

并且 $H_n(S)$ 是由

$$H_n(S)=\begin{cases}\dfrac{1}{n!}S^n, & S>0,\\ 0, & S<0,\end{cases}$$

定义的 $H(S)$ 的积分，此外，如果认为导数具有广义的意义，那么我们得到

$$\varphi_t=\Phi_0S_t\delta(S)+\Phi_1S_tH(S)+\cdots,$$

$$\varphi_{tt}=\Phi_0S_t^2\delta'(S)+(\Phi_1S_t^2+\Phi_0S_{tt})\delta(S)+\cdots,$$

等等。然后得到(7.59)，其中

$$f_0=H(S),\ f_{-1}=\delta(S),\ f_{-2}=\delta'(S),$$

并且关于 S 和 Φ_0 的信息没有丢失。在 $m\geqslant 2$ 的情况，这个差别不出现。其理由是：对于 $m<2$ 来说，我们实际上正在把讨论推广到“弱解”的范围中去，并且不管用什么方法来进行推广，推广的定义的确包括有关可能存在的间断的信息。对于线性问题来说，只要允许像 δ 函数那样的一些广义函数并且在那种意义下解释导数，就可以马上得到所需要的推广。这是等价于 2.7 节中所指出的方法的。

如果 φ 是连续的，但是一阶导数是间断的，那么相应的级数就是

$$\varphi=\Phi_0(\boldsymbol{x})H_1(S)+\Phi_1(\boldsymbol{x})H_2(S)+\cdots,$$

而且在这种情况下，

$$f_0(S)=H_1(S),\ f_{-1}(S)=H(S),\ f_{-2}(S)=\delta(S)。$$

波前展开和远距离处性态

如果把(7.56)看作是关于波前附近解的性态的一个近似，而不仅仅是研究导数间断的一种工具，那么甚至可以允许 $f_n(S)$ 比幂函数或者阶梯函数更加一般，这样就可以扩大其适用范围。例如，在柱面波中，如果我们引进

$$f_n(S)=\frac{(-1/2)!}{(n-1/2)!}\frac{1}{2\pi}\int_0^S q(\eta)(S-\eta)^{n-1/2}d\eta,$$

$$S = t - \frac{r}{c},$$

$$\Phi_n(r) = \frac{(n - 1/2)!}{n!(-n - 1/2)!}\left(\frac{c}{2r}\right)^{n+1/2},$$

那么波前展开(7.34)取形式(7.56)。以前我们发现，对于

$$\frac{cS}{2r} < 1$$

来说，这个展开式是适用的。这样一来，只要 r 足够大，S 不必很小。函数 $f_n(S)$ 满足极重要的关系式(7.57)，所以这个展开式是包括在这里的推广形式之中。

我们一般地预料，展开式(7.56)加上适当的 $f_n(S)$ 将给出波前后面某一延伸区域中的性态。当然，这些更加一般的 $f_n(S)$ 的精确形式只有根据更加完全的解才能知道；把(7.56)代到方程中去不能确定它们。但是根据(7.60)和(7.61)来确定 S 和 Φ，仍然给出有价值的信息。有代表性地，这一推广给出在 $cS/|\boldsymbol{x}|$ 是小的这一意义下远距离的性态。在一级近似中 $f_0(S)$ 给出波剖面，而 $\Phi_0(\boldsymbol{x})$ 给出当 $\boldsymbol{x} \to \infty$ 时的振幅衰减。

高频

在波的传播中常常对具有一已给频率 ω 的随时间周期变化的解感兴趣。如果关于 φ 的方程现在更加一般地取

$$L_\varphi = \varphi_{tt}$$

这种形式，其中 L 是不依赖于 t 的某一线性算子，那么周期解可以写为

$$\varphi = \Phi(\boldsymbol{x})e^{-i\omega t},$$

其中

$$L\Phi + \frac{\omega^2}{c^2}\Phi = 0。$$

对于大的 ω/c 值(用该问题中某一适当的长度，可能是 x 本身，来正规化)，求渐近解的一个标准方法是取

$$\Phi \sim e^{i\omega\sigma(\boldsymbol{x})}\sum_{n=0}^{\infty}\Phi_n(\boldsymbol{x})(-i\omega)^{-n},$$

其中函数 $\sigma(\boldsymbol{x})$ 和 $\Phi_n(\boldsymbol{x})$ 有待确定。用 φ 来表示,这是

$$\varphi \sim e^{-i\omega(t-\sigma(\boldsymbol{x}))}\sum_{n=0}^{\infty}\Phi_n(\boldsymbol{x})(-i\omega)^{-n}。\qquad (7.62)$$

它可以改写为

$$\varphi \sim \sum_{n=0}^{\infty}\Phi_n(\boldsymbol{x})f_n(S),$$

其中

$$S = t-\sigma(\boldsymbol{x}),\quad f_n(S) = \frac{e^{-i\omega S}}{(-i\omega)^n}。$$

另外,根据 $f_n(S)$ 的这一定义,(7.57)是满足的。因此关于 S 和 Φ_n 的方程组和波前展开中的完全一样;没有必要再去推导它们,并且我们也看出为什么关于这两种情况的结果是相同的。

在这个应用中,$S=$ 常数的这些面是相位固定的面(例如波峰和波谷),而 $\Phi_0(\boldsymbol{x})$ 决定 $\boldsymbol{x}$ 处的振荡的振幅。

S 和 Φ_0 的确定

我们现在继续讨论在波动方程情况下的关于 S 和 Φ_0 的方程组。我们将用波前传播的说法来进行描述,但是高频解释是清楚的。

关于 S 的方程(7.60)常常称为程函方程。它决定面 $S=0$ 在 $\boldsymbol{x}$ 空间中的运动规律。这个面的单位法线由向量 $\boldsymbol{l}$ 给出,其分量为

$$l_i = \frac{-S_{x_i}}{|\nabla S|}。$$

我们注意,只要

$$S(\boldsymbol{x}_0, t_0) = 0,\quad S(\boldsymbol{x}_0+\boldsymbol{l}\delta_S, t_0+\delta_t) = 0,$$

那么相邻的两点 $(\boldsymbol{x}_0, t_0)$ 和 $(\boldsymbol{x}_0+\boldsymbol{l}\delta_S, t_0+\delta_t)$ 是在这个面上而且对应相邻的两个时间,这样就可以计算法向速度。于是准确到 δ_s 和 δ_t 的一阶量,

$$l_iS_{x_i}\delta_s + S_t\delta_t = 0,$$

而法向速度是

$$\lim_{\delta t\to 0}\frac{\delta s}{\delta t}=\frac{-S_t}{l_i S_{x_i}}=\frac{S_t}{|\nabla S|}。\tag{7.63}$$

这样一来，程函方程简单地说明波前的法向速度为 $\pm c$。

在解的进一步构造中，把波前描述为形式

$$S(\boldsymbol{x},t)\equiv t-\sigma(\boldsymbol{x})=0\tag{7.64}$$

是方便的。$\sigma(\boldsymbol{x})=$ 常数这族曲面给出波前在 $\boldsymbol{x}$ 空间的相继的位置。方程 (7.60) 和 (7.61) 变为

$$\sigma_{x_i}^2=\frac{1}{c^2},\tag{7.65}$$

$$2\sigma_{x_i}\frac{\partial\Phi_0}{\partial x_i}+\sigma_{x_ix_i}\Phi_0=0。\tag{7.66}$$

关于 σ 的非线性方程可以根据2.13节的方法用沿它的特征线的积分来求解。如果我们引进 $p_i=\sigma_{x_i}$ 并把这个方程写为

$$H\equiv\frac{1}{2}cp_i^2-\frac{1}{2}c^{-1}=0,$$

那么由 (2.86) 定义的特征线是 $\boldsymbol{x}$ 空间中具有方向

$$\frac{dx_i}{ds}=cp_i$$

的一些曲线。用这种方法正规化以后，参数 s 是沿特征线的距离，因为再利用这个方程就证明 $c^2p_i^2=1$。完全的特征线方程组 (2.86)—(2.88) 是

$$\frac{dx_i}{ds}=cp_i,\quad \frac{dp_i}{ds}=0,\quad \frac{d\sigma}{ds}=\frac{1}{c}。\tag{7.67}$$

这些方程也可以从 (7.65) 出发，利用

$$\frac{d}{ds}=cp_j\frac{\partial}{\partial x_j}=c\sigma_{x_j}\frac{\partial}{\partial x_j}$$

直接导得，而不必引用一些一般公式。因为向量 $p_i=\sigma_{x_i}$ 是与波前 $\sigma=$ 常数垂直的，所以方程组 (7.67) 中的第一个方程表明射线也是与波前 $\sigma=$ 常数垂直的；它们是波前 $\sigma=$ 常数的正交轨迹。第二个方程表明在射线上 $\boldsymbol{p}$ 保持不变；因此在射线上射线方

向 $c\boldsymbol{p}$ 也保持不变，并且射线必定是直线。然后画出垂直初始波前的直线族，就可以把射线构造出来。(7.67) 中的第一个方程可以积分为

$$\sigma=\frac{s}{c},$$

其中 s 从初始波前量起。在任何时间 $t>0$，波前 $t=\sigma=s/c$ 沿射线向外行进了一段距离 ct。这刚好是为 Poisson 精确解而推导出来的并在图 7.5 中表示出来的构造方法。从形式上讲，如果 $\boldsymbol{x}_0$ 是在初始波前上的一个点而 $\boldsymbol{l}(\boldsymbol{x}_0)$ 是在那一点的单位法线，那么(7.67) 的解是

$$\boldsymbol{x}=\boldsymbol{x}_0+\boldsymbol{l}(\boldsymbol{x}_0)s,\quad \boldsymbol{p}=c^{-1}\boldsymbol{l}(\boldsymbol{x}_0),\quad \sigma=\frac{s}{c}。$$

这是关于 $\sigma(\boldsymbol{x})$ 的一个隐函数形式;原则上,如果已知 $\boldsymbol{x}$，那么从这些式子中的第一个可以确定初始点 $\boldsymbol{x}_0$ 和距离 s，然后 $\sigma=s/c$。

这些结果是专门针对波动方程的。一般来说,射线(它定义为程函方程的特征线)既不是直线 (非均匀介质时) 也不是与波前正交的(各向异性介质时)。

方程 (7.66)是关于 Φ_0 的一个线性方程,并且它的特征线和已经为程函方程引进的射线相同。它可以写为如下的特征形式:

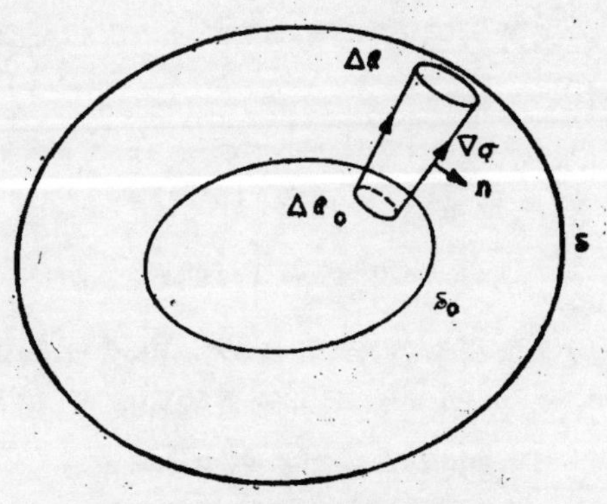

图 7.7 几何光学中的波前和射线管

$$\frac{1}{\Phi_0}\frac{d\Phi_0}{ds} = -\frac{1}{2}c\sigma_{x_ix_i}; \tag{7.68}$$

原则上,只要 $\sigma(\boldsymbol{x})$ 已经确定,求积是简单的。它表明,Φ_0 是要通过沿射线的积分才能求得,并且 Φ_0 的变化以某种方式与射线的散度(用 $\sigma_{x_ix_i}$ 来量度)有关。但是,由于关于 $\sigma(\boldsymbol{x})$ 的式子是隐函数形式,所以用稍为不同的方法来处理更加使人明白些。

首先我们注意,(7.66) 取散度形式:

$$\frac{\partial}{\partial x_i}(\sigma_{x_i}\Phi_0^2) = 0, \tag{7.69}$$

它暗示某个东西是守恒的,并且可能也暗示要利用散度定理。我们考虑如图 7.7 所表示那样的一个管,这个管是由从初始波前 $\mathscr{S}_0$: $\sigma = 0$ 到时间 t 时的波前 $\mathscr{S}$: $\sigma = t$ 的一些射线所形成。我们在此射线管内的体积上积分 (7.69),并且利用散度定理把结果写为

$$\int n_i\sigma_{x_i}\Phi_0^2 dS = 0,$$

其中 $\boldsymbol{n}$ 是外法线而面积分遍及射线管的侧面 Σ 和端面 $\mathscr{S}_0$, $\mathscr{S}_1$。在这种情况下,射线是与波前 $\sigma =$ 常数正交的。因此

$$n_i\sigma_{x_i} = 0 \quad 在 \Sigma 上,$$

所以那个贡献为零。在 $\mathscr{S}$ 上,$\boldsymbol{n}$ 和 $\nabla\sigma$ 方向相同,所以

$$n_i\sigma_{x_i} = |\nabla\sigma| \quad 在 \mathscr{S} 上,$$

并且根据光程函数方程 (7.65),$|\nabla\sigma| = c^{-1}$。在 $\mathscr{S}_0$ 上,$\boldsymbol{n}$ 和 $\nabla\sigma$ 方向相反,所以

$$n_i\sigma_{x_i} = -|\nabla\sigma| = -c^{-1} \quad 在 \mathscr{S}_0 上。$$

在这种情况下,c 是常数,并且我们有

$$\int_{\mathscr{S}}\Phi_0^2 dS = \int_{\mathscr{S}_0}\Phi_0^2 dS。$$

如果射线管取得非常窄,其在 $\mathscr{S}_0$ 和 $\mathscr{S}$ 上的横截面积 $\Delta\mathscr{A}_0$ 和 $\Delta\mathscr{A}$ 很小,那么,在准确到一阶量的程度下,这可以写为

$$\Phi_0^2(\boldsymbol{x})\Delta\mathscr{A} = \Phi_0^2(\boldsymbol{x}_0)\Delta\mathscr{A}_0,$$

或者,在 $\Delta\mathscr{A}_0$, $\Delta\mathscr{A} \to 0$ 的极限下,写为

$$\frac{\Phi_0(\boldsymbol{x})}{\Phi_0(\boldsymbol{x}_0)}=\left(\frac{d\mathscr{A}}{d\mathscr{A}_0}\right)^{-1/2}。\tag{7.70}$$

通常用沿射线管的能量流来解释 (7.70)，特别当有关内容是 (7.62) 中所注意到的关于周期波的高频近似时。有一个平均能量流通过射线管的任何一个截面，不作详细计算显然可知此通量与 $\Phi_0^2\Delta\mathscr{A}$ 成比例。因此 (7.70) 等价于这样一个"定律"：沿射线管能量通量保持为常数。对于非均匀介质(正如下面将指出的那样)存在一些与 $\Phi_0^2\Delta\mathscr{A}$ 相乘的附加因子(具体数值视介质而定)，但是能量通量保持常数这个定律仍然成立。事实上它是关于非色散波的几何光学的一个一般结果，并且它常常直接用于决定振幅变化而不需要进行每一时间的详细计算。现在关于色散波的工作已经提供关于这类问题的一般论述，但是也已经改变了观点。更加一般的概念似乎是"波作用"的守恒，波作用在最简单的线性情况中是能量通量除以一个相应的频率。这里这个频率是常数，所以这两个说法是相同的。这些一般问题在第二部分加以讨论。

对于平面波、柱面波和球面波来说，射线管分别是直线渠道、楔形和锥形。因此，在这些情况我们有

$$\frac{d\mathscr{A}}{d\mathscr{A}_0}=1,\qquad \Phi_0=\text{常数},$$

$$\frac{d\mathscr{A}}{d\mathscr{A}_0}=r,\qquad \Phi_0\propto r^{-1/2},$$

$$\frac{d\mathscr{A}}{d\mathscr{A}_0}=R^2,\qquad \Phi_0\propto R^{-1}。$$

它们与以前根据精确解所得的关于波前附近和远距离处的性态的一些结果是相符的。在二维时，如果没有柱对称性，那么

$$\Delta\mathscr{A}_0=R_1\Delta\theta,\quad \Delta\mathscr{A}=(R_1+s)\Delta\theta,$$

其中 R_1 是初始波前的曲率半径，而 $\Delta\theta$ 是在曲率中心处弧所对的角(见图 7.8)。[射线构造表明，沿射线距离为 s 处的波前的曲率半径为 (R_1+s)，而所对的角仍然为 $\Delta\theta$。]因此

$$\frac{\Phi_0(\boldsymbol{x})}{\Phi_0(\boldsymbol{x})}=\left(\frac{R_1}{R_1+s}\right)^{1/2}。$$

在三维时，稍为不同的几何图形表明，面元素是与 Gauss 曲率成比例的：

$$\Delta\mathscr{A}_0 \propto R_1R_2, \quad \Delta\mathscr{A} \propto (R_1+s)(R_2+s),$$

其中 R_1，R_2 是初始波前的主曲率半径。因此

$$\frac{\Phi_0(\boldsymbol{x})}{\Phi_0(\boldsymbol{x}_0)} = \left\{\frac{R_1R_2}{(R_1+s)(R_2+s)}\right\}^{1/2}。$$

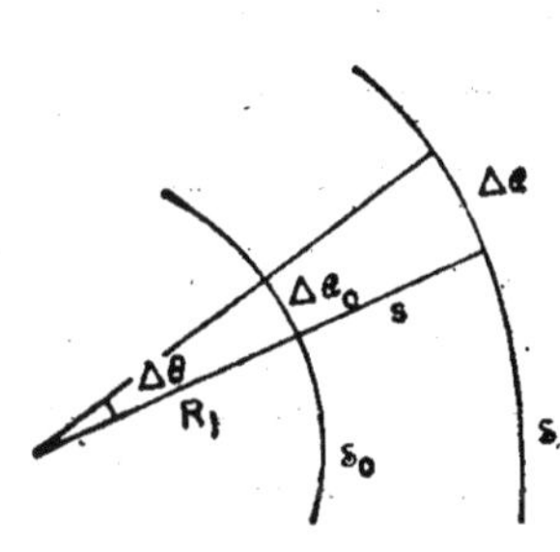

图 7.8　波前和射线的几何形状

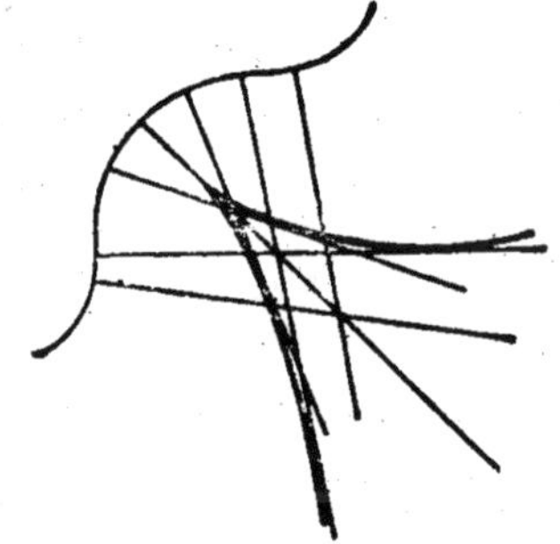

图 7.9　焦散曲线的形成

焦散曲线

在初始波前凹面向外的那些点处，射线形成如 7.9 图中所表示那样的一条包络线。这是典型的尖点形状，而在其两分支之间的区域被射线覆盖三次；它像一叠纸。这条包络线叫做**焦散曲线**。在焦散曲线上，因为相邻的一些射线在那儿互相接触，所以 $d\mathscr{A}/d\mathscr{A}_0 \to 0$。按照 (7.70)，这意味着在那里 $\Phi_0 \to \infty$。对于波前问题来说，这个结果是正确的，并且也可以根据波动方程的精确解来建立。波动方程是否仍然适用是另一个问题。例如，在声学中，它只是在线化之后才能得到；当 $\Phi_0 \to \infty$ 时，由于非线性效应，它必然不适用。我们在第八章中讨论激波的非线性性态，并且将要谈到（除了非常弱的激波可能还受粘性效应影响以外），随着一个凹形激波的聚焦，它也加快速度并且避免自身的重叠。

对于高频波来说，几何光学近似在焦散曲线处不适用，即使作为对波动方程的一个近似也不适用。Φ_0 的奇异性态使展开式 (7.62) 在焦散曲线的邻域中非一致地有效。正确的性态首先由

Airy 所研究，而更近的工作已经由 Keller 及其合作者作出(例如，见 Kay 和 Keller, 1954)。正确的结果是：振幅保持有限，但是由于ω的缘故振幅又是大的，典型地是与ω的一个分数幂成比例。这一课题比本章其余内容稍为专门一些，请读者参考原始论文。

7.8 非均匀介质

在非均匀介质中控制方程组有一些系数是$\boldsymbol{x}$的函数。展开法仍然适用，但是关于σ和Φ_0的方程组要加以修改。在各向同性情况中，程函方程的唯一变化是$c = c(\boldsymbol{x})$，所以我们可以在考察一些特殊例子之前有效地讨论一些结果。对$\boldsymbol{x}$的依赖性修改了射线的特征形式。如前一样，$p_i = \sigma_{x_i}$，并且

$$H \equiv \frac{1}{2} c(\boldsymbol{x}) p_i^2 - \frac{1}{2} c^{-1}(\boldsymbol{x}) = 0,$$

特征方程组是

$$\begin{aligned} \frac{dx_i}{ds} &= \frac{\partial H}{\partial p_i} = c p_i, \\ \frac{dp_i}{ds} &= -p_i \frac{\partial H}{\partial \sigma} - \frac{\partial H}{\partial x_i} = -\frac{c_{x_i}}{c^2}, \\ \frac{d\sigma}{ds} &= p_i \frac{\partial H}{\partial p_i} = \frac{1}{c}。 \end{aligned} \tag{7.71}$$

因为$\boldsymbol{p}$是与波前$\sigma =$常数垂直的，所以第一个方程表明射线仍然与波前正交。然而，第二个方程表明$c p_i$在一条射线上不再是保持不变了，所以由于c的梯度的缘故射线弯了过来。要求出这些射线必须联立求解关于$x_i(s)$，$p_i(s)$的头两个方程，然后第三个方程给出

$$\sigma = \int_{\text{射线}} \frac{ds}{c(\boldsymbol{x})}。$$

当然σ是波前沿射线行进的时间。

根据 Fermat 原理，与两点之间其他相邻路径所需的时间相比，这个时间是极值。我们可以验证这一点。设$\boldsymbol{x} = \boldsymbol{a}$和$\boldsymbol{x} = \boldsymbol{b}$之

间的一条任意的路径可用参数表达式

$$\boldsymbol{x}=\boldsymbol{x}(\mu),\ 0<\mu<1,\ \boldsymbol{x}(0)=\boldsymbol{a},\ \boldsymbol{x}(1)=\boldsymbol{b}$$

来描述。(为应用通常的一些变分计算方法,方便的是把参数这样正规化,使得对所有路径来说,积分遍及相同的固定的范围。这样一来,对于这种论述来说,s 不是一个方便的参数。)在每一路径上的时间是

$$T=\int_0^1\frac{1}{c\{\boldsymbol{x}(\mu)\}}\sqrt{\left(\frac{dx_j}{d\mu}\right)^2}\,d\mu。\qquad(7.72)$$

根据变分计算的标准论述,任何一个积分

$$T=\int_0^1\mathscr{F}\{\boldsymbol{x}(\mu),\dot{x}(\mu)\}d\mu,\quad \dot{x}(\mu)=\frac{d\boldsymbol{x}}{d\mu},$$

的一个极值所对应的 $x_i(\mu)$ 满足

$$\frac{d}{d\mu}\left(\frac{\partial\mathscr{F}}{\partial\dot{x}_i}\right)-\frac{\partial\mathscr{F}}{\partial x_i}=0。$$

在我们的情况中,这化为

$$\frac{d}{d\mu}\left(\frac{1}{c}\frac{1}{\sqrt{\dot{x}_j^2}}\frac{dx_i}{d\mu}\right)+\frac{1}{c^2}\sqrt{\dot{x}_j^2}\,c_{x_i}=0。$$

如果,在这个极值路径上,我们利用 $\sqrt{\dot{x}_j^2}\,d\mu=ds$ 把方程变为以 s 作为参数,那么我们得到

$$\frac{d}{ds}\left(\frac{1}{c}\frac{dx_i}{ds}\right)+\frac{1}{c^2}c_{x_i}=0。$$

这与 (7.71) 一致,并且我们已经证明这种情况下的 Fermat 原理。关于当 c 是常数时射线是直线的原因, Fermat 原理给出一个直接的明确的描述。

分层介质

对于 c 只依赖于垂直坐标 (例如 y) 的一种分层介质来说,我们可以进一步简化射线的计算。首先,任何一条射线仍然处于它开始所在的那个垂直平面内。这样一来,讨论水平坐标为 x,垂直坐标为 y 的二维情况就足够了。 速度是 $c=c(y)$,并且 (7.71) 化为

$$\frac{dx}{ds}=cp_1,\quad \frac{dy}{ds}=cp_2,$$

$$\frac{dp_1}{ds}=0,\quad \frac{dp_2}{ds}=-\frac{c'(y)}{c^2},\quad \frac{d\sigma}{ds}=\frac{1}{c}。$$

因为 p_1 是常数并且 $dx/ds=cp_1$，所以射线与水平坐标所成的角 θ 由 $\cos\theta=p_1c(y)$ 给出，并且如果下标零表示射线上某一初始点，那么我们有

$$p_1=\frac{\cos\theta_0}{c_0},\quad \frac{\cos\theta}{\cos\theta_0}=\frac{c(y)}{c_0}。\tag{7.73}$$

这正是光学中的 Snell 定律。

解关于 y 和 p_2 的方程组就可以求出分量 p_2；或者更好一些，注意 $p_1^2+p_2^2=1/c^2$（程函方程本身）给出

$$p_2=\sqrt{\frac{1}{c^2(y)}-\frac{\cos^2\theta_0}{c_0^2}},$$

这样也可以求出分量 p_2。射线方程组可以合并为

$$\frac{dx}{dy}=\frac{p_1}{p_2}=\frac{c(y)\cos\theta_0/c_0}{\sqrt{1-c^2(y)\cos^2\theta_0/c_0^2}}。\tag{7.74}$$

于是在 (x_0, y_0) 处具有初始角 θ_0 的射线由

$$x-x_0=\int_{y_0}^{y}\frac{c(y)\cos\theta_0/c_0}{\sqrt{1-c^2(y)\cos^2\theta_0/c_0^2}}\,dy。\tag{7.75}$$

给出。波前到达时间是

$$\sigma=\int_0^s\frac{ds}{c}=\int_{y_0}^{y}\frac{dy}{c^2p_2}=\int_{y_0}^{y}\frac{dy}{c(y)\sqrt{1-c^2(y)\cos^2\theta_0/c_0^2}}。\tag{7.76}$$

应该注意到，我们在推导这些结果的过程中实际上只利用了 Snell 定律；我们是从更加一般的特征线理论来观察它。

似乎很简单的关于 $c(y)$ 的分布情况对射线有某些值得注意的影响。我们注意两个例子。

海洋波导

假设 $c(y)$ 如图 7.10 中所表示的那样，c 的变化局限于 $|y|<Y$ 的一层内：在这一层的外部，$c=c_1=$ 常数；在这一层的内部，$c<c_1$ 并且在 $y=0$ 处有一最小值。我们考虑从 $x=y=0$ 处一个点源发出的射线。

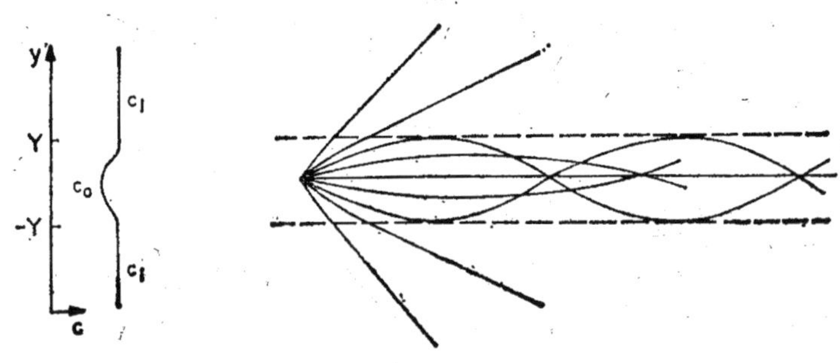

图 7.10 海洋波导中的射线

当 c 沿着一条射线增加时，$\cos\theta=c\cos\theta_0/c_0$ 增加，θ 减少；这根射线向水平线方向弯曲。如果 $\theta_0>\cos^{-1}(c_0/c_1)$，那么这根射线穿透到区域 $c=c_1$ 中去并在此以后一直保持为直线。然而，如果 $\theta_0<\cos^{-1}(c_0/c)$，那么在

$$c(y)=\frac{c_0}{\cos\theta_0}$$

所对应的 y 值处，$\cos\theta$ 增加到 1，而 θ 减少到零。在这一点，射线折回来，重新穿过 c 的最小值，并且关于 x 轴对称地重复这一图案。因此，这些射线在 x 轴周围振荡起来，如图 7.10 中所表示那样。

渠道 $|y|<Y$ 形成一种波导，并且在它里边离源足够远的那些点处，可能有许多重叠的射线。因此几何光学预言有一系列讯号。另外，根据(7.76)可以证明，离开中心线的讯号可以比在中心线上的讯号到得快一些。它们走得远一些，但是有利因素是传播速度快一些。在这种情况，几何光学对振幅的预言结果不适用了，人们必须借助于更加精确的处理方法(关于近来的工作，见 Cohen 和 Blum，1971)。

阴影区

对于在 c 的最大值下面的一个源来说，正如图 7.11 所表示的那样，大家可以同样地推出可能形成一个阴影区，射线不穿到这个阴影区中去。图 7.11 中画有射线的草图。

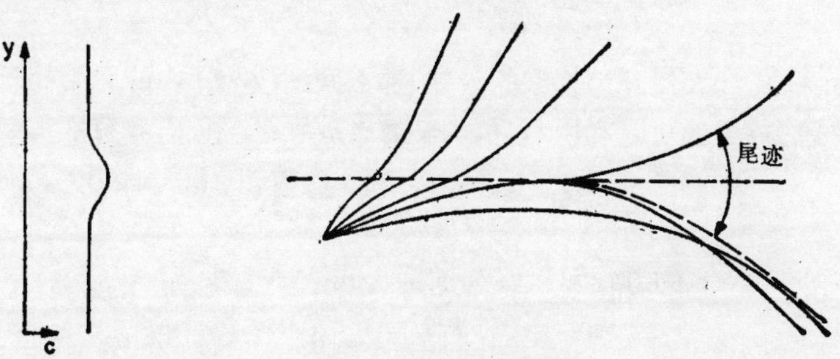

图 7.11 阴影区的形成

能量传播

对 (7.66)的修正取决于特殊的问题，并且取决于哪一个特殊的物理量用 φ 来表示。值得注意的事情是： 其结果始终是能量、通量沿射线管保持不变。对于一非均匀介质中的声学来说，我们可以验证这一点。 为了使分析简单起见，我们考虑这样一个流体：开始时该流体处于静止状态，具有均匀的压力，没有体积力，但具有任意的密度分布 $\rho(\boldsymbol{x})$。 我们可以想像这样一层加热的流体，在这层流体中重力效应的数量级比较小因而可以忽略。关于扰动压力 P，扰动密度 R 和扰动速度 $\boldsymbol{V}$ 的线化方程组[1]是

$$R_t + \nabla\cdot(\rho\boldsymbol{V}) = 0,$$

$$\rho\boldsymbol{V}_t + \nabla P = 0,$$

$$P_t - c^2(R_t + \boldsymbol{V}\cdot\nabla\rho) = 0, \tag{7.77}$$

其中 $c^2(\boldsymbol{x})$ 是声速。只用 P 来表示，方程是

$$P_{tt} = c^2\left(\nabla^2 P - \frac{\nabla\rho}{\rho}\cdot\nabla P\right)。$$

1) 这里用下标表示波前展开式中相继的各项，为避免与此矛盾，我们已根据 6.6 节对记号作了变动。

从级数

$$P=\sum_{0}^{\infty}P_n(\boldsymbol{x})f_n\{t-\sigma(\boldsymbol{x})\},$$

的头两项我们找到

$$\sigma_{x_i}^2=\frac{1}{c^2},\quad 2\sigma_{x_i}\frac{\partial P_0}{\partial x_i}+\left(\sigma_{x_ix_i}-\sigma_{x_i}\frac{\rho_{x_i}}{\rho}\right)P_0=0。$$

如果 $\boldsymbol{V}$ 和 R 展开为相似的级数，那么回到(7.77)中的原始的三个一阶方程，就可以利用 P_n 和 σ 来确定系数 $\boldsymbol{V}_n$ 和 R_n。特别地，

$$\boldsymbol{V}_0=\frac{P_0\nabla\sigma}{\rho},\quad R_0=\frac{P_0}{c^2}。\tag{7.78}$$

关于 $P_0(\boldsymbol{x})$ 的方程可以写为散度形式

$$\frac{\partial}{\partial x_i}\left(\frac{P_0^2\sigma_{x_i}}{\rho}\right)=0。$$

像(7.70)前面的论述中那样对一个狭窄的射线管积分就给出

$$\frac{P_0^2}{\rho c}\Delta\mathscr{A}=\text{常数}。\tag{7.79}$$

附加因子 ρc (它是 $\boldsymbol{x}$ 的一个函数)除了修正射线散度以外还修正压力振幅。(7.79)作为能量通量的解释，在几何光学的高频应用中已圆满地给出。作用在通过面积元 $\Delta\mathscr{A}$ 的流体上的压力，其作功的平均速率为

$$P_0V_{0n}\Delta\mathscr{A},\tag{7.80}$$

其中 V_{0n} 是 $\boldsymbol{V}$ 在垂直于 $\Delta\mathscr{A}$ 的方向上的分量。根据(7.78)，

$$V_{0n}=\frac{P_0}{\rho}\boldsymbol{n}\cdot\nabla\sigma=\frac{P_0}{\rho c}。$$

因此

$$P_0V_{0n}\Delta\mathscr{A}=\frac{P_0^2}{\rho c}\Delta\mathscr{A}。$$

这样一来，(7.79)表明能量通量沿射线管保持不变。

7.9 各向异性波

当介质中存在一些优先的方向时，程函方程对 σ_{x_i} 而言不一

定是对称的。因此，定义为程函方程的特征线的射线不再与波前正交了。如果我们假设介质是均匀的，因而 $\boldsymbol{x}$ 不明显地出现在程函方程中的话，那么我们可以把程函方程写为

$$H(p_1, p_2, p_3) = 0, \quad p_i = \sigma_{x_i}。$$

特征方程组在这种情况下化为

$$\frac{dx_i}{\lambda} = H_{p_i}, \quad \frac{dp_i}{d\lambda} = 0, \quad \frac{d\sigma}{d\lambda} = p_i H_{p_i}。 \tag{7.81}$$

p_i 在这些射线上是常数；因此射线方向 H_{p_i} 保持不变，射线是直线。然而，射线方向与波前法线平行的条件是当且仅当

$$H_{p_i} \propto p_i。$$

这成立的条件是当且仅当 H 是 $p_1^2 + p_2^2 + p_3^2$ 的一个函数，也就是说，如果传播是各向同性的话。

各向异性的一个简单的例子是由在一运动介质中的波动方程所提供的。如果该介质在 x_1 方向上具有速度 U，而且如果 a_0 是介质静止时的传播速度，那么

$$\nabla^2\varphi = \frac{1}{a_0^2}\left(\frac{\partial}{\partial t} + U\frac{\partial}{\partial x_1}\right)^2\varphi。$$

（符号 c 仍然是波前的法向速度，但波前法向速度不是 a_0）程函方程是

$$\sigma_{x_i}^2 = \frac{1}{a_0^2}\,(1 - U\sigma_{x_1})^2, \tag{7.82}$$

并且我们取

$$H = \frac{1}{2}\{p_i^2 - a_0^{-2}(1 - Up_1)^2\}。$$

射线方向具有分量：

$$\frac{dx_1}{d\lambda} = \frac{U}{a_0^2} + \left(1 - \frac{U^2}{a_0^2}\right)p_1, \quad \frac{dx_2}{d\lambda} = p_2, \quad \frac{dx_3}{d\lambda} = p_3。$$

这显然不是在波前法线 $\boldsymbol{p}$ 的方向上。对于一个点源来说，波前正好是一个顺流移动一段距离 Ut 的半径为 a_0t 的球。其射线表示在图 7.12 中。

射线与波前不是正交的这个结果，如果是第一次碰到肯定是不可思议的。波前是沿着其法线向外运动这个直观的感觉是自然的，因而人们也许因此而预料正交轨迹在几何关系中具有基本的作用。但是情况正好不是这样。问题在于射线是与能量传播有关，所以无论是速度还是方向都不需要与波前的法向速度一致。这是相速度和群速度之间重要差别的主要表现（以一种局限的形式）。第十一章中将讨论其一般形式，对一些基本概念更加详细的考察推迟到那时再进行。

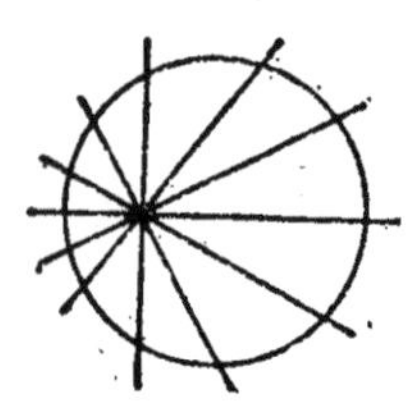

图 7.12　风中声学脉冲的波前和射线

我们回到 (7.81) 中这个一般情况。因为 p_i 是常数，所以方程组的积分是简单的。我们考虑原点处有一点源的情况。用从源算起的距离 s 来表示，(7.81)的解是

$$x_i = l_i s, \quad \sigma = p_i l_i s, \tag{7.83}$$

其中单位射线向量 $\boldsymbol{l}$ 定义为

$$l_i = \frac{H_{p_i}}{\sqrt{H_{p_j}^2}}。\tag{7.84}$$

变化 p_i 使它取满足

$$H(p_1, p_2, p_3) = 0 \tag{7.85}$$

的所有值，这样就可以得到这族射线。每选一个 p_i 就确定一条射线；在时间 t 波前 $\sigma = t$ 在射线上距离为

$$s = \frac{t}{p_i l_i} \tag{7.86}$$

处。在波前上的点的坐标是

$$x_i = \frac{l_i}{p_j l_j} t; \tag{7.87}$$

在(7.85)这个条件下变化参数 p_1, p_2, p_3，就给出整个波前。根据(7.63)，再加上这里所用的简化形式 $S = t - \sigma(\boldsymbol{x})$，波前的法向速度的大小为

$$c=\frac{1}{|\nabla\sigma|}=\frac{1}{p}。$$

因此波前的单位法线由

$$n_i=cp_i$$

给出，而射线向量和法线向量之间的角 μ 由

$$\cos\mu=l_jn_j=cl_jp_j$$

给出。因此 (7.86) 可以写为

$$s=\frac{c}{\cos\mu}t。\tag{7.88}$$

波前沿着射线运动时速度增加到 $c/\cos\mu$，所以它沿法线的速度为 c。

用 $c=1/p$ 和单位法线 $n_i=cp_i$ 作为参数来代替 p_1，p_2，p_3，这常常是方便的。于是程函方程 (7.85) 确定了作为方向 $\boldsymbol{n}$ 的一个函数的 c。这个函数 $c(\boldsymbol{n})$ 描述各向异性介质，而射线和波前的几何形状完全可以用它来表达。对于二维和轴对称问题来说，这种描述是特别方便的。我们描述 (x_1, x_2) 空间中的二维情况，但是注意，只要把 x_2 解释为从对称轴算起的距离，那么轴对称情况就与此完全一样了。

二维或轴对称问题

如果法线 $\boldsymbol{n}$ 与 x_1 轴成 ψ 角，那么程函方程提供关于传播速度的函数 $c(\psi)$。为了用 $c(\psi)$ 来表达各射线和波前，我们将需要利用 $c(\psi)$ 来求出射线向量 $\boldsymbol{l}$ 的方向。人们最后发现，通过求射线向量 $\boldsymbol{l}$ 和法线 $\boldsymbol{n}$ 之间的角 μ 的方法来做到这一点是非常有用的（见图 7.13）。因为 $\boldsymbol{l}$ 具有方向 $\partial H/\partial \boldsymbol{p}$，而 $\boldsymbol{n}$ 具有和 $\boldsymbol{p}$ 一样的方向，所以这个角可以根据 $\boldsymbol{p}$ 空间中的论述来求得。$\boldsymbol{p}$ 空间中的向量 H_{p_i} 首先用极坐标 p 和 ψ 写出。它有一个分量 $\partial H/\partial p$ 在 $\boldsymbol{p}$ 的方向上，有一个分量 $\partial H/p\partial\psi$ 垂直 $\boldsymbol{p}$。因此

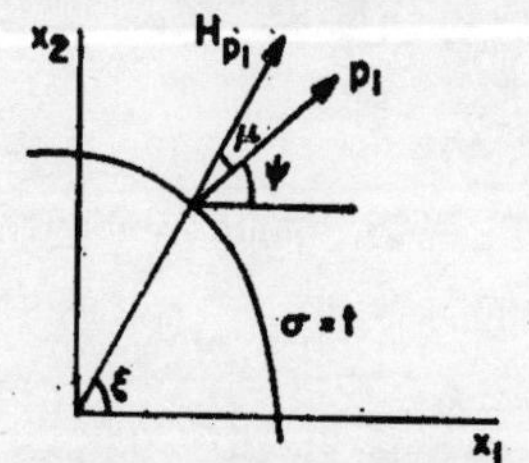

图 7.13　各向异性介质中波前、射线和法线的几何关系

$$\tan\mu = \frac{1}{p}\frac{\partial H/\partial\phi}{\partial H/\partial p}。\tag{7.89}$$

利用函数 $c(\phi)$ 来表示，一个关于 $H(p_1\phi)$的等价的程函方程可以写为

$$H = pc(\phi) - 1 = 0。$$

因此

$$\tan\mu = \frac{c'(\phi)}{c(\phi)}。\tag{7.90}$$

这是联系 $\boldsymbol{l}$ 和 $\boldsymbol{n}$ 这两个方向的非常重要的表达式。

射线由

$$x_1 = s\cos(\mu+\phi)t,\quad x_2 = s\sin(\mu+\phi)t$$

给出。波前(7.88)位于参数为 ϕ 的那条射线上距离为

$$s = \frac{c(\phi)t}{\cos\mu} = t\sqrt{c'^2 + c^2}\tag{7.91}$$

的地方。因此在直角坐标中波前是

$$x_1 = \frac{c(\phi)t}{\cos\mu}\cos(\mu+\phi),\quad x_2 = \frac{c(\phi)t}{\cos\mu}\sin(\mu+\phi)。$$

如果把这些式子展开并根据 (7.90) 把 μ 消去，那么我们得到

$$x_1 = \{c(\phi)\cos\phi - c'(\phi)\sin\phi\}t,\tag{7.92}$$

$$x_2 = \{c(\phi)\sin\phi + c'(\phi)\cos\phi\}t。\tag{7.93}$$

波前、射线和法线的几何关系表示在图 7.13 中。

(7.92) 和 (7.93) 的另一种推导方法是认为波前是基本的平面波

$$x_1\cos\phi + x_2\sin\phi = c(\phi)t$$

的包络。而求这个包络的方法是同时解上面这个方程以及它对 ϕ 的导数：

$$-x_1\sin\phi + x_2\cos\phi = c'(\phi)t。$$

其解是 (7.92)，(7.93)。这种推导更简单些，但是它局限于均匀介质而且它不能阐明射线的性质。我们已经喜欢把所有情况用一个

方法，即应用于程函方程的特征线法统一起来。

运动介质中的源

为举例说明这些结果，让我们把它们应用到(7.82)中去。由于 $p_1 = \cos\psi/c$，$p_2 = \sin\psi/c$，所以程函方程给出

$$\frac{1}{c^2} = \frac{1}{a_0^2}\left(1 - \frac{U\cos\psi}{c}\right)^2。$$

于是，对于向外传播的波来说，

$$c(\psi) = U\cos\psi + a_0。$$

波前(7.92)—(7.93)是

$$x_1 = (U + a_0\cos\psi)t,$$
$$x_2 = (a_0\sin\psi)t。$$

这是一个半径为 a_0t 的圆，圆心正如所需要的那样在下游 Ut 距离处的一个点上。

磁气体动力学

一些看来相当简单的问题又一次导致异常复杂的几何关系。这方面的一个有趣的例子出现在磁气体动力学中。在 x_1 方向上具有均匀磁场的一个无限导电介质中，扰动满足

$$\frac{\partial^4\varphi}{\partial t^4} - (a^2 + b^2)\frac{\partial^2}{\partial t^2}\nabla^2\varphi + a^2b^2\frac{\partial^2}{\partial x_1^2}\nabla^2\varphi = 0。\qquad(7.94)$$

程函方程是

$$1 - (a^2 + b^2)p^2 + a^2b^2p_1^2p^2 = 0。$$

由于 $p_1 = \cos\psi/c$，$p = 1/c$，所以我们得到

$$c^4 - (a^2 + b^2)c^2 + a^2b^2\cos^2\psi = 0。\qquad(7.95)$$

相应于(7.94)中已增加的阶，存在两个向外传播的波前(快波和慢波)。

在这种情况下，方便的是使用极坐标形式(7.91)，其中波前是在距离为

$$s = t\sqrt{c'^2 + c^2}\qquad(7.96)$$

的地方，这个距离是在

$$\xi(\phi) = \mu(\phi) + \phi, \quad \tan\phi = \frac{c'(\phi)}{c(\phi)} \tag{7.97}$$

方向上的距离。根据 (7.95)，导数 $c'(\phi)$ 满足

$$\{2c^3 - (a^2 + b^2)c\}c' - a^2b^2 \sin\phi \cos\phi = 0。 \tag{7.98}$$

现在考虑关于参数 ϕ 的这样一个范围：$0 \leqslant \phi < \pi/2$，为确定起见，假设 $a > b$。

根据 (7.95) 到 (7.98)，我们得到当 $\phi \to 0$ 和 $\phi \to \pi/2$ 时的下列值：

$\phi \to 0$：

$$\begin{aligned}
c &\to a, \ b, \\
c' &\to 0, \ 0, \\
\mu &\to 0, \ 0, \\
\xi &\to 0, \ 0, \\
s &\to at, \ bt,
\end{aligned}$$

$\phi \to \pi/2$：

$$\begin{aligned}
c &\to \sqrt{a^2 + b^2}, && 0, \\
c' &\to 0, && -\frac{ab}{\sqrt{a^2 + b^2}}, \\
\mu &\to 0, && -\frac{\pi}{2}, \\
\xi &\to \frac{\pi}{2}, && 0, \\
s &\to \sqrt{a^2 + b^2}\ t, && \frac{abt}{\sqrt{a^2 + b^2}}。
\end{aligned}$$

第一个解给出在 x_1 和 x_2 轴上的点 A, B，并且提出如图 7.14 所表示那样的一个畸变的但合理的向外传播的波前 $\mathscr{S}_1$。第二个解是惊人的。在 $\phi \to 0$，$\pi/2$ 这两个极根，我们得到 $\xi \to 0$ 和 s 是有限的。这样一来，我们得到 x_1 轴上的点 P, Q。在 P 处，$\phi = \pi/2$，所以波前是与轴相切的；在 Q 处，$\phi = 0$，所以波前是垂直轴的。

在 $\psi=0$ 和 $\pi/2$ 之间必定存在 ξ 的一个极大值或极小值。因为 $\xi=\mu+\psi$，这发生在由

$$\frac{d\mu}{d\psi}+1=0$$

给出的 ψ 值处；根据 $\tan\mu=c'/c$，这个条件可以写为

$$c''(\psi)+c(\psi)=0。$$

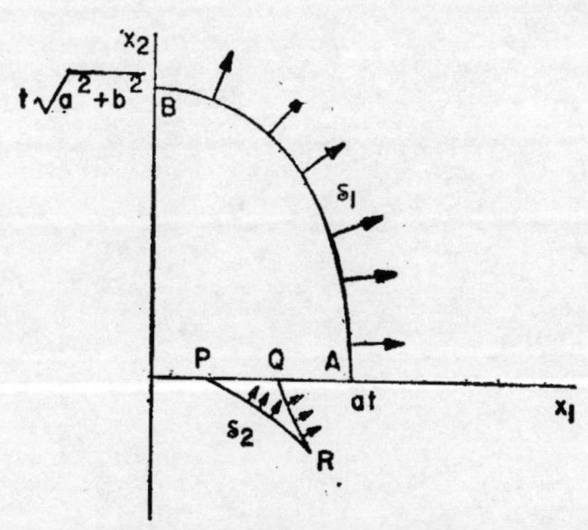

图 7.14　磁气体动力学中的波前

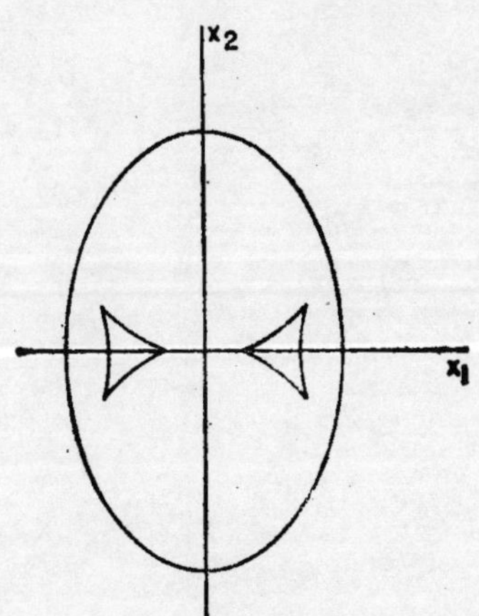

图 7.15　磁气体动力学中的波前

可以证明，在这一点波前具有一个尖点。也可以证明，ξ 是负的。

这样一来，第二个波前具有如图 7.14 所表示的值得注意的形状 $\mathscr{S}_2$。即使 $\psi>0$ 并且波前局部地以正 x_2 方向上的一个分量在运动，能量传播在负 x_2 方向上还是有一分量，因此这个波前出现在 x_1 轴的下面。这是波前速度和射线速度之间，相速度和群速度之间的差别的一个惊人的例子。

完全的波前对于 x_1 和 x_2 轴来说是对称的，整个图案在图 7.15 中给出。

第八章 激波动力学

有关波动方程的讨论已把二维或三维双曲波线性理论中主要思想的大部分阐明了，现在我们转过来研究非线性效应。对均匀介质中的平面波来说，有可能严格地研究非线性理论。然而，这需要复杂的思想和方法。这是与线性理论(它几乎是平凡的)不相同的地方。在多维情况或者在非均匀介质中（在那里甚至线性理论也变得复杂了)，我们应该预料到分析中存在的大量困难。柱面波和球面波还只涉及两个独立变量，但是出现某种复杂性，因为它们的方程组具有非常数的系数。非均匀介质中的平面波是类似的。在二维或三维传播的一般情况中，我们必须处理多个独立变量，而且几何关系变得更加复杂了。因此对于我们不得不依靠一些近似方法这一点就不足为奇了。实际上，仅有的一些精确的分析解是关于一些特殊问题的相似解，而且这些问题通常需要对简化方程进行数值积分。关于柱面波和球面波以及关于非均匀介质中波的一些相似解，已经在6.16节中讨论过；其他的将在下面谈到。除了相似解以外，人们还须运用近似理论或数值方法。本章和第九章是介绍人们为解决这些情况下的激波传播问题发展起来的某些近似理论。叙述是针对气体中的激波的，但是其思想和数学方法可以用于其他领域中相似问题。

最明显的一种近似适用于这样一些问题，这些问题可以作为已知解的更简单问题的小摄动来处理。例如，通过稍微有点不均匀的介质或者沿着稍微有点波纹的壁面而传播的一个平面激波，可以作为均匀情况的一个摄动来分析。下面将详细分析与此相像的一个问题，因为它在另一种场合中是需要的，而其他一些问题将简单叙述一下。但是这种类型的摄动方法一般是清楚的，而且所得到的数学问题虽然非常困难，但是不再涉及有关波的性态的一些新概念。我们还是反对纯粹地叙述一些数学方法，而宁可强调与波的传播密切相关的一些近似方法。

直观地，我们可以说，这些问题中的困难在于两种效应的组合：激波在适应几何(或介质)变化的同时，也在克服来自身后流动的复杂的非线性相互作用。非线性平面波没有第一个效应，线性非平面波没有第二个效应。在更加一般的情况下，如果其中有一个效应可以简单地进行处理从而重点可以放在另一效应上的话，那么就可以用近似理论。

这一章研究这样一些问题，在这些问题中非线性几何效应具有最大的作用，而与后面流动的相互作用不是激波运动的一些主要变化的原因。"激波动力学"似乎是一个合适的名字，因为在整个流体流动的动力学中都强调了激波的运动。下一章中我们考虑这样一些问题，在这些问题中强调另一方面是合适的。它们是弱激波问题，其思想是：对于弱激波来说，几何效应虽然重要，但是可以认为它与线性理论的一样。于是，非线性分析是在几何范围内引进非常重要的与流动的非线性相互作用效应。

在这两种情况，近似方法都变得很直观，并且其基础都是把已知的一些效应归到一种数学描述中去。"证明"来自对可以精确处理的一些特殊情况的验证，也来自与实验结果的比较。对于一些更普通的近似方法来说，这些问题是太困难了。

在激波动力学的讨论中，描述将以几何光学所提供的图象为基础。那里的几何关系是用沿射线管传播的波前来描述的，而对一各向同性介质来说，射线是波前的各相继位置的正交轨迹。对于向静止气体中运动的一激波来说，介质是各向同性的。因此，照此类推，我们将引进与激波各相继位置正交的射线，并且研究一激波元素是如何沿着一射线管传播的。然而，激波和线性波前之间存在一个非常重要的差别。在任一点的激波速度依赖于它的强度，所以其几何形状不可能独立于激波强度的确定而事先描绘出来。这两者是耦合在一起的，并且射线管的几何形状本身必须在用射线管面积确定激波强度的同时才能加以确定。对应于(7.60)和(7.61)的方程组是耦合在一起的。如像(7.60)中的 c 依赖于 Φ_0 一样。但是我们必须重新分析全部问题。

作为这个理论的一个组成部分，我们需要去研究沿一已给的具有任意横截面的管道的传播。由于本身的原因，这是令人感兴趣的，当然在一楔形渠道中的传播与柱面波完全一样，在锥中的传播与球面波完全一样，所以我们有机会进一步讨论那些问题。在一非均匀介质中一平面波的传播是类似的，有关的某些细节也包括了。

8.1 沿非均匀管道的激波传播

我们考虑已知横截面积为 $A(x)$ 的管道中的一维(水力学)方程。即使在一均匀管道中，正如 6.8 和 6.11 两节的活塞问题中所描述的那样，激波由于与其后面流动的相互作用可以以一种复杂的方式变化着。但是我们打算把由于非均匀的 $A(x)$ 引起的一些效应尽可能地孤立起来，并且实际上想以最简单的活塞问题作为例子。也就是说，我们想以这样一种方式来陈述这个问题：在 $A(x)=$ 常数的情况下激波应该以定常速度继续行进。为此，假设

$$A(x)=A_0= \text{常数} \quad \text{在}\ x<0\ \text{时},$$

并且假设开始时激波在这一部分中以定常 Mach 数 M_0 运动着。我们可以想像激波是由这个均匀部分远后方的一个以适当的定常速度运动的活塞所产生的。该活塞还不断提供保持激波运动的动力，但是不引起变化；变化完全是由横截面积引起的。于是问题是要确定所传送的激波的 Mach 数对 $x>0$ 中的 $A(x)$ 的依赖关系。

流动不是严格的一维流，但是如果横截面 $A(x)$ 变化不是太快，那么按管道截面平均所得的方程组将提供一个很好的近似。这个方程组是

$$\rho_t+u\rho_x+\rho u_x+\rho u\frac{A'(x)}{A(x)}=0, \tag{8.1}$$

$$u_t + uu_x + \frac{1}{\rho} p_x = 0, \tag{8.2}$$

$$p_t + up_x - a^2(\rho_t + u\rho_x) = 0。 \tag{8.3}$$

面积变化只出现在连续方程(8.1)中，并且这个方程是直接从

$$(\rho A)_t + (\rho u A)_x = 0 \tag{8.4}$$

这一形式的质量守恒方程得来的。

我们注意，对于向顶点在 x_0 的一个楔形中的传播来说，

$$A(x) \propto (x_0 - x), \quad \frac{A'(x)}{A(x)} = \frac{-1}{x_0 - x}, \tag{8.5}$$

而对于向顶点在 x_0 的一个锥形中的传播来说，

$$A(x) \propto (x_0 - x)^2, \quad \frac{A'(x)}{A(x)} = \frac{-2}{x_0 - x}。 \tag{8.6}$$

令 $r = (x_0 - x)$ 并且使 u 取相反的符号(取 r 增加的方向为正方向)，那么这些方程与(6.132)—(6.134)中的柱面波和球面波的方程完全一样，**而且它们是精确的**。在这种情况下这些方程是精确的这个事实表明，关于一维方程表述法的真正判据是 x 方向上的壁面曲率应该很小。但是关于精确的有效性这个问题似乎是未曾完全地研究过的问题。

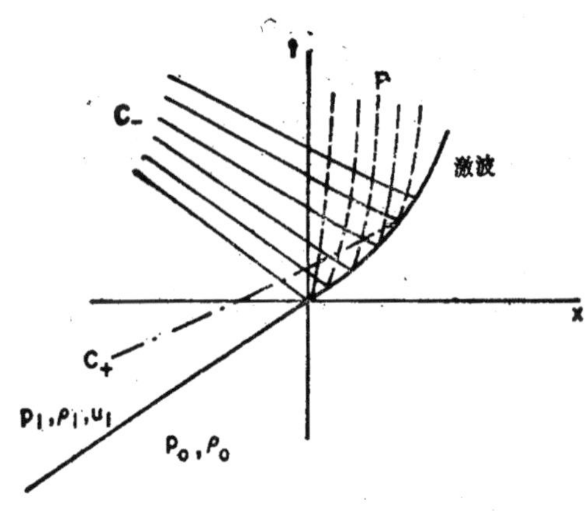

图 8.1　进入非均匀区域的激波的 (x, t) 图

图 8.1 是这个问题的(x,t)图，取入射激波到达 $x=0$ 的时间为 t 的原点，对于 $t<0$ 来说，流动是由运动激波所分开的两个均匀区域所组成。我们取激波前的未扰状态为 $u=0, p=p_0, \rho=\rho_0$，取激波后的初始均匀状态为 $u=u_1, p=p_1, \rho=\rho_1$。$u_1, p_1, \rho_1$ 各量可根据激波条件用 p_0, ρ_0, M_0 来确定。当激波到达 $x=0$ 时，对这个状态的扰动沿着质点轨迹 P 和负特征线 C_- 传播。C_- 可以有正的或负的斜率，视 $u_1>a_1$ 还是 $u_1<a_1$ 而定；后一种情况表示在图 8.1 中。问题是要根据(8.1)—(8.3)来确定这些扰动，以及激波位置和强度的修正。激波条件是

$$u=a_0\frac{2}{\gamma+1}\left(M-\frac{1}{M}\right), \tag{8.7}$$

$$p=\rho_0a_0^2\left\{\frac{2}{\gamma+1}M^2-\frac{\gamma-1}{\gamma(\gamma+1)}\right\}, \tag{8.8}$$

$$\rho=\rho_0\frac{(\gamma+1)M^2}{(\gamma-1)M^2+2}, \tag{8.9}$$

并且必要时声速由 $a^2=\gamma p/\rho$ 来给出。

小摄动情况

一维方程表述法不局限于 $A(x)$ 本身的小变化，因为即使 $A(x)$ 的导数是小的，经过足够大的距离也可以达到大的变化。然而，在 $A(x)$ 相对 A_0 的变化保持很小时，即

$$\frac{A(x)-A_0}{A_0}\ll 1$$

时，我们可以假设对激波后的状态 u_1, p_1, ρ_1 的扰动以及激波 Mach 数的变化都是小的。于是我们可以把这个问题当作对均匀管道解的一个摄动来求解。把方程组(8.1)—(8.3)和激波条件(8.7)—(8.9)相对状态 u_1, p_1, ρ_1 来线化。然而，应该注意没有假设 p_1-p_0，$\cdots$，是小的；所以激波的强度是任意。

线化方程组是

$$\rho_t+u_1\rho_x+\rho_1u_x+\frac{\rho_1u_1A'(x)}{A_0}=0,$$

$$u_t+u_1u_x+\frac{1}{\rho_1}p_x=0, \tag{8.10}$$

$$p_t + u_1 p_x - a_1^2(\rho_t + u_1\rho_x) = 0,$$

其中，为了书写方便，我们认为大家都理解下面这一点：ρ_t 解释为 $(\rho-\rho_1)_t$，$A'(x)$解释为$\{A(x)-A_0\}'$，等等。因为方程组是常系数线性方程组，所以容易求得其通解；最重要的推导是通过方程组的特征形式。关于(8.10)的特征方程组是

$$C_+:\left\{\frac{\partial}{\partial t}+(u_1+a_1)\frac{\partial}{\partial x}\right\}(p+\rho_1 a_1 u)+\rho_1 a_1^2 u_1\frac{A'(x)}{A_0}=0, \tag{8.11}$$

$$C_-:\left\{\frac{\partial}{\partial t}+(u_1-a_1)\frac{\partial}{\partial x}\right\}(p-\rho_1 a_1 u)+\rho_1 a_1^2 u_1\frac{A'(x)}{A_0}=0, \tag{8.12}$$

$$P:\left\{\frac{\partial}{\partial t}+u_1\frac{\partial}{\partial x}\right\}(p-a_1^2\rho)=0, \tag{8.13}$$

而依次一一求解所得的通解是

$$(p-p_1)+\rho_1 a_1(u-u_1)=-\frac{\rho_1 a_1^2 u_1}{u_1+a_1}\cdot\frac{A(x)-A_0}{A_0}+F\{x-(u_1+a_1)t\}, \tag{8.14}$$

$$(p-p_1)-\rho_1 a_1(u-u_1)=-\frac{\rho_1 a_1^2 u_1}{u_1-a_1}\cdot\frac{A(x)-A_0}{A_0}+G\{x-(u_1-a_1)t\}, \tag{8.15}$$

$$(p-p_1)-a_1^2(\rho-\rho_1)=H(x-u_1 t), \tag{8.16}$$

其中 F，G 和H是任意函数。在线化形式中，因为常系数的缘故，我们已经能够在三族特征线上明显地进行积分，而且这些特征线已经用直线 $x-(u_1\pm a_1)t=$ 常数，$x-u_1 t=$ 常数来近似。这三个任意函数尚待根据问题的初始条件和激波处的边界条件来确定。

首要的和最明确的是 F 必须恒等于零。这是因为激波后面的 C_+特征线，也就是直线$x-(u_1+a_1)t<0$都起源于$u=u_1$，$p=p_1$，$\rho=\rho_1$，$A=A_0$ 的均匀区域中（见图 8.1）；因此根据（8.14），$F=0$。正是在这一非常重要的一步中把起修正作用的赶上激波

的扰动都排除了。还应该强调，在这个摄动分析中的结论 $F=0$ 是根据所陈述的初始条件得出的一个严格的推论，而不是一个直观的论述。

其他两个函数 G 和 H 不为零：它们描述在图 8.1 中所表示的 C_- 特征线和质点轨迹 P 上的扰动。这些线起源于受扰动的激波，而且三个激波条件足以确定 G，H 和激波 Mach 数的变化(根据它也可推导出激波位置的变化)。函数 G 和 H 不是我们主要感兴趣的。我们所要的主要结果是激波 Mach 数的变化，这可以不涉及到 G 和 H 而确定下来。激波条件用 Mach 数的变化 $M-M_0$ 给出激波处的摄动 $p-p_1$，$u-u_1$。根据(8.7)和(8.8)，它们是

$$p-p_1=\frac{4\rho_0a_0^2}{\gamma+1}M_0(M-M_0),$$

$$u-u_1=\frac{2}{\gamma+1}a_0\left(1+\frac{1}{M_0^2}\right)(M-M_0)。\tag{8.17}$$

把这些式子代入 $F=0$ 的(8.14)中去，我们得到

$$\left\{\frac{4}{\gamma+1}M_0+\frac{2}{\gamma+1}\left(1+\frac{1}{M_0^2}\right)\frac{\rho_1a_1}{\rho_0a_0}\right\}(M-M_0)$$

$$=-\frac{\rho_1a_1^2}{\rho_0a_0^2}\frac{u_1}{u_1+a_1}\frac{A-A_0}{A_0}。\tag{8.18}$$

用 M_0 表示的关于 u_1，ρ_1，a_1 的表达式由 $M=M_0$ 时的(8.7)–(8.9)给出。于是，经过一些代数运算之后，(8.18)变成

$$\frac{A-A_0}{A_0}=-g(M_0)(M-M_0),\tag{8.19}$$

其中

$$g(M)=\frac{M}{M^2-1}\left(1+\frac{2}{\gamma+1}\frac{1-\mu^2}{\mu}\right)\left(1+2\mu+\frac{1}{M^2}\right),\tag{8.20}$$

$$\mu^2=\frac{(\gamma-1)M^2+2}{2\gamma M^2-(\gamma-1)}。\tag{8.21}$$

μ 这个量实际上是激波相对其后面流动的 Mach 数。

在需要时把(8.15)和(8.16)用于激波处就可以求出关于 G 和

H的表达式；在小摄动理论中，把这些条件用于未受扰动激波位置 $x = a_0M_0t$ 处是一致的，因为误差应该是二阶量。其细节情况可以在 Chester (1954) 的文章中找到，在那篇文章中首先推导出一些小摄动结果。令人感兴趣的是(8.15)中的面积项在 $u_1 = a_1$ 处改变符号，而且实际上在 $u_1 = a_1$ 处是奇异的。然而(8.19)既不出现符号的变化，也没有表现出任何奇异性。Friedman (1960) 已经研究了 $u_1 = a_1$ 这个情况，它是激波后面刚好是音速流的情况。他证明，为了得到一个一致有效的解必须把小的非线性效应合并到 C_- 上的扰动中去，但是(8.19)没有变化。

在详细讨论(8.19)之前，我们继续进行一项重要的推广。

有限面积变化；特征律

对于一个变化缓慢但经过足够长的距离后 $A(x)$ 的变化能积累到很大的管道来说，我们可以把问题中的管道长度分解为相邻的一些小的长度，在每一小长度中 A 的变化是小的。在每一个这样的小长度管道中，对于局部条件进行线化并且提出如(8.14)—(8.16)中那样的一个小摄动理论应该是可以容许的。但是取 $F=0$ 就不再是严格地成立的，因为进入这些小部分中的每一个的入口条件不会是一个均匀的状态。经过若干个相邻的小部分之后，误差也许积累起来。然而，**如果我们忽略这一点**，那么(8.19)就可以用到每一小部分，这时 A_0 和 M_0 取为该小部分入口处的面积和 Mach 数。但从另一方面讲，理论分析却非常简单。实际上，我们是说，(8.19)是函数关系 $M = M(A)$ 的微分形式：

$$\frac{1}{A}\frac{dA}{dM} = -g(M), \tag{8.22}$$

并且我们根本不必明显地讨论分成许多小部分的分割情况！另外，(8.19)本身纯粹是把激波条件代入到 C_+ 特征线上的特征关系中去。所以整个推导可以表达为下列特征律：

写出关于 C_+ 特征线的精确的非线性微分关系式。把由激波条件给定的用 M 表示的关于 p, ρ, u, a 的表达式代入。所得的微分方程给出 M 随 x 的变化。

虽然我们已经得到所有的要素，但还是让我们遵循这种规定做一下，以强调其简单性。 控制这个特殊问题的基本方程组是(8.1)—(8.3)。关于 C_+特征线的特征方程是

$$\frac{dp}{dx}+\rho a\frac{du}{dx}+\frac{\rho a^2 u}{u+a}\frac{1}{A}\frac{dA}{dx}=0。\tag{8.23}$$

激波条件在(8.7)—(8.9)中给出。 经过代入运算之后我们得到

$$g(M)\frac{dM}{dx}+\frac{1}{A}\frac{dA}{dx}=0,\tag{8.24}$$

其中 $g(M)$由(8.20)给出。方便的是把这写为

$$\frac{M}{M^2-1}\lambda(M)\frac{dM}{dx}+\frac{1}{A}\frac{dA}{dx}=0,\tag{8.25}$$

其中

$$\lambda(M)=\left(1+\frac{2}{\gamma+1}\frac{1-\mu^2}{\mu}\right)\left(1+2\mu+\frac{1}{M^2}\right),\tag{8.26}$$

$$\mu^2=\frac{(\gamma-1)M^2+2}{2\gamma M^2-(\gamma-1)}。\tag{8.27}$$

选择这种写法的原因是：在 Mach 数范围内 $\lambda(M)$ 几乎不变化。其极限是

$$M\to 1,\ \lambda\to 4,\tag{8.28}$$

$$M\to\infty,\lambda\to n=1+\frac{2}{\gamma}+\sqrt{\frac{2\gamma}{\gamma-1}}=5.0743\ (对于\ \gamma=1.4)\tag{8.29}$$

公式(8.25)是 Chisnell (1957) 首先得到的，他用了一种不同的处理方法。面积分布 $A(x)$ 由一系列间断的阶梯来近似，而解是根据对每一间断处基本的激波相互作用的分析而得出的。每相互作用一次，被传递的激波具有一个附加强度，并且扰动被反射(在我们的分析中是 C_- 和 P 的扰动)。但是当被反射的扰动往回行进穿过前面的阶梯时，它们本身又被再反射；再反射的波追上激波并对以后的相互作用作出贡献。 如果忽略所有的再反射激波，就得出(8.25)。 Chisnell 分析了所有单个再反射扰动的效应，发

现它们对(8.25)的总修正比它们单独的贡献小得多。更早一些，Moeckel (1952) 已经把类似的一些思想应用到非均匀超音速流中的定常斜激波上。这个非均匀流由一些薄层来代替，每一薄层中各流动参量是常数，而两薄层之间具有间断的表面。解是根据各分界面处的基本的相互作用求出的。

虽然从原则上讲取越来越多的多次反射，Moeckel-Chisnell 处理方法提供逐步改善的可能性，但是考虑一次反射以后的多次反射似乎是行不通的。要估计方程组(8.1)—(8.3)已经求解到什么样的近似程度也是困难的。然而，由第一次再反射所引起的比较小的修正表明(8.25)也许出乎意料地好。正如我们下面将看到的那样，实际情况确是如此。

当我想到利用特征律的(8.25)的快速推导时，我也希望直接根据(8.1)—(8.3)来进行完全的近似分析。到目前为止这还没有完成！为了看一看涉及到什么，请注意特征方程(8.23)可以写为

$$\frac{p_t}{u+a}+p_x+\rho a\left(\frac{u_t}{u+a}+u_x\right)+\frac{\rho a^2 u}{u+a}\frac{A'(x)}{A(x)}=0。\tag{8.30}$$

这是精确的而且在整个流动中都成立，因为它只是基本方程组(8.1)—(8.3)的一种组合。如果把(8.23)用于一个以速度 U 运动的激波上，那么我们要说的是：

$$\frac{p_t}{U}+p_x+\rho a\left(\frac{u_t}{U}+u_x\right)+\frac{\rho a^2 u}{u+a}\frac{A'(x)}{A(x)}=0 \tag{8.31}$$

在激波处是一个很好的近似。把(8.30)和(8.31)放在一起，我们看到，这个近似是根据这样一个假设：在激波处

$$\left(\frac{1}{U}-\frac{1}{u+a}\right)(p_t+\rho a u_t) \tag{8.32}$$

是比较小的；也就是说，这个表达式与 p_t/U 相比是很小的。第一个因子很小就对应于图 8.1 中 C_+ 特征线相当接近于激波这个想法，所以我们只是正在把在 C_+ 上成立的关系式转到激波上。然而，对于 $M=1$ 来说 $(u+a-U)/U$ 是零，而当 $M\to\infty$ 时它趋

于 0.274（对于 $\gamma = 1.4$）。 特征律的一些结果往往比这精确一百倍！在下面注意到的柱面或球面爆破情况下，相对误差大约为 0.003。这样一来，虽然第一个因子可以对精确性有一点贡献，但是特征律之所以非常有效是因为在激波处

$$\frac{p_t + \rho a u_t}{p_t} \tag{8.33}$$

非常之小。虽然在原始论文（Whitham, 1958）中作了进一步的讨论，但是没有找到关于这方面的真正满意的解释。当然，我们知道这个结果在小摄动理论中是精确的，并且根据 $F = 0$ 的(8.14)可以验证，在那个理论中

$$p_t + \rho_1 a_1 u_t = 0。$$

由于只有由小摄动理论和 Moeckel-Chisnell 分析提供的部分证明，所以关于(8.25)的精确度已经通过与已知的一些解作比较来加以证明。首先，对于弱激波来说，$M \simeq 1$，我们有 $\lambda \simeq 4$；因此

$$M - 1 \propto A^{-\frac{1}{2}}。 \tag{8.34}$$

这是关于弱脉冲的几何声学的正确结果，因为 $M - 1$ 与脉冲强度成比例。其次，我们可以通过分别取 $A \propto x_0 - x$ 或 $(x_0 - x)^2$ 的方法，把(8.25)应用到收缩的柱面或球面激波上，并把结果与 6.16 节中所描述的 Guderley 精确的相似解作比较。 对于无限强的激波来说，λ 趋于(8.29)中给出的 n 值，而(8.25)变为

$$\frac{n}{M}\frac{dM}{dx} + \frac{1}{A}\frac{dA}{dx} = 0,\ M \propto A^{-1/n}。 \tag{8.35}$$

于是，特征律给出

$$\begin{aligned} &M \propto r^{-1/n} \quad 对于柱面激波，\\ &M \propto r^{-2/n} \quad 对于球面激波。\end{aligned} \tag{8.36}$$

表 8.1 中给出与精确的相似解的指数的比较。考虑到这个近似理论的简单性，其精确度是惊人的。除了别的以外，这还表明，收缩激波正如近似理论中所假设的那样主要对变化着的几何形状有反作用，而且受来自运动源的其他扰动的影响非常之小；初始激波强度只能通过(8.36)中的比例常数来影响。 对于向外传播的激波来

说这就不成立了。由于逐渐膨胀的几何形状，向外传播的激波必然慢下来，并且经过很大距离后，与后面流动不断发生的相互作用就很重要了；对于这样一些问题来说，这个近似理论是不适用的。

表 8.1

γ	柱面波		球面波	
	近似值	精确值	近似值	精确值
6/5	0.163112	0.161220	0.326223	0.320752
7/5	0.197070	0.197294	0.394142	0.394364
5/3	0.225425	0.226054	0.450850	0.452692

另一个有趣之处是，根据近似理论，球面情况的指数刚好是柱面情况的两倍。然而，在精确的相似解中，这是不对的，虽然情况非常接近于此。

根据以前提到过的部分证明和这些独立的验证，我们得出这样的结论：特征律给出对这种类型问题的一个很好的简单的近似，而且它可以有把握地用于范围很广的一些问题。

对于一般的M来说，(8.25)的解可以写为

$$\frac{A}{A_0}=\frac{f(M)}{f(M_0)},\quad f(M)=\exp\left\{-\int\frac{M\lambda(M)}{M^2-1}dM\right\}。\tag{8.37}$$

特别地，这个公式可以把关于收缩的和球面的激波的一些结果推广到中等强度激波的范畴。当然，当接近中心时，$A\to 0$ 并且 $M\to\infty$。表 8.3 列有 $\gamma=1.4$ 时的 $f(M)$ 值。（见 8.5 节中的表 8.3）

下一节中将把特征律用于通过非均匀密度层传播的激波问题，而其他一些例子可以在原始论文（Mhitham, 1958）中找到。它也将是 8.3 节中二维和三维激波传播的几何处理的基础。

8.2 通过分层流体层的激波传播

我们在这里把这个方法用于这样一个一维问题：一平面激波穿过一已知的平衡分布 $u=0$, $p=p_0(x)$, $\rho=\rho_0(x)$ 而沿 x 方向

运动。如果 $p_0(x)$ 不是常数，那么在该问题中一定存在一个体积力以维持压力梯度，并且我们把这包括在方程组中。一维方程组是

$$\begin{aligned} &\rho_t + u\rho_x + \rho u_x = 0, \\ &u_t + uu_x + \frac{1}{\rho} p_x = \mathscr{F}, \\ &p_t + up_x - a^2(\rho_t + u\rho_x) = 0, \end{aligned} \tag{8.38}$$

其中 $\mathscr{F}$ 是单位质量的体积力。在大气层中或者对于一恒星的外层大气中的传播来说，$\mathscr{F}$ 就是重力加速度。在平衡时，$\rho_0(x)$ 和 $p_0(x)$ 的分布必须满足

$$\frac{1}{\rho_0}\frac{dp_0}{dx} = \mathscr{F}, \tag{8.39}$$

而且为了完全地确定 $\rho_0(x)$，$p_0(x)$ 必须给定熵的分布。在大气层中 $\mathscr{F} = -g$，并且我们得到，例如

$$\rho_0(x) = \rho_0(0)e^{-gx/\mathscr{R}T_0} \text{（等温）},$$

$$\frac{\gamma\kappa}{\gamma - 1}\rho_0^{\gamma-1}(x) = c - gx \text{（等熵）},$$

正如 6.6 节中所讨论的那样。

我们现在把特征律用于通过这样一个流体层的激波传播上，请记住，这个理论只适用于流体层的一些局部效应而且应该只用于附加效应是小的时候。适当的特征关系式可以用微分形式写为

$$dp + \rho a du - \frac{\rho a}{u + a}\mathscr{F} dx = 0$$

在

$$\frac{dx}{dt} = u + a \text{ 上。}$$

但是我们沿着激波应用它，也就是说，我们用微分方程

$$\frac{dp}{dx} + \rho a\frac{du}{dx} - \frac{\rho a}{u + a}\mathscr{F} = 0, \tag{8.40}$$

其中 u, p, ρ, a 是用 $p_0(x)$，$\rho_0(x)$ 以及激波 Mach 数 $M(x)$ 表示的。一般来说，将需要数值积分，但是强激波的结果可以用解析方法求得。对于强激波来说[见(6.110)]，激波条件简化为

$$u=\frac{2}{\gamma+1}U,\ p=\frac{2}{\gamma+1}\rho_0U^2,\ \rho=\frac{\gamma+1}{\gamma-1}\rho_0,$$

$$a^2=\frac{\gamma p}{\rho}=\frac{2\gamma(\gamma-1)}{(\gamma+1)^2}U^2,$$

其中U是激波速度。在这种极限情况，U比较大而(8.40)中第三项与其他两项相比小得可以忽略；体积力$\mathscr{F}$通过它对$\rho_0(x)$的控制而间接地体现出来。方程(8.40)化为

$$\frac{1}{U}\frac{dU}{dx}+\beta\frac{1}{\rho_0}\frac{d\rho_0}{dx}=0,$$

其中

$$\beta=\left(2+\sqrt{\frac{2\gamma}{\gamma-1}}\right)^{-1}。\tag{8.41}$$

因此

$$U\propto\rho_0^{-\beta},p\propto\rho_0^{1-2\beta}。\tag{8.42}$$

对于$\gamma=1.4$来说，$\beta=0.21525$。

这些结果可以对照精确解作进一步的验证。Sakurai (1960)研究了$\rho_0\propto x^\alpha$情况下这个问题的相似解。他求得$U\propto x^{-\lambda}$并且对不同的α值确定了λ值。他的λ/α值在表8.2中给出，而且它们还与β作了比较。虽然这个近似不像内向爆破问题中那样好，但是还是非常接近的。

必须记住在问题中激波的局部修正是强的这一限制。对于密度的指数衰减来说，也可以求出相似解并且把它与这个近似作比

表 8.2

γ	$\alpha=2$	$\alpha=1$	$\alpha=1/2$	β
5/3	0.21779	0.22335	0.22820	0.23608
7/5	0.19667	0.20214	0.20704	0.21525
6/5	0.16545	0.17040	0.17498	0.18301

较。Hayes (1968) 已经作了这个比较，并且指数的差别大到15%。我们认为引起这样结果的原因是：当在有限的x处$\rho_0\to0$

时密度的指数变化没有幂次规律变化那样强的局部效应。

Chisnell (1955) 最初在 $p_0=$ 常数，$\mathscr{T}=0$ 的情况下根据逐次相互作用处理方法来研究这一节的问题，并且找到由再反射引起的小的修正。和以前一样，存在某种有利的对消。

8.3 几何激波动力学

我们现在转过来阐述不存在特殊对称性时二维或三维问题中激波传播的近似几何理论 (Whitham, 1957,1959b)。我们考虑一个向处于静止状态的均匀气体中传播的激波，根据从线性问题的几何光学中得到的经验，我们引进定义为激波相继位置的正交轨迹的“射线”。作为一个特例，考虑图 8.2 中绕角的激波绕射的情况。激波位置用实线表示而射线用虚线表示。我们的思想是：把激波的每一元素沿每个微元射线管的传播当作固壁管道中的激波传播问题来处理。如果射线真的是质点轨迹的话，那么这种等价性就是精确成立的，因为在无粘流中固壁是质点轨迹。然而，这只是近似地成立的。激波条件要求在激波后面紧挨激波处的诱导流动是垂直激波的，但是随着离激波距离的增加，质点轨迹一般将偏离射线。所以有一定的近似性，而且它可能是非常不精确的近似。然而，只有利用这个步骤或一个类似的步骤，才能把几何效应从整个复杂流动中分离出来。在绕角绕射问题中(见图 8.2)，壁面本身沿其整个长度必定既是一条射线又是一条质点轨迹，所以对于再往后的射线和质点轨迹之间的偏离有一种附加的约束。

这种近似的精确度难于预先评价，并且高阶近似实际上是不可能的。作为验证，我们将看到，这个理论对于线性问题来说确实精确地化为几何光学，而且非线性结果与关于一些特殊情况的其他一些理论结果以及与实验结果都将作比较。作下述评论也许是合适的：容易评价的一些近似通常涉及一些小的效应。这里我们涉及到一些非常困难的问题中的一些大的效应。

射线管近似与如何处理每一射线管中的传播是互不相关的。然而，我们假设局部 Mach 数将是射线管面积的一个函数，并且由

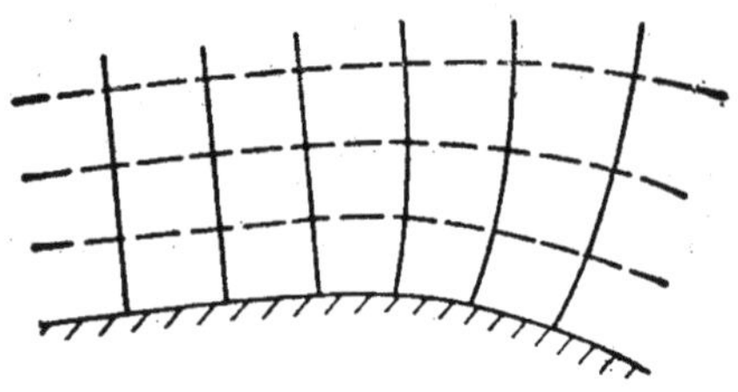

图 8.2 绕连续角的激波绕射中的激波位置(实线)和射线(虚线)

于没有任何其他的显函数公式，我们采用 8.1 节中建立的一些结果并利用(8.37)中的关系式。

方便的是把在时间 t 的激波位置写成下列形式:

$$\alpha(\boldsymbol{X})=a_0 t, \tag{8.43}$$

其中 a_0 是未扰声速。于是相继的激波位置由曲面族 $\alpha(\boldsymbol{X})=$ 常数来给定。显然从原理上讲我们有确定函数 $\alpha(\boldsymbol{X})$ 的方法。首先，任一点处的激波 Mach 数可以根据(8.43)用 $\alpha(\boldsymbol{X})$ 来确定。第二，根据函数 $\alpha(\boldsymbol{X})$ 一定能够确定所有射线的几何形状，因为 $\alpha(\boldsymbol{X})$ 描述一族激波位置：射线几何形状的确定就给出射线管面积。于是 $A-M$ 关系式提供推导关于 $\alpha(\boldsymbol{X})$ 的方程的桥梁。

在(7.63)中已经注意到任一运动曲面 $S(t,\boldsymbol{X})=0$ 的法向速度。如果把(7.63)应用于 $S=a_0 t-\alpha(\boldsymbol{X})$，那么就找到激波速度为 $U=a_0/|\nabla\alpha|$。因此

$$M=\frac{1}{|\nabla\alpha|}。 \tag{8.44}$$

为了研究射线管的几何形状，方便的是引进一个单位向量 $\boldsymbol{l}$ 作为任一点处的射线方向并引进与射线面积有关的一个函数 A。$\boldsymbol{l}$ 的定义是很清楚的，用 α 来表示，它由

$$\boldsymbol{l}=\frac{\nabla\alpha}{|\nabla\alpha|} \tag{8.45}$$

给出，因为射线是垂直于曲面 $\alpha=$ 常数的。A 的定义也许需要稍加推广。我们想引进位置的一个有限函数，它可以用来测量任意

的无限小射线管的面积。为此我们考虑任何一根特殊的射线并且构造一个由一束相邻的射线所组成的狭窄射线管。然后我们可以引进在沿这射线管的任何一个位置上的横截面积与在一个标准参考截面处的面积的比。在这射线管的最大直径趋于零的极限情况，这个比值趋于一个有限的极限，而且取此极限函数作为沿那根射线的函数 A。可以用同样的方法沿每一根射线来定义，所以变成一个位置函数。对于任何一个无限小射线管来说，A 现在是与射线管面积成比例而不是面积本身。然而，在(8.37)中只出现面积比，所以 A 这个量仍然通过

$$\frac{A}{A_0}=\frac{f(M)}{f(M_0)} \tag{8.46}$$

与局部 Mach 数相联系。同理，作为沿射线管的横截面积比的原始参考点不要了，而由 $M=M_0$ 时的初始条件 $A=A_0$ 来代替，这个条件被结合在(8.46)中。事实上，A 可以取为与沿射线的无限小射线管面积成比例的任何有限函数。不同射线上不同的比例常数就由不同的 A_0 值来补偿。

A 与决定激波位置的函数 $\alpha(\boldsymbol{X})$ 的关系式本质上是来源于这个事实：沿一根射线的 A 的增加与(8.45)中的射线向量 $\boldsymbol{l}$ 的散度有关。事实上，我们现在指出，

$$\nabla\cdot\left(\frac{\boldsymbol{l}}{A}\right)=0, \tag{8.47}$$

并且这也可以写为

$$\frac{1}{A}\frac{dA}{ds}=\frac{\boldsymbol{l}\cdot\nabla A}{A}=\nabla\cdot\boldsymbol{l}。 \tag{8.48}$$

为证明(8.47)，把散度定理用于如图 8.3 中那样的两个相继激波位置之间的一个狭窄射线管中的体积 V 上。我们有

$$\int_V \nabla\cdot\left(\frac{\boldsymbol{l}}{A}\right)dV=\int_{S_1+\Sigma+S_2}\frac{\boldsymbol{l}\cdot\boldsymbol{\nu}}{A}\,dS, \tag{8.49}$$

其中 Σ 表示射线管的侧面，S_1 和 S_2 表示端面，而 $\boldsymbol{\nu}$ 是外法线。在侧壁面上，根据 $\boldsymbol{l}$ 的定义有 $\boldsymbol{l}\cdot\boldsymbol{\nu}=0$，所以 Σ 的贡献为零。在 S_2

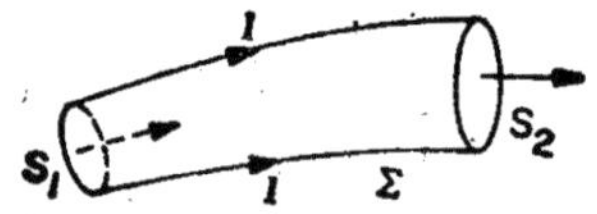

图 8.3　射线管几何形状

上，$\boldsymbol{l}\cdot\boldsymbol{\nu}=+1$，而在$S_1$上，$\boldsymbol{l}\cdot\boldsymbol{\nu}=-1$。因此，(8.49)的右边化为

$$\int_{S_2}\frac{dS}{A}-\int_{S_1}\frac{dS}{A}。$$

根据A的定义，当射线管的直径缩至零时，两个积分趋于相同的值，所以其差趋于零。于是(8.49)中的积分为零。因为所选的V是任意的，由此可知，(8.47)处处成立。

方程(8.44)—(8.47)提供一个关于$\alpha(\boldsymbol{X})$的偏微分方程。把这些结果集中在一起，我们得到

$$M=\frac{1}{|\nabla\alpha|},\tag{8.50}$$

$$\nabla\cdot\left(\frac{M}{A}\nabla\alpha\right)=0,\tag{8.51}$$

$$\frac{A}{A_0}=\frac{f(M)}{f(M_0)},\tag{8.52}$$

其中$\boldsymbol{l}=\nabla\alpha/|\nabla\alpha|=M\nabla\alpha$已在根据(8.47)求取(8.51)的过程中用到过。

为了与线性理论中的几何光学结果作比较，这是一个方便的形式。线性极限对应于$M\to1$，而线性理论分别用

$$|\nabla\alpha|=1,\tag{8.53}$$

$$\nabla\cdot\left(\frac{1}{A}\nabla\alpha\right)=0,\tag{8.54}$$

$$\frac{A}{A_0}=\left(\frac{M_0-1}{M-1}\right)^2\tag{8.55}$$

来代替(8.50)—(8.52)。请注意，在头两个方程中(那里涉及到几何形状)M总是用1来代替，但是在(8.55)中$M-1$作为强度(它是小的)的一种量度而出现。用这种方法就可以使几何形状与激

波强度的确定不耦合在一起。像 $z=(p-p_0)/p_0$ 这样的一些量是与$(M-1)$成比例的，而线性理论应该用 z 而不用 $M-1$。根据(8.54)和(8.55)我们有

$$\nabla\cdot(z^2\nabla\alpha)=0。\tag{8.56}$$

方程(8.53)是与程函方程(7.65)相同的，记住 α 是用声速来正规化的，而且由于 $z\propto\Phi_0$，(8.56)是与输运方程(7.66)相同的。在线性理论中(8.56)是首先得到的，然后解释为 $z\propto A^{-1/2}$，它对应于(8.55)。我们这里的论述直接导致以前"解释"的东西。然而，主要的一点是这里所阐述的理论在一些适当的极限下的确化为线性理论。非线性理论中非常重要的差别是强度 z 与 M 耦合在一起。即使对于 $M-1\ll 1$ 的弱激波来说，这种耦合可以引起一些重要的质的差别。

8.4 二维问题

在二维情况中，激波位置和射线构成正交坐标系，如图 8.4 所示。在某些场合，用这些内蕴坐标来表达方程是方便的。相继的激波位置已经用曲线族 $\alpha=$ 常数来描述，并且我们引进一个函数 $\beta(\boldsymbol{X})$ 来把射线描述为 $\beta=$ 常数的一族曲线。用 α 和 β 作为独立坐标，所需要的方程组可以从(8.50)到(8.52)这些方程的直接变换而导得，但是给出独立的推导对于进一步阐明几何形状的一些要点是有益的。（事实上，这是当初第一次推导该理论时所用的方法。）

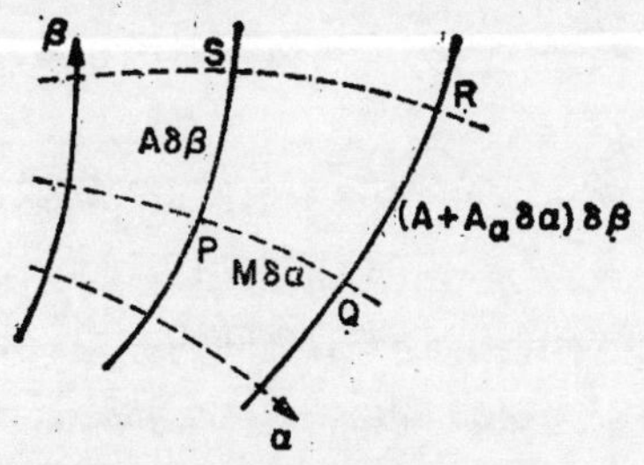

图 8.4 激波动力学中的线元素

在基于曲线网 $\alpha=$ 常数，$\beta=$ 常数的描述中，几何形状与对应于坐标增量 $d\alpha$，$d\beta$ 的线元素密切相关，而且射线管几何形状是通过这些线元素的系数而引进的。对于某一函数 A 来说，对应增量 $d\beta$ 的线元素将是 $A(\alpha,\beta)d\beta$。这个函数 A 显然是与 β 和 $\beta+d\beta$ 这两根射线之间的射线渠道宽度成比例的。在二维问题中射线管在第三维的方向上具有不变的深度；因此 A 与射线管面积成比例并且可以如第一种陈述方法中那样来加以利用。增量 $d\alpha$ 对应于在时间 $dt=d\alpha/a_0$ 中激波位置的变化。因此行进距离是 $U dt=M d\alpha$。这表明，对应增量 $d\alpha$ 的线元素是 $M d\alpha$。相邻两点之间总的线元素由度是

$$ds^2=M^2d\alpha^2+A^2d\beta^2 \tag{8.57}$$

给出。在这样的正交坐标中函数 M 和 A 不是 (α,β) 的任意函数。它们满足一个微分方程，这个微分方程之所以能够导出是因为我们知道由(8.57)所描述的二维空间事实上是平面。用 M 和 A 计算的曲率必定为零。

关于这一点的另一种说法是：M 和 A 必须使(8.57)可以变换为

$$ds^2=dx^2+dy^2。$$

适当的条件(它将在下面推导)是

$$\frac{\partial}{\partial\alpha}\left(\frac{1}{M}\frac{\partial A}{\partial\alpha}\right)+\frac{\partial}{\partial\beta}\left(\frac{1}{A}\frac{\partial M}{\partial\beta}\right)=0。\tag{8.58}$$

当把 A-M 关系式加上时，我们得到决定 $A(\alpha,\beta)$，$M(\alpha,\beta)$ 的一组完全的方程组。根据这些方程可以把射线和激波位置作为 x 和 y 的函数确定下来。

为了建立(8.58)，考虑图 8.4 中顶点为 (α,β)，$(\alpha+\delta\alpha,\beta)$，$(\alpha,\beta+\delta\beta)$，$(\alpha+\delta\alpha,\beta+\delta\beta)$ 的曲边四边形 $PQRS$。令 $\theta(\alpha,\beta)$ 是射线和一固定方向(例如 x 轴)之间的夹角。因为 PS 和 QR 这两条边的长度分别为 $A\delta\beta$ 和 $(A+A_\alpha\delta_\alpha)\delta\beta$，而且它们之间的距离是 $M\delta\alpha$，所以从 P 到 S 射线倾角的变化是

$$\delta\theta = \frac{QR - PS}{PQ} = \frac{1}{M}\frac{\partial A}{\partial\alpha}\delta\beta。$$

因此

$$\frac{\partial\theta}{\partial\beta} = \frac{1}{M}\frac{\partial A}{\partial\alpha}。\tag{8.59}$$

因为 β 曲线的倾角是 $\theta + \frac{1}{2}\pi$，类似的论述证明

$$\frac{\partial\theta}{\partial\alpha} = -\frac{1}{A}\frac{\partial M}{\partial\beta}。\tag{8.60}$$

消去 θ 就得到方程(8.58)，但是处理(8.59)和(8.60)这一对方程将更加方便些。加上 A-M 关系式

$$A = A_0\frac{f(M)}{f(M_0)}\tag{8.61}$$

这个方程组就完备了。利用

$$\alpha_x = \frac{\cos\theta}{M}, \quad \alpha_y = \frac{\sin\theta}{M},$$

$$\beta_x = -\frac{\sin\theta}{A}, \quad \beta_y = \frac{\cos\theta}{A},\tag{8.62}$$

容易证实(8.59)—(8.60)与(8.50)—(8.51)的等价性。

只要 θ, M, A 作为 α 和 β 的函数已经求出，那么沿射线进行积分就可以求出激波位置。在一条射线上

$$\frac{\partial x}{M\partial\alpha} = \cos\theta, \quad \frac{\partial y}{M\partial\alpha} = \sin\theta。$$

于是

$$x = x_0(\beta) + \int_0^\alpha M\cos\theta d\alpha,$$

$$y = y_0(\beta) + \int_0^\alpha M\sin\theta d\alpha,\tag{8.63}$$

用 $t = 0$ 时的位置 $x = x_0(\beta)$，$y = y_0(\beta)$ 给出时间为 $t = \alpha/a_0$ 时激波的位置。

一般来说，(8.61)中的系数 $A_0/f(M_0)$ 可以是 β 的一个函数，因为 A_0 和 M_0 都可以沿着初始激波位置 $\alpha = 0$ 变化。 但是我们可

以定义一个新的变量β和一个新的A去消去这。这个不变量是线元素$Ad\beta$。如果$A = K(\beta)\bar{A}$，那么

$$Ad\beta = K(\beta)\bar{A}d\beta = \bar{A}d\bar{\beta},$$

其中

$$\bar{\beta} = \int K(\beta)d\beta。$$

这样一来，任何一个不需要的因子$K(\beta)$可以被吸收到一个新$\bar{\beta}$之中。我们将假设这已经做到了（除非另外声明），并且我们取$A = A(M)$。在图8.2的绕射问题中，初始激波$\alpha = 0$是平面，而且$M_0 =$常数。我们取β为这一均匀区域中离壁面的距离。于是$A_0 = 1$并且

$$A = \frac{f(M)}{f(M_0)}。\tag{8.64}$$

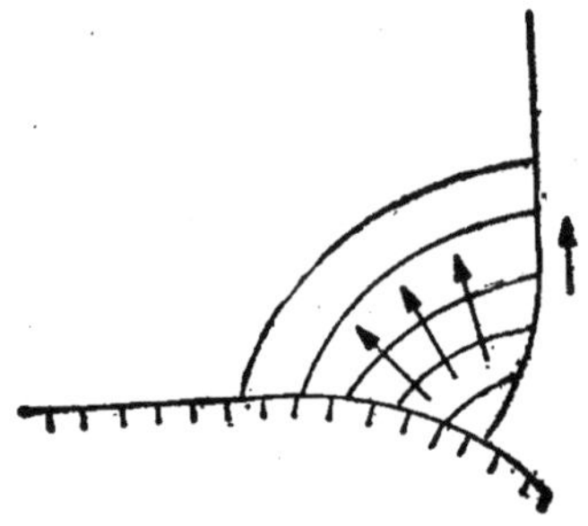

图 8.5 激波绕射中产生的柱面波

8.5 激波上的波传播

令人感兴趣的是人们最后弄清楚(8.59)—(8.61)是双曲型的，并且代表在激波上传播的扰动的波动。稍加考虑就会明白，这应该早就预料到的。如图 8.5 中简单地表示的那样，在一变形激波后面的区域中的流动涉及到相对局部流动以局部声速传播的二维波。我们的近似方程组以某种方式描述这些柱面波与激波相交点的轨迹。

研究这个方程组的特征形式就可以阐明在激波上的波传播。当把 $A=A(M)$ 代入(8.59)和(8.60)后，这两个方程变为

$$\begin{aligned}&\frac{\partial\theta}{\partial\beta}-\frac{A'(M)}{M}\frac{\partial M}{\partial\alpha}=0,\\&\frac{\partial\theta}{\partial\alpha}+\frac{1}{A(M)}\frac{\partial M}{\partial\beta}=0。\end{aligned}\tag{8.65}$$

特征形式是

$$\left(\frac{\partial}{\partial\alpha}\pm c\frac{\partial}{\partial\beta}\right)\left(\theta\pm\int\frac{dM}{Ac}\right)=0,\tag{8.66}$$

其中 c 是由

$$c(M)=\sqrt{\frac{-M}{AA'}}\tag{8.67}$$

给定的M的函数。因为 $A'(M)<0$，所以特征线是实的，并且我们得到相对 (α,β) 网格以速度

$$\frac{d\beta}{d\alpha}=\pm c$$

传播的非线性波。这些波传递激波形状和激波强度沿激波的变化。Riemann 不变量由(8.66)给出。我们得到

$$\theta+\int\frac{dM}{Ac}=\text{常数 在 }\frac{d\beta}{d\alpha}=c\text{ 上},\tag{8.68}$$

$$\theta-\int\frac{dM}{Ac}=\text{常数 在 }\frac{d\beta}{d\alpha}=-c\text{ 上}。\tag{8.69}$$

这些波动在所有方面都同第六章中讨论的一维非线性气体动力学的原型相似，而且在那里建立的一些思想和技巧可以拿过来用于这些沿激波传播的波上。

$A(M)$ 关系式是根据(8.25)导出的，(8.25)可以写为

$$\frac{1}{A}\frac{dA}{dM}=-\frac{M}{M^2-1}\lambda(M)。\tag{8.70}$$

因此

$$Ac=\left\{\frac{M^2-1}{\lambda(M)}\right\}^{1/2},\tag{8.71}$$

并且 Riemann 不变量中的积分是

$$\omega(M)=\int_1^M \frac{dM}{Ac}=\int_1^M \left\{\frac{\lambda(M)}{M^2-1}\right\}^{1/2} dM。 \tag{8.72}$$

关于弱激波($M-1\ll 1$)和强激波($M\gg 1$)的显式公式将是有用的。它们是

$$\left.\begin{aligned} &\lambda\to 4,\quad \frac{A}{A_0}\sim\frac{(M_0-1)^2}{(M-1)^2}\\ &Ac\sim\left(\frac{M-1}{2}\right)^{1/2},\ \omega(M)\sim 2^{3/2}(M-1)^{1/2}\end{aligned}\right\}当 M\to 1 时, \tag{8.73}$$

和

$$\left.\begin{aligned} &\lambda\sim n=5.0743\ (对于\ \gamma=1.4)\frac{A}{A_0}\sim\left(\frac{M_0}{M}\right)^n\\ &Ac\sim n^{-1/2}M,\ \omega(M)\sim n^{1/2}\log M\end{aligned}\right\}当 M\to\infty 时。 \tag{8.74}$$

在 (α,β) 坐标中特征关系式是非常容易求得的,但是在对特殊边值问题的应用中用直角坐标来描述往往更好一些。把(8.68)和(8.69)变换为这种形式是一件简单的事情。我们注意

$$\frac{dy}{dx}=\frac{y_\alpha+y_\beta d\beta/d\alpha}{x_\alpha+x_\beta d\beta/d\alpha}, \tag{8.75}$$

其中 $x_\alpha=M\cos\theta$, $y_\alpha=M\sin\theta$, $x_\beta=-A\sin\theta$, $y_\beta=A\cos\theta$。于是特征线 $d\beta/d\alpha=\pm c$ 变为

$$\frac{dy}{dx}=\tan(\theta\pm m), \tag{8.76}$$

其中

$$\tan m=\frac{Ac}{M}=\left(-\frac{A}{MA'}\right)^{1/2}, \tag{8.77}$$

并且特征方程组是

$$\theta\pm\omega(M)=常数\quad 在\ C_\pm:\frac{dy}{dx}=\tan(\theta\pm m)上。 \tag{8.78}$$

$m(M)$ 和 $\omega(M)$ 的值在表 8.3 中给出,该表取自 Bryson 和 Gross

表 8.3

Mach数 M	射线面积A $A\times10^{-N}$	N	特征角m(度) (degrees)	积分 ω
1	∞		0	0
1·000001	3·668749	+10	—	0·003
1·00001	3·668672	+ 8	—	0·009
1·0001	3·667902	+ 6	0·403	0·028
1·001	3·660213	+ 4	1·280	0·089
1·01	3·584696	+ 2	4·002	0·283
1·05	1·310728	+ 1	8·544	0·633
1·10	2·946288	+ 0	11·474	0·896
1·15	1·184152	+ 0	13·142	1·097
1·20	6·053638	− 1	14·843	1·266
1·25	3·536658	− 1	15·958	1·414
1·30	2·250720	− 1	16·859	1·547
1·35	1·520662	− 1	17·604	1·669
1·40	1·074028	− 1	18·231	1·728
1·45	7·850741	− 2	18·766	1·887
1·50	5·898186	− 2	19·228	1·984
1·55	4·531934	− 2	19·630	2·077
1·60	3·548150	− 2	19·983	2·165
1·65	2·822580	− 2	20·295	2·249
1·70	2·276434	− 2	20·572	2·330
1·75	1·858064	− 2	20·820	2·406
1·80	1·532637	− 2	21·042	2·480
1·85	1·276079	− 2	21·242	2·551
1·90	1·071389	− 2	21·423	2·619
1·95	9·063299	− 3	21·587	2·685
2·00	7·719471	− 3	21·736	2·749
2·05	6·615861	− 3	21·872	2·811
2·10	5·702352	− 3	21·997	2·871
2·15	4·940726	− 3	22·111	2·929
2·20	4·301517	− 3	22·216	2·985
2·25	3·761766	− 3	22·312	3·040
2·30	3·303423	− 3	22·401	3·094
2·40	2·576553	− 3	22·560	3·203
2·50	2·037086	− 3	22·696	3·302
2·60	1·630023	− 3	22·814	3·388
2·70	1·318343	− 3	22·916	3·477
2·80	1·076566	− 3	23·006	3·563
2·90	8·868121	− 4	23·085	3·645
3·00	7·363072	− 4	23·154	3·724
3·20	5·184216	− 4	23·271	3·875
3·40	3·740925	− 4	23·364	4·015
3·60	2·757067	− 4	23·439	4·148
3·80	2·069662	− 4	23·501	4·272
4·00	1·578970	− 4	23·552	4·398
4·50	8·519558	− 5	23·647	4·660
5·00	4·926060	− 5	23·710	4·900
6·00	1·921342	− 5	23·788	5·314
7·00	8·705958	− 6	23·832	5·672
8·00	4·395269	− 6	23·859	5·966
9·00	2·408270	− 6	23·876	6·232
10·00	1·407051	− 6	23·889	6·470
15·00	1·786391	− 7	23·917	7·385
20·00	4·141420	− 8	23·926	8·033
100·00	1·172427	−11	23·937	11·67
∞	0		23·938	∞

(1961) 一篇论文。

这些方程也可以从(8.50)，(8.51)的二维形式直接推导出来。

由于 $\alpha_x = \cos\theta/M$，$\alpha_y = \sin\theta/M$，所以用 θ 和 M 表示的等价的一组方程是

$$\begin{aligned}
&\frac{\partial}{\partial x}\left(\frac{\sin\theta}{M}\right) - \frac{\partial}{\partial y}\left(\frac{\cos\theta}{M}\right) = 0, \\
&\frac{\partial}{\partial x}\left(\frac{\cos\theta}{A}\right) + \frac{\partial}{\partial y}\left(\frac{\sin\theta}{A}\right) = 0。
\end{aligned} \tag{8.79}$$

要证明其特征方程组是上面那样是简单的，但是长一些。

8.6 激波-激波

函数 $c(M)$ 是 M 的一个递增函数。因此，在正方向上运动的，以及使 M 和 θ 递增的波将以典型的非线性形式发生间断。根据以前相类似问题的经验，我们假设：M 和 θ 都将发生间断性跳跃，即激波产生拐角，如图 8.6 所示。在这个近似理论的范围之内，我们遵循这样一些"激波"间断的普通原理，从基本方程组的守恒形式推导出跳跃条件。这些在原始气体动力学激波上的波中的"激波"将称为"激波-激波"。激波上的波解释为在激波后面的流动中正在传播开去的差不多是柱面的波的轨迹。一个激波-激波是在主激波后面流动中一个真正的气体动力学激波的轨迹。这样一来，它对应于已经直接研究探索过的三激波 Mach 反射（在第六章末描述过）。我们以后将要更加详细地讨论 Mach 反射的关系式。

这个理论的微分方程 (8.59) 和 (8.60) 是根据激波-射线网络的度是 (8.57) 推导出来的。相应的有限形式对推导各跳跃条件来说是需要的。考虑如图 8.6 所表示那样的相继的两个激波位置中的间断的邻域。令这两个激波位置的 α 坐标的差是 $\Delta\alpha$，并且令两根射线的 β 坐标的差是 $\Delta\beta$。令下标 1 和 2 表示这个间断前面和后面的值。于是，在图 8.6 中，$PQ = M_2\Delta\alpha$，$QR = A_2\Delta\beta$，$SR = M_1\Delta\alpha$，$PS = A_1\Delta\beta$。用可选择的两种方法表达距离 PR，我们得到

$$(M_1\Delta\alpha)^2 + (A_1\Delta\beta)^2 = (M_2\Delta\alpha)^2 + (A_2\Delta\beta)^2。$$

但是比值 $\Delta\beta/\Delta\alpha$ 是在 (α, β) 坐标中的激波-激波速度 C；因此

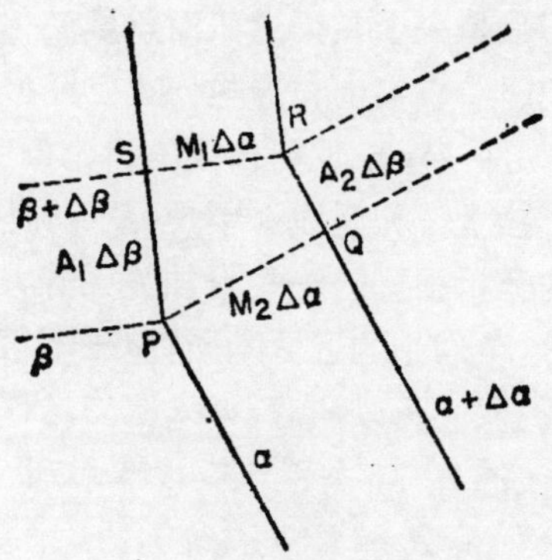

图 8.6 激波-激波的线元素

$$C^2 = -\frac{M_2^2 - M_1^2}{A_2^2 - A_1^2}。\tag{8.80}$$

相应的θ的跳跃是根据

$$\cot(\theta_2 - \theta_1) = \tan(RPQ + RPS) = \frac{A_2C/M_2 + M_1/A_1C}{1 - A_2M_1/M_2A_1}$$

推导出来的。根据(8.80)把C消去，我们得到

$$\tan(\theta_2 - \theta_1) = \frac{(M_2^2 - M_1^2)^{1/2}(A_1^2 - A_2^2)^{1/2}}{A_2M_2 + A_1M_1}。\tag{8.81}$$

对于直角坐标(x,y)中的描述来说，把(8.80)变换为等价的形式

$$\tan(\chi - \theta_i) = \frac{A_i}{M_i}\left(\frac{M_2^2 - M_1^2}{A_1^2 - A_2^2}\right)^{1/2}, \quad i = 1 或 2, \tag{8.82}$$

其中χ是激波-激波线与x轴的所成的角。

假设：即使对于在激波-激波处渠道截面的急剧变化来说，A和M之间的函数关系式(8.61)仍然适用，速度C根据(8.80)用M_1和M_2来确定，而且θ的跳跃用(8.81)来确定。于是，对于弱激波-激波，即$M_2 - M_1 \to 0$来说，容易验证(8.80)正确地化为特征速度(8.67)，而(8.81)正确地化为 Riemann 不变量关系式。然而，对于足够强的激波-激波来说，A_2对M_2的依赖关系将不是由(8.61)精确给出的，因为这一关系式是在渠道截面变化缓慢的假设下推导出来的。它也不只是一个在渠道截面急剧变化时建立联系M和A的正确公式的问题。事实上，这些公式已经由 Laporte (1954) 找到。实际上，正如从 Mach 反射传统的讨论中所知道的那样，在主激波后面存在第三激波和涡面。于是，从原则上讲，人们应该取根据三激波图形的分析得到的一些附加关系式。这必然是一件复杂的事情，考虑到这个理论的近似本质，似乎不值得详细讨论这件复杂的事情。然而，我们可以注意，如果真的这样做了，那么关于追随激波-激波的波的 A-M 关系式应该取形式

$$A = K(\beta)f(M),$$

其中 $K(\beta) = A_2/f(M_2)$ 必须根据一些三激波关系式来求取；使 A-M 关系式通过激波-激波往后延续到初始位置并且取 $K = A_0/f(M_0)$，这必然是不正确的。整个问题与普通气体动力学中熵这个问题相像，在那里人们首先假设 $p = p(\rho)$，而且从这导出简单波。但是另一方面，因为压缩波发生间断，所以激波必须加以考虑，而且它们涉及到熵的变化，结果 p 不再是 ρ 这一个量的函数；在激波后面每一条质点轨迹上的熵是常数。对于A和M来说，我们得到同 p 和 ρ 相类似的情况，K具有与熵相似的作用。在(8.80)和(8.81)中使用 $A = A(M)$的更简单的激波-激波理论与气体动力学激波中忽略熵的变化十分相像。大家知道，如果间断不是太强，那么忽略熵的变化给出精确的结果，因此人们预料，在这里同样的情况也是成立的。关于 Mach 反射，在图 8.11 中将给出这些更简单的激波-激波条件和一些三激波结果之间的比较。比较证实了这一观点：在使用这个近似理论的前提下进行更精细的处理将是不值得的。

8.7 平面激波的绕射

我们现在考虑这个一般理论的一些特殊应用，并从一平面激波沿一弯曲壁面运动时发生绕射这个问题着手。图 8.2 中画有一条凸曲线的几何形状。壁面是一条射线，而且壁面形状提供壁面上的一个已知边界值 $\theta = \theta_w$。如果我们利用 (α,β) 坐标，那么可

以认为壁面是射线 $\beta=0$。 首先,大家知道, θ_w 是沿壁面的距离 S 的一个函数。然而,如果我们认为壁面上 $\theta=\theta_w(\alpha)$,那么我们可以根据最后的解确定 α 和 S 之间的关系式。对于简单的形状(例如尖角)来说,这一关系式是不需要的,因为 θ_w 刚好在角的两条边上取常数值,而且(α,β)描述法更加简单。对于更一般的形状来说,这一隐式关系式就必然是一件麻烦的事情,因此用 (x,y) 描述法来研究,以及利用等价的方程组(8.78)通常会更好一些。

壁面一开始是 $\theta_w=0$ 的直线;激波是均匀的而且 $\theta=0$, $M=M_0$。我们取 β 为这个均匀区域中离壁面的距离,所以 $A_0=1$ 而且 (8.64) 适用。我们取 $\alpha=0$ 为角的起点处这个初始位置。于是全部问题是解方程组(8.65),初始值和边界值由

$$\theta=0,\ M=M_0\ \text{对于}\ \alpha=0,\ 0<\beta<\infty,$$
$$\theta=\theta_w(\alpha)\qquad \text{对于}\ \beta=0,\ 0<\alpha<\infty$$

给出。

波沿激波的传播类似于气体动力学中的一维波。壁面位移对应于活塞运动,并且我们可以想像推或拉激波根部并沿激波发出波的壁面相对位移。一个凸角对应于正在抽出并发出膨胀波的活塞,而一个凹角对应于推动活塞使之产生压缩波。无论哪一种情况,在因间断而产生激波-激波之前,根据与 6.8 节中完全相类似的论述可以判断其解是一简单波。(8.69) 中的 C_- 不变量在任何地方都是一样的,因为所有的 C_- 都起源于波前面的均匀区域,在那里 $\theta=0$, $M=M_0$。于是

$$\theta-\omega(M)=\omega(M_0) \tag{8.83}$$

处处成立,其中 $\omega(M)$ 由(8.72)给定。特别地,壁面上的Mach 数 M_w (它或许是最重要的结果)用 θ_w 给定而不需要进一步计算解。我们有

$$\theta_w=\omega(M_w)-\omega(M_0)。 \tag{8.84}$$

对于任何一个特殊的 θ_w 来说,利用表 8.3 解这个关系式就可以得到相应的 M_w 值。

在这个简单波中,壁面上的值向外传播并在图 8.7 中所表示

的 C_+ 特征线上保持不变。如果认为特征变量 τ 是特征线与壁面 $\beta=0$ 的交点处的 α 值，那么简单波解是

$$\theta=\theta_w(\tau),\ M=M_w(\theta_w),\ \beta=(\alpha-\tau)c(M_w)。\tag{8.85}$$

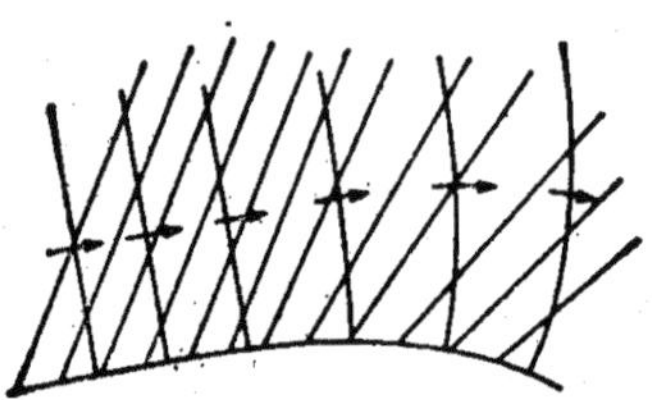

图 8.7　激波绕射中的特征线

在(x,y)描述法中相应的方程组是

$$\begin{aligned}&\theta=\theta_w=\tan^{-1}y'_w(\xi),\ M=M_w(\theta_w),\\&y=y_w(\xi)+(x-\xi)\tan(\theta_w+m_w)。\end{aligned}\tag{8.86}$$

绕尖角的膨胀

对于一个尖凸角来说，θ 从 0 跳跃为负值 θ_w，并保持该值不变。相应的壁面 Mach 数从 M_0 跳跃为由(8.84)给定的值 M_w。扰动是一个中心简单波(见图 8.8)，而关于波中 M 的解根据

$$\frac{\beta}{\alpha}=c(M),\ c(M_w)<\frac{\beta}{\alpha}<c(M_0)\tag{8.87}$$

来求取。相应的 θ 由(8.83)给出。沿着激波

$$\frac{\partial x}{A\partial\beta}=-\sin\theta,\ \frac{\partial y}{A\partial\beta}=\cos\theta;$$

于是在时间 $t=\alpha/a_0$ 的激波位置是根据

$$\begin{aligned}&x=\alpha M_w\cos\theta_w-\int_0^\beta\frac{f(M)}{f(M_0)}\sin\theta d\beta,\\&y=\alpha M_w\sin\theta_w+\int_0^\beta\frac{f(M)}{f(M_0)}\cos\theta d\beta,\end{aligned}\tag{8.88}$$

用 β 来表示。因为M和 θ 是单变量 β/α 的函数，于是可知 x/α 和 y/α 也是这个单变量的函数。因此激波图象随着时间均匀地膨胀。根据量纲分析这应该事先就直接推导出来了。在这个问题中没有基本的长度或时间，所以所有流动量必须是 x/a_0t 和 y/a_0t

的函数。在精确理论中和在近似几何理论中这是同样地成立的。

第一个扰动在特征线 $\beta=\alpha c(M_0)$ 上传播。 因为 β 量度在初始未扰激波上离壁面的距离并且 $\alpha=a_0t$，所以物理空间中的速度是 $a_0c(M_0)$。 关于这个问题的精确数学提法所能够确定的很少几个量中的一个是第一讯号的速度。按照声学理论，从角上发出的第一个可能的扰动相对局部流动速度 u 以局部声速 a 向外传播而进入激波后面的流动中。于是这个扰动以速度

$$\{a^2-(U-u)^2\}^{1/2} \tag{8.89}$$

沿着激波行进，其中 U 是激波速度。U，a，u 这些量都可以用 M_0 来表达，而且我们发现(8.89)是 a_0c^*，其中

$$c^*=\left\{\frac{(M_0^2-1)[(\gamma-1)M_0^2+2]}{(\gamma+1)M_0^2}\right\}^{1/2}。$$

这尚须与

$$c_0=c(M_0)=\left\{\frac{M_0^2-1}{\lambda(M_0)}\right\}^{1/2}$$

作比较，其中 $\lambda(M)$ 由(8.26)给出。对于弱激波来说，

$$c_0\sim\left\{\frac{1}{2}(M_0-1)\right\}^{1/2},\quad c^*\sim\{2(M_0-1)\}^{1/2},$$

$$M_0\to1; \tag{8.90}$$

对于强激波来说，取 $\gamma=1.4$ 的话

$$c_0\sim0.4439M_0,\quad c^*\sim0.4082M_0,\quad M_0\to\infty。 \tag{8.91}$$

这样一来，对 M_0 的依赖是相同的，而且事实上对于 $M_0>2$ 来说存在合理的数值一致性。对于弱激波来说，

$$c_0=\frac{1}{2}c^*。$$

人们可以认为 c^* 只给出第一个讯号的速度，而主扰动事实上可能来得晚一点。但是总的来说，根据似乎是这样的：对于弱激波，真正的扰动是分布在整个圆形声波波阵面上，而近似理论把扰动缩小了大约一半。我们在下面将看到，关于扰动总值的预言，正如由 M_w 值所证明的那样，是非常好的，而且在这个理论中的扰动的集

中是不可避免的。对于强激波来说，扰动更加集中，而且近似理论非常好地表示了这种性态。人们还可以认为，这个理论强调激波附近的局部性态，而这对于更强的激波来说显然是更好一些。无论如何可以用线性声学来处理。

即使关于绕尖角绕射的精确方程可以简化为一个用 x/a_0t，y/a_0t 表示的相似解，一般来说，对它几乎没有什么办法。然而，对于小 θ_w 角来说，激波后面的流动可以进行线化，并且解可以完全求出。这是由 Lighthill (1949) 完成的。我们可以在这一特殊情况中把我们的结果与 Lighthill 结果作一比较。对于小 θ_w 来说，关于壁面 Mach 数 M_w 的(8.84)可以由

$$\begin{aligned} M_w - M_0 &= c(M_0)\theta_w \\ &= \left\{\frac{M_0^2 - 1}{\lambda(M_0)}\right\}^{1/2} \theta_w \end{aligned} \tag{8.92}$$

来近似。我们在 $M_0 \to 1$ 和 $M_0 \to \infty$ 这两种极端情况下把(8.92)与 Lighthill 结果作一比较。对于弱激波来说，

$$M_w - M_0 \sim \left\{\frac{1}{2}(M_0 - 1)\right\}^{1/2} \theta_w,$$

而 Lighthill 得到 $8/3\pi$ 乘以这个结果。对于强激波来说，

$$M_w - M_0 \sim 0.4439 M_0 \theta_w;$$

Lighthill 值必须取自一张图表但是数值因子似乎为 0.5 左右。Lighthill 理论表明，对于弱激波来说，扰动是通过整个圆形声波波阵面传播开去，但是对于强激波来说，它更加集中，而且事实上当 $M_0 \to \infty$ 时曲率趋于无穷大。

考虑到这一近似理论的比较简单，其结果是非常好的。局限于尖角和小角的 Lighthill 的分析比较起来已经是十分冗长乏味的，而且这个近似理论可以应用到还没有找到其他分析解的大量的各种各样的问题中。除了弱激波以外，结果应该是好的，而且即使对于弱激波来说，关于总的 Mach 数变化的预言应该是很好的。证明这种一致性的实验结果将在以后谈到。

关于任何初始 Mach 数和任何拐角角度的解在 (8.87) 和

(8.88)中给出。在强激波即 $M_0 \to \infty$ 的极限情况，公式简化了，而且解的形式变得更清楚。对于强激波来说，关于 M_w 的适当表达式变为

$$M_w = M_0 \exp\left(\frac{\theta_w}{\sqrt{n}}\right), \tag{8.93}$$

而且在扇形中

$$\frac{M}{M_0} = \left(\frac{\beta\sqrt{n}}{M_0\alpha}\right)^{1/(n+1)},$$

$$\theta = \frac{\sqrt{n}}{n+1}\log\frac{\beta\sqrt{n}}{M_0\alpha}。 \tag{8.94}$$

在时间 $t = \alpha/a_0$ 的激波方程根据 $f(M) = M^{-n}$ 时的(8.88)来求取。最容易的是利用 θ 作为一个参数来代替 β，并且根据 $\theta = 0$ 时 $x = M_0 a_0 t$，$y = M_0 a_0 t/\sqrt{n}$ 来定出积分常数。于是我们得到

$$\left.\begin{aligned} \frac{x}{M_0 a_0 t} &= \left(\frac{n+1}{n}\right)^{1/2} e^{\theta/\sqrt{n}} \sin(\eta - \theta), \\ \frac{y}{M_0 a_0 t} &= \left(\frac{n+1}{n}\right)^{1/2} e^{\theta/\sqrt{n}} \cos(\eta - \theta), \end{aligned}\right\} \theta_w < \theta < 0, \tag{8.95}$$

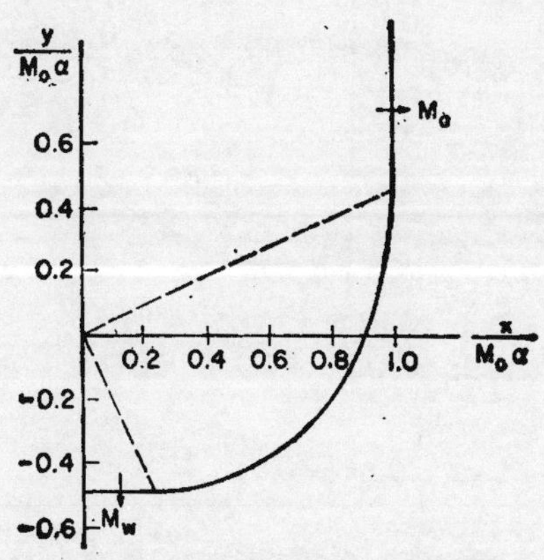

图 8.8 绕 90° 角绕射中理论激波形状

其中$\tan\eta=\sqrt{n}$。图8.8中画有 $\theta_w=-\pi/2$ 时的激波形状。解的相似形式早已经注意到，而且我们再说一下，对于强激波来说，解也是以 M_0 作为比例尺的。

Skews (1967) 已经把关于各种不同 M_0 的解与实验结果作了比较。他发现一致性是相当好的，而且典型结果转载在图8.9中。

对于强激波来说，对可以找到解的 θ_w 的大小没有加以限制。对于足够弱的激波来说，存在一个限制，因为 M_w 不能降到1以下。因此，如果 θ_w 降到比由

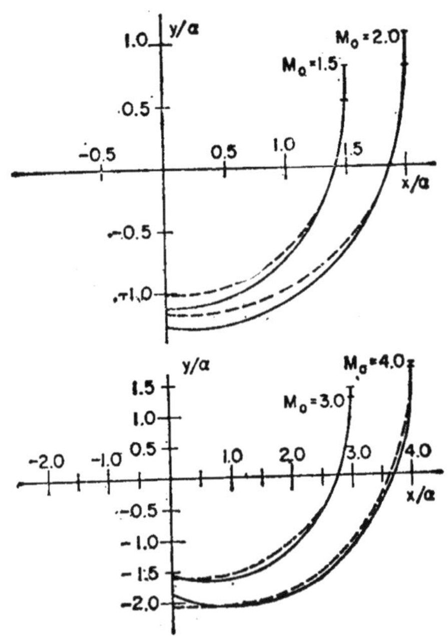

图8.9 激波绕射：实验结果(实线)与理论(虚线)的比较(Skews)

$$\theta_{\lim}=-\int_1^{M_0}\frac{dM}{Ac}$$

给出的 $\theta_{\lim}$ 小的话，那么不存在解。大概这对应于在角上的强分离或其他一些效应，但是现在如何解释是不清楚的。

楔形体的绕射

对于一个凹角来说，激波上的波发生间断，而且必须利用 8.6 节中建立的一些跳跃条件，把激波-激波引到解(8.85)中。我们只详细考虑关于一个尖凹角的解，它等价于绕楔形体的平面激波的绕射问题。这个问题在文献中已经得到极大的注意(见 Courant 和 Friedrichs, 1948, p. 338)。在近似理论中解是简单的。正如图 8.10 中所表示的那样，解是一个分隔这样两个区域的激波-激波，在这两个区域中M和θ都是常数。根据(8.81)，解

$$\tan\theta_w=\frac{(M_w^2-M_0^2)^{1/2}(A_0^2-A_w^2)^{1/2}}{A_wM_w+A_0M_0},$$

$$\frac{A_w}{A_0}=\frac{f(M_w)}{f(M_0)},\tag{8.96}$$

就可以得到壁面 Mach 数。图 8.10 中所表示的关于激波-激波线的角χ，可根据(8.82)表达为

$$\tan(\chi-\theta_w)=\frac{A_w}{A_0}\left\{\frac{1-(M_0/M_w)^2}{1-(A_w/A_0)^2}\right\}^{1/2}。\tag{8.97}$$

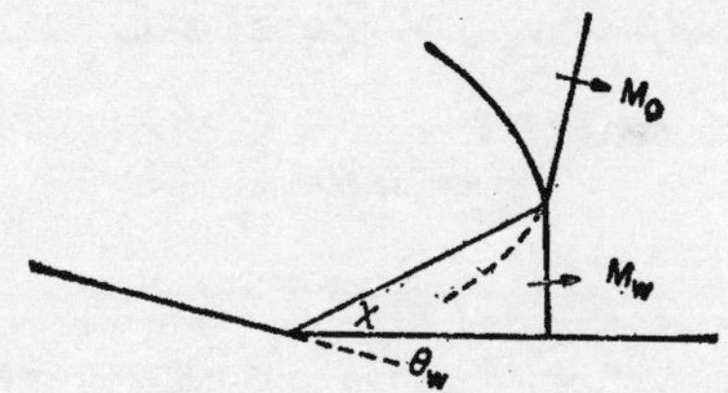

图 8.10 楔形体的 Mach 反射

对于强激波来说，

$$\frac{A_w}{A_0}=\left(\frac{M_0}{M_w}\right)^n,$$

而且χ变为只是θ_w的一个函数。它画在图 8.11 中。

实际上，真正的图形是具有一个第三反射激波和一个涡面的 Mach 反射，如图 8.10 所示。另外，Mach 茎，即壁面附近的那一部分激波，是稍微弯曲的。关于这三个激波的气体动力学激波关系式提供三波点处流动角和激波角之间的一些关系式。如果我们

假设 Mach 茎是直线，那么这些关系式允许我们把 χ 另外确定为 θ_w 的一个函数。这是图 8.11 中的虚线。小 θ_w 时的差别与所预料的差不多，是与(8.91)中的误差同一量级。然后，幸运地，这两条曲线越来越接近并且交叉了。在三激波理论中 θ_w 存在一个上限，在这个上限处 Mach 反射过渡到正常反射(见 6.17 节)，而简化的激波-激波关系式仍然预言一个非常细微的 Mach 茎。然而，对于大于 70° 左右的 θ 来说，Mach 茎是这样小以致我们得到与正常反射实际上相同的图画。我们再一次得出结论：这个理论是非常好的。

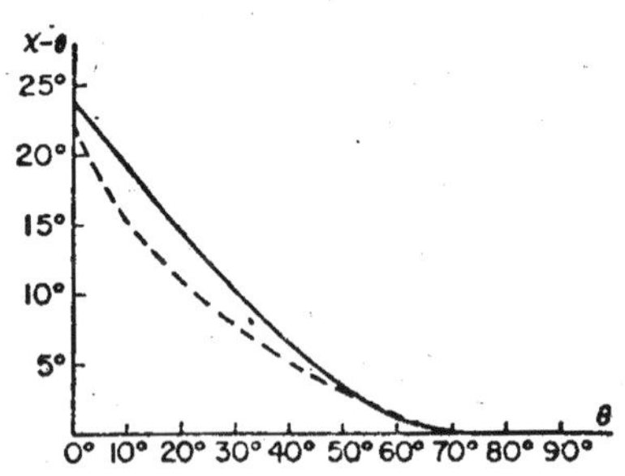

图 8.11 Mach 反射角 χ-θ 与楔形角 θ。实线代表本理论，虚线代表三激波理论

圆柱的绕射

也许对这个理论的最严峻的考验是对圆柱绕射的应用，这一应用是由 Bryson 和 Gross (1961) 进行的，然后跟他们的实验结果作比较。开始在头部求解存在着困难，但是 Bryson 和 Gross 提出一个解决困难的满意的方法。首先，激波受正常反射一直转到与离头部成角度约 45° 处，那时形成一根 Mach 茎，接着就变大。正如图 8.11 中注意到的那样，近似理论对于直到 $\pi/2$ 的所有 θ_w 都预言有一根 Mach 茎。Bryson 和 Gross 采用这样的观点：如果 Mach 茎非常小，那么实际上这是正常反射。然而，使计算在头部开始还有一个困难，因为那里的性态是奇异的。他们采用下列方法。在头几步中，假设 Mach 茎是直线而且是径向的，正如图

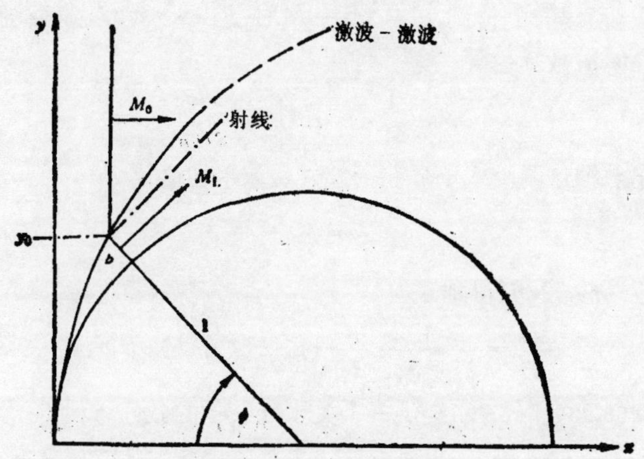

图 8.12　球或柱的激波绕射

8.12 中那样。如果它在离头部 φ 角处的长度是 b，而圆柱的半径正规化为一，那么包含在面积为 $A_0 = (1 + b)\sin\varphi$ 的一个流管中的未扰射线所通过的面积为 $A_1 = b$。因此

$$\frac{b}{(1 + b)\sin\varphi} = \frac{f(M_1)}{f(M_0)}。\tag{8.98}$$

因为 α 在激波-激波处是连续的而且在激波的未扰部分中由 x/M_0

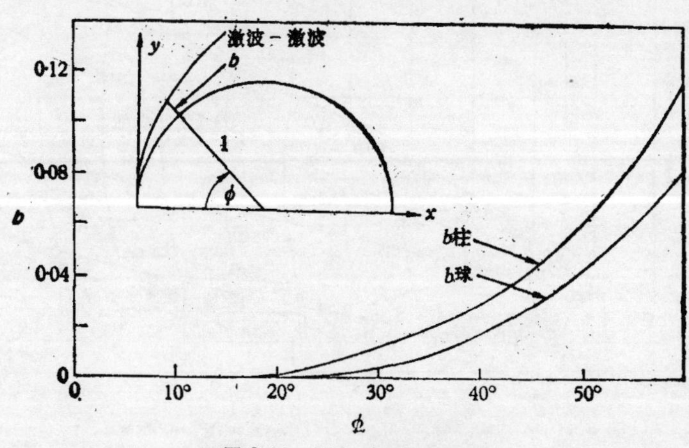

图 8.13　激波-激波脱体距离

给出，所以我们得到 $\alpha = \{1-(1+b)\cos\varphi\}/M_{00}$ 在半径R处的 Mach 数M由

$$\frac{1}{M} = |\nabla\alpha| = \frac{\partial\alpha}{R\partial\varphi}$$

给出。把这两个式子放在一起并且取平均位置

$$R = 1 + \frac{1}{2}b$$

对应 M_1，我们得到

$$\frac{M_0}{M_1} = \frac{1}{1+b/2}\frac{d}{d\varphi}\{1-(1+b)\cos\varphi\}。\tag{8.99}$$

方程(8.98)和(8.99)提供一个关于 $b(\varphi)$ 的微分方程，这个方程要在初始条件 $b=0,\ \varphi=0$ 之下来求解。对于强激波来说，即对于 $M_0 \gg 1$ 来说，它是

$$\frac{db}{d\varphi} = (1+b)\tan\varphi - \frac{1+b/2}{\cos\varphi}\left[\frac{b}{(1+b)\sin\varphi}\right]^{1/n}。\tag{8.100}$$

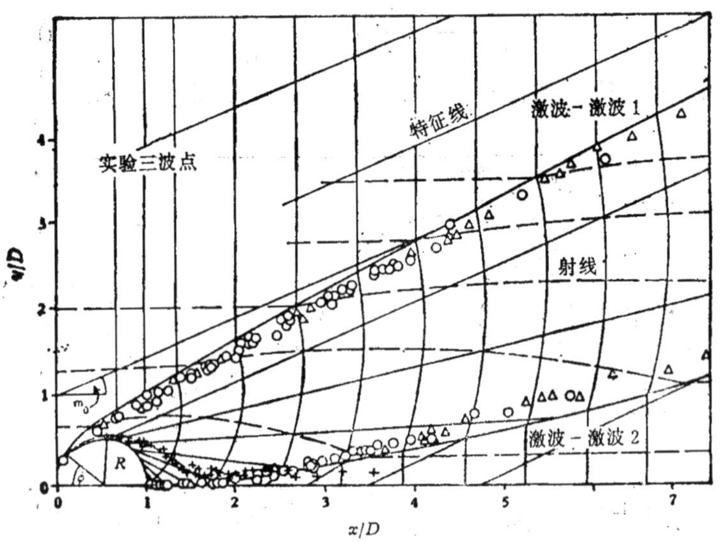

图 8.14 圆柱的绕射。 $M_0 = 2.81$： ○ = Re 7.79×10^4；△ = Re 0.87×10^4，+ = 涡迹。（Bryson 和 Gross, 1961.）

对于小 φ 来说，

$$b = \sin^{n+1}\varphi, \quad \varphi \ll 1。$$

(8.100)的解画于图 8.13 中。Bryson 和 Gross 把这个解一直用到 $\varphi = 45^\circ$ 为止，然后用详细的特征线来继续下去。当两根 Mach 茎在圆柱后面相交时就形成第二个激波-激波。这些结果表示在图 8.14 中，并且与他们的实验观察资料作比较。理论激波位置和

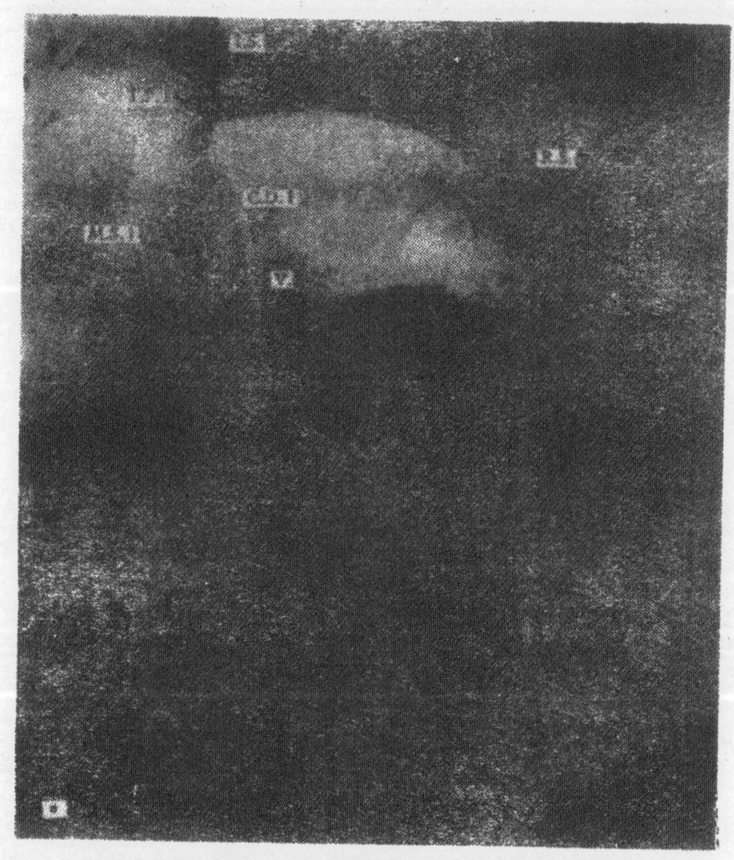

图 8.15(a) 直径为 1/2 英寸的圆柱上激波绕射的纹影照片，$M_0 = 2.82$。注意边界层开始分离符号说明：*I. S.*——入射激波；*MS*——Mach 激波；*R. S.*——反射激波；*C. D.*——接触间断；*T. P.*——三波点；*V*——涡(Bryson 和 Gross 1961.)

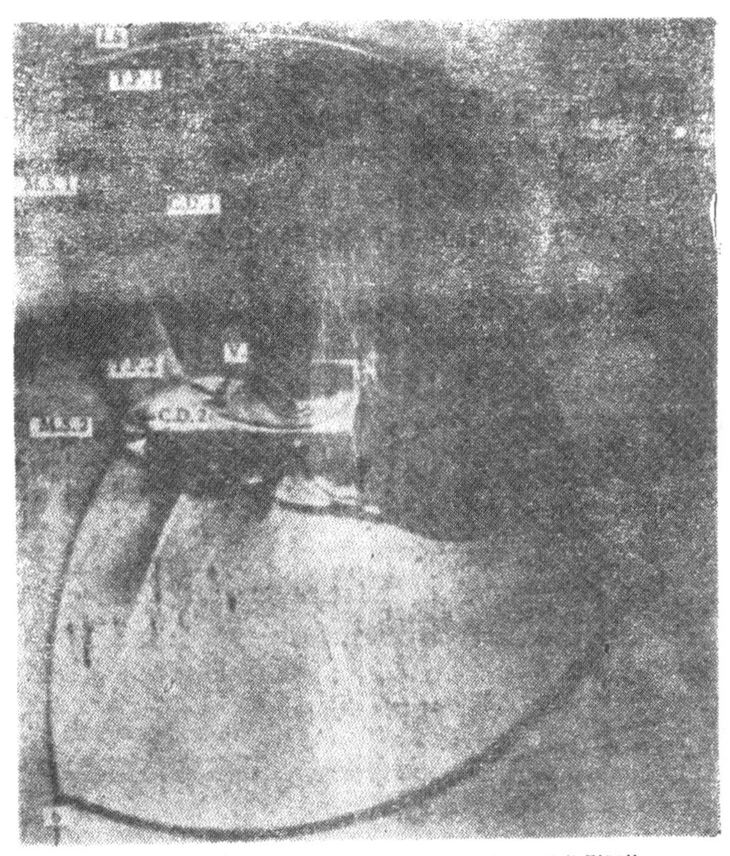

图 8.15(b) 直径为 1/2 英寸的圆柱上激波绕射的纹影照片。$M_0=2.81$。符号说明：*I.S.*——入射激波；*M.S.*——Mach 激波；*R.S.*——反射激波；*C.D.*——接触间断；*T.P.*——三波点；*V*——涡 (Bryson 和 Gross 1961.)

两个激波-激波是实线，射线是虚线。圆圈和三角分别是 $Re=7.79\times10^4$ 和 $Re=0.87\times10^4$ 时的激波-激波位置的实验点。在实验中，靠近前部的地方形成一个涡，而且它的轨迹用十字来表示；当然，它没有被包括在简单理论中。流谱的纹影照片在图 8.15a, b, c 中给出。

锥或球的绕射

图 8.15(c) 直径为 1/2 英寸的圆柱上激波绕射的纹影照片。$M_0=2.84$。符号说明：*M.S.*——Mach 激波；*R.S.*——反射激波；*C.D.*——接触间断；*T.P.*——三波点；*V*——涡 (Bryson 和 Gross 1961.)

对于三维问题来说，用(8.50)—(8.52)中的公式。对于轴对称问题来说，头两个方程是

$$\alpha_x^2+\alpha_r^2=\frac{1}{M^2},$$

$$\frac{\partial}{\partial x}\left(\frac{rM}{A}\alpha_x\right)+\frac{\partial}{\partial r}\left(\frac{rM}{A}\alpha_r\right)=0,$$

其中 x 是沿轴的距离；而 r 是径向距离。根据

$$\alpha_x = \frac{\cos\theta}{M}, \quad \alpha_r = \frac{\sin\theta}{M},$$

引进射线角 θ 并且研究

$$\frac{\partial}{\partial x}\left(\frac{\sin\theta}{M}\right) - \frac{\partial}{\partial r}\left(\frac{\cos\theta}{M}\right) = 0,$$

$$\frac{\partial}{\partial x}\left(\frac{r\cos\theta}{A}\right) + \frac{\partial}{\partial r}\left(\frac{r\sin\theta}{A}\right) = 0, \qquad (8.101)$$

$$\frac{A}{A_0} = \frac{f(M)}{f(M_0)}。$$

这个方程组，这也是方便的。固壁 $r = r_w(x)$ 上的边界条件是 $\tan\theta = r'_w(x)$。

对于锥的绕射来说，其解是一个相似解，在此相似解中所有量都是 r/x 的函数。方程(8.101)可以化为常微分方程组，这个常微分方程组必须在满足壁面上和激波-激波处的边界条件下求解。详细情况在原始论文（Whitham, 1959b）中给出。Bryson 和

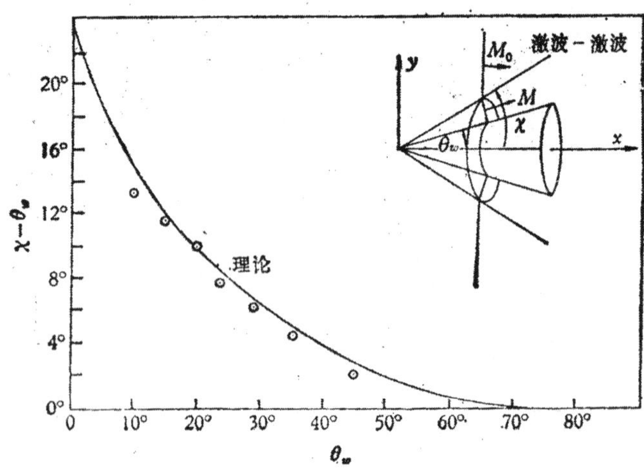

图 8.16 锥绕射中的激波-激波角的理论和实验结果的比较 (Bryson 和 Gross, 1961.)

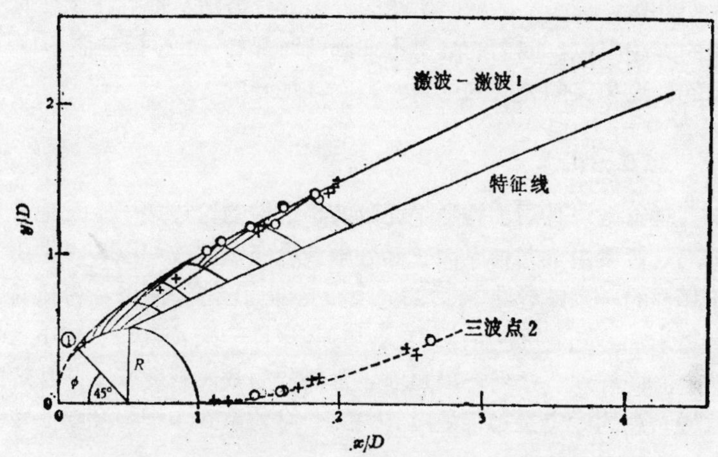

图 8.17　球的绕射。○——$M_0 = 2.85$；+——$M_0 = 4.41$
(Bryson 和 Gross, 1961.)

Gross 把计算推广了，并且与实验结果作了比较。图 8.16 比较了 $M_0 = 3.68$ 时的激波-激波角 χ 和壁面角。

对于球来说，Bryson 和 Gross 完成了(8.101)的特征线计算，

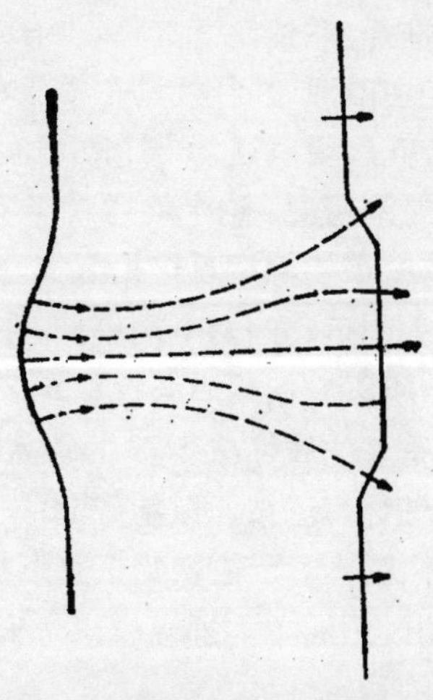

图 8.18　关于焦散线的非线性分解时激波位置(实线)和射线(虚线)的简图

他们开始计算头部区域时所用的近似处理方法与他们在圆柱时所用的方法类似。他们的结果不如圆柱时那样详细，但是图 8.17 所示的理论和实验之间的一致性是同样地好的

8.8 激波稳定性

理论把一直用于解释平面激波稳定性的论述之一定量地表达出来。假设由于某种原因一部分激波已经发展成如图8.18中所表示那样的一个鼓包。滞后部分现在是凹面向前，所以在传播时强度将增加。随着强度增加，它就加速，这样一来，就趋于减小这个鼓包。同样地，任何一段超前其余部分的激波强度减小并且速度减慢。总的效应是稳定效应。在 A-M 关系式中把强度随曲率变化的论述定量地表达出来。

在线性几何光学中，波前的一个凹部分就产生一条焦散线，因为线性射线应该垂直初始波前并形成一个包络(参阅前面7.7节)。当波前沿收缩的射线管传播时它的强度增加，并且当它到达焦散线时强度趋于无限大。但是在线性理论中速度是不变的，因此射线仍然相同。在这里阐述的非线性理论中，激波在强度增加时就加速。这就把射线推开，并且没有重叠，没有焦散线。如图8.18中所表示那样，激波走在前面，并且扰动在沿激波传播时平均了。

详细地讲，这个问题要表述为一个初值问题，M 和 θ 在初始激波位置上给定。在二维情况，这个问题就与 6.12 节中所讨论的问题完全相似。那里有一个初始相互作用区域，然后扰动就分为沿着激波向正的和负的方向运动的两个简单波。在每一个上面，θ 和 M 的总变化应该为零，所以它们最后必定取 N 波形式；在前面和后面是激波-激波，中间是 θ 的线性减少。其形状应是图 8.18 那样的。在这里将不给出详细计算。按照以前建立的一般结果，激波-激波像 $t^{-1/2}$ 那样衰减下去。对于像初始正弦形状那样的一个均匀分布的扰动来说，扰动最后像 $1/t$ 那样衰减下去(见 2.8 节)。

收缩柱面激波的稳定性

研究收缩的柱面和球面激波稳定性时出现一个有趣而重要的

问题。预期的中心处很强的压力由于不完全的聚焦而大大减少. Perry 和 Kantrowitz (1951) 所做的一些实验显示了弱的和中等强度的激波的非常对称的形状以及强激波不稳定性的某种迹象，虽然这些结论似乎不是很清晰的。令人感兴趣的是利用这个理论来分析这个问题。激波上的一些局部皱纹将具有用来描述平面激波的那些趋势，但是这些趋势必须叠加到整个激波总的收缩和加强之上。滞后部分将具有加强的趋势，但是其他部分已经由于总的收缩而正在加强并且更接近中心。所以滞后部分可以继续落在后面而且可能越来越落后。当半径足够大时这似乎是显然的:性态应该接近于平面激波的性态并且传播应该是稳定的。于是问题涉及到由于接近中心而强度变得很大时的性态。

强柱面波问题是由 Butler (1955) 分析的，他利用一种小摄动处理法，这种处理法含蓄地包括了射线管理论的一些近似。利用这里阐述的一般方程，可以很容易地并且不作一些小摄动假设就可以处理它。对于强激波来说，二维方程组(8.59)—(8.61)可以写为

$$\frac{\partial\theta}{\partial\beta}+\frac{nM_0^n}{M^{n+2}}\frac{\partial M}{\partial\alpha}=0, \tag{8.102}$$

$$\frac{\partial\theta}{\partial\alpha}+\frac{M^n}{M_0^n}\frac{\partial M}{\partial\beta}=0。 \tag{8.103}$$

关于初始半径为 R_0 的一个激波的对称解是

$$\theta=-\frac{\beta}{R_0},\ M=M_0\left(-\frac{n+1}{n}\cdot\frac{M_0\alpha}{R_0}\right)^{-1/(n+1)},$$

$$\alpha<0。 \tag{8.104}$$

当然,这是 Guderley 解。

为研究对这个解的一些摄动,我们利用(8.102)—(8.103)的一个速矢变换，并且交换自变量和因变量的作用。这产生了对摄动大小来说没有任何近似的线性方程组。首先我们引进一些新变量:

$$q=\left(\frac{M}{M_0}\right)^{n+1},\ \Theta=\frac{(n+1)\theta}{\sqrt{n}},\ s=\frac{M_0\alpha}{\sqrt{n}},$$

并且(8.102)—(8.103)变为

$$\frac{\partial q}{\partial s}+q^2\frac{\partial \Theta}{\partial \beta}=0,$$
$$\frac{\partial \Theta}{\partial s}+\frac{\partial q}{\partial \beta}=0。\tag{8.105}$$

用这些变量表示的话,对称解是 $q\propto 1/s$, $\Theta\propto\beta$。在速矢变换中,β, s 是作为 q, Θ 的函数来处理的。变换公式是 $\Theta_\beta=Js_q$, $\Theta_s=-J\beta_q$, $q_\beta=-Js_\Theta$, $q_s=J\beta_\Theta$,其中 J 是雅可比行列式 $\partial(q,\Theta)/\partial(s,\beta)$。(8.105)中的方程组变为

$$\beta_\Theta+q^2s_q=0,\ \beta_q+s_\Theta=0。$$

消去 β 我们得到单个方程

$$q^2s_{qq}+2qs_q=s_{\Theta\Theta}。\tag{8.106}$$

这个方程的解(用分离变量法)是

$$s=q^\mu e^{im\Theta},\ \mu=-\frac{1}{2}\pm\left(\frac{1}{4}-m^2\right)^{1/2}。\tag{8.107}$$

如果 $m=0$,那么 $\mu=-1$ 给出对称解。如果 $m\geqslant 1$,那么

$$\mathscr{R}_\mu=-\frac{1}{2}。$$

于是当激波收缩至中心,而 $q\to\infty$ 时,谐波支配了对称模式。因此激波是不稳定的。

μ 的虚部表明,扰动由围绕激波行进的一些波组成。当扰动变得大时 J 可能为零。这意味着从(q,Θ)到(s,β)平面的映射不再是单值的,而且它对应于激波-激波的出现。当达到这个阶段时,那就必须在(s,β)平面中进行进一步的数值计算。

8.9 运动介质中的激波传播

对于向运动着的流体介质中的传播来说,线性理论明确地表明,射线不垂直于波前(见7.9节和图7.12)。相应地,我们预料,在非线性理论中射线与激波也不是正交的。初看起来,这提出一个问题,因为非线性表述法在正交性的基础之上把一个射线管中的

传播与一已给渠道中的传播作比较。然而，解决这个问题的一个方法是把均匀流动中的传播作为一个标准情况来考虑。在一个随流动运动的参考系中原来的表述法适用。剩下的只是作一个向另一运动参考系的 Galileo 变换，以便了解关于运动介质的正确表述法。然后，正如所预料的那样，射线与激波不是正交的。这方面的结果已由 Whitham (1968) 给出并为 Huppert 和 Miles (1968) 所应用。当时如果能进一步从事这方面研究，搞清了用什么样的方法能把关于运动介质的理论直接表达出来，那应该是很有趣的。它表明，射线与流线的接近程度不像原来所想像的那么重要，而且这可能导致更加新奇的观点。

第九章　弱激波的传播

正如第八章开头所指出的那样，当波较弱时，我们可循一不同的途径来涉及一类不同的问题。认为几何效应与线性理论相同，于是我们便能处理波剖面内的更一般的非线性相互作用。我们将先用球面波和柱面波作为例子，对非定常波给出近似程序，然后，再把这一程序更具体地用于声震问题，这也许是对弱激波进行研究的最有兴趣的一种情形。声震的使人不快的响声显得很大，但事实上它们是极弱的激波，而且，目的自然是要使它们更弱。流行的和预期中的超音速运输机在地面上造成的最大余压大约为 2 磅/英尺^2；这对应着约为 10^{-3} 的激波强度。匀速和飞行轨道的基本问题可作为定常超音速流处理，因此这一工作也是 6.17 节内容的继续。

9.1　非线性化方法

对于球面波，几何效应以最简单的形式出现。如果线性化理论由波动方程控制，则一向外传的波的解可写成[1)]

$$\varphi=\frac{f(t-r/c_0)}{r}, \tag{9.1}$$

其中 c_0 为传播速度。当能量向外穿过象 r^2 一样增大的表面积时，幅度象 $1/r$ 一样衰减。波剖面以因子 $1/r$ 减小，但在其它方面并不变形。如果这是一个非线性问题的线性化解，我们知道，剖面的非线性变形对于正确处理波的间断和激波传播是关键性的。假设由特征方程所决定的正确的非线性传播速度事实上是 $c(\varphi)$，线性化

1) 在 7.3 节中，由于用点源的解来产生线源的解，因此，对于球面和柱面几何中的径向距离使用不同的符号 R 和 r 是方便的。现在这样做已不再必要，在每种情形下，我们都用 r。

速度 c_0 为其在 $\varphi=0$ 之值。于是，通过把(9.1)修改为

$$\varphi=\frac{f(\tau)}{r}, \tag{9.2}$$

便可引进非线性变形，其中 $\tau(t,r)$ 是这样决定的，使得曲线 $\tau=$ 常数满足精确的特征条件。即要求

$$\frac{dr}{dt}=c(\varphi)\text{ 在 }\tau=\text{常数上。} \tag{9.3}$$

由于 φ 表为 τ 和 r 的函数，这便给出一个决定 τ 的微分方程，其逆形式可以直接积分。我们有

$$\frac{dt}{dr}=\frac{1}{c\{f(\tau)/r\}}\quad\text{在 }\tau=\text{常数上；} \tag{9.4}$$

因此

$$t=\int\frac{1}{c\{f(\tau)/r\}}dr+T(\tau), \tag{9.5}$$

其中积分是保持 τ 为常数进行的，而 $T(\tau)$ 是对 r 积分所允许包含的任意函数。方程 9.5 以隐函数形式决定了 $\tau(t,r)$，而方程 9.2 和 9.5 一起给出了"非线性化的"解。Landau (1945) 首先提出这种非线性化方法，作者在有关声震问题的研究中也独立地提出这一方法 (Whitham, 1950, 1952)。

函数 $T(\tau)$ 对应着特征变量选取的任意性。$T(\tau)$ 一旦选定，$f(\tau)$ 便可由源处的适当的边界条件定出。$T(\tau)$ 的不同选择，在所得出的 $f(\tau)$ 中得到补偿[1]。对于一般的叙述，为简单起见，可取 $T(\tau)=\tau$，但在特殊的问题中，这种额外的灵活性有时还是有用的。应当注意到，只有当加上边界条件后 $T(\tau)$ 可选择得使 $\tau=t-r/c_0$ (达到足够的近似程度)时，线性结果(9.1)和非线性的相应结果(9.2)中的两个 f 才会是相同的。

当然，这种非线性化的解通常并不精确满足有关的非线性方程，它在这里也不是作为一种形式的近似而导出的。然而，对于小

1) 意即：选择不同的 $T(\tau)$，所得出的 $f(\tau)$ 将相应地不同，但 f 或 φ 作为 r 和 t 的函数对于不同的 $T(\tau)$ 却是相同的。——译者

的 φ，它似乎包括了重要的非线性效应。在2.10节所讨论的较简单情形以及在平面波情形中，我们看到特征的线性化是不一致有效的来源。非线性性也将修正幅度因子 $1/r$，但可预料这第二种修正对 φ 而言是一致地小的。以后，当我们更仔细地考察这一程序的合理性时，这种看法将得到证实。首先，我们来描绘这一程序的进一步结果和推广，以便窥其全貌。

由于球面波的 φ 取特别简单的形式，(9.5)式中的积分是容易算出的，并且可以通过把变量换成 $f(\tau)/r$ 而得到简化。然而，在其它问题中，相应的表达式并不那么好算，因此，使分析合理化是有价值的。在用线性化结果作为出发点时，我们已假定了 φ 是小的，因此，把 $c(\varphi)$ 展开成为 $c_0+c_1\varphi+O(\varphi^2)$，例如说，便和对(9.3)用如下近似形式

$$\frac{dt}{dr}=\frac{1}{c_0}-\frac{c_1}{c_0^2}\varphi \tag{9.6}$$

是一致的。这里取的是对 dt/dr 而不是对 dr/dt 的表达式，是考虑到下面的积分是对 r 进行的。于是，对应于(9.4)，我们有

$$\frac{dt}{dr}=\frac{1}{c_0}-\frac{c_1}{c_0^2}\frac{f(\tau)}{r}\quad 在\ \tau=常数上, \tag{9.7}$$

而特征线为

$$t=\frac{r}{c_0}-\frac{c_1}{c_0^2}f(\tau)\log r+T(\tau)。 \tag{9.8}$$

线性理论将取 $\tau=t-r/c_0$ 或者它的某一函数，于是我们看到它并不是一致有效的，因为当 $r\to\infty$ 时附加项趋于无穷。$\log r$ 的一项比起 r 是小的，但是它完全可以同 c_0t-r 相比，后者度量着离开波头的距离。这便证实了对传播速度的修正是很重要的这样一种看法，和2.10节中讨论的情形十分相似。

用(9.6)来近似(9.4)式不只是一个简化。在大多数问题中若保留 φ 的更高阶项实际上将是前后不一致的，因为(9.2)式本身只是 φ 的一级近似。

当 $r\to0$ 时 $\log r$ 的奇异性只是一个小麻烦，因为在原点附近

修正项是不重要的，于是在那里我们可以回复到线性理论。然而，为了在(9.8)式成立时使用它，我们必须把原点排除，而在某一给定了边界数据的球$r = r_0(t)$以外使用这个解。(例如，流体源可用一推出流体的膨胀球来表示。)于是我们可以选择 $T(\tau)$ 使得(9.8)式变成

$$t = \frac{r}{c_0} - \frac{c_1}{c_0^2} f(\tau) \log \frac{r}{r_0(\tau)} + \tau。 \tag{9.9}$$

利用这一选择，在边界曲线上非线性的 τ 与 $t - r/c_0$ 相一致，而函数 f 也与线性理论中相同。

只要特征线形成包络而使解变为多值时，(9.2)和(9.8)所描述的波便会间断。如果 $c_1 > 0$，则 φ 增大的波便会间断。假定 $T'(\tau) > 0$，这便意味着当 $f'(\tau) > 0$ 时发生间断。在包络上，

$$\frac{c_1}{c_0^2} f'(\tau) \log r - T'(\tau) = 0。$$

对于(9.9)式，间断首先在下式给出的距离上发生

$$\log \frac{r}{r_0(\tau_m)} \simeq \frac{c_0^2}{c_1 f'(\tau_m)}, \tag{9.10}$$

其中 τ_m 对应着 $f'(\tau)$ 的最大值。于是必须嵌入一个激波，嵌入激波的方法密切仿照以前的处理，我们暂时推迟这一讨论。

现在我们考虑这一程序的推广。首先，线性解可能不象(9.1)式那样简单。例如，在柱面波中，解(7.29)是

$$\varphi = -\frac{1}{2\pi} \int_0^{t-r/c_0} \frac{q(\eta)\,d\eta}{\sqrt{(t-\eta)^2 - r^2/c_0^2}}。 \tag{9.11}$$

特征变量 $t - r/c_0$ 醒目地出现在上限，但 t 和 r 也都在被积函数中出现。然而，平面波和球面波的证据表明非线性效应只在距离很大时重要。而当距离很大时，由(7.32)我们看到

$$\varphi \sim \frac{f(t - r/c_0)}{r^{1/2}}, \tag{9.12}$$

因此，大距离上的非线性化可密切仿照球面波情形。如果正确的传播速度为 $c(\varphi) = c_0 + c_1\varphi + O(\varphi^2)$，我们取

$$\varphi = \frac{f(\tau)}{r^{1/2}}, \tag{9.13}$$

$$\frac{dt}{dr} = \frac{1}{c_0} - \frac{c_1}{c_0^2}\frac{f(\tau)}{r^{1/2}},$$

$$t = \frac{r}{c_0} - \frac{2c_1}{c_0^2} f(\tau) r^{1/2} + \tau。 \tag{9.14}$$

这里已将对 r 积分中出现的函数 $T(\tau)$ 取为 τ；当 $r \to 0$ 时修正项保持为很小，因此不需更费事地去选择 $T(\tau)$。当 $r \to \infty$ 时，线性理论（它取 $\tau = t - r/c_0$）又是不一致有效的。此外，尽管到目前为止我们一直强调当距离很大时的行为，但特征线与线性特征线的偏差依赖于

$$\frac{f(\tau) r^{1/2}}{t - r/c_0}; \tag{9.15}$$

在 $t - r/c_0 = 0$ 附近以及 r 很大处这个量是大的。因此，非线性修正在所有距离处的波前 $t - r/c_0 = 0$ 附近都是同等重要的。重要的是，(9.12)式对于 $(c_0 t - r)/r \ll 1$ 有效，因此它包括两种情形；由(9.13)和(9.14)给出的相应的非线性化解对于所有 r 处的波前附近也都是有效的。这一点极其重要，因为在最感兴趣的问题中，波的前头将有一激波，而由(9.13)导出的非线性化解可用来对它进行全面研究。

通过选取

$$\varphi = -\frac{1}{2\pi}\int_0^\tau \frac{q(\eta)d\eta}{\sqrt{(\tau - \eta)(\tau - \eta + 2r/c_0)}}, \tag{9.16}$$

我们可对整个解进行非线性化，并由此决定非线性的 τ。在这一更完全的形式中，与(9.14)相对应的特征方程变得非常复杂。但是附加项比起 $f(\tau) r^{1/2}$ 来将保持是小的。因此，将(9.16)与(9.14)结合在一起作为整个场上的非线性化解便是足够的。无论如何，在区域 $c_0\tau/r \ll 1$，非线性化具有首要意义，在这一区域(9.16)可用(9.13)来近似，其中

$$f(\tau)=-\frac{1}{2\pi}\left(\frac{c_0}{2}\right)^{1/2}\int_0^\tau \frac{q(\eta)d\eta}{\sqrt{\tau-\eta}}。$$

可是，应当注意到，在区域 $c_0\tau/r\ll 1$ 以外通常规定了边界条件，因此，要么是(9.16)，要么是由它简化而成的完全线性解，需要用来决定(9.13)—(9.14)中出现的函数 $f(\tau)$。

几何光学的基本作用现在变得明显了，因为(9.12)是对柱面波的几何光学近似。一般来说，几何光学给出一种射线几何学，因而(对于均匀介质)沿每条射线我们有

$$\varphi\simeq\Phi(s)f\left(t-\frac{s}{c_0}\right), \tag{9.17}$$

其中 s 为沿射线的距离，$\Phi(s)$ 为幅度，而 $f(t-s/c_0)$ 描绘波剖面。这是非线性化的自然形式，并且恰恰适用于非线性效应最为重要的区域——波头附近以及大距离处。非线性化可通过选取

$$\varphi=\Phi(s)f(\tau),$$
$$t=\frac{s}{c_0}-\frac{c_1}{c_0^2}f(\tau)\int_0^s\Phi(s')ds'+T(\tau) \tag{9.18}$$

而得到。将每条射线上的结果综合起来，我们便得到完全的非线性化解。应当注意，这里 $c(\varphi)$ 指射线上的速度，对于各向异性介质而言，这和通常的波前速度是不同的。对于非均匀介质，c 和 c_0 也可能依赖于 s。s/c_0 要用 $\int ds/c_0$ 来代替，而在(9.18)式的积分号下必须包括 c_1/c_0^2 对 s 的依赖性。

在这里，可将这一程序与前一章的程序作比较。粗略地说，那些问题的 $f(\tau)$ 是阶梯函数，因此非线性相互作用采取缓和的形式，并可包括对射线几何学的强非线性效应。这里认为射线几何学及其对幅度 $\Phi(s)$ 的影响与线性理论相同，但可处理更一般的剖面 $f(\tau)$。在更一般的问题中或许需要把两条途径结合起来，但分析看来是很难的。

因为非线性传播速度常常是导数 φ_t 和 φ_s 的函数，而不是 φ 本身的函数，所以这些方法的第二种推广是需要的。然而，上述程

序还是行得通的。φ_t 和 φ_s 的表达式各自写成与(9.17)相应的形式，而修改后的特征线则由如下的适当展开式来决定：

$$\frac{dt}{ds}=\frac{1}{c}=\frac{1}{c_0}-\alpha_1\varphi_t-\alpha_2\varphi_s\ \text{在}\ \tau=\text{常数上。}$$

由(9.17)，φ_t 和 φ_s 的相应一次项为

$$\varphi_t=\Phi(s)f'(\tau),\quad \varphi_s=-\frac{1}{c_0}\Phi(s)f'(\tau),$$

因此特征关系式变为

$$\frac{\partial t}{\partial s}=\frac{1}{c_0}-kf'(\tau)\Phi(s),\quad k=\alpha_1-\alpha_2c_0^{-1}\text{。}$$

特征线由下式给出

$$t=\frac{s}{c_0}-kf'(\tau)\int_0^s\Phi(s')ds'+T(\tau)\text{。}\tag{9.19}$$

气体动力学中的球面波提供了关于这种情况的一个具体例子。线性理论是声学理论，φ_t 和 φ_r 与压力和速度扰动相联系。由(7.3)—(7.4)，我们有

$$\frac{p-p_0}{p_0}=-\frac{\gamma}{a_0^2}\ \varphi_t=\frac{\gamma F(t-r/a_0)}{r}$$

$$\frac{u}{a_0}=\frac{1}{a_0}\ \varphi_r=\frac{F(t-r/a_0)}{r}-\frac{f(t-r/a_0)}{a_0r^2},$$

其中 $F(\tau)=-f'(\tau)/a_0^2$。声速 a 的扰动也将是需要的，它由下式给出：

$$\frac{a-a_0}{a_0}=\frac{\gamma-1}{2\gamma}\ \frac{p-p_0}{p_0}=\frac{\gamma-1}{2}\ \frac{F(t-r/a_0)}{r}\text{。}$$

非线性化解是

$$\frac{p-p_0}{p_0}=\frac{\gamma F(\tau)}{r},\quad \frac{a-a_0}{a_0}=\frac{\gamma-1}{2}\ \frac{F(\tau)}{r},\tag{9.20}$$

$$\frac{u}{a_0}=\frac{F(\tau)}{r}-\frac{f(\tau)}{a_0r^2},\tag{9.21}$$

其中 $\tau(t,r)$ 由改进后的特征线决定。精确的特征方程由(6.135)给出。向外传的特征线速度为 $a+u$。因此，对特征线的一阶修

正要求

$$\frac{dt}{dr}=\frac{1}{a+u}\simeq\frac{1}{a_0}-\frac{a+u-a_0}{a_0^2}。\tag{9.22}$$

由(9.20)和(9.21),这意味着

$$\begin{aligned}\frac{dt}{dr}&=\frac{1}{a_0}-\frac{\gamma+1}{2a_0}\frac{F(\tau)}{r}+\frac{1}{a_0^2}\frac{f(\tau)}{r^2},\\ t&=\frac{r}{a_0}-\frac{\gamma+1}{2a_0}F(\tau)\log r-\frac{1}{a_0^2}\frac{f(\tau)}{r}+T(\tau)。\end{aligned}\tag{9.23}$$

[如果 $T'(\tau)\neq 1$, 则 $F(\tau)$ 和 $f(\tau)$ 之间的关系修改为 $f'(\tau)=-a_0^2F(\tau)T'(\tau)$。] 由于我们的兴趣是在区域 $a_0\tau/r\ll 1$,而在这一区域 $f(\tau)/r$ 这一项总是比较小的，因此采用下面诸式便是足够的:

$$\begin{gathered}\frac{p-p_0}{p_0}=\frac{\gamma F(\tau)}{r},\ \frac{a-a_0}{a_0}=\frac{\gamma-1}{2}\frac{F(\tau)}{r},\ u=\frac{F(\tau)}{r},\\ t=\frac{r}{a_0}-\frac{\gamma+1}{2a_0}F(\tau)\log r+T(\tau)。\end{gathered}\tag{9.24}$$

这是对(9.21)和 (9.23) 只保留到几何声学近似的一个非常简单的例子。气体动力学中的柱面波和其它波可类似地处理，而几何声学近似会带来类似于从(9.11)到(9.12)那样一步更大的简化。

当在 c 的表达式中出现导数时，把它们取作为新的因变量是更方便的。于是,在所有情形中,几何光学近似都会导致一些正比于

$$\Phi(s)F(\tau)$$

的因变量的表达式,其中 $\Phi(s)$ 为幅度函数,而 $F(\tau)$ 描绘波剖面。用这一近似,修正的传播速度取如下形式:

$$c\simeq c_0+c_0^2k\Phi(s)F(\tau),\tag{9.25}$$

其中系数 k 为一由 c 和因变量之间的特殊关系决定的常数。改进后的特征线满足

$$\frac{\partial t}{\partial s}=\frac{1}{c_0}-k\Phi(s)F(\tau),\tag{9.26}$$

并由下式给出

$$t = \frac{s}{c_0} - kF(\tau)\int_0^s \Phi(s')ds' + T(\tau)。 \tag{9.27}$$

激波的确定

当需要嵌入激波时，我们用弱激波条件

$$U = \frac{1}{2}(c_1 + c_2)$$

来嵌入激波，这里U为激波速度，而c_1和c_2现在表示两侧的传播速度。在这里，将t作为s的函数来描绘(s,t)平面上的曲线是方便的，于是激波条件采用如下形式:

$$\left(\frac{dt}{ds}\right)_{激波} = \frac{1}{2}\left\{\left(\frac{dt}{ds}\right)_{c_1} + \left(\frac{dt}{ds}\right)_{c_2}\right\}, \tag{9.28}$$

它等价于速度与c_0的一级偏差。如果激波具体给出为

$$t = \frac{s}{c_0} - G(s),$$

我们有

$$G'(s) = \frac{1}{2}k\{F(\tau_1) + F(\tau_2)\}\Phi(s),$$

$$G(s) = kF(\tau_1)\int_0^s \Phi(s')ds' - T(\tau_1),$$

$$G(s) = kF(\tau_2)\int_0^s \Phi(s')ds' - T(\tau_2)。$$

于是我们便导出典型的“等面积”关系

$$\frac{1}{2}\{F(\tau_1) + F(\tau_2)\}\{T(\tau_2) - T(\tau_1)\} = \int_{\tau_1}^{\tau_2} F(\tau)dT(\tau)。 \tag{9.29}$$

对于一个向着未扰区域运动的头激波而言，激波由(9.27)式决定，其中τ和s的关系为

$$\frac{1}{2}kF^2(\tau)\int_0^s \Phi(s')ds' = \int_0^\tau F(\tau')dT(\tau')。 \tag{9.30}$$

当$s \to \infty$，激波方程渐近于

$$t = \frac{s}{c_0} - K\left\{\int_0^s \Phi(s')ds'\right\}^{1/2} + T(\tau_0), \qquad (9.31)$$

其中

$$K = \left\{2k\int_0^{\tau_0} F(\tau)dT(\tau)\right\}^{1/2}, \ F(\tau_0) = 0。 \qquad (9.32)$$

在激波处流动参量正比于

$$K\Phi(s)\left\{\int_0^s \Phi(s')ds'\right\}^{-1/2}。 \qquad (9.33)$$

典型的渐近波形式是具有平衡激波的N波，在两个激波之间时间的线性减少正比于

$$\Phi(s)\left\{\int_0^s \Phi(s')ds'\right\}^{-1}。 \qquad (9.34)$$

对于球面波,$\Phi(s) = 1/s$,于是激波强度(9.33)象$s^{-1}(\log s)^{-1/2}$一样衰变，这只比线性脉冲的衰变稍许快些。对于柱面波，$\Phi = s^{-1/2}$，而激波强度象$s^{-3/4}$一样衰变。当然,平面波也包括在这些公式中;Φ为常数,而衰变律为$s^{-1/2}$，与以前的结果一致。许多作者曾独立地得出柱面波和球面波的渐近衰变律，其中第一个人或许是 Landau (1945)。

对于均匀介质中更一般的二维和三维波，

$$\Phi(s) \propto A^{-1/2}(s),$$

其中 $A(s)$ 为射线管的面积。进一步的细节和应用可在以前的一篇文章（Whitham, 1956）中找到。对于非均匀介质，s/c_0 要用$\int ds/c_0$来代替,并且(9.26)中全部对s的依赖性必须包括在$\Phi(s)$中。

9.2 方法合理性的证实

有几条途径可用来从数学上对具体系统考察非线性化方法。每一条途径阐明了这些近似的不同方面。

首先,假定φ的非线性方程是

$$\varphi_t + (c_0 + c_1\varphi)\varphi_x + \frac{\beta c_0}{x}\varphi = 0。 \qquad (9.35)$$

最初这是被当作一个模型提出的，但我们以后将看到它与其它情形的联系。线性化方程是

$$\varphi_t + c_0\varphi_x + \frac{\beta c_0}{x}\varphi = 0, \tag{9.36}$$

其解为

$$\varphi = \frac{f(t - x/c_0)}{x^\beta}。 \tag{9.37}$$

当 $\beta = 1$，这类似于球面波，当 $\beta = \frac{1}{2}$，类似于柱面波。(9.35)的特征形式为

$$(c_0 + c_1\varphi)\frac{d\varphi}{dx} = -\frac{\beta c_0}{x}\varphi, \tag{9.38}$$

$$\frac{dt}{dx} = \frac{1}{c_0 + c_1\varphi}。 \tag{9.39}$$

(9.38)的精确解为

$$\varphi e^{c\varphi/c_0} = \frac{f(\tau)}{x^\beta}, \tag{9.40}$$

其中 τ 为由(9.39)决定的特征变量。显然

$$\varphi = \frac{f(\tau)}{x^\beta} \tag{9.41}$$

对于小的 φ 而言是(9.40)的一致有效的近似。这便证实了该方法中的主要步骤。τ 的决定可用(9.39)和 (9.40) 对 φ 的展开式来检验，当 $|\varphi| < c_0/c_1$ 时这些展开式是收敛的。我们得到

$$\frac{dt}{dx} = \frac{1}{c_0} + \frac{\gamma_1 f(\tau)}{x^\beta} + \frac{\gamma_2 f^2(\tau)}{x^{2\beta}} + \cdots,$$

其中系数 γ_n 与 c_0 和 c_1 有关；特别 $\gamma_1 = -c_1/c_0^2$。因此

$$t = T(\tau) + \frac{x}{c_0} + \frac{\gamma_1 f(\tau)}{1-\beta}x^{1-\beta} + \frac{\gamma_2 f^2(\tau)}{1-2\beta}x^{1-2\beta} + \cdots。 \tag{9.42}$$

$\left(\text{当 } \beta = 1,\ \frac{1}{2},\text{等时，用对数去代替相应的幂。}\right)$ 最初的一致有效近似为

$$t = T(\tau) + \frac{x}{c_0} + \frac{\gamma_1 f(\tau)}{1-\beta} x^{1-\beta}, \tag{9.43}$$

它与由(9.41)得到的结果一致，而

$$\frac{dt}{dx} = \frac{1}{c_0} - \frac{c_1}{c_0^2}\varphi。 \tag{9.44}$$

因此，由(9.41)和(9.43)所给出的一致有效近似恰恰就是非线性化程序所得到的近似。我们注意到，如果在(9.44)中使用更多的项，而在(9.41)中不用更多的项，则实际上将会不相容。

为了使代数演算尽可能简单，我们将仅以气体动力学中的球面波方程为例来说明其它诸途径，但看来它们显然可以适用于其它情形(或许要作小的改变)。又是为简单起见，给出等熵流的详细讨论便足够了；方法并不局限于此，甚至当激波存在时，弱激波的熵变化并不影响最低阶项。完整的方程组由 (6.132)—(6.134) 给出，对于等熵流，它们可以简化为下面两个关于声速 a 和径向速度 u 的方程

$$a_t + ua_r + \frac{\gamma-1}{2} a\left(u_r + \frac{2u}{r}\right) = 0, \tag{9.45}$$

$$u_t + uu_r + \frac{2}{\gamma-1} aa_r = 0。 \tag{9.46}$$

小参数展开

一条显然的途径是在线性理论之外继续进行对小幅度的自然展开，看看会出什么问题，以便加以改正。现在明显地给出一个小参数 ε 是有益的；例如，ε 可取为某一初始面上 u/a_0 的最大值。于是，自然的展开式为

$$u = \varepsilon u_1(r,t) + \varepsilon^2 u_2(r,t) + \cdots,$$
$$a = a_0 + \varepsilon a_1(r,t) + \varepsilon^2 a_2(r,t) + \cdots。$$

将此二式代入(9.45)和(9.46)。令 ε 各次幂的系数等于零，便依次得到关于(u_1, a_1)，(u_2, a_2)……的一系列方程组。当然，将发现 u_1 和 a_1 就是以前给出的线性表达式，其主要项正比于 $F(t-r/a_0)/r$。接着，将发现 u_2 和 a_2 的表达式包含有 $r^{-1}\log r$，$r^{-2}\log r$ 和 r^{-2} 诸项。这三项之中的第一项会造成不一致性，因为它使得当

$r \to \infty$时，比值 u_2/u_1 和 a_2/a_1 趋于无穷；其它两项是无碍于事的。表达式为

$$\frac{u}{a_0} = \varepsilon \left\{ \frac{F(\tau^*)}{r} - \frac{f(\tau^*)}{a_0 r^2} \right\} + \varepsilon^2 \left\{ \frac{\gamma+1}{2a_0} \frac{F(\tau^*)F'(\tau^*)}{r} \log r + \bar{u}_2 \right\} + \cdots,$$

$$\frac{2}{\gamma-1} \frac{a-a_0}{a_0} = \varepsilon \frac{F(\tau^*)}{r} + \varepsilon^2 \left\{ \frac{\gamma+1}{2a_0} \frac{F(\tau^*)F'(\tau^*)}{r} \log r + \bar{a}_2 \right\} + \cdots,$$

其中 τ^* 为线性化特征量 $t - r/a_0$。 这里 $\bar{u}_2$ 和 $\bar{a}_2$ 表示关于 u_1 和 a_1 一致有界的项;和以前一样，$F(\tau^*) = -f'(\tau^*)/a_0^2$，而现在 εF 代替(9.20)和(9.21)中的 F。我们立刻看到,不一致项的出现可能被解释为对表达式

$$\frac{u}{a_0} = \varepsilon \left\{ \frac{F(\tau)}{r} - \frac{f(\tau)}{a_0 r^2} \right\},$$

和

$$\frac{2}{\gamma-1} \frac{a-a_0}{a_0} = \varepsilon \frac{F(\tau)}{r}$$

不恰当地使用 Taylor 展开式的结果,这里

$$\tau = \tau^* + \frac{\gamma+1}{2a_0} \varepsilon F(\tau) \log r。$$

但是这些表达式恰恰就是所建议的非线性解(9.20),(9.21)，其中 τ 由(9.24)决定,而 $T(\tau) = \tau$。这种情况与 2.10 节中讨论过的情况非常类似。使用 Taylor 定理是扰动理论中熟悉的方法。任意函数 $T(\tau)$对于特征变量 τ 的选择给出了更多的自由度;选择 τ 的变化已吸收在由边界条件决定 $F(\tau)$ 的变化之中，因此最后的解是唯一的。

上面的研究表明,为避免不一致性,应当从展开式

$$\begin{aligned} u &= \varepsilon u_1(r, \tau) + \varepsilon^2 u_2(r, \tau) + \cdots, \\ a &= a_0 + \varepsilon a_1(r, \tau) + \varepsilon^2 a_2(r, \tau) + \cdots \end{aligned} \tag{9.47}$$

开始，其中 $\tau(t, r, \varepsilon)$ 待适当选取。更好的作法是，除了(9.47)之外，再加上展开式

$$t = t_0(r,\tau) + \varepsilon t_1(r,\tau) + \cdots \tag{9.48}$$

并通过选择 $t_1(r,\tau)$, $t_2(r,\tau)$, $\cdots$决定函数 $t(r,\tau,\varepsilon)$，来避免不一致有效性。对于波动问题，我们预料后者来自于曲线 τ = 常数为特征线这一要求。（对于波动问题以外的其它情形，Lighthill (1949) 曾建议使用这种"变形坐标"方法。）事先假定 τ 将是特征变量，则显然宁愿从方程组(9.45)—(9.46)出发，把它们写成以 τ 和 r 为自变量的形式，而 $t(\tau, r)$ 由

$$\frac{\partial t}{\partial r} = \frac{1}{a+u} \tag{9.49}$$

来定义。该方程组于是可写成

$$\frac{2}{\gamma-1} a_r + u_r + \frac{2au}{a+u}\frac{1}{r} = 0, \tag{9.50}$$

$$\frac{2}{\gamma-1} a_\tau - u_\tau - \left(\frac{2}{\gamma-1} aa_r + uu_r\right)\frac{a+u}{a} t_\tau = 0。 \tag{9.51}$$

由于混合地使用了一个特征变量 τ 和一个径向距离 r，所以方程组的形式是不对称的。然而，(9.50) 可看作是描述沿特征线 τ = 常数的变化的特征方程。

现在用展开式(9.47)—(9.48)来解方程 (9.49)—(9.51)。在(9.49)中精确到最低一级，我们有

$$\frac{\partial t_0}{\partial r} = \frac{1}{a_0};$$

因此

$$t_0 = \frac{r}{a_0} + T(\tau)。$$

于是(9.50)—(9.51)的一级项为

$$\frac{2}{\gamma-1} a_{1r} + u_{1r} + \frac{2u_1}{r} = 0,$$

$$\frac{2}{\gamma-1}a_{1\tau}-u_{1\tau}-\frac{2}{\gamma-1}a_0a_{1r}T'(\tau)=0。$$

为解这些方程应当注意到，它们一定是改头换面的线性化方程。容易证实，其解为

$$\frac{u_1}{a_0}=\frac{F(\tau)}{r}-\frac{f(\tau)}{a_0r^2},$$

$$\frac{2}{\gamma-1}\frac{a_1}{a_0}=\frac{F(\tau)}{r},$$

其中 $f'(\tau)=-a_0^2F(\tau)T'(\tau)$。 在下一级近似中，(9.49)给出

$$\frac{\partial t_1}{\partial r}=-\frac{u_1+a_1}{a_0^2}。$$

因此

$$t_1=-\frac{\gamma+1}{2a_0}F(\tau)\log r-\frac{1}{a_0^2}\frac{f(\tau)}{r}。$$

这些最低近似的项恰恰就是非线性化解(9.20)—(9.23)，这样便证实了这一方法的合理性，并为求高级近似提供了一种一致的方法。

在大距离处的展开。

与此途径不同的另一途径是并不利用 $u(r,\tau),a(r,\tau),t(r,\tau)$ 对于小幅度 ε 的展开式，而是利用它们对于 r 负幂的展开式(必要时可增添对数项)，其系数为 τ 的函数。从本质上说，这是作者在以前的文章（Whitham，1950a，1950b）中用过的方法。

波前展开

另一途径和对 ε 的展开关系不很大，而是来自于对平面情形简单波的一种密切的类比。(9.45)—(9.46)的完整特征形式是

$$\left\{\frac{\partial}{\partial t}+(u-a)\frac{\partial}{\partial r}\right\}\left(\frac{2}{\gamma-1}a-u\right)+\frac{2au}{r}=0, \quad (9.52)$$

$$\left\{\frac{\partial}{\partial t}+(u+a)\frac{\partial}{\partial r}\right\}\left(\frac{2}{\gamma-1}a+u\right)+\frac{2au}{r}=0。\quad (9.53)$$

在平面情形 $2au/r$ 项不存在，并且由于

$$\frac{2a}{\gamma-1}-u$$

到处为常数，因此对于简单波(9.52)可以省去。可是，对于球面波这一结论不再精确成立，这一 Riemann 变量将依赖于沿 C_- 所取的积分

$$\int_{C_-} 2au \frac{dt}{r}。$$

图 9.1 球面波讨论中的特征线和激波

在波头附近这一贡献是小的，因为积分范围小(见图 9.1)。事实上，由于 τ 给出从波头算起的时间变化的一种估计，因此，由这一积分所造成的 Riemann 变量的相对变化将具有 $a_0\tau/r$ 的量阶。而且，至今为止的论证已指出区域 $a_0\tau/r \ll 1$ 是感兴趣的区域。这表明对于该区域而言，Riemann 不变量的不变性是个好的一级近似。如果我们取

$$\frac{2a}{\gamma-1} - u = \frac{2a_0}{\gamma-1} \tag{9.54}$$

作为(9.52)的近似，则第二个方程(9.53)便给出关于 u 的一个单个的一阶方程。它的解要求沿 C_+ 积分，而在 C_+ 上的积分范围不小。关于 u 的方程是

$$\frac{\partial u}{\partial t} + \left(a_0 + \frac{\gamma+1}{2}u\right)\frac{\partial u}{\partial r} + \left(a_0 + \frac{\gamma-1}{2}u\right)\frac{u}{r} = 0 \tag{9.55}$$

这和(9.35)当 $\beta = 1$ 情形几乎相同，因此可以类似处理。还应注意到将(9.55)与平面情形(6.83)作比较。精确解为

$$\frac{u}{a_0}\left(1 + \frac{\gamma-1}{2}\frac{u}{a_0}\right)^{2/(\gamma-1)} = \frac{F(\tau)}{r}, \tag{9.56}$$

其中 τ 为将由下式决定的特征变量:

$$\frac{\partial t}{\partial r} = \left(a_0 + \frac{\gamma+1}{2}u\right)^{-1} \simeq \frac{1}{a_0} - \frac{\gamma+1}{2}\frac{u}{a_0^2}。 \tag{9.57}$$

一种一致有效的近似为

$$\frac{u}{a_0} = \frac{F(\tau)}{r}, \quad t = \frac{r}{a_0} - \frac{\gamma+1}{2a_0}F(\tau)\log r + T(\tau),$$

以及，由(9.54)，

$$\frac{2}{\gamma-1}\frac{a-a_0}{a_0}=\frac{u}{a_0}=\frac{F(\tau)}{r}。$$

这就是曾建议过的(9.24)式。可是，应当注意到，与前一途径相反，在这一途径中我们对 u 和 a 只得到了几何声学形式。对于区域 $a_0\tau/r\ll 1$ 中的行为而言，这是完全令人满意的，但为决定 $F(\tau)$ 将要求用其它方法来补充。

当波头要求有激波时，熵和 Riemann 不变量(9.54)的跳跃为激波强度的三阶量，因而并不影响最低阶近似。

N 波展开

在包括了激波以后，大距离处最后波形的典型渐近行为是以极限特征线 τ_0 为中心的 N 波。对于球面波而言，将系数的详细表达式代入(9.34)，我们有

$$\frac{2}{\gamma-1}\frac{a-a_0}{a_0}\sim\frac{u}{a_0}\sim-\frac{2a_0}{\gamma+1}\left\{t-\frac{r}{a_0}-T(\tau_0)\right\}\times(r\log r)^{-1}。\tag{9.58}$$

这启发我们，最后的 N 波形式可能通过寻求形如展开式

$$\begin{aligned}u&=v_1(r)(\zeta-\zeta_0)+v_2(r)(\zeta-\zeta_0)^2+\cdots,\\a&=a_0+b_1(r)(\zeta-\zeta_0)+b_2(r)(\zeta-\zeta_0)^2+\cdots\end{aligned}\tag{9.59}$$

的解可直接产生，其中 $\zeta=t-r/a_0$，而 ζ_0 指的是两激波之间的渐近直线特征线。如将这两个展开式代入(9.45)—(9.46)，比较 $(\zeta-\zeta_0)$ 的逐次幂，将得出关于 (v_1,b_1)，(v_2,b_2)，…的一系列方程组。第一个方程组为

$$b_1=\frac{\gamma-1}{2}v_1,\tag{9.60}$$

$$\frac{dv_1}{dr}=\frac{\gamma+1}{2}\frac{v_1^2}{a_0^2}-\frac{v_1}{r}。\tag{9.61}$$

第一个方程证实了 a 与 u 的关系。第二个方程可写成

$$\frac{d}{dr}\left(\frac{1}{v_1r}\right)+\frac{\gamma+1}{2a_0^2}\frac{1}{r}=0,$$

它可积分为

$$v_1 = -\frac{2a_0^2}{\gamma+1}\frac{1}{r\log r}, \tag{9.62}$$

从而证实了在(9.58)式中所注意到的对 r 的依赖性。

这给出求渐近行为的一种非常简单的方法，这是该理论的显著结果之一。可能将该方法进一步推广，使之包括激波的决定。如果在前激波处 $\zeta-\zeta_0=G(r)$，则(9.59)便给出该激波处流动参量对 $G(r)$ 的幂级数。在这种情形下激波条件(9.28)为

$$\frac{dG}{dr} = -\frac{1}{2}\frac{u+a-a_0}{a_0^2},$$

并且，由(9.60)—(9.62)，我们得到

$$\frac{dG}{dr} = \frac{1}{2}\frac{G}{r\log r} + O(G^2)。$$

因此

$$G(r) \propto \log^{1/2} r。 \tag{9.63}$$

这与球面波情形的(9.31)式一致。

虽然这最后的一种方法也许是最简单的一种方法，并且高阶近似也可容易地求得，但它不能预言激波方程中的系数以及激波强度是如何依赖于初始波源的。

9.3 声震

声震的中心问题是决定由定常超音速飞行的轴对称物体所产生的激波。从这一基本问题出发，不同物体形状、加速度、曲线飞行路径以及不均匀大气的效应都以各种各样的方式发展起来了。

对于基本问题，取气流在其中为定常的参考系是方便的。线性化理论已在7.5节中详细讨论过，现在，非线性化可密切类似于这里为不定常波所发展的方法来进行。在6.17节中处理过的平面波的相应问题也为这些想法提供了背景。

如果 U 为平行于 x 轴的主流速度，而 x 和 r 方向的扰动速度分量现在用 $U(1+u)$ 和 Uv 表示，我们有

$$u = -\frac{1}{2\pi}\int_0^{x-Br}\frac{S''(\eta)d\eta}{\sqrt{(x-\eta)^2-B^2r^2}} \tag{9.64}$$

$$v = \frac{1}{2\pi r}\int_0^{x-Br}\frac{S''(\eta)d\eta}{\sqrt{(x-\eta)^2-B^2r^2}} \tag{9.65}$$

其中 $B=\sqrt{M^2-1}$，而 $S(x)$ 为从头部算起距离 x 处的横截面积。扰动局限在马赫锥 $x-Br=0$ 后面，该马赫锥与流动方向构成马赫角

$$\mu_0 = \sin^{-1}\frac{1}{M}。 \tag{9.66}$$

量 $x-Br$ 为线性特征变量，对应于非定常柱面波讨论中的 $t-r/c_0$。在 (x,r) 图上，线性特征线是一族与 x 轴构成角度 μ_0 的平行直线，如图 9.2 所示。在 $(x-Br)/Br \ll 1$ 的区域中，(7.45)—(7.47)诸近似是可用的。这一区域包括前激波以及远流场的主要部分，正是在这里非线性修正是重要的。非线性效应修正了特征线并引入激波，如图 9.3 所示。按照非线性化的方法，我们用 $\xi(x,r)$ 代替 $x-Br$，其中 ξ 要这样决定，使得曲线 $\xi=$常数为精确特征线的足够的近似。流动参量的修正表达式为

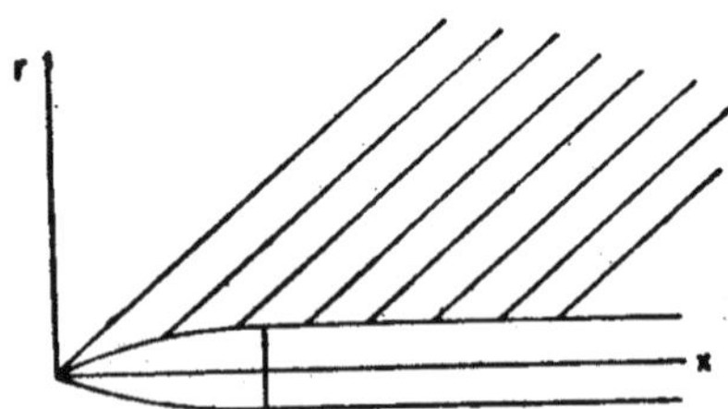

图 9.2　物体超音速绕流中的线性特征线图案

$$u = -\frac{F(\xi)}{\sqrt{2Br}},\quad v = \frac{BF(\xi)}{\sqrt{2Br}}, \tag{9.67}$$

$$\frac{p-p_0}{p_0} = \gamma M^2\frac{F(\xi)}{\sqrt{2Br}},\quad \frac{a-a_0}{a_0} = \frac{\gamma-1}{2}M^2\frac{F(\xi)}{\sqrt{2Br}}, \tag{9.68}$$

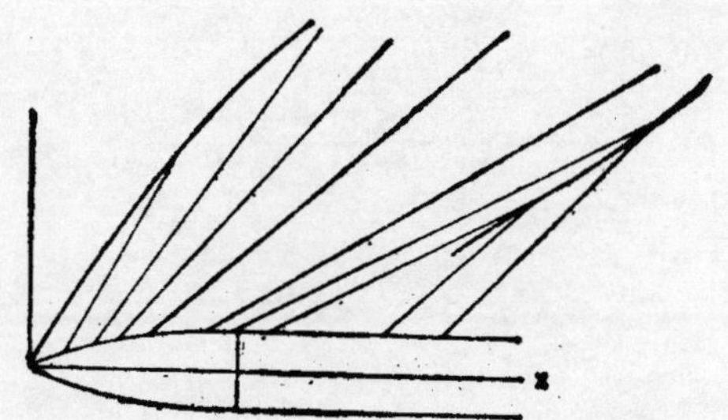

图 9.3 物体超音速绕流中含有激波的非线性特征线图案

其中

$$F(\xi)=\frac{1}{2\pi}\int_0^\xi \frac{S''(\eta)}{\sqrt{\xi-\eta}}d\eta。\tag{9.69}$$

一条典型的 F 曲线在图 7.3 中给出。正如在(7.48)中已注意到的那样，当 $\xi\to0$ 时 $F\to0$，于是由 $\xi=x-Br$ 的线性理论是预言不出激波的。显然，在这里非线性化是很关键的。

无旋轴对称流的精确方程与平面流方程(6.158)—(6.159)相同，只要用 r 代替 y，并在(6.158)中添一附加项 $-a^2v/r$ 即可。由于最高阶导数不受影响，因此特征方向仍由 $\theta\pm\mu$ 给出，其中 θ 为流动方向，而 μ 为由 $\mu=\sin^{-1}a/q$ 定义的精确马赫角。因此，在 $\xi=$常数上，

$$\frac{dx}{dr}=\cot(\mu+\theta)。$$

正如在不定常波动问题中一样，对此方程的一级扰动近似便足够，因而我们用

$$\frac{\partial x}{\partial r}=\cot\mu_0-(\mu-\mu_0+\theta)\operatorname{cosec}^2\mu_0。$$

在同一级近似下，

$$\theta\simeq v,\ \mu-\mu_0\simeq\frac{a_0}{U}\left(\frac{a-a_0}{a_0}-u\right)\sec\mu_0;$$

因此

$$\frac{\partial x}{\partial r}=\frac{1}{B}-\frac{M^2}{B}\left(\frac{a-a_0}{a_0}-u\right)-M^2v。$$

将(9.67)和(9.68)代入，此方程变为

$$\frac{\partial x}{\partial r}=\frac{1}{B}-\frac{(\gamma+1)M^4}{(2B)^{3/2}}\frac{F(\xi)}{r^{1/2}},$$

于是我们有

$$x=Br-kF(\xi)r^{1/2}+\xi, \tag{9.70}$$

其中

$$k=\frac{(\gamma+1)M^4}{2^{1/2}B^{3/2}}。 \tag{9.71}$$

在区域 $\xi/Br\ll 1$ 中的非线性化解由(9.67)，(9.68)和(9.70)给出。

激波

当 $F'(\xi)>0$ 时，特征线会重叠，这便要求有一个激波。对于有限物体，正如以前注意过的，

$$\int_0^\infty F(\xi)d\xi=0,$$

因此一般来说将有两个这样的区域，于是有两个激波。与(9.28)相应的关系是，激波斜率为两侧特征线斜率的平均，于是激波的决定是完全类似的。如果一激波用

$$x=Br-G(r)$$

描述，我们有

$$\begin{aligned}G(r)&=kF(\xi_1)r^{1/2}-\xi_1,\\&=kF(\xi_2)r^{1/2}-\xi_2,\end{aligned}$$

其中

$$\frac{1}{2}\{F(\xi_1)+F(\xi_2)\}(\xi_2-\xi_1)=\int_{\xi_1}^{\xi_2}F(\xi)d\xi。$$

对于前激波而言，前方是未扰流动，$F(\xi_1)=0$，而 ξ_1 可从解的过程中消去。于是，略去 ξ_2 的下标，对于激波的决定，我们有

$$\frac{1}{2}kF^2(\xi)r^{1/2}=\int_0^\xi F(\xi')d\xi', \tag{9.72}$$

$$x=Br-kF(\xi)r^{1/2}+\xi。 \tag{9.73}$$

刚刚在激波后面的流动参量由(9.67)和(9.68)给出，其中 $\xi(r)$ 由(9.72)决定。

细长锥的绕流

对于一个半锥角为 ε 的锥，$S(x)=\pi\varepsilon^2x^2$，于是 F 函数(9.69)为

$$F(\xi)=2\varepsilon^2\xi^{1/2}。$$

在此情形下，激波上点的 ξ 和 r 之间的关系式(9.72)为

$$\xi^{1/2}=\frac{3}{2}k\varepsilon^2r^{1/2}。$$

激波方程(9.73)简化为

$$x=Br-\frac{3}{4}k^2\varepsilon^4r。$$

这对应于一个半锥角为

$$\mu_0+\frac{3}{8}\frac{(\gamma+1)^2M^6}{(M^2-1)^{3/2}}\varepsilon^4 \tag{9.74}$$

的锥形激波。由(9.68)所得的激波强度为

$$\frac{p-p_0}{p_0}=\frac{3\gamma(\gamma+1)M^6}{2(M^2-1)}\varepsilon^4。 \tag{9.75}$$

对于锥，量纲分析表明精确解是相似性解，流动参量为 r/x 的函数。于是，精确的非线性方程可以化成常微分方程而进行数值积分。这就是著名的 Taylor-Maccoll 解(1933)，它是超音速流动理论发展中的一个里程碑。结果(9.74)和(9.75)是由 Lighthill (1948) 在相似性理论范畴内对细长锥导出的。它对关于细长体的更一般的方法提供了一种有价值的验证。数值解表明，对于马赫数范围大约从 1.1 到 3.0，而半锥角不超过 $10°$ 的锥，(9.74)—(9.75)是非常好的近似。

对于一般的细长体，这些公式给出激波的初始行为。应当注意，虽然物体附近的扰动为 $O(\varepsilon^2)$，激波强度却是 $O(\varepsilon^4)$。这在某种意义上解释了为什么在线性理论中它被略去。

有限物体大距离处的行为

按照(9.72)，对于激波上的点，当 $r\to\infty$ 有 $\xi\to\xi_0$，其 $F(\xi_0)=$

0。于是(9.72)渐近于

$$F(\xi) \sim \left\{\frac{2}{k}\int_0^{\xi_0} F(\xi')d\xi'\right\}^{1/2} r^{-1/4}。 \tag{9.76}$$

激波渐近于

$$x \sim Br - \left\{2k\int_0^{\xi_0} F(\xi)d\xi\right\} r^{1/4} - \xi_0, \tag{9.77}$$

而激波强度为

$$\begin{aligned}\frac{p - p_0}{p_0} &\sim \frac{\gamma M^2}{(2B)^{1/2}}\left\{\frac{2}{k}\int_0^{\xi_0} F(\xi)d\xi\right\}^{1/2} r^{-3/4} \\ &= \frac{2^{1/4}\gamma}{(\gamma+1)^{1/2}}(M^2 - 1)^{1/8}\left\{\int_0^{\xi_0} F(\xi)d\xi\right\}^{1/2} r^{-3/4}。\end{aligned} \tag{9.78}$$

对于声震工作这是最重要的公式。它表明在地面上的声震对马赫数的依赖性很弱，如 $r^{-3/4}$ 那样地依赖于距离，并通过因子

$$K = \left\{\int_0^{\xi_0} F(\xi)d\xi\right\}^{1/2} \tag{9.79}$$

依赖于物体形状。如果物体长度为 l，而物体直径与长度之比为厚度比 δ，则形状因子 $K \propto \delta l^{3/4}$。对于物体形状

$$R(x) = \begin{cases}\delta l\left\{1 - \left(1 - \dfrac{x}{l}\right)^3\right\}, & 0 \leqslant x \leqslant l, \\ \delta l, & l \leqslant x,\end{cases}$$

我们发现 $K = 1.04\delta l^{3/4}$。

渐近波剖面为一平衡 N 波。在二激波之间 $\xi \sim \xi_0$，$F(\xi) \sim 0$，因此由(9.70)

$$F(\xi) \sim \frac{Br - x + \xi_0}{kr^{1/2}},$$

而由(9.68)和(9.71)，压力比为

$$\frac{p - p_0}{p_0} \sim \frac{\gamma}{\gamma + 1}\,\frac{(M^2 - 1)^{1/2}}{M^2}\,\frac{(Br - x + \xi_0)}{r}。 \tag{9.80}$$

尾激波后面的流动并非完全不受扰动，但比 N 波中扰动的量级为小。关于这一问题和其它问题的细节可参看原始说明（Whitham,

1952)。

理论的推广

轴对称物体可能看起来与真实的飞行器相差甚远，但我们知道，离开一有限物体在任何方向上的远处流场均可用一等效的迴转体所产生的流动来代表。这就是说，在任何方向上表达式(9.67)—(9.69)都适用，但对不同方向F函数将是不同的。在我们作为出发点的线性理论中，机身、机翼、举力分布以及诸如此类的贡献可分别处理然后叠加，以给出每一方向上最后的F函数。然后以此F函数来应用非线性表达式。体积贡献与横截面积 $S(x)$ 分布有关，在这里是按照超音速面积法则用与气流成一角度的平面来相截的。关于此方法的细节和非线性的结果，见 Whitham(1956)。当物体包括有各种隆起部分，例如机翼时，$S'(x)$ 成为不连续的，于是(9.69)必须作适当修改 (Whitham, 1952)。

举力分布效应具有和体积效应同等的重要性。在线性理论中，举力分布 $L(x)$ 对速度势的贡献为

$$\Phi_1 = -\frac{1}{2\pi\rho_0 U}\frac{\cos\tilde{\omega}}{r}\int_0^{x-Br}\frac{(x-\eta)L(\eta)}{\sqrt{(x-\eta)^2-B^2r^2}}d\eta, \quad (9.81)$$

其中 $\tilde{\omega}$ 为过飞行轨迹的子午面的角度，该角度从向下的铅直面开始计量。对于 $(x-Br)/Br \ll 1$，这可和以前一样近似，于是扰动又由(9.67)—(9.68)给出，其中

$$F(\xi) = \frac{1}{2\pi}\frac{B\cos\tilde{\omega}}{\rho_0 U^2}\int_0^{\xi}\frac{L'(\eta)}{\sqrt{\xi-\eta}}d\eta。 \quad (9.82)$$

这是关于对称分布的“等效物体”概念的一个有趣的例子。应当注意，近似式(9.67)—(9.68)对于$\xi/Br \ll 1$是有效的，并足以用来决定激波。然而，主N波后面的压力分布对于传给地面的总举力有重要贡献。为详细计算举力，要用到完整形式的(9.81)式，并且在必要时，要用到它的非线性化。这一点在文献中有时引起混淆，这些文献注意到，当把由(9.68)式给出的压力分布沿地面积分时，并不给出总举力 $\int_0^{\infty} L(x)dx$。表达式(9.68)只适用于主N波区域。将

(9.81)式导出的完整公式积分，便会正确地给出总举力。

其余的推广(推广到加速物体以及非均匀大气，后者在实际情形中总是重要的)可在某种程度上解析地处理，并且这些理论相当依赖于几何声学（见 Friedman, Kane, 和 Signalla, 1963, 以及那里所给出的参考文献）。进一步的发展以及与风洞和观测数据的比较在美国声学协会杂志 (Journal of the Acoustical Society of America, 1965) 上发表的一系列文章中作了评述。一些国立研究室和飞机公司作了类似的比较。（在波音文件 [Boeing Document D6A 10598-1] 中为一般读者作了科普性的说明，其中包含一些有趣的理论与实际的校验)。结论看来是，理论给出了好的结果，并对一极其复杂的实际问题给出了有价值的见解。

第十章 波 系

对于单独一列双曲波,包括各种几何效应、扩散效应和衰减效应,现在我们已经相当详细地研究过了。为完成本书第一部分,我们再来讨论当不同阶的波出现于同一问题中的情形。在第三章中出现过典型的例子,并在那里作过某些预备性的说明。例如,在交通流中,在一确定的描述水平上,曾建议如下的方程组:

$$\rho_t + (\rho v)_x = 0,$$
$$\tau(v_t + vv_x) + \frac{\nu}{\rho}\rho_x + v - V(\rho) = 0。 \tag{10.1}$$

这一系统有两族特征线,其特征速度为

$$v + \sqrt{\frac{\nu}{\tau}},\ v - \sqrt{\frac{\nu}{\tau}}。 \tag{10.2}$$

因此,具有这些速度的波将起重要的作用。可是,简化方程组

$$\rho_t + (\rho v)_x = 0,\ v = V(\rho), \tag{10.3}$$

(当 ν 和 τ 值充分小时,可期望它是个好的近似)只有一族特征线,而特征速度不是(10.2)中的那两个速度;事实上,它是

$$V(\rho) + \rho V'(\rho)。 \tag{10.4}$$

如果在这两个描述水平之间没有什么不相容,则具有速度(10.4)的波在(10.1)的解中必然也起重要的作用,即使它们不再对应于特征线。这里的目的是要进一步阐明"高阶波"(10.2)和"低阶波"(10.4)的作用,并且看一看每一组波是如何由于另一组波的存在而被修改的。

我们考虑如(10.1)那样系统的线性化形式,因为通过变换可得到典型问题的通解,并可用来明显地表现出主要特点。完整的非线性问题很少得到类似的分析解,而用线性解可推断各种波的相应非线性行为,并提示人们为描述这些波所应采用的简化近似。

当(10.1)那样的系统被线性化时，采用等效的单独一个二阶方程是较为方便的。它取如下的一般形式

$$\eta\left(\frac{\partial}{\partial t}+c_1\frac{\partial}{\partial x}\right)\left(\frac{\partial}{\partial t}+c_2\frac{\partial}{\partial x}\right)\varphi$$

$$+\left(\frac{\partial}{\partial t}+a\frac{\partial}{\partial x}\right)\varphi=0, \tag{10.5}$$

其中系数为常数，并且为了明确起见，我们选择 $c_1>c_2$。在不同的记号下，这就是交通流的(3.4)式；c_1 和 c_2 为 (10.2) 的线性化形式，即未扰流的值，而 a 为(10.4) 的线性化形式。对于洪水波，(3.37)的非线性形式类似于(10.1)。特征速度为 $v\pm\sqrt{g'h}$，可是简化系统(3.38)也表明存在速度为 $3v/2$ 的低阶波。线性化方程(3.41)与(10.5)形式相同。对于(3.74)所表述的化学交换过程，线性方程是精确的，并且包括于 (10.5) 当一个 c 为零的情形之中。以后将提到其它的例子。如果所涉及的系统高于二阶，则构成 (10.5) 中算子的因子数目将相应地增加。

在(10.5)中，不同阶的波由作为因子的算子清楚地表现出来。的确，假如低阶项不存在($\eta=\infty$)，通解将是

$$\varphi=\varphi_1(x-c_1t)+\varphi_2(x-c_2t)。 \tag{10.6}$$

相反，假如高阶项不存在($\eta=0$)，则解将是

$$\varphi=\varphi_0(x-at)。 \tag{10.7}$$

当然，后者与简化水平的描述相对应，其线性化形式是方程

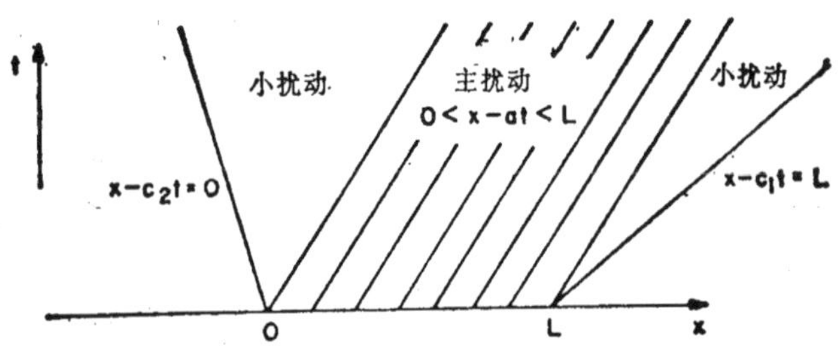

图10.1 初值问题的(x, t)图

$$\frac{\partial \varphi}{\partial t} + a\frac{\partial \varphi}{\partial x} = 0。\quad (10.8)$$

我们的问题涉及组合系统，两个水平上的波所起的不同作用，以及对(10.6)和(10.7)的修正。

我们可以事先概述出必然发生的情况。由于(10.5)的特征线由高阶项决定，最初的信号和波前必然以速度 c_1 和 c_2 行进。但为了适应于简化描述，某些扰动必然以速度 a 行进。这一点在图 10.1 的 (x,t) 图中示出。当参数 η 减小时，最初的信号必然变小；主要的扰动必然以速度 a 运动，并且可以很合理地用 (10.7) 来近似。

只有当 a 介于 c_1 和 c_2 之间时，这一图象才有意义。但是正如我们在第三章中看到的那样，恰恰是速度的这一次序是为稳定性所必需的，而稳定性条件与关于传播的概念紧密联系着。这促使人们认为当 a 不介于 c_1 和 c_2 之间时的不稳定性是两组波之间难解难分的竞争的结果。

这里也出现适当边界条件的问题，因为边界条件的数目由指向感兴趣的 (x,t) 区域的特征线数目决定。由于从(10.1)过渡到(10.3)，或者从(10.5)过渡到(10.8)时，特征线数目可能变化，因此也就要求将这一表面上的不一致合理化。考虑到稳定性所要求的不等式

$$c_1 > a > c_2, \quad (10.9)$$

(10.5)只能要求比 (10.8) 更多的边界条件。在这种情况下，如果(10.5)的附加信息只影响边界附近一层内的解，当 η 小时这一层很薄，而在这一层以外(10.5)的解可用(10.8)的解来很好地近似，则两个描述水平的不一致性将不存在。(10.8) 的适当解将只满足某些边界数据，余下的向附加边界数据的调整发生在边界层中。

所有这些论证的细节由(10.5)的完全解所证实。于是有关概念可逐段应用到非线性情形中去。在非线性情形，可能会出现激波，而不同类型的激波将作为不同描述水平上的适当的间断而出现。从对它们之间关系的理解将得出一个简单的判据，用来预言

什么时候激波结构还将包含一个间断。在不等式(3.17)和(3.52)中我们曾注意到过这种例子。对于这些例子现在我们将能够给出更一般的观点，并加进更进一步的例子。

10.1 线性化问题的精确解

首先我们来核对关于(10.5)的稳定性要求。一个基本解为

$$\varphi = Ae^{ikx-i\omega t},$$

只要

$$\eta(\omega - kc_1)(\omega - kc_2) + i(\omega - ka) = 0。\tag{10.10}$$

对于较短的波，$kc_1\eta \gg 1$，我们有

$$\omega \simeq \begin{cases} kc_1 - \dfrac{i}{\eta}\dfrac{c_1 - a}{c_1 - c_2}, & (10.11)\\[2ex] kc_2 - \dfrac{i}{\eta}\dfrac{a - c_2}{c_1 - c_2}。 & (10.12)\end{cases}$$

除非

$$\eta > 0,\ c_1 > a > c_2,\tag{10.13}$$

(10.11)和(10.12)之中将有一个具有正的虚部，而这将表示不稳定性。接下去容易证实，在这些条件下，对于所有 k 有 $\mathscr{I}\omega < 0$，因此它们给出了完全的稳定性要求。现在我们假定(10.13)中的不等式是满足的，来考虑更一般的解。

用 Fourier 变换解初值问题，或用 Laplace 变换解信号问题，可以同样好地论证问题的主要方面。我们选择后者，因为它给出与 c_1, c_2 和 a 的符号有关的为数更多的情形。

$c_1 > a > 0,\ c_2 < 0$ 的情形

这是最简单的情形；当 $c_2 < 0$，只产生高阶波的 c_1 族，并且当 $a > 0$ 时，在 $x = 0$ 上提的边界条件数目是一致的。于是，对于(10.5)，一种适定问题是

$$\begin{aligned} &\varphi = \varphi_t = 0,\ x > 0,\ t = 0,\\ &\varphi = f(t),\ x = 0,\ t > 0。\end{aligned}\tag{10.14}$$

对于简化方程(10.8)，初始条件 $\varphi_t = 0$ 将被略去，但在两种情形

下，对于有限一段时间，在 $x>0$ 解都保持恒为零，因此差别并不显现出来。利用 Laplace 变换，(10.5)的解可取为

$$\varphi(x,t)=\frac{1}{2\pi i}\int_{\mathscr{B}}\frac{\tilde{\varphi}(p,x)e^{pt}}{p}dp,\quad t>0, \tag{10.15}$$

其中 $\mathscr{B}$ 为 Bromwich 路径 $\mathscr{R}_p=$ 常数，它位于复 p 平面上被积函数所有奇点的右方。代入(10.5)后，我们有

$$\eta c_1c_2\tilde{\varphi}_{xx}+\{\eta(c_1+c_2)p+a\}\tilde{\varphi}_x+p(\eta p+1)\tilde{\varphi}=0,$$

于是 $\tilde{\varphi}$ 的可能解为

$$\tilde{\varphi}=F(p)e^{xP_1(p)}+G(p)e^{xP_2(p)}, \tag{10.16}$$

其中 P_1, P_2 为

$$\eta c_1c_2P^2+\{\eta(c_1+c_2)p+a\}P+p(\eta p+1)=0 \tag{10.17}$$

的根，而 F, G 为任意函数。对于大的 p,

$$P_1\sim-\frac{p}{c_1},\quad P_2\sim-\frac{p}{c_2}。$$

在这第一种情形下，$c_1>0, c_2<0$，当 $\mathscr{R}p$ 大时(10.16)的第二项是无界的，因此我们必须取 $G(p)=0$；当 $c_2<0$，这一项本来是和到来波相对应的，现在被排除了。余下的函数 $F(p)$ 由 $x=0$ 处 $\varphi=f(t)$ 这一单独的边界条件来决定。事实上，这一要求简单地就是 $F(p)$为 $f(t)$ 的 Laplace 变换。因此，最终的解为

$$\varphi=\frac{1}{2\pi i}\int_{\mathscr{B}}\frac{F(p)}{p}e^{pt+P_1(p)x}dp, \tag{10.18}$$

其中

$$\begin{aligned}F(p)&=p\int_0^\infty f(t)e^{-pt}dt,\\ f(t)&=\frac{1}{2\pi i}\int_{\mathscr{B}}\frac{F(p)e^{pt}}{p}dp,\end{aligned} \tag{10.19}$$

而 $P_1(p)$ 为(10.17)的根，当 $p\to\infty$时，它渐近于 $-p/c_1$。

当 $t-x/c_1<0$，可用右方的大半用来使迴路闭合，从而证明 $\varphi=0$。于是波前为 $x-c_1t=0$。在波前附近 φ 的行为可由(10.18)的被积函数当 $p\to\infty$ 时的更详细的渐近行为而得到。如

果迴路$\mathscr{B}$取得向右方足够远，我们可将表达式

$$P_1 = -\frac{p}{c_1} - \frac{1}{\eta c_1}\frac{c_1 - a}{c_1 - c_2} + O\left(\frac{1}{p}\right)$$

代人(10.18)而导出近似式

$$\varphi \simeq f\left(t - \frac{x}{c_1}\right)\exp\left\{-\frac{c_1 - a}{c_1 - c_2}\frac{x}{c_1\eta}\right\}。\tag{10.20}$$

事实上这就是几何光学展开式的第一项（见 7.7 节）；将 e^{P_1x} 对大 p 继续展开下去可得到该级数的以后各项。将几何光学展开式直接代入(10.5)可得到一般形式，但(10.20) 也将 $t - x/c_1$ 的函数与边界条件联系起来。表达式(10.20)在波前附近有效。它表明最初的扰动以速度 c_1 把波动传播出去，但这一扰动呈指数衰减，并在 $c_1\eta$ 量级的距离上变得可以忽略。当 $\eta \to 0$ 时，对所有 $x > 0$ 这一扰动变得可以忽略，这与简化描述是一致的。

接下去我们问，由(10.18)所描述的主要扰动将在哪里出现。为求得这一知识，我们来研究在(x, t)平面上线族 $x/t =$ 常数上的行为，因为该线族中每一条线都代表以常速度运动的波的轨迹。对于所涉及的各种极限，我们应予相当注意，因此，引进无量纲量

$$q = \eta p, \ Q(q) = \eta c_1 P_1(p), \ m = \frac{x}{c_1 t}。$$

一般来说，边界函数 $f(t)$将引进另一时间尺度，例如 T，而 $F(p)$将取如下形式

$$F(p) = \mathscr{F}\left(q\frac{T}{\eta}\right)。$$

于是(10.18)成为

$$\varphi = \frac{1}{2\pi i}\int_{\mathscr{B}} \frac{\mathscr{F}(qT/\eta)}{q} e^{(q+mQ)t/\eta} dq \tag{10.21}$$

其中 $Q(q)$ 为

$$\frac{c_2}{c_1}Q^2 + \left\{\left(1 + \frac{c_2}{c_1}\right)q + \frac{a}{c_1}\right\}Q + q(q+1) = 0$$

的适当的根。现在我们来考虑对于固定的 m，当 $t/\eta \to \infty$ 时(10.21)的渐近行为。按照鞍点法，主要贡献来自点 $q = q^*$ 的邻

域，而 q^* 满足

$$\frac{d}{dq}(q+mQ)=0,$$

即

$$1+mQ'(q^*)=0。\tag{10.22}$$

将迴路变形为过 $q=q^*$ 的最速下降路径 $\mathscr{C}$，并对 $q+mQ$ 展开到 $q-q^*$ 的二次项，便得到渐近展开式的第一项。于是，当 $t/\eta\to\infty$ 我们有

$$\varphi\sim\exp\left(\frac{t}{\eta}\{q^*+mQ(q^*)\}\right)\times\frac{1}{2\pi i}\int_{\mathscr{C}}\frac{\mathscr{F}(qT/\eta)}{q}\exp\left\{\frac{1}{2}\frac{t}{\eta}mQ''(q^*)(q-q^*)^2\right\}dq\tag{10.23}$$

在鞍点法的通常应用中，被积函数的其余部分也在 $q=q^*$ 附近被展成 Taylor 级数，并且用 $\mathscr{F}(q^*T/\eta)/q^*$ 来代替 $\mathscr{F}(qT/\eta)/q$。这一进一步的步骤对于 T/η 保持固定而令 $t/\eta\to\infty$ 的极限情形有效，因而适用于 $t\gg\eta, t\gg T$。但我们感兴趣的是 $t\gg\eta$，$T\gg\eta$ 的情形，与 t/T 的大小无关。为包括这一情形，在(10.23)中必须允许 $T/\eta\to\infty$ 这一可能性，因而必须保留更为一般的形式。

在讨论(10.23)的性态时，回到原来的变量是方便的。我们有

$$\varphi\sim\exp\{tp^*+xP_1(p^*)\}\frac{1}{2\pi i}\int_{\mathscr{C}}\frac{F(p)}{p}\times\exp\left\{\frac{1}{2}xP_1''(p^*)(p-p^*)^2\right\}dp,\tag{10.24}$$

其中 p^* 为由

$$t+xP_1'(p^*)=0\tag{10.25}$$

决定的 x 和 t 的函数，这便给出当 $t/\eta\to\infty$ 而保持 x/c_1t 固定时 φ 的渐近性态。为简单起见，我们将假定 $\int_0^\infty f(t)dt$ 是收敛的，因此当 $p\to0$ 时 $F(p)/p$ 有限而不存在极点。[当 $t\to\infty$ 时 $f(t)$ 趋于

常数的情形是有兴趣的，但只需将问题用 φ_t 来表述，便可非常容易地处理这一情形。] 渐近表达式(10.24) 本身又以积分号外的指数因子为主。当

$$\frac{\partial}{\partial x}\{tp^* + xP_1(p^*)\} = 0$$

时，该指数因子取逗留值，考虑到决定 $p^*(x,t)$ 的(10.25)式，这一条件化为

$$P_1(p^*) = 0。$$

由 (10.17)，$P_1(p^*) = 0$ 必然对应着要么是 $p^* = 0$，要么就是 $p^* = -1/\eta$，很容易验证 $p^* = 0$ 是对于 P_1 的正确选择。因此，对于使得(10.25)的解 $p^* = 0$ 的那些 x 和 t，(10.24)中的指数因子具有逗留值，事实上是局部极大值。于是，极大值是在

$$t + P_1'(0)x = 0$$

上达到。由(10.17)容易验证 $P_1(0) = -a^{-1}$。因此，指数因子的极大值在

$$x = at$$

上达到，并且极大值为 1。(在此极限下)除了在 $x = at$ 的邻域外，扰动呈指数减小；这一结果表明**扰动的主要部分最终是以速度 a 行进的**。由于近似是对 $t \gg \eta$ 作的，因此当 $\eta \to 0$ 时，结果可越来越适用于更早的时间。

我们可以得出关于主要扰动性态的进一步的知识。在 $x = at$ 邻域，p^* 的相应值是小的。于是，将(10.24)进一步在 $p^* = 0$ 附近作展开，便可能得到扰动的细节。但这样一来，我们原可以对(10.18)分两步来近似：第一步将 $pt + P_1(p)x$ 在 $p = p^*$ 附近展开，然后再将所得表达式在 $p^* = 0$ 附近展开。显然，最后的结果必然被直接在 $p = 0$ 附近展开 $pt + P_1(p)x$ 所包括。我们有

$$P_1(p) \sim -\frac{p}{a} + \frac{p^2\eta(c_1 - a)(a - c_2)}{a^3} + \cdots。$$

因此

$$\varphi \sim \frac{1}{2\pi i}\int_{\mathscr{C}} \frac{F(p)}{p}\exp\left\{p\left(t-\frac{x}{a}\right)\right.$$
$$\left.+\frac{p^2\eta(c_1-a)(a-c_2)x}{a^3}\right\}dp \tag{10.26}$$

适用于当 $t/\eta\to\infty$ 时 $x-at=0$ 的邻域。一级近似恰恰是

$$\varphi \sim \frac{1}{2\pi i}\int_{\mathscr{C}} \frac{F(p)}{p}e^{p(t-x/a)}dp = f\left(t-\frac{x}{a}\right),$$

它正是低阶方程(10.8)所预言的结果。于是证明低阶表述给出主要扰动的正确描述。

为弄清(10.26)指数中的二次项的效应，更有益的作法是去寻找(10.26)所满足的方程，而不是来解释这一积分。事实上，这一表达式和方程

$$\varphi_t + a\varphi_x = \frac{\eta(c_1-a)(a-c_2)}{a^2}\varphi_{tt} \tag{10.27}$$

在同样边界条件 $x=0$ 上 $\varphi=f(t)$ 之下的解是相同的。(10.27)右端已经是一小的修正(与其它项相比为 η/t 量级)，因此，在其中采用一级近似 $\partial/\partial t\simeq -a(\partial/\partial x)$ 与采取一等价形式

$$\varphi_t + a\varphi_x = \eta(c_1-a)(a-c_2)\varphi_{xx} \tag{10.28}$$

便是一致的。这是更为熟悉的；它表明扰动的主要部分以速度 a 传播，并且被方程中的高阶效应扩散。但当 η 小时，后一效应是小的。于是，在 $c_1>a>0$，$c_2<0$ 这一情形可总结如下：最初的信号以速度 c_1 传播出去，但如(10.20)所示那样被衰减。主要扰动落于后面而以低阶波速 a 运动。在这一情形下在 $x=0$ 处所规定的边界条件数目并不存在不一致。$\varphi=f(t)$ 对于(10.5)和(10.8)都适用。在量级为 η 的一段时间之后，最初的信号指数地变小了，而(10.5)的解的主要部分可通过 (10.8)，用 $x=0$ 处同样的边界条件来很好地描述。 高阶项的效应是对低阶波产生一种扩散，如(10.28)所示，但当 η 较小时，这一扩散效应是小的。

$c_1>0$，$c_2<a<0$ 的情形

在这一情形下，(10.24)中指数因子的极大值仍在 $x=at$ 处出

现，但因 $a<0$，这出现在 $x>0$ 区域以外。在整个 $x>0$ 区域，表达式(10.24)都指数地小。在 $x=0$ 处鞍点公式不适用，因为由(10.25)显然不存在鞍点，但由(10.18)容易证明，解从 $x=0$ 上的值 $\varphi=f(t)$ 开始指数下降，于是扰动被局限在一厚度为 η/c_1 的边界层内。在这一情形下，最初的信号呈指数衰减，而主要的扰动并不传播。

简化方程(10.8)不允许在 $x=0$ 上规定数据，它的解为 $\varphi=0$。这与前面对边界层外的描述是一致的，边界条件上的差别由边界层来调节。

$c_1>a>c_2>0$ 的**情形**

在这一情形下，(10.5)的两族特征线都指向 $x>0$ 区域，因此给定两个条件

$$\varphi=f(t),\ \varphi_x=g(t)\ \text{当}\ x=0,\ t>0 \tag{10.29}$$

是适宜的。然而，我们注意到这两个条件中的一个，或者可能是它们的一种组合，可以对(10.8)提出。两个条件(10.29)恰恰对应于下述事实：当 c_1 和 c_2 皆正数时，(10.16)中的两项必须都保留，因而有两个任意函数待定。如果 $\bar{f}(p)$ 和 $\bar{g}(p)$ 为 $f(t)$ 和 $g(t)$ 的变换，则(10.16)中的任意函数由

$$F+G=\bar{f},\ P_1F+P_2G=\bar{g} \tag{10.30}$$

决定。

对于解中的项(10.18)的讨论和以前完全一样，于是得到相同的结论：最初的信号以速度 c_1 行进但被衰减掉；主要扰动以速度 a 行进并被高阶效应扩散。主要扰动又可用(10.8)来很好地描述，唯一的新问题是事实上采用什么边界条件。在相应的解(10.26)中所出现的函数 $F(p)$ 可由(10.30)得到，它是

$$F=\frac{P_2\bar{f}-\bar{g}}{P_2-P_1}。 \tag{10.31}$$

但在应用(10.26)时，P_1 是针对 ηp 值很小的情况来近似的，因此 P_2 必须用同样方法来近似。由(10.17)容易看出

$$\eta P_1 = -\frac{\eta p}{a} + O(\eta^2 p^2), \quad \eta P_2 \sim -\frac{a}{c_1 c_2} + O(\eta p);$$

因此，在这一近似下(10.31)简化为

$$F = \bar{f}_{\circ}$$

因此边界条件 $\varphi = f(t)$ 事实上被满足，并且必须用于简化的方程。

完全解中的第二项是

$$\frac{1}{2\pi i}\int_{\mathscr{B}} \frac{G(p)}{p} e^{pt + P_2(p)x} dp_{\circ} \tag{10.32}$$

由于当 $p \to \infty$ 时 $P_2 \sim -p/c_2$，对于 $x > c_2 t$ 此表达式为零，这对应于速度为 c_2 的波所给出的第二个波前。容易证明，和以前的情形一样，这些波指数衰减，并且当 $x/c_2\eta \gg 1$ 时变得可以忽略。其次，鞍点研究表明，除了在 $x = 0$ 附近以外，(10.32)的贡献是小的。在 $x = 0$ 附近，我们可采用当

$$\frac{t}{\eta} \to \infty, \quad \frac{x}{c_2 \eta} \text{ 固定}$$

时的渐近展开式来看看解的性态如何。按照 Watson 引理，由(10.32)中被积函数对于小 ηp 的性态可得出这一渐近展开式。我们有

$$P_2 \sim -\frac{a}{c_1 c_2 \eta}, \quad G(p) \sim -\left(\tilde{g} + \frac{p}{a}\bar{f}\right)\frac{c_1 c_2 \eta}{a}{}_{\circ}$$

因此(10.32)渐近于

$$-\left\{g(t) + \frac{1}{a}f'(t)\right\}\frac{c_1 c_2}{a}\eta \exp\left(-\frac{a}{c_1 c_2}\frac{x}{\eta}\right)_{\circ} \tag{10.33}$$

于是，(10.32)的最初贡献以 c_2 波行进但衰减下去，它的主要贡献是由(10.33)给出的边界层。

将两个主要贡献相加，给出

$$\varphi = f\left(t - \frac{x}{a}\right) - \left\{g(t) + \frac{1}{a}f'(t)\right\}$$

$$\times \frac{c_1 c_2}{a}\eta \exp\left(-\frac{a}{c_1 c_2}\frac{x}{\eta}\right), \tag{10.34}$$

便得到当 $t/\eta \gg 1$ 时的合成解。在一级近似下这个解满足两个边界条件。为满足第二个边界条件，第二项是需要的，但它离开边界附近一个厚度为 $\eta c_1 c_2/a$ 量级的层便迅速衰减下去。 各种结果均可在(x,t)图中方便地表出，如图 10.2 所示。

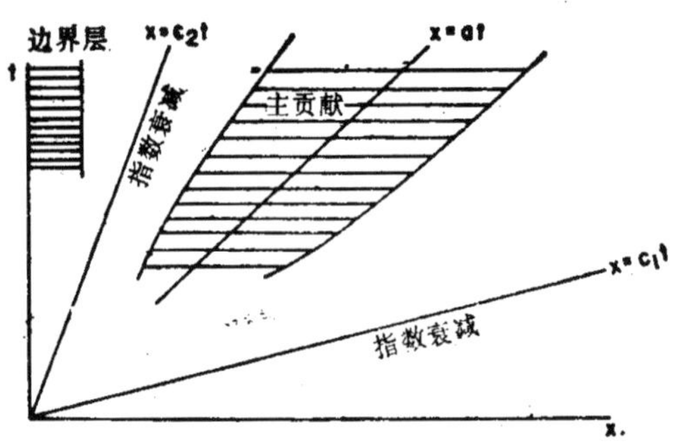

图 10.2 信号问题的(x,t)图

10.2 简化方法

其它的常系数线性方程总可以用类似的方式通过变换和适当的渐近展开来处理。然而，细节是冗长的，而通过更直观的论证，任何解中的主要成分都可以很简单地看出，并且领会得更为深刻。我们来指出关于前述问题的一些技巧。

首先，在任何近似以速度 V 运动的波剖面中，t 和 x 的导数近似用

$$\frac{\partial}{\partial t} \simeq -V\frac{\partial}{\partial x} \tag{10.35}$$

相联系。 在(10.5)中我们可用此式依次考察以速度 c_1, c_2, a 运动的波。对于 c_1 波，我们对所有导数都用 $\partial/\partial t \simeq -c_1\partial/\partial x$，除去因子 $\partial/\partial t + c_1\partial/\partial x$ 本身在其中出现的那种敏感的导数。我们有

$$\eta(c_2-c_1)\frac{\partial}{\partial x}\left(\frac{\partial}{\partial t}+c_1\frac{\partial}{\partial x}\right)\varphi+(a-c_1)\frac{\partial\varphi}{\partial x}=0。$$

无妨将算子 $\partial/\partial x$ 积分出，因为它对应于其它波的残余。因此，我

们取

$$\frac{\partial\varphi}{\partial t}+c_1\frac{\partial\varphi}{\partial x}+\frac{c_1-a}{\eta(c_1-c_2)}\varphi=0。\tag{10.36}$$

这个解恰恰就是(10.20)中得到的解。类似地，对于 c_2 波，我们有

$$\frac{\partial\varphi}{\partial t}+c_2\frac{\partial\varphi}{\partial x}+\frac{a-c_2}{\eta(c_1-c_2)}\varphi=0;$$

该解在形式上类似于(10.20)，并可由(10.32)来仔细验证。

对于以速度 a 传播的低阶波，我们对(10.5)的二阶项用

$$\partial/\partial t\simeq-a\partial/\partial x,$$

于是其近似形式为

$$\varphi_t+a\varphi_x=\eta(c_1-a)(a-c_2)\varphi_{xx}。\tag{10.37}$$

这和(10.28)精确一致。如果在二阶项中我们宁愿用对 t 的导数，则得到另一形式(10.27)。

在 $x=0$ 附近，可根据同样的精神来研究边界层的可能性，即根据 x 的导数比 t 的导数大得多，因此可作近似

$$\frac{\partial}{\partial x}\gg\frac{\partial}{\partial t}。\tag{10.38}$$

这可解释为 (10.35) 当 $V=0$ 时的特殊情形；它对应于不传播的波。在这一近似下，(10.35)简化为

$$\eta c_1c_2\varphi_{xx}+a\varphi_x=0,\tag{10.39}$$

而其通解为

$$\varphi=A(t)+B(t)\exp\left(-\frac{a}{c_1c_2}\frac{x}{\eta}\right),\tag{10.40}$$

与(10.34)一致。当然，除非 $a/c_1c_2\eta>0$，指数解应被略去，而只有在指数减小的情形才推断出边界层的存在。

对于初始层，在那里针对完整的方程在 $t=0$ 处给出 φ 和 φ_t 的数据，我们考虑在 $\partial/\partial t\gg\partial/\partial x$ 这一近似下方程的形式。对于(10.5)，我们有

$$\eta\varphi_{tt}+\varphi_t=0,\quad\varphi=C(x)+D(x)e^{-t/\eta}。$$

此式表明了解是如何调整到只与 φ 的初值有关的近似形式的。

这些方法使我们能够很快估计感兴趣的各种区域以及有关近似。我们很容易使它们成为更形式的扰动程序的基础。例如，直接的展开式

$$\varphi = \varphi_0(x,t) + \eta\varphi_1(x,t) + \eta^2\varphi_2(x,t) + \cdots$$

便对 φ_0 给出了(10.8)式；展开式

$$\varphi = \varphi_0(\xi,t) + \eta^{1/2}\varphi_1(\xi,t) + \cdots,$$

$$\xi = \eta^{-1/2}(x - at)$$

对 φ_0 导出了(10.28)式；展开式

$$\varphi = \varphi_0(X,t) + \eta\varphi_1(X,t) + \cdots,$$

$$X = \eta^{-1}x$$

对 φ_0 导出边界层方程(10.39)。

10.3 高阶系统，非线性效应和激波

对于表现不同阶平面波的非线性方程组而言，通常我们并不奢望完全精确地求解，而解析的工作不得不依赖于与前一节相类似的诸近似方法。究竟如何详细地处理是随问题不同而不同的，但我们可注意到一些线索。为说话方便起见，我们称完整的方程组为系统 I，而通过令某一参数 η 等于零而得到的简化方程组则称为系统 II。特征理论对于系统 I 将给出特征速度 $c_1,\cdots,c_n$，而对系统 II 将给出特征速度 $a_1,\cdots,a_m(m<n)$。一般来说，对于非线性问题，这些速度是因变量的函数。然而，在某均匀态附近的小扰动线性化理论将有助于了解基本情况和给出关于稳定性的知识。如果只存在两个不同的阶，则均匀介质中平面波的线性化理论可简化为关于某个扰动势 φ 的一个单独的方程

$$\eta\left(\frac{\partial}{\partial t} + c_1\frac{\partial}{\partial x}\right)\cdots\left(\frac{\partial}{\partial t} + c_n\frac{\partial}{\partial x}\right)\varphi + \left(\frac{\partial}{\partial t} + a_1\frac{\partial}{\partial x}\right)\cdots\left(\frac{\partial}{\partial t} + a_m\frac{\partial}{\partial x}\right)\varphi = 0, \quad (10.41)$$

其中各传播速度取它们在均匀态中的常数值。利用标准的稳定性论证可得出如下的有趣结果：为了稳定，两个阶之间必须要么满

足 $m = n - 1$，要么满足 $m = n - 2$。在第一种情形下，完整的要求是

$$m = n - 1, \eta \geqslant 0, c_1 > a_1 > c_2 > a_2 \cdots > a_{n-1} > c_n。\quad (10.42)$$

这正是对于II的解如何近似于完整方程组 I 的解可给出满意解释的条件。第二种情形($m = n - 2$)所引进的效应对于色散波更为典型，因而对它的讨论将移到本书第二部分来进行。[这种情形下的稳定性条件已由 Wu (1961) 给出，他改正了作者早期关于(10.42)是需要考虑的唯一情形这一错误说法.]

方程(10.41)可用变换求解，但利用上节诸方法可给出大致的总图象。每一个 c_i 波满足近似方程

$$\eta(\varphi_t + c_i\varphi_x) + \gamma_i\varphi = 0, \quad (10.43)$$

其中 γ_i 由各 a 和各 c 来决定，类似于(10.36)。稳定性条件保证了 $\gamma_i > 0$，因此我们得到指数衰减。类似地，a_i 波满足与(10.28)相类似的近似方程

$$\varphi_t + a_i\varphi_x = \eta\alpha_i\varphi_{xx}, \quad (10.44)$$

并且 $\alpha_i > 0$。

当包括非线性效应时，我们将求解具有形式

$$\varphi_t + c_i(\varphi)\varphi_x + \beta_i\varphi = 0 \quad (10.45)$$

的方程来代替 (10.43)。在任一阶的波中，不同波之间现在存在着不可忽略的相互作用，因而抽取出方程(10.45)将要求类似于“简单波论证”的某种条件。在非线性问题中，用 n 个因变量和一组一阶方程来讨论通常是较为方便的。对 c_i 波采用 $\partial/\partial t \simeq -c_i\partial/\partial x$ 这一方法大致相当于将其它($n-1$)个 c 波的 Riemann 变量取为常数。

于是，方程(10.45)可用第二章中的方法来求解。$c_i(\varphi)$ 增加的波可能间断 [见(2.72)的讨论]，于是将要求激波存在。这些激波是系统 I 的不连续面，而激波条件是以标准方式从有关的守恒方程组推导出来的。当 $\beta_i > 0$ 时，即使产生了激波，扰动通常也是衰减的，因此主扰动最终将由低阶波所携带。

如果 $\eta = 0$，在 a_i 特征线上的非线性简单波将满足以下形式

的方程

$$\varphi_t + a_i(\varphi)\varphi_x = 0。\qquad (10.46)$$

该方程解中要求的激波将满足由简化系统 II 所导出的间断性条件，它们将与系统 I 的激波条件不同。

当引入高阶扩散效应时，与(10.37)相对应，我们将考虑方程

$$\varphi_t + a_i(\varphi)\varphi_x = \nu_i\varphi_{xx}。\qquad (10.47)$$

在同样类型的近似下，这个方程可以和关于 a_i 的 Burgers 方程相联系，并可由第四章的结果来分析。

10.4 激波结构

当在系统 I 中考察时，系统 II 中的激波(我们称之为 S_{II})将在某种程度上变得平缓。这正是激波结构问题。然而，现在我们可以更明确地评论激波结构中间断的发生。一个 S_{II} 将永远和一族特殊的 a 波相联系，而每一族 a 波总是被夹在两族 c 波之间。但是 S_{II} 激波将比在它前面的 a 波走得快，而比在它后面的 a 波走得慢。甚至在稳定情形下，它也可能追上前面的 c 波，或者落在后面的 c 波之后。如果解要保持连续的话，这便将破坏 c 波的特征性质。但 S_I 间断可以作到这一点。因此，每当这种情况发生时，S_{II} 剖面将要求在激波结构中存在间断。这些间断是 S_I 的间断，它们满足 S_I 的跳跃条件，于是我们可将完全剖面看作是结合起来的 $S_I - S_{II}$ 波。

如果与 a_i 族相联系的某一 S_{II} 的速度为 U_i，并用下标 1 和 2 来表示它前面和后面物理量的值，则连续激波结构的判据是

$$c_{i+1}^{(2)} < U_i < c_i^{(1)}。\qquad (10.48)$$

如果这一条件被破坏，在剖面中便将出现间断，即使在两侧的状态均稳定时，也可能出现这种情况。如果我们考虑在非线性情形下与图 10.1 相当的图，则只要主要扰动的速度与两侧的高阶波的速度相差很远，主要扰动便会保持连续。

在非线性情形，所有这些速度的值都有一定的范围，因此，主波有可能与前面或后面的 c 波相结合。当这种情况发生时，c 波

的指数衰减便中止，由于 c 波间断，因此在激波结构中得到 S_{I} 激波。关于速度的判据(10.48)给出一种非常简单的预言方法，它避免了对激波结构方程积分曲线的麻烦得多的分析。在以下各例中将会注意到它的用处。

10.5 实例

洪水波

在第三章中我们曾十分详细地研究过这种情形。我们注意到，用现在的符号，

$$c_1 = v + \sqrt{g'h}, \quad c_2 = v - \sqrt{g'h},$$

$$a = \frac{3v}{2}。$$

按照(10.42)，只要

$$v_0 - \sqrt{g'h_0} < \frac{3v_0}{2} < v_0 + \sqrt{g'h_0},$$

则均匀流 $h = h_0$，$v = v_0$ 是稳定的(正如在 3.2 节中注意到的那样)，下限并不是一个限制。按照(10.48)，只要

$$v^{(2)} - \sqrt{g'h^{(2)}} < U < v^{(1)} + \sqrt{g'h^{(1)}},$$

S_{II} 激波结构将是连续的。S_{II} 激波条件表明 $U > v^{(2)}$，因此较低的一个不等式恒被满足。在 S_{II} 结构中出现间断的判据是

$$U > v^{(1)} + \sqrt{g'h^{(1)}}。$$

这恰恰是由详细的分析在(3.52)中得到的结果。

磁气体动力学

在 5.2 节例 10 和 10′ 中我们给出磁气体动力学波的方程。第一个方程组为系统 I，并且我们有

$$c_1 = (\varepsilon_0\mu)^{-1/2}, \quad c_2 = u + a, \quad c_3 = u,$$

$$c_4 = u - a, \quad c_5 = -(\varepsilon_0\mu)^{-1/2}.$$

第二个方程组为系统 II，并且

$$a_1 = u + \left(a^2 + \frac{B^2}{\mu\rho}\right)^{1/2}, \quad a_2 = a_3 = u,$$

$$a_4 = u - \left(a^2 + \frac{B^2}{\mu\rho} \right)^{1/2}。$$

相对于流体运动的真正的波具有（10.42）所要求的那样交替排列的速度，因而是稳定的。容易验证，在粒子轨道上 a_3，a_3 与 c_3 的汇合是一种稳定情况。

一个以速度 U 运动的 a_1 族的 S_{II} 激波，只要

$$u^{(2)} + a^{(2)} < U < (\varepsilon_0\mu)^{-1/2},$$

便具有连续结构。光速事实上可看成无穷大，因此我们推出，当

$$U < u^{(2)} + a^{(2)}$$

时，在剖面的后侧便出现间断。这是 Marshall（1955）通过仔细分析激波结构所得结果的一种简单推导。对此情形的进一步讨论可见于 Whitham（1959a）。

气体中的松弛效应

无粘性气体动力学方程（第六章）可写为

$$\rho_t + u\rho_x + \rho u_x = 0,$$

$$u_t + uu_x + \frac{1}{\rho} p_x = 0,$$

$$e_t + ue_x + \frac{p}{\rho} u_x = 0。$$

在气流迅速变化的过程中，内能 e 可能滞后于与周围压力和密度相应的平衡值。平动能迅速地调节，而转动和振动能可能需要长一个量级的时间。如果我们假定有 α 个自由度是即时调节的，而另外还有 α_r 个自由度需要较长一段松弛时间，我们便可以取

$$e = \frac{\alpha}{2}\frac{p}{\rho} + E,$$

其中 E 为各滞后自由度中的能量。在平衡时[见（6.42）] E 具有值

$$E_{平衡} = \frac{\alpha_r}{2}\frac{p}{\rho}。$$

表达松弛的一个简略方程是

$$E_t + uE_x = -\tau\left(E - \frac{\alpha_r}{2}\frac{p}{\rho} \right),$$

其中 τ 为松弛时间。经过几步简单的演算，方程组可写为

$$\rho_t + u\rho_x + \rho u_x = 0,$$

$$u_t + uu_x + \frac{1}{\rho} p_x = 0,$$

$$\frac{\alpha}{2}(p_t + up_x) - \left(1 + \frac{\alpha}{2}\right)\frac{p}{\rho}(\rho_t + u\rho_x)$$

$$+ \rho(E_t + uE_x) = 0,$$

$$E_t + uE_x + \tau\left(E - \frac{\alpha_r}{2}\frac{p}{\rho}\right) = 0。$$

特征速度为

$$c_1 = u + a_f, \quad c_2 = c_3 = u, \quad c_4 = u - a_f,$$

其中 a_f 为“冻结”声速，其定义为

$$a_f^2 = \left(1 + \frac{2}{\alpha}\right)\frac{p}{\rho} = \gamma_f\frac{p}{\rho}。$$

这就是此情形下的系统 I。然而，如果松弛时间 τ 取得非常短，以致于 $E = (a_r/2)(p/\rho)$ 为该方程组后一方程的足够的近似，我们便得到平衡理论：

$$\rho_t + u\rho_x + \rho u_x = 0,$$

$$u_t + uu_x + \frac{1}{\rho} p_x = 0,$$

$$\frac{\alpha + \alpha_r}{2}(p_t + up_x) - \left(1 + \frac{\alpha + \alpha_r}{2}\right)\frac{p}{\rho}(\rho_t + u\rho_x) = 0。$$

这就是我们这一问题中的简化系统 II。特征为

$$a_1 = u + a_e, \quad a_2 = u, \quad a_3 = u - a_e,$$

其中 a_e 为平衡声速，其定义为

$$a_e^2 = \left(1 + \frac{2}{\alpha + \alpha_r}\right)\frac{p}{\rho} = \gamma_e\frac{p}{\rho}。$$

由于 $\gamma_e < \gamma_f$，各速度交替排列，因而是稳定的；又一次，速度与粒子速度的汇合是稳定的。

从完整系统来考察，一个流动状态介于两个均匀平衡态之间的 S_{II} 激波结构将是连续的，如果

$$u^{(2)} - a_f^{(2)} < U < u^{(1)} + a_f^{(1)}。 \quad (10.49)$$

由于 S_{II} 的激波条件表明 $U > u^{(2)}$，因此只有上限出现。当

$$U > u^{(1)} + a_f^{(1)}$$

时，一个冻结 S_I 激波将在剖面的前侧出现，其后将是一个连续的松弛区域。这一判据可以写为

$$M = \frac{U - u^{(1)}}{a_e^{(1)}} > \frac{a_f^{(1)}}{a_e^{(1)}} = \left(\frac{\gamma_f}{\gamma_e}\right)^{1/2}。 \quad (10.50)$$

对于双原子分子，两个转动方式可能滞后于三个平动方式，于是我们可以取 $\alpha = 3$，$\alpha_r = 2$，来描述这一情形。冻结声速和平衡声速由下式给出:

$$a_f^2 = \frac{5}{3}\frac{p}{\rho}, \quad a_e^2 = \frac{7}{5}\frac{p}{\rho}。$$

判据 (10.50) 预言，当

$$M < 1.091,$$

将存在一完全松弛的光滑剖面，而当M超过此临界值时，将出现一间断，其后为一松弛区域。当把粘性和热传导包括进来时，间断面本身将分解而成一个薄的次层。

Griffith, Brickl 和 Blackman (1956)，以及 Griffith 和 Kenny (1957) 报告了关于二氧化碳振动松弛的实验观测。为包括平动和转动方式，对 α 的适当选择是 5。振动方式的调节需要长得多的时间。在 300°K 时，α_r 的适当选择是 2[1]。M 的临界值为 1.043，在所引证的文献中的实验观测非常准确地显示出这一点。[在上述文章中，以及在 Lighthill (1956) 的杰出论文中，可找到进一步的细节.]

我们看到，对于有关波动以及它们必然要起的作用所作的仔细评定，使我们对相当复杂情形下的重要现象作出比较简单的预言。

---

1) 在这一温度下，四个方式只具有它们经典能量的一半，因此 $\alpha_r = 2$ 是适宜的。

第二部分 色 散 波

第十一章 线性色散波

第一部分的讨论主要涉及双曲系统。大多数波动，包括熟悉的水波，最初并不由双曲方程描述。在较后阶段描述与扰动有关的重要平均量的传播时，才与双曲方程有了某些联系。但必须发展一套不同的基本概念和数学技巧。

大体上,这些非双曲波动可归为第二个主要类,我们称之为色散波。一般来说,这一分类不如对双曲波的分类那样明确,因为它是依据解的类型而不是依据方程本身的类型来进行的。但在限定的一类问题中是可以使之明确的，并且能够以自然的方式加以推广或者通过类比而继续进行下去。应当补充说一下，有少数特殊方程表现出兼有双曲和色散的性态，在解的不同区域中出现不同的性态。但这些只是例外情形。

前面两章阐述线性系统的一般概念。第十三章讨论水波，这是一个十分有趣的课题，不但由于色散波的许多概念都是在这一课题中初次被发展起来的，而且也由于其内容本身。在第十三章中,就这一特殊课题对非线性色散波开了个头,以便为第十四和第十五章中非线性理论的一般发展打下一个基础；第十六章包括各种应用。最后一章包括近来关于孤立波和特殊方程的工作。

11.1 色散关系

对于线性问题,色散波通常是由存在正弦波列形式的基本解

$$\varphi(\boldsymbol{X}, t) = Ae^{i\boldsymbol{\kappa}\cdot\boldsymbol{X}-i\omega t} \tag{11.1}$$

而加以识别的,其中 $\boldsymbol{\kappa}$ 为波数，ω 为频率，而 A 为振幅。在基本解中，$\boldsymbol{\kappa}$，ω，A 为常数。由于方程是线性的，A 是提到外面的一个因

子，并且是任意的。但为了满足方程，$\boldsymbol{\kappa}$ 和 ω 却必须用某一方程

$$G(\omega、\boldsymbol{\kappa})=0$$

相联系。函数 G 由问题的特定方程来决定。例如，如果 φ 满足梁方程

$$\varphi_{tt}+\gamma^2\varphi_{xxxx}=0,$$

则我们要求

$$\omega^2-\gamma^2\kappa^4=0。$$

ω 和 $\boldsymbol{\kappa}$ 之间的关系称为色散关系，并且正如下面将明显看到的那样，我们一旦知道了色散关系，便可以省去方程；反之，我们也可以由色散关系构造出方程来。

我们假定色散关系可解成实根形式

$$\omega=W(\boldsymbol{\kappa})。\tag{11.2}$$

一般来说，将有若干个具有不同函数 $W(\boldsymbol{\kappa})$ 的这样的解。我们称这些解为不同的模式。例如，梁方程允许两个模式：

$$\omega=\gamma\kappa^2,\quad \omega=-\gamma\kappa^2。$$

现在我们只研究一个模式；在线性问题中，各模式可叠加而构成完全的解。线性性还允许我们用复形式(11.1)来求解，并且理解为在必要时取其实部。实际的解为

$$\mathscr{R}\varphi=|A|\cos(\boldsymbol{\kappa}\cdot\boldsymbol{X}-\omega t+\eta),\ \eta=\arg A。$$

量

$$\theta=\boldsymbol{\kappa}\cdot\boldsymbol{X}-\omega t\tag{11.3}$$

是相；它决定着在波峰($\mathscr{R}\varphi$ 在那里为最大值)和波谷($\mathscr{R}\varphi$ 在那里为最小值)之间一个周期中的位置。在这一平面波解中，等相面 $\theta=$ 常数为平行平面。θ 在空间中的梯度为波数 $\boldsymbol{\kappa}$，它的方向垂直于等相平面；而它的大小 κ 为该方向上每 2π 个长度单位中波峰的平均数。类似地，$-\theta_t$ 为频率 ω，即每 2π 个时间单位中波峰的平均数。(在运用三角函数时，规范化到 2π 个单位是方便的。)波长为 $\lambda=2\pi/\kappa$，而周期为 $\tau=2\pi/\omega$。

由(11.3)可了解波的运动。任何特定的等相面都以法向速度 ω/κ 沿 $\boldsymbol{\kappa}$ 的方向运动。因此我们引进相速度，

$$\mathbf{c}=\frac{\omega}{\kappa}\hat{\boldsymbol{\kappa}}, \tag{11.4}$$

其中 $\hat{\boldsymbol{\kappa}}$ 为 $\boldsymbol{\kappa}$ 方向的单位矢量。对于任何特定的模式 $\omega=W(\boldsymbol{\kappa})$，相速度为 $\boldsymbol{\kappa}$ 的函数。对于波动方程 $\varphi_{tt}=c_0^2\nabla^2\varphi$，色散关系给出 $\omega=\pm c_0\kappa$，于是 $c=\pm c_0$:相速度与通常的传播速度相一致。一般来说，c 并不是与 κ 无关的。不同的波数将导致不同的相速度。这便解释了"色散"一词。在通过叠加而得到更一般解的 Fourier 综合中，随着时间的推移，不同波数的分量将会色散。在下节中我们将详细讨论这一重要过程。

至于说到分类，我们必须将 $\mathbf{c}=$ 常数这一情形排除在色散波类之外，因为在该情形下不存在色散。同样显然的是，为使这些效应存在，解 (11.2) 必须是实的。热传导方程 $\varphi_t=\nabla^2\varphi$ 也有解 (11.1)，其中 $\omega=-i\kappa^2$，但这个解并不是波动形式的。为除去不需要的情形，我们首先把色散一词限于那些情形，其中

$$W(\boldsymbol{\kappa})\ \text{为实数, 并且}$$

$$\text{行列式}\quad\left|\frac{\partial^2 W}{\partial\kappa_i\,\partial\kappa_j}\right|\neq 0。\tag{11.5}$$

对于一维问题，第二个条件正是

$$W''(\kappa)\neq 0。$$

这一条件比 $c'(\kappa)\neq 0$ 略强，因为它将 $W=a\kappa+b$ 这一情形也排除了。这样作的理由以后再详细叙述，但对于一维情形，我们预先注意到群速度 $W'(\kappa)$为更重要的传播速度，而条件 $W''(\kappa)\neq 0$ 保证了它不是常数。我们可以直接看出，被排除的情形 $W=a\kappa+b$ 实际上是并不色散的。其基本解为

$$e^{-ibt}e^{i\kappa(x-at)},$$

而 Fourier 叠加给出通解

$$e^{-ibt}f(x-at)。$$

初始波形 $f(x)$ 在其传播过程中是要修改的，但却没有色散。容易证明控制方程是双曲型的。

在某些特殊的 $\boldsymbol{\kappa}$ 值附近，例如当 $\kappa\to 0$ 或 $\kappa\to\infty$ 时，(11.5)

中的行列式可能为零，在一般公式中，这些极限值需要作为奇点来特殊考虑。

实例

下面一些典型例子将被用来作为一般理论发展的例证：

$$\varphi_{tt}-\alpha^2\nabla^2\varphi+\beta^2\varphi=0,\quad \omega=\pm\sqrt{\alpha^2\kappa^2+\beta^2}; \tag{11.6}$$

$$\varphi_{tt}-\alpha^2\nabla^2\varphi=\beta^2\nabla^2\varphi_{tt},\quad \omega=\pm\frac{\alpha\kappa}{\sqrt{1+\beta^2\kappa^2}}; \tag{11.7}$$

$$\varphi_{tt}+\gamma^2\varphi_{xxxx}=0,\quad \omega=\pm\gamma\kappa^2; \tag{11.8}$$

$$\varphi_t+\alpha\varphi_x+\beta\varphi_{xxx}=0,\quad \omega=\alpha\kappa-\beta\kappa^3。 \tag{11.9}$$

这些方程中的第一个方程是双曲型的，但尽管如此，却具有满足(11.5)的色散解。它代表具有正比于 φ 的附加恢复力情形下位移 φ 的振动；它也是量子理论中的 Klein-Gordon 方程。其它方程不是双曲型的，因此这几个方程是更典型的情形。方程 (11.7) 出现在弹性理论中杆的纵波，水波理论中关于长波的 Boussinesq 近似，以及等离子体波中。方程 (11.8) 为梁的弯曲振动方程。方程 (11.9) 也适用于长水波；它是 Korteweg-deVries 方程的线性化形式。以后我们将详细地研究水波近似，而其它例子则认为是比较熟悉的情形。

方程与色散关系之间的对应

由这些例子可明显看出，实系数方程只有当其全部由偶数阶导数组成，或者全部由奇数阶导数组成时，才会导出实的色散关系，这一点一般说来也是显然成立的。每一次微商都会提出一个因子 i。偶数阶导数将得出实系数，奇数阶导数将得出纯虚系数；假如要最后的形式是实的，就不能将它们混合。Schrödinger 方程

$$i\hbar\frac{\partial\varphi}{\partial t}=-\frac{\hbar^2}{2m}\nabla^2\varphi \tag{11.10}$$

中奇偶阶导数混合出现，却有一个实的色散关系

$$\hbar\omega=\frac{\hbar^2\kappa^2}{2m},$$

那是由于允许了一个复系数的缘故。

我们可以更为深入地讨论方程与色散关系之间的对应。一个单独的常系数线性方程可以写为

$$P\left(\frac{\partial}{\partial t}, \frac{\partial}{\partial x_1}, \frac{\partial}{\partial x_2}, \frac{\partial}{\partial x_3}\right)\varphi = 0,$$

其中 P 为多项式。当把基本解(11.1)代入方程时，每个 $\partial/\partial t$ 将产生一因子 $-i\omega$，而每个 $\partial/\partial x_j$ 产生一因子 $i\kappa_j$。色散关系必然是

$$P(-i\omega, i\kappa_1, i\kappa_2, i\kappa_3) = 0, \tag{11.11}$$

于是，通过下述对应

$$\frac{\partial}{\partial t}\longleftrightarrow -i\omega, \quad \frac{\partial}{\partial x_j}\longleftrightarrow i\kappa_j,$$

我们便在方程和色散关系之间有了一种直接的对应。由(11.11)可将方程恢复出来。我们以前说过，当知道了色散关系便可略去方程，其根据正是这一点。

然而，我们看到，这种类型的方程能够产生的只是多项式的色散关系。一个自然要问的问题是：什么类型的算子会产生更一般的色散关系。一种可能是，由(11.1)所表示的振荡波动只发生于某些空间坐标，而在其余坐标中则呈现更为复杂的性态。一个典型例子是深水波理论，其中波水平地传播，而对铅直方向的依赖并不是振荡的；这一点以后将会看到。对于所有变量都具有波动性态的第二种可能性，在一维情形可用积分微分方程

$$\frac{\partial\varphi}{\partial t}(x, t) + \int_{-\infty}^{\infty} K(x-\xi)\frac{\partial\varphi}{\partial\xi}(\xi, t)d\xi = 0 \tag{11.12}$$

为例，其中核 $K(x)$ 为给定函数。这一方程有基本解 $\varphi = Ae^{i\kappa x - i\omega t}$，只要

$$-i\omega e^{i\kappa x} + \int_{-\infty}^{\infty} K(x-\xi)i\kappa e^{i\kappa\xi}d\xi = 0。$$

这一条件可重新整理为

$$c = \frac{\omega}{\kappa} = \int_{-\infty}^{\infty} K(\zeta)e^{-i\kappa\zeta}d\zeta。 \tag{11.13}$$

右端为给定核 $K(x)$ 的 Fourier 变换，而借助于反演定理，我们有

$$K(x)=\frac{1}{2\pi}\int_{-\infty}^{\infty}c(\kappa)e^{i\kappa x}d\kappa。\qquad(11.14)$$

这样一来，可以构造(11.12)来给出任何所希望的 $c(\kappa)$，从而给出任何所希望的色散函数：只需选择 $K(x)$ 为所希望的相速度$c(\kappa)$的 Fourier 变换(11.14)。特别地，如果

$$c(\kappa)=c_0+c_2\kappa^2+\cdots+c_{2m}\kappa^{2m},$$

则

$$K(x)=c_0\delta(x)-c_2\delta''(x)+\cdots+(-1)^m c_{2m}\delta^{(2m)}(x),$$

于是(11.12) 简化为微分方程

$$\frac{\partial\varphi}{\partial t}+c_0\frac{\partial\varphi}{\partial x}-c_2\frac{\partial^3\varphi}{\partial x^3}+\cdots+(-1)^m c_{2m}\frac{\partial^{2m+1}\varphi}{\partial x^{2m+1}}=0。$$

当 $c(\kappa)$ 为更一般的函数，即为 κ 的无穷 Taylor 幂级数时，我们可以取带有导数的无穷级数的相应微分方程。实际上这已由 (11.12) 所概括。

色散波的定义

现在我们可以引入色散线性系统的一个限制性的定义，即将它们定义为存在解(11.1)，(11.2)并满足(11.5) 的系统。正如例(11.6) 所表明的那样，色散系统与双曲系统有某些重叠，但色散系统通常不是双曲型的。正如上一节所表明的那样，我们不必限于考虑微分方程。

立即可以清楚看出，这一定义过于局限了。甚至对于线性微分方程，它也局限于常系数情形。例如，如果在梁方程中 γ 为 x 的函数，即

$$\varphi_{tt}+\gamma^2(x)\varphi_{xxxx}=0,$$

(11.1)就不是解。可是，除了 $\gamma(x)$ 为 x 的特别强烈的函数外，我们可以期望解将具有与 γ 为常数情形相类似的许多特点；在某种意义上结构是相同的。我们将把这一问题想象为非均匀介质中的色散波问题。再一次，方程可能有可分离的解，比如说，

$$X(\kappa x)e^{-i\omega t},\quad \omega=W(\kappa),$$

其中 X 是有如 Bessel 函数那样的一个振荡函数。这个解将以类

似的方式色散，但很难把它包括在一个总定义中。现在我们似乎得出了一个不太严格的概念，即每当随空间的振荡通过色散关系与随时间的振荡相耦合时，我们便可期望色散波的典型效应。

对于非线性系统，情形是类似的：先可认定出限制性的一类，然后再以自然的方式将概念外推。

或许，在以后各章将要阐明的变分表述中将会找到更全面的回答。变分表述使解的理论能以一般的方式展开，并且对于许多问题，包括分类问题，它们也许会给出比较一般的框架，但这仍然是个悬而未决的问题。

11.2 用 Fourier 积分求通解

如果 (11.1)—(11.2) 为一线性方程的基本解，那么至少在形式上，

$$\varphi(\boldsymbol{X}, t)=\int_{-\infty}^{\infty} F(\boldsymbol{\kappa}) e^{i \boldsymbol{\kappa} \cdot \boldsymbol{X}-i W(\boldsymbol{\kappa}) t} d \boldsymbol{\kappa} \tag{11.15}$$

也是一个解。可选择任意函数 $F(\boldsymbol{\kappa})$ 去适应任意的初始或边界数据，只要这些数据足够合理，可以进行 Fourier 变换即可。如果有 n 个模式，对应着 $W(\boldsymbol{\kappa})$ 的 n 种不同的选择，则将有 n 个象(11.15)那样的项，带有 n 个任意函数 $F(\boldsymbol{\kappa})$。于是，为决定解，给出 n 个初始条件是适宜的。例(11.6)—(11.8)都有两个模式，因此在 $t=0$ 规定 φ 和 φ_t 是适宜的。正如这几个例中出现的那样，两个模式常常是 $\omega= \pm W(\kappa)$，于是在典型的一维问题中，我们有

$$\varphi=\int_{-\infty}^{\infty} F_1(\kappa) e^{i \kappa x-i W(\kappa) t} d \kappa+\int_{-\infty}^{\infty} F_2(\kappa) e^{i \kappa x+i W(\kappa) t} d \kappa, \tag{11.16}$$

在 $t=0$ 处则有初始条件

$$\varphi=\varphi_0(x), \quad \varphi_t=\varphi_1(x)。$$

如果 $W(\kappa)$ 为 κ 的奇函数，如(11.7)那样，则(11.16)中的第一项代表向右运动的波，而第二项代表向左运动的波。如果 $W(\kappa)$ 为偶函数，如 (11.6)和(11.8) 那样，则在两项中都出现向右和向左运动的波。应用初始条件，我们要求

$$\varphi_0(x) = \int_{-\infty}^{\infty} \{F_1(\kappa) + F_2(\kappa)\} e^{i\kappa x} d\kappa,$$

$$\varphi_1(x) = -i \int_{-\infty}^{\infty} W(\kappa) \{F_1(\kappa) - F_2(\kappa)\} e^{i\kappa x} d\kappa。$$

反演公式给出

$$F_1(\kappa) + F_2(\kappa) = \Phi_0(\kappa) = \frac{1}{2\pi} \int_{-\infty}^{\infty} \varphi_0(x) e^{-i\kappa x} dx,$$

$$-iW(\kappa)\{F_1(\kappa) - F_2(\kappa)\} = \Phi_1(\kappa) = \frac{1}{2\pi} \int_{-\infty}^{\infty} \varphi_1(x) e^{-i\kappa x} dx,$$

于是定出 $F_1(\kappa)$，$F_2(\kappa)$ 为

$$F_1(\kappa) = \frac{1}{2}\left\{\Phi_0(\kappa) + \frac{i\Phi_1(\kappa)}{W(\kappa)}\right\},$$

$$F_2(\kappa) = \frac{1}{2}\left\{\Phi_0(\kappa) - \frac{i\Phi_1(\kappa)}{W(\kappa)}\right\}。$$

由于 $\varphi_0(x)$ 和 $\varphi_1(x)$ 是实的，因此 $\Phi_0(-\kappa) = \Phi_0^*(\kappa)$，而$\Phi_1(-\kappa) = \Phi_1^*(\kappa)$，其中星号表示复共轭。于是，当 $W(\kappa)$ 为奇函数时，有

$$\begin{aligned} F_1(-\kappa) &= F_1^*(\kappa), \\ F_2(-\kappa) &= F_2^*(\kappa); \end{aligned} \tag{11.17}$$

而当 $W(\kappa)$ 为偶函数时，有

$$\begin{aligned} F_1(-\kappa) &= F_2^*(\kappa), \\ F_2(-\kappa) &= F_1^*(\kappa)。 \end{aligned} \tag{11.18}$$

在每种情形下，解 (11.16) 都是实的：对于实的方程，实的初始条件必然导致实的解。

如取

$$\varphi_0(x) = \delta(x), \quad \varphi_1(x) = 0,$$

则可得到标准解，其它解可由它重新构造出来。这时 $F_1(\kappa) = F_2(\kappa) = 1/4\pi$，而(11.16)简化为

$$\varphi = \frac{1}{\pi} \int_0^{\infty} \cos \kappa x \cos W(\kappa) t d\kappa; \tag{11.19}$$

当然，这是一个形式上的积分，应解释为广义函数。

11.3 渐近性态

虽然 Fourier 积分给出精确解，却很难看出要点。通过考虑当 x 和 t 很大时的渐近性态，它会变得比较清楚，并且可以开始领会色散波的主要特点。首先，我们考虑一维情形下的典型积分

$$\varphi(x, t)=\int_{-\infty}^{\infty} F(\kappa) e^{i\kappa x-iW(\kappa)t} d\kappa。$$

对于波动而言，我们对于 x 和 t 都很大时的性态感兴趣；感兴趣的极限是当 x/t 固定时 $t\to\infty$。（选择 x/t 为特定值使我们能够考察以该速度运动的波。）因此，积分可写为

$$\varphi(x, t)=\int_{-\infty}^{\infty} F(\kappa) e^{-i\chi t} d\kappa, \qquad (11.20)$$

其中

$$\chi(\kappa)=W(\kappa)-\kappa \frac{x}{t}。$$

暂时 x/t 为一固定参数，于是在 χ 中只表现出对 κ 的依赖性。这样一来，(11.20) 中的积分可用驻相法 (the method of stationary phase) 来研究；事实上，这就是 Kelvin 为其发展了该方法的那一问题。Kelvin 论证，当 t 大时，对积分的主要贡献来自于使

$$\chi'(k)=W'(k)-\frac{x}{t}=0 \qquad (11.21)$$

的逗留点 $\kappa=k$ 的邻域。其它地方的贡献迅速振荡，因而只造成很小的净贡献。后来发展起来的最速下降法(或鞍点法)是更容易论证其合理性，并且更容易估计误差的。例如，在 Jeffreys 和 Jeffreys 一书 (1956，17.04—17.05 节) 中给出了该方法的全面讨论。这里，我们遵循 Kelvin 的论证，导出渐近展开式的第一项便足够了。

将(11.20)中的函数 $F(\kappa)$, $\chi(\kappa)$ 在 $\kappa=k$ 邻域展开成 Taylor 级数。只要 $\chi''(k)\neq 0$，主要贡献便来自

$$F(\kappa)\simeq F(k),$$

$$\chi(\kappa) \simeq \chi(k) + \frac{1}{2}(\kappa - k)^2\chi''(k)$$

这样的项。利用这些近似，贡献为

$$F(k)\exp\{-i\chi(k)t\}\int_{-\infty}^{\infty}\exp\left\{-\frac{i}{2}(\kappa - k)^2\chi''(k)t\right\}d\kappa。$$

余下的积分可以化成实的误差积分

$$\int_{-\infty}^{\infty}e^{-\alpha z^2}dz = \left(\frac{\pi}{\alpha}\right)^{1/2},$$

为此只需将积分路径旋转 $\pm\pi/4$[1]；符号应选择得与 $\chi''(k)$ 的符号相同。于是我们有

$$F(k)\sqrt{\frac{2\pi}{t|\chi''(k)|}}\exp\left\{-i\chi(k)t - \frac{i\pi}{4}\operatorname{sgn}\chi''\right\}。$$

如果有不只一个满足 (11.21) 的逗留点 $\kappa = k$，则每一个逗留点贡献一个类似的项，于是我们有

$$\varphi \sim \sum_{\text{各逗留点}k} F(k)\sqrt{\frac{2\pi}{t|W''(k)|}}\exp\left\{ikx - iW(k)t - \frac{i\pi}{4}\operatorname{sgn}W''(k)\right\}。 \tag{11.22}$$

渐近性态中的下一项要求 $F(\kappa)$ 的 Taylor 级数延续到 $(\kappa - k)^2$ 项，而 $\chi(\kappa)$ 的 Taylor 级数延续到 $(\kappa - k)^4$ 项。要求延续两项是因为奇次幂最终被积分掉了。当这样作了之后，我们宁愿采用最速下降法，附加项可以写成(11.22) 中的项乘以一个因子

$$1 + \frac{i}{t|W''|}\left(\frac{F''}{2F} - \frac{1}{2}\frac{W'''}{W''}\frac{F'}{F} + \frac{5}{24}\frac{W'''^2}{W''^2} - \frac{1}{8}\frac{W^{iv}}{W''}\right)。 \tag{11.23}$$

形式之所以复杂，是由于必需处理 F 和 χ 的 Taylor 级数中两个接续的项。一般说来，这一级数以 t 的负幂延续下去，而系数则为 k

---

1) 这对应于变换到最速下降路径。

的函数。

以前，"t 很大"的确切含意是不清楚的。现在可认为这一要求是(11.23)中的修正项是小的；与从色散关系以及从初始条件中的长度尺度所导出的时间尺度相比较，t 必须是大的。对于具有小长度尺度的锐峰形的初始条件，F' 和 F'' 都很小，因而只要求 t 相对于 $W(k)$ 的典型周期是大的即可，而后者又由方程中的参数给出。对于初始条件为 δ 函数的极端情形，F 为常数，因而 $F' = F'' = 0$。

对于 $\omega = \pm W(\kappa)$ 这种两个模式的特殊情形，完全解由(11.16)给出。我们进一步假定 $W'(\kappa)$ 为单调的，并且当 $\kappa > 0$ 为正的(通常情形正是这样)，并且我们考虑(11.16)当 $x > 0$ 的渐近性态。如果 $W(\kappa)$ 为奇函数，则 $W'(\kappa)$ 为偶函数，于是(11.21)有两个根 $\pm k$。在(11.22)中这两项贡献可以结合起来，因为由(11.17)，$F_1(-k) = F_1^*(k)$，于是我们有

$$\varphi \sim 2\mathscr{R}\left(F_1(k)\sqrt{\frac{2\pi}{t|W''(k)|}}\exp\left\{ikx - iW(k)t - i\frac{\pi}{4}\operatorname{sgn} W''(k)\right\}\right),$$

$$t \to \infty, \quad \frac{x}{t} > 0, \tag{11.24}$$

其中 $k(x, t)$ 为(11.21)的正根，其定义为

$$k(x, t): W'(k) = \frac{x}{t}, \ k > 0, \ \frac{x}{t} > 0。 \tag{11.25}$$

当 $W(k)$ 为奇函数时，(11.16)中的第二个积分对于 $x > 0$ 的解没有贡献；它给出当 $x < 0$ 时的相应表达式。

当 $W(k)$ 为偶函数时，$W'(k)$为奇函数；对于 $x > 0$，(11.21)有一个根 k，并且是正的。在(11.16)中只有第一个积分有贡献。然而，对于(11.16)中的第二个积分，逗留点满足

$$W'(\kappa) = -\frac{x}{t},$$

当 $x>0$ 时，$-k$ 为此方程的解。也就是说，如设 k 由(11.25)定义，则(11.16)的第一个积分有一逗留点 $\kappa=k$，而第二个积分有一逗留点 $\kappa=-k$。考虑到(11.18)，这两个贡献又可以结合起来，并且净结果与(11.24)为同一公式。

现在，在线性系统色散波定义中 $W''(\kappa)\neq 0$ 这一条件的重要性清楚了。如果 $W'(\kappa)$ 为常数，对于一般的 x/t 将不存在逗留点，于是全部渐近分析将是不同的。当然它并不是必需的，因为 Fourier 积分可以直接简化。$W''(k)\neq 0$ 的重要性也在(11.24)的分母以及(11.23)的误差项中体现出来。如果 $W''(\kappa)$ 并不恒等于零，但在某个特殊逗留点 k 处为零，则要在 χ 的 Taylor 级数中取更多的项才会得到正确的渐近性态。如果 $\chi''(k)=0$，而 $\chi'''(k)\neq 0$，则对(11.20)的贡献为

$$F(k)\exp\{-i\chi(k)t\}\int_{-\infty}^{\infty}\exp\left\{-\frac{i}{6}t\chi'''(k)(\kappa-k)^3\right\}d\kappa$$

$$=\left(\frac{1}{3}\right)!\,3^{5/6}2^{1/3}\frac{F(k)}{(t|W'''(k)|)^{1/3}}$$

$$\cdot\exp\{ikx-iW(k)t\}。\qquad(11.26)$$

由于 k 为 x/t 的函数，这将指出在相应直线 $x/t=W'(k)$ 上及其邻域有奇异的性态。

11.4 群速度；波数和振幅的传播

在任一点 (x,t)，(11.25)决定出一确定的波数 $k(x,t)$，而色散关系 $\omega=W(k)$ 也给出该点的频率 $\omega(x,t)$。我们可引进相位

$$\theta(x,t)=xk(x,t)-t\omega(x,t),$$

则(11.24)可写为

$$\varphi=\mathscr{R}\{A(x,t)e^{i\theta(x,t)}\},\qquad(11.27)$$

其中复振幅为

$$A(x,t)=2F_1(k)\sqrt{\frac{2\pi}{t|W''(k)|}}\,e^{-(\pi i/4)\operatorname{sgn}W''}。\qquad(11.28)$$

(11.27)式为基本解的形式，但 A, k, ω 不再是常数。然而，这个解仍然描述一个振荡波列，其中相位 θ 描述在局部极大和极小之间的变化。差别在于，波列不是均匀的；相继的极大之间的距离和时间都不是常数，振幅也不是常数。

我们可以很自然地将波数和频率的概念推广到这种非均匀情形，为此只需将它们分别定义为 θ_x 和 $-\theta_t$ 即可。显然，计数单位距离中极大值的数目将是一个既笨拙又定义不妥的量，而 θ_x 既简单又的确对应着局部波数的直观概念。而且，在现在情形下，我们有

$$\theta(x,t) = kx - W(k)t,$$

$$\frac{\partial\theta}{\partial x} = k + \{x - W'(k)t\}\frac{\partial k}{\partial x}, \tag{11.29}$$

$$\frac{\partial\theta}{\partial t} = -W(k) + \{x - W'(k)t\}\frac{\partial k}{\partial t};$$

逗留条件(11.25)消去了含 k_x 和 k_t 的项，于是我们恰恰有

$$\frac{\partial\theta}{\partial x} = k(x,t), \tag{11.30}$$

$$\frac{\partial\theta}{\partial t} = -W(k) = -\omega(x,t)。 \tag{11.31}$$

这样一来，最初是作为 Fourier 积分中特定波数值而引入的波数 k 便与我们在振荡非均匀波列中推广的局部波数定义 θ_x 相一致。同样的论断对于相应的频率也成立。此外，即使在非均匀波列中，局部波数与局部频率也满足色散关系。

这些推广能作得如此简洁是由于非均匀性不太大的缘故。如果振荡太不规则，尽管我们可能找到一个相函数 θ 并从而将 θ_x 定义为波数，可是，假如在一次振荡过程中 θ_x 本身迅速变化，那末便失去了直观的解释。在我们的情形下，$k(x,t)$ 为一缓变函数。由(11.25)，

$$\frac{k_x}{k} = \frac{W'}{kW''}\frac{1}{x}, \quad \frac{k_t}{k} = -\frac{1}{kW''(k)}\frac{1}{t},$$

并且 x, t 都是比较大的。因此在一个波长或一个周期内的相对变化是小的。这样一来，k 为该意义下的缓变函数；ω 也是这样。[我们又一次注意到在任何满足 $W''(k)=0$ 的点附近的奇异性态。]由(11.28)容易看出，A 也是缓变的。

利用出现在(11.27)中各量的这些解释，我们回过头来由(11.25)来决定 k 和 ω 作为(x, t)的函数，并由(11.28)来决定 A。方程(11.25)决定 k 作为 x 和 t 的函数，但为理解其含意，我们来问另外一个问题：在哪里将会找到特定值 k_0。回答是：在点

$$x = W'(k_0)t_。$$

这就是说，一个以速度 $W'(k_0)$ 运动的观察者将永远看到具有波数 k_0 和频率 $W(k_0)$ 的波。量

$$W'(k) = \frac{d\omega}{dk}$$

为群速度；它是具有波数分布的波"群"的重要速度。(11.25)的解释表明，不同波数以群速度传播；我们发现，任何特定的波数 k_0 在时间 t 内移动一个距离 $W'(k_0)t$。

任何特定的相位值 θ_0 按照

$$\theta(x, t) = \theta_0$$

来传播。因此，它按照

$$\theta_x \frac{dx}{dt} + \theta_t = 0$$

也就是

$$\frac{dx}{dt} = -\frac{\theta_t}{\theta_x} = \frac{\omega}{k}$$

来运动。这样一来，即使 ω 和 k 的意义已经作了推广，相速度 c 仍然由 ω/k 给出。但它与群速度不同。一个随同任何特定波峰一起运动的观察者以局部相速度运动，但他看到局部波数和频率在变化；也就是说，邻近的波峰逐渐远离开去。一个以群速度运动的观察者会看到相同的波数和频率，但波峰不断地越过他。

作为这一重要区别的例子，我们来考虑梁方程。色散关系为

$$W(k)=\gamma k^2。$$

因此(11.25)成为

$$W'(k)=2\gamma k=\frac{x}{t},$$

于是我们有

$$k=\frac{x}{2\gamma t},\ \omega=\frac{x^2}{4\gamma t^2},\ \theta=\frac{x^2}{4\gamma t}。$$

k 和 ω 为常数的群线为

$$\frac{x}{2\gamma t}=\text{常数};$$

θ 为常数的相线为

$$\frac{x^2}{4\gamma t}=\text{常数}。$$

这些线在图 11.1 的 (x, t) 图中画出。在这一情形中,群速度 $2\gamma k$ 大于相速度 γk。

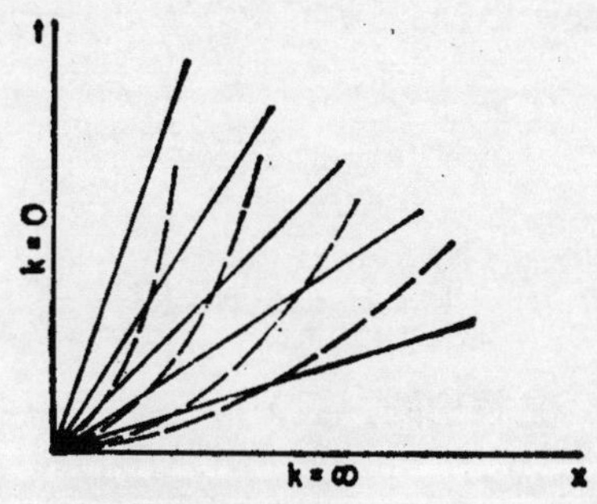

图 11.1 梁中波的群线(实线)与相线(虚线)

对于深水中的水波(见第十二章),色散关系为$W=\sqrt{gk}$。因此 $W'(k)=x/t$ 导致

$$k=\frac{gt^2}{4x^2},\ \omega=\frac{gt}{2x},\ \theta=-\frac{gt^2}{4x}。$$

群速度 $\frac{1}{2}\sqrt{g/k}$小于相速度$\sqrt{g/k}$, 于是我们得到图 11.2 中所示的情况。

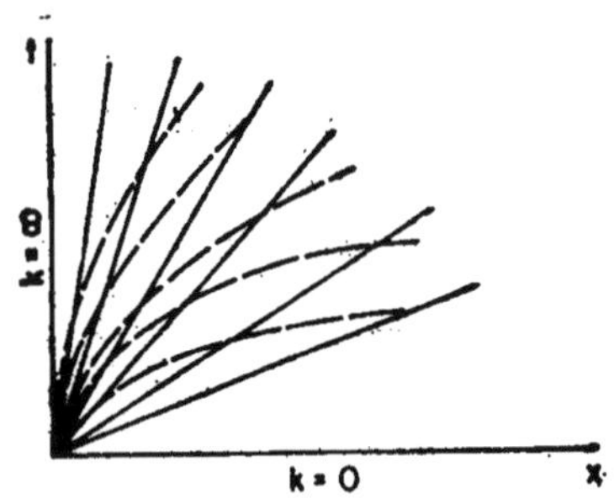

图 11.2 深水波的群线(实线)与相线(虚线)

在所有的情形中(对于我们至今所考虑的均匀介质而言),群线皆为直线,而相线不是直线。每一波数均以不变的速度传播;而每一个相,当它穿过不同的波数时,都要加速或者减速。

如果我们取 δ 函数为初始条件,于是 $F_1(k)=1/4\pi$,则振幅 $A(x,t)$ 也可明显给出,而完全的渐近解对于梁是

$$\varphi\sim\frac{1}{\sqrt{4\pi\gamma t}}\cos\left(\frac{x^2}{4\gamma t}-\frac{\pi}{4}\right), \tag{11.32}$$

对于水波是

$$\varphi\sim\frac{1}{2}\left(\frac{g}{\pi}\right)^{1/2}\frac{t}{x^{3/2}}\cos\left(\frac{gt^2}{4x}-\frac{\pi}{4}\right) \tag{11.33}$$

[事实上,(11.32)是精确的,因为对于梁,$W(k)$ 精确地是二次式。]

群速度的第二个重要作用体现在对 $A(x,t)$ 分布的研究中。(11.28)的形式暗示着 $|A|^2$ 是需要考虑的重要量,根据物理上的理由这也是自然的,因为它是一个类似于能量的量。$|A|^2$ 与真正的能量密度以及与所谓"波作用"之间的关系以后将会谈到。对于目前而言,$A(x,t)$ 为由(11.28)给出的具有明确定义的量,于是我们可以考虑 $|A|^2$。

由(11.28)可给出 $|A|^2$ 在任何两点 $x_2>x_1>0$ 之间的积分为

$$Q(t) = \int_{x_1}^{x_2} AA^* dx$$

$$= 8\pi \int_{x_1}^{x_2} \frac{F_1(k)F_1^*(k)}{t|W''(k)|} dx。$$

在这一积分中 k 由 (11.25) 给出。由于 k 出现于被积函数的自变量中而 x 并不如此，我们自然地通过变换

$$x = W'(k)t$$

来引进 k 作为新的积分变量。当 $W''(k) > 0$ 时，我们有

$$Q(t) = 8\pi \int_{k_1}^{k_2} F_1(k)F_1^*(k)dk, \qquad (11.34)$$

其中 k_1 和 k_2 的定义为

$$x_1 = W'(k_1)t, \quad x_2 = W'(k_2)t。 \qquad (11.35)$$

如果 $W''(k) < 0$，则上下限次序要反过来。

现在，如果当 t 变化时 k_1 和 k_2 保持固定，则 $Q(t)$ 保持为常数。按照 (11.35)，点 x_1 和 x_2 以相应的群速度运动。因此我们证明了在任何一对群线之间 $|A|^2$ 的总量保持为相同。在这一意义下，$|A|^2$以群速度传播。群线发散着，距离如 t 那样增加；因此 $|A|$ 如 $t^{-1/2}$ 那样减小。

在波包的特殊情形下，初始扰动在空间是局部化的，并且只在某一特定值例如 k^* 附近的那些波数中才包含显著的振幅，这时所得到的扰动将局限在特定群线 k^* 附近，而波包作为一个整体将以特定的群速度 $W'(k^*)$ 运动。在文献中对群速度的说明常常只限于这种情形。然而，以上的论证是更为一般的，它允许考虑遍及所有波数的一般分布，这时，由于全部范围的 $W'(k)$ 值都发生作用，便产生了如图 11.1 和 11.2 中所示那样的全面色散。

11.5 群速度的运动学推导

群速度的概念对于理解波运动是这样基本，使我们感到它不应当只是 Fourier 分析和驻相法的最终产物。在非均匀介质中，或者对于非线性问题，不能以这种方式进行 Fourier 分析，同样的

概念肯定会出现并且是同等地重要。我们怎样不用 Fourier 分析来给出这些概念呢?

为了明了如何推广这些结果，我们来看一看通过更为直观的论证对它们所作的推导。这些论证总可以用以前的讨论来核验，或者最后通过直接的渐近方法来证实。这样的论证有很大的好处，因为这样一来，我们对于近似处理不知道其精确解的问题便能够取得进展。同时，甚至对于那些可以找到精确解的问题，我们也可以获得更快和更全面的认识。

我们首先来考虑群速度在决定波数和频率传播中所起的作用。重新检查所作的论证，我们看出简直不要求什么条件。首先，我们假定有一个缓慢变化的波列，并存在相函数 $\theta(x, t)$，我们可以用

$$k=\theta_x, \quad \omega=-\theta_t \tag{11.36}$$

来定义局部波数和频率。此外，如果我们还知道或者还能够建议一个色散关系

$$\omega=W(k), \tag{11.37}$$

我们便有了一个关于 θ 的方程，于是我们可以着手去解它，以便决定波图案的几何性质。然而，通常更方便的是在(11.36)中消去 θ，从而给出

$$\frac{\partial k}{\partial t}+\frac{\partial \omega}{\partial x}=0, \tag{11.38}$$

并用这一方程和(11.37)一起来首先解出 $k(x, t)$ 和 $\omega(x, t)$。注意，这一表述方法是第二章中讨论的非线性波的基本表述方法。的确，k 为波的密度，ω 为波的流量，而 (11.38) 为波守恒的一种说法！将色散关系(11.37)代入(11.38)，我们有

$$\frac{\partial k}{\partial t}+C(k)\frac{\partial k}{\partial x}=0, \quad C(k)=W'(k)。 \tag{11.39}$$

群速度 $C(k)$ 为波数 k 的传播速度。

按照第二章中的分析，(11.39) 对于在 $t=0$ 处初始分布为 $k=f(x)$ 的通解为

$$k = f(\xi), \; x = \xi + \mathscr{C}(\xi)t, \tag{11.40}$$

其中

$$\mathscr{C}(\xi) = C\{f(\xi)\}。$$

当初始时刻 k 值的范围集中在原点时，便出现中心简单波的特殊情形。于是 $k(x, t)$ 由

$$x = C(k)t$$

决定。这恰恰就是由(11.25)所给出、并由图 11.1 和图 11.2 表示的决定 k 的方法。由 (11.23) 我们注意到，要想让渐近展开式 (11.24)有效，要求 x 和 t 如此之大，以致于初始扰动看来似乎是集中在原点。

但是，我们已将概念作了推广。由 $\theta(x, t)$ 定义的缓慢变化的波列并不需要由原点处相对集中的扰动所产生，于是 $k(x, t)$的分布可以更为一般，如 (11.40) 那样。此外，φ 的解不再必需是 θ 的正弦函数；任何随一可定义的 θ 而振荡的波列以及 k 和 ω 之间的色散关系都包括在内了。

有趣而又重要的是，(11.39) 对 k 而言是非线性的，即使原来的问题是线性的，并且它是双曲型的，即使原来关于 φ 的方程一般说来不是双曲型的。关于描述象 k 那样重要的总体量传播的双曲方程，这是第一个例子。在这种意义上，人们可以保留波的传播与双曲方程之间的联系，但有不可忽视的非双曲的次级结构。

推广

群速度的简化推导容易进一步地推广到多维和非均匀介质中的线性问题。推广到非线性问题必须等待进一步的发展，因为那时色散关系也涉及到振幅。对于常系数多维方程，精确解仍可用多维 Fourier 积分而得到，于是可由驻相法得到渐近展开式。对于 n 维空间，容易证明

$$\varphi = \int_{-\infty}^{\infty} F(\boldsymbol{\kappa}) e^{i\boldsymbol{\kappa}\cdot \boldsymbol{X} - iW(\boldsymbol{\kappa})t} d\boldsymbol{\kappa}$$

$$\sim k(\boldsymbol{k}) \left(\frac{2\pi}{t}\right)^{n/2} \left(\det\left|\frac{\partial W}{\partial k_i\,\partial k_j}\right|\right)^{-1/2}$$

$$\cdot \exp\{i\boldsymbol{k}\cdot\boldsymbol{X}-iW(\boldsymbol{k})t+i\zeta\}, \tag{11.41}$$

其中

$$\frac{x_i}{t}=\frac{\partial W(\boldsymbol{k})}{\partial k_i},$$

而 ζ 依赖于由路径旋转而产生的因子 $\pi i/4$ 的数目。然而，让我们采用较简单的运动学推导，并且同时包括非均匀介质。

比如说，描述三维空间中缓慢变化的波涉及相位 $\theta(\boldsymbol{x}, t)$，其中 $\boldsymbol{x}=(x_1, x_2, x_3)$。我们定义频率 ω 和波数矢量 $\boldsymbol{k}$ 为

$$\omega=-\frac{\partial\theta}{\partial t},\quad k_i=\frac{\partial\theta}{\partial x_i}。\tag{11.42}$$

我们假定色散关系为已知，并且它可以写为

$$\omega=W(\boldsymbol{k}, \boldsymbol{x}, t)。$$

对于均匀介质，这可由基本解 (11.1)而得到。对于轻微不均匀的介质，首先寻求介质参数值不变情形的色散关系，然后再代入这些参数值对 $\boldsymbol{x}$ 和 t 的依赖性，看来是合理的。例如，如果在问题(11.6)—(11.9)中 α, β, γ 为 $\boldsymbol{x}$ 或 t 的缓变函数，我们将采用和那里给出的相同的色散关系，但 α, β, γ 取为 $\boldsymbol{x}$ 和 t 的特定的函数。直观上看，这似乎是一个令人满意的程序，只要在一典型的波长和周期内 α, β, γ 变化很小即可。在 11.7 和 11.8 节中将证实这一点。

如果从(11.42)消去 θ，我们则有

$$\frac{\partial k_i}{\partial t}+\frac{\partial\omega}{\partial x_i}=0,\quad \frac{\partial k_i}{\partial x_j}-\frac{\partial k_j}{\partial x_i}=0。\tag{11.43}$$

于是，若将 $\omega=W(\boldsymbol{k}, \boldsymbol{x}, t)$ 代入这些方程之中的第一个方程，便得到

$$\frac{\partial k_i}{\partial t}+\frac{\partial W}{\partial k_j}\frac{\partial k_j}{\partial x_i}=-\frac{\partial W}{\partial x_i}。$$

由于 $\partial k_j/\partial x_i=\partial k_i/\partial x_j$，此式可以修改为

$$\frac{\partial k_i}{\partial t}+C_j\frac{\partial k_i}{\partial x_j}=-\frac{\partial W}{\partial x_i}, \tag{11.44}$$

其中

$$C_j(\boldsymbol{k}, \boldsymbol{x}, t) = \frac{\partial W(\boldsymbol{k}, \boldsymbol{x}, t)}{\partial k_j}。 \tag{11.45}$$

三维群速度 $\boldsymbol{C}$ 由(11.45)定义，并且是(11.44)中用来决定 k_i 的传播速度。方程(11.44)可以写成特征形式：

$$\frac{dk_i}{dt} = -\frac{\partial W}{\partial x_i} \text{ 在 } \frac{dx_i}{dt} = \frac{\partial W}{\partial k_i} \text{ 上。} \tag{11.46}$$

我们注意到，当介质对于 $\boldsymbol{x}$ 为均匀时，在每一特征线上 $\boldsymbol{k}$ 为常矢量，于是特征线为 $(\boldsymbol{x}, t)$ 空间中的直线。每一 $\boldsymbol{k}$ 值以相应的常群速度 $C(\boldsymbol{k})$ 传播。但在非均匀介质中这一点不成立，因为这时 k 值在沿特征线传播时是变化的，并且特征线不再是直线。还可以注意的是，

$$\frac{d\omega}{dt} = \frac{\partial \omega}{\partial t} + C_j \frac{\partial \omega}{\partial x_j} = \frac{\partial W}{\partial t};$$

当介质与时间无关时在每一特征线上频率为常数，否则就不是常数。

有趣的是，如果将 $\boldsymbol{x}$ 和 $\boldsymbol{k}$ 解释为坐标和动量，将 $W(\boldsymbol{k}, \boldsymbol{x}, t)$ 取作为 Hamilton 函数，则(11.46)中的方程便与力学中的 Hamilton 方程相同！假如不是消去 θ，在色散关系中我们代换掉 ω 和 $\boldsymbol{k}$，则有

$$\frac{\partial \theta}{\partial t} + W\left(\frac{\partial \theta}{\partial \boldsymbol{x}}, \boldsymbol{x}, t\right) = 0。 \tag{11.47}$$

这就是 Hamilton-Jacobi 方程，相位 θ 就是作用量。

如果 W 与 $\boldsymbol{x}$ 和 t 无关，则(11.46)对于初始分布 $k_i = f_i(\boldsymbol{x})$ 的解为

$$k_i = f_i(\boldsymbol{\xi}), \quad x_i = \xi_i + \mathscr{C}_i(\boldsymbol{\xi})t, \tag{11.48}$$

其中

$$\mathscr{C}_i(\boldsymbol{\xi}) = C_i\{\boldsymbol{f}(\boldsymbol{\xi})\}。$$

相应于 $t = 0$ 时刻整个 $\boldsymbol{k}$ 的范围置于原点的中心解又可通过由

$$x_i = C_i(\boldsymbol{k})t \tag{11.49}$$

决定 $\boldsymbol{k}(\boldsymbol{x}, t)$ 而求得。这是多维 Fourier 积分的渐近展开式

(11.41)中所得到的一个特殊情形。

应用这些方程的例将在第十二章中给出。

11.6 能量传播

上面的运动学推导表明了群速度的一种作用，并决定了波的几何性质。群速度的第二种作用是与(11.27)—(11.28)中的振幅分布 $A(x, t)$ 相联系的。我们愿意按照完全同样的精神来直接估计 A 的性态及其与群速度之间的连带关系。这看来是可行的，因为能量显然是被涉及到了，于是我们期望能够直接述及能量平衡。情形的确如此。然而，近来采用变分表述的工作不但改进了而且推广了这些推导，并且表明在这一点上，与其说能量，倒不如说"波作用"或许是更基本的概念。变分方法是巧妙的，而用能量传播的较传统的讨论来打好基础是有益的。

和以前一样，我们从均匀介质中的一维问题开始，看看怎样不用 Fourier 积分解来得到关于振幅分布的知识。在此第一种方法中，我们不得不讨论特殊的情形。Klein-Gordon 方程是可以采用的最简单的方程之一，因为它保持导数的阶尽可能低。它是双曲型的，并且在这一点上是例外的，但我们只关心解的振荡部分，不关心波前的性态。伴随的能量方程是容易得到的，对于常系数 α, β 而言，它是

$$\frac{\partial}{\partial t}\left(\frac{1}{2}\varphi_t^2+\frac{1}{2}\alpha^2\varphi_x^2+\frac{1}{2}\beta^2\varphi^2\right)+\frac{\partial}{\partial x}(-\alpha^2\varphi_t\varphi_x)=0。\qquad(11.50)$$

现在我们考虑一个缓慢变化的波列，其中

$$\varphi\sim\mathscr{R}(Ae^{i\theta})=a\cos(\theta+\eta),$$
$$a=|A|,\quad \eta=\arg A,$$

并且我们来计算能量密度和能流。一个如 $\frac{1}{2}\varphi_t^2$ 这样的项将含有

$$\frac{1}{2}\omega^2 a^2 \sin^2(\theta+\eta)$$

以及一些与 a_t 和 η_t 有关的项。由于已假定 a 和 η 为缓慢变化的，因而在一级近似下后面这些项可以略去。 对其它项类似地处理，我们看出能量密度近似由

$$\frac{1}{2}(\omega^2+\alpha^2k^2)a^2\sin^2(\theta+\eta)$$

$$+\frac{1}{2}\beta^2 a^2\cos^2(\theta+\eta) \tag{11.51}$$

给出,而能流近似由

$$\alpha^2\omega k a^2\sin^2(\theta+\eta) \tag{11.52}$$

给出。在存在高阶导数的情形，含有 ω 和 k 的导数的附加项也会出现,但因 ω 和 k 也被假定为缓慢变化的量,这些附加项被略去。

由于我们关心的是总体量 ω, k, a 的变化，而不关心振荡的细节,因此我们来考虑(11.51)和 (11.52) 的平均值。 $\cos^2(\theta+\eta)$ 和 $\sin^2(\theta+\eta)$ 在一个周期内的平均值都等于 1/2, 因此,对于能量密度和能流的平均值,我们有

$$\mathscr{E}=\frac{1}{4}(\omega^2+\alpha^2k^2+\beta^2)a^2, \tag{11.53}$$

$$\mathscr{F}=\frac{1}{2}\alpha^2\omega k a^2。 \tag{11.54}$$

在这一特殊问题中,色散关系为

$$\omega=\sqrt{\alpha^2k^2+\beta^2}; \tag{11.55}$$

因此

$$\mathscr{E}=\frac{1}{2}(\alpha^2k^2+\beta^2)a^2,$$

$$\mathscr{F}=\frac{1}{2}\alpha^2k\sqrt{\alpha^2k^2+\beta^2}a^2。 \tag{11.56}$$

群速度为

$$C(k)=\frac{\alpha^2k}{\sqrt{\alpha^2k^2+\beta^2}}, \tag{11.57}$$

于是我们看到这一重要结果

$$\mathscr{F} = C(k)\mathscr{E}。 \tag{11.58}$$

这个结果倒是一般性的。

根据整个说来能量必须平衡这一直观的理由，一个引人入胜的作法是提出“平均”能量方程

$$\frac{\partial \mathscr{E}}{\partial t} + \frac{\partial}{\partial x}(C\mathscr{E}) = 0 \tag{11.59}$$

作为决定 a 的方程。这是任何两个群线之间总能量保持不变这一说法的微分形式。因为假如我们考虑分别以群速度 $C(k_1)$，$C(k_2)$ 运动的两点 x_1, x_2 之间的能量

$$E(t) = \int_{x_1(t)}^{x_2(t)} \mathscr{E}\, dx, \tag{11.60}$$

我们有

$$\frac{dE}{dt} = \int_{x_1}^{x_2} \frac{\partial \mathscr{E}}{\partial t} dx + C_2\mathscr{E}_2 - C_1\mathscr{E}_1, \tag{11.61}$$

而由(11.59)，此式为零。反之，(11.59)正是(11.61)当 $x_2 - x_1 \to 0$ 时的极限。

在 11.4 节中我们曾对 a^2 本身而不是对$\mathscr{E}$得出过这种性态。然而，$\mathscr{E} = f(k)a^2$，当把此式代入(11.59)后，所得到的方程可以展开成为

$$f(k)\left\{\frac{\partial a^2}{\partial t} + \frac{\partial}{\partial x}(Ca^2)\right\} + f'(k)a^2\left\{\frac{\partial k}{\partial t} + C\frac{\partial k}{\partial x}\right\} = 0。 \tag{11.62}$$

由于从 (11.39)，

$$\frac{\partial k}{\partial t} + C\frac{\partial k}{\partial x} = 0, \tag{11.63}$$

我们有

$$\frac{\partial a^2}{\partial t} + \frac{\partial}{\partial x}(Ca^2) = 0。 \tag{11.64}$$

我们看到，只要 (11.63) 成立，k 的任何函数都可移入或移出方程

(11.59) 和 (11.64)。 现在，利用对于$\mathscr{E}$所作过的同样的论证，(11.64)是在 11.4 节中已得到的两群线之间

$$Q(t)=\int_{x_1(t)}^{x_2(t)}a^2dx \tag{11.65}$$

保持不变这一结果的微分形式。因此 (11.64)和(11.59) 都得到了证实。直接的论证将在以后给出。

我们还可以注意到,(11.63)和(11.64)的特征形式为

$$\frac{dk}{dt}=0,\quad \frac{da^2}{dt}=-C'(k)k_xa^2,$$

$$\frac{dx}{dt}=C(k)。\tag{11.66}$$

[在第二个方程中 k_x 可当作已知量处理，因为 $k(x,t)$ 将首先定出;这是 5.2 节例 7 的一个例外情形。] 群速度 $C(k)$ 作为一个双重特征速度而出现，对应于 11.4 节中注意过的双重作用。

在 11.3 节中得到的渐近解为中心波的特殊情形,其中 $k(x,t)$ 为由

$$\frac{x}{t}=C(k)$$

决定的 x/t 的函数。在此情形下,振幅方程为

$$\frac{da^2}{dt}=-\frac{a^2}{t}。$$

由于可用 k 本身作为特征变量,解可以写为

$$a=t^{-1/2}\mathscr{A}(k),$$

其中 $\mathscr{A}(k)$ 为一任意函数。这与(11.28)一致，于是再一次证实了这一方法的正确性。当然，如果不和初始条件建立某种联系便不能定出函数 $\mathscr{A}(k)$,而这种联系不能只从渐近讨论来得到。

在这一初值问题中,我们事实上知道 $\mathscr{A}(k)$ 是由(11.28)给出,因此,由(11.60) 所给出的、群线 $k=k_1$ 和 $k=k_2$ 之间的能量 $E(t)$ 为

$$E(t)=8\pi\int_{x_1}^{x_2}f(k)\frac{F_1(k)F_1^*(k)}{t|W''(k)|}dx$$

$$= 8\pi\int_{k_1}^{k_2} f(k)F_1(k)F_1^*(k)dk, \qquad (11.67)$$

其中 $f(k)$ 为(11.56)中出现的因子 $\frac{1}{2}(\alpha^2k^2+\beta^2)$，注意到这一点是很有意义的。由(11.50)，精确的总能为

$$E_{总} = \int_{-\infty}^{\infty}\left(\frac{1}{2}\varphi_t^2 + \frac{1}{2}\alpha^2\varphi_x^2 + \frac{1}{2}\beta^2\varphi^2\right)dx,$$

而由精确解(11.16)，以及关系式(11.18)，此式可写成以下形式

$$E_{总} = 8\pi\int_{-\infty}^{\infty} f(\kappa)F_1(\kappa)F_1^*(\kappa)d\kappa。 \qquad (11.68)$$

不论在色散成一波列以前，或是以后，此式总是适用的；它显示了能量在波数范围中的分布。但在色散以后，作为 x 上面的分布，波数范围是明显地扩展了。(11.67)中 $E(t)$ 的形式表明同样多的能量仍然与范围 $k_1<\kappa<k_2$ 相联系。也就是说，置于任何波数范围中的能量恒留在其中。

导出(11.58)和(11.59)的能量论证方法很容易推广到多维。对于 Klein-Gordon 的例子，能量方程变为

$$\frac{\partial}{\partial t}\left(\frac{1}{2}\varphi_t^2 + \frac{1}{2}\alpha^2\varphi_{x_j}^2 + \frac{1}{2}\beta^2\varphi^2\right) + \frac{\partial}{\partial x_j}(-\alpha^2\varphi_t\varphi_{x_j}) = 0,$$

于是，对于缓慢变化的波列 $\varphi \sim a\cos(\theta+\eta)$，它的平均形式为

$$\frac{\partial \mathscr{E}}{\partial t} + \frac{\partial \mathscr{F}_j}{\partial x_j} = 0,$$

其中

$$\mathscr{E} = \frac{1}{4}(\omega^2 + \alpha^2k_j^2 + \beta^2)a^2,$$

$$\mathscr{F}_j = \frac{1}{2}\alpha^2\omega k_j a^2。$$

由色散关系可以证实

$$\mathscr{F}_j = C_j\mathscr{E}, \qquad (11.69)$$

于是平均能量方程变为

$$\frac{\partial \mathscr{E}}{\partial t}+\frac{\partial}{\partial x_j}(C_j\mathscr{E})=0。 \tag{11.70}$$

随群线运动的任何体积内的总能量保持不变。因为

$$\frac{d}{dt}\int_{V(t)}\mathscr{E}\,dV=\int_{V(t)}\frac{\partial \mathscr{E}}{\partial t}dV+\int_{S(t)}\mathscr{E}\,C_jn_jdS,$$

其中 $S(t)$ 为 $V(t)$ 的表面，$\boldsymbol{n}_j$ 为 $S(t)$ 的外法线，而 C_jn_j 为其法向速度。由散度定理，(11.70)表明此式为零。(11.70)的特征形式为

$$\frac{d\mathscr{E}}{dt}=-\frac{\partial C_j}{\partial x_j}\mathscr{E}\text{，在 }\frac{dx_i}{dt}=C_i(\boldsymbol{k})\text{上；}$$

能量密度的衰减是由群线的散度 $\partial C_j/\partial x_j$ 所造成的。对于均匀介质，$\boldsymbol{k}$ 在群线上保持不变[见(11.46)]。因此，由于 $\mathscr{E}=f(\boldsymbol{k})a^2$，$a^2$ 满足相同的方程。这一点也可以借助于适当推广(11.62)而由(11.70)直接证实。对于与(11.41)相对应的中心波，$\boldsymbol{k}$ 由

$$\frac{x_i}{t}=C_i(\boldsymbol{k})$$

决定；因此

$$\frac{da^2}{dt}=-\frac{na^2}{t},$$

其中 n 为维数。这与(11.41)中的振幅变化相一致。

我们看到，平均能量方程的确给出了与以前所得到的性态相一致的振幅分布的正确描述。它给出一种避免了 Fourier 变换的方法，因此有希望进行推广，在这一点上它是令人满意的，但在目前的形式下它又不能完全令人满意，因为表面上一般的结果(11.69)和(11.70)只是在用特殊方程演算到最后才出现的。对于(11.7)—(11.9)中其它的线性例子，假如我们重复同样类型的论证，会得到精确相同的最后结果(11.69)和(11.70)。

例如，关于(11.7)的能量方程具有能量密度

$$\frac{1}{2}\varphi_t^2+\frac{1}{2}\alpha^2\varphi_{x_j}^2+\frac{1}{2}\beta^2\varphi_{x_jt}^2$$

和能流矢量

$$-\alpha^2\varphi_t\varphi_{x_j}-\beta^2\varphi_t\varphi_{ttx_j}。$$

通过三个步骤：(1)代换 $\varphi\sim a\cos(\theta+\eta)$，(2)忽略 a，η，k_i 和 ω 的导数，以及(3)将 $\cos^2(\theta+\eta)$ 和 $\sin^2(\theta+\eta)$ 用它们的平均值 1/2 来代替，所得到的平均值为

$$\mathscr{E}=\frac{1}{4}(\omega^2+\alpha^2k_j^2+\beta^2\omega^2k_j^2)a^2,$$

$$\mathscr{F}_j=\frac{1}{2}(\alpha^2\omega k_j-\beta^2\omega^3k_j)a^2。$$

由色散关系

$$\omega=\frac{\alpha k}{\sqrt{1+\beta^2k^2}},\ k=|\boldsymbol{k}|,$$

便证实了

$$\mathscr{F}_j=C_j\mathscr{E},$$

于是平均能量方程又可以写为

$$\frac{\partial\mathscr{E}}{\partial t}+\frac{\partial}{\partial x_j}(C_j\mathscr{E})=0。$$

对于(11.8)和(11.9)中的其它例子会得到同样结果。

看来很清楚的是，这些重要的一般结果应当通过一般的论证一劳永逸地建立起来，而不必每次进行详细推导。变分方法提供了这样的论证(以及多得多的内容)。

11.7 变分方法

这一方法最初是为解决困难得多的非线性波列而发展起来的，并且它有很多分支。完整的叙述必须等待这些课题的进一步发展，但我们可以把它讲到足以完成上述的讨论。

首先，我们来考虑关于函数 $\varphi(\boldsymbol{x},t)$ 的变分原理

$$\delta J=\delta\iint_R L(\varphi_t,\varphi_{\boldsymbol{x}},\varphi)\,dt\,d\boldsymbol{x}=0。\tag{11.71}$$

变分原理意味着，对于 φ 在下述意义下的小变化，任何有限区域 R 内的积分 $J[\varphi]$ 应取驻值。考虑两个邻近的函数 $\varphi(\boldsymbol{x},t)$ 和 $\varphi(\boldsymbol{x},t)+h(\boldsymbol{x},t)$，其中 h 是“小的”；由于在(11.71)中出现一阶

导数，两个函数都取成是连续地可微的。在这里 h 的小是用下面的"范数"来量度的：

$$\|h\| = \max|h| + \max|h_t| + \max|h_{x_i}|。$$

通常函数 L 是某个相当简单的函数，因而我们一定可以假定它具有有界连续的二阶导数。于是用 Taylor 展开，得

$$J[\varphi + h] - J[\varphi] = \iint_R \{L_{\varphi_t} h_t + L_{\varphi} h_{x_j} + L_{\varphi} h\} dt d\boldsymbol{x} + O(\|h\|^2), \tag{11.72}$$

其中 $\varphi_{,i}$ 代表 $\partial\varphi/\partial x_i$。对 h 线性的表达式为一阶变分 $\delta J[\varphi, h]$。变分原理(11.71)要求对于所有可接受的 h，$\delta J[\varphi, h] = 0$. 利用部分积分法(散度定理)，假如我们特别地选择在 R 的边界上为零的函数 h，我们便有

$$\delta J[\varphi, h] = \iint_R \left\{-\frac{\partial}{\partial t} L_{\varphi_t} - \frac{\partial}{\partial x_j} L_{\varphi,j} + L_{\varphi}\right\} h dt d\boldsymbol{x}。 \tag{11.73}$$

现在我们要求 (11.73) 对于所有这样的 h 都等于零。利用通常的连续性论证，这意味着

$$\frac{\partial}{\partial t} L_{\varphi_t} + \frac{\partial}{\partial x_j} L_{\varphi,j} - L_{\varphi} = 0。 \tag{11.74}$$

[假如(11.74) 不为零，例如说在任何一点为正，则将存在一个小邻域，其中它恒为正；选择 h 在此邻域中为正而在其余处为零，便将违反(11.73) 为零这一要求。]

如果 L 包括 φ 的二阶或高阶导数，可用自然的方式推广以上的论证。相应的变分方程为

$$L_{\varphi} - \frac{\partial}{\partial t} L_{\varphi_t} - \frac{\partial}{\partial x_j} L_{\varphi,j} + \frac{\partial^2}{\partial t^2} L_{\varphi_{tt}} + \frac{\partial^2}{\partial t \partial x_j} L_{\varphi_t,j} + \frac{\partial^2}{\partial x_j \partial x_k} L_{\varphi,jk} - \cdots = 0, \tag{11.75}$$

容易看出它是反复使用部分积分法的最终结果。方程 (11.74) 和 (11.75)为关于 $\varphi(\boldsymbol{x}, t)$ 的偏微分方程，而对于这种形式的方程，可给出等价的变分表述。包括若干个函数 $\varphi^{(\alpha)}(\boldsymbol{x}, t)$ 的变分原理

将对每个 $\varphi^{(\alpha)}(\boldsymbol{x}, t)$ 得出(11.75)(因为它们可以独立变化)，因而得到一个方程组。对于给定的方程组找出其变分原理可能是一个困难问题，但当只涉及一个方程时，通常是简单的。我们注意到对于例(11.6)—(11.8)的 Lagrange 函数分别为

$$
\begin{aligned}
L &= \frac{1}{2}\varphi_t^2 - \frac{1}{2}\alpha^2\varphi_{x_i}^2 - \frac{1}{2}\beta^2\varphi^2, \\
L &= \frac{1}{2}\varphi_t^2 - \frac{1}{2}\alpha^2\varphi_{x_i}^2 + \frac{1}{2}\beta^2\varphi_{tx_i}^2, \qquad (11.76)\\
L &= \frac{1}{2}\varphi_t^2 - \frac{1}{2}\gamma^2\varphi_{xx}^2,
\end{aligned}
$$

而通过代换 $\varphi = \psi_x$，并取

$$L = \frac{1}{2}\psi_t\psi_x + \frac{1}{2}\alpha\psi_x^2 - \frac{1}{2}\beta\psi_{xx}^2,$$

便包括了(11.9)。

为研究缓慢变化的波列

$$\varphi \sim a\cos(\theta + \eta), \qquad (11.77)$$

现在我们用和上节中计算能量密度和能流完全同样的方法来计算 Lagrange 函数 L。也就是说，将(11.77)代入，a，η，ω，$\boldsymbol{k}$ 的导数由于很小而全部略去，再将所得结果在一个周期内平均。每一情形下的结果为一函数 $\mathfrak{L}(\omega, \boldsymbol{k}, a)$；特别，对于 (11.76) 中各例，我们有

$$
\begin{aligned}
\mathfrak{L} &= \frac{1}{4}(\omega^2 - \alpha^2k^2 - \beta^2)a^2, \\
\mathfrak{L} &= \frac{1}{4}(\omega^2 - \alpha^2k^2 + \beta^2\omega^2k^2)a^2, \qquad (11.78)\\
\mathfrak{L} &= \frac{1}{4}(\omega^2 - \gamma^2k^4)a^2。
\end{aligned}
$$

现在我们对于函数 $a(\boldsymbol{x}, t)$，$\theta(\boldsymbol{x}, t)$ 提出“平均变分原理”，

$$\delta\iint \mathfrak{L}(-\theta_t, \theta_x, a)\,dt\,d\boldsymbol{x} = 0。 \qquad (11.79)$$

这与 (11.59)中的建议相类似，但它肯定要更为巧妙得多，以后还要对它进行详细考察。然而，姑且承认它，我们将立即看到它提供

了一种一般而又极其有力的方法。

由于对 a 的导数不出现，关于 a 的变分的变分方程 (11.75) 只是

$$\delta a:\ \mathfrak{L}_a = 0。$$

关于 θ 的变分方程为

$$\delta\theta:\ \frac{\partial}{\partial t}\mathfrak{L}_{\theta_t} + \frac{\partial}{\partial x_j}\mathfrak{L}_{\theta,j} = 0。$$

在这些表达式中对 θ 的依赖性只涉及它的导数。因此，一旦得到了变分方程，通常方便的作法是又以 ω, $\boldsymbol{k}$, a 作为未知函数，于是采取如下的方程组

$$\mathfrak{L}_a = 0, \tag{11.80}$$

$$\frac{\partial}{\partial t}\mathfrak{L}_\omega - \frac{\partial}{\partial x_j}\mathfrak{L}_{k_j} = 0, \tag{11.81}$$

$$\frac{\partial k_i}{\partial t} + \frac{\partial \omega}{\partial x_i} = 0,\ \frac{\partial k_i}{\partial x_j} - \frac{\partial k_j}{\partial x_i} = 0, \tag{11.82}$$

后者正是 θ 存在的相容性方程。

方程 (11.80) 为 θ, $\boldsymbol{k}$, a 之间的一个函数关系，因此它只能是色散关系。我们由 (11.78) 来检验，情形正是如此。的确，在任何线性问题中，显然 L 必须是 φ 及其导数的二次式，因此 $\mathfrak{L}$ 必然恒取如下形式

$$\mathfrak{L} = G(\omega, \boldsymbol{k})a^2。 \tag{11.83}$$

于是由(11.80)，色散关系必然是

$$G(\omega, \boldsymbol{k}) = 0, \tag{11.84}$$

而 $\mathfrak{L}$ 中的函数 $G(\omega, \boldsymbol{k})$ 则正是色散函数。我们甚至无需对每种情形来计算 $\mathfrak{L}$!

这完全是一个意外的收获。我们的目的本来是要为振幅方程找到一种一般论证，但实际上我们却已经包括了 11.5 节中所提出的关于波图案几何性质的运动学理论。方程 (11.80) 和(11.82)恰恰给出这一理论。

我们注意到 $\mathfrak{L}$ 的驻值实际上为零。在那些 L 为动能与势能之差的简单情形中，这证明了[最后由(11.79) 证实]它们的平均值相

等。这就是熟知的关于线性问题的能量均分。

下面来讨论振幅方程(11.81),我们注意到现在它可以写为

$$\frac{\partial}{\partial t}(G_\omega a^2)-\frac{\partial}{\partial x_j}(G_{k_j}a^2)=0。\tag{11.85}$$

原则上,(11.84)可以解出 $\omega=W(\boldsymbol{k})$ 的形式,于是

$$G\{W(\boldsymbol{k}),\boldsymbol{k}\}=0$$

为一恒等式。因此

$$G_\omega\frac{\partial W}{\partial k_i}+G_{k_i}=0,$$

于是群速度

$$C_i=\frac{\partial W}{\partial k_i}=-\frac{G_{k_i}}{G_\omega}。\tag{11.86}$$

如果我们用 $g(\boldsymbol{k})$ 表示 $G_\omega(W,\boldsymbol{k})$,(11.85)可以写为

$$\frac{\partial}{\partial t}\{g(\boldsymbol{k})a^2\}+\frac{\partial}{\partial x_j}\{g(\boldsymbol{k})C_j(\boldsymbol{k})a^2\}=0\tag{11.87}$$

由(11.82)我们有

$$\frac{\partial k_i}{\partial t}+C_j\frac{\partial k_i}{\partial x_j}=0,\quad\frac{\partial k_i}{\partial x_j}-\frac{\partial k_j}{\partial x_i}=0;$$

利用这些关系式,因子 $g(\boldsymbol{k})$ 可从(11.87)中提出,于是我们得到振幅方程

$$\frac{\partial a^2}{\partial t}+\frac{\partial}{\partial x_j}(C_ja^2)=0。$$

这样,变分方程组(11.80)—(11.82)的确恰恰给出了前两节中讨论过的方程组。

乍一看来,人们可能期望(11.87) 就是平均能量方程 (11.70)。但核验几个例子就会表明,在$\mathscr{E}$中的因子 $f(\boldsymbol{k})$ 和因子 $g(\boldsymbol{k})$ 是不同的。然而,存在一种标准程序来将能量方程与变分原理联系起来。Noether 定理表明,对应于任一使变分原理不变的变换群,存在一个守恒方程(见 Gelfand 和 Fomin, 1963, 第 177 页)。如果该原理对于 t 的平移为不变,则相应的方程永远是能量方程或者是它的倍数。由于(11.79) 对于 t 的平移不变,这一点是适用的,

并得出相应的能量方程为

$$\frac{\partial}{\partial t}(\omega\mathfrak{L}_\omega-\mathfrak{L})+\frac{\partial}{\partial x_j}(-\omega\mathfrak{L}_{k_j})=0。\tag{11.88}$$

这里，我们不去追求 Noether 定理的详细应用，而注意到(11.88)是由(11.80)—(11.82)得来便足够了。这是能量方程。容易证实前述例子是适用的。

在这里所考虑的线性问题中，我们发现 $\mathfrak{L}$ 的驻值为零。因此能量密度 $\mathscr{E}$ 和能流 $\mathscr{F}$ 由

$$\mathscr{E}=\omega\mathfrak{L}_\omega,\quad \mathscr{F}_j=-\omega\mathfrak{L}_{k_j}\tag{11.89}$$

给出。因此我们看到实际上 $\mathfrak{L}_w$ 为

$$\mathfrak{L}_\omega=\frac{\mathscr{E}}{\omega},\tag{11.90}$$

而(11.81)或(11.87)可以写为

$$\frac{\partial}{\partial t}\left(\frac{\mathscr{E}}{\omega}\right)+\frac{\partial}{\partial x_j}\left(\frac{C_j\mathscr{E}}{\omega}\right)=0。\tag{11.91}$$

由(11.83)和(11.89)，我们有

$$\mathscr{E}=\omega G_\omega a^2$$

$$\mathscr{F}_j=-\omega G_{k_j}a^2=C_j\mathscr{E},$$

它给出 $\mathscr{F}$ 和 $\mathscr{E}$ 之间关系的一般证明。

但是我们从这一一般方法还得到另一收获。它使我们主要来注意量(11.19)并注意(11.81)和(11.91)。众所周知，在一般力学中，量 $\mathscr{E}/\omega$ 为关于线性振动系统缓慢调制的寝渐不变量。以后我们将证明 $\mathfrak{L}_\omega$ 为非线性情形中适当的量。于是这些概念推广到了波的情形。我们不是得到一个不变量，而是得到由类时寝渐量 $\mathfrak{L}_\omega$ 和类空量 $-\mathfrak{L}_{k_j}$ 控制的守恒方程(11.81)。这一守恒方程现已被称为"波作用"守恒。

也存在着一个"波动量"方程，它与(11.88)相对应，只是 x_i 和 t 的作用交换了：

$$\frac{\partial}{\partial t}(k_i\mathfrak{L}_\omega)+\frac{\partial}{\partial x_j}(-k_i\mathfrak{L}_{k_j}+\mathfrak{L}\delta_{ij})=0。\tag{11.92}$$

由方程组 (11.80)—(11.82) 容易证实这一点。我们注意到动量密度为

$$k_i \mathfrak{L}_\omega = \frac{k_i}{\omega} \mathscr{E}; \tag{11.93}$$

它是一个沿 $\boldsymbol{k}$ 方向、大小为 $\mathscr{E}/C$ 的矢量，其中 C 为相速度。我们又一次对一熟悉结果得到了一般的证明，而这是用其它方法很难建立的。

非均匀介质

变分方法的另一优点是，假如介质随 $\boldsymbol{x}$ 和 t 缓慢变化，基本方程(11.80)—(11.82)不变。例如，假若(11.76) 中的参数 α, β, γ 为 $(\boldsymbol{x}, t)$ 的函数，情形就正是这样。如果在一个周期之内的变化是小的，略去 α, β, γ 在一个周期内的变化以及 $\omega, \boldsymbol{k}, a, \eta$ 导数的贡献，则平均 Lagrange 函数便可如以前一样地构成。于是和以前一样地提出(11.79)式，唯一的差别是，现在 $\mathfrak{L}$ 不但通过函数 $a(\boldsymbol{x}, t)$和 $\theta(\boldsymbol{x}, t)$ 而依赖于 $\boldsymbol{x}$ 和 t，而且明显地依赖于 $\boldsymbol{x}$ 和 t。然而，变分方程(11.80)—(11.82)不变；只需注意，在演算和展开方程时，还要包括一些别的导数。特别，正如容易证实的那样，能量方程现在变为

$$\frac{\partial}{\partial t}(\omega \mathfrak{L}_\omega - \mathfrak{L}) + \frac{\partial}{\partial x_j}(-\omega \mathfrak{L}_{k_j}) = -\mathfrak{L}_t。 \tag{11.94}$$

类似地，动量方程(11.92)在右端添上了一项 $\mathfrak{L}_{x_i}$。如果介质依赖于 t，能量便不再守恒。如果它依赖于 $\boldsymbol{x}$，动量便不再守恒。但请注意，在所有情形下波作用都是守恒的。这又一次表明了在调制理论中(11.81)比起能量方程的优越地位。

非线性波列

最后，为研究对于非线性波列的调制，变分方法只需要很小的修改。主要问题将是代替 (11.77)的函数形式，用平均方法求函数 $\mathfrak{L}$ 的细节，以及一般说来，在完全的描述中还会出现类似于 $\omega, \boldsymbol{k}, a$ 的其它一些总体函数。然而，在最简单的情形，后者并不出现，而一旦找到 $\mathfrak{L}(\omega, \boldsymbol{k}, a)$，则方程组(11.80)—(11.82) 仍然适用。主要差别是下述极其重要的一点：$\mathfrak{L}$ 不再简单地正比于 a^2，并且

(11.80)和(11.82)不再与(11.81) 互不相干。这些问题以及对迄今为止的理论的仔细论证将在第十四章中继续谈到。

11.8 渐近展开的直接应用

为避免 Fourier 积分，并为推广到非均匀介质和非线性系统问题开辟道路，一个更明显的方法是将适当形式的渐近级数直接代入问题的方程。对于至今所讨论过的线性问题而言，所要求的展开式形式为

$$\varphi \sim e^{i\theta(\boldsymbol{x},t)} \sum_{n=0}^{\infty} A_n(\boldsymbol{x}, t), \tag{11.95}$$

其中 A_n 为按照有关的小参数量级一个比一个小的一些项。在这里，这一形式是由(11.27)中得到的首项而提示的。它也是(7.62)中讨论的几何光学级数的推广。对于以前的双曲型问题，θ_t 与 $\theta_{\boldsymbol{x}}$ 之间的关系将是齐次的，因此对于固定的频率 ω，可以选择 $\theta(\boldsymbol{x}, t) = \omega S(\boldsymbol{x}, t)$，正如在那一次讨论中所作的那样。在这里，$\theta_t$ 与 $\theta_{\boldsymbol{x}}$ 之间的色散关系是更一般的，因此我们允许频率的分布是连续的。

就目前情形而论，利用 (11.95) 的方法是令人满意的，并且它可以应用到非均匀介质问题中去。但是，当超出了 11.6 节中通过平均能量方程的讨论所得到的范围，就要对每个特殊问题采用特定的表达式，只是在最后才发现结果是一般的。当推广到非线性问题时，展开式的正确形式并不是立即清楚的，表达式的演算可能变得很复杂，一般结果又隐藏在特殊的细节中。将(11.95) 那样的展开式直接用于问题的变分表述可补救这些弱点。从本质上说，变分方法正是这样被证实的。但要涉及到一些技巧，因而在这里作为背景先对将 (11.95) 直接用于方程作一些讨论是有益的。处理一维情形即足够了。

11.3 节中讨论过的展开式对于 $t \to \infty$ 而 x/t 固定的情形是有效的。在那种情形下，$\theta(x, t)$ 和 $A_n(x, t)$ 取如下形式

$$\theta(x, t) = t\tilde{\theta}\left(\frac{x}{t}\right), \quad A_n(x, t) = t^{-n-1/2}B_n\left(\frac{x}{t}\right)。 \tag{11.96}$$

展开式 (11.95) 是按照 t^{-1} 的增幂(或者直接地说，是按照 τ/t 的幂，其中 τ 为由方程和初始条件中的参数引进的一个典型的时间尺度)。为使这一方法具有灵活性并看出在不同情况下应用(11.95)的共同特点，我们不明显地引进(11.96)，而是注意到

$$\frac{\partial A_n}{\partial t}, \ \frac{\partial A_n}{\partial x} = O(A_{n+1}),$$

$$\frac{\partial^2 A_n}{\partial t^2} = O(A_{n+2}), \cdots。 \tag{11.97}$$

也就是说，每一次微商将阶数增加 1。类似地，θ_x 和 θ_t 为 $O(1)$ 的量，而任何进一步的微商每一次使它们的阶数增加 1。取导数使阶数增加表明 θ_t，θ_x 和 A_n 都是缓变函数。在应用 (11.95)时，不论是对 τ/t 或是对某一其它量展开，这是一个一般特点。

我们取一维 Klein-Gordon 方程

$$\varphi_{tt} - \alpha^2\varphi_{xx} + \beta^2\varphi = 0$$

作为例证。将展开式 (11.95) 代入并依次令各阶的项等于零。我们得到

$$(\theta_t^2 - \alpha^2\theta_x^2 - \beta^2)A_0 = 0,$$

$$(\theta_t^2 - \alpha^2\theta_x^2 - \beta^2)A_1 - \{2i\theta_t A_{0t} - 2i\alpha^2\theta_x A_{0x} + i(\theta_{tt} - \alpha^2\theta_{xx})A_0\} = 0,$$

$$(\theta_t^2 - \alpha^2\theta_x - \beta^2)A_2 - \{2i\theta_t A_{1t} - 2i\alpha^2\theta_x A_{1x} + i(\theta_{tt} - \alpha^2\theta_{xx})A_1\} = A_{0tt} - \alpha^2 A_{0xx},$$

等等。第一个方程消去了以后各方程中的对应项。如果我们进一步引进

$$k = \theta_x, \ \omega = -\theta_t,$$

则该方程系列变为

$$\omega^2 - \alpha^2k^2 - \beta^2 = 0, \tag{11.98}$$

$$2\omega A_{0t} + 2\alpha^2 k A_{0x} + (\omega_t + \alpha^2 k_x)A_0 = 0, \tag{11.99}$$

$$2\omega A_{1t} + 2\alpha^2 k A_{1x} + (\omega_t + \alpha^2 k_x)A_1 = -i(A_{0tt} - \alpha^2 A_{0xx}), \tag{11.100}$$

等等。

第一个方程为 ω 和 k 之间的色散关系，并且如果我们宁愿用这两个量，而不是用 θ 本身的话，则还要加上相容性关系

$$k_t + \omega_x = 0。\qquad (11.101)$$

这恰恰是 11.5 节中所叙述的决定 θ, ω, k 的方法。

关于 A_0 的方程可以写为

$$\frac{\partial}{\partial t}\left(\frac{1}{2}\omega A_0 A_0^*\right) + \frac{\partial}{\partial x}\left(\frac{1}{2}\alpha^2 k A_0 A_0^*\right) = 0。\qquad (11.102)$$

由于 $|A_0|^2 = a^2$，并且在这一情形下

$$\mathfrak{L} = \frac{1}{4}(\omega^2 - \alpha^2 k^2 - \beta^2)a^2,$$

因此这正是波作用方程(11.81)。有趣的是，不是能量方程，而是波作用方程最明显地出现，尽管能量方程当然也可以由(11.99)而得到。请注意，如果不用 Lagrange 函数的理论，可能会将这一点忽略过去。

通常人们只对展开式的第一项感兴趣，因而只对前两个方程(11.98)和(11.99)感兴趣。然而，一旦决定了 θ 和 A_0, A_1 便可通过解(11.100)而得出，A_2 可由该方程系列中的下一个方程得出，等等。

作为一个特例，容易验证方程有(11.96)形式的解，于是该展开式便与 11.3 节中由 Fourier 积分所得到的一致。(11.98)和(11.101)的相关解为由

$$\frac{x}{t} = C(k)$$

决定的函数 $k(x/t)$。于是(11.102)的各种形式都给出

$$A_0 = t^{-1/2} B_0\left(\frac{x}{t}\right)。$$

由于 k 为 x/t 的函数，这也可以写为

$$A_0 = t^{-1/2}\mathscr{B}_0(k),$$

与(11.28)一致。当然，函数 $\mathscr{B}_0(k)$ 只由初始条件来决定。在这

一特例中，展开式不适用于早期，于是 Fourier 变换或者某种等价的桥梁是不可避免的。当 A_0 被决定以后，便可由(11.100)解出 A_1，结果为(11.23)。实际上，用这种直接方法来决定展开式中以后各项要比把驻相法进行到高阶简单得多。

展开式并不局限于中心波解；它们适用于任何在(11.97)意义下缓慢变化的波列。例如，我们可以考虑由一个使频率和振幅缓慢变化的调制源所产生的波列。如果 x 和 t 为将原来的 x 和 t 分别除以典型波长和典型周期而得到的规范化变量，则在源处所提供的调制为 εt 的函数，而 θ 和 A_n 的适当形式为

$$\theta = \varepsilon^{-1}\tilde{\theta}(\varepsilon x, \varepsilon t), \quad A_n = \varepsilon^n \tilde{A}_n(\varepsilon x, \varepsilon t), \qquad (11.103)$$

其中 ε 为典型周期与调制时间尺度之比。变量在(11.97)的意义下缓慢变化，ε 为有关的小参数。对于 Klein-Gordon 的例子，所得方程为(11.98)—(11.100)。这些方程依次分别对应着具有量阶 $1, \varepsilon, \varepsilon^2$ 的各项。但如果我们遵循(11.97)中安排的次序，就无需明显列出对 ε 的依赖性。

非均匀介质

当调制是由介质的缓慢变化所产生时，便出现与上述情形相类似的一种更为有趣的情形。例如，我们可以考虑一个初始为均匀的波列进入一个介质参数在长度尺度 L 上发生缓慢变化的非均匀介质。假如 λ 为一典型波长(比如说为初始波列中的值)，则小参数为 $\varepsilon = \lambda/L$。使用规范化变量，介质将由 εx 的函数描述，因而(11.103)的形式适于描述调制的波列。假如介质随时间缓慢变化，则类似的表述是适用的。

我们又取 Klein-Gordon 方程作为例证。在非均匀介质中，该方程通常是以自伴形式出现：

$$\frac{\partial^2\varphi}{\partial t^2} - \frac{\partial^2}{\partial x^2}\left\{\alpha^2(x, t)\frac{\partial\varphi}{\partial x}\right\} + \beta^2(x, t)\varphi = 0。\qquad (11.104)$$

我们假定 x, t 已相对于典型波长和周期规范化了(典型波长和周期可用 $\alpha\beta^{-1}$ 和 β^{-1} 的典型值)，并且为了在同一分析中包括空间和时间的变化，我们假定

$$\alpha=\tilde{\alpha}(\varepsilon x,\ \varepsilon t),\ \beta=\tilde{\beta}(\varepsilon x,\ \varepsilon t)。\tag{11.105}$$

和以前一样,我们不明显引入对 ε 的依赖性,而直接用(11.95)和(11.104)来进行,并作如下理解:

$$k=\theta_x,\ \omega=-\theta_t,\ A_0,\alpha,\beta$$

都是 $O(1)$ 的量,并且任何导数的增加或 A 的下标的增加都使阶数增加 1。所得方程系列是以

$$\omega^2-\alpha^2k^2-\beta^2=0,\tag{11.106}$$

$$2\omega A_{0t}+2\alpha^2kA_{0x}+(\omega_t+\alpha^2k_x+2k\alpha\alpha_x)A_0=0,\tag{11.107}$$

开始,并且我们再加上相容性方程

$$\frac{\partial k}{\partial t}+\frac{\partial\omega}{\partial x}=0。\tag{11.108}$$

由(11.106)和(11.108)来决定 ω, k 和 θ 恰恰就是在 11.5 节中根据比较直观的理由提出、以后在 11.7 节中又由变分方法得到的程序。结果已在 11.5 节中考察过。特别地,我们注意到 k 值以由(11.106)所得到的群速度 $\partial\omega/\partial k$ 传播,但在群线上,无论群速度还是 k 值都无需保持不变。

在这一情形下群速度可写为 α^2k/ω,因此(11.107)与(11.108)的特征线相同,而 A_0 的值原则上可通过沿这些特征线积分而得到。然而,应注意的要点是,(11.107)还可以写成守恒形式

$$\left(\frac{1}{2}\omega A_0A_0^*\right)_t+\left(\frac{1}{2}\alpha^2kA_0A_0^*\right)_x=0。\tag{11.109}$$

也就是说,在 α 以及 ω 和 k 之间的关系都依赖于 x 和 t 的非均匀情形中,波作用方程(11.102)仍然成立。这证实了变分方法提出的断言。

的确,如果我们利用能量密度和能流的形式(11.53)—(11.54)来组成

$$\frac{\partial\mathscr{E}}{\partial t}+\frac{\partial\mathscr{F}}{\partial x}$$

并由(11.106)—(11.108)来计算它,我们得到

$$\frac{\partial}{\partial t}\left\{\frac{1}{4}(\omega^2+\alpha^2k^2+\beta^2)A_0A_0^*\right\}$$

$$+\frac{\partial}{\partial x}\left\{\frac{1}{2}\alpha^2\omega k A_0 A_0^*\right\}$$

$$-\frac{1}{4}\left\{k^2\frac{\partial\alpha^2}{\partial t}+\frac{\partial\beta^2}{\partial t}\right\}A_0A_0^*。\qquad(11.110)$$

这可用(11.94)来验证，因为

$$\mathfrak{L}=\frac{1}{4}(\omega^2-\alpha^2k^2-\beta^2)a^2。$$

在方程中直接应用(11.95)会得出所要求的结果，但不及变分方法一般和深刻。在第十四章的讨论中我们将把两者结合起来。我们首先来考虑迄今理论的应用，并就具体问题将概念引伸。

第十二章　波　图　案

一些最有兴趣的波图案是在水波中发现的。其中的某些图案，例如V形的船舶波图案或者从扔在池塘中的石子向外传开的环形图案，是尽人皆知的，而另一些图案也是比较容易观察的。我们从研究这些图案开始。在这里，我们将只引用色散关系，它是我们所需要的唯一的出发点。以后，我们还要进一步研究水波这一课题，因为它是关于非线性色散波诸概念的最先的和最富有成果的来源。那时将包括色散关系的推导。

12.1　水波的色散关系

在静水中，水面高度的扰动量η的基本解取基本形式(11.1)：

$$\eta = Ae^{i\boldsymbol{k}\cdot\boldsymbol{x}-i\omega t},$$

只要

$$\omega^2 = (gk\tanh kh)\left(1+\frac{T}{\rho g}k^2\right),\ k = |\boldsymbol{k}|。\tag{12.1}$$

这里h为未扰深度，g为重力加速度，ρ为密度，T为表面张力。在静水中波是各向同性的，于是色散只与波数矢量的大小k有关。有若干有趣的极限情形，它们在适当情况下可作为方便的近似。

重力波

在厘米·克·秒单位制中，$g=981$，$\rho=1$；而$T=74$，因此$\lambda_m = 2\pi(T/\rho g)^{1/2} = 1.73$厘米。这样一来，当波长比这一数值大几倍时，表面张力效应就变得可以忽略。于是我们便得到通常的重力波公式：

$$\omega^2 = gk\tanh kh,\ \lambda \gg \lambda_m。\tag{12.2}$$

对此，相速度和群速度为

$$c(k) = \left(\frac{g}{k}\tanh kh\right)^{1/2},\tag{12.3}$$

$$C(k) = \frac{\partial\omega}{\partial k} = \frac{1}{2}c(k)\left(1 + \frac{2kh}{\sinh 2kh}\right)。\tag{12.4}$$

在这一近似之内，我们有极限情形

$$\omega \sim (gk)^{1/2},\ c \sim \left(\frac{g}{k}\right)^{1/2},$$

$$C \sim \frac{1}{2}\left(\frac{g}{k}\right)^{1/2},\ kh \to \infty,\tag{12.5}$$

$$\omega \sim (gh)^{1/2}k,\ c \sim (gh)^{1/2},\ C \sim (gh)^{1/2},\ kh \to 0。\tag{12.6}$$

对于固定的 h，c 和 C 都是 $\lambda = 2\pi/k$ 的增函数，而 $C < c$；在长波极限(12.6)，$C \to c$，并且色散变得很小。当然，近似式(12.5)适用于当 $\lambda_m \ll \lambda \ll h$ 时的短波。

毛细波

当 $\lambda \ll \lambda_m$，表面张力效应可能占优势，于是(12.1)近似为

$$\omega^2 = \frac{T}{\rho}k^3\tanh kh。\tag{12.7}$$

在这一情形下，

$$c(k) = \left(\frac{T}{\rho}k\tanh kh\right)^{1/2},\tag{12.8}$$

$$C(k) = \frac{3}{2}c\left(1 + \frac{2kh}{3\sinh 2kh}\right)。\tag{12.9}$$

这些公式的进一步的极限为

$$\omega \sim \left(\frac{T}{\rho}\right)^{1/2}k^{3/2},\ c \sim \left(\frac{T}{\rho}\right)^{1/2}k^{1/2},$$

$$C \sim \frac{3}{2}\left(\frac{T}{\rho}\right)^{1/2}k^{1/2},\ kh \to \infty,\tag{12.10}$$

和

$$\omega \sim \left(\frac{Th}{\rho}\right)^{1/2}k^2,\ \ c \sim \left(\frac{Th}{\rho}\right)^{1/2}k$$

$$C \sim 2\left(\frac{Th}{\rho}\right)^{1/2}k,\ kh \to 0\tag{12.11}$$

对于毛细波，c 和 C 都是 λ 的减函数，而 $C > c$。

重力和表面张力的联合效应

当两种效应都重要时，通常只需考虑较短的波，$kh \gg 1$，于是取

$$\omega^2 = gk + \frac{T}{\rho} k^3。\tag{12.12}$$

相速度和群速度为

$$c = \left(\frac{g}{k} + \frac{T}{\rho} k\right)^{1/2}, \tag{12.13}$$

$$C = \frac{1}{2} c \frac{1 + (3T/\rho g)k^2}{1 + (T/\rho g)k^2}。\tag{12.14}$$

相速度在 $k = k_m$ 有一最小值，其中

$$k_m = \left(\frac{\rho g}{T}\right)^{1/2}, \quad \lambda_m = \frac{2\pi}{k_m} = 1.73\ 厘米; \tag{12.15}$$

相应的 c 和 C 之值相等，而

$$c_m = 23.2\ 厘米/秒。$$

当 $\lambda > \lambda_m$，常常称为重力分支，$C < c$；而当 $\lambda < \lambda_m$，称为毛细分支，$C > c$。对于任一给定的值 $c > c_m$，有两个可能的波长。最小群速度在 $\lambda = 2.54\lambda_m = 4.39$ 厘米得到，$C = 0.77c_m = 17.9$ 厘米/秒。

带有色散的浅水波

在 $kh \to 0$ 极限情形，(12.1)可展开为

$$\omega^2 \sim ghk^2 \left\{1 + \left(\frac{T}{\rho g h^2} - \frac{1}{3}\right) k^2 h^2 + \cdots\right\}, \tag{12.16}$$

于是我们有

$$c \sim (gh)^{1/2} \left\{1 + \frac{1}{2}\left(\frac{T}{\rho g h^2} - \frac{1}{3}\right) k^2 h^2 + \cdots\right\}。\tag{12.17}$$

当色散全部略去时，非线性浅水理论的方程是双曲型的，并与气体动力学方程相类似；这个所谓的水力比拟已被用于实验当中。必须把色散保持在最小，因此 h 要这样选择，使得

$$\frac{T}{\rho g h^2}-\frac{1}{3}=0,$$

即

$$h=\left(\frac{3T}{\rho g}\right)^{1/2}=0.48\text{ 厘米。}$$

磁流体动力学效应

在一导电液体中，当加上一个水平磁场并且水平电流流过液体时，可能引进第三种铅直恢复力。这已由 Shercliff (1969) 研究过，它发现色散关系为

$$\rho\omega^2=k\tanh kh(\rho g+k^2T+J_sB_n),$$

其中 B_n 为垂直于波峰的磁场，而 J_s 为沿着波峰的电流。J_sB_n 这一项是 Lorentz 力的铅直分量。有兴趣的是，传播依赖于波相对于磁场的方位，因而成为各向异性的。在所引的文章中，可找到相速度、群速度以及各种极限情形的细节。在这里我们将不进一步研究这种情形，尽管用下面阐述的方法可以研究各种波图案。

12.2 瞬时点源波的色散

由点源发出的波各向同性地向外扩展，并且初始引入的不同 k 值以相应的群速度 $C(k)$ 传播出去。在时刻 t，任何特定的 k 值将在 $r=C(k)t$ 处找到。因此 $k(r,t)$ 是

$$C(k)=\frac{r}{t}\tag{12.18}$$

的解。因此，对于深水重力波，我们有

$$k=\frac{gt^2}{4r^2},\ \omega=\frac{gt}{2r}。\tag{12.19}$$

这是 11.4 节中提到过的一维问题在轴对称情形下的相应结果。Snodgrass 等(1966)曾用南太平洋中的风暴所引起的浪涛的观测资料核验过这个关于 ω 的非常简单的公式。在大约 2000 哩距离处，发现频率随 t 线性变化，并且由比例常数可以非常准确地决定风暴的距离。

在较小的尺度上，由池塘中的石子或其它溅射传播出的典型环带满足(12.18)，而 $C(k)$ 由(12.14)给出。由于 $C(k)$ 具有大约 18 厘米/秒的最小值，因此有一个半径为 $18t$ 厘米的平静圈。在该圈以外，对于每个 r/t，有两个 k 值，一个处在重力分支，一个处在毛细分支，因此有两个重叠的波列。当然，不同波数中的能量是由初始扰动决定的。具有和物体尺度相同量级波长的波将具有最大的振幅，因而将着重强调。对于线度为 l 的物体，主环将在 $r=C(\pi/l)t$ 附近。

12.3 定常流上的波

在沿 x_1 方向的定常流动 U 上由一障碍物产生的波可看成是沿负 x_1 方向以速度 U 运动的障碍物所产生的波。对于二维障碍物，流动与 x_2 无关，追得上障碍物并且从障碍物上看来为定常的只有那种波，它们必须满足

$$c(k)=U。\tag{12.20}$$

我们再次考虑当(12.12)—(12.14)适用的情形。如果 $U<c_m$，则(12.20)将无解，因此将没有定常波列。在这种情形将有从障碍物向外衰减的局部扰动，但对于渐近波图案没有贡献。如果 $U>c_m$，则(12.20)将有两个解：它们之中的一个，比如源 k_g，处在重力分支，而另一个，比如源 k_T，处在毛细分支。注意到 $k_g<k_m$ 和 $k_T>k_m$，因此由(12.13)—(12.14)的性质，我们有

$$C(k_g)<c(k_g)=U,\tag{12.21}$$

$$C(k_T)>c(k_T)=U。\tag{12.22}$$

因此，重力波 k_g 具有小于 U 的群速度，因而出现在障碍物的后面；毛细波 k_T 具有大于 U 的群速度，因而将位于障碍前面。所得到的图案在图 12.1 中画出。

这是群速度概念的一个有兴趣的应用，用以决定定常流问题中的正确的辐射条件。由于这一缘故，从精确的 Fourier 变换解详细导出这一结果，并且看出群速度条件如何从解边值问题技巧中所用的通常类型的辐射条件得出，也是很有兴趣的。同时，完整解

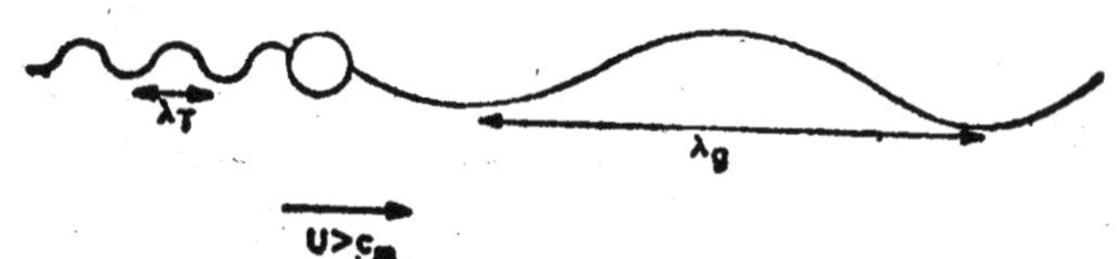

图 12.1 由流动表面一障碍物所产生的毛细波（上游）和重力波(下游)的示意图

给出波的振幅。渐近解只告诉我们在每个波列中振幅保持为常数;为决定它们的数值,必须分析详细的初始条件。假如在这里给出细节,将会打断目前的运动学讨论。这些细节将在 13.9 节中给出。

12.4 船舶波

对于一个在 x_2 方向上有限的障碍物，在水表面上我们得到一个二维波图案，于是分析变得复杂多了。我们将只研究深水重力波问题，并利用色散关系（12.5)。这包括尺度 $l \gg \lambda_m$ 而在深度 $h \gg l$ 的水中运动的任何物体所产生的图案。

最使人惊异的结果（最初由 Kelvin 得到)是，深水中的波被局限在一个半角为 $\sin^{-1}\frac{1}{3}=19.5°$ 的楔形区域内。这一结果与速度无关,只要速度为常数;它也与物体形状无关，而只依赖于深水中 $C/c=\frac{1}{2}$ 这一事实。

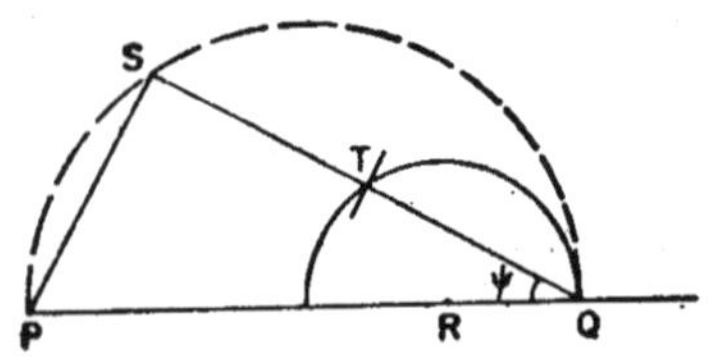

图 12.2 船舶波问题中的波元图

Lighthill (1957) 给出一种简明的论证。考虑有一只“船”在时间 t 之内从图 12.2 中的 Q 走到 P，并设其速度为 U。为使波峰相对于船保持定常的位置，应有

$$U\cos\psi = c(k), \tag{12.23}$$

其中 ψ 为波峰法线($\boldsymbol{k}$ 方向)与运动路线 QP 之间的倾角。如取这样的参考系——其中速度为 U 的水流流过不动的船，则最容易明白这一条件；水流在垂直波元方向具有分量 $U\cos\psi$，而这必须被波元的相速度所平衡。该条件告诉我们 ψ 方向上待求的 k 值。它可以用图 12.2 来几何表示：作出以 PQ 为直径的半圆，并注意到 $PQ = Ut$，$SQ = Ut\cos\psi = ct$。因此，平行于 PS 的波元将有 $ct = QS$。这里 c 为相速度并满足条件(12.23)，但是群速度 $C = \frac{1}{2}c$ 决定着这些波的位置。在 Q 点产生的波将走过距离 $Ct = \frac{1}{2}ct$。因此在 ψ 方向上它们将达到 T 点，即 QS 的中点。考虑到所有 ψ

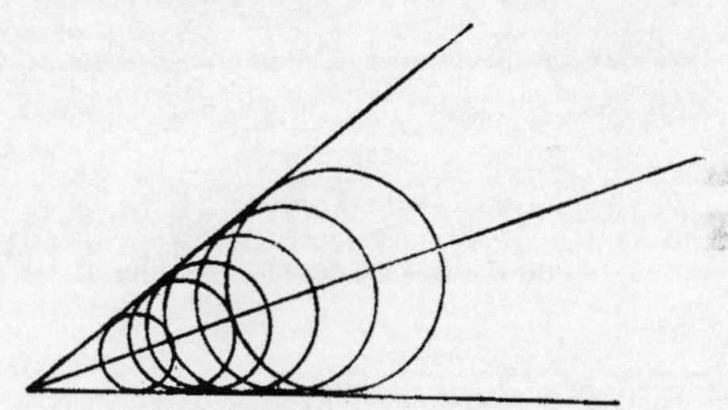

图 12.3 相继各时刻发出扰动的包络

值，我们便得出：那些在 Q 点产生并对定常图案有贡献的波处于一个以 R 为中心、以 $\frac{1}{4}Ut$ 为半径的圆上，其中 $PR = \frac{3}{4}Ut$。最后，对于固定的点 P 来改变 t，我们便得到图 12.3 的那族圆的图案。由图 12.2 的作图可知，每个圆的半径为其圆心到 P 点距离的三分之一。因此，它们充满了一个半角为 $\sin^{-1}\frac{1}{3} = 19.5°$ 的楔形区域。有趣的是注意到图 12.3 中的作图与马赫数为 3 的

超音速流相同;所有在水中运动的物体都具有等效马赫数3。

图案的进一步细节

为更详细地讨论图案，取波源固定于P而有一沿x_1方向的均匀流U的参考系是方便的(见图12.4)。这种作法提出了关于处理定常图案的某些一般要点，它们在其它问题上也是有用的。12.1节中的色散关系适用于在静水中传播的波,但是,相对于运动参考系的频率ω可借助于不动参考系中的频率ω_0用下式给出

$$\omega = \boldsymbol{U}\cdot\boldsymbol{k} + \omega_0(\boldsymbol{k}), \tag{12.24}$$

注意到这一点，我们可以转换到任何以相对速度$-\boldsymbol{U}$运动的其它参考系中去。这就是对于叠加在流动$\boldsymbol{U}$上波ω和$\boldsymbol{k}$之间的色散关系。当然,由于含有$\boldsymbol{U}$的方向，传播不再是各向同性的。对于该参考系中的定常波图案而言，$\omega = 0$，因而(12.24)成为波数矢量$\boldsymbol{k}$的分量k_1和k_2之间的关系式。由于$\omega_0(\boldsymbol{k}) = \sqrt{gk}$，我们有

$$G(k_1, k_2) = Uk_1 + \sqrt{gk} = 0。 \tag{12.25}$$

由于 $\cos\psi = -k_1/k$，而 $c(k) = \sqrt{g/k}$,此式与(12.23)相同。我们也可以利用$\boldsymbol{k}$的极坐标(k, ψ)把它写为

$$\mathscr{G}(k,\psi) = Uk\cos\psi - \sqrt{gk} = 0。 \tag{12.26}$$

由于频率ω为零而k与t无关,运动学描述(11.43)化为相容性关系

$$\frac{\partial k_2}{\partial x_1} - \frac{\partial k_1}{\partial x_2} = 0。 \tag{12.27}$$

由(12.25)得出(比如说) $k_1 = f(k_2)$，而(12.27)给出

$$\frac{\partial k_2}{\partial x_1} - f'(k_2)\frac{\partial k_2}{\partial x_2} = 0。$$

因此,在特征线

$$\frac{dx_2}{dx_1} = -f'(k_2)$$

上k_2和k_1为常数。对于点源P,携带扰动的特征线通过P，于是我们得到中心波

$$\frac{x_2}{x_1} = -f'(k_2); \tag{12.28}$$

这给出 k_2 作为 x_2/x_1 的函数，而 $k_1 = f(k_2)$ 便完成了对 $\boldsymbol{k}$ 的解。

基本关系式(12.28) 可写成关于 k_1 和 k_2 对称的形式。如果 $k_1 = f(k_2)$ 恒满足(12.25)，则

$$f'(k_2)G_{k_1} + G_{k_2} = 0,$$

于是(12.28)可写成

$$\frac{x_2}{x_1} = \frac{G_{k_2}(k_1, k_2)}{G_{k_1}(k_1, k_2)}, \quad G(k_1, k_2) = 0。 \tag{12.29}$$

我们将解这些方程，以便给出 k_1 和 k_2 作为 $\boldsymbol{x}$ 的函数。用 $\boldsymbol{k}$ 的分布足以粗略画出图案来，但也可以导出位相 $\theta(x_1, x_2)$ 来，以便给出波峰的方程。

人们或许注意到，(12.29) 是非定常中心波解当 $\omega \to 0$ 时的极限。对于中心波解 (11.49)，我们有

$$\frac{x_i}{t} = C_i = -\frac{G_{k_i}}{G_\omega}, \quad G(\boldsymbol{k}, \omega) = 0。$$

如果我们取第一组方程的比，消去 t 和 G_ω，则作为 $\omega \to 0$ 的极限便得出 (12.29)。我们可以认为扰动以群速度 C_i 向外传播，即使其形状并无变化，并且图案的外观不变。我们可以在这种意义上来提到群速度，即使在公式中出现的只是它的方向。

还要提到的一点是，极坐标有时是有用的，正如 (12.26) 中那样。在极坐标中，梯度 $\partial G/\partial \boldsymbol{k}$ 在 $\boldsymbol{k}$ 方向的分量为 $\partial \mathscr{G}/\partial k$，垂直于 $\boldsymbol{k}$ 的分量为 $\partial \mathscr{G}/k\partial \psi$。因此图 12.4 中的角 μ 由下式给出

$$\tan \mu = \frac{1}{k} \frac{\partial \mathscr{G}/\partial \psi}{\partial \mathscr{G}/\partial k}。 \tag{12.30}$$

于是(12.29) 的内容等价于

$$\xi = \pi - \mu - \psi, \quad \mathscr{G}(k, \psi) = 0。 \tag{12.31}$$

方程 12.30 和 12.31 决定了方向 ξ 上的 k 和 ψ (从而决定了 $\boldsymbol{k}$)。

这些表述适用于任何定常二维图案，现在我们把它们应用于船舶波。将(12.25)用于(12.29)，我们有

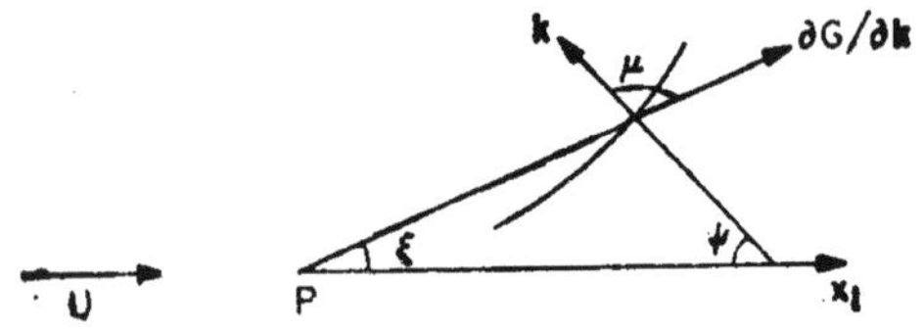

图 12.4　船舶波问题中波峰的几何形状

$$\tan\xi=\frac{x_2}{x_1}=\frac{\dfrac{k_2}{2k}\sqrt{\dfrac{g}{k}}}{U+\dfrac{k_1}{2k}\sqrt{\dfrac{g}{k}}},\quad Uk_1+\sqrt{gk}=0。$$

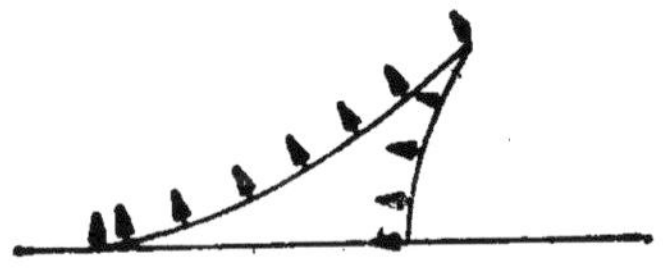

图 12.5　船舶波问题中的完整波峰

显然，转换到 $\boldsymbol{k}$ 的 (k,ψ) 描述并把此二式化成

$$\tan\xi=\frac{\tan\psi}{1+2\tan^2\psi},\quad k=\frac{g}{U^2\cos^2\psi} \tag{12.32}$$

是更方便的。如果宁愿用(12.30)—(12.31)的途径，我们便有

$$\tan\mu=-2\tan\psi, \tag{12.33}$$

于是得出 (12.32)。

现在我们可以画出当 ψ 变化时典型波峰的草图。由 (12.25) 或(12.26)，$k_1<0$ 而 $\cos\psi>0$，因此只有范围 $-\pi/2<\psi<\pi/2$ 是允许的。显然，图案是对称的，因而取范围 $0<\psi<\pi/2$ 便足够。由 (12.32) 我们看出，$\psi\to0$ 的值和 $\psi\to\pi/2$ 的值都会在 $\xi=0$ 上找到，因此在该范围中必然有一 ξ 的极大值。容易证明这一极大值为

$$\xi_m=\tan^{-1}\frac{1}{2\sqrt{2}}=19.5^\circ \text{ 当 } \psi_m=\tan^{-1}\frac{1}{\sqrt{2}}=35.3^\circ。$$

这与以前得到的楔角相一致，并证明了波图案局限于该楔形之内。

在极大值处 $\psi \neq \pi/2$，因此波峰不能光滑地返回；在楔形边界上 $\psi = \psi_m$ 处必然有一尖角。于是我们可以完成这一形状，如图 12.5 所给出的那样，而整个图案看起来必然如图 12.6 所示。

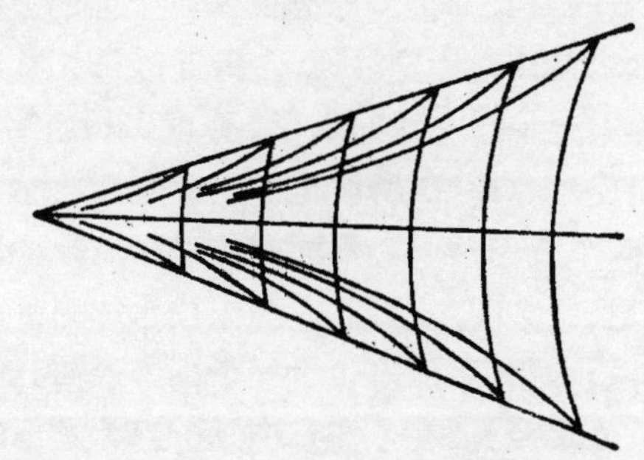

图 12.6　最后的船舶波图案

位相函数 $\theta(\boldsymbol{x})$ 的公式可由

$$\theta = \int_0^x \boldsymbol{k} \cdot d\boldsymbol{x} \tag{12.34}$$

得到，由于 $\boldsymbol{k}$ 是无旋的，可用任一方便的路径。显然，射线 $\xi =$ 常数是方便的，因为 $\boldsymbol{k}$ 在其上保持为常数。我们得到

$$\theta = (k\cos\mu)r, \tag{12.35}$$

其中 $r = |\boldsymbol{x}|$ 为离开原点的距离。这里 k 和 μ 为由 (12.32) 和 (12.33) 给出的 ξ 的函数。位相曲线 $\theta =$ 常数用下式给出(以 ψ 为参数)：

$$r = \frac{\theta}{k\cos\mu} = -\frac{U^2\theta}{g}\cos^2\psi\{1 + 4\tan^2\psi\}^{1/2},$$

$$\tan\xi = \frac{\tan\psi}{1 + 2\tan^2\psi},$$

而 θ 为负值。这两个公式也可以写成

$$x_1 = -\frac{U^2\theta}{g}\cos\psi(1 + \sin^2\psi),$$

$$x_2 = -\frac{U^2\theta}{g}\cos^2\psi\sin\psi。 \tag{12.36}$$

12.5 薄片上的毛细波

人们可以用同样方式来研究毛细波的定常图案，一个特别有兴趣的课题是 Taylor (1959) 对于水的薄片上面的波的研究。表面张力为主要效应，并且水片足够薄，使得近似 $h/\lambda \ll 1$ 成立。在一种模式下，水片作为一个整体而变形，厚度保持粗略不变，在此模式中(两个表面反对称地扰动)波是不色散的。然而，对于对称模式而言（其中两个表面从中心平面向外对称地振荡）是有色散的。我们可以应用(12.7)式，而取 $2h$ 为未扰水片的厚度，因为对于每一半水片来说，对称平面等价于一个固体表面。由于水片很薄，可使用近似式 (12.11)。在水流 U 中从一点源发出的波图案可由上节中的一般方法来分析，而所用的色散关系为

$$G = Uk_1 + \left(\frac{Th}{\rho}\right)^{1/2} k^2 = 0。\tag{12.37}$$

对于均匀流构成的均匀片，U 和 h 都是常数。在此情形下，由(12.29)，我们立即得到

$$\frac{x_2}{x_1} = \tan\xi = \frac{2\alpha k_2}{U + 2\alpha k_1},\ \alpha = \left(\frac{Th}{\rho}\right)^{1/2}。\tag{12.38}$$

由(12.37)，在 $\boldsymbol{k}$ 的 (k, ψ) 描述中 $k = U\cos\psi/\alpha$，于是特征关系式(12.38)化为

$$\tan\xi = \frac{2\tan\psi}{\tan^2\psi - 1},\ 即\ \xi = \pi - 2\psi;\tag{12.39}$$

由(12.31)得知角 μ 等于 ψ。这一次，ψ 的变化范围为 $-\pi/2$ 到 $\pi/2$，ξ 的变化范围为 2π 到零[1]，于是我们得出大略是抛物线形的波峰，如图 12.7 所示。位相函数为

$$\theta = (k\cos\mu)r = \left(\frac{\rho U^2}{Th}\right)^{1/2} r\sin^2\frac{\xi}{2};\tag{12.40}$$

相继的波峰为曲线族 $r\sin^2\xi/2 =$ 常数。

---

1) 此二句原书有误，已改正。——译者注

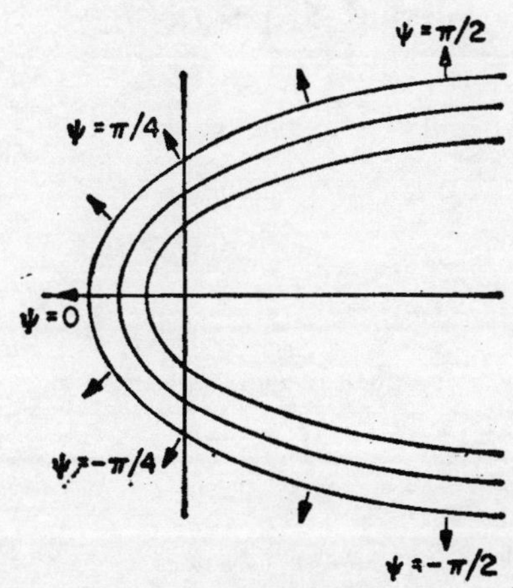

图 12.7 水的薄片上的波峰图案

关于在径向伸展的水片上的波，Taylor 也作了实验并发展了有关理论。在未扰水片上，径向速度(比如说 V)可视为常数，因为压力梯度至多为 $O(h)$，因而可以忽略。因此，半厚度 h 为离对称中心(流动源)的距离 R 的函数，它由下式给出

$$h = \frac{Q}{4\pi VR}, \tag{12.41}$$

其中 Q 为总体积流量。因为 h 依赖于 R，我们得到一个非均匀介质上波的例子。在离 $R=0$ 足够远处，介质相对于一典型波长缓慢变化，于是我们可以以此为例来应用 11.5 和 11.7 节中关于非均匀介质的概念。在基于水流的源(而不是波源)的极坐标 (R, ϖ) 中(见图 12.8)，

$$\boldsymbol{k} = \left(\theta_R, \frac{1}{R}\theta_{\varpi}\right), \ \boldsymbol{U} = (V, 0),$$

为适应径向流动，色散关系(12.37)应修改为

$$V\theta_R + \left\{\frac{Th(R)}{\rho}\right\}^{1/2}\left(\theta_R^2 + \frac{1}{R^2}\theta_{\varpi}^2\right) = 0。$$

由(12.41)，这一色散关系可写为

$$G = \frac{1}{2}\left(\theta_R^2 + \frac{1}{R^2}\theta_{\tilde{\omega}}^2\right) + \beta R^{1/2}\theta_R = 0,$$

$$\beta = \left(\frac{\pi\rho V^3}{TQ}\right)^{1/2}。\tag{12.42}$$

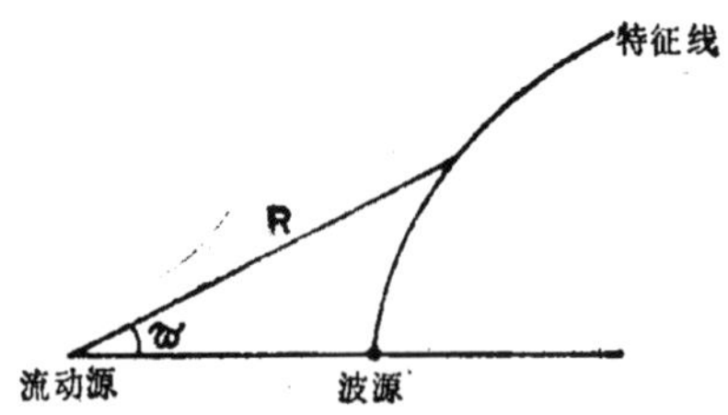

图 12.8 沿径向伸展的水片上的波的构成细节

它可以用特征线法来求解，但细节要比相应的步骤(12.27)—(12.29)更为复杂，因为 $\boldsymbol{k}$ 在特征线上不是常矢量，而特征线也不是直线。然而，我们可以根据 2.13 节的一般公式来找到特征线的形式。如果我们设 $p = \theta_R$，$q = \theta_{\varpi}$，则有

$$\frac{dR}{d\tau} = G_p = p + \beta R^{1/2},\ \frac{d\tilde{\omega}}{d\tau} = G_q = \frac{q}{R^2},$$

$$\frac{dp}{d\tau} = -G_R - pG_\theta = \frac{q^2}{R^3} - \frac{1}{2}\beta p,$$

$$\frac{dq}{d\tau} = -G_{\varpi} - qG_\theta = 0,$$

其中 τ 为特征线上的参数。由于 q 在每条特征线上为常数，因此它成为一个方便的特征变量，而由(12.42)，

$$p = \beta R^{1/2}\left(1 - \frac{q^2}{\beta^2 R^3}\right)^{1/2} - \beta R^{1/2}。\tag{12.43}$$

特征曲线由下式给出

$$\frac{d\tilde{\omega}}{dR} = \frac{q/R^2}{p + \beta R^{1/2}} = \frac{q}{\beta R^{5/2}(1 - q^2/\beta^2 R^3)^{1/2}}。$$

这些曲线通过波源(比如说，位于 $R = R_0$，$\tilde{\omega} = 0$)，而适当的积分为

$$\left(\frac{R_0}{R}\right)^{3/2} = \frac{\sin(\sigma - (3/2)\tilde{\omega})}{\sin\sigma}, \sin\sigma = \frac{q}{\beta R_0^{3/2}}。 \quad (12.44)$$

可以解特征线方程来把 q 表为 R 和 $\tilde{\omega}$ 的函数，然后用(12.43)来得到 p。我们得到

$$q = \theta_{\tilde{\omega}} = \frac{\beta R^{3/2}\sin(3/2)\tilde{\omega}}{\{(R/R_0)^3 - 2(R/R_0)^{3/2}\cos(3/2)\tilde{\omega} + 1\}^{1/2}},$$

$$p = \theta_R = \frac{\beta R^{1/2}\{(R/R_0)^{3/2} - \cos(3/2)\tilde{\omega}\}}{\{(R/R_0)^3 - 2(R/R_0)^{3/2}\cos(3/2)\tilde{\omega} + 1\}^{1/2}} - \beta R^{1/2},$$

于是，最后得到

$$\theta = \frac{2}{3}\beta R_0^{3/2}\left\{\left(\frac{R}{R_0}\right)^3 - 2\left(\frac{R}{R_0}\right)^{3/2}\cos\frac{3}{2}\tilde{\omega} + 1\right\}^{1/2} + \frac{2}{3}\beta R_0^{3/2}\left\{1 - \left(\frac{R}{R_0}\right)^{3/2}\right\}。 \quad (12.45)$$

Ursell (1960) 推广了 Taylor 的论证，首先得到了这一结果。当 $\tilde{\omega}$ 很小时，我们有

$$\theta \simeq \frac{3}{4}\beta R_0^{3/2}\tilde{\omega}^2\left\{1 - \left(\frac{R_0}{R}\right)^{3/2}\right\}^{-1}, \quad (12.46)$$

此式与 Taylor 的波峰方程相一致，并与实验比较符合得很好。

这一特例表明了运动学论证的效能，因为对于这里所涉及的边值问题的任何直接求解都将是十分困难的。

12.6 旋转流体中的波

对于沿 x_3 轴有一基本流速 U 并绕该轴以角速度 Ω 作刚体旋转的不可压缩流体中的小扰动，线性化方程为

$$\frac{Du_1}{Dt} - 2\Omega u_2 = -\frac{\partial P}{\partial x_1}, \quad \frac{Du_2}{Dt} + 2\Omega u_1 = -\frac{\partial P}{\partial x_2},$$

$$\frac{Du_3}{Dt} = -\frac{\partial P}{\partial x_3}, \quad \frac{\partial u_1}{\partial x_1} + \frac{\partial u_2}{\partial x_2} + \frac{\partial u_3}{\partial x_3} = 0,$$

其中

$$P = \frac{p - p_0}{\rho} - \frac{1}{2}\Omega^2(x_1^2 + x_2^2),$$

$$\frac{D}{Dt}=\frac{\partial}{\partial t}+U\frac{\partial}{\partial x_3}。$$

可以消去速度的扰动量而得到只含有 P 的单独的方程

$$\left(\frac{\partial}{\partial t}+U\frac{\partial}{\partial x_3}\right)^2\nabla^2 P+4\Omega^2\frac{\partial^2 P}{\partial x_3^2}=0。\qquad(12.47)$$

当 $U=0$ 时,关于周期扰动 $P=\mathscr{P}e^{-i\omega t}$ 所得出的方程为

$$\frac{\partial^2\mathscr{P}}{\partial x_1^2}+\frac{\partial^2\mathscr{P}}{\partial x_2^2}+\left(1-\frac{4\Omega^2}{\omega^2}\right)\frac{\partial^2\mathscr{P}}{\partial x_3^2}=0。\qquad(12.48)$$

当 $\omega>2\Omega$ 时为椭圆型,当 $\omega<2\Omega$ 时为双曲型,这种类型的变化不但导致有兴趣的现象,而且导致有兴趣的数学问题。当 $\omega>2\Omega$ 时，由一波源发出的扰动将具有 Laplace 方程偶极子解的典型的 $1/r^2$ 衰减规律,而当 $\omega<2\Omega$ 时,它将局限于绕 x_3轴半角为 $\tan^{-1}(4\Omega^2/\omega^2-1)^{-1/2}$ 的特征锥内。对于容器内部的流动,边界条件是椭圆型的，在 $\omega<2\Omega$ 的双曲情形，它导致非寻常本征值问题。对于特殊形状，已经找到了解（Greenspan, 1968; Barcilon, 1968; Franklin, 1972)。

当包含流动U时,(12.47)的色散关系为

$$(\omega-Uk_3)^2k^2-4\Omega^2k_3^2=0。\qquad(12.49)$$

只有当 $(\omega-Uk_3)^2<4\Omega^2$ 时波动才是可能的;当 $U=0$ 时,这与(12.48)为双曲型的条件相一致。我们得到满足

$$\omega=Uk_3\pm\frac{2\Omega k_3}{k}\qquad(12.50)$$

的两个模式,而群速度具有分量

$$C_1=\mp2\Omega\frac{k_1k_3}{k^3},\ C_2=\mp2\Omega\frac{k_2k_3}{k^3},$$

$$C_3=U\pm2\Omega\frac{(k_1^2+k_2^2)}{k^3}。\qquad(12.51)$$

对于在 x_3 轴上、具有常频率 ω 的点源, $\boldsymbol{k}$ 的分布由下式决定

$$\frac{x_3}{(x_1^2+x_2^2)^{1/2}}=\frac{C_3}{(C_1^2+C_2^2)^{1/2}}。\qquad(12.52)$$

当 $U=0$, 该式化为

$$\frac{x_3}{(x_1^2 + x_2^2)^{1/2}} = \pm\frac{(k^2 - k_3^2)^{1/2}}{k_3}$$

$$= \pm\left(\frac{4\Omega^2}{\omega^2} - 1\right)^{1/2} \tag{12.53}$$

扰动处于与(12.48)相一致的特征锥上。

当 $U \neq 0$ 时,即使对于固定的 ω 也有色散,而满足 (12.49)的不同 $\boldsymbol{k}$ 值将在不同锥上色散。完整的波图案可用这里阐述的方法作出;结果可在 Nigam 和 Nigam (1962) 的文章中找到。但也许最有兴趣的问题涉及 Taylor 柱体的波传播见解。

在一次著名的实验中, Taylor (1922) 发现,当沿着旋转轴缓慢地拉一个球时,球周围的整体流体柱也和它一起被推动。这一现象的完整分析是困难的(见 Greenspan, 1968, p. 192),但由波运动学可以得到某些知识。我们取和主流 U 一起运动的定常参考系。对于上游的波,必有 $C_3 < 0$; 因此

$$\frac{2\Omega(k_1^2 + k_2^2)}{k^3} > U\text{。}$$

最有利的情形是当 $k_3 = 0$, 它对应于 Taylor 柱体的表面。上游波必须有 $2\Omega/k > U$, 或者等价地, $\lambda > U\pi/\Omega$。我们可预料所产生的主要波长具有 $\lambda = O(a)$,其中 a 为球的半径。的确,当 $\Omega a/U\pi > 1$ 时 Taylor 发现了一个柱体,而这便与 $\lambda = a$ 这一选择完全一致。以后的实验和理论指出这一过渡是并不是突然的,因而这一结果只应看作是当 Taylor 柱体将有适当强度的一种估计。

12.7 分层流体中的波动

在密度分层流体中的重力波在气象学和海洋学中有很大兴趣。基本的密度梯度可以由加热、含盐量或其它效应而建立起来,但在以后的运动中,常常需要略去压缩性和声波。为达到这一点,连续性方程被分成两部分:

$$\frac{D\rho}{Dt} = 0,\ \nabla\cdot\boldsymbol{u} = 0,$$

并且两者均予保留！密度不是常数，但假定它在波动运动中沿一质点的轨迹是不变的。除这两个方程以外，再加上动量方程

$$\rho\frac{D\boldsymbol{u}}{Dt}=-\nabla p-\rho\boldsymbol{g}。$$

对连续方程使用了两次便代替了能量方程，于是我们得到一个完整的方程组。结果和近似可用更完全的描述来检验，主要的要求是：声速应当比该理论中所求得的波速大得多。

对于沿 y 方向分层并处于 (x, y) 平面内的二维流动，我们取未受扰动的分布为 $u=v=0$，$\rho=\rho_0(y)$，$p=p_0(y)$，它们满足

$$\frac{dp_0}{dy}+\rho_0 g=0, \tag{12.54}$$

我们对于这些值附近的小扰动作线性化。如果 ρ 和 p 的扰动分别记作 ρ_1 和 p_1，则线性化方程组为

$$\rho_{1t}+v\rho_0'=0,\ u_x+v_y=0,$$

$$\rho_0 u_t+p_{1x}=0,\ \rho_0 v_t+p_{1y}+g\rho_1=0。$$

可以导出一个单独的方程；借助于流函数 Ψ（它由 $u=\Psi_y, v=-\Psi_x$ 定义），这一单独的方程为

$$\rho_0\Psi_{xxtt}+(\rho_0\Psi_{yt})_{yt}-g\rho_0'\Psi_{xx}=0。 \tag{12.55}$$

使波动运动的方程只包含偶数阶导数是方便的，利用代换 $\Psi=\rho_0^{-1/2}\chi$ 便可作到这一点，它给出

$$\chi_{xxtt}+\chi_{yytt}+\left(\frac{\rho_0'^2}{4\rho_0^2}-\frac{\rho_0''}{2\rho_0}\right)\chi_{tt}-\frac{g\rho_0'}{\rho_0}\chi_{xx}=0。 \tag{12.56}$$

指数分布 $\rho_0\propto e^{-\alpha y}$ 这一特殊情形具有常系数的优点，并且可以较好地与其它分布相匹配。在这种情形下色散关系为

$$\omega^2\left(k_1^2+k_2^2+\frac{1}{4}\alpha^2\right)-\alpha g k_1^2=0。 \tag{12.57}$$

在许多情况下，有兴趣的波长处于 $k\gg\alpha$ 这一范围，于是 (12.57) 近似为

$$\omega^2=\frac{\omega_0^2k_1^2}{k_1^2+k_2^2},\quad \omega_0^2=\alpha g=-\frac{g\rho_0'}{\rho_0}。 \tag{12.58}$$

频率 ω_0 为 Vaisala-Brunt 频率；对于指数分布，它是常数，而在更一般情形下，它将是 y 的函数。

我们注意到，只有在 $\omega < \omega_0$ 的情形下波才是可能的，这种情况有点类似于旋转流体的例子。对于一个具有固定频率 $\omega < \omega_0$ 的源，(12.58)的一个解可以取为

$$k_1 = k\cos\phi,\ k_2 = -k\sin\phi; \tag{12.59}$$

其中

$$\phi = \cos^{-1}\frac{\omega}{\omega_0}; \tag{12.60}$$

不论 k 的大小如何，波都与 x 轴成一固定倾角 ϕ。相应的群速度具有分量

$$C_1 = \frac{\omega_0 k_2^2}{k^3},\ C_2 = -\frac{\omega_0 k_1 k_2}{k^3}。 \tag{12.61}$$

由于 $\boldsymbol{k}\cdot\boldsymbol{C} = 0$，相速度与群速度垂直。因此群速度与 x 轴成一角度 $\xi = \pi/2 - \phi$。群速度的方向决定着将在哪里找到波。考虑到(12.60)，这一方向对于所有的波而言是相同的，并与 x 轴成一角度

$$\xi = \frac{\pi}{2} - \phi = \sin^{-1}\frac{\omega}{\omega_0}。 \tag{12.62}$$

当 k_1 和 k_2 的一切可能的符号都包括进来之后，扰动构成一X形图案。波峰也处在X上，但局部地垂直于臂而运动，当它们离开这一图案时不断地被衰减掉，但又由出现在后面的新的波峰所补充。(当然，由于源是有限的，因而实际上每个臂的厚度也是有限的。)

Mowbray 和 Rarity (1967a) 得到了极好的照片，我们在图 12.9 中将它们复制出来。波源是一垂直于照片平面并作水平振荡的振荡柱体；铅直杆为一探针。波源也引入了一个微弱但可察觉的具有频率 2ω 的二次谐波。这给出具有角度 $\sin 2\omega/\omega_0$ 的图案。在这篇文章以及以后的几篇文章(Rarity, 1967; Mowbray 和 Rarity, 1967b)中，这两位作者详细研究了理论图案，并且还研究了由一运动球所产生的图案。实际上，密度分布并不完全是指数的，在某些

照片中可以看到由于 ω_0 对 y 的依赖性而造成的群线的弯曲。这显示出了非均匀介质的效应，这种变化可用上一章所阐述的并且

图 12.9 (1) 未扰流体的象。(2) $\omega/\omega_0=0.318$。(3) $\omega/\omega_0=0.366$。(4) $\omega/\omega_0=0.419$。(5) $\omega/\omega_0=0.615$。(6) $\omega/\omega_0=0.699$ (Mowbray 和 Rarity, 1967a.)

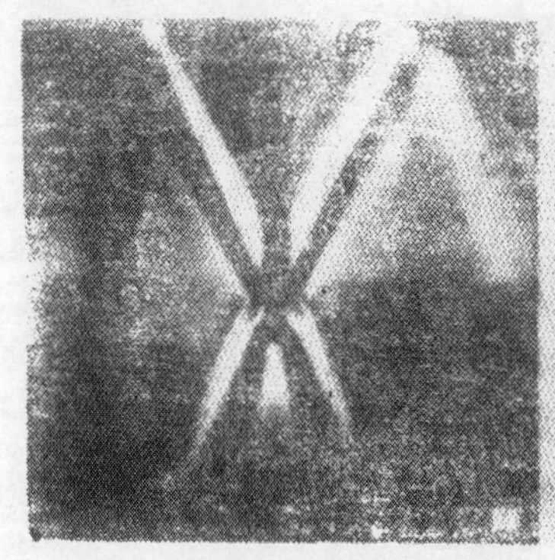

图 12.9(续) (7) $\omega/\omega_0=0.900$。(8) $\omega/\omega_0=1.11$。
(Mowbray 和 Rarity, 1967 a.)

在 12.5 节中应用过的运动学方法来分析。

12.8 晶体光学

在晶体中，介质的各向异性对于波图案产生显著的效应。晶体结构对于电介质性质产生了方向效应，因而位移矢量 $\boldsymbol{D}$ 和电场 $\boldsymbol{E}$ 之间的关系必须用一张量关系来描述。对于磁矢量来说，通常的关系 $\boldsymbol{B}=\mu_0\boldsymbol{H}$ 是足够的。这些效应可通过在 Maxwell 方程组中取本构方程

$$D_i=\varepsilon_{ij}E_j \quad B_i=\mu_0H_i \tag{12.63}$$

来描述。一般来说，介电张量将依赖于频率 ω。在消去对时间的依赖性 $e^{-i\omega t}$ 之后再使用关系式(12.63)，便可以给出这一依赖关系。对于一个场矢量的所有分量都正比于 $e^{i\boldsymbol{k}\cdot\boldsymbol{x}-i\omega t}$ 的平面波来说，Maxwell 方程组化为

$$\begin{aligned}-i\omega\boldsymbol{B}+i\boldsymbol{k}\times\boldsymbol{E}=0,\\ i\omega\boldsymbol{D}+i\boldsymbol{k}\times\boldsymbol{H}=0。\end{aligned} \tag{12.64}$$

由于 $\boldsymbol{B}\propto\boldsymbol{H}$，因此 $\boldsymbol{k}$, $\boldsymbol{D}$ 和 $\boldsymbol{H}$ 互相垂直，于是相对于传播方向而言，$\boldsymbol{D}$ 和 $\boldsymbol{H}$ 便是横向的。由于 $\boldsymbol{E}$ 垂直于 $\boldsymbol{B}$，因此它与 $\boldsymbol{D}$ 和 $\boldsymbol{k}$ 处在同一平面内，但一般来说，它相对于传播方向并不是横向的。从(12.64)中消去 $\boldsymbol{B}$ 和 $\boldsymbol{H}$ 后，我们得到

$$\omega^2\mu_0\boldsymbol{D} + \boldsymbol{k}\times(\boldsymbol{k}\times\boldsymbol{E}) = 0。$$

用 $\boldsymbol{E}$ 来代换 $\boldsymbol{D}$，这便给出

$$\omega^2\mu_0\varepsilon_{ij}E_j + k_ik_jE_j - k^2E_i = 0。$$

于是，由以下条件，即行列式

$$G(\omega, \boldsymbol{k}) \equiv |\omega^2\mu_0\varepsilon_{ij} + k_ik_j - k^2\delta_{ij}| = 0, \qquad (12.65)$$

便得到色散关系。在寻求波图案的细节时，选取沿 ε_{ij} 主轴的坐标是方便的。如果主值为 ε_1, ε_2, ε_3, 则(12.65)可以展开为

$$\begin{aligned} G(\omega, \boldsymbol{k}) = {} & \omega^6\mu_0^3\varepsilon_1\varepsilon_2\varepsilon_3 - \omega^4\mu_0^2\{\varepsilon_2\varepsilon_3(k_2^2 + k_3^2) \\ & + \varepsilon_3\varepsilon_1(k_3^2 + k_1^2) + \varepsilon_1\varepsilon_2(k_1^2 + k_2^2)\} \\ & + \omega^2\mu_0k^2\{\varepsilon_1k_1^2 + \varepsilon_2k_2^2 + \varepsilon_3k_3^2\} = 0。 \qquad (12.66) \end{aligned}$$

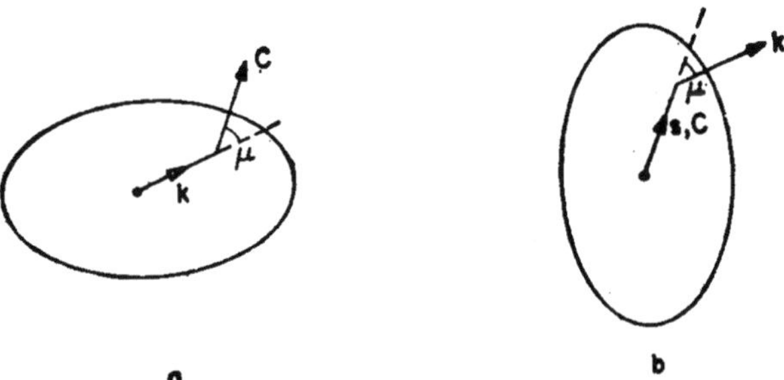

图 12.10 (a) $\boldsymbol{k}$ 空间中的色散曲面 (b) $\boldsymbol{x}$ 空间中的相曲面

对于具有固定频率 ω 的源，(12.66) 描述着 $\boldsymbol{k}$ 空间中的一个曲面，它决定着所产生的波元的可能波数 $\boldsymbol{k}$。对于 $\boldsymbol{k}$ 的一个允许值，对应的群速度为

$$C_i(\boldsymbol{k}) = -\frac{G_{k_i}}{G_\omega}; \qquad (12.67)$$

它处在与曲面(12.66)相垂直的方向上，如图 12.10a 所示。$\boldsymbol{C}$ 与 $\boldsymbol{k}$ 之间的这一几何对应对于决定波图案是有用的。

一个对偶曲面也是有用的。它可以利用位于原点的一个周期点源所产生的相曲面来作出。在晶体光学中这一特殊问题并不是非常有兴趣的问题，因为通常很难想象将一波源嵌入晶体内部，但

对于作图来说,这是一条方便的途径,并且这一分析一般适用于各向异性波动。

从原点出发在方向 $\boldsymbol{C}(\boldsymbol{k})$ 上可找到具有波数 $\boldsymbol{k}$ 的波元。因此,在每一从原点出发的方向 $\boldsymbol{C}$ 上,我们都可以决定一个与该方向相对应的 $\boldsymbol{k}$ 值(见图 12.10b)。但一般来说,相曲面并不以速度 C 沿群线向外运动。相速度在 $\boldsymbol{k}$ 方向的大小为 ω/k。因此,相曲面与群线的交点以速度 $\omega/(k\cos\mu)$ 向外运动,其中 μ 为 $\boldsymbol{C}$ 与 $\boldsymbol{k}$ 之间的夹角。在时刻 $t=0$ 离开原点的相曲面在时刻 t 将位于

$$\boldsymbol{x}=\frac{\omega}{k\cos\mu}\frac{\boldsymbol{C}}{C}t=\frac{\omega}{\boldsymbol{k}\cdot\boldsymbol{C}}\boldsymbol{C}t。\tag{12.68}$$

在满足(12.66)的所有值当中变化 $\boldsymbol{k}$,便给出相曲面。

另一种推导方法是,注意到相函数可用下式给出:

$$\theta(\boldsymbol{x},t)=-\omega t+\int_0^{\boldsymbol{x}}\boldsymbol{k}\cdot d\boldsymbol{x},\tag{12.69}$$

并且可以选取沿着群线积分到 $\boldsymbol{x}$。因此

$$\theta=-\omega t+k\cos\mu|\boldsymbol{x}|。\tag{12.70}$$

相曲面 $\theta=0$ (它在 $t=0$ 时刻离开原点)沿着具有方向 $\boldsymbol{C}$ 的群线将处在距离

$$|\boldsymbol{x}|=\frac{\omega}{k\cos\mu}t$$

处。因此得到 (12.68)。

在光学中,通常引入射线矢量 $\boldsymbol{s}$,其定义为

$$\boldsymbol{s}=\frac{\omega}{c_0\boldsymbol{k}\cdot\boldsymbol{C}}\boldsymbol{C},\tag{12.71}$$

其中 c_0 为真空中的光速。于是,相曲面可由下式给出

$$\boldsymbol{x}=\boldsymbol{s}c_0t。\tag{12.72}$$

这样一来,$\boldsymbol{s}$ 与群速度成正比,但其大小缩小的倍数为沿射线(群线)的位相传播速度与 c_0 之比。由于 $\boldsymbol{s}$ 是 $\boldsymbol{k}$ 的函数,反之 $\boldsymbol{k}$ 也是 $\boldsymbol{s}$ 的函数,色散关系 (12.66) 可用来找出 $\boldsymbol{s}$ 空间中的相应曲面。由于这一 $\boldsymbol{s}$ 曲面为相曲面的正则形状,在任何一点的法线都沿 $\boldsymbol{k}$ 的

方向。这样一来，用 $\boldsymbol{s}$ 代替 $\boldsymbol{C}$，我们便得到 $\boldsymbol{k}$ 曲面和 $\boldsymbol{s}$ 曲面之间的对偶性质。在光学中，也常常用折射率 $\boldsymbol{n}=c_0\boldsymbol{k}/\omega$ 来代替 $\boldsymbol{k}$。于是我们又得到 $\boldsymbol{s}\cdot\boldsymbol{n}=1$。对于 $\boldsymbol{n}$ 曲面上的任一点，对应的 $\boldsymbol{s}$ 具有法线方向，而其大小为从原点到在该点的切平面的垂直距离的倒数。反之，在对偶的 $\boldsymbol{s}$ 曲面上，对应的 $\boldsymbol{n}$ 沿着法线方向，而其大小为到切平面垂直距离的倒数。

在色散关系关于 ω，k_1，k_2，k_3 为齐次的特殊情形，色散函数具有如下性质：对于任意的 ρ，

$$G(\rho\omega,\ \rho k_1,\ \rho k_2,\ \rho k_3)=0。$$

由此，对 ρ 进行微分，然后令 $\rho=1$，我们得到

$$\omega G_\omega+k_i G_{k_i}=0。$$

因此 $\boldsymbol{k}\cdot\boldsymbol{C}=\omega$。在这种情形下，**但也只是在这种情形下**，(12.68)简化为

$$\boldsymbol{x}=\boldsymbol{C}t,$$

于是相曲面以速度 C 沿群线向外运动。群速度与相速度之间的差别恰恰被倾斜因子 $\cos\mu$ 所补偿。例如，假如认为 ε_{ij} 与 ω 无关的话，则这一特殊情形适用于(12.66)。

单轴晶体

在关于 x_1 方向为对称的单轴晶体情形，我们有 $\varepsilon_2=\varepsilon_3$，这一共同值将记为 $\varepsilon_\perp$。于是，色散关系(12.66)在消去公因子后，便给出两种可能性：

$$\omega^2=\frac{k^2}{\varepsilon_\perp\mu_0}, \tag{12.73}$$

$$\omega^2=\frac{k_1^2}{\varepsilon_\perp\mu_0}+\frac{k_2^2+k_3^2}{\varepsilon_1\mu_0}。 \tag{12.74}$$

人们可能预料得到各向异性会使波变形，但或许预料不到会发生这样一种分裂，而其中的一族波保持为各向同性。晶体光学中的有趣现象主要是从这一分裂而产生的。

现在，在 $\boldsymbol{k}$ 空间中我们得到两个曲面，如图 12.11a 所示。(12.73)所描述的波是各向同性的，速度为 $(\varepsilon_\perp\mu_0)^{-1/2}$，并称为**寻常**

波。在 $\boldsymbol{k}$ 空间中的曲面为球面，群速度平行于 $\boldsymbol{k}$，只有当 $\varepsilon_\perp$ 依赖于 ω 时才出现色散。另一族(12.74) 被恰当地称为非常波，并且 $\boldsymbol{k}$ 空间中的曲面为椭圆；这些波是色散的。对于 $\varepsilon_1 > \varepsilon_\perp$ 情形，这两个曲面如图 12.11a 所示。对于每一个 $\boldsymbol{k}$，有两个群速 $\boldsymbol{C}_0$ 和 $\boldsymbol{C}_e$。因此，有两个相曲面，如图 12.11b 所示。对于寻常波，我们有 $\boldsymbol{C}_0 \propto \boldsymbol{k}$，而相方程(12.68) 为

$$\boldsymbol{x} = \frac{\boldsymbol{k}}{\varepsilon_\perp \mu_0 \omega} t。 \tag{12.75}$$

利用(12.73)消去 $\boldsymbol{k}$，我们得到相曲面

$$\varepsilon_\perp \mu_0 (x_1^2 + x_2^2 + x_3^2) = t^2; \tag{12.76}$$

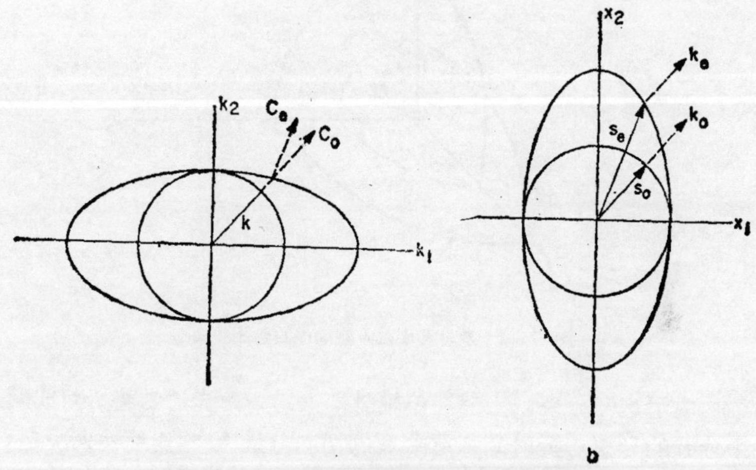

图 12.11 (a) 单轴晶体在 $\boldsymbol{k}$ 空间中的色散曲面
(b) 单轴晶体在 $\boldsymbol{x}$ 空间中的相曲面

这些正是速度为 $(\varepsilon_\perp \mu_0)^{-1/2}$ 的寻常波。对于非常波，

$$\boldsymbol{C}_e \propto \left(\frac{k_1}{\varepsilon_\perp}, \frac{k_2}{\varepsilon_1}, \frac{k_3}{\varepsilon_1}\right), \tag{12.77}$$

于是相方程(12.68)为

$$\boldsymbol{x} = \left(\frac{k_1}{\varepsilon_\perp \mu_0 \omega}, \frac{k_2}{\varepsilon_1 \mu_0 \omega}, \frac{k_3}{\varepsilon_1 \mu_0 \omega}\right) t。 \tag{12.78}$$

由(12.74)，相曲面为椭圆

$$\varepsilon_{\perp}\mu_0 x_1^2 + \varepsilon_1\mu_0(x_2^2 + x_3^2) = t^2。\tag{12.79}$$

利用 $\boldsymbol{x} = \boldsymbol{s}c_0 t$，便可由(12.76)和(12.79)得到正则 $\boldsymbol{s}$ 曲面。

对于非常波，具有波数 $\boldsymbol{k}$ 的波的传播方向由 (12.77) 给出。$\boldsymbol{k}$ 与对称轴成角度 ψ 的波将在角度 ξ 方向传播，ξ 由下式给出

$$\tan\xi = \frac{\varepsilon_{\perp}}{\varepsilon_1}\tan\psi。\tag{12.80}$$

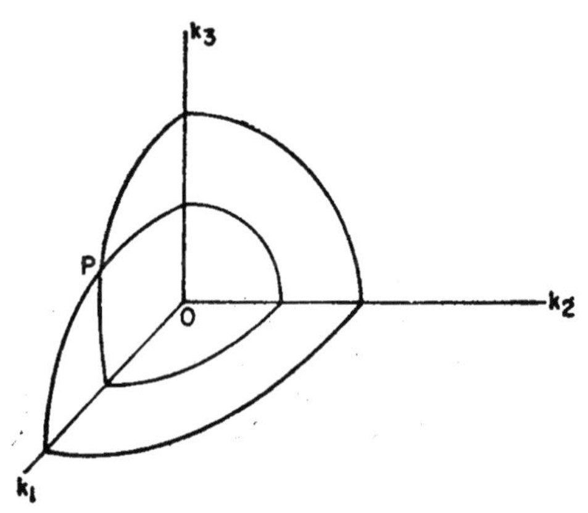

图 12.12　双轴晶体在 $\boldsymbol{k}$ 空间中的色散曲面

由于这一分裂，入射在单轴晶体上的一束光通常将折射成两个分开的光束。折射光束可由 $\boldsymbol{k}$ 的切向分量 $\boldsymbol{k}_t$ 的连续性来决定。但对于给定的入射 $\boldsymbol{k}_t$，将有两个可能的波矢 $\boldsymbol{k}$，它们分别满足(12.73)和(12.74)。折射光束在相应的群速方向上行进。

双轴晶体

对于 ε_1，ε_2，ε_3 互不相等的双轴晶体，曲面 (12.66) 由两叶组成，它们有四个孤立的交点，而不是象图 12.11a 那样在球和椭球之间有一接触圆。对于 $\varepsilon_1 < \varepsilon_2 < \varepsilon_3$ 的情形，图 12.12 中画出了一个挂限。点 P 是一个交点，还有另外三个交点对称地位于 k_1，k_3 平面的其它象限中。在一奇点处，法线可以取为该点方向锥上的

任何值。假如一束光在该方向上垂直进入晶体，便会产生一个折射光线的锥。

对于这一点的进一步详细讨论变得很复杂，因而需作冗长的叙述。在 Sommerfeld (1954，第 4 章)和 Landau-Lifshitz (1960a，第 11 章)的卓越叙述中可找到这些和其它一些问题。

第十三章 水　波

关于色散波的许多一般概念都起源于水波问题。这是一个引人入胜的学科，因为现象是熟悉的，而数学问题又多种多样。现在我们明确地转到这一课题上来。首先，我们来证实以前提到过的一些结果，充实具体的细节，并包括一些该学科的专门问题。然后，我们着手讨论非线性理论，该理论对于非线性如何影响色散波的问题曾首先提供了某些认识，而最终导出了这些问题的一般观点。在这里，它将服务于同一目的，推动一般的讨论以及对于不同领域中类似现象的研究。

13.1 水波方程

我们考虑常重力场中的无粘性不可压缩流体(水)。空间坐标记作 (x_1, x_2, y)，而速度 $\boldsymbol{u}$ 的相应分量记作 (u_1, u_2, v)。重力加速度 g 沿负 y 方向。无粘性方程在(6.49)中给出；现在我们再假定密度 ρ 保持为常数，并且有一外力 $\boldsymbol{F}=-\rho g\boldsymbol{j}$，其中 $\boldsymbol{j}$ 为 y 方向的单位矢量。方程组为

$$\nabla\cdot\boldsymbol{u}=0, \tag{13.1}$$

$$\frac{D\boldsymbol{u}}{Dt}=\frac{\partial\boldsymbol{u}}{\partial t}+(\boldsymbol{u}\cdot\nabla)\boldsymbol{u}=-\frac{1}{\rho}\nabla p-g\boldsymbol{j}。 \tag{13.2}$$

在水波的主要问题中，可认为流动是无旋的，$\mathrm{curl}\,\boldsymbol{u}=0$，于是可用 $\boldsymbol{u}=\nabla\varphi$ 来引进一个速度势 φ。和通常一样，这一点可从关于涡量 $\boldsymbol{\omega}=\mathrm{curl}\,\boldsymbol{u}$ 的方程来论证。首先，将方程(13.2)改写为如下形式

$$\frac{\partial\boldsymbol{u}}{\partial t}+\nabla\left(\frac{1}{2}\boldsymbol{u}^2\right)+\boldsymbol{\omega}\times\boldsymbol{u}=-\frac{1}{\rho}\nabla p-g\boldsymbol{j}。 \tag{13.3}$$

于是，如果取该方程的旋度以便消去压力，我们便得到 Helmholtz

方程

$$\frac{\partial\boldsymbol{\omega}}{\partial t}+\nabla\times(\boldsymbol{\omega}\times\boldsymbol{u})=0。\tag{13.4}$$

由于 $\nabla\cdot\boldsymbol{u}=0$，它也可以写成

$$\frac{D\boldsymbol{\omega}}{Dt}=\frac{\partial\boldsymbol{\omega}}{\partial t}+(\boldsymbol{u}\cdot\nabla)\boldsymbol{\omega}=(\boldsymbol{\omega}\cdot\nabla)\boldsymbol{u}。\tag{13.5}$$

于是 $\boldsymbol{\omega}=0$ 是一可能的解，并且只要(比如说) $\nabla\boldsymbol{u}$ 的所有分量都是有界的，则解是唯一的。因此，假如初始时刻 $\boldsymbol{\omega}=0$，则将一直这样保持下去。在水波中，典型的问题涉及静止水中或通过均匀流的传播。在两种情形下，初始时刻都有 $\boldsymbol{\omega}=0$，因而这一论证是适用的。我们只限于讨论无旋流。

当 $\boldsymbol{u}=\nabla\varphi$ 时，(13.3)可以积分成

$$\frac{p-p_0}{\rho_0}=B(t)-\varphi_t-\frac{1}{2}(\nabla\varphi)^2-gy,\tag{13.6}$$

其中 $B(t)$ 为任意函数，而 p_0 为一任意常数，它从 $B(t)$ 中分离出来以便于应用自由表面条件。显然，通过选取一个新的势 $\varphi'=\varphi-\int B(t)dt$ 可将 $B(t)$ 吸收进 φ。通常我们假定已经这样作了，于是采取

$$\begin{cases}\boldsymbol{u}=\nabla\varphi,\\ \dfrac{p-p_0}{\rho}=-\varphi_t-\dfrac{1}{2}(\nabla\varphi)^2-gy。\end{cases}\tag{13.7}$$

由(13.1)，关于 φ 的方程为 Laplace 方程

$$\nabla^2\varphi=0。\tag{13.8}$$

在(13.8)对于有关边界条件的解找到之后，由(13.7)可给出有兴趣的物理量 $\boldsymbol{u}$, p。这听起来是十分简单的，并且似乎与波动没有什么关系，因为所涉及的是 Laplace 方程。由于自由表面条件的奇妙效应，这两种印象都是错的。

我们来考虑一片水，空气位于它的上方(尽管显然交界面可以处于任意两种流体之间)，并设交界面由

$$f(x_1, x_2, y, t) = 0 \tag{13.9}$$

描述。交界面由流体不穿过它这一性质来定义。因此，与界面垂直的流体速度必然等于与界面垂直的界面本身的速度。由 (13.9) 所定义的界面的法向速度为

$$\frac{-f_t}{\sqrt{f_{x_1}^2 + f_{x_2}^2 + f_y^2}}。$$

流体的法向速度为

$$\frac{u_1 f_{x_1} + u_2 f_{x_2} + v f_y}{\sqrt{f_{x_1}^2 + f_{x_2}^2 + f_y^2}}。$$

因此，此二式相等的条件是

$$\frac{Df}{Dt} = f_t + u_1 f_{x_1} + u_2 f_{x_2} + v f_y = 0。 \tag{13.10}$$

这表示表面上的质点保持在表面上，并且常常直接根据这些理由来引进这一条件。但这种直接的叙述容易引起疑虑，而象上面那样，从交界面的基本性质来推导看来是更可取的。

为配合方程组，用 $y = \eta(x_1, x_2, t)$ 来描述交界面，并且在 (13.10) 中选取

$$f(x_1, x_2, y, t) = \eta(x_1, x_2, t) - y$$

是方便的。这给出如下形式的边界条件

$$\frac{D\eta}{Dt} = \eta_t + u_1 \eta_{x_1} + u_2 \eta_{x_2} = v。 \tag{13.11}$$

方程 (13.10)或(13.11) 是边界上的运动学条件。还有一个动力学条件。由于交界面没有质量，因此两侧流体中的力必须相等。因此，假如暂时略去表面张力，则水中的压力在表面上必须等于空气中的压力。显然，表面的任何扰动都意味着空气的某种运动。但论证是这样的：空气中由于运动而引起的压力变化可以忽略，因此空气压力可以用它的未扰值来近似。这是因为空气的密度比水的密度小得多，而压力的变化为 ρu^2 量级。这一假定可通过在典型的例子 (见 13.7 节)中把空气的运动包括进来而详细地证实。如果根据这一点而略去了空气的运动，则第二个边界条件变成 $p =$

p_0，其中 p 为水中的压力，由(13.7)给出，而 p_0 为未扰空气中的常值。于是，在自由表面上的两个边界条件是

$$\left.\begin{aligned} &\eta_t + \varphi_{x_1}\eta_{x_1} + \varphi_{x_2}\eta_{x_2} = \varphi_y, \\ &\varphi_t + \frac{1}{2}(\varphi_{x_1}^2 + \varphi_{x_2}^2 + \varphi_y^2) + g\eta = 0。\end{aligned}\right\}$$

$$\text{在 } y = \eta(x_1, x_2, t) \text{ 上。} \tag{13.12}$$

通常对于 Laplace 方程只给出一个边界条件，但那是当边界为已知的情形。在自由表面上需要两个条件，因为不但 φ 需要决定，而且表面位置 η 也需要决定。

在一固体的固定边界上，流体的法向速度必须为零，即，$\boldsymbol{n}\cdot\nabla\varphi = 0$。特别，如果底面为 $y = -h_0(x_1, x_2)$，我们有

$$\varphi_y + \varphi_{x_1}h_{0x_1} + \varphi_{x_2}h_{0x_2} = 0 \text{ 在 } y = -h_0(x_1, x_2) \text{ 上。} \tag{13.13}$$

这是界面条件(13.10)的特殊情形，因为我们取 $f(x_1, x_2, y, t) = y + h_0(x_1, x_2)$。对于水平的平底，$h_0$ 为常数，于是

$$\varphi_y = 0 \text{ 在 } y = -h_0 \text{ 上。} \tag{13.14}$$

13.2 变分表述

鉴于在第十一章中所介绍的变分原理的一般用途，对于水波得到一个变分原理是重要的。这一点似乎直到 Luke 近来的文章(1967)才被明确地注意到。当然，众所周知，Laplace 方程可由

$$\delta \iiint \frac{1}{2}(\nabla\varphi)^2 d\boldsymbol{x}\, dy\, dt = 0 \tag{13.15}$$

得到，但 Luke 指出，变分原理

$$\delta \iint_R L\, d\boldsymbol{x}\, dt = 0, \tag{13.16}$$

$$L = -\rho \int_{h_0}^{\eta} \left\{\varphi_t + \frac{1}{2}(\nabla\varphi)^2 + gy\right\} dy, \tag{13.17}$$

也给出十分重要的边界条件。这里 R 为 $(\boldsymbol{x}, t)$ 空间中的任意区域。当把(13.17)代入(13.16)后，积分遍及 $(\boldsymbol{x}, y, t)$ 空间中的区域 R_1，它由 $(\boldsymbol{x}, t)$ 处于 R 中而 $-h_0 \leqslant y \leqslant \eta$ 的点所构成。与 Dirichlet

原理(13.15)相比，在(13.17)中的附加项 φ_t 和 gy 只影响边界条件,因为它们可以积分出来,因而只对 R_1 边界上的项有贡献。

对于 φ 的小改变 $\delta\varphi$,

$$
\begin{aligned}
-\delta\iint\frac{L}{\rho}\,d\boldsymbol{x}\,dt &= \iiint_R\left\{\int_{-h_0}^{\eta}(\delta\varphi_t+\nabla\varphi\cdot\nabla\delta\varphi)dy\right\}d\boldsymbol{x}\,dt \\
&= \iiint_R\left\{\frac{\partial}{\partial t}\int_{-h_0}^{\eta}\delta\varphi dy+\frac{\partial}{\partial x_i}\int_{-h_0}^{\eta}\varphi_{x_i}\delta\varphi dy\right\}d\boldsymbol{x}\,dt \\
&\quad -\iiint_R\left\{\int_{-h_0}^{\eta}(\varphi_{x_ix_i}+\varphi_{yy})\delta\varphi dy\right\}d\boldsymbol{x}\,dt \\
&\quad -\iint_R[(\eta_t+\varphi_{x_i}\eta_{x_i}-\varphi_y)\delta\varphi]_{y=\eta}d\boldsymbol{x}\,dt \\
&\quad +\iint_R[(\varphi_{x_i}h_{0x_i}+\varphi_y)\delta\varphi]_{y=-h_0}d\boldsymbol{x}\,dt。
\end{aligned}
\tag{13.18}
$$

(重复下标 i 对 $i=1, 2$ 求和)。假如选取 $\delta\varphi$ 在 R 的边界上为零，则第一项积分出来到 R 的边界上便等于零。如果对于一切这样的 $\delta\varphi$，(13.18)均为零,则得到

$$
\left.\begin{aligned}
&\varphi_{x_ix_i}+\varphi_{yy}=0,\quad -h_0<y<\eta,\\
&\eta_t+\varphi_{x_i}\eta_{x_i}-\varphi_y=0,\quad y=\eta\\
&\varphi_{x_i}h_{0x_i}+\varphi_y=0,\quad y=-h_0。
\end{aligned}\right\}
\tag{13.19}
$$

第一个方程可通过选择在 $y=\eta$ 和 $y=-h_0$ 上 $\delta\varphi=0$ 并应用通常变分的论证方法而得到。然后,由于(13.18)中的前两项已经消去,选择在 $y=\eta$ 上 $\delta\varphi>0$,而在 $y=-h_0$ 上 $\delta\varphi=0$，便给出 $y=\eta$ 上的边界条件；类似地，选择在 $y=\eta$ 上 $\delta\varphi=0$,在 $y=-h_0$ 上 $\delta\varphi>0$,便给出在 $y=-h_0$ 上的边界条件。

在(13.16)—(13.17)中,对于变分 $\delta\eta$，直接得到

$$
\delta\iint_R L d\boldsymbol{x}dt=-\rho\iiint_R\left[\varphi_t+\frac{1}{2}(\nabla\varphi)^2+gy\right]_{y=\eta}\delta\eta d\boldsymbol{x}\,dt=0,
$$

于是,用通常的论证,便得到

$$
\left[\varphi_t+\frac{1}{2}(\nabla\varphi)^2+gy\right]_{y=\eta}=0。\tag{13.20}
$$

方程(13.19)—(13.20)就是前一节中所建立的方程，我们看出，这一组公式已包含在(13.16)—(13.17)中。

(13.17)的重要性在于，括号中的量为 $p-p_0$：该原理是驻定压力原理！ 这一原理与 Hamilton 原理的关系已由 Seliger 和 Whitham (1968) 详细讨论。

线 性 理 论

13.3 线性化表述

对于初始时刻为静止的水中的小扰动，η 和 φ 都是小的，因此对于初步研究来说，方程组可以线性化。线性化的自由表面条件(13.12)为

$$\eta_t=\varphi_y,\quad \varphi_t+g\eta=0, \tag{13.21}$$

并且我们可以通过在 $y=0$ 上而不是在 $y=\eta$ 上应用这些条件而进一步地线性化。在作了这一进一步的线性化之后，η 可以消去，于是给出

$$\varphi_{tt}+g\varphi_y=0 \text{ 在 } y=0 \text{ 上。}$$

Laplace 方程和底部边界条件(13.13)已经是线性的，并与 η 无关。因此，我们得到一个只含有 φ 的线性问题：

$$\left.\begin{aligned}\varphi_{x_1x_1}+\varphi_{x_2x_2}+\varphi_{yy}=0,&\quad -h_0<y<0,\\ \varphi_{tt}+g\varphi_y=0,&\quad y=0,\\ \varphi_y+h_{0x_1}\varphi_{x_1}+h_{0x_2}\varphi_{x_2}=0,&\quad y=-h_0。\end{aligned}\right\} \tag{13.22}$$

在求出 φ 的解以后，由 (13.21)便可给出表面：

$$\eta(x_1,x_2,t)=-\frac{1}{g}\varphi_t(x_1,x_2,0,t)。 \tag{13.23}$$

(13.22)中的问题必须补充上适当的初始条件。

13.4 常深度线性水波

在水波情形，波沿水平方向传播，其中基本正弦解取如下形式

$$\eta=Ae^{i\boldsymbol{\kappa}\cdot\boldsymbol{x}-i\omega t},\quad \varphi=Y(y)e^{i\boldsymbol{\kappa}\cdot\boldsymbol{x}-i\omega t};$$

它们对 $\boldsymbol{x}$, t 振荡，而不对 y 振荡。由 Laplace 方程，φ 的这一形式

是一个解，只要

$$Y'' - \kappa^2 Y = 0,\ \kappa = |\boldsymbol{\kappa}| = (\kappa_1^2 + \kappa_2^2)^{1/2}。$$

对于具有常深度 h_0 的水，在 $y = -h_0$ 上的边界条件要求 $Y'(y) = 0$。因此

$$Y \propto \cosh \kappa(h_0 + y)。$$

由(13.23)，

$$A = \frac{i\omega}{g} Y(0)$$

为 η 的振幅，因此我们取

$$Y(y) = -\frac{ig}{\omega} A \frac{\cosh \kappa(h_0 + y)}{\cosh \kappa h_0}。$$

于是

$$\left.\begin{aligned} \eta &= A e^{i\boldsymbol{\kappa}\cdot\boldsymbol{x} - i\omega t}, \\ \varphi &= -\frac{ig}{\omega} A \frac{\cosh \kappa(h_0 + y)}{\cosh \kappa h_0} e^{i\boldsymbol{\kappa}\cdot\boldsymbol{x} - i\omega t}。\end{aligned}\right\} \tag{13.24}$$

剩下的一个在 $y = 0$ 上的条件给出色散关系

$$\omega^2 = g\kappa \tanh \kappa h_0。 \tag{13.25}$$

在 11.1 节中我们曾注意到，只要对所有自变量的依赖关系都是正弦的，则微分方程必导致多项式的色散关系。这里得到超越方程(13.25) 是因为沿 y 的变化不是正弦的。可以说，波动发生在 $(\boldsymbol{x}, t)$ 空间中，而对 y 的依赖性给出不同深度上的波动之间的耦合。

13.5 初值问题

色散关系(13.25)有两个模式 $\omega = \pm W(\boldsymbol{\kappa})$，其中

$$W(\boldsymbol{\kappa}) = \sqrt{g\kappa \tanh \kappa h_0}。 \tag{13.26}$$

$\kappa = 0$ 处实际上不是真正的支点，因为当 $\kappa h_0 \to 0$ 时 $g\kappa \tanh \kappa h_0 \sim g h_0 \kappa^2$。在原点附近被取作 $W \sim \kappa\sqrt{g h_0}$ 的函数 W 在实 κ 轴上是单值解析的。它的支点位于 $\tanh h_0$ 的其它零点和无穷远点，即位于 $\kappa h_0 = \pm n\pi i,\ \pm\left(n - \frac{1}{2}\right)\pi i,\ n = 1, 2, 3\cdots\cdots$ 在割去从

$-\infty i$ 到 $-\pi i/2h_0$ 和从 $\pi i/2h_0$ 到 ∞i 之后的复 κ 平面上，$W(\boldsymbol{\kappa})$ 和 $-W(\boldsymbol{\kappa})$ 都是 κ 的单值解析函数。

由对应于(13.24)[其中要考虑相应于 $\omega=\pm W(\boldsymbol{\kappa})$ 的两个模式]的 Fourier 变换可得到通解。为决定变换中出现的两个任意函数[1] $F(\boldsymbol{\kappa})$ 需要两个初始条件。当然，任何一个所指定的函数 φ 必须满足 Laplace 方程，否则压缩性效应将起作用并将初始分布迅速改变到某一新的等效初始分布。为简单起见，我们选取初始时刻流体静止($\varphi=0$)的情形。于是，由(13.21)，初始时刻 $\eta_t=0$。除此之外，我们再加上一个条件，即规定初始表面为

$$\eta(\boldsymbol{x},0)=\eta_0(\boldsymbol{x}),\quad t=0。\tag{13.27}$$

对于这一问题，解为

$$\eta(\boldsymbol{x},t)=\int_{-\infty}^{\infty}F(\boldsymbol{\kappa})e^{i\boldsymbol{\kappa}\cdot\boldsymbol{x}-iWt}d\boldsymbol{\kappa}+\int_{-\infty}^{\infty}F(\boldsymbol{\kappa})e^{i\boldsymbol{\kappa}\cdot\boldsymbol{x}+iWt}d\boldsymbol{\kappa},\tag{13.28}$$

其中 $F(\boldsymbol{\kappa})$ 为 $\frac{1}{2}\eta_0(\boldsymbol{x})$ 的 Fourier 变换。

对于一维问题，(13.28)中 $\boldsymbol{\kappa}$ 和 $\boldsymbol{x}$ 都是标量，于是

$$F(\kappa)=\frac{1}{4\pi}\int_{-\infty}^{\infty}\eta_0(x)e^{-i\kappa x}dx。\tag{13.29}$$

由 $\eta_0(x)=\delta(x)$，$F(\kappa)=1/4\pi$ 这一特殊情形(这就是水波中著名的 Cauchy-Poisson 问题)可以重新构造出通解来。这一特殊情形的解可表为(11.19)中写过的形式

$$\eta(x,t)=\frac{1}{\pi}\int_0^{\infty}\cos\kappa x\cos W(\kappa)t\,d\kappa。\tag{13.30}$$

在关于某一铅直线为轴对称的情形，二维形式(13.28)可简化为

$$\eta(r,t)=2\int_0^{\infty}\int_0^{2\pi}\kappa F(\kappa)e^{i\kappa r\cos\xi}\cos W(\kappa)t\,d\kappa d\xi,$$

1) 在一般情形下，下面(13.28)式右端两项中的两个 $F(\boldsymbol{\kappa})$ 应是不同的。——译者

其中 $r = |\boldsymbol{x}|$，$\kappa = |\boldsymbol{\kappa}|$，而$\xi$为 $\boldsymbol{x}$ 和 $\boldsymbol{\kappa}$ 之间的夹角。Bessel 函数 J_0 的一种积分表示为

$$J_0(\kappa r) = \frac{1}{2\pi}\int_0^{2\pi} e^{i\kappa r\cos\xi} d\xi,$$

于是解可以写成

$$\eta(r, t) = 4\pi \int_0^\infty \kappa F(\kappa) J_0(\kappa r) \cos W(\kappa) t d\kappa。 \tag{13.31}$$

逆公式可以类似地写为

$$F(\kappa) = \frac{1}{4\pi}\int_0^\infty r\eta_0(r) J_0(\kappa r) dr。 \tag{13.32}$$

当然，这也可以利用极坐标中分离变量和 Fourier-Bessel 变换来得到。在初始条件为 δ 函数情形下，$\eta_0(r) = \delta(r)/2\pi r$，于是解为

$$\eta(r, t) = \frac{1}{2\pi}\int_0^\infty \kappa J_0(\kappa r) \cos W(\kappa) t d\kappa。 \tag{13.33}$$

第十一章中的渐近结果可以应用于这些解。特别，由(11.24)—(11.25)，一维解的渐近性态为

$$\eta \sim 2\mathscr{R}\left(F(k)\sqrt{\frac{2\pi}{t|W''(k)|}} \exp\left\{ ikx - iW(k)t + \frac{\pi i}{4}\right\}\right),$$

$$t \to \infty, \quad \frac{x}{t} > 0, \tag{13.34}$$

其中 $k(x, t)$ 为

$$W'(k) = \frac{x}{t} \tag{13.35}$$

的正根，而 $F(k)$ 由(13.29)给出。在第十一章中曾详细讨论了对

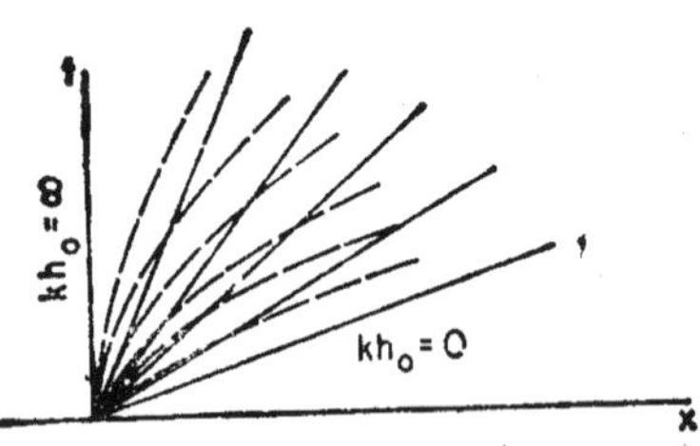

图 13.1 水波的群线(实线)和相线(虚线)

该式的解释，群速 $C(k)$ 的性质在(12.4)—(12.6)中讨论过。由于 $C(k)$ 为 k 的减函数，最长的波出现在扰动头，后面跟随着逐次变短的波列。k 为常数的群线和 θ 为常数的相线在图 13.1 中示出；典型的波列在图 13.2 中示出。

在有限深情形，当 $kh_0\to 0$ 时有一个有限的最大群速 $\sqrt{gh_0}$，因此，扰动头以速度 $\sqrt{gh_0}$ 运动。这一尖锐的波前只是出现在近似式(13.34)中，而不是出现在完整的解中。在完整的解中，在此波前

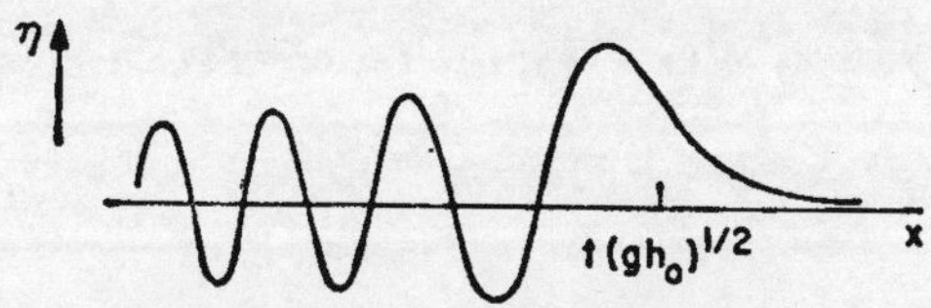

图 13.2 水波中扰动波前附近的波列

的前方，扰动无振荡地指数衰减，并且扰动较小。由于当 $kh_0\to 0$ 时 $C(k)=W'(k)\to\sqrt{gh_0}$ 而 $W''(k)\to 0$，在过渡区附近(13.34)并不成立。现在我们来研究真实的性态。

13.6 波前附近的性态

由于我们有 $W'''(0)\neq 0$，将(11.26)中的驻相法论证加以推广，便可得到恰好在直线 $x=\sqrt{gh_0}\,t$ 上的正确的渐近性态。如果 $F(0)$ 是有限的，并且不等于零，这就给出振幅衰减规律

$$\eta\propto t^{-1/3}, \tag{13.36}$$

来代替远离波前处的衰减规律 $\eta\propto t^{1/2}$。由于

$$F(0)=\frac{1}{4\pi}\int_{-\infty}^{\infty}\eta_0(x)\,dx, \tag{13.37}$$

因此，当总的初始升高量为有限和非零时，这一结果便是适用的。

然而，我们希望得到一个穿过整个过渡区都一致有效的解。注意到全部过渡区都对应着小的 k 值，便可得到这个解。将 Fourier 变换中的指数在 $\kappa=0$ 附近(而不是在驻留点附近)展开，并保留到 κ 的三次幂，便可将关于小 k 的(13.34)和关于 $k=0$ 的(13.36)都

包括进去。由(13.26)，

$$W(\kappa) \sim c_0\kappa - \gamma\kappa^3 + \cdots, \tag{13.38}$$

其中

$$c_0 = \sqrt{gh_0}, \ \gamma = \frac{1}{6} h_0^2\sqrt{gh_0}。 \tag{13.39}$$

因此，在向右运动的波头附近，我们取

$$\eta \sim \int_{-\infty}^{\infty} F(\kappa)\exp\{i\kappa(x - c_0t) + i\gamma\kappa^3t\}d\kappa。 \tag{13.40}$$

与此相一致，也将 $F(\kappa)$ 展开成 Taylor 级数，并且只保留第一项。如果$\int_{-\infty}^{\infty}\eta_0(x)dx$ 是有限的，并选取它等于 1，则第一项为 $1/4\pi$，因此解为

$$\eta \sim \eta_f = \frac{1}{4\pi}\int_{-\infty}^{\infty} \exp\{i\kappa(x - c_0t) + i\gamma\kappa^3t\}d\kappa。 \tag{13.41}$$

通过一个变量替换 $s = (3\gamma t)^{1/3}\kappa$，此式可以借助于标准 Airy 积分

$$\begin{aligned}\mathrm{Ai}(z) &= \frac{1}{2\pi}\int_{-\infty}^{\infty} \exp\left\{ i\left(sz + \frac{1}{3}s^3\right)\right\}ds \\ &= \frac{1}{\pi}\int_0^{\infty} \cos\left(sz + \frac{1}{3}s^3\right)ds\end{aligned}$$

来表示。于是我们得到

$$\eta_f = \frac{1}{2(3\gamma t)^{1/3}}\mathrm{Ai}\left\{\frac{x - c_0t}{(3\gamma t)^{1/3}}\right\}。 \tag{13.42}$$

Airy 函数 $\mathrm{Ai}(z)$ 具有如图 13.2 所示那样的一般形状。它的渐近性态为

$$\mathrm{Ai}(z) \sim \begin{cases} \dfrac{1}{2\sqrt{\pi}} z^{-1/4}\exp\left(-\dfrac{2}{3}z^{3/2}\right), & z \to +\infty \\ \dfrac{1}{\sqrt{\pi}} |z|^{-1/4}\sin\left(\dfrac{2}{3}|z|^{3/2} + \dfrac{\pi}{4}\right), & z \to -\infty。\end{cases}$$

由这两个渐近式我们看到，在 $x = c_0t$ 前方 η_f 呈指数衰减，而在其后方则成为振荡形式。如果恰恰在 $x = c_0t$ 上，则有 $\eta_f \propto t^{-1/3}$，

与(13.36)相一致。过渡区在 $x=c_0t$ 附近，宽度正比于$(\gamma t)^{1/3}$。离过渡区很远处，当 $(x-c_0t)/(3\gamma t)^{1/3}\to-\infty$,

$$\eta_f\sim(4\pi)^{-1/2}\{3\gamma t(c_0t-x)\}^{-1/4}\sin\left\{\frac{2}{3}\frac{(c_0t-x)^{3/2}}{(3\gamma t)^{1/2}}+\frac{\pi}{4}\right\}。\tag{13.43}$$

可以证实，此式正确地与(13.34)—(13.35)相吻合。

如果当 $\kappa\to0$ 时 $F(\kappa)\sim F_n\kappa^n$ (n 为整数)，则当 $n>0$ 时，通过对 x 取适当次导数(或者，当 $n<0$ 时，对 x 取适当次积分)，便可将解(13.40)借助于 η_f 来写出。例如，对于阶梯函数

$$\eta_0(x)=\begin{cases}0, & x>0,\\ 1, & x<0\end{cases}$$

的解恰恰是

$$\eta\sim\int_x^\infty\eta_f(x)dx$$

$$=\frac{1}{2}\int_z^\infty\mathrm{Ai}(s)ds,\quad z=\frac{x-c_0t}{(3\gamma t)^{1/3}}。\tag{13.44}$$

Airy 函数具有性质

$$\int_{-\infty}^\infty\mathrm{Ai}(s)ds=1。$$

因子 $\frac{1}{2}$ 出现在(13.42)和(13.44)中，这是因为这两个式子只代表向右运动的波；再加上向左运动的波，才完全满足整个的初始条件。

对于这些解的一种较为简单的看法是，注意到色散关系(13.38)对应于方程

$$\eta_t+c_0\eta_x+\gamma\eta_{xxx}=0。\tag{13.45}$$

我们针对 (13.42) 中的 $\eta_0(x)=\frac{1}{2}\delta(x)$情形和(13.44)中的 $\eta_0=\frac{1}{2}H(-x)$ 情形来解这一方程。其解为相似性解族

$$\eta = (3\gamma t)^{-m} f_m(z), \quad z = \frac{(x - c_0 t)}{(3\gamma t)^{1/3}} \qquad (13.46)$$

中的成员;经过代换之后,容易将 $f_m(z)$ 与 Airy 方程

$$\mathrm{Ai}''(z) = z\mathrm{Ai}(z) \qquad (13.47)$$

相联系并构造出解来。

方程(13.45)为线性化的 Korteweg-deVries 方程,它在以后将起重要作用。我们可以注意到,对于具有(13.38) 形式的展开式的任何色散关系,在线性理论中长波由(13.45)描述,并且解 (13.42)和(13.44)适用。

我们也可以注意到线性理论的一个限制。在 (13.42)中,前几个波峰的振幅与 $t^{-1/3}$ 成正比而衰减,而色散效应(具有相对量级 k^2)象 $t^{-2/3}$ 那样衰减。因此,在衰减的后期,非线性效应终于将变得与色散同样重要。在适当条件下,有一个渐近线性理论适用的中间范围。非线性效应要求在 (13.45) 中增加一个与 $\eta\eta_x$ 成正比的附加项。于是这一方程便是完整的 Korteweg-deVries 方程,以后我们将看到,衰减最终将停止下来而形成一系列的孤波。线性理论在波前附近的不一致有效性一般地类似于第二章中对于双曲方程所讨论的情形。

13.7 在两种流体界面上的波动

至今为此所讨论的理论都略去了水表面由于空气运动而引起的压力变化。下面我们在一种典型情形下来详细证实这一点。这一论证可以和两种流体界面上的其它效应的讨论有益地结合起来,包括两种密度可以相比的情形。我们考虑密度为 ρ' 的一种流体位于密度为 ρ 的另一种流体之上,并且为简单起见,考虑流体为无限深。流动是无旋的,速度势分别为 φ', φ, 而界面为 $y = \eta$。两种流体内的压力为

$$p' - p_0 = -\rho' \left\{ \varphi'_t + \frac{1}{2}(\nabla\varphi')^2 + gy \right\},$$

$$p - p_0 = -\rho\left\{\varphi_t + \frac{1}{2}(\nabla\varphi)^2 + gy\right\},$$

其中 p_0 为共同的未扰值，而自由面上的条件为

$$\left.\begin{aligned} p' &= p, \\ \eta_t + \varphi'_{x_1}\eta_{x_1} + \varphi'_{x_2}\eta_{x_2} - \varphi'_y &= 0, \\ \eta_t + \varphi_{x_1}\eta_{x_1} + \varphi_{x_2}\eta_{x_2} - \varphi_y &= 0, \end{aligned}\right\} \text{在 } y = \eta \text{ 上。}$$

有兴趣的是考虑在两种流体内的主流 U', U 上发生的扰动。假如我们只考虑一维波动并将边界条件线性化，我们令

$$\varphi' = U'x - \frac{1}{2}U'^2t + \Phi',$$

$$\varphi = Ux - \frac{1}{2}U^2t + \Phi,$$

并且在 Φ', Φ, η 中只保留一阶项。边界条件成为

$$\left.\begin{aligned} \rho'(\Phi'_t + U'\Phi'_x + g\eta) &= \rho(\Phi_t + U\Phi_x + g\eta), \\ \eta_t + U'\eta_x - \Phi'_y &= 0, \\ \eta_t + U\eta_x - \Phi_y &= 0, \end{aligned}\right\}$$

$$\text{在 } y = 0 \text{ 上。} \tag{13.48}$$

由于 Φ', Φ 满足 Laplace 方程并且当 $y \to +\infty$ 和 $y \to -\infty$ 时分别趋于零，基本解取如下形式

$$\Phi' = B'e^{i(\kappa x - \omega t) - \kappa y}, \quad \Phi = Be^{i(\kappa x - \omega t) + \kappa y}, \quad \eta = Ae^{i(\kappa x - \omega t)}。$$

于是边界条件(13.48) 给出色散关系

$$\frac{\omega}{\kappa} = \frac{\rho U + \rho' U'}{\rho + \rho'} \pm \left\{\frac{g}{\kappa}\frac{\rho - \rho'}{\rho + \rho'} - \frac{\rho\rho'}{(\rho + \rho')^2}(U - U')^2\right\}^{1/2}。 \tag{13.49}$$

对于 $U = U' = 0$ 情形，我们注意到

$$\omega = \left\{g\kappa\left(\frac{\rho - \rho'}{\rho + \rho'}\right)\right\}^{1/2}。$$

在 $\rho'/\rho \to \infty$ 的极限情形，此式证实了略去空气运动的基本解并给出了小的改正。

但同样有兴趣的是，当 ω 具有虚部时，指出各种各样的不稳定性。可举出以下几种情形：

1. $U = U' = 0$。假如 $\rho' > \rho$，则这种情形不稳定，正如所预料的那样。

2. $g = 0$，$U \neq U'$。这种情形永远是不稳定的，并称为 Helmholtz 不稳定性。

3. $\rho = \rho'$，$U \neq U'$。这和上面情形 2 相同，因为重力效应只对于不同密度才会出现。

4. $\rho \neq \rho'$，$U \neq U'$。对于充分短的波，解永远是不稳定的，但是这一结论将被极短波的表面张力的稳定化影响所修正。利用在 (13.50) 中所给出的边界条件，容易将表面张力效应包括进来。

13.8 表面张力

表面张力好象附在水表面上的一层拉紧的薄膜那样起作用。对于离开一平面的小偏离而言，净效应为每单位面积上的法向力 $T\eta_{x_ix_i}$。当把这个力包括进来之后，表面上的压力条件变成

$$p + T\eta_{x_ix_i} = p_0, \tag{13.50}$$

而线性化条件(13.21)修改为

$$\eta_t = \varphi_y,\quad \varphi_t + g\eta - \frac{T}{\rho}\eta_{x_ix_i} = 0 \text{ 在 } y = 0 \text{ 上。} \tag{13.51}$$

η 和 φ 的函数形式和以前一样，但修改了的表面边界条件导致色散关系

$$\omega^2 = g\kappa \tanh \kappa h_0\left(1 + \frac{T}{\rho g}\kappa^2\right)。 \tag{13.52}$$

在第十二章中，我们在某种程度上讨论并应用了这一色散关系的性质和结果。

我们曾注意到，这里群速度在 $\kappa = k_m$ 处有一极小值。在极小值处 $W''(k_m) = 0$，于是又有一个(13.34)不适用的过渡区。用与 13.6 节相类似的方法可求出过渡区中解的性态。在 Fourier 变换解中利用展开式

$$W = W(k_m) + (\kappa - k_m)W'(k_m) + \frac{1}{3!}(\kappa - k_m)^3 W'''(k_m) + \cdots,$$

则所得到的形式与 Airy 函数有关。详细讨论例如在 Jeffreys 和 Jeffreys (1956, 17.09 节)中给出。

13.9 定常流上的波动

在第十二章中曾经决定过各种各样的定常波动图案的几何形状。由一般的群速度概念可以决定出沿每一群线上振幅的变化。然而,正如以前指出过的那样,振幅在不同群线上的初始分布只能从更完整的解得出。现在我们对于均匀流情形来研究 Fourier 变换解,表明简单的运动学描述如何与完整的变换解相联系,并且来决定振幅。我们将把波源取作为施加在流动表面上的一个外部的定常压力,而不取作为一个指定的位移,因为这种取法更接近地代表一个浮体的效应。

在通过变换来解定常波动问题时,需要注意施加适当的辐射条件以保证唯一性。在决定波将在哪里出现这一问题上,这里辐射条件如何与使用群速度的论证相平行,弄清楚这一点是有兴趣的。不唯一性的出现是因为定常状态在下述意义上是人为的:没有什么流动状态是一直存在下来的。在原则上,改正这一点的一个理想的方法是,在过去某一时刻(例如 $t = -t_0$) 加上一个适当的初始条件,而解一个更真实的不定常问题,然后再在解中令 $t_0 \to \infty$。然而,由于有大量的在最后答案中并不出现的不必要的细节,要实行这一方案可能是困难的。一种更简单的利用辐射条件的作法原则上遵循这一想法,可是只要求对问题作最小的推广。在目前情形中,我们将 $y = 0$ 上的外压取为

$$\frac{p - p_0}{\rho} = f(x_1, x_2)e^{\varepsilon t}, \quad \varepsilon > 0。 \tag{13.53}$$

它对应于这样一个波源:很长时间以前,它等效地为零,然后逐渐增长,直到接近于现在的 $f(x_1, x_2)$。这种方法具有所希望的初值问题的特点,具有合理的初始条件,但对时间的依赖性是简单的。

在问题解出以后，我们取极限 $\varepsilon \to 0$，以得到定常状态的解。

通过包括外压分布来修改边界条件(13.12)，并且将表面张力分布包括进来，因为在 12.3 节中我们曾看到，表面张力对于上游波的出现具有特别有兴趣的效果。对于 x_1 方向的主流 U 附近的小扰动，将速度势取作

$$\varphi = Ux_1 - \frac{1}{2}U^2 t + \Phi, \tag{13.54}$$

其中 $\nabla\Phi$ 与 U 相比为小量。于是，在自由表面上的线性化边界条件为

$$\left.\begin{aligned} \eta_t + U\eta_{x_1} - \Phi_y = 0, \\ \Phi_t + U\Phi_{x_1} + g\eta - \frac{T}{\rho}\eta_{x_j x_j} = -f(\boldsymbol{x})e^{\varepsilon t}。\end{aligned}\right\}\text{在 } y = 0 \text{ 上。} \tag{13.55}$$

扰动势 Φ 仍满足 Laplace 方程，并且，为简单起见，我们考虑无限深的情形，于是当 $y \to -\infty$ 时 $\Phi \to 0$。满足上述两个条件并且象 $e^{\varepsilon t}$ 那样变化的 Fourier 变换解是

$$\Phi = e^{\varepsilon t}\int_{-\infty}^{\infty} B(\boldsymbol{\kappa})e^{i\boldsymbol{\kappa}\cdot\boldsymbol{x}+\kappa y}d\boldsymbol{\kappa}, \quad \kappa = |\boldsymbol{\kappa}|,$$

$$\eta = e^{\varepsilon t}\int_{-\infty}^{\infty} A(\boldsymbol{\kappa})e^{i\boldsymbol{\kappa}\cdot\boldsymbol{x}}d\boldsymbol{\kappa}。$$

然后，边界条件 (13.55)将 A 与 B 互相联系起来，并且和 $f(\boldsymbol{x})$ 的 Fourier 变换 $F(\boldsymbol{\kappa})$ 联系起来。结果是

$$\eta(\boldsymbol{x}, t) = e^{\varepsilon t}\int_{-\infty}^{\infty}\frac{\kappa F(\boldsymbol{\kappa})e^{i\boldsymbol{\kappa}\cdot\boldsymbol{x}}d\boldsymbol{\kappa}}{(\kappa_1 U - i\varepsilon)^2 - \omega_0^2(\kappa)}, \tag{13.56}$$

其中

$$\omega_0^2 = g\kappa + \frac{T}{\rho}\kappa^3 \tag{13.57}$$

为在静止水中运动的波的色散关系。

现在，ε 的作用可以看清楚了。当 $\varepsilon = 0$ 时，在积分路径上存在着满足

$$\kappa_1^2 U^2 - \omega_0^2(\kappa) = 0 \tag{13.58}$$

的极点。人们可能会假定积分路径从每个极点的这一侧或那一侧

经过，但这种不确定的选择便导致不唯一性。当 $\varepsilon > 0$ 时，(13.56)的分母的根是复的；极点被移出到路径以外，因而这种不明确性便不复发生。于是，一个极点是否有贡献将决定于在计算积分时路径的进一步变形，并且将对应着路径从极点旁经过时的一种特定的选择。满足(13.58)的 $\boldsymbol{\kappa}$ 值决定着什么 $\boldsymbol{\kappa}$ 值可以造成强的贡献；极点位置在路径以上或路径以下将决定贡献在哪里出现。条件(13.58)本质上就是条件(12.23)[或者，当 $\omega = 0$ 时即(12.24)]，它决定着什么波可以在流动中保持为定常从而造成大的贡献。分析表明，是否要包括极点取决于用群速来决定波在哪里出现。

一维重力波

为简单起见，我们首先考虑一维情形，并略去表面张力。于是(13.56) 变成

$$\eta(x, t) = e^{\varepsilon t}\int_{-\infty}^{\infty}\frac{\kappa F(\kappa_1)e^{i\kappa_1 x_1}}{(\kappa_1 U - i\varepsilon)^2 - g\kappa}d\kappa_1,\quad \kappa = |\kappa_1|。\tag{13.59}$$

$\kappa = |\kappa_1|$ 的出现是应当仔细注意的；它来源于下述事实：κ_1 的正值和负值都在变换中出现，而在一维情形，为保证当 $y \to -\infty$ 时 $\Phi \to 0$，Φ 表达式中的指数必须为

$$\exp(i\kappa_1 x_1 + |\kappa_1|y)。$$

在计算(13.59)时，我们将选择 $f(x_1) = P\delta(x_1)$，$F(\kappa_1) = P/2\pi$ 这种特殊情形，因为更一般的情形总可以重新构造出来。于是我们得到

$$\eta(x, t) = \frac{Pe^{\varepsilon t}}{2\pi}\int_{-\infty}^{\infty}\frac{\kappa e^{i\kappa_1 x_1}d\kappa_1}{(\kappa_1 U - i\varepsilon)^2 - g\kappa}。$$

由于 $\kappa = |\kappa_1|$ 在积分中出现，因此，把积分分为 $\kappa_1 > 0$ 区间和 $\kappa_1 < 0$ 区间上的积分，并且在每个积分中用 κ 作为积分变量是方便的。于是

$$\frac{2\pi\eta}{P} = e^{\varepsilon t}\int_0^{\infty}\frac{\kappa e^{i\kappa x_1}d\kappa}{(\kappa U - i\varepsilon)^2 - g\kappa} + e^{\varepsilon t}\int_0^{\infty}\frac{\kappa e^{-i\kappa x_1}d\kappa}{(\kappa U + i\varepsilon)^2 - g\kappa}。$$

由于最终要令 $\varepsilon\to 0$，因此分母中的 ε^2 项可以略去，而因子 $e^{\varepsilon t}$，由于现在已完成了它的作用，也可以略去。我们得到

$$\frac{2\pi\eta}{P}=\lim_{\varepsilon\to 0}\left(\int_0^\infty\frac{e^{i\kappa x_1}d\kappa}{\kappa U^2-2i\varepsilon U-g}\right.$$

$$\left.+\int_0^\infty\frac{e^{-i\kappa x_1}d\kappa}{\kappa U^2+2i\varepsilon U-g}\right)。\qquad(13.60)$$

两个被积函数的极点分别位于

$$\kappa=\frac{g}{U^2}+\frac{2i\varepsilon}{U},\ \kappa=\frac{g}{U^2}-\frac{2i\varepsilon}{U}。$$

积分路径可以旋转到正虚轴或负虚轴。对于 $x_1>0$ 情形，第一个积分的路径可以旋转到正虚轴，而第二个积分的路径可以旋转到负虚轴；两个极点都有贡献。我们有

$$\frac{U^2\eta}{P}=\frac{i}{2\pi}\int_0^\infty\frac{e^{-mx_1}dm}{im-\kappa}+ie^{i\kappa x_1}+\frac{i}{2\pi}\int_0^\infty\frac{e^{-mx_1}dm}{im+k}-ie^{-i\kappa x_1}$$

$$=-2\sin kx_1+\frac{1}{\pi}\int_0^\infty\frac{m}{m^2+k^2}e^{-mx_1}dm,\ x_1>0,\qquad(13.61)$$

其中

$$k=\frac{g}{U^2}。\qquad(13.62)$$

对于 $x_1<0$ 情形，积分路径朝另一方向旋转，于是极点没有贡献：

$$\frac{U^2\eta}{P}=\frac{1}{\pi}\int_0^\infty\frac{m}{m^2+k^2}e^{mx_1}dm,\ x_1<0。\qquad(13.63)$$

关系式 13.62 可以写为

$$U=\sqrt{\frac{g}{k}}=c(k);$$

它决定着在前进的水流中能保持在定常位置的波的波数。由于 $\sin kx_1$ 为定常自由表面问题对于所有 x_1 的解，因此，为证明这种驻定波只出现于外压扰动的下游 $(x_1>0)$，辐射条件是非常重要的。在完整的解中，(13.61)和 (13.63) 中的积分是需要的，但当 $|x_1|\gg 1$ 时，它们变得很小。将 $(m^2+k^2)^{-1}$ 按照 m^2 的升幂作形

式地展开，并对所得级数逐项积分，可求出这两个积分的渐近展开式。这一程序给出

$$\int_0^\infty \frac{me^{-m|x_1|}dm}{m^2+k^2} \sim \frac{1}{k^2x_1^2} - \frac{3!}{k^4x_1^4} + \frac{5!}{k^6x_1^6} - \cdots,$$

并且，此式可用 Watson 引理来证明。

结论是：在离波源很远处，只在下游有驻定波图案，它由下式给出

$$\eta = -\frac{2P}{U^2}\sin kx_1, \quad k = \frac{g}{U^2}。 \tag{13.64}$$

带有表面张力的一维波

当包括表面张力时，对应于(13.60)的表达式为

$$\frac{2\pi\eta}{P} = \lim_{\varepsilon\to 0}\left\{\int_0^\infty \frac{e^{i\kappa x_1}d\kappa}{\kappa U^2 - 2i\varepsilon U - g - (T/\rho)\kappa^2} + \int_0^\infty \frac{e^{-i\kappa x_1}d\kappa}{\kappa U^2 + 2i\varepsilon U - g - (T/\rho)\kappa^2}\right\}。 \tag{13.65}$$

极点位于

$$kU^2 = g + \frac{T}{\rho}k^2 \tag{13.66}$$

的零点附近；而这又是在(12.20) 中用来决定什么波可以在流动中驻定的条件

$$U = c(k)。$$

当 $U < c_m$ 时(其中 c_m 为最小波速)，(13.66)的零点不是实的。因此(13.65)在实轴附近没有极点，对于积分的所有贡献都随 x_1 而迅速衰减，于是没有驻定波图案。这与在 12.3 节中得出的结论相一致。

当 $U > c_m$ 时，(13.66)有两个实根，并且它们就是在(12.21)—(12.22)中提到过的值 k_g 和 k_T，其中 $k_T > k_g$。在这种情形下，(13.65)中的被积函数在 k_g和 k_T 附近有极点。 对于第一个积分，它们位于

$$\kappa = \kappa_g + \frac{2\rho U}{(k_T - k_g)T}i\varepsilon, \quad \kappa = k_T - \frac{2\rho U}{(k_T - k_g)T}i\varepsilon,$$

而对于第二个积分，它们位于上述两点的共轭点。对于 $x_1>0$，第一个积分可以转到正虚轴，重力极点有贡献，而另一个极点没有贡献。第二个积分转到负虚轴，也是重力极点有贡献。因此在波源的下游出现重力波。类似地，对于 $x_1<0$ 必须用相反的旋转，因而毛细极点有贡献。结论与 (12.21)—(12.22) 中所用的群速度论证相一致：重力波在下游，而毛细波在上游。所求出的渐近波列为

$$\eta \sim \begin{cases} \dfrac{-2P\rho}{(k_T-k_g)T}\sin k_g x_1, & x_1>0, \\ \dfrac{-2P\rho}{(k_T-k_g)T}\sin k_T x_1, & x_1<0。\end{cases}$$

船舶波

对于由点源 $f(x_1, x_2)=P\delta(x_1, x_2)$ 所产生的二维重力波问题，在(13.56)中我们取 $F(\boldsymbol{\kappa})=P/4\pi^2$ 和 $\omega_0^2=g\kappa$。于是(13.56)简化为

$$\frac{4\pi^2U^2\eta}{P}=e^{\varepsilon t}\int_{-\infty}^{\infty}\int_{-\infty}^{\infty}\frac{\kappa\exp\{i(\kappa_1x_1+\kappa_2x_2)\}d\kappa_1d\kappa_2}{(\kappa_1-i\varepsilon/U)^2-g\kappa/U^2}, \qquad (13.67)$$

其中 $\kappa=(\kappa_1^2+\kappa_2^2)^{1/2}$。引进极坐标

$$x_1=r\cos\xi, \quad x_2=r\sin\xi,$$
$$\kappa_1=-\kappa\cos\chi, \quad \kappa_2=\kappa\sin\chi$$

是方便的。区间 $\pi/2<\chi<3\pi/2$ 中的贡献与区间 $-\pi/2<\chi<\pi/2$ 中的贡献互为共轭，因此在 $\varepsilon\to 0$ 的极限情形下，(13.67)可取为

$$\frac{2\pi^2U^2\eta}{P}=\mathscr{R}\left(\lim_{\varepsilon\to 0}\int_{-\pi/2}^{\pi/2}\frac{d\chi}{\cos^2\chi}\int_0^{\infty}\right.$$
$$\left.\times\frac{\kappa\exp\{-i\kappa r\cos(\xi+\chi)\}}{\kappa-\kappa_0}d\kappa\right), \qquad (13.68)$$

其中

$$\kappa_0=\frac{g}{U^2\cos^2\chi}-\frac{2i\varepsilon}{U\cos\chi}。 \qquad (13.69)$$

由于 $\cos\chi>0$，极点 $\kappa=\kappa_0$ 位于复 κ 平面的下半平面。

由于图案关于 x_1 轴对称，因此只考虑区间 $0<\xi<\pi$ 即足够。当 $\cos(\xi+\chi)>0$，即 $-\pi/2<\chi<\pi/2-\xi$ 时，κ 平面中的积分路径可以转到负虚轴，于是极点有贡献；当 $\cos(\xi+\chi)<0$，即 $\pi/2-\xi<\chi<\pi/2$ 时，它可以转到正虚轴，于是极点没有贡献。

假如仔细地一一分析所有的项，则进一步的详细讨论是十分冗长的。这里我们注意到极点的贡献，并对留数加以简化。极点的贡献为

$$\eta \sim \frac{gP}{\pi U^4}\mathscr{I}\left(\int_{-\pi/2}^{\pi/2-\xi}\frac{\exp\{-i\kappa_0 r\cos(\xi+\chi)\}}{\cos^4\chi}\,d\chi\right),$$

其中，κ_0 当中的 ε 项现在可以略去。指数

$$s(\chi)=\kappa_0\cos(\xi+\chi)=\frac{g\cos(\xi+\chi)}{U^2\cos^2\chi}$$

在 $\chi=4$ 处有一驻留点，其中

$$\tan(\xi+\phi)=2\tan\phi。\tag{13.70}$$

由此，借助于标准的驻相法公式，我们得到

$$\eta \sim \frac{gP}{\pi U^4}\mathscr{I}\left[\left(\frac{2\pi}{r|s''(\phi)|}\right)^{1/2}\exp\left\{-irs(\phi)-\frac{\pi i}{4}\operatorname{sgn}s''(\phi)\right\}\right]。$$

经过某些简化之后，此式化为

$$\eta \sim -\left(\frac{2g}{\pi r}\right)^{1/2}\frac{P}{U^3\cos^3\phi}\frac{(1+4\tan^2\phi)^{1/4}}{|1-2\tan^2\phi|^{1/2}}\cdot\sin\left\{kr\cos(\xi+\phi)+\frac{\pi}{4}\operatorname{sgn}s''(\phi)\right\},\tag{13.71}$$

其中

$$k=\kappa_0(\phi)=\frac{g}{U^2\cos^2\phi},\tag{13.72}$$

而 $\phi(\xi)$ 由(13.70)来决定。

由 (13.70) 和 (13.72) 来决定波数 k 和 ϕ 是和(12.32) 相一致的；位相 $kr\cos(\xi+\phi)$与(12.35)相一致。振幅在最大楔角 $\xi=\xi_m=19.5°$ (那里 $\tan\phi=2^{-1/2}$)处出现奇异性。这就是侧向波峰

与横向波峰互成尖角而相遇的地方，在上述分析中，这对应于(13.70)的两个驻留点的汇合。由于 $s''(\psi)\to 0$，我们有一个与13.6节大体相同类型的过渡区域。在楔上，位相发生 $\pi/2$ 的跳跃。在 x_1 轴上（那里 $\psi\to 0$）的奇异性态与点扰动假设有关。Ursell (1960a)详细地研究了奇异区域。

非线性理论

13.10 浅水理论；长波

对于 $\kappa h_0\to 0$ 时的重力波，色散关系近似为

$$\omega^2 \sim g h_0 \kappa^2, \tag{13.73}$$

而相速度 $c_0=\sqrt{gh_0}$ 变得与 κ 无关。在这一极限情形，色散效应消失了，在一维情形，将 η 的解作 Fourier 叠加，得出

$$\begin{aligned}\eta &= \int_{-\infty}^{\infty} F(\kappa) e^{i\kappa(x-c_0t)} d\kappa + \int_{-\infty}^{\infty} G(\kappa) e^{i\kappa(x+c_0t)} d\kappa \\ &= f(x-c_0t) + g(x+c_0t)。\end{aligned}$$

这是线性波动方程

$$\eta_{tt} - c_0^2\eta_{xx} = 0 \tag{13.74}$$

的通解。显然，一定有某种直接的方法可以从完整的方程组中推导出这一方程来，而且在事实上，我们已经在3.2节中用一种更一般的处理得到过它。在那里，为研究河流，考虑了非线性性和摩擦。在这里，我们略去摩擦效应而只关心非线性性。

首先，我们来回忆以前的推导。关键的一步是用

$$-\frac{1}{\rho}\frac{\partial p}{\partial y} - g = 0$$

来近似动量方程(13.2)的铅直分量。于是

$$p - p_0 = \rho g(\eta - y)。 \tag{13.75}$$

(13.2)的水平分量变为

$$\frac{\partial u_i}{\partial t} + u_j\frac{\partial u_i}{\partial x_j} + v\frac{\partial u_i}{\partial y} = -g\frac{\partial \eta}{\partial x_i} \tag{13.76}$$

[这里使用了混合记号 $\boldsymbol{u}=(u_1, u_2, v)$，$\boldsymbol{x}=(x_1, x_2, y)$，于是在

(13.76)中 $i=1,2$，而求和是对 $j=1,2$ 进行的]。由于右端与 y 无关，因此 u_i 跟随一个质点的变化率与 y 无关。因此，假如初始时刻 u_i 与 y 无关，它将一直保持与 y 无关。我们认为情形正是如此。于是(13.76)变为

$$\frac{\partial u_i}{\partial t}+u_j\frac{\partial u_i}{\partial x_j}+g\frac{\partial \eta}{\partial x_i}=0。\tag{13.77}$$

尽管在(13.75)中与保留的项相比较，我们略去了铅直加速度，但在(13.1)中没有理由略去 $\partial v/\partial y$。然而，我们可以用(13.1)的积分形式，它必然给出守恒方程

$$\frac{\partial h}{\partial t}+\frac{\partial}{\partial x_i}(hu_i)=0,\tag{13.78}$$

其中

$$h=h_0+\eta$$

为从底部 $y=-h_0$ 到顶部 $y=\eta$ 的总深度。详细地说，

$$\begin{aligned}0&=\int_{-h_0}^{\eta}\left\{\frac{\partial u_i}{\partial x_i}+\frac{\partial v}{\partial y}\right\}dy\\&=\frac{\partial}{\partial x_i}\int_{-h_0}^{\eta}u_i dy+[v]_{y=-h_0}^{y=\eta}-[u_i]_{y=\eta}\frac{\partial \eta}{\partial x_i}\\&\quad-[u_i]_{y=-h_0}\frac{\partial h_0}{\partial x_i},\end{aligned}$$

由边界条件(13.11)和(13.13)，此式化为

$$\frac{\partial}{\partial x_i}\int_{-h_0}^{\eta}u_i dy+\frac{\partial \eta}{\partial t}=0;$$

由于在这一近似下 u_i 与 y 无关以及 $\eta_t=h_t$，便得出(13.78)。方程(13.77)和(13.78)就是关于 $\eta(\boldsymbol{x},t)$ 和 $\boldsymbol{u}(\boldsymbol{x},t)$ 的浅水方程组。[如果在(13.77)中令 $g\partial\eta/\partial x=g\partial h/\partial x-gS$，其中 $S=\partial h_0/\partial x$ 为底部斜率，并且加进摩擦项，则得到方程组(3.37)]。

容易对这种近似作出量级估计。在(13.75)中 p 的误差为 $\rho h_0 v_t$ 量级，而由(13.1)，$v\approx -h_0u_x$；因此(13.77)中的相对误差的量级为

$$\frac{-p_x}{\rho u_t} \approx \frac{h_0^2 u_{xxt}}{u_t} \approx \frac{h_0^2}{l^2},$$

其中 l 为波在 x 方向的长度尺度。这与得到 (13.73) 时所作的近似 $(\kappa h_0)^2 \ll 1$ 是相一致的。因此(13.77)—(13.78)给出了关于较浅的水(或者等价地，较长的波)的非线性方程组。在这一近似中，色散效应并不出现。在下一节中，浅水方程组将作为对 $(h_0/l)^2$ 展开式的一次项而导出；当进入下一级近似时，将包括小的色散效应。

线性化方程组导致 (13.74)，但由于该系统是双曲型的，我们可以用第 I 部分的理论来得出非线性解。特别，对于水平底部上的一维波，我们可以取

$$\left.\begin{aligned} &h_t + (uh)_x = 0, \\ &u_t + uu_x + gh_x = 0。\end{aligned}\right\} \tag{13.79}$$

特征速度为 $u \pm \sqrt{gh}$，Riemann 不变量为 $u \pm 2\sqrt{gh}$，于是，朝着 $h = h_0$ 的水而向右运动的简单波由下式给出：

$$\left.\begin{aligned} &h = H(\xi), \quad u = 2\sqrt{gH} - 2\sqrt{gh_0}, \\ &x = \xi + \{3\sqrt{gH(\xi)} - 2\sqrt{gh_0}\}t。\end{aligned}\right\} \tag{13.80}$$

一切携带着高度增加的这种波都会发生间断。于是可以嵌入一个间断面，而由(13.79)的守恒形式所导出的激波条件为

$$\left.\begin{aligned} &-U[uh] + \left[u^2h + \frac{1}{2}gh^2\right] = 0, \\ &-U[h] + [uh] = 0,\end{aligned}\right\} \tag{13.81}$$

正如在(3.53)和(3.54)中注意到过的那样。这是湍流涌浪 (bore)。

这种间断现象是水波理论中长期存在的最有兴趣的问题之一。首先，当梯度不再小时，近似 $h_0^2/l^2 \ll 1$ 便不再成立，这样一来，在间断发生以前很久，解(13.80)就应当停止使用。于是，间断确实发生了，并且在某些情况下与由(13.80) 所给出的描述似乎并不相距太远；此外，有时用(13.81)可以较好地描述涌浪，浪头和水跃。但浅水理论走过了头：它预言一切携带着高度增加的波都会发生间断。很久以前就已确立了这样的观测事实：某些波并不间

断。这样一来，一个不正确的理论似乎有时是对的，而有时是错的！不难看出，被略去的色散效应抑制着间断，但在包括一些色散效应的简单理论(见下节)中，它们又走到另一极端而证明波不会发生间断！我们将进一步的讨论推迟到考虑色散之后再来进行。但在这样作以前，我们来注意浅水理论的另外一些细节。

水坝破裂问题

首先，水坝破裂的经典解并不涉及涌浪(相当奇妙)，并且容易用简单波理论解出。问题的提法带有初始条件

$$\left.\begin{aligned} &u=0,\ -\infty<x<\infty, \\ &h=0,\ 0<x<\infty, \\ &h=H_0>0,\ -\infty<x<0, \end{aligned}\right\} \text{在 } t=0。$$

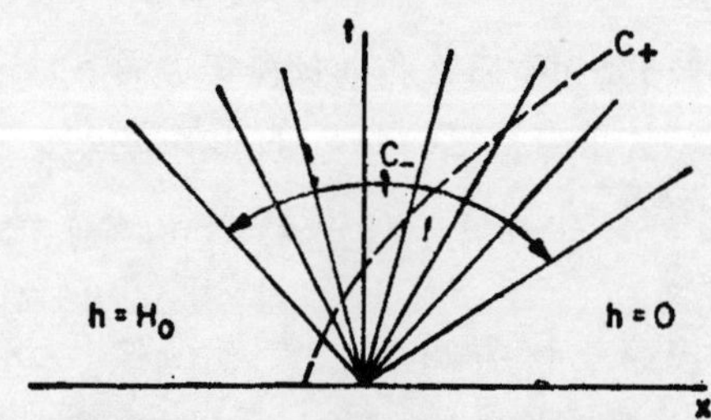

图 13.3　水坝破裂问题中的特征线图案

于是，在任何一条从 $h=H_0$ 区域出发的正特征线 C_+(见图 13.3)上，Riemann 不变量

$$u+2\sqrt{gh}=2\sqrt{gH_0}。\tag{13.82}$$

在这些特征线所覆盖的区域中，解为在通过原点的直特征线 C_-上的简单波。它们由下式给出

$$\frac{x}{t}=u-\sqrt{gh}。\tag{13.83}$$

但(13.82)和(13.83)给出了全部解:

$$\left.\begin{aligned} &\sqrt{gh}=\frac{1}{3}\left(2\sqrt{gH_0}-\frac{x}{t}\right), \\ &u=\frac{2}{3}\left(\sqrt{gH_0}+\frac{x}{t}\right), \end{aligned}\right\}-\sqrt{gH_0}$$

$$\leqslant \frac{x}{t} \leqslant 2\sqrt{gH_0}。\tag{13.84}$$

在以速度 $2\sqrt{gH_0}$ 行进的波前 $h=0$，$x=2t\sqrt{gH_0}$ 和在 $x=-t\sqrt{gH_0}$ 处的未扰坝水平 $h=H_0$ 之间，自由表面为一抛物线。

这里又出现这样的情况：在初始瞬间，由于水平方向长度尺度 l 很小，浅水理论并不严格成立，但随着流动的发展，H_0^2/l^2 变成小量，于是浅水理论较好地描述了实际流动。应当注意到，对于所有 $t>0$，在坝的位置 $x=0$ 上，$h=4H_0/9$ 和 $u=2\sqrt{gH_0}/3$ 保持为常数。由于摩擦，波前速度要大大修正；要设法估算这一速度，可见 Dressler (1952)和 Whitham (1955)。

涌浪条件

涌浪条件(13.81) 使质量和动量在穿过涌浪时守恒，人们自然要问能量如何。关于方程组(13.79)的能量守恒为

$$\left(\frac{1}{2}u^2h+\frac{1}{2}gh^2\right)_t+\left(\frac{1}{2}u^3h+ugh^2\right)_x=0。\tag{13.85}$$

这本来可以给出第三个可能的激波条件，但对于方程组 (13.79)来说，只能用两个条件。Rayleigh 提出，在穿过涌浪时，能量事实上并不守恒，能量的损失贡献给了观察到的湍流，因此不应当使用对应于 (13.85) 的激波条件。容易证明，尽管由(13.79) 可得出(13.85)，但由跳跃条件(13.81)却得出

$$\left[\frac{1}{2}u^3h+ugh^2\right]_1^2-U\left[\frac{1}{2}u^2h+\frac{1}{2}gh^2\right]_1^2<0$$

$$当\ h_2>h_1。\tag{13.86}$$

由于只有当 $h_2>h_1$ 才要求有涌浪，因此能量的**损失**与式中的符号相一致。能量起着一种和气体动力学中的熵相类似的作用；在气体动力学中，详细的描述包括了任何的内能，因此能量是守恒的，而在描述中增加一个变量便允许增加一个激波条件。在 (13.85) 中却并不包括湍流能量。

涌浪条件(13.81)的一个方便形式为

$$U = u_1 + \left\{ \frac{g h_2 (h_1 + h_2)}{2 h_1} \right\}^{1/2}, \tag{13.87}$$

$$u_2 = u_1 + \frac{h_2 - h_1}{h_2} \left\{ \frac{g h_2 (h_1 + h_2)}{2 h_1} \right\}^{1/2}。 \tag{13.88}$$

进一步的守恒方程

有兴趣的是，浅水方程组 (13.79) 允许有无穷多个守恒方程，其一般形式为

$$\frac{\partial}{\partial t} P(u, h) + \frac{\partial}{\partial x} Q(u, h) = 0。$$

只需要

$$Q_u = u P_u + h P_h, \quad Q_h = g P_u + u P_h。$$

这样一来，

$$g P_{uu} = h Q_{hh}$$

的任何解都将导致一个守恒方程。最有兴趣是关于 u 和 h 为多项式的情形。它们可以统一地得到，令

$$P = \sum_{m=0}^{n} p_m(u) h^m,$$

由此得出

$$g p''_{m-1} = m(m-1) p_m, \quad m = 2, \cdots, n,$$
$$p''_0 = 0, \quad p''_n = 0。$$

前面几组 P, Q 为:

P	Q
u	$\frac{1}{2} u^2 + gh$
h	uh
uh	$u^2 h + \frac{1}{2} g h^2$
$\frac{1}{2} u^2 h + \frac{1}{2} g h^2$	$\frac{1}{2} u^3 h + u g h^2$
$\frac{1}{3} u^3 h + u g h^2$	$\frac{1}{3} u^4 h + \frac{3}{2} u^2 g h^2 + \frac{1}{3} g^2 h^3$

第二、第三、第四组分别对应于质量、动量和能量。其它各组没有明显的解释。然而，由于在任何一个在 $\pm\infty$ 处 $u\to 0$，$h\to h_0$ 的问题中，每一个守恒量都可以用来给出一个常数的积分

$$\int_{-\infty}^{\infty}\{P(u,h)-P(0,h_0)\}dx=\text{常数},$$

于是便知道了解的无穷多个积分。因此，人们可以期望能够找出解析解。的确，利用速度图变换，(13.79) 可以变换为线性方程并且原则上可以解出；这一分析与 6.12 节中 $\gamma=2$ 的情形相同。

13.11 Korteweg-deVries 方程和 Boussinesq 方程

下面我们来考虑，在浅水理论中如何把色散效应包括进来。通过对小参数 $(h_0/l)^2$ 建立一种更正式的展开，并把超出浅水理论的下一级项包括进来，便可以做到这一点。然而，在这样作以前，为便于推广和深入理解起见，采用比较快和比较直观的方法是有好处的。我们来考虑 h_0 为常数的一维波情形。我们所寻求的方程组在线性化情形必须给出色散关系(13.25)的超过 (13.73) 的下一级近似：

$$\omega^2=c_0^2\kappa^2-\frac{1}{3}c_0^2h_0^2\kappa^4。\tag{13.89}$$

一个具有这一色散关系的关于 η 的方程为

$$\eta_{tt}-c_0^2\eta_{xx}-\frac{1}{3}c_0^2h_0^2\eta_{xxxx}=0。\tag{13.90}$$

将浅水波方程组(13.79) 线性化便得出 (13.74)。假如我们能够在(13.79)中加入一个附加的线性项，使得它在线性化后得出(13.90)，我们便会得到一个既包括相对量级 a/h_0 的非线性效应(其中 a 为一典型振幅)、又包括相对量级 h_0^2/l^2 的色散效应的系统。这一点是容易做到的。在所要求的近似内，有各种等价的形式。假如我们选取一项 νh_{xxx} 加到(13.79) 的第二个方程中去，则线性化方程组为

$$\eta_t+h_0u_x=0,$$

$$u_t + g\eta_x + \nu\eta_{xxx} = 0,$$

可以将 u 消去,而给出

$$\eta_{tt} - c_0^2\eta_{xx} - \nu h_0\eta_{xxxx} = 0。$$

因此,为了与(13.90)相一致,我们选取 $\nu = \frac{1}{3}c_0^2h_0$。 于是可以论证如下: 在 $a/h_0 \to 0$ 的极限情形,系统

$$\left.\begin{aligned} &h_t + (uh)_x = 0, \\ &u_t + uu_x + gh_x + \frac{1}{3}c_0^2h_0h_{xxx} = 0 \end{aligned}\right\} \tag{13.91}$$

正确地简化为(13.90),在 $h_0^2/l^2 \to 0$ 的极限情形,它正确地简化为(13.79),因此,它将对于(13.74)的关于 a/h_0 和 h_0^2/l^2 的一级修正结合了起来。

人们总可以将最低级近似(13.74)代入修正项。因此,精确到所考虑的这一级近似的一个等价系统为

$$\left.\begin{aligned} &h_t + (uh)_x = 0, \\ &u_t + uu_x + gh_x + \frac{1}{3}h_0h_{xtt} = 0。 \end{aligned}\right\} \tag{13.92}$$

这是 Boussinesq 宁愿采用的系统,他首先列出了这两个方程。(13.92)的线性化情形导致

$$\eta_{tt} - c_0^2\eta_{xx} - \frac{1}{3}h_0^2\eta_{xxtt} = 0,$$

而色散关系为

$$\omega^2 = \frac{c_0^2\kappa^2}{1 + (1/3)\kappa^2h_0^2}。 \tag{13.93}$$

这一色散关系对于小参数 $(\kappa h_0)^2$ 的展开式的前两项与(13.89)相一致;因此,在这一近似下,这两个系统是等价的。可是,如果事实上是在 h_0^2/l^2 并不小时使用这些方程,则(13.92)优于(13.91)。按照(13.89),当 $(\kappa h_0)^2 > 3$ 时,由于 ω 变成虚数,因此事实上小扰动将会增大,而(13.93)却保持 ω 为实数,尽管在所涉及的这一范围内,(13.93)已不准确。在数值工作中,即使列出的解析问题提法满足 $h_0^2/l^2 \ll 1$,有限差分和截断的各种效应对于小的波长也会

导致小的振荡，因此宁愿采用 (13.92)。

Boussinesq 方程既包含向左运动的波，也包含向右运动的波。按照限于考虑向右运动波的同样步骤，我们曾得出 Korteweg-de-Vries 方程。对于向右运动的波，色散关系的前两项为

$$\omega = c_0\kappa - \gamma\kappa^3,\quad \gamma = \frac{1}{6}c_0h_0^2, \tag{13.94}$$

它对应于方程

$$\eta_t + c_0\eta_x + \gamma\eta_{xxx} = 0。 \tag{13.95}$$

在非线性浅水方程(13.79)中，在深度为 h_0 的未扰水中向右运动的波满足 Riemann 不变量

$$u = 2\sqrt{g(h_0+\eta)} - 2\sqrt{gh_0}, \tag{13.96}$$

用它代换(13.79)中的某一个方程之后，我们得到

$$\eta_t + \{3\sqrt{g(h_0+\eta)} - 2\sqrt{gh_0}\}\eta_x = 0。 \tag{13.97}$$

将(13.95)和(13.97)结合起来，我们得到

$$\eta_t + \{3\sqrt{g(h_0+\eta)} - 2\sqrt{gh_0}\}\eta_x + \gamma\eta_{xxx} = 0。 \tag{13.98}$$

如果非线性项只近似到 a/h_0 的一级，我们取

$$\eta_t + c_0\left(1 + \frac{3}{2}\frac{\eta}{h_0}\right)\eta_x + \gamma\eta_{xxx} = 0。 \tag{13.99}$$

这就是 Korteweg-deVries 方程。没有理由相信保留 (13.98) 是更为可取的，因为其它的项，例如与 a/h_0 和 h_0^2/l^2 的乘积成正比的项，可能只和 a^2/h_0^2 量级的非线性项一样重要。人们可以在色散修正项中再次使用 $\eta_t \simeq -c_0\eta_x$，而采取

$$\eta_t + c_0\left(1 + \frac{3}{2}\frac{\eta}{h_0}\right)\eta_x - \frac{\gamma}{c_0}\eta_{xxt} = 0。$$

于是，线性化方程具有色散关系

$$\omega = \frac{c_0\kappa}{1 + \gamma\kappa^2/c_0}。$$

当 κ 小时，此式与(13.94)相一致，而与(13.94)不同的是，当 κ 变大时，它具有有界的相速度和群速度。由于在各种情形下 ω 均保持为实数，因此不象 Boussinesq 情形那样迫切需要修正，尽管如此，

对于某些目的来说，或许还是需要修正的（Benjamin 等，1972）。然而，已经找到了(13.99)的许多引人入胜的精确分析解，并且一般来说，它可以变换成为一个线性积分方程；目前，这些特点比其它问题更为突出。

以上的推导允许有很大的灵活性，并且该方法很自然地适用于所讨论过的各种情形。同样明显的是，这些方程适用于水波以外的许多色散波问题。任何一个 $\omega(\kappa)$ 为奇函数的色散关系都可以展开成为(13.89)或(13.94)中的两项，于是(13.90)和(13.95)便包括了线性理论。然后，只需对于非线性项的形式作出某种近似，(13.91)或(13.99)中对非线性项所作的近似是相当典型的。例如，用这一方法，这些方程已出现于等离子体物理学中。

当然，一种令人信服的形式的展开也是合乎需要的，并且是有教益的。如果暂时从水平底部开始测量 Y，则我们必须解 Laplace 方程

$$\varphi_{xx}+\varphi_{YY}=0,$$

并且在 $Y=0$ 上 $\varphi_Y=0$。在浅水理论中，由于 φ_x 近似与 Y 无关，以及总深度很小，这两个特点都启发我们作如下展开

$$\varphi=\sum_0^\infty Y^n f_n(x,t)。$$

将此式代入 Laplace 方程并利用 $Y=0$ 上的边界条件，我们得到

$$\varphi=\sum_0^\infty(-1)^m\frac{Y^{2m}}{(2m)!}\frac{\partial^{2m}f}{\partial x^{2m}},\tag{13.100}$$

其中 $f=f_0$。最后一步是把这一展开式代入自由表面上的边界条件。由于表面边界条件是非线性的，并且应用于 $Y=h_0+\eta$，正是在这里，分析变得有一点复杂，并且在展开式中必须引入与两个参数 $\alpha=a/h_0$ 和 $\beta=h_0^2/l^2$ 有关的项。在仔细推导过程中，最好从一开始就把变量无量纲化，而令原来的(带撇的)变量为

$$x'=lx,\ Y'=h_0Y,\ t'=\frac{lt}{c_0},$$

$$\eta'=a\eta,\ \varphi'=\frac{gla\varphi}{c_0}。$$

Y 和 x 的不同尺度是一个关键的步骤。采用无量纲变量，问题表述为

$$\beta\varphi_{xx} + \varphi_{YY} = 0,\ 0 < Y < 1 + \alpha\eta,$$

$$\varphi_Y = 0,\ Y = 0,$$

$$\left.\begin{aligned} &\eta_t + \alpha\varphi_x\eta_x - \frac{1}{\beta}\varphi_Y = 0, \\ &\eta + \varphi_t + \frac{1}{2}\alpha\varphi_x^2 + \frac{1}{2}\frac{\alpha}{\beta}\varphi_Y^2 = 0, \end{aligned}\right\} Y = 1 + \alpha\eta。$$

现在，关于 φ 的展开式作为 β 的幂展式而出现，但由 Laplace 方程以及在 $Y = 0$ 上 $\varphi_Y = 0$，我们又一次得到

$$\varphi = \sum_0^\infty (-1)^m \frac{Y^{2m}}{(2m)!}\frac{\partial^{2m} f}{\partial x^{2m}}\beta^m。$$

代入表面条件后，得到

$$\eta_t + \{(1 + \alpha\eta)f_x\}_x - \left\{\frac{1}{6}(1 + \alpha\eta)^3 f_{xxxx}\right.$$

$$\left. + \frac{1}{2}\alpha(1 + \alpha\eta)^2\eta_x f_{xxx}\right\}\beta + O(\beta^2) = 0,$$

$$\eta + f_t + \frac{1}{2}\alpha f_x^2 - \frac{1}{2}(1 + \alpha\eta)^2\{f_{xxt}$$

$$+ \alpha f_x f_{xxx} - \alpha f_{xx}^2\}\beta + O(\beta^2) = 0。$$

如果将所有含 β 的项均略去，并将第二个方程对 x 微商，我们便得到非线性浅水方程：

$$\eta_t + \{(1 + \alpha\eta)w\}_x = 0,$$

$$w_t + \alpha w w_x + \eta_x = 0,\ w = f_x。$$

如果保留 β 的一次幂项，但为简单起见略去 $O(\alpha\beta)$ 的项，我们便得到

$$\left.\begin{aligned} &\eta_t + \{(1 + \alpha\eta)w\}_x - \frac{1}{6}\beta w_{xxx} + O(\alpha\beta, \beta^2) = 0, \\ &w_t + \alpha w w_x + \eta_x - \frac{1}{2}\beta w_{xxt} + O(\alpha\beta, \beta^2) = 0, \\ &w = f_x。 \end{aligned}\right\} \quad (13.101)$$

这正是 Boussinesq 方程的变形。量 w 只是速度 φ_x 展开式中的第一项，这个展开式为

$$\varphi_x = w - \beta \frac{Y^2}{2} w_{xx} + O(\beta^2)。$$

在整个深度上的平均值为

$$\tilde{u} = w - \frac{1}{6} \beta w_{xx} + O(\alpha\beta, \beta^2);$$

逆公式为

$$w = \tilde{u} + \frac{1}{6} \beta \tilde{u}_{xx} + O(\alpha\beta, \beta^2)。$$

如果在方程中应用这些公式，我们得到

$$\eta_t + \{(1 + \alpha\eta)\tilde{u}\}_x + O(\alpha\beta, \beta^2) = 0,$$

$$\tilde{u}_t + \alpha\tilde{u}\tilde{u}_x + \eta_x - \frac{1}{3} \beta \tilde{u}_{xxt} + O(\alpha\beta, \beta^2) = 0。$$

最后，将最低级近似下由第一个方程得出的 $\tilde{u}_x = -\eta_t + O(\alpha, \beta)$ 代入 $\tilde{u}_{xxt}$ 项，我们便得到正规形式的 Boussinesq 方程(13.92)。

从这些方程组中的任何一个出发，只考虑向右运动的波，便会得出 Korteweg-deVries 方程。在最低一级近似下，略去 α 和 β 量级的项，(13.101)有这样的解：

$$w = \eta, \ \eta_t + \eta_x = 0。$$

我们来寻求修正到 α 和 β 的一级项，并具有形式

$$w = \eta + \alpha A + \beta B + O(\alpha^2 + \beta^2)$$

的解，其中 A 和 B 为 η 及其对 x 的导数的函数。于是方程(13.101)变为

$$\eta_t + \eta_x + \alpha(A_x + 2\eta\eta_x) + \beta\left(B_x - \frac{1}{6}\eta_{xxx}\right) + O(\alpha^2 + \beta^2) = 0,$$

$$\eta_t + \eta_x + \alpha(A_t + \eta\eta_x) + \beta\left(B_t - \frac{1}{2}\eta_{xxt}\right) + O(\alpha^2 + \beta^2) = 0。$$

由于 $\eta_t = -\eta_x + O(\alpha, \beta)$，在一级项中所有对 t 的导数均可用

对 x 导数的负值来代替。于是，如果

$$A=-\frac{1}{4}\eta^2,\quad B=\frac{1}{3}\eta_{xx},$$

则这两个方程一致。因此我们有

$$w=\eta-\frac{1}{4}\alpha\eta^2+\frac{1}{3}\beta\eta_{xx}+O(\alpha^2+\beta^2),$$

$$\eta_t+\eta_x+\frac{3}{2}\alpha\eta\eta_x+\frac{1}{6}\beta\eta_{xxx}+O(\alpha^2+\beta^2)=0。\quad(13.102)$$

第二个方程是 Korteweg-deVries 方程 (13.99) 的正规形式。第一个方程类似于 Riemann 不变量。

13.12 孤波和椭圆余弦波

Korteweg-deVries 方程是在 1895 年推导出来的。更早的时候，Stokes (1847)找到了无限深水和中等深度水情形下非线性周期波的近似表达式，而 Boussinesq (1871)和 Rayleigh (1876)找到了孤波的近似表达式，这是一种由具有不变的形状和不变的速度的单个峰构成的波，它最初是由 Scott Russell (1844) 从实验上观察到的。孤波最容易作为 Korteweg 和 deVries 所得出的方程的特解而得到，这两位作者继续证明了周期解也是可能的。尽管 Stokes 近似不适用于当 β 和 α 同样小的情形，但当 $\alpha\ll\beta$ 时，他的解与 Korteweg-deVries 的解相重合。尽管 Korteweg-deVries 方程的解出现得要晚得多，但由于它们比较简单，我们首先来考虑这些解。

人们求出了(13.99)所描述的孤波以及周期解，它们是以常速度运动的具有不变形状的解。因此，它们可以表为以下形式

$$\eta=h_0\zeta(X),\quad X=x-Ut。$$

于是，由(13.99)，我们得到

$$\frac{1}{6}h_0^2\zeta'''+\frac{3}{2}\zeta\zeta'-\left(\frac{U}{c_0}-1\right)\zeta'=0。$$

由此式立刻积分出

$$\frac{1}{6}h_0^2\zeta''+\frac{3}{4}\zeta^2-\left(\frac{U}{c_0}-1\right)\zeta+G=0,$$

乘以ζ'后，可以进一步积分成

$$\frac{1}{3}h_0^2\zeta'^2+\zeta^3-2\left(\frac{U}{c_0}-1\right)\zeta^2+4G\zeta+H=0; \quad (13.103)$$

G和H为积分常数。

在ζ及其导数在无穷远处趋于零的特殊情况下，$G=H=0$。这时方程可以写成

$$\frac{1}{3}h_0^2\left(\frac{d\zeta}{dX}\right)^2=\zeta^2(\alpha-\zeta), \quad (13.104)$$

$$\frac{U}{c_0}=1+\frac{\alpha}{2}。$$

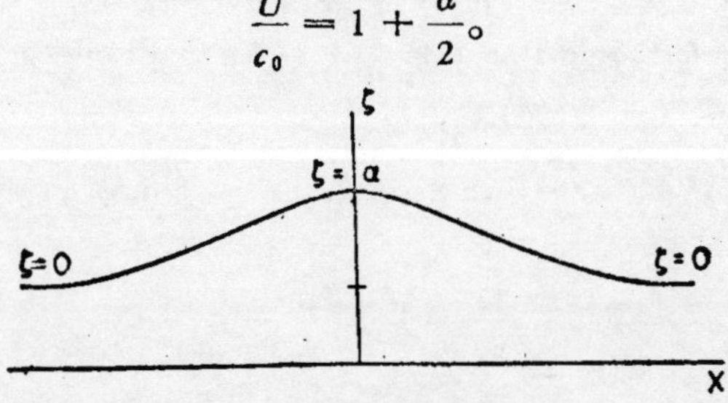

图 13.4　孤波

定性上很明显的是ζ从 $X=\infty$ 处的 $\zeta=0$ 增加到某一最大值 $\zeta=\alpha$，然后又对称地返回到 $X=-\infty$ 处的$\zeta=0$（见图 13.4）。这是孤波。η的范围为 $\eta_0=h_0\alpha$，因此α起着和上一节同样的作用。孤波的速度按照

$$U=c_0\left(1+\frac{1}{2}\frac{\eta_0}{h_0}\right) \quad (13.105)$$

而依赖于振幅。(13.104)的实际的解是

$$\zeta=\alpha\operatorname{sech}^2\left(\frac{3\alpha}{4h_0^2}\right)^{1/2}X; \quad (13.106)$$

因此

$$\eta=\eta_0\operatorname{sech}^2\left\{\left(\frac{3\eta_0}{4h_0^3}\right)^{1/2}(x-Ut)\right\}。 \quad (13.107)$$

这是 Korteweg-deVries 方程对于一切 η_0/h_0 的解；然而，该方程是 $\eta_0/h_0 \ll 1$ 这一假设下导出的，并且事实上发现孤波处于最大高度附近比较窄的区域内；实验上，这一最大高度为 $\eta_0/h_0 \approx 0.7$，而理论上 $\eta_0/h_0 \approx 0.78$。

在一般情形下，$G, H \neq 0$，

$$\zeta'^2 = \mathscr{C}(\zeta),$$

其中 $\mathscr{C}(\zeta)$ 为具有单零点的三次函数。对于有界解来说，零点必须是实的，而有界解必然在 $\mathscr{C}$ 的两个零点之间周期地振荡。不失一般性，我们可以把所涉及的两个零点选择为 $\zeta = 0$（它把 h_0 固定）和 $\zeta = \alpha$（它是振幅的两倍）。于是第三个零点必然为负值；如果我们把它取作 $\alpha - \beta$，则将导出 $\beta = h_0^2/l^2$，其中 l 为水平长度尺度，于是参数 α 和 β 具有和上一节的讨论相一致的作用。利用这种选择，关于 $\zeta(X)$ 的方程为

$$\frac{1}{3} h_0^2 \left(\frac{d\zeta}{dX}\right)^2 = \zeta(\alpha - \zeta)(\zeta - \alpha + \beta), \quad 0 < \alpha < \beta, \tag{13.108}$$

$$\frac{U}{c_0} = 1 + \frac{2\alpha - \beta}{2}。 \tag{13.109}$$

波长为

$$\lambda = \frac{2h_0}{\sqrt{3}} \int_0^\alpha \frac{d\zeta}{\sqrt{\zeta(\alpha - \zeta)(\zeta - \alpha + \beta)}}。 \tag{13.110}$$

在这一非线性问题中 U 是相速度，因为剖面上的任何一点都以这一速度运动。这个解可以写成以下形式

$$\zeta(X) = f(\theta) = f(\kappa x - \omega t)$$

并选择 f 使得 f 对于 θ 具有周期 2π。于是

$$\omega = U\kappa = \left(1 + \frac{2\alpha - \beta}{2}\right)\kappa, \tag{13.111}$$

而

$$\kappa = \frac{2\pi}{\lambda}。$$

由(13.110)，β 为 λ 和 α 的函数。因此，色散关系(13.111)取如下

形式

$$\omega=\omega(\kappa, \alpha)。 \tag{13.112}$$

这是关于非线性色散波的一个非常重要的结果的第一个例子：频率 ω 和波数 κ 之间的色散关系要涉及到振幅。

对于无限小振幅波，$\alpha \to 0$，(13.108) 和(13.109) 简化为

$$\frac{1}{3} h_0^2\left(\frac{d\zeta}{dX}\right)^2 \simeq \zeta(\alpha-\zeta)\beta,$$

$$\frac{U}{c_0} \simeq 1-\frac{\beta}{2}。$$

其解为

$$\zeta=\frac{\alpha}{2}+\frac{\alpha}{2} \cos \sqrt{3\beta}\, \frac{X}{h_0},$$

$$\frac{U}{c_0}=1-\frac{\beta}{2}。$$

如果我们引进 $\kappa=\sqrt{3\beta}/h_0$，我们得到

$$\begin{aligned} \zeta &= \frac{\alpha}{2}+\frac{\alpha}{2} \cos(\kappa x-\omega t), \\ \omega &= \kappa U=c_0\kappa\left(1-\frac{1}{6} \kappa^2 h_0^2\right), \end{aligned} \tag{13.113}$$

与线性理论相一致[见(13.94)和(13.95)]。在这一极限下，振幅从色散关系中消失。

在 $\alpha \to \beta$ 的另一极限下，由(13.110) 给出的波长 λ 趋于无穷大，于是我们得到孤立波

解(13.108)可表为 Jacobi 椭圆函数的标准形式。它是

$$\zeta=\alpha \operatorname{cn}^2\left(\frac{3\beta}{4h_0^2}\right)^{1/2} X, \tag{13.114}$$

其中，椭圆函数的模 m 为

$$m=\left(\frac{\alpha}{\beta}\right)^{1/2}, \tag{13.115}$$

而

$$\lambda=\frac{4h_0}{\sqrt{3\beta}}K(m),\qquad(13.116)$$

其中 $K(m)$ 为第一类完全积分。考虑到(13.114)，Korteweg 和 deVries 将这些解命名为椭圆余弦波。(13.114) 的形式肯定了 β 作为 h_0^2/l^2 的一种量度。而模 m 量度着非线性相对于色散的重要性。在线性极限 $m\to 0$ 情形，$\operatorname{cn}\xi\to\cos\xi$；在孤波极限 $m\to 1$ 情形，$\operatorname{cn}\xi\to\operatorname{sech}\xi$。

我们应当再次注意，椭圆余弦波是 Korteweg-deVries 方程对只受 $0\leqslant\alpha\leqslant\beta$ 限制的一切 α 和 β 的解，但方程本身却只当 α 和 β 小时成立。正如孤波一样，椭圆余弦波实际上是在形成窄峰的地方达到最大高度。理论分析是不完全的。为了增补孤波的结果，不妨注意到，深水中周期波的数值计算结果 (Michell，1893) 当 $a/\lambda=0.142$ 时便出现窄峰。严格说来，这已超出了 Korteweg-deVries 理论的范围，但它对于有关的数值或许会给出某种概念。根据 $a\approx\frac{1}{2}\alpha h_0$，$\lambda\approx(2\pi h_0)/(3\beta)^{1/2}$ (线性值)，我们将把这种情况解释为 $\alpha\beta^{1/2}\approx 1$。孤波的临界值 $\alpha\approx\beta\approx 0.7$—$0.8$。和这一粗略估计相符。在 13.6 节末尾我们曾指出，线性化理论 $\alpha/\beta\ll 1$ 的解在波前附近不再成立，因为当 $t\to\infty$ 时，等效的 α/β 随 t 而增加。由于当 α/β 增加到 1 时，上述周期解趋向于孤波，人们可以期望最终结果为一系列孤波。由于 Kruskal，Greene，Gardner，Miura 及其合作者们的值得注意的研究，现在可以对这一问题以及其它一些问题进行解析地研究。他们发展了一种巧妙的方法，来找出 Korteweg-deVries 方程的相当一般的解，而这些解中包括了将任意的有限的初始分布分解为一系列孤波的主要特点。还可以给出两个或者更多个孤波相碰撞的显式解。这一工作与其它方程以及其它物理情况的有关结果有联系，因此将作专门的叙述(第十七章)。

现在我们继续进行周期波的讨论。

13.13 Stokes 波

Stokes 对于水波的研究（最初发表于 1847 年）是非线性色散波理论的起点。正是在这一工作中(远在其它的发展之前)，他发现了关键性的结果：第一，在非线性系统中周期波列是可能的，第二，色散关系与振幅有关。对于振幅的依赖性使性态发生了重要的定性变化，从而引进新的现象，而不仅仅是某些数值的修正。

最容易的做法是对于 Korteweg-deVries 方程来给出 Stokes的方法，然后引证结果，而不实际上去做那些为任意深度的完整方程所要求的各方面的细节。Stokes 的目的是求出线性周期波列的下一级近似。对于 Korteweg-deVries 方程来说，这对应于当 $\alpha \ll \beta$ 时对于 α 的幂次展开。由精确解(13.114)是可以得到这一结果的，但直接从方程着手，不但更为简单，而且更有教益。我们来求(13.99)的具有下述展开式形式的解：

$$\frac{\eta}{h_0}=\zeta=\varepsilon\zeta_1(\theta)+\varepsilon^2\zeta_2(\theta)+\varepsilon^3\zeta_3(\theta)+\cdots,$$

$$\theta=\kappa x-\omega t, \tag{13.117}$$

其中 ε 为小参数 a/h_0 (与 α 成正比)。于是我们得出方程系列：

$$(\omega-c_0\kappa)\zeta_1'-\gamma\kappa^3\zeta_1'''=0,$$

$$(\omega-c_0\kappa)\zeta_2'-\gamma\kappa^3\zeta_2'''=\frac{3}{2}c_0\kappa\zeta_1\zeta_1',$$

$$(\omega-c_0\kappa)\zeta_3'-\gamma\kappa^3\zeta_3'''=\frac{3}{2}c_0\kappa(\zeta_1\zeta_2)',$$

等等。第一个方程的解为

$$\zeta_1=\cos\theta,\ \omega=\omega_0(\kappa),$$

其中 $\omega_0(\kappa)$ 为线性色散函数

$$\omega_0(\kappa)=c_0\kappa-\gamma\kappa^3。$$

如果采用这些值，则关于 ζ_2 的第二个方程的右端正比于 $\sin 2\theta$，于是可求出 $\zeta_2\propto\cos 2\theta$ 的一个解。接下去，在第三个方程中，右端可表为 $\sin\theta$ 和 $\sin 3\theta$ 的线性组合。$\sin 3\theta$ 项可由 $\zeta_3\propto\cos 3\theta$

的一个解来提供，但 $\sin\theta$ 项与左端算子共振，因为将 $\zeta_3 \propto \cos\theta$ 代入之后左端等于零。有一个 $\zeta_3 \propto \theta\sin\theta$ 的解，但这一“久期项”对于 θ 是无界的。Stokes 论证，如果将 ω 也展开成幂级数

$$\omega = \omega_0(\kappa) + \varepsilon\omega_1(\kappa) + \varepsilon^2\omega_2(\kappa) + \cdots,$$

则可以找到周期解。由于只在第三级才出现麻烦，我们可以事先取 $\omega_1 = 0$。于是方程系列变成

$$(\omega_0 - c_0\kappa)\zeta_1' - \gamma\kappa^3\zeta_1''' = 0,$$

$$(\omega_0 - c_0\kappa)\zeta_2' - \gamma\kappa^3\zeta_2''' = \frac{3}{2}c_0\kappa\zeta_1\zeta_1',$$

$$(\omega_0 - c_0\kappa)\zeta_3' - \gamma\kappa^3\zeta_3''' = \frac{3}{2}c_0\kappa(\zeta_1\zeta_2)' - \omega_2\zeta_1'。$$

如果我们再一次取

$$\zeta_1 = \cos\theta,\ \omega_0 = c_0\kappa - \gamma\kappa^3,$$

我们发现

$$\zeta_2 = \frac{c_0}{8\gamma\kappa^2}\cos 2\theta。$$

关于 ζ_3 的方程的右端可以写成

$$-\frac{3c_0^2}{32\gamma\kappa}(\sin\theta + 3\sin 3\theta) + \omega_2\sin\theta。$$

现在我们选取

$$\omega_2 = \frac{3c_0^2}{32\gamma\kappa},$$

于是共振项便被消去。最后结果是

$$\frac{\eta}{h_0} = \varepsilon\cos\theta + \frac{3\varepsilon^2}{4\kappa^2h_0^2}\cos 2\theta + \frac{27\varepsilon^3}{64\kappa^4h_0^4}\cos 3\theta + \cdots, \quad (13.118)$$

$$\frac{\omega}{c_0\kappa} = 1 - \frac{1}{6}\kappa^2h_0^2 + \frac{9\varepsilon^2}{16\kappa^2h_0^2} + \cdots。\quad (13.119)$$

第二个方程表现出色散关系对于振幅的重要依赖性。

应当注意到，展开式参数实际上是 $\varepsilon/\kappa^2h_0^2$，而此数正比于 α/β。在将这些结果与(13.114)对于小的 $m = \alpha/\beta$ 的展开式进行比

较时，必须考虑到对 η 的原点所作的不同选择，以及因此而对 h_0 所作的不同选择。采用不同的原点是不可避免了；对于孤波极限，把原点取在波谷是方便的，而对于线性极限，把原点取在平均高度上是方便的。

还应当注意的是，(13.118)可作为周期波列的 Fourier 级数而导出，并从一开始就采取这种一般形式。

任意深度

在一般情形下，我们的目的是找出以下问题周期解的小振幅展开式：

$$\varphi_{xx} + \varphi_{yy} = 0, \quad -h_0 < y < \eta,$$
$$\varphi_y = 0, \quad y = -h_0,$$
$$\left.\begin{aligned} &\eta_t + \varphi_x\eta_x - \varphi_y = 0, \\ &\varphi_t + \frac{1}{2}\varphi_x^2 + \frac{1}{2}\varphi_y^2 + g\eta = 0, \end{aligned}\right\} y = \eta。$$

我们有 $\eta = \eta(\theta)$，$\varphi = \varphi(\theta, y)$，$\theta = \kappa x - \omega t$，其中 η 和 φ 是 θ 的周期函数。我们可以选择原点 $y = 0$ 使得 η 的平均值为零，于是 η 的展开式为

$$\eta = a\cos\theta + \mu_2 a^2 \cos 2\theta + \cdots, \tag{13.120}$$

其中 μ_2 为待求的系数。在选择平均值 $\bar{\eta} = 0$ 之后，由 $y = \eta$ 上的第二个条件，很显然平均值 $\bar{\varphi}_t$ 不能为零，因此在 φ 的展开式中必须至少有一项 t。人们也可以把这一点解释为当最初导出 $(p-p_0)/\rho$ 的表达式时吸收了积分常数的结果。采用另外的作法，人们也可以对于 η 保留一个非零的平均值。由于在物理量中只出现 φ 的导数，因此在 φ 中允许有与 t 或 x 成正比的项。与 x 成正比的项代表水平速度的非零平均值。在这里可以把它规范化为零。以后在讨论调谐波列时，我们将既需要 $\bar{\eta} \neq 0$，也需要 $\bar{\varphi}_x \neq 0$，因为在调谐过程中它们两者都在变化，因此不能规范化为零。公式的推广是简单的，因此在这里我们取 $\bar{\eta} = 0$，$\bar{\varphi}_x = 0$。于是 φ 的展开式可以写成

$$\varphi = \nu_0 a^2 t + \nu_1 a \cosh\kappa(y + h_0)\sin\theta$$

$$+ \nu_2 a^2 \cosh 2\kappa(y + h_0) \sin 2\theta + \cdots。 \tag{13.121}$$

再一次，为了避免在三级近似中出现久期项，必须将 ω 也展开成为

$$\omega = \omega_0(\kappa) + a^2\omega_2(\kappa) + \cdots。 \tag{13.122}$$

当所有这些都完成之后，发现

$$\frac{\omega^2}{g\kappa\tanh\kappa h_0} = 1 + \left(\frac{9\tanh^4\kappa h_0 - 10\tanh^2\kappa h_0 + 9}{8\tanh^4\kappa h_0}\right)\kappa^2 a^2 + \cdots, \tag{13.123}$$

和

$$\mu_2 = \frac{1}{2}\kappa\coth\kappa h_0\left(1 + \frac{3}{2\sinh^2\kappa h_0}\right),$$

$$\nu_0 = -\frac{g\kappa}{2\sinh 2\kappa h_0}, \quad \nu_1 = \frac{\omega_0}{\kappa\sinh\kappa h_0},$$

$$\nu_2 = \frac{3}{8}\frac{\omega_0}{\sinh^4\kappa h_0}。$$

色散关系 (13.123) 是主要结果。当 $\kappa^2 h_0^2 \ll 1$ 时，我们恢复到 (13.119)，而当 $\kappa^2 h_0^2 \gg 1$ 时，我们得到 Stokes 对于深水的原始结果：

$$\omega^2 = g\kappa(1 + \kappa^2 a^2 + \cdots)。 \tag{13.124}$$

在任意深度情形，这些推导中的代数运算细节变得冗长。将 Fourier 级数展开式代入变分原理 (13.16)—(13.17) 中，并由变分方程求得系数，在某种程度上可以弥补这一点 (见 Whitham, 1967)。

Stokes 表达式只限于小振幅情形，而不能表示具有最大高度(在那里已观察到波峰变得尖锐)的波列。然而，Stokes 给出了专门的论述来证明，如果在一定常剖面的波中达到了锐峰，则那里的角度必须是 120°。这一论证决定性地依赖于以常速度传播的具有不变形状的波这一限制。在这些情形下，在一随波峰一起运动的参考系中流动是定常的。于是 Laplace 方程的解为 $z = x + iy$ 的解析函数，而较为一般的奇异函数(把原点取在波峰)为

$$\varphi + i\psi \propto z^m。$$

在局部极坐标 $(\gamma, \tilde{\omega})$ 中(其中 $\tilde{\omega}$ 从铅直向下的方向量起),

$$x = r\sin\tilde{\omega},\quad y = -r\cos\tilde{\omega},\quad z = -ire^{-i}{}_{\tilde{\omega}},$$

于是我们有

$$\varphi = Cr^m \sin m\tilde{\omega}。$$

如果在自由表面上局部地有 $\eta = -r\cos\tilde{\omega}_0$,则定常流中的压力条件要求

$$\varphi_r^2 + \frac{1}{r^2}\varphi_{\tilde{\omega}}^2 + g\eta = \text{常数}。$$

利用 φ 和 η 的上述表达式,我们要求

$$C^2 m^2 r^{2m-2} - gr\cos\tilde{\omega}_0 = \text{常数}。$$

r 的幂次表明

$$m = \frac{3}{2}。$$

第二个边界条件(它确定自由表面)是在 $\tilde{\omega} = \tilde{\omega}_0$ 上 $\partial\varphi/\partial\tilde{\omega} = 0$。因此

$$\cos m\tilde{\omega}_0 = 0,\quad \tilde{\omega}_0 = \frac{\pi}{2m} = \frac{\pi}{3}。$$

总角度 $2\tilde{\omega}_0$ 为 120°。

Michell (1893) 对于无限深水情形数值计算了具有最大高度的周期波,并发现当 $a/\lambda = 0.142$ 时达到最大高度,正如以前提到过的那样。

在非定常问题中,关于峰处角度的结果不一定成立。对于驻定波,Penney 和 Price (1952) 曾提出一种理论的论证,建议该角为 90°,但这一点不象 Stokes 情形中那样确定。Taylor (1953)从实验上证实了这一数值。

13.14 间断和锐峰

以前我们曾经提到,完全略去色散的非线性浅水方程导致典型的双曲类型的间断,并发展成铅直的斜率和多值的剖面。看来

很明显的是，Korteweg-deVries 方程中的三阶导数项将会防止在其解中发生这种情况，但是在两种情形下，该方程推导时所依赖的长波假定都不再成立。由于某些波看来是以这种方式形成间断，假如深度足够小，人们便可以得出结论：某种色散是必要的，除非 Korteweg-deVries 项太强，以致短波不能出现。考虑到下述事实，则这一点是并不令人惊奇的：当 $(\kappa h_0)^2$ 变大时，κ^3 项使得(13.94)对于完整的色散关系来说是一个不好的近似。

另一方面，在 Korteweg-deVries 方程中所包含的色散的确允许出现在浅水理论中找不到的孤波和周期波。然而，对于这些解，Korteweg-deVries 方程不能够描述观察到的具有有限角度的对称的锐峰。人们又可能认为，这是小尺度的现象，在这里小波长分量变得重要，因而 $(\kappa h)^2 \ll 1$ 这一假定不再妥当。无疑，这要和附加的非线性效应结合起来。

Stokes 波包括了 $\omega_0^2 = g\kappa \tanh \kappa h_0$ 这一完整的色散效应，但只限于小振幅，它们不能显示出孤波，也不能显示出锐峰。

虽然，不论是间断还是锐峰，以及它们各自发生的判据，无疑都包含在精确的位势理论的方程中，但是，要了解哪一种比较简单的数学方程能够包括所有这些现象，这仍然是有兴趣的。借助于以上的评述，看来有必要至少包括浅水理论的“间断算子”，以及线性理论的完整的色散关系。正如在推导(13.99)时曾注意到的那样，浅水理论的间断由以下方程给出：

$$\eta_t + c_0\eta_x + \frac{3c_0}{2h_0}\eta\eta_x = 0。 \tag{13.125}$$

另一方面，在(11.12)中我们曾给出，与任一线性色散关系

$$\frac{\omega}{\kappa} = c(\kappa)$$

相对应的线性方程为

$$\eta_t + \int_{-\infty}^{\infty} K(x-\xi)\eta_\xi(\xi, t)d\xi = 0, \tag{13.126}$$

其中

$$K(x)=\frac{1}{2\pi}\int_{-\infty}^{\infty}c(\kappa)e^{i\kappa x}d\kappa。\tag{13.127}$$

这两个式子可以结合而成为

$$\eta_t+\frac{3c_0}{2h_0}\eta\eta_x+\int_{-\infty}^{\infty}K(x-\xi)\eta_\xi(\xi,t)d\xi=0。\tag{13.128}$$

Korteweg-deVries 方程取

$$c(\kappa)=c_0-\gamma\kappa^2,\ K(x)=c_0\delta(x)+\gamma\delta''(x)。$$

现在我们建议一种改进的描述:

$$c(\kappa)=\left(\frac{g}{\kappa}\tanh\kappa h_0\right)^{1/2},\tag{13.129}$$

$$K_g(x)=\frac{1}{2\pi}\int_{-\infty}^{\infty}\left(\frac{g}{\kappa}\tanh\kappa h_0\right)^{1/2}e^{i\kappa x}d\kappa。\tag{13.130}$$

这就把完整的线性色散与长波非线性结合起来。借助于在 13.11 节中所用过的参数 α 和 β，我们将保留各级 β 项和与 α 成正比的非线性项，而略去 α 的所有较高次幂以及所有的乘积项。事实上，假如从(13.97)中取出非线性算子，并利用组合方程

$$\eta_t+\{3\sqrt{g(h_0+\eta)}-2\sqrt{gh_0}\}\eta_x+\int_{-\infty}^{\infty}K(x-\xi)\eta_\xi(\xi,t)d\xi=0,\tag{13.131}$$

我们本来可以保留 α 的所有量级的项；然而，这样会带来额外的复杂化，可能是得不偿失的。用标准的方法容易证明，当 $g=1$，$h_0=1$ 时的规范化函数 K_g 具有以下性质:

$$K_g(x)=K_g(-x),$$

$$K_g(x)\sim(2\pi x)^{-1/2}\ \text{当}\ x\to0,$$

$$K_g(x)\sim\left(\frac{1}{2}\pi^2x\right)^{-1/2}e^{-\pi x/2}\ \text{当}\ x\to\infty,$$

$$\int_{-\infty}^{\infty}K_g(x)dx=1。$$

现在，由于 $K_g(x)$ 不包含 δ 函数，色散项是比较弱的。的确，κ 大时 $c(\kappa)$ 的性态控制着 x 小时 $K(x)$ 的性态；高波数性态的

改变，使得当 $x \to 0$ 时，用 $x^{-1/2}$ 代替 $\delta''(x)$。这种非线性积分方程的分析是相当难的，而对 $K = K_g$ 的方程尚未作过完全的分析。但是，我们曾经提出过哪一类数学方程能够描述既带有锐峰、又带有间断的波这样一个一般的问题。我们可以证明，对于 $K(x)$ 作某些简单的选择，(13.128)便可以作到这一点，并推知对于 $K = K_g$，这一点也是成立的。

象通常一样，通过研究 $\eta = \eta(X)$, $X = (x - Ut)$ 的解，可以得出 (13.128) 的定常剖面解。采用和取 $g = h_0 = 1$ 相等价的规范化变量，我们便得到

$$\left(U - \frac{3}{2}\eta\right)\eta'(X) = \int_{-\infty}^{\infty} K(X - y)\eta'(y)dy, \quad (13.132)$$

其中，被积函数中的 y，我们已令它等于 $\xi - Ut$。由于在 $\eta = 2U/3$ 处斜率 η' 可能不连续，因而出现了形成锐峰的可能性，并且事实上，这将会给出具有最大高度的波的速度和振幅之间的关系。该方程可以被积分成

$$A + U\eta - \frac{3}{4}\eta^2 = \int_{-\infty}^{\infty} K(X - y)\eta(y)dy。 \quad (13.133)$$

对于小振幅的 Stokes 波可以从线性解出发来得到，于是，假定事实上当 $\eta = 2U/3$ 时达到了一个临界高度，看来是合理的。如果当 $X \to 0$ 时 $K(X)$ 的性态象 $|X|^p$ 一样，而 $\eta(X)$ 的性态象 $2U/3 - |X|^q$ 一样，则(13.132)中的这一局部论证意味着

$$2q - 1 = p + q; \quad (13.134)$$

因此 $q = p + 1$。根据这一点，对于 $K = K_g$ 来说，当 $\eta \sim \frac{2}{3}U - |X|^{1/2}$ 时，波峰将出现尖角；在这样一个简化模型中不能指望得出象 Stokes 的 120° 角那样巧妙的结论。

虽然这里我们所考虑的只是 $K = K_g$ 的情形，但利用近似的核可以作进一步的讨论。在这种积分方程中常用的一种技巧是用

$$K_0(x) = \mu e^{-\nu|x|}$$

或一系列这样的指数来近似核。核 $K_0(x)$ 为算子 $d^2/dx^2 - \nu^2$ 的

Green 函数；因此，当把这一算子用于(13.133)的两端时，积分被消去。我们不能模拟 $K_g(x)$ 当 $x\to 0$ 时的奇异性，但我们可以取 $\nu=\pi/2$ 来合理地接近当 $x\to\infty$ 时的性态，然后选择 μ，使得

$$\int_{-\infty}^{\infty} K_0(x)dx=\frac{2\mu}{\nu}=1;$$

也就是，$\mu=\pi/4$，$\nu=\pi/2$。由于

$$\frac{d^2K_0(x)}{dx^2}-\nu^2K_0(x)=-\nu^2\delta(x),$$

(13.133)变为

$$\left(\frac{d^2}{dX^2}-\nu^2\right)\left(A+U\eta-\frac{3}{4}\eta^2\right)=-\nu^2\eta。$$

这一方程可积分成如下形式

$$\left(U-\frac{3}{2}\eta\right)^2\eta'^2=\eta \text{ 的四次式。}$$

周期解对应于 η 在该四次式的两个零点之间的振荡。当两个零点在 $\eta=0$ 处相接合这一极限情形下，便会找到孤波；于是，η 从这一双重零点(对应于 $X=+\infty$) 上升到单重零点(比如说) $\eta=\eta_0$，然后，在 $X=-\infty$ 处再回到 $\eta=0$。只要 $\eta=2U/3$ 处于该范围之外，则所有这些结论都是正确的。可以证明，当 $\eta=2U/3$ 恰恰与上零点相重合时，波峰变成具有有限角度的锐峰。我们将不给出全部细节。我们只是注意到，具有最大高度的孤波为

$$\eta=\frac{8}{9}e^{-\pi|X|/4},\ U=\frac{4}{3}。$$

(此二式所用的长度单位为 h_0，速度单位为 c_0)。McCowan (1894) 在近似处理孤波问题时所得到的值为 $\eta_0=0.78$，$U=1.249$。人们可说这一比较是合理的。波峰具有 110° 的有限角度。由于对于核 K_0 有 $p=0$，$q=1$，因此这一有限角度与(13.134)相一致；与 Stokes 的 120° 相接近纯粹是偶然的。不论人们把这些数字看得多么认真，它的确表明，一个象(13.128)那样的方程能够描述周期波以及带有所需要的锐峰的孤波。

现在我们转向另一种类型的间断，我们注意到，Seliger (1968) 能够用一种相当巧妙的论证来证明，对于象 $K_0(x)$ 那样的核，一个充分不对称的波峰将会以典型的双曲方式发生间断。然而，他要求 $K(0)$ 为有限(以及当 $x\to\infty$ 时单调减小到零)，因此不能把这一论证推广到 K_g。简言之，这种论证是考虑

$$m_1(t)=\eta_x \text{ 的最小值，在 } x=X_1(t),$$
$$m_2(t)=\eta_x \text{ 的最大值，在 } x=X_2(t),$$

(见图 13.5)，其中 $m_1<0$ 而 $m_2>0$。于是，在对 (13.128) 的规范化形式进行微分并令 $x=X_i(t)$ 之后，我们得到

$$\frac{dm_i}{dt}+\frac{3}{2}m_i^2+\int_{-\infty}^{\infty}K(\xi)\eta_{xx}(X_i-\xi,t)d\xi=0,$$

$$i=1,\ 2。$$

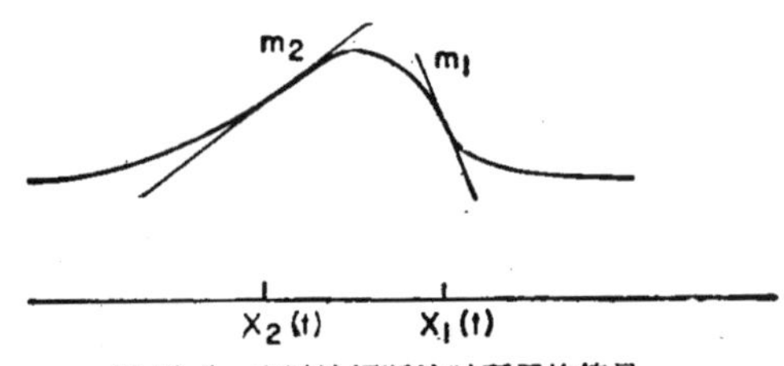

图 13.5　在讨论间断波时所用的符号

借助于 m_1 和 m_2 并利用适当的平均值定理，可将积分消去，于是我们得到

$$\frac{dm_1}{dt}\leqslant-\frac{3}{2}m_1^2+(m_2-m_1)K(0),$$

$$\frac{dm_2}{dt}\leqslant-\frac{3}{2}m_2^2+(m_2-m_1)K(0)。$$

由此二式之和，得到

$$\frac{d}{dt}(m_1+m_2)\leqslant(m_2-m_1)\left\{2K(0)\right.$$
$$\left.+\frac{3}{2}(m_1+m_2)\right\}-3m_2^2;$$

因此，如果初始时刻 $(m_1+m_2)\leqslant -4K(0)/3$，则将保持如此，于是对所有的 t，有

$$m_1+m_2\leqslant -\frac{4}{3}K(0)。\tag{13.135}$$

于是

$$\frac{dm_1}{dt}\leqslant -\frac{3}{2}m_1^2-2m_1K(0)-\frac{4}{3}K^2(0)$$

$$=-\frac{3}{2}\left\{m_1+\frac{2}{3}K(0)\right\}^2-\frac{2}{3}K^2(0)。\tag{13.136}$$

此式右端为负,再考虑到 m_1^2 项,则容易证明在一有限时间内 $m_1\to -\infty$; 可详细证明如下。设 $M=-\frac{3}{2}m_1-K(0)$,于是,初始时刻 $M=M_0>0$ [根据(13.135)以及 $m_2>0$];进一步,由(13.136),

$$\frac{dM}{dt}\geqslant M^2。$$

因此

$$\frac{d}{dt}\left(\frac{1}{M}\right)\leqslant -1,\ \frac{1}{M}\leqslant\frac{1}{M_0}-t,\ M\geqslant\frac{M_0}{1-M_0t};$$

在 t 到达 $1/M_0$ 之前，$M\to\infty$。结论是：如果初始时刻(13.135)成立,即,如果波峰足够地不对称,它便继续变得更加不对称,并且在某一小于

$$\frac{1}{M_0}=\frac{1}{-\{(3/2)m_1(0)+K(0)\}}$$

的时刻 $m_1\to -\infty$，从而发生间断。

再说一次，不论该模型的正确性如何，我们已证明，具有(13.128)那样的方程的确可以描述那些以不变形状而传播并且在临界高度形成锐峰的波,以及那些要发生间断的非对称波。

13.15 涌浪结构的一种模型

在出现间断、而不是出现锐峰的那些情形下,所得到的涌浪采

取两种不同的形式。它们在潮汐涌浪中被观察到，并且通过与气体动力学中激波管的比拟可以从实验上产生出来。在由 Favre (1935) 首先记录的实验中，一个将不同高度的水分开的闸门被突然拉起，通过改变高度而产生具有各种强度的涌浪。较弱的涌浪具有光滑而振荡的结构，如图 13.6 所示，而较强的涌浪具有迅速的湍流变化，而不呈现清晰的振荡。在两种情形下，端态均满足跳跃条件 (13.81)。在高度比 $h_2/h_1 \approx 1.28$ 附近似乎突然发生了类型的变化，这一高度比对应于 Froude 数 $U/\sqrt{gh_1} \approx 1.21$。Benjamin 和 Lighthill (1954)曾给出关于质量、动量和能量全面平衡的一般讨论，并允许波列之下的能量发生辐射。显然，实际的结构是复杂的，但是人们又可以问：哪种类型的描述将会包括两种形式。Korteweg-deVries 方程是自然的出发点，但是它没有象图 13.6 那样的以不变的形状而传播的解。由于牵涉到耗散，很自然地加上一个二阶导数项，而考虑

$$\eta_t + c_0\left(1 + \frac{3}{2}\frac{\eta}{h_0}\right)\eta_x + \frac{1}{6}c_0 h_0^2 \eta_{xxx} - \mu\eta_{xx} = 0。\quad (13.137)$$

对于水波中的摩擦效应来说，这可能不是一个非常接近的模型，但无论如何它是有兴趣的，因为 Korteweg-deVries 方程对于色散波的一般研究来说是一个典型的方程。

定常进波解可由

$$\eta = h_0\zeta(X),\quad X = x - Ut$$

来求出，而关于 ζ 的常微分方程可以积分成

$$\frac{1}{6}h_0^2\zeta_{XX} - \frac{\mu}{c_0}\zeta_X + \frac{3}{4}\zeta^2 - \left(\frac{U}{c_0} - 1\right)\zeta = 0,\quad (13.138)$$

并且当 $X \to \infty$ 时 $\zeta \to 0$。规范化形式为

$$z_{\xi\xi} - mz_\xi + z^2 - z = 0,\quad (13.139)$$

其中

$$\xi = \{6(F-1)\}^{1/2}\frac{X}{h_0},\quad z = \frac{3}{4(F-1)}\zeta,$$

$$F=\frac{U}{c_0},\quad m=\left(\frac{6}{F-1}\right)^{1/2}\frac{\mu}{c_0h_0}。\tag{13.140}$$

在相平面(其中 $w=z_\xi$) 上，我们有

$$\frac{dw}{d\xi}=mw-z^2+z,$$

$$\frac{dz}{d\xi}=w。\tag{13.141}$$

具有端态 $z=0$, $w=0$ 和 $z=1$, $w=0$ 的解是可能的。它们是 (z, w) 平面上的奇异点。解的曲线

$$\frac{dw}{dz}=\frac{mw-z^2+z}{w}$$

必须从一个奇异点走到另一奇异点。在 (0, 0) 邻域，我们有

$$w\sim\sigma_0z,\ z\propto e^{\sigma_0\xi},\ \sigma_0=\frac{1}{2}(m-\sqrt{m^2+4});$$

此式给出，当 $\xi\to\infty$ 时，指数地衰减到零。在 (1, 0) 邻域，我们有

$$w\sim\sigma_1(z-1),\ (z-1)\propto e^{\sigma_1\xi},\ \sigma_1=\frac{1}{2}(m\pm\sqrt{m^2-4})。$$

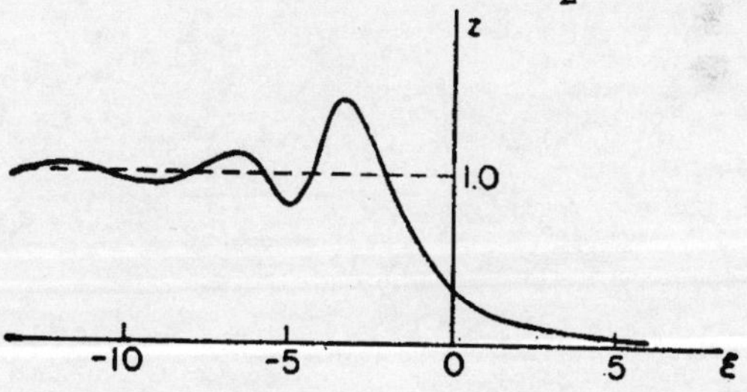

图 13.6 模型涌浪结构。(13.139)对于 $m=\frac{1}{2}$的解

当 $\xi\to-\infty$ 时是否振荡地趋于 $z=1$ 取决于 $m<2$ 还是 $m>2$。我们可以进一步研究细节，但我们已经看到了两种类型的结构。对于固定的高度变化，也就是说，对于特定的 $F-1$，足够小

的衰减允许有振荡的解，而大的衰减抑止着振荡。对于固定的 μ，由(13.140)所得到的关于 F 的判据对于水波似乎是错误途径。然而，在那种情形下，μ 将被解释为依赖于平均流速的涡旋粘性系数。这一依赖形式的一种简单估计为 $\mu = bu_2h_2$，其中 u_2，h_2 指的是涌浪后面的状态，而 b 为一数值因子。于是，由激潮条件得到

$$\frac{\mu}{c_0h_0} \approx \frac{4}{3}b(F-1)。$$

关于振荡解的判据 $m < 2$ 成为 $(F-1) \lesssim 3/(8b^2)$。Favre 临界值 $F = 1.2$ 将要求 $b \approx 1.4$，对于涡旋粘性系数来说，该值或许比所期望的大十倍。但是，我们在这里只是对实际的物理情形建立一个粗糙的模型。看来，关于耗散的总的定性效应得到了正确的反映。

第十四章　非线性色散与变分法

一般来说，在水波研究中发现的非线性效应属典型的色散系统。在多数系统中找到了与 Stokes 和 Korteweg-deVries 波列相类似的周期波列，这些周期波列是与线性理论中的基本解 $ae^{ikx-i\omega t}$ 相对应的基本解。在非线性理论中，解不再是正弦的，但是，在比较简单的情形，可以明显地证明存在着关于 $\theta = kx - \omega t$ 的周期解，在其它情形，这一点可由 Stokes 展开推断出来。主要的非线性效应不是函数形式上的差别，而是在色散关系中出现了对于振幅的依赖性。这一点导致新的定性的性态，而不仅仅是修正了线性公式。不存在用来产生更一般波列的解的叠加原理，但可以直接研究调制理论。该理论可用 11.7 节中的变分方法来阐述。在本章中我们将详细研究该理论的表述，并且用一种形式的扰动方法来给出其理由，以便完成以前的讨论。然后，在第十五章和第十六章中将给出该理论的详细应用。

非线性的另一个特别重要性便是存在着孤波。在线性理论中，具有这些剖面的波是要色散的，但是，非线性抵销了色散，从而产生出具有永久形状的波。最初，孤波是作为周期波列的极限情形而求出的，但近来关于它们的相互作用以及它们由任意的初始数据而产生的工作已表明，它们的特殊结构具有独立的重要性。在第十七章中我们将回过来讨论这些课题。

对于在可称为“近线性理论”中的振幅较小的波，利用基于小振幅展开的扰动方法可以得出进一步的结果。特别是，我们可以回到 Fourier 分析的描述，并研究各 Fourier 分量之间的小的非线性相互作用。这种相互作用在不同的分量之间传输能量，并且通过方程中的乘积项而从已有的分量产生出新的分量。当只涉及少数分量时，可以有效地研究这些相互作用。我们将在适当时候引述典型的结果，但重点放在那些可以推广到完全非线性情形的方法上。从 Fourier 分析的观点看来，非线性波列和孤波已经是 Fourier 分量的相当复杂的分布，并且有着复杂的相互作用来维持平衡。这里所强调的一些结果直接建立在这些特殊结构之上，而不试图把它们分解为它们的分量。然而，在近线性情形，这两种观点之间有着令人感兴趣的和互通有无的关系。

14.1 非线性 Klein-Gordon 方程

用一个简单例子来启发和说明一般理论的推导步骤是有益的。为此目的，非线性的 Klein-Gordon 方程是特别有用的，它比 Korteweg-deVries 方程更为简单，后者将是另一种明显的选择。我们取方程

$$\varphi_{tt} - \varphi_{xx} + V'(\varphi) = 0, \tag{14.1}$$

其中 $V'(\varphi)$ 为 φ 的某一合理的非线性函数，为了以后的方便，把它选取为势能 $V(\varphi)$ 的导数。方程 14.1 不仅是一个有用的模型；它出现于各种各样的物理情形之中。$V'(\varphi) = \sin\varphi$ 的情形尤其如此，这一情形几乎是不可避免地已被称为 Sine-Gordon 方程！继 Scott (1970, p. 250) 的较简短的叙述之后，Barone 等(1971)叙述了这种形式在其中出现的那些物理情况。它最初根本不是在波动问题中出现的，而是在研究高斯曲率 $K = -1$ 的曲面的几何学时出现的。事实上，正如在第十七章中将要讨论的那样，在那里所发展起来的一些变换方法对于求相互作用的孤波解是非常有价值的。同样这几位作者所列举的较近的问题包括：

1. Josephson 连接传输线，其中 $\sin\varphi$ 为穿过两个超导体之间的一个绝缘体的 Josephson 电流，电压正比于 φ_t。

2. 晶体中的位错，其中出现 $\sin\varphi$ 是由于原子排列的周期结构。

3. 铁磁质中带有磁化方向旋转的波的传播。

4. 两态介质中的激光脉冲，其中变量也可以借助于旋转矢量来描述。

Scott 进一步描述了他所构造的力学模型： 在一张紧的金属丝上以密集的间隔固定着许多刚性摆。沿金属丝传播的扭转波服从波动方程，而这些摆提供了正比于 $\sin\varphi$ 的恢复力，这里 φ 为角位移。Scott 能够产生和 Sine-Gordon 方程的许多解相对应的波。

Schiff (1951) 也讨论过方程 14.1，用的是立方的非线性，Perring 和 Skyrme (1962) 在对于基本粒子的尝试性研究中也讨论过它，用的是 $\sin\varphi$ 项。

本章中所作的分析适用于具有适当性质的一般的 $V(\varphi)$。选取

$$V(\varphi)=\frac{1}{2}\varphi^2+\sigma\varphi^4$$

既是我们所能想到的之中最简单的，而且也是在近线性理论中对于偶函数 $V(\varphi)$ 的正确的展开式。 Sine-Gordon 方程的小振幅展开式有 $\sigma=-1/24$。

我们首先来检验周期波列的存在性。 它们可以象通常一样，通过取

$$\varphi=\Psi(\theta),\ \theta=kx-\omega t \tag{14.2}$$

来得到。代入后，我们有

$$(\omega^2-k^2)\Psi_{\theta\theta}+V'(\Psi)=0, \tag{14.3}$$

并立即得到积分

$$\frac{1}{2}(\omega^2-k^2)\Psi_\theta^2+V(\Psi)=A。 \tag{14.4}$$

我们用 A 作为积分常数，虽然以前曾用它来表示线性问题中的复振幅。在下文中将只出现实振幅 a，因此不会发生混淆。在这里，A 仍然是一个振幅参数；在线性情形，$V(\Psi)=\frac{1}{2}\Psi^2$，它与实振幅 a 的关系为 $A=\frac{1}{2}a^2$。

(14.4) 的解可以写成

$$\theta=\left\{\frac{1}{2}(\omega^2-k^2)\right\}^{1/2}\int\frac{d\Psi}{\{A-V(\Psi)\}^{1/2}}, \tag{14.5}$$

而在 $V(\Psi)$ 为立方、四次方或三角函数的特殊情形下，$\Psi(\theta)$ 可以用标准椭圆函数表示出来。当 Ψ 在 $A-V(\Psi)$ 的两个单重零点之间振荡时，得到周期解。在这些零点处，$\Psi_\theta=0$，因而解曲线具有极大值或极小值；由于当这些零点为单重零点时 (14.5) 收敛，因此这些点在 θ 的有限值处出现。如果用 Ψ_1 和 Ψ_2 来表示零点，我们将暂时考虑以下情形：

$$\Psi_1\leqslant\Psi\leqslant\Psi_2,\ A-V(\Psi)\geqslant 0,\ \omega^2-k^2>0。\tag{14.6}$$

关于 θ 的周期可以规范化为 2π（这对于线性极限是方便的），于是我们有

$$2\pi=\left\{\frac{1}{2}(\omega^2-k^2)\right\}^{1/2}\oint\frac{d\Psi}{\{A-V(\Psi)\}^{1/2}},\tag{14.7}$$

其中 $\oint$ 表示遍及 Ψ 从 Ψ_1 达到 Ψ_2 再返回 Ψ_1 这样一次完整的振荡的积分。在循环的两部分中，平方根的符号必须适当改变。该积分也可解释为复 Ψ 平面上围绕从 Ψ_1 到 Ψ_2 的割线的迴路积分。

在线性情形 $V(\Psi)=\frac{1}{2}\Psi^2$，周期解为

$$\Psi=a\cos\theta,\ A=\frac{a^2}{2};\tag{14.8}$$

在 (14.7) 中消掉了振幅 A，因此它简单地变为线性色散关系

$$\omega^2-k^2=1。\tag{14.9}$$

在非线性情形，振幅参数 A 不能从 (14.7) 中消掉，于是我们便得到色散关系对于振幅的典型的依赖性。

如果振幅是小的，并且 V 具有展开式

$$V=\frac{1}{2}\varphi^2+\sigma\varphi^4+\cdots,\tag{14.10}$$

我们便有

$$\Psi=a\cos\theta+\frac{1}{8}\sigma a^3\cos 3\theta+\cdots,\tag{14.11}$$

$$\omega^2-k^2=1+3\sigma a^2+\cdots,\tag{14.12}$$

$$A=\frac{1}{2}a^2+\frac{9}{8}\sigma a^4+\cdots。\tag{14.13}$$

这些就是 Stokes 展开式，它们或者通过直接代入(14.3)—(14.4)而得到，或者通过展开上面得到的精确解(14.5)和(14.7)而得到。应当注意到，a 为(14.11)中第一项的振幅，它稍许不同于精确的振幅

$$a+\frac{1}{8}\sigma a^3+\cdots。$$

14.2 调制理论初探

在均匀介质中一维波的基本情形，在第十一章中我们曾看到，对于一个线性波列的调制可用方程组

$$\frac{\partial k}{\partial t}+\frac{\partial \omega}{\partial x}=0, \tag{14.14}$$

$$\frac{\partial a^2}{\partial t}+\frac{\partial}{\partial x}(C_0 a^2)=0 \tag{14.15}$$

来描述，其中 $\omega=\omega_0(k)$ 由线性色散关系给出，而 $C_0=\omega_0'(k)$ 为线性群速度。(现在加上一个下标零以表示线性值。)非线性所造成的重要的定性变化是 ω 对于 a 的依赖性，它把(14.14)与(14.15)耦合起来。对于比较小的振幅，可以用 Stokes 的方式将 ω 表为

$$\omega=\omega_0(k)+\omega_2(k)a^2+\cdots, \tag{14.16}$$

于是(14.14)变为

$$\frac{\partial k}{\partial t}+\{\omega_0'(k)+\omega_2'(k)a^2\}\frac{\partial k}{\partial x}+\omega_2(k)\frac{\partial a^2}{\partial x}=0。 \tag{14.17}$$

重要的耦合项是 $\omega_2(k)\partial a^2/\partial x$，因为它引入了涉及 a 的导数的一项；它使得特征速度要作量级为 $O(a)$ 的修正。另一个新的项只是修正了现有的关于 $\partial k/\partial x$ 的一项的系数，因而只有 $O(a^2)$ 量级的贡献。类似地，对于小振幅，对(14.15)的非线性修正为 a^4 量级的各项，它们将对现有的关于 $\partial a^2/\partial x$ 和 $\partial k/\partial x$ 的项的系数给出相对量级为 a^2 的修正。因此，在对非线性效应作初步估计时，我们可以非常简单地进行，只使用新的色散关系，并采用

$$\frac{\partial k}{\partial t}+\omega_0'(k)\frac{\partial k}{\partial x}+\omega_2(k)\frac{\partial a^2}{\partial x}=0, \tag{14.18}$$

$$\frac{\partial a^2}{\partial t}+\omega_0'(k)\frac{\partial a^2}{\partial x}+\omega_0''(k)a^2\frac{\partial k}{\partial x}=0。\tag{14.19}$$

利用第五章中的标准程序，发现这两个相互耦合的方程的特征形式为

$$\frac{1}{2}\left\{\frac{\omega_0''(k)}{\omega_2(k)}\right\}^{1/2}dk\pm da=0,\tag{14.20}$$

它们在特征线

$$\frac{dx}{dt}=\omega_0'(k)\pm\{\omega_2(k)\omega_0''(k)\}^{1/2}a\tag{14.21}$$

上成立。可以证明，如果将相对量级为 a^2 的附加项加到(14.18)—(14.19) 中去，它们对于(14.20)—(14.21)将只贡献出量级为 a^2 的项。

这一简单表述已经显示出某些值得注意的结果。在 $\omega_2\omega_0''>0$ 情形，特征线是实的，于是系统是双曲型的。在非线性修正下，双重特征速度分裂开来，于是我们得到由(14.21)所给出的两个速度。一般说来，初始扰动或者调制源将对于两族特征线都引进 扰 动。如果扰动的程度最初是有限的，例如在本来是均匀的波列上有了一处突起，则它将最终分裂为两个。这是和线性的性态完全不同的，在线性情形，这样的突起可以因 $C_0(k)$ 依赖于 k 而变形，但不会分裂。

在双曲情形下，非线性的第二个结果是："压缩性"调制将以第一部分中讨论过的典型的双曲方式造成变形和变陡。这就提出了多值解和间断的问题。

当 $\omega_2\omega_0''<0$ 时，特征线是虚的，于是系统为椭圆型。这便导致关于波传播的不适定的问题。尤其是，它意味着小扰动将随时间而增长，于是在这种意义下周期波列是不稳定的。椭圆型情形是并不罕见的，并且，调制理论对于稳定性理论的某些方面提供了有趣的方法。

我们可能注意到，对于 Stokes 深水波，色散关系(13.124)给出

$$\omega_0(k)=g^{1/2}k^{1/2},\ \ \omega_2(k)=\frac{1}{2}g^{1/2}k^{3/2},\tag{14.22}$$

因此这就是 $\omega_0''\omega_2 < 0$ 的不稳定情形。考虑到这一问题的长期的历史，以及关于周期解存在性的往往是有争议的辩论，这一点是令人惊奇的；在所有这些讨论中竟没有看出不稳定性。对于 Klein-Gordon 的例子 (14.12)，我们有

$$\omega_0(k) = (k^2 + 1)^{1/2}, \ \omega_2(k) = \frac{3}{2}\sigma(k^2 + 1)^{-1/2}。 \tag{14.23}$$

$\omega_0''\omega_2$ 的符号与 σ 的符号相同；当 $\sigma > 0$ 时调制方程为双曲型，当 $\sigma < 0$ 时为椭圆型。对于近线性波，Sine-Gordon 方程有 $\sigma < 0$，因此，在所有由该方程控制的问题中，近线性波列都是不稳定的。

在详细研究调制方程的提法并把它推广到完全非线性情形以后，我们再回过来讨论所有这些问题。

14.3 调制理论的变分方法

由第十一章中所开始的变分方法，可以用非常简洁而重要的形式得到完整的调制方程。我们首先用 Klein-Gordon 方程作为一个典型例子，来看一看对于非线性问题如何使用这一方法。然后，一般的程序将变得明显，我们将把这些一般程序包括在对于该方法的合理性的论证中。

在 Klein-Gordon 情形，周期波列由(14.4)—(14.5)描述，并涉及参数 ω, k 和 A。我们需要对于缓慢变化的波列来找出这些参数所满足的方程。正如从(11.74)容易证实的那样，方程(14.1)为关于变分原理

$$\delta \iint \left\{\frac{1}{2}\varphi_t^2 - \frac{1}{2}\varphi_x^2 - V(\varphi)\right\} dx\,dt = 0 \tag{14.24}$$

的 Euler 方程。与在线性问题中所用的解 $\varphi = a\cos(\theta + \eta)$ 相对应的基本解为 $\varphi = \Psi(\theta)$。[在 (14.5) 中可以加上一个相移 η，但它从调制方程中消去。] 因此，我们对于 $\varphi = \Psi(\theta)$ 来计算 Lagrange 函数及其平均值；在这样作时，保持 ω, k 和 A 为常数。我们得到

$$L = \frac{1}{2}(\omega^2 - k^2)\Psi_\theta^2 - V(\Psi),$$

于是在关于 θ 的一个周期内的平均值为

$$\bar{L} = \frac{1}{2\pi}\int_0^{2\pi}\left\{\frac{1}{2}(\omega^2 - k^2)\Psi_\theta^2 - V(\Psi)\right\}d\theta。 \tag{14.25}$$

原则上，由(14.5)，函数 Ψ 是完全已知的。然而，我们可以不用积分形式，而用(14.4)，以便把 $\bar{L}$ 表示为 ω, k, A 的函数。我们写出相继的步骤：

$$\begin{aligned}\bar{L} &= \frac{1}{2\pi}\int_0^{2\pi}(\omega^2 - k^2)\Psi_\theta^2 d\theta - A\\ &= \frac{1}{2\pi}(\omega^2 - k^2)\int_0^{2\pi}\Psi_\theta d\Psi - A\\ &= \frac{1}{2\pi}\{2(\omega^2 - k^2)\}^{1/2}\oint\{A - V(\Psi)\}^{1/2}d\Psi - A。\end{aligned} \tag{14.26}$$

最后一个迴路积分是 A 的完全确定的函数，其中，Ψ 现在只是一个哑的积分变量[1]。符号 $\mathfrak{L}$ 留给 $\bar{L}$ 的最终形式。

当允许 ω, k, A 为 x 和 t 的缓变函数时，和以前一样，我们提出平均变分原理

$$\delta\iint\mathfrak{L}(\omega, k, A)dxdt = 0。 \tag{14.27}$$

由于 $\omega = -\theta_t$, $k = \theta_x$, 此式可以看作是关于 $\theta(x, t)$ 和 $A(x, t)$ 的变分原理；变分方程为

$$\delta A: \qquad \mathfrak{L}_A = 0, \tag{14.28}$$

$$\delta\theta: \qquad \frac{\partial}{\partial t}\mathfrak{L}_\omega - \frac{\partial}{\partial t}\mathfrak{L}_k = 0。 \tag{14.29}$$

在取了变分之后，我们又用 ω, k, A 作为因变量，并加上消去 θ 而得到的一致性关系

$$\frac{\partial k}{\partial t} + \frac{\partial \omega}{\partial x} = 0。 \tag{14.30}$$

除了振幅变量由 a 换成 A 这样一个小的改变之外，这些方程以及由 (14.27) 推导这些方程的过程当然都与线性情形相同。在非线

---

1) 指积分后该变量并不出现。——译者

性理论中唯一的新内容是计算 $\mathfrak{L}(\omega, k, A)$。

方程(14.28)是 ω, k, A 之间的函数关系，它只可能是色散关系。对于 $\mathfrak{L}$ 由(14.26)给出的 Klein-Gordon 例子，我们证实它的确给出正确结果(14.7)。方程组 (14.28)—(14.30) 是我们在近似式(14.18)—(14.19)中尝试性地提出的调制方程的精确的非线性形式。在讨论这些方程的性质以及它们的各种推广以前，现在我们转向如何论证变分方法的合理性这样一个问题。

14.4 变分方法合理性的论证

只要仔细考虑由变分原理

$$\delta \iint L(\varphi_t, \varphi_x, \varphi) dx\, dt = 0 \tag{14.31}$$

所描述的一维波情形便足够了。多维、更多个因变量以及非均匀介质的情形都可以类似地处理。(14.31)的 Euler 方程为

$$\frac{\partial}{\partial t} L_1 + \frac{\partial}{\partial x} L_2 - L_3 = 0, \tag{14.32}$$

其中 L_i 表示导数

$$L_1 = \frac{\partial L}{\partial \varphi_t},\ L_2 = \frac{\partial L}{\partial \varphi_x},\ L_3 = \frac{\partial L}{\partial \varphi}。 \tag{14.33}$$

方程(14.32)为关于 $\varphi(x, t)$ 的二阶偏微分方程，并且我们假定该方程具有适当形式的周期波列解。

对于缓慢调制问题，将由初始条件或边界条件引入一个参数 ε(正如在 11.8 节的各种情形中所讨论的那样)；ε 度量着典型波长或周期相对于调制的典型长度或时间尺度之比。最终我们将假定 ε 是小的，但我们不限制振幅的大小，只限制振幅的变化是缓慢的。

第一步是明确地描述一个调制波列。如果 x 和 t 是以典型的波长和周期的尺度来度量的，则缓变量为 $\varepsilon x, \varepsilon t$ 的函数；象 k 和 ω 这样一些调制参数应当是这种类型的函数。可是，φ 本身还因较快的振荡而变化。为了把这些要求包括进来，我们把 φ 明显地写

成相函数 θ 以及 εx 和 εt 的函数。于是，θ 被选取为 $\varepsilon^{-1}\Theta(\varepsilon x, \varepsilon t)$，以便给出迅速的振荡，并给出 $k = \theta_x$ 和 $\omega = -\theta_t$ 对于 εx，εt 的正确的依赖关系。因此，我们取

$$\varphi = \Phi(\theta, X, T; \varepsilon), \tag{14.34}$$

$$\theta = \varepsilon^{-1}\Theta(X, T), \quad X = \varepsilon x, \quad T = \varepsilon t。 \tag{14.35}$$

我们定义

$$\nu(X, T) = -\omega(X, T) = \Theta_T, \quad k(X, T) = \Theta_X \tag{14.36}$$

作为负频率和波数。(在这一一般讨论中，我们采用 $\nu = -\omega$，以便保持 x 和 t 之间的对称性。)尺度已经调整得使得

$$\frac{\partial\varphi}{\partial t} = \nu\frac{\partial\Phi}{\partial\theta} + \varepsilon\frac{\partial\Phi}{\partial T}, \quad \frac{\partial\varphi}{\partial x} = k\frac{\partial\Phi}{\partial\theta} + \varepsilon\frac{\partial\Phi}{\partial X};$$

由于振荡的变化以及由于缓慢调制的变化是分开出现的。

在普通力学体系的振动问题中，x 不存在，于是该方法等于将两个时间尺度明显地区分开。它已被称为“双时标”(“two-timing”)，即使在也涉及到 x 的“双尺度”（“double-crossing”）变化时，这也是一个形象而方便的名称。双时标技巧在于下述事实：尽管我们在开头和结尾都是用正确数目的自变量，但是在中间步骤，为了方便起见，可以采用扩大的形式。在目前情形下，通过(14.35)，φ 最终为 x 和 t 的函数，但是在分析的适当部分，把 Φ 作为三个独立变量 θ, X, T 的函数来处理。在通常的双时标程序中，额外的灵活性允许抑制久期项和其它项。结合着变分原理来应用它将是不同的，但却是等价的。

在 11.8 节中讨论过的几何光学（$WKBJ$）类型的展开式等价于从一开头就选取

$$\varphi(x, t) \sim e^{i\varepsilon^{-1}\Theta(\varepsilon x, \varepsilon t)}\sum \varepsilon^n A_n(\varepsilon x, \varepsilon t)。 \tag{14.37}$$

为达到同样的最终目的，双时标方法的对应展开式为

$$\Phi(\theta, X, T; \varepsilon) \sim e^{i\theta}\sum \varepsilon^n A_n(X, T)。 \tag{14.38}$$

在两种情形下，对于 θ 的指数依赖关系都只限于线性问题。对于非线性问题，相应的作法是采用展开式

$$\Phi(\theta, X, T; \varepsilon) \sim \sum \varepsilon^n \Phi^{(n)}(\theta, X, T), \tag{14.39}$$

并逐次决定函数 $\Phi^{(n)}$。然而，在等价的变分方法中，我们并不在一开始先作这样的展开；我们直接采用 (14.34)—(14.36)，从而避免了更标准的扰动程序中的许多冗长的演算。

当把(14.34)和(14.35)代入基本 Euler 方程 (14.32) 以后，我们得到

$$\nu \frac{\partial L_1}{\partial \theta} + \varepsilon \frac{\partial L_1}{\partial T} + k \frac{\partial L_2}{\partial \theta} + \varepsilon \frac{\partial L_2}{\partial X} - L_3 = 0, \tag{14.40}$$

其中 L_j 的自变量由下式给出:

$$L_j = L_j(\nu\Phi_\theta + \varepsilon\Phi_T, k\Phi_\theta + \varepsilon\Phi_X, \Phi)。 \tag{14.41}$$

我们曾利用关系式 $\theta = \varepsilon^{-1}\Theta(X, T)$ 得到 (14.40)，但现在我们丢开这一关系式。这是双时标方法中关键的步骤。现在我们把方程 (14.40) 看作是关于三个独立变量 θ, X, T 的函数 $\Phi(\theta, X, T)$的方程。该方程也与函数 $\Theta(X, T)$ 有关（通过其导数 $\nu = \Theta_T$, $k = \Theta_X$）；我们也丢开 Θ，ν 和 k 与 Φ 中的自变量 θ 的本来关系。显然，假如可以找到 $\Phi(\theta, X, T)$ 和 $\Theta(X, T)$ 的满意的解，则 $\Phi(\varepsilon^{-1}\Theta, X, T)$ 便解决了本来的问题。在选择 $\Theta(X, T)$ 时有额外的灵活性，这一点可用来保证 $\Phi(\theta, X, T)$ 具有满意的性态。

对 $\Theta(X, T)$ 的选择将以不同方式出现，取决于对该方法采用什么特殊形式，但这些不同方式是等价的。这里，我们将从一开头便加上这样一个要求：Φ 及其导数是 θ 的周期函数。[其它的特殊形式在一开始对 $\Theta(X, T)$ 不作规定，在 Φ 的一般表达式中发现一些并不需要的、与 θ 成正比的久期项，然后通过选择 Θ 来消去这些项。]周期可以规范化为 2π，于是我们所加的条件是：Φ 及其导数对 θ 以 2π 为周期。为便于使用这一条件，我们注意到 (14.40) 可以写成守恒形式:

$$\frac{\partial}{\partial \theta}\{(\nu L_1 + kL_2)\Phi_\theta - L\} + \varepsilon \frac{\partial}{\partial T}(\Phi_\theta L_1) + \varepsilon \frac{\partial}{\partial X}(\Phi_\theta L_2) = 0。 \tag{14.42}$$

接下去，在对 θ 从 0 到 2π 积分之后，由周期性要求，第一项的贡献

消去，于是我们得到

$$\frac{\partial}{\partial T}\frac{1}{2\pi}\int_0^{2\pi}\Phi_\theta L_1 d\theta+\frac{\partial}{\partial X}\frac{1}{2\pi}\int_0^{2\pi}\Phi_\theta L_2 d\theta=0。\tag{14.43}$$

方程 (14.40) 和 (14.43) 为关于 $\Phi(\theta,X,T)$ 和 $\Theta(X,T)$ 的两个方程。

一个值得注意并且令人惊奇的事实是，这两个关于Φ和Θ的方程恰恰就是变分原理

$$\delta\iint\frac{1}{2\pi}\int_0^{2\pi}L(\nu\Phi_\theta+\varepsilon\Phi_T,k\Phi_\theta+\varepsilon\Phi_X,\Phi)d\theta dXdT=0\tag{14.44}$$

的变分方程。用通常的方式，变分 $\delta\Phi$ 导致

$$\frac{\partial}{\partial\theta}L_{\Phi_\theta}+\frac{\partial}{\partial T}L_{\Phi_T}+\frac{\partial}{\partial X}L_{\Phi_X}-L_\Phi=0,$$

而利用(14.44)中L的特殊形式，可以看出此式就是(14.40)。变分 $\delta\Theta$ 给出

$$\frac{\partial}{\partial T}\bar{L}_\nu+\frac{\partial}{\partial X}\bar{L}_k=0,\tag{14.45}$$

其中

$$\bar{L}=\frac{1}{2\pi}\int_0^{2\pi}L(\nu\Phi_\theta+\varepsilon\Phi_T,k\Phi_\theta+\varepsilon\Phi_X,\Phi)d\theta;\tag{14.46}$$

这就是(14.43)。但是，最令人惊奇的是，(14.44) 恰恰就是平均变分原理的精确形式！ 我们不仅论证了变分方法的合理性，并且为全部扰动分析得到一个有力而坚实的基础。十分奇怪的是，我们至今没有明显地假定 ε 是小的。然而，在选择Φ的函数形式以及要求Φ为θ的周期函数时，已经隐含了这一假定。

在对于(14.44)的最低一级近似中，我们得到

$$\delta\iint\bar{L}^{(0)}dXdT=0,\tag{14.47}$$

$$\bar{L}^{(0)}=\frac{1}{2\pi}\int_0^{2\pi}L\{\nu\Phi_\theta^{(0)},k\Phi_\theta^{(0)},\Phi^{(0)}\}d\theta。\tag{14.48}$$

变分方程为

$$\delta\Phi^{(0)}: \qquad \frac{\partial}{\partial\theta}\{\nu L_1^{(0)} + k L_2^{(0)}\} - L_3^{(0)} = 0, \tag{14.49}$$

$$\delta\Theta: \qquad \frac{\partial}{\partial T}\bar{L}_\nu^{(0)} + \frac{\partial}{\partial X}\bar{L}_k^{(0)} = 0; \tag{14.50}$$

当然,这两个式子是对于(14.40)和(14.45)的最低级近似。由于在(14.49)中并不出现$\Phi^{(0)}$对X和T的导数,因此它等效于一个关于$\Phi^{(0)}$作为θ的函数的常微分方程。立即得到的一个第一积分[对于(14.42)的相应近似式]为

$$\{\nu L_1^{(0)} + k L_2^{(0)}\}\Phi_\theta^{(0)} - L^{(0)} = A(X,T)。\tag{14.51}$$

方程(14.49)和(14.51)恰恰是描述均匀周期波列的常微分方程组,所不同的是,现在参数ν, k, A为X, T的函数。对θ的依赖性与周期波列情形完全相同;ν, k, A对于X, T的依赖性提供了调制。将θ与X, T分开这种作法自然而然地允许我们保持ν, k, A固定而对θ进行积分;现在,象(14.25)和(14.26)式中那样的积分要在这种意义下来理解。

当把(14.51)的解与(14.47)—(14.48)相结合时,我们恰恰得到以前所建议的变分方法。现在,我们证实了这一方法为一形式扰动方案的一级近似。

在实际应用该方法时,有一个重要的技术问题需要加以一般地解释。实际上,(14.51)既可用来决定函数$\Phi^{(0)}$,又可用来决定ν, k, A之间的色散关系。[可见 Klein-Gordon 例子中的(14.5)和(14.7)。]在(14.26)式中的演算表明,在(14.48)中有限地应用(14.51),可以避免明显地决定$\Phi^{(0)}$(它不过是Ψ换成了一种展开的记号而已),并且可以把色散关系包括在一个可由(14.47)导出的附加的变分方程之中。我们很愿意这样做。因为这样一来,便简化了平均拉格朗日函数的形式,并且更重要的是,所有与缓变参数ν, k, A有关的方程都包括在变分原理之中。问题在于如何一般地描述这一程序。问题在于如何从(14.51)得出关于$\Phi^{(0)}$函数形式的足够的信息,而不利用关于色散关系的完全的信息。现在我们来指出怎样可以作到这一点。

14.5 变分原理的最佳应用

在线性情形，要把 $\Phi^{(0)}$ 的函数形式与色散关系分开是不困难的。我们事先就知道(14.49)或(14.51)的解将采取

$$\Phi^{(0)} = a\cos(\theta+\eta)$$

的形式，其中 a 为与 $A(X,T)$ 有关并用来代替它的振幅。在构成平均 Lagrange 函数 (14.48) 时将丢开位相参数 $\eta(X,T)$，于是它在最低级近似中不起作用。关于 $\Phi^{(0)}$ 的这一点相当浅显的知识是我们从(14.51) 所能得到的唯一信息，并且不包括色散关系。当把这一 $\Phi^{(0)}$ 代入 (14.48) 后，我们得到函数

$$\mathfrak{L}(\nu,k,a) = \frac{1}{2\pi}\int_0^{2\pi} L(-\nu a\sin\theta, -ka\sin\theta, a\cos\theta)d\theta$$

作为 Lagrange 函数。

在线性情形也是没有困难的。我们可以用 Stokes 展开式

$$\Phi^{(0)} = a\cos(\theta+\eta) + a_2\cos(\theta+\eta_2) + a_3\cos(\theta+\eta_3) + \cdots$$

作为 $\Phi^{(0)}$ 的所需要的形式，而不包括色散关系。$a_2, a_3\cdots, \eta_2, \eta_3, \cdots$，与 a 和 η 的关系可由(14.49)或(14.51)导出，或者，这些关系可以姑且为任意，然后也由变分原理来决定。例如，在 $V(\varphi)$ 由 (14.10) 式给出的 Klein-Gordon 问题中，我们取

$$\Phi^{(0)} = a\cos\theta + a_3\cos 3\theta + a_5\cos 5\theta + \cdots。$$

(容易事先看出只用奇数余弦项便足够。)于是[1)]

$$\begin{aligned}\overline{L}^{(0)} &= \frac{1}{2\pi}\int_0^{2\pi}\left\{\frac{1}{2}(\nu^2-k^2)\Phi_\theta^{(0)} - \frac{1}{2}\Phi^{(0)2} - \sigma\Phi^{(0)4}\right\}d\theta \\ &= \frac{1}{4}(\nu^2-k^2-1)a^2 - \frac{3\sigma a^4}{8} \\ &\quad + \left(2a_3^2 - \frac{1}{2}\sigma a^3 a_3\right) + \cdots。\end{aligned}$$

对于 a_3 的变分表明 $a_3 = \frac{1}{8}\sigma a^3$，与 (14.11) 一致。将这一关于 a_3

1) 略去了正比于 $(\nu^2-k^2-1)a_3^2$ 的一项，因为以下诸方程表明 $(\nu^2-k^2-1) = 0(a^2)$。

的表达式再代回 $\bar{L}^{(0)}$，我们得到

$$\mathfrak{L}(\nu,k,a)=\frac{1}{4}(\nu^2-k^2-1)a^2-\frac{3}{8}\sigma a^4-\frac{1}{32}\sigma^2a^6+\cdots。\qquad(14.52)$$

于是，a 的变分给出色散关系(14.12)。

在完全非线性情形下，要从色散关系来得出 $\Phi^{(0)}$ 的函数形式是更困难的。然而，利用方程的 Hamilton 形式可以作到这一点。

Hamilton 变换

这里，我们将只对(14.47)—(14.51)式中的最低级近似来应用这一变换。于是，为了使表达简便，我们略去所有量上边的上标零。我们的想法是消去量 Φ_θ，而使用 $\partial L/\partial\Phi_\theta$，这正如在普通力学中消去 $\dot{q}$ 而使用广义动量 $p=\partial L/\partial\dot{q}$ 一样，我们用

$$\Pi=\frac{\partial L}{\partial\Phi_\theta}=\nu L_1+kL_2\qquad(14.53)$$

来定义一个新变量，并且从

$$H=\Phi_\theta\frac{\partial L}{\partial\Phi_\theta}-L=\Phi_\theta(\nu L_1+kL_2)-L\qquad(14.54)$$

来定义 Hamilton 函数 $H(\Pi,\Phi;\nu,k)$。只由这一变换我们便得到

$$\frac{\partial\Phi}{\partial\theta}=\frac{\partial H}{\partial\Pi},\qquad(14.55)$$

而(14.49)给出

$$\frac{\partial\Pi}{\partial\theta}=-\frac{\partial H}{\partial\Phi}。\qquad(14.56)$$

这里用关于 Φ 和 Π 的两个一阶方程代替了关于 Φ 的二阶方程(14.49)。变分原理(14.47)现在可以写为

$$\bar{L}=\frac{1}{2\pi}\int_0^{2\pi}(\Pi\Phi_\theta-H)d\theta。\qquad(14.57)$$

此外，还有一个重要的推广。在原始形式中，变分 $\delta\Phi_\theta$ 与 $\delta\Phi$ 相联系；因此 $\delta\Pi$ 通过(14.53)而与 Φ 的变分相联系，于是(14.55)是变换的结果，而不是变分方程的结果。然而，我们直接看出，假如允许

Φ 和 Π 独立地变化，则(14.55)和(14.56)都可以由(14.57)得出。因此我们便可以进行这一推广。要注意的另一件事情是，(14.51)恰恰是关于(14.55)和(14.56)的能量积分

$$H(\Pi,\Phi;\nu,k)=A(X,T)。\tag{14.58}$$

而且，按照这一形式，它只给出函数

$$\Pi(\Phi;\nu,k,A)。$$

如果不利用 Π 与 Φ_θ 的关系(它现在已变为变分方程之一)，便无法将色散关系也推导出来。这样便达到了所要求的将(14.51)分解为关于解的形式的知识(现在由 Π 对 Φ 的依赖关系给出)和关于色散关系的知识这样一个目的。最后，由于已知(14.57)的驻值满足(14.58)，我们可以将变分限于那些已经满足(14.58)的函数。于是可以算出(14.57)为

$$\mathfrak{L}(\nu,k,A)=\frac{1}{2\pi}\oint\Pi(\Phi;\nu,k,A)d\Phi-A,\tag{14.59}$$

而 $\Pi(\Phi;\nu,k,A)$ 为由(14.58)决定的函数。变分原理变为

$$\delta\iint\mathfrak{L}(\nu,k,A)dXdT=0。$$

关于 Φ 和 Π 的变分现在只剩下了关于 A 的变分。于是变分方程为

$$\delta A:\qquad \mathfrak{L}_A=0,$$

$$\delta\Theta:\qquad \frac{\partial}{\partial T}\mathfrak{L}_\nu+\frac{\partial}{\partial X}\mathfrak{L}_k=0,$$

并加上一致性关系

$$\frac{\partial k}{\partial T}-\frac{\partial\nu}{\partial X}=0。$$

令 $\nu=-\omega$，这些就是方程(14.28)—(14.30)。

在 Klein-Gordon 例子中，

$$L=\frac{1}{2}(\nu^2-k^2)\Phi_\theta^2-V(\varphi),$$

Hamilton 变换为

$$\Pi=\frac{\partial L}{\partial\Phi_\theta}=(\nu^2-k^2)\Phi_\theta,$$

$$H = \Phi_\theta \frac{\partial L}{\partial \Phi_\theta} - L = \frac{1}{2}(\nu^2 - k^2)^{-1}\Pi^2 + V(\Phi)。$$

积分 $H = A$ 解出为

$$\Pi = \{2(\nu^2 - k^2)\}^{1/2}\{A - V(\Phi)\}^{1/2},$$

于是

$$\begin{aligned}\mathfrak{L} &= \frac{1}{2\pi}\oint \Pi d\Phi - A \\ &= \frac{1}{2\pi}\{2(\nu^2 - k^2)\}^{1/2}\oint \{A - V(\Phi)\}^{1/2} d\Phi - A,\end{aligned}$$

与(14.26)一致。

Hamilton 变换自然也可用于线性或近线性情形。于是，关于 $\mathfrak{L}$ 的表达式在形式上可以不同于以前得到的表达式，但所得到的变分方程当然是等价的。

14.6 关于扰动方案的评述

应用扰动方法的通常程序是将 ε 的适当的幂展开式直接代入问题的微分方程，得出一系列的各级方程，然后采取步骤来保证一致有效性。Luke (1966) 正是用这种方式第一次验证了变分方法的结果。将展开式(14.39)代入关于 φ 的方程，便给出一系列方程，我们可以概略地将这些方程写为

$$E_0\{\Phi^{(0)}\} = 0,\ E_1\{\Phi^{(1)}, \Phi^{(0)}\} = F_1\{\Phi^{(0)}\}, \text{等等。}$$

关于 $\Phi^{(0)}$ 的零级方程等价于(14.49)。由它可以解出 $\Phi^{(0)}$；可以得出 ν, k, A 之间的色散关系，但是在这一级近似下，它们对于 X, T 的依赖关系是未确定的。关于 $\Phi^{(1)}$ 的方程只涉及 $\Phi^{(1)}$ 对 θ 的导数，因此等效于一个常微分方程。它的解含有正比于 θ 的无界项，除非对 $F_1\{\Phi^{(0)}\}$ 加上某些条件。必须抑制这些"久期"项，以保证展开式对于大的 θ 的一致有效性。对于 $F_1\{\Phi^{(0)}\}$ 所要求的条件导致关于 ν, k, A 的进一步的方程，它完成了最低级的解。在以后的关于 $\Phi^{(n)}$ 的方程中，还有其它参数和其它的久期条件。

事先要求 Φ 为周期函数等价于抑制久期项。因此，在更为传

统的程序中，对周期性条件（14.43）的逐次近似将作为久期条件而出现。我们看到，即使要按照那种程序来进行，从(14.42)和(14.43)出发也是有好处的。但是，尤其有利的是，由于(14.42)和(14.43)对应于变分原理(14.44)，可以将展开式直接代入(14.44)，然后用变分原理既得出关于 $\Phi^{(n)}$ 的方程，又得出久期条件。这样一来，变分方法不应当被认为是一种单独的方法。它包括通常的展开方法，它使通常展开方法之中的细节条理化了，因而使我们能够列出一般的结果。

还有其它一些优点。变分原理(14.44)是在与关于对 ε 的依赖性所取的任何形式无关的情况下建立起来的。此外，也允许 Θ 依赖于 ε；在最初的表述中，只是为了简单，才认为它与 ε 无关。我们可以用关于 Φ 的 ε 幂展开式，或者关于 Θ 的 ε 幂展开式，或者兼用两者，但是我们也还可以采用其它形式。例如，在近线性情形，我们可以采用振幅的幂展开式，或者等价地，采用 Φ 的 Fourier 级数。在15.5节中讨论高级近似时将选择这一方法。

14.7 推广到多变量情形

向较多个空间维度的推广是可以立即得出的。平面周期波的解具有 $\varphi=\Psi(\theta)$，其中 $\theta=\theta(\boldsymbol{x},t)$ 依赖于矢量 $\boldsymbol{x}$，而传播是沿着矢量波数 $\boldsymbol{k}=\theta_{\boldsymbol{x}}$ 的方向。平均 Lagrange 函数变为 $\mathfrak{L}(\omega,\boldsymbol{k},A)$，于是在空间中的调制（即缓慢弯曲的位相曲面）也成为可能。调制方程为(11.80)—(11.82)。只需对上一节中的论证作一些明显的改变：用 x_i, X_i, k_i 来代替 x, X, k，并且在必要时作相应的求和。

只需作少许推广，单个高阶方程的情形便可以类似地进行。在(14.31)以及所有以后的步骤中将出现高阶导数，但这一推广是简单的。

较多个因变量的情形需要作详细讨论。首先，对于一个涉及一组函数 $\varphi^{(\alpha)}(\boldsymbol{x},t)$ 的线性系统，周期波列可以用

$$\varphi^{(\alpha)}=a_{\alpha}\cos\theta+b_{\alpha}\sin\theta$$

来描述。由此算出的平均 Lagrange 函数为两组数 a_α, b_α 以及 ω 和 $\boldsymbol{k}$ 的函数。相应的变分原理

$$\delta\iint \mathfrak{L}(\theta_t,\theta_{x_i},a_\alpha,b_\alpha)d\boldsymbol{x}\,dt=0 \tag{14.60}$$

导致变分方程

$$\begin{aligned}
&\mathfrak{L}_{a_\alpha}=0,\ \mathfrak{L}_{b_\alpha}=0,\\
&\frac{\partial}{\partial t}\mathfrak{L}_\omega-\frac{\partial}{\partial x_j}\mathfrak{L}_{k_j}=0,\\
&\frac{\partial k_i}{\partial t}+\frac{\partial\omega}{\partial x_i}=0,\ \frac{\partial k_i}{\partial x_j}-\frac{\partial k_j}{\partial x_i}=0。
\end{aligned} \tag{14.61}$$

方程组 $\mathfrak{L}_{a_\alpha}=\mathfrak{L}_{b_\alpha}=0$ 是线性齐次的(因为 $\mathfrak{L}$ 为 a_α 和 b_α 的二次式),于是可以一般地将它们解出,从而将 a_α 和 b_α 用一个单一的振幅 a 表出。可以将这些表达式重新代入 Lagrange 函数,以便给出 $\mathfrak{L}$ 作为函数 $\mathfrak{L}_1(\omega,\boldsymbol{k},a)$,于是调制方程与单变量情形相同。这样的代换是可以允许的,因为对于 a_α 和 b_α 所限制的选择的确满足驻值条件。这种等价性也可以直接地验证,因为

$$\mathfrak{L}_{1a}=\frac{\partial a_\alpha}{\partial a}\mathfrak{L}_{a_\alpha}+\frac{\partial b_\alpha}{\partial a}\mathfrak{L}_{b_\alpha}=0,$$

$$\mathfrak{L}_{1\omega}=\mathfrak{L}_\omega+\frac{\partial a_\alpha}{\partial\omega}\mathfrak{L}_{a_\alpha}+\frac{\partial b_\alpha}{\partial a}\mathfrak{L}_{b_\alpha}=\mathfrak{L}_\omega,$$

以及类似地 $\mathfrak{L}_{1k_j}=\mathfrak{L}_{k_j}$。在代换过程中可以得出关于 $\mathfrak{L}_1$ 的不同的表达式,取决于选取哪一个关系式,但最后的方程是相同的。通过双时标来论证合理性可以象以前一样地进行。

对于非线性问题,通常情况涉及这样的方程组:它所对应的 Lagrange 函数 $L\{\varphi_t^{(\alpha)},\varphi_{\boldsymbol{x}}^{(\alpha)},\varphi^{(\alpha)}\}$ 只包含 $\varphi^{(\alpha)}$ 和它们的一阶导数。然而,典型的情况是,对于某些 φ,在 L 中只出现导数;只有导数 φ_t, $\varphi_{\boldsymbol{x}}$ 才代表物理量,在这一点上,这些 φ 是"势"。这需要一种很不平常的、具有重要的数学和物理结果的推广。在均匀波列解中,为保证完全的一般性,任何势变量 $\tilde{\varphi}$ 必须表为

$$\tilde{\varphi}=\boldsymbol{\beta}\cdot\boldsymbol{x}-\gamma t+\tilde{\Phi}(\theta),\ \theta=\boldsymbol{k}\cdot\boldsymbol{x}-\omega t。 \tag{14.62}$$

物理量只与

$$\tilde{\varphi}_t = -\gamma - \omega\tilde{\Phi}_\theta,\ \tilde{\varphi}_{\boldsymbol{x}} = \boldsymbol{\beta} + \boldsymbol{k}\tilde{\Phi}_\theta \tag{14.63}$$

有关，而 $-\gamma$，$\boldsymbol{\beta}$ 代表平均值。这些是重要的物理量；例如在水波中，它们给出平均流体速度和平均高度。此外，一个非常重要的非线性效应是波列中的调制与这些平均量的类似的缓慢变化之间的耦合。因此，在调制理论中，必须把 $\boldsymbol{\beta}\cdot\boldsymbol{x} - \gamma t$ 这一项推广为函数 $\tilde{\theta}(\boldsymbol{x},t)$，而 γ，β 由

$$\gamma = -\tilde{\theta}_t,\ \boldsymbol{\beta} = \tilde{\theta}_{\boldsymbol{x}} \tag{14.64}$$

来定义。函数 $\tilde{\theta}$ 与 θ 相类似，是在问题中出现的准位相。量 γ 和 $\boldsymbol{\beta}$ 为准频率和准波数。此外，每个势 $\tilde{\varphi}$ 在其 Euler 方程

$$\frac{\partial}{\partial t} L_{\tilde{\varphi}_t} + \frac{\partial}{\partial \boldsymbol{x}} \cdot L_{\tilde{\varphi}_{\boldsymbol{x}}} = 0 \tag{14.65}$$

中都有一项 $L_{\tilde{\varphi}}$ 没有出现；在分析过程中，这永远会给出一个附加的积分，于是引入一个与 A 相类似的附加参数 B。 三元组 $(\gamma,\boldsymbol{\beta},B)$ 虽然是辅助的，但与主三元组 $(\omega,\boldsymbol{k},A)$ 相类似。

对应于(14.62)的双时标形式为

$$\tilde{\varphi}(\boldsymbol{x},t) = \varepsilon^{-1}\tilde{\Theta}(\boldsymbol{X},T) + \tilde{\Phi}(\theta,\boldsymbol{X},T;\varepsilon),$$

其中

$$\gamma(\boldsymbol{X},T) = -\tilde{\Theta}_T,\ \boldsymbol{\beta}(\boldsymbol{X},T) = \tilde{\Theta}_{\boldsymbol{X}},\ \boldsymbol{X} = \varepsilon\boldsymbol{x},\ T = \varepsilon t,$$

并且选取 $\tilde{\Phi}$ 为 θ 的周期函数。对于 Lagrange 函数

$$L(\varphi_t, \varphi_{\boldsymbol{x}}, \varphi, \tilde{\varphi}_t, \tilde{\varphi}_{\boldsymbol{x}}),$$

可以证明，双时标方程以及 Φ 和 $\tilde{\Phi}$ 对 θ 以 2π 为周期的条件等价于一个与(14.44)相类似的精确变分原理。在最低级近似下，它是

$$\delta\iint\frac{1}{2\pi}\int_0^{2\pi} L(-\omega\Phi_\theta,\boldsymbol{k}\Phi_\theta,\Phi,-\gamma-\omega\tilde{\Phi}_\theta,\boldsymbol{\beta} + \boldsymbol{k}\tilde{\Phi}_\theta)d\theta d\boldsymbol{X}dT = 0。 \tag{14.66}$$

对应于 $\delta\Phi$ 和 $\delta\tilde{\Phi}$ 的变分方程决定函数 Φ 和 $\tilde{\Phi}$，并且我们得到两个积分

$$(-\omega L_1 + \boldsymbol{k}\cdot L_2 - \omega L_4 + \boldsymbol{k}\cdot L_5)\Phi_\theta - L = A(\boldsymbol{X},T), \tag{14.67}$$

$$-\omega L_4 + \boldsymbol{k}\cdot L_5 = B(\boldsymbol{X},T)。 \tag{14.68}$$

由变分 $\delta\Theta$ 和 $\delta\tilde{\Theta}$ 得出两个久期条件

$$\frac{\partial}{\partial t}\bar{L}_\omega - \frac{\partial}{\partial \boldsymbol{X}}\cdot\bar{L}_{\boldsymbol{k}} = 0,\quad \frac{\partial}{\partial T}\bar{L}_\gamma - \frac{\partial}{\partial \boldsymbol{X}}\cdot\bar{L}_\beta = 0。$$

最后，可以象以前一样，根据广义动量 $\partial L/\partial\Phi_\theta$，$\partial L/\partial\tilde{\Phi}_\theta$ 来引入 Hamilton 变换，并且可以用 (14.67)—(14.68) 来消去对于 Φ 和 $\tilde{\Phi}$ 的明显依赖性，取代它们的是在变分原理中包括参数 A 和 B。于是我们得到

$$\delta\iint\mathfrak{L}(\omega,\boldsymbol{k},A,\gamma,\boldsymbol{\beta},B)d\boldsymbol{X}dT = 0, \tag{14.69}$$

而变分方程为

$$\mathfrak{L}_A = 0,\qquad \mathfrak{L}_B = 0, \tag{14.70}$$

$$\frac{\partial}{\partial T}\mathfrak{L}_\omega - \frac{\partial}{\partial X_j}\mathfrak{L}_{k_j} = 0,\quad \frac{\partial}{\partial T}\mathfrak{L}_\gamma - \frac{\partial}{\partial X_j}\mathfrak{L}_{\beta_j} = 0, \tag{14.71}$$

连同一致性条件

$$\frac{\partial k_i}{\partial T} - \frac{\partial\omega}{\partial X_i} = 0,\quad \frac{\partial\beta_i}{\partial T} - \frac{\partial\gamma}{\partial X_i} = 0, \tag{14.72}$$

$$\frac{\partial k_i}{\partial X_j} - \frac{\partial k_j}{\partial X_i} = 0,\quad \frac{\partial\beta_i}{\partial X_j} - \frac{\partial\beta_j}{\partial X_i} = 0。 \tag{14.73}$$

关于程序和例子的进一步的细节在原文（Whitham，1965，1967，1970)中给出。在第十六章中我们将给出对于有限深水波的应用，在那里附加参数是非常重要的。

在这种更一般的情形下，这时，通过 Noether 定理而与(14.69)关于 T 的移动的不变性相对应的能量方程为

$$\frac{\partial}{\partial T}(\omega\mathfrak{L}_\omega + \gamma\mathfrak{L}_\gamma - \mathfrak{L}) + \frac{\partial}{\partial X_j}(-\omega\mathfrak{L}_{k_j} - \gamma\mathfrak{L}_{\beta j}) = 0。 \tag{14.74}$$

与关于 X_i 的移动的不变性相对应的动量方程为

$$\frac{\partial}{\partial T}(k_i\mathfrak{L}_\omega + \beta_i\mathfrak{L}_\gamma) + \frac{\partial}{\partial X_j}(-k_i\mathfrak{L}_{k_j} - \beta_i\mathfrak{L}_{\beta_j} + \mathfrak{L}\delta_{ij}) = 0。 \tag{14.75}$$

最后一步推广是注意到，假如介质不是不变的，而是依赖于 $\boldsymbol{X}$, T 的，则这些量将明显地出现于 Lagrange 函数中，并且因此而明显地出现于 $\mathfrak{L}$ 中。但变分方程 (14.70)—(14.73) 是不变的。然而，在守恒方程(14.74) 和 (14.75)的右端分别有项 $-\mathfrak{L}_T$ 和 $\mathfrak{L}_{X_i}$［正如可以直接由 (14.70)—(14.73) 验证的那样］。

14.8 寝渐不变量

以前曾经提到，量 $\mathfrak{L}_\omega$, $\mathfrak{L}_{k_j}$ 与经典力学中的寝渐不变量相类似。现在我们来揭示这种对应性。在经典力学中，背景是振动系统的缓慢调制理论。唯一的自变量是时间，因此在这种情形下，调制只能通过与某一参数 $\lambda(t)$ 有关的外加变化而产生。(在波动情形中这对应于变化的介质。)通常，经典理论是通过 Hamilton 方法来阐述的，它并不直接适用于波动，但是我们却可以通过这里所阐述的方法来导出最简单的经典结果。对于具有一个自由度 $q(t)$ 和一个缓变参数 $\lambda(t)$ 的振子，变分原理为

$$\delta \int_{t_1}^{t_2} L(q, \dot{q}, \lambda)\, dt = 0,$$

而变分方程为

$$\frac{d}{dt} L_{\dot{q}} - L_q = 0。 \tag{14.76}$$

14.3 节和 14.4 节直接通过略去对 x 的依赖性所作的论证包括了这种情形。但是，采用通常的力学符号来重新写出这些步骤是有益的。我们遵循 14.3 节中的简单的直观方法；其合理性由 14.4 节论证。

我们首先对于具有固定 λ 的周期运动计算平均 Lagrange 函数。如果周期为 $\tau = 2\pi/\nu$，则

$$\mathfrak{L} = \frac{\nu}{2\pi} \int_0^\tau L\, dt。 \tag{14.77}$$

在周期运动 ($\lambda =$ 常数)中，(14.76)具有能量积分

$$\dot{q} L_{\dot{q}} - L = E。 \tag{14.78}$$

原则上，这是可以解出的，从而把 $\dot{q}$ 表为 (q, E, λ) 的函数，于是广义动量 $p = L_{\dot{q}}$ 也可以表为

$$p = p(q, E, \lambda)。$$

假如用(14.78)来替换(14.77)中的 L，我们得到

$$\begin{aligned}\mathfrak{L} &= \frac{\nu}{2\pi}\int_0^\tau p\dot{q}dt - E \\ &= \frac{\nu}{2\pi}\oint p(q, E, \lambda)dq - E,\end{aligned} \tag{14.79}$$

其中 $\oint pdq$ 表示经历一个完全的振动周期的积分[在 (p, q) 平面上的一个闭迴路]。现在我们允许 λ 有缓慢的变化，从而 ν 和 E 会有缓慢的变化，并应用平均变分原理

$$\delta\int_{t_0}^{t_1}\mathfrak{L}(\nu, E, \lambda)dt = 0。 \tag{14.80}$$

把 ν 定义为位相 $\theta(t)$ 的导数（每经历一次振荡，$\theta(t)$ 增加一个不变的规范化的量)又是关键性的。这一步骤看起来或许不象波动情形那样自然。但是，采用双时标它会变得清楚。(14.80)关于 E 和 θ 的变分分别给出

$$\mathfrak{L}_E = 0, \quad \frac{d}{dt}\mathfrak{L}_\nu = 0。 \tag{14.81}$$

这两个方程之中的前一个对应于色散关系(14.28)，第二个对应于守恒方程(14.29)。考虑到(14.79)，我们得到

$$\mathfrak{L}_\nu = \frac{1}{2\pi}\oint pdq = 常数, \tag{14.82}$$

它恰恰是寝渐不变量的经典结果。当系统被调制时，ν 和 E 各自变化，但

$$I(\nu, E) = \frac{1}{2\pi}\oint pdq \tag{14.83}$$

保持为常数。由(14.79)和(14.81)，周期由

$$\tau = \frac{2\pi}{\nu} = I_E \tag{14.84}$$

给出，这也是经典结果。（在 Landau 和 Lifshitz, 1960b，第 154 页中可找到对于通常理论的极好的叙述。）

在双时标形式 (14.59) 中，量 Π 由 $\partial L/\partial\Phi_\theta$ 定义，而广义动量 p 为 $\partial L/\partial\varphi_t$。由于 $\varphi_t = \nu\Phi_\theta$，在最低级近似下，我们有 $\Pi = \nu p$，于是表达式(14.59)与(14.79)相一致。

由这一比较明显看出，在波动情形下，$\mathfrak{L}_\omega$ 类似于寝渐不变量，而 $\mathfrak{L}_{k_j}$ 是关于空间调制的类似的量。在波动中不需要外部的能量消耗，因为对时间的调制可由对空间的调制来平衡。然而，假如介质并不是不变的，我们便有与 λ 相类似的参数的附加效应，可是方程

$$\frac{\partial}{\partial t}\mathfrak{L}_\omega - \frac{\partial}{\partial x_j}\mathfrak{L}_{k_j} = 0 \tag{14.85}$$

仍然成立。该方程已被称为波作用守恒。

在波列沿空间为均匀、而对应于介质随时间变化的特殊情形，我们有

$$\mathfrak{L}_\omega = 常数。$$

相反，对于一个以固定频率传进依赖于一个空间维度 x 的介质的波列，我们有

$$\mathfrak{L}_k = 常数。$$

这些公式给出决定振幅的简单方法。一般说来，按照 (14.85)，随空间与随时间的调制相平衡，因而产生一种调制的传播。

在 (14.71) 中的量 $\mathfrak{L}_\gamma$ 和 $\mathfrak{L}_{\beta_j}$ 类似于 $\mathfrak{L}_\omega$ 和 $\mathfrak{L}_{k_j}$。它们的出现是由于附加的因变量，正如普通的动力学系统(只与时间有关)中，当存在更多的自由度时，便可能有更多的寝渐不变量一样。这些波动系统只有一个真正的频率，因此对应于动力学中相等频率的简并情形。

14.9 多位相波列

动力学中多周期运动的一般情形将通过具有不止一个真正位相函数的波列而反映于波动理论之中。形式地推广到这种情形是

很简单的，但存在性问题提醒我们要小心。例如，对于一个二位相波列，出发点将是一个准周期解

$$\varphi = \Psi(\theta_1, \theta_2), \ \theta_1 = k_1 x - \omega_1 t, \ \theta_2 = k_2 x - \omega_2 t, \tag{14.86}$$

其中Ψ对于θ_1和θ_2均以2π为周期。接下去，人们会继续象以前一样地处理调制理论。然而，即使在普通动力学中，在非线性情形下准周期解的存在性问题也是困难的问题，涉及到熟知的小因子问题，因此，在形式化的表述中可能隐藏着大量的困难。如果直接假定存在着解(14.86)以及邻近的被调制的解，则可以象以前一样地导出调制方程。 Ablowitz 和 Benney (1970) 和 Ablowitz (1971) 已经研究了某些结果。Delaney (1971) 注意到变分的形式化表述是行得通的。如果可以用

$$\varphi = \Phi(\theta_1, \theta_2, X, T; \varepsilon),$$
$$\theta_1 = \varepsilon^{-1}\Theta_1(X, T), \ \theta_2 = \varepsilon^{-1}\Theta_2(X, T)$$

来描述调制波列，则可以简单地证明，关于Φ的双时标方程以及两个周期性条件均可由变分原理

$$\delta \iint \bar{L}\, dX dT = 0,$$
$$\bar{L} = \frac{1}{4\pi^2}\int_0^{2\pi}\int_0^{2\pi} L(\nu_1\Phi_{\theta_1} + \nu_2\Phi_{\theta_2} + \varepsilon\Phi_T,$$
$$k_1\Phi_{\theta_1} + k_2\Phi_{\theta_2} + \varepsilon\Phi_X, \Phi)\, d\theta_1 d\theta_2。$$

于是，可以象以前一样地导出调制方程。

14.10 阻尼效应

正如在 Hamilton 动力学中一样，变分的形式化表述自然适用于保守系统；有点棘手的是，耗散效应必须作为非零的右端而添加到以前的方程上去。然而，可以维持各种各样的正则形式，并且仍然可以借助于 Lagrange 函数来写出左端。为了说明这一点，作为一个特殊例子，我们考虑方程

$$\varphi_{tt} - \varphi_{xx} + V'(\varphi) = -\varepsilon D(\varphi, \varphi_t),$$

其中$\varepsilon D(\varphi, \varphi_t)$代表小的耗散效应。对应于(14.42)的双时标方程为

$$\frac{\partial}{\partial\theta}\left\{\frac{1}{2}(\nu^2-k^2)\Phi_\theta^2+V(\Phi)-\frac{1}{2}\varepsilon^2\Phi_T^2+\frac{1}{2}\varepsilon^2\Phi_X^2\right\}$$

$$+\varepsilon\frac{\partial}{\partial T}\{\nu\Phi_\theta^2+\varepsilon\Phi_\theta\Phi_T\}-\varepsilon\frac{\partial}{\partial X}\{k\Phi_\theta^2+\varepsilon\Phi_\theta\Phi_X\}$$

$$=-\varepsilon\Phi_\theta D(\Phi,\nu\Phi_\theta+\varepsilon\Phi_T)。$$

在最低级近似下，我们得到

$$\frac{1}{2}(\nu^2-k^2)\Phi_\theta^2+V(\Phi)=A(X,T) \tag{14.87}$$

和周期性条件

$$\frac{\partial}{\partial T}\int_0^{2\pi}\nu\Phi_\theta^2d\theta-\frac{\partial}{\partial X}\int_0^{2\pi}k\Phi_\theta^2d\theta=-\int_0^{2\pi}\Phi_\theta D(\Phi,\nu\Phi_\theta)d\theta。 \tag{14.88}$$

由 (14.87)，可将 Φ_θ 表为 Φ, ν, k, A 的函数，而在 (14.88) 中的积分均可写成迴路积分。我们得到

$$\frac{\partial}{\partial T}\mathfrak{L}_\nu+\frac{\partial}{\partial X}\mathfrak{L}_k=-\mathfrak{D}, \tag{14.89}$$

其中，象以前一样，

$$\mathfrak{L}(\nu,k,A)=\frac{1}{2\pi}\{2(\nu^2-k^2)\}^{1/2}\oint\{A-V(\Phi)\}^{1/2}d\Phi-A,$$

而

$$\mathfrak{D}(\nu,k,A)=\frac{1}{2\pi}\oint D(\Phi,\Phi_\theta)d\Phi。$$

除了方程 (14.89) 外，还要加上

$$\mathfrak{L}_A=0,\ \frac{\partial k}{\partial T}-\frac{\partial\nu}{\partial X}=0, \tag{14.90}$$

以便完成关于 ν, k, A 的方程组。 方程 14.89 显示出由于耗散而引起的波作用损失。

这里，关于方程，我们回到了双时标，但是对于保守部分，我们保留了 Lagrange 函数所暗示的正则形式。显然，这种作法不如直接对某一推广的原理采用双时标那样令人满意。 近来，在利用关于不可逆体系的 Prigogine 方法 (Donnelly 等，1966) 来推导象 (14.89) 那样的结果方面，Jimenez (1972) 得到了某些成功。

第十五章　群速度,不稳定性与高阶色散

第十四章的大部分是关于公式的推导问题。现在我们来稍许详细地研究调制方程和它们的解，并强调线性与非线性理论之间的重要差别。在本章中我们考虑均匀介质中一维波动的基本情形,并且为简单起见,假定不出现准频率和准波数。暂时可以将非线性 Klein-Gordon 方程和在 14.1 节中注意到的问题取作对于该理论的典型应用。在下一章中将给出在非线性光学和水波中的更具体的应用。在那些特殊情形中,将包括向多维、非均匀介质以及高阶系统的推广。

变分原理 (14.44) 描述被调制的波列直到所有各级近似。在最低一级近似下我们有 (14.47)—(14.48),并且利用 Hamilton 变换,我们得到平均变分原理

$$\delta \iint \mathfrak{L}(\omega, k, A)\, dx\, dt = 0,$$

其中 $\omega = -\theta_t$, 而 $\theta_x = k$。(我们不用双计时符号，而回复到以前的形式,除非当术语的明确规定又成为问题的时候。)在这一最低级近似中,关于 A, ω, k 的变分方程

$$\mathfrak{L}_A = 0, \tag{15.1}$$

$$\frac{\partial}{\partial t}\mathfrak{L}_\omega - \frac{\partial}{\partial x}\mathfrak{L}_k = 0, \tag{15.2}$$

$$\frac{\partial k}{\partial t} + \frac{\partial \omega}{\partial x} = 0。 \tag{15.3}$$

我们首先来研究这些方程，然后回到 (14.44) 以便包括高阶色散效应。

15.1　近线性情形

在进行主要讨论之前，我们注意在 14.2 节中直接得到的近线

性方程如何与一般的形式相适应。近线性理论是通过按振幅的幂次展开 $\mathfrak{L}$ 而得到的。这一展开式可以取为

$$\mathfrak{L}=P(\omega,k)A+P_2(\omega,k)A^2+\cdots。\tag{15.4}$$

但它通常是由 Fourier 级数导出的，正如在 (14.52) 中那样，具有等价的形式

$$\mathfrak{L}=G(\omega,k)a^2+G_2(\omega,k)a^4+\cdots。$$

解出色散关系 $\mathfrak{L}_a=0$ 便给出

$$\omega=\omega_0(k)+\omega_2(k)a^2+\cdots,$$

其中

$$G(\omega_0,k)=0,\ \ \omega_2=-\frac{2G_2(\omega_0,k)}{G_\omega(\omega_0,k)}。$$

方程 (15.2) 和 (15.3) 变为

$$\frac{\partial}{\partial t}\{g(k)a^2+\cdots\}+\frac{\partial}{\partial x}\{g(k)\omega_0'(k)a^2+\cdots\}=0,$$

$$\frac{\partial k}{\partial t}+\frac{\partial}{\partial x}\{\omega_0(k)+\omega_2(k)a^2+\cdots\}=0,$$

其中 $g(k)=G_\omega(\omega_0,k)$，并且利用了关于线性群速度的关系式

$$\omega_0'(k)=-\frac{G_k(\omega_0,k)}{G_\omega(\omega_0,k)}。$$

考虑到关于 k 的第二个方程，系数 $g(k)$ 可以提出，于是，正如在 14.2 节中解释的那样，一个足够的近似为

$$\frac{\partial a^2}{\partial t}+\frac{\partial}{\partial x}\{\omega_0'(k)a^2\}=0,$$

$$\frac{\partial k}{\partial t}+\omega_0'(k)\frac{\partial k}{\partial x}+\omega_2(k)\frac{\partial a^2}{\partial x}=0。$$

我们曾求出特征方程为

$$\begin{aligned}&\frac{1}{2}\left\{\frac{\omega_0''(k)}{\omega_2(k)}\right\}^{1/2}dk\pm da=0,\\&\frac{dx}{dt}=\omega_0'(k)\pm\{\omega_2(k)\omega_0''(k)\}^{1/2}a。\end{aligned}\tag{15.5}$$

如果利用 (15.4)，我们得到用 $A^{1/2}$ 代替 a 并且在 ω_2 的定义中用 P，

P_2 代替 G, G_2 的等价结果。

现在我们考虑精确方程 (15.1)—(15.3)。

15.2 方程的特征形式

存在着两种特征方程的有用形式，它们都基于在 t 变量和 x 变量之间是否维持着对称。假如维持着对称，在这种情形下用 θ (而不用 ω 和 k) 作为因变量是方便的。于是 (15.2) 成为

$$\mathfrak{L}_{\omega\omega}\theta_{tt} - 2\mathfrak{L}_{\omega k}\theta_{tx} + \mathfrak{L}_{kk}\theta_{xx} - \mathfrak{L}_{\omega A}A_t + \mathfrak{L}_{kA}A_x = 0。$$

由 (15.1)，可以将导数 A_t，A_x 消去，而代换成 θ，因为将 (15.1) 对 t 和 x 取导数之后，我们得到

$$-\mathfrak{L}_{\omega A}\theta_{tt} + \mathfrak{L}_{kA}\theta_{tx} + \mathfrak{L}_{AA}A_t = 0,$$
$$-\mathfrak{L}_{\omega A}\theta_{tx} + \mathfrak{L}_{kA}\theta_{xx} + \mathfrak{L}_{AA}A_x = 0。$$

关于 θ 的二阶方程变为

$$p\theta_{tt} - 2r\theta_{tx} + q\theta_{xx} = 0, \tag{15.6}$$

其中

$$p = \mathfrak{L}_{\omega\omega}\mathfrak{L}_{AA} - \mathfrak{L}_{\omega A}^2,$$
$$q = \mathfrak{L}_{kk}\mathfrak{L}_{AA} - \mathfrak{L}_{kA}^2,$$
$$r = \mathfrak{L}_{\omega k}\mathfrak{L}_{AA} - \mathfrak{L}_{\omega A}\mathfrak{L}_{kA}。$$

由 (15.1)，A 可以借助于 θ_t 和 θ_x 表示出，于是 (15.6) 为关于 θ 的一个二阶拟线性方程。特征线为

$$\frac{dx}{dt} = \frac{-r \pm \sqrt{r^2 - pq}}{p}。$$

在线性情形

$$\mathfrak{L} = P(\omega, k)A,$$
$$p = -P_\omega^2,\ q = -P_k^2,\ r = -P_\omega P_k,$$

于是我们得到双重特征速度

$$\frac{dx}{dt} = -\frac{P_k}{P_\omega};$$

这恰恰是线性群速度。可以类似地恢复近线性的结果。

假如放弃 x 和 t 的对称性，一个有用的可能性是选择 k 和

$I=\mathfrak{L}_\omega$ 作为因变量，并假定由

$$I=\mathfrak{L}_\omega,\ J=-\mathfrak{L}_k,\ \mathfrak{L}_A=0$$

解出了函数

$$\omega(k,I),\ J(k,I),\ A(k,I)。$$

于是 $\mathfrak{L}$ 也可以作为

$$\mathfrak{M}(k,I)=\mathfrak{L}\{\omega(k,I),k,A(k,I)\}$$

来计算。我们有

$$\mathfrak{M}_k=\omega_k I-J,\ \mathfrak{M}_I=\omega_I I; \tag{15.7}$$

因此，由 $\mathfrak{M}_{kI}=\mathfrak{M}_{Ik}$，得

$$\omega_k=J_I。 \tag{15.8}$$

方程组 (15.1)—(15.3) 简化为

$$\begin{aligned} k_t+\omega_k k_x+\omega_I I_x=0,\\ I_t+\omega_k I_x+J_k k_x=0。\end{aligned} \tag{15.9}$$

特征方程为

$$\sqrt{J_k}\ dk\pm\sqrt{\omega_I}\,dI=0 \tag{15.10}$$

成立于

$$\frac{dx}{dt}=\omega_k\pm\sqrt{\omega_I J_k}。 \tag{15.11}$$

选择这样的变量便与以前关于线性和近线性情形的讨论保持了密切的联系。

在线性情形，$\mathfrak{L}=P(\omega,k)A$，色散关系 $P(\omega,k)=0$ 可以解出为以下形式

$$\omega=\omega_0(k),$$

于是我们有

$$J=-P_kA=-\frac{P_kI}{P_\omega}=\omega_0'(k)I。$$

由于 $\omega_I=0$，(15.11) 的两个特征速度都简化为 $\omega_0'(k)$。正如以前注意到的那样，该系统并不严格是双曲型的，因为由 (15.10)可知，只存在一个特征形式 $dk=0$。然而，一旦求出了 $k(x,t)$，便可由

$$I_t+\omega_0'(k)I_k+\omega_0''(k)Ik_x=0$$

沿同样特征线的积分来得到 I。

在 $\mathfrak{L}$ 由(15.4)给出的近线性情形下,我们有

$$\mathfrak{L}_A = P(\omega, k) + 2P_2(\omega, k)A + \cdots = 0,$$
$$I = \mathfrak{L}_\omega = P_\omega(\omega, k)A + \cdots,$$
$$J = -\mathfrak{L}_k = -P_k(\omega, k)A + \cdots。$$

可以解出这些方程,而给出

$$\begin{aligned} \omega &= \omega_0(k) + \tilde{\omega}_2(k)I + \cdots, \\ J &= \omega_0'(k)I + \cdots。 \end{aligned} \tag{15.12}$$

特征速度 (15.11) 为

$$\frac{dx}{dt} = \omega_0'(k) \pm \sqrt{\omega_0''(k)\tilde{\omega}_2(k)I} + \cdots。 \tag{15.13}$$

这可用 (15.5) 来验证,因为假如 $I = g(k)a^2$, 则

$$\omega = \omega_0(k) + \omega_2(k)a^2 + \cdots,$$

其中

$$\omega_2(k) = g(k)\tilde{\omega}_2(k),$$

于是 (15.13) 变为与 (15.5) 相同。

Hayes (1973) 注意到,假如与 k 和 I 同时,引进部分 Hamilton 变换

$$\mathscr{K}(k, I) = \omega\mathfrak{L}_\omega - \mathfrak{L} = \omega I - \mathfrak{L}, \tag{15.14}$$

我们得到

$$J = \mathscr{K}_k, \ \omega = \mathscr{K}_I。 \tag{15.15}$$

利用 $\mathfrak{M} = \omega I - \mathscr{K}$, 这些公式也可由 (15.7) 得到。方程变为

$$\begin{aligned} \frac{\partial k}{\partial t} + \frac{\partial}{\partial x}\mathscr{K}_I &= 0, \\ \frac{\partial I}{\partial t} + \frac{\partial}{\partial x}\mathscr{K}_k &= 0。 \end{aligned} \tag{15.16}$$

特征方程为

$$\begin{aligned} \sqrt{\mathscr{K}_{kk}}dk \pm \sqrt{\mathscr{K}_{II}}dI &= 0, \\ \frac{dx}{dt} &= \mathscr{K}_{Ik} \pm \sqrt{\mathscr{K}_{kk}\mathscr{K}_{II}}。 \end{aligned} \tag{15.17}$$

在特殊情形下，选择其它变量可能得出最简单的表达式。对于 Klein-Gordon 的例子(14.26)，

$$\begin{aligned} \mathfrak{L} &= (\omega^2 - k^2)^{1/2} F(A) - A, \\ F(A) &= \frac{1}{2\pi} \oint \{2(A - V(\Psi))\}^{1/2} d\Psi; \end{aligned} \tag{15.18}$$

结果是，采用相速度 $U = \omega/k$ 和 A 作为变量是最方便的。由色散关系 $\mathfrak{L}_A = 0$，

$$k = \frac{1}{(U^2 - 1)^{1/2} F'(A)}, \quad \omega = \frac{U}{(U^2 - 1)^{1/2} F'(A)};$$

方程(15.2)和(15.3)变为

$$\frac{\partial}{\partial t} \left\{ \frac{UF}{(U^2 - 1)^{1/2}} \right\} + \frac{\partial}{\partial x} \left\{ \frac{F}{(U^2 - 1)^{1/2}} \right\} = 0,$$

$$\frac{\partial}{\partial t} \left\{ \frac{1}{(U^2 - 1)^{1/2} F'} \right\} + \frac{\partial}{\partial x} \left\{ \frac{U}{(U^2 - 1)^{1/2} F'} \right\} = 0。$$

求出其特征方程为

$$\frac{dU}{U^2 - 1} \mp \left(- \frac{F''}{F} \right)^{1/2} dA = 0, \tag{15.19}$$

$$\frac{dx}{dt} = \frac{1 \pm U(-FF''/F'^2)^{1/2}}{U \pm (-FF''/F'^2)^{1/2}}。 \tag{15.20}$$

多个因变量的情形

当存在更多个因变量和更多个方程时，如(14.70)—(14.73)那样的情形，特征线数目要对应于方程组的阶而增加。附加的特征线体现着波列与平均背景量的变化之间的非线性耦合，而完全不同于线性群速度。关于那两个的确与线性群速度相对应的速度(主要与 k 和 A 的传播相联系)的公式也明显地修改了。特别是，在这些情形下，假如忽视了这种额外的依赖性而采用上面比较简单的公式的话，则可能给出不正确的类型。我们将不阐述关于特征线的一般公式，因为对变量的最有用的选择很强地依赖于所处理的特殊问题。以后关于 Korteweg-deVries 方程和有限深水中 Stokes 波的讨论将给出典型的例子。

15.3 方程类型和稳定性

按照特征线是实的或虚的可以辨认出方程的类型。一系统为双曲型的条件可以取为下述诸等价形式中的任何一个:

$$r^2 - pq > 0, \ \omega_l J_k > 0, \ \mathscr{K}_{kk}\mathscr{K}_{ll} > 0, \tag{15.21}$$

第二个在形式上最接近于近线性结果 $\omega_2\omega_0'' > 0$。当符号相反时，系统为椭圆型。

正如在 14.2 节中所提到的那样，当调制方程为椭圆型时，周期波列在某种意义上是不稳定的。为了看清楚这一点，我们注意到，调制方程采取一般形式

$$\frac{\partial u_i}{\partial t} + a_{ij}(\boldsymbol{u}) \frac{\partial u_j}{\partial x} = 0。 \tag{15.22}$$

比如说，在均匀周期波列中 $\boldsymbol{u}$ 取常值 $\boldsymbol{u}^{(0)}$。对于小的扰动，我们取 $\boldsymbol{u} = \boldsymbol{u}^{(0)} + \boldsymbol{u}^{(\ )}$。关于 $\boldsymbol{u}^{(1)}$ 的线性化方程为

$$\frac{\partial u_i^{(1)}}{\partial t} + a_{ij}^{(0)} \frac{\partial u_j^{(1)}}{\partial x} = 0, \quad a_{ij}^{(0)} = a_{ij}(\boldsymbol{u}^{(0)})。$$

该方程组有解

$$\boldsymbol{u}^{(1)} \propto e^{i\mu(x-Ct)},$$

其中

$$|a_{ij}^{(0)} - C\delta_{ij}| = 0。 \tag{15.23}$$

C 的可能值为关于 $\boldsymbol{u} = \boldsymbol{u}^{(0)}$ 所计算出的特征速度[见 (5.12)]。假如有一些 C 值为复的，则 $\boldsymbol{u}^{(1)}$ 的某些解随时间指数增长。当然，象通常一样，在简单的线性稳定性分析中，这只表明对于均匀状态的很大的偏离，并不一定表明波列会变得混乱。正如在 15.5 节中将要讨论的那样，在目前情形下，稳定性以及可能的最终状态受到调制近似中高阶项的显著影响。

对于非线性 Klein-Gordon 方程 (15.20)，对于满足 (14.6) 并且 $F(A) > 0$ 的波列，我们有

$$\begin{aligned} &双曲型: \quad F'' < 0, \\ &椭圆型: \quad F'' > 0。 \end{aligned} \tag{15.24}$$

特别，当 $V(\Psi)=\frac{1}{2}\Psi^2+\sigma\Psi^4$ 时，该系统对于 $\sigma>0$ 为椭圆型，对于 $\sigma<0$ 为双曲型。对于任何偶函数 $V(\Psi)$，近线性展开式的前面两项都可以写成这一形式，于是类型都以同样方式依赖于 σ 的符号。

对于 Sine-Gordon 方程 $V(\Psi)=1-\cos\Psi$，可以证明 $F''(A)>0$；周期波列是不稳定的。这一结果适用于 $\Psi=0$ 附近的振荡，它满足 (14.6)。以后我们将会注意到存在着 Ψ 单调增加或单调减小的螺旋形波列。这些波列给出周期解，因为每变化 2π 之后便恢复到同样的物理状态。在这里所考虑的意义下，它们倒是稳定的。

15.4 非线性群速度，群分裂，激波

在双曲型情形下，用特征速度来定义**非线性群速度**。这是线性情形的自然推广。线性理论中的双重特征速度分裂为两个不同速度或许是该理论的最重要和影响最深远的结果。正如在 14.2 节中注意到过的那样，它预示着具有有限程度的调制将最终分裂为两个分开的扰动，这是一个完全不同于线性理论的结果。在线性群速度为正的那些问题中，两个非线性群速度通常也都是正的。在原点处的源所引进的调制将沿两族特征线传播，如图 15.1 所示。理论上，我们可以用 $x=0$ 处的一个源产生一个高度非线性的波列，一直到 $t=0$；然后，在一段时间 t_0 之内，调制振幅和频率，在这以后，再重新来产生原来的波列。注意到在 $x=0$ 处要加上两个边界条件，因此可以引入 a 和 ω 的独立的分布。通过第一部分中的通常的论证，将存在某一相互作用时期，但是，扰动将最终分开成为如图所示的、沿 C_+ 和 C_- 特征线的两个简单波。这与 Riemann 初值问题 (6.12 节) 相类似。

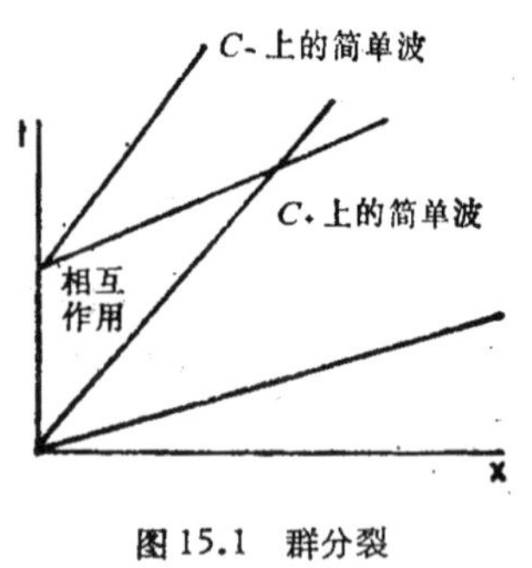

图 15.1 群分裂

利用两个特征速度之差，我们可以对分开的距离作一估计。我们得到

$$x \approx \frac{C_+ C_-}{C_+ - C_-} t_0,$$

其中 $C_\pm$ 为特征速度的典型值，而 t_0 为在波源处调制所持续的时间。近线性理论中的速度 (15.5) 给出了较高的估计

$$x \approx \frac{\omega_0'^2 t_0}{2a(\omega_2 \omega_0'')^{1/2}}。 \tag{15.25}$$

如果能找到这种分离的实验证据，那将是非常有价值的，因为它对于评价调制理论具有基本的重要意义。在非线性光学中已经观察到其它有关的非线性效应，但这一效应似乎还没有被观测过。

利用第一部分中的标准理论，可以解析地得到用上述方法或其它方法产生的简单波解。一个 Riemann 不变量处处为常数，而调制变量 ω, k, a 沿着每一条适当族的特征线保持为常数。在线性理论中，沿着特征线 k 保持为常数，而 $a \propto t^{-1/2}$。非线性与线性性态的这一差别也许比群分裂更不容易探测，并且可能部分地被高阶效应所掩盖。

最后，在双曲型课题类中，我们还有关于间断和激波的问题。特征速度对于调制变量的依赖性将导致通常的双曲型变形，而简单波解中的“压缩性”调制将发展成多值区域。接下去会发生什么事，目前尚不清楚。与第一部分中所叙述的问题不同的是，并不反对这样的多值解。它们将被解释为具有不同范围的 k 和 a 的两个或更多个波列的叠加。实际的解将不能由 (15.1)—(15.3) 正确地描述，因为这些方程是在事先假定了单一的位相函数的情况下推导出来的。但它们多半会包括在原始的方程中。叠加当然是在线性情形中发生的事情。虽然在以前的讨论中没有提出过这一问题，但我们可以想象建立一个线性群速度 $C_0(k)$ 向波前方向减小的波列。于是，由于 k 值以速度 $C_0(k)$ 传播，最终该波列将出现一个重叠部分。在线性理论中叠加是没有问题的，并且整个过程可以用 Fourier 积分中的精确解来研究。尽管在非线性情形很难用

解析方法来详细研究对应的过程，但这一定性的性态看来是完全可以实现的。在重叠区域将需要象在 14.9 节中提到的多位相解那样的某一种解，但过渡过程提出一个困难的问题。

第二种可能性是，在间断附近，调制近似中的高阶项变得重要，从而妨碍了多值解的发展。容易看出，一般说来(并且在下一节中将比较详细地证明)，在典型情况下，高阶效应将引进附加项，这些附加项使(15.2)和(15.3)包含了三阶导数。它们在形式上类似于 Boussinesq 方程和 Korteweg-deVries 方程。通过类比，可以预料间断将被附加项所抑制。当然，正如在水波情形中那样，对于很长的长度尺度而言，附加项是作为小的修正而引进的，并且是更高阶导数的无穷级数的前面几项。要承认它们在各种情形下都能控制得住间断的效应可能是会导致矛盾的。更可能的是，这适用于小的、对称的调制，而这些调制将发展出一系列的孤波，而强的、非对称的调制将在某种意义下出现间断。

最后，我们还有关于激波的问题。形式上，在(15.2)和(15.3)的解中可以允许 ω, k, A 发生间断。这些解将被解释为弱解，并且正如在 5.8 节中所叙述的那样，由适当的守恒方程来得出激波条件。在理论上，这是一种最吸引人的可能性，但在这一特殊情形中，作为对实际的描述，它或许是最不恰当的。由于物理解释不明确，也使得选择适当的激波条件变得更不清楚。方程 15.2 和 15.3 已经是守恒形式，而能量和动量的守恒方程也是明显的候选者。这两个方程为

$$\frac{\partial}{\partial t}(\omega \mathfrak{L}_\omega - \mathfrak{L}) - \frac{\partial}{\partial x}(\omega \mathfrak{L}_k) = 0, \qquad (15.26)$$

$$\frac{\partial}{\partial t}(k \mathfrak{L}_\omega) - \frac{\partial}{\partial x}(k \mathfrak{L}_k - \mathfrak{L}) = 0。 \qquad (15.27)$$

事实上，存在着无穷多个守恒方程。然而，只有(15.2)，(15.3)，(15.26)和(15.27)为具有清楚意义的守恒方程。我们的系统本质上是二阶的，[(15.1)不是微分方程]，因此必须选择两个守恒方程来给出两个激波条件。这一选择是与假定激波所代表的意义相

联系的。假如认为它们是对于仍由原来的关于φ的详细方程所包括的解的近似,那么我们就应当由(15.26)和(15.27)来选择激波条件,理由是:在关于φ的更详细的描述中能量和动量是守恒的,因而在缓变近似中应当保持。激波条件将是

$$U_s[\omega\mathfrak{L}_\omega - \mathfrak{L}] + [\omega\mathfrak{L}_k] = 0, \tag{15.28}$$

$$U_s[k\mathfrak{L}_\omega] + [k\mathfrak{L}_k - \mathfrak{L}] = 0, \tag{15.29}$$

其中U_s为激波速度。于是,在穿过这样的激波时,便不能够维持位相守恒(15.3)和波作用守恒(15.2)。这两个守恒关系是针对特殊形式的解、并假定了缓慢变化而导出的,因此在穿过突变的激波时,放弃这两个守恒关系是无可非议的。因此,这些激波将代表振荡的源,并涉及到寝渐不变量的跳跃;后者使我们想起量子理论中寝渐不变量的量子跳跃! 应当再次强调,这只不过是一种形式化的表述,关于这些激波的结构,或者关于它们是否需要发生,均未给出肯定的意见。而且,这些间断具有不可逆的性质,可是关于φ的原始方程是可逆的。这将是在比较精细尺度的描述中为可逆的体系在"宏观"近似程度下如何会呈现出不可逆性这一长期存在的问题的又一个例子。

另一方面,如果假定间断所代表的并不是原始方程所涉及的现象,而是包括某种耗散的某一种更详细的描述所涉及的现象,那么选择将是困难的。虽然动量可能是守恒的,但能量大概不会守恒。(15.2)不大可能是正确的选择,但是我们可以选择(15.3)。由于耗散,可能构造出不同常态之间的光滑的振荡的变化,如13.15节中所证明的那样。在那种情形下,端态为常态,因为耗散也阻尼掉了过渡区两侧的振荡。这样一来,它并不代表如这里所构思的一个振荡波列内部态的变化。但是,它的确指出了当包括耗散时存在着单值位相函数,从而更有理由选择(15.3)作为可能的激波条件。这又完全是推测性的,因而在没得到一些更明确的信息和结果之前,沿此方向走得更远是没有意义的。

15.5 高阶色散效应

现在我们来考虑超出(15.1)—(15.3)的下一级近似的调制方程。为简单起见，我们从例子

$$\varphi_{tt} - \varphi_{xx} + \varphi + 4\sigma\varphi^3 = 0 \tag{15.30}$$

出发进行讨论，并且把我们的分析局限于近线性情形。但结果是有典型意义的，并且在 16.4 节中，我们将对于非线性光学给出更具体的物理应用。

关于(15.30)的变分原理具有 Lagrange 函数

$$L = \frac{1}{2}\varphi_t^2 - \frac{1}{2}\varphi_x^2 - \frac{1}{2}\varphi^2 - \sigma\varphi^4, \tag{15.31}$$

于是，正如在(14.44)中所证明的那样，精确的调制方程由

$$\delta \iint \bar{L}\,dX\,dT = 0, \tag{15.32}$$

$$\bar{L} = \frac{1}{2\pi}\int_0^{2\pi}\left\{\frac{1}{2}(-\omega\Phi_\theta + \varepsilon\Phi_T)^2 - \frac{1}{2}(k\Phi_\theta + \varepsilon\Phi_X)^2 - \frac{1}{2}\Phi^2 - \sigma\Phi^4\right\}d\theta \tag{15.33}$$

给出。(我们回到通常的频率 $\omega = -\nu$。)对于近线性理论，我们可以象在推导(14.52)时那样，采用 Fourier 展开式

$$\Phi = a\cos\theta + a_3\cos 3\theta + a_5\cos 5\theta + \cdots。$$

但是现在我们也保留关于 ε 的下一阶项。系数 a_n 正比于 a^n，而这种情形是特别简单的，因为在这里所要求的这一级近似下，只有 $a\cos\theta$ 这一项有贡献。我们得到

$$\bar{L} = \frac{1}{4}(\omega^2 - k^2 - 1)a^2 - \frac{3}{8}\sigma a^4 + \frac{1}{4}\varepsilon^2(a_T^2 - a_X^2) + O(a^6, \varepsilon^2 a^4)。 \tag{15.34}$$

这是一个假定了 ε 和 a 具有相同量阶[1]的二重展开式。线性项为

1) 等价地，也可以保留 a 作为 $O(1)$ 的量，而取 σ 作为非线性的量度，并采用关于小参数 σ 和 ε^2 的二重展开式。

$\frac{1}{4}(\omega^2-k^2-1)a^2$，非线性的一级修正为 $-\frac{3}{8}\sigma a^4$，而高阶色散的一级修正为 $\frac{1}{4}\varepsilon^2(a_T^2-a_X^2)$。变分方程为

$$\delta a:\quad (\omega^2-k^2-1)a-3\sigma a^3-\varepsilon^2(a_{TT}-a_{XX})=0, \tag{15.35}$$

$$\delta\Theta:\qquad \frac{\partial}{\partial T}(\omega a^2)+\frac{\partial}{\partial X}(k a^2)=0, \tag{15.36}$$

$$\text{一致性:}\qquad \frac{\partial k}{\partial T}+\frac{\partial \omega}{\partial X}=0。 \tag{15.37}$$

由(15.35)应当注意到，$\Theta(X,T)$ 现在也依赖于 ε，并且还没有严格地分解为关于 ε 的不同量阶的一系列方程。变分原理(15.32)是精确的，我们只把它进行到在(15.34)中所写到的那一级近似。

在这一特殊情形中，高阶调制方程在形式上要比原始方程(15.30)更为复杂！尽管如此，从它们出发要比从原始方程出发更容易看出调制的性态。当然，通常的情况是，在得到调制方程的过程中作了相当程度的简化。无论如何，(15.35)—(15.37)对于一般系统来说，是具有典型性的。

当略去有关 ε 的各项后，调制方程对于 $\sigma>0$ 为双曲型，而对于 $\sigma<0$ 为椭圆形。高阶色散效应将 a 的三阶导数引进(15.36)—(15.37)，于是调制方程本身变为色散的。在 $\sigma>0$ 情形，它们具有与 Boussinesq 方程相类似的结构。可以预料关于间断的结果是类似的，如 15.4 节中讨论的那样。我们将简短地提到关于周期解和孤波的存在性。然而，首先我们来考虑在椭圆型情形 $\sigma<0$ 时所发现的不稳定性如何受到附加项的影响。均匀波列的解具有常数值 $\omega^{(0)}$，$k^{(0)}$，$a^{(0)}$，并满足色散关系(15.35)。对于这些值附近的小扰动量 $\omega^{(1)}$，$k^{(1)}$，$a^{(1)}$，线性化方程(15.35)—(15.37)为齐次的，并带有与 $\omega^{(0)}$，$k^{(0)}$，$a^{(0)}$ 有关的常系数。存在着 $\omega^{(1)}$，$k^{(1)}$，$a^{(1)}$ 均与 $e^{i\mu(X-CT)}$ 成正比的基本解，只要 C 满足

$$\{\mu^{(0)}C-k^{(0)}\}^2-(1-C)^2\left\{\frac{3\sigma a^{(0)2}}{2}+\frac{\varepsilon^2\mu^2}{4}(1-C^2)\right\}=0。 \tag{15.38}$$

参数μ决定着关于调制的波数。对于小的$a^{(0)}$和ε,C值为

$$C=\frac{k^{(0)}}{\omega^{(0)}}\pm\frac{1}{\omega^{(0)2}}\left(\frac{3\sigma a^{(0)2}}{2}+\frac{\varepsilon^2\mu^2}{4\omega^{(0)2}}\right)^{1/2}。\tag{15.39}$$

略去涉及μ的项之后,这两个值恰恰就是特征速度,当$\sigma<0$时为虚数。由关于μ的修正所引进的色散的影响是起稳定作用的,于是不稳定性现在只局限在调制波数$\varepsilon\mu$的如下范围内:

$$0<\varepsilon^2\mu^2<6|\sigma|\omega^{(0)2}a^{(0)2}。\tag{15.40}$$

对于无论是$\sigma>0$或是$\sigma<0$的情形,重要的是注意到系统(15.35)—(15.37)具有以不变的形状而传播的定常剖面解。它们是以通常方式,作为所有量都是运动坐标$X-VT$的函数的解而得到的。我们有

$$\varepsilon^2(1-V^2)a''+(\omega^2-k^2-1)a-3\sigma a^3=0,\tag{15.41}$$

$$(\omega V-k)a^2=R,\tag{15.42}$$

$$\omega-Vk=S,\tag{15.43}$$

其中R和S为积分常数。可以用后面两个方程消去第一个方程中的ω和k,于是给出

$$\varepsilon^2(1-V^2)^2a''=\frac{R^2-S^2a^4+(1-V^2)(a^4+3\sigma a^6)}{a^3}。\tag{15.44}$$

一般说来,存在着a在右端分子的两个简单零点之间振荡的周期解(即构成被调制的原波列之包络的波列!)。孤波为极限情形。

当$X\to\pm\infty$时$a\to0$的孤波是特别有兴趣的;它代表如图15.2所示的那样一个波包。在这种情形下,(15.42)有$R=0$,因为在∞处$a\to0$。因此

$$V=\frac{k}{\omega};\tag{15.45}$$

然后,再由(15.43),ω和k均为常数。对于这个例子,线性色散关系为$\omega_0=(k^2+1)^{1/2}$,而线性群速度为

$$C_0=\frac{k}{(k^2+1)^{1/2}}=\frac{k}{\omega_0}<1。$$

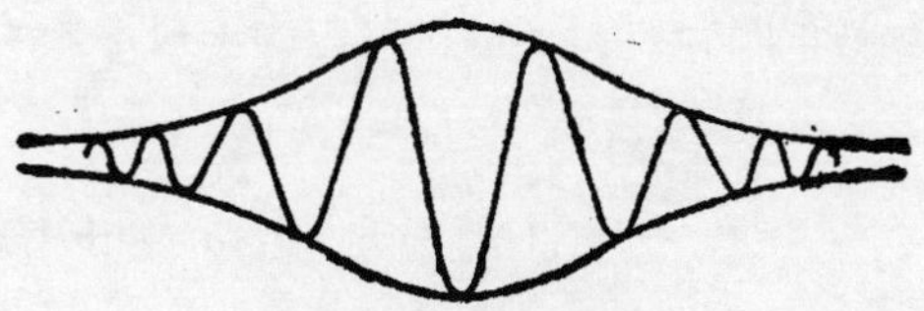

图 15.2 孤波调制

我们看到，V 为 C_0 在非线性情形中的对应量；当振幅小时，两者很接近。由于 $C_0<1$，我们可以取 $V<1$。由于 ω, k 为常数，将(15.41)对 a 积分一次，得到

$$\varepsilon^2(1-V^2)a'^2=\frac{3}{2}\sigma a^4-(\omega^2-k^2-1)a^2。\qquad(15.46)$$

由于在∞处 $a\to 0$，我们要求

$$\omega^2-k^2-1<0。$$

在 a 取极大值处，我们有

$$\omega^2-k^2-1=\frac{3}{2}\sigma a_m^2,\qquad(15.47)$$

因此，只对于椭圆型情形 $\sigma<0$ 才存在这种类型的孤波。波包的速度(15.45)为

$$V=\frac{k}{(k^2+1)^{1/2}}-\frac{3}{4}\frac{|\sigma|a_m^2}{(k^2+1)^{3/2}};$$

它移动得稍慢于线性群速度。Ostrowskii (1967) 在关于非线性光学的一个类似问题中提出，不稳定性的结果可能是一个周期解，它在本质上是一系列这样的波包。

在双曲型情形 $\sigma>0$ 时，这些极端的孤波不存在，但可以找到周期波列以及(15.44)的使得 a 偏离零为有界的孤波解。这是合理的，因为当 $\sigma>0$ 时，调制按照双曲型理论($\varepsilon=0$)而变形，但并不增长。较高的色散能够反作用于变形，从而产生定常剖面，它们没有理由转变为 $a=0$ 的极端情形。它们的存在支持这样一种看法：在某些情况下，间断将不发生，而在间断区域波形将倾向于变成定常振荡形式。

在近线性理论中，高阶色散项由 Lagrange 函数中的二次部分

所产生，容易证明，与(15.34)相对应的一般形式为

$$\bar{L}=G(\omega,k)a^2+G_2(\omega,k)a^4$$
$$+\frac{1}{2}\varepsilon^2\{G_{\omega\omega}a_T^2+2G_{\omega k}a_Ta_X+G_{kk}a_X^2\}.$$

变分方程类似于(15.35)—(15.37)。

15.6 Fourier 分析与非线性相互作用

假如振幅是小的，并且只出现少数几个 Fourier 分量，则可以直接研究各分量之间的非线性相互作用。这便给出了另外一种途径来获得前述的某些结果。正是通过这一途径，Benjamin (1967) 对于深水中的 Stokes 波发现了(15.40)所给出的那种类型的不稳定性结果。在 16.11 节中，我们将通过调制和相互作用两条途径来讨论水波中的细节问题。在这里，为了说明这一方法，我们将 Benjamin 的论证应用到 Klein-Gordon 方程，其中代数演算是比较简单的。

对于有限个 Fourier 分量，φ 可以表示为如下形式

$$\varphi=\frac{1}{2}\Sigma\varphi_\nu(t)e^{ik_\nu x},\tag{15.48}$$

其中 ν 遍及 $\pm1,\pm2,\cdots,\pm N$，我们并且取 $k_{-n}=-k_n$，$\phi_{-n}(t)=\varphi_n^*(t)$，$n=1,\cdots,N$，以便保证 φ 为实数。对于方程

$$\varphi_{tt}-\varphi_{xx}+\varphi=-4\sigma\varphi^3,\tag{15.49}$$

线性解(略去右端)为

$$\varphi_\nu(t)=A_\nu e^{-i\omega_\nu t},\tag{15.50}$$

其中

$$\omega_n=(k_n^2+1)^{1/2},\quad \omega_{-n}=-\omega_n,\quad A_{-n}=A_n^*,\tag{15.51}$$

并且 A_ν 为常数。我们可以通过假定 σ 为小参数来阐述近线性理论。

一种自然的扰动展开式将把 φ 表示为幂级数

$$\varphi=\varphi^{(0)}+\sigma\varphi^{(1)}+\sigma^2\varphi^{(2)}+\cdots,$$

从而给出一系列方程

$$\varphi_{tt}^{(0)} - \varphi_{xx}^{(0)} + \varphi^{(0)} = 0, \tag{15.52}$$

$$\varphi_{tt}^{(1)} - \varphi_{xx}^{(1)} + \varphi^{(1)} = -4\varphi^{(0)^3}, \tag{15.53}$$

等等。线性方程(15.52)的解将取成如下形式

$$\varphi^{(0)} = \frac{1}{2}\Sigma A_\nu e^{ik_\nu x - i\omega_\nu t},$$

然后将它代入关于 $\varphi^{(1)}$ 的方程的右端。然而,共振使得 $\varphi^{(1)}$ 中产生了久期项,于是展开式不一致有效。事实上,这正是在 13.13 节中当我们讨论周期解的 Stokes 展开时所注意到的情况的一种更为一般的形式。如果在一级近似关于 $\varphi^{(0)}$ 的方程中就包括一些三级共振项,便可以得到一致有效解。它等价于采取一种更明确的 Fourier 分析观点,而把各项按照它们对不同分量 $e^{ik_\nu x}$ 的贡献来分组。这就是说,我们将(15.48)代入(15.49),于是对于每一个原始分量 $e^{ik_\nu x}$,我们得到

$$\frac{d^2\varphi_\nu}{dt^2} + \omega_\nu^2\varphi_\nu = -\sigma \sum_{K_\alpha+K_\beta+K_\gamma=K_\nu} \varphi_\alpha\varphi_\beta\varphi_\gamma, \tag{15.54}$$

其中 ω_ν 与(15.51)中相同。三次项也将产生新的分量,它们应当加到(15.48)中去,但它们并不共振(至少在三次量级不共振),于是在一级近似中可以将它们略去。因此我们来考虑(15.54)的解。

为得出主振荡,我们引进

$$\varphi_\nu(t) = A_\nu(t)e^{-i\omega_\nu t},$$

与线性理论有一个重要差别,即 $A_\nu(t)$ 仍为 t 的函数。我们有

$$\frac{d^2A_\nu}{dt^2} - 2i\omega_\nu\frac{dA_\nu}{dt} = -\sigma \sum_{K_\alpha+K_\beta+K_\gamma=K_\nu} A_\alpha A_\beta A_\gamma e^{i(\omega_\nu-\omega_\alpha-\omega_\beta-\omega_\gamma)t}。$$

现在所关心的时间尺度为 $O(\sigma^{-1})$,而对 t 的每一阶导数都会引进 σ 的一个量级。因此,略去 A_ν 的二阶导数,而取

$$\frac{dA_\nu}{dt} = -\frac{i\sigma}{2\omega_\nu} \sum_{K_\alpha+K_\beta+K_\gamma=K_\nu} A_\alpha A_\beta A_\gamma e^{i(\omega_\nu-\omega_\alpha-\omega_\beta-\omega_\gamma)t}。 \tag{15.55}$$

便足够。当

$$K_\alpha + K_\beta + K_\gamma = K_\nu \qquad (15.56)$$
$$\omega_\alpha + \omega_\beta + \omega_\gamma = \omega_\nu$$

时发生共振。自相互作用

$$(K_\nu, K_\nu, -K_\nu) \to K_\nu$$

(及其置换)永远为这种类型。 它们产生出对于频率的 Stokes 效应。假如只出现一个模式 K_0，我们便会得到

$$\frac{dA_0}{dt} = -\frac{3i\sigma}{2\omega_0} A_0^2 A_0^*, \quad \omega_0 = (K_0^2 + 1)^{1/2},$$

其解为

$$A_0 = a_0 e^{-(3i\sigma/2\omega_0)a_0^2 t}。 \qquad (15.57)$$

于是

$$\varphi = a_0 \cos\left\{K_0 x - \left(\omega_0 + \frac{3}{2}\frac{\sigma a_0^2}{\omega_0}\right)t\right\} + \cdots。$$

这就是 Stokes 的结果(14.12)。

在关于稳定性的讨论中，Benjamin 考虑了具有波数 $K_0 \pm \tilde{\mu}$ 的接近的"边带"对于主波 K_0 的影响。也就是说，K_n 的集合($n = 1, \cdots, N$) 为 $\{K_0, K_0 - \tilde{\mu}, K_0 + \tilde{\mu}\}$，再把它们的负值加上去，以便构成完整的集合 K_ν。我们用 A_0, A_-, A_+ 来表示相应的 A_n; 正如在(15.51)中那样，也会出现它们的共轭量。方程(15.55)变为

$$\frac{dA_0}{dt} = -\frac{i\sigma}{2\omega_0}\{3A_0^2 A_0^* + 6A_0 A_+ A_+^* + 6A_0 A_- A_-^* + 6A_0^* A_+ A_- e^{-i\Omega t}\}, \qquad (15.58)$$

$$\frac{dA_-}{dt} = -\frac{i\sigma}{2\omega_-}\{6A_0 A_0^* A_- + 3A_0^2 A_+^* e^{i\Omega t} + 6A_+ A_+^* A_- + 3A_-^2 A_-^*\}, \qquad (15.59)$$

其中

$$\Omega = \omega_+ + \omega_- - 2\omega_0; \qquad (15.60)$$

通过交换正负下标可得到关于 A_+ 的方程。由那些有贡献的各个 A 可以看出有关的相互作用。(15.58) 中的第一项为自相互作用 (Stokes) 项;第二项来自 $(K_0, K_0 + \tilde{\mu}, -K_0 - \tilde{\mu}) \to K_0$，等等。带

有因子 $e^{i\Omega t}$ 的项不精确满足关于频率的共振条件。但是如果 $\tilde{\mu}$ 是小的，则 Ω 也是小的，于是当 $\tilde{\mu}\to 0$ 时这一因子保持均匀性。每一项前面的数值系数给出任一种特殊相互作用的置换数。

在稳定性分析中，假定 $A_\pm \ll A_0$，并把方程线性化为

$$\frac{dA_0}{dt}=-\frac{3i\sigma}{2\omega_0}A_0^2A_0^*,$$

$$\frac{dA_-}{dt}=-\frac{i\sigma}{2\omega_-}\{6A_0A_0^*A_-+3A_0^2A_+^*e^{i\Omega t}\}。$$

对 A_0 的效应为二级。正如在(15.57)中一样，我们取

$$A_0=a_0e^{-i\rho t},\ \rho=\frac{3}{2}\frac{\sigma a_0^2}{\omega_0},\tag{15.61}$$

其中 a_0 为实数。对于小的 $\tilde{\mu}$，在关于 $A_\pm$ 的方程的系数中取 $\omega_\pm\simeq\omega_0$ 并且用

$$\Omega\simeq\omega_0''(K_0)\tilde{\mu}^2\tag{15.62}$$

来近似 Ω 便足够。于是，关于 $A_\pm$ 的线性方程变为

$$\frac{dA_-}{dt}=-i\rho\{2A_-+A_+^*e^{i(\Omega-2\rho)t}\};$$

$$\frac{dA_+}{dt}=-i\rho\{2A_++A_-^*e^{i(\Omega-2\rho)t}\}。$$

这两个方程有形式为 $A_\pm=a_\pm e^{i\lambda_\pm t}$ 的解，其中 $\lambda_\pm$ 满足

$$\lambda^2+(2\rho-\Omega)\lambda+\rho(\rho-2\Omega)=0。\tag{15.63}$$

假如(15.63)的根为复的，也就是说，假如

$$\left(\rho+\frac{\Omega}{4}\right)\Omega<0,\tag{15.64}$$

则小边带扰动增长。对于这一特殊例子，$\omega_0=(K_0^2+1)^{1/2}$，$\omega_0''=\omega_0^{-3}$，因此(15.64)给出

$$\left(\frac{3}{2}\sigma a_0^2+\frac{\tilde{\mu}^2}{4\omega_0^2}\right)<0。$$

这和 (15.39) 以及 (15.40) 相一致，因为在作这一比较时，有 $\tilde{\mu}=\varepsilon\mu$。对于 $\sigma>0$ 情形，边带永远保持是小的。对于 $\sigma<0$ 情形，对于

$$\tilde{\mu}^2 < 6|\sigma|\omega_0^2 a_0^2$$

这一范围存在着不稳定性。这又是一个线性不稳定性理论；非线性(15.58)—(15.59)保持着能量，使之在各模式之间振荡。这与最终结果为有限振幅振荡解的建议相一致。

十分明显，上述分析尽管是对于一个特殊例子而展开的，却是一般性的。事实上，由(15.61)我们可以看出，ρ 永远是对于频率的 Stokes 修正；在 14.2 节中，它是用 $\omega_2 a^2$ 表示的。关于 Ω 的表达式(15.62)已经是一般形式。因此，判据(15.64)可以写成

$$\left(\omega_2 a^2 + \frac{1}{4}\omega_0''\tilde{\mu}^2\right)\omega_0''\tilde{\mu}^2 < 0。$$

应当将此式与特征速度(14.21)中的根式进行比较；与 $\tilde{\mu}^2$ 有关的附加项来源于高阶色散效应。

如果注意到，用来得到(15.39)的调制 $k = k^{(0)} + k^{(1)}$，$a = a^{(0)} + a^{(1)}$ 可以近似地表示为

$$\begin{aligned}\varphi &= \frac{1}{2}\{a^{(0)} + a^{(1)}\}\exp i\{\theta^{(0)} + \theta^{(1)}\} + \text{复共轭} \\ &\simeq \frac{1}{2}a^{(0)}\exp i\theta^{(0)} + \frac{1}{2}a^{(1)}\exp i\theta^{(0)} \\ &\quad + \frac{1}{2}i\theta^{(1)}a^{(0)}\exp i\theta^{(0)} + \text{复共轭},\end{aligned} \tag{15.65}$$

则相互作用方法与调制方法是可以比较的。如果现在我们取

$$a^{(0)} = a_0,\ \theta^{(0)} = K_0 x - (\omega_0 + \rho)t$$

作为基本波列，并且把扰动量 $a^{(1)}, \theta^{(1)}$ 表示为 $e^{\pm i\tilde{\mu}x}$ 的适当的线性组合，我们便得到边带描述。

只是对于近线性情形，并且只是对于那些由有限个 Fourier 分量构成的调制，才能有效地将相互作用理论运用到底。即使这样，我们也还要注意到与调制方法相比在代数运算上的复杂性。再一次借助于变分原理，可以在某种程度上减轻这种复杂性。如果将表达式

$$\varphi = \frac{1}{2}\sum A_\nu(t)e^{iK_\nu x - i\omega_\nu t}$$

代入 Lagrange 函数，除了共振项以外的所有项都将随 x 而振荡。如果将这些项平均掉，我们便可以利用变分原理来得到关于 A_n 的方程。在比较简单的情形，例如上述情形下，简化并不很大。我们很容易得到平均 Lagrange 函数

$$
\begin{aligned}
\hat{L} = \frac{1}{4} \sum \{\dot{A}_n \dot{A}_n^* - i\omega_n A_n \dot{A}_n^* + i\omega_n \dot{A}_n A_n^*\} \\
- \frac{\sigma}{16}\left\{6 \sum A_n^2 A_n^{*2} + 24 \sum_{m \neq n}\sum A_m A_m^* A_n A_n^*\right\} \\
- \frac{\sigma}{16}\{12 A_0^2 A_+^* A_-^* e^{i\Omega t} + 12 A_0^{*2} A_+ A_- e^{-i\Omega t}\},
\end{aligned}
\tag{15.66}
$$

其中的求和遍及 A_0, A_+, A_-。但以后对变分方程的分析是完全相同的。主要的好处是正则形式。

相互作用理论并不限于波数的邻近集合。利用足够一般的色散关系，我们可以对于相差甚远的 K_n 得到满足 (15.56) 的共振。于是，在这些模式之间存在着很强的能量传输。 Phillips (1967) 以及那里给出的参考文献讨论了这种情形。关于非线性光学的一个问题 (16.5 节)将提供一个示例。 在相差很远的波数之间的这种类型的相互作用与 14.9 节中指出的多重位相解有着密切的联系。

第十六章 非线性理论的应用

非 线 性 光 学

16.1 基本概念

对于研究非线性色散效应而言，最有兴趣的范围之一是在非线性光学领域之中。理论上的想法自然要与实验情况相适应，并且是在实验方法的发展过程中形成的。对于某些现象来说，考虑到基本波列的高频率和高波数，调制理论是自然的方法。光束的自聚焦和稳定性就是用这种方式来研究的。关于和频和差频的产生或放大的非线性相互作用是重要的，并且可以通过改变正在经过一个非线性晶体的激光束的颜色而奇妙地显示出来。一般说来，例如与水波中的可能情况相比，这种实验似乎可以更容易并且更精确地控制，而在水波中，流体运动的许多模式使得难于将所需要的特殊效应分离出来。

在该理论的最简单的表述中，所作的分析非常接近于 Klein-Gordon 例子中的分析，并且通过类比，可将那种情形的结果移置过来。我们从经典模型出发，其中介质的电极化是用束缚电荷由电场引起的位移来表示的。以后，可以用更一般的方式来解释这里所得到的结果。我们来考虑一维波列，并认为传播是沿 x 方向，而场分量 E 和 B 分别沿 z 和 y 方向。电子的位移是沿 z 方向，我们用函数 $r(x,t)$ 来描述它。Maxwell 方程组简化为

$$\begin{gathered} B_t - E_x = 0, \\ E_t + \frac{qN}{\varepsilon_0} r_t = c_0^2 B_x, \end{gathered} \tag{16.1}$$

其中 q 为电子电荷，N 为每单位体积的电子数，c_0 为真空中的光速，ε_0 为自由空间中的电容率。为完成这一方程组，我们需要 r 和 E 的关系。我们假定，被电场 E 所驱动的电子等效地处在一个提

供非线性恢复力的势阱之中。因此，该方程取如下形式

$$mr_{tt}+U'(r)=qE。\tag{16.2}$$

如果引进电极化 $P=Nqr$，并由 Maxwell 方程消去 B，我们得到

$$E_{tt}+\frac{1}{\varepsilon_0}P_{tt}=c_0^2E_{xx},\tag{16.3}$$

$$P_{tt}+V'(P)=\varepsilon_0\nu_P^2E,\tag{16.4}$$

其中

$$V(P)=\frac{qN}{m}U(r),\quad \nu_P^2=\frac{Nq^2}{\varepsilon_0 m};\tag{16.5}$$

ν_P 为等离子体频率。

每个振子也会受到所有其它振子的累积效应的影响。在初等的处理方法中，可通过用 $E+P/3\varepsilon_0$ 来代替 (16.2) 和 (16.4) 右端的 E 这种办法来包括这一效应，$E+P/3\varepsilon_0$ 为具有电极化 P 的电介质所包围的球形空腔内的电场。对于我们的目的而言，我们可以假定附加项已被吸收到 $V'(P)$ 之中。

如果势阱是对称的，并且 $V'(P)$ 为 P 的奇函数，则分析中会有重要的简化。大体上我们将认为情形确实如此，而只在适当地方来指出，在更一般的情形下会出现什么情况。

均匀波列

在一均匀波列之中，$E=E(\theta)$，$P=P(\theta)$，$\theta=kx-\omega t$。于是方程 (16.3) 可积分成

$$(\omega^2-c_0^2k^2)\varepsilon_0E=-\omega^2P+\text{常数}。\tag{16.6}$$

如果 $V'(P)$ 为 P 的奇函数，我们可以取该积分常数为零而不失一般性。然而，在其它情形下，该常数可能是需要的，并且起重要的作用。例如，如果 $V'(P)$ 含有与 P^2 有关的一项，则由 (16.4) 我们看出，E 和 P 的平均值相差一个振幅的二次项；因此，在 (16.6) 中需要一个与振幅平方成正比的常数。然而，如果 $V'(P)$ 为奇函数，我们注意到，它便与取 E 和 P 的平均值为零相一致，并且在这一假设下 (16.6) 中的常数必须为零。于是我们有

$$\varepsilon_0E=-\frac{\omega^2}{\omega^2-c_0^2k^2}P,\tag{16.7}$$

$$\omega^2 P_{\theta\theta} + V'(P) + \frac{\omega^2 \nu_P^2}{\omega^2 - c_0^2 k^2} P = 0。 \tag{16.8}$$

在线性情形，$V'(P) = \nu_0^2 P$，(16.8) 的解为 θ 的正弦函数，并且我们得到色散关系

$$n_0^2 = \frac{c_0^2 k^2}{\omega^2} = 1 - \frac{\nu_P^2}{\omega^2 - \nu_0^2}。 \tag{16.9}$$

在共振频率 ν_0 附近的吸收带中阻尼是重要的，并且消除了那里的奇异性态。然而，在远离共振频率之处，它的效应是小的，因而我们可以首先将这一效应略去。

在近线性情形，我们可以取

$$\begin{aligned} V'(P) &= \nu_0^2 P - \alpha P^3 + \cdots, \\ P &= b\cos\theta + b_3 \cos 3\theta + \cdots, \\ E &= a\cos\theta + a_3\cos 3\theta + \cdots, \end{aligned} \tag{16.10}$$

并导出色散关系

$$n^2 = \frac{c_0^2 k^2}{\omega^2} = 1 - \frac{\nu_P^2}{\omega^2 - \nu_0^2} + \frac{3}{4} \frac{\alpha \varepsilon_0^2 \nu_P^6}{(\omega^2 - \nu_0^2)^4} a^2 + \cdots。 \tag{16.11}$$

在完全非线性情形下，(16.8)有振荡解，正如对 Klein-Gordon 方程 (14.3) 所讨论过的那样；这两种情形之间密切的相似性是明显的。

平均 Lagrange 函数

变分原理可借助于一个势 ψ 来表述，ψ 为矢势的 z 分量。场分量由 $E = -\psi_t$ $B = -\psi_x$ 给出，而适当的 Lagrange 函数为

$$\begin{aligned} L &= \frac{1}{2}\varepsilon_0(\psi_t^2 - c_0^2\psi_x^2) - Nq\psi_t r + N\left\{\frac{1}{2} m r_t^2 - U(r)\right\} \\ &= \frac{1}{2}\varepsilon_0(\psi_t^2 - c_0^2\psi_x^2) - \psi_t P \\ &\quad + \frac{1}{\varepsilon_0 \nu_P^2}\left\{\frac{1}{2} P_t^2 - V(P)\right\}。 \end{aligned} \tag{16.12}$$

如果 $V'(P)$ 为 P 的奇函数，则对于均匀波列而言，只需取 ψ 和 P 为 θ 的周期函数便足够。于是，对应于(16.7)和(16.8)，我们有

$$E = \omega\psi_\theta = -\frac{\omega^2}{\omega^2 - c_0^2k^2}\frac{P}{\varepsilon_0}, \tag{16.13}$$

$$\frac{1}{2}\omega^2 P_\theta^2 + V(P) + \frac{1}{2}\frac{\omega^2\nu_P^2}{\omega^2 - c_0^2k^2}P^2 = A, \tag{16.14}$$

这里，我们已将第二个方程积分出，而积分常数 A 作为振幅参数而包含于方程之中。于是，将 (16.13)—(16.14) 代入 (16.12)，并进行通常的运算，便得到平均 Lagrange 函数。结果为

$$\mathfrak{L}(\omega,k,A) = \frac{1}{\varepsilon_0\nu_P^2}\left(\frac{\omega}{2\pi}\oint\left\{2A - 2V(P) - \frac{\omega^2\nu_P^2}{\omega^2 - c_0^2k^2}P^2\right\}^{1/2}dP - A\right)。\tag{16.15}$$

我们又可以注意到与 Klein-Gordon 情形 (14.26) 的相似性。

如果 $V'(P)$ 不是奇函数，则要求更一般的形式

$$\psi = \beta x - \gamma t + \Psi(\theta)。\tag{16.16}$$

参数 β 和 γ 给出 B 和 E 的非零平均值，并且正如在 14.7 节中解释过的那样，必须把它们看成是准波数和准频率。现在，在 (16.6) 中必须允许有第二个积分常数(比如说 $\tilde{A}$)，于是三元组 $(\gamma,\beta,\tilde{A})$ 与主三元组 (ω,k,A) 相类似。在调制理论中，按照 (ω,k,A) 的变化与按照平均场参数 $(\gamma,\beta,\tilde{A})$ 的变化之间的耦合是一个非常重要的效应。这里我们将不追求细节；他们与后面将会讨论的水波情形相类似。

正如前一章中所叙述的那样，由 (16.15) 可以导出一般结果。然而，在非线性光学中的多数结果是对于近线性情形得到的。于此特殊场合之中，它具有这样的好处：尽管为导出理论，我们可能使用了特殊的模型，但对于公式的更广泛的解释是相当清楚的。直接通过将表达式 (16.10) 代入 (16.12)，而不是对 (16.15) 作近似，可以非常容易地得到 $\mathfrak{L}$ 的近线性形式。对 $\mathfrak{L}$ 计算到 a 的四阶量是特别简单的，因为系数 a_3,b_3 (它们是 a 的三阶量)直到六阶项才会出现。[与 (14.52) 的推导作比较。] 于是，在这一级近似下，我们有

$$\mathfrak{L}=\frac{1}{4}\left(1-\frac{c_0^2k^2}{\omega^2}\right)\varepsilon_0a^2+\frac{1}{2}ab+\frac{\omega^2-\nu_0^2}{4\varepsilon_0\nu_P^2}b^2$$

$$+\frac{3}{32}\frac{\alpha}{\varepsilon_0\nu_P^2}b^4。\tag{16.17}$$

可利用变分方程 $\mathfrak{L}_b=0$ 来决定用 a 表示 b 的公式

$$b=-\frac{\varepsilon_0\nu_P^2}{\omega^2-\nu_0^2}a+\frac{3}{4}\frac{\varepsilon_0^3\nu_P^6}{(\omega^2-\nu_0^2)^4}a^3。\tag{16.18}$$

可以将这一结果代入 $\mathfrak{L}$ 的表达式中，而给出

$$\mathfrak{L}=\frac{1}{4}\left(1-\frac{c_0^2k^2}{\omega^2}-\frac{\nu_P^2}{\omega^2-\nu_0^2}\right)\varepsilon_0a^2+\frac{3}{32}\frac{\alpha\varepsilon_0^3\nu_P^6}{(\omega^2-\nu_0^2)^4}a^4。\tag{16.19}$$

作为一项验证，我们注意到色散关系 $\mathfrak{L}_a=0$，正如它所应当的那样，与(16.11)相一致。

(16.12)中的第一项$\left(它也等于\frac{1}{2}\varepsilon_0(E^2-c_0^2B^2)\right)$是关于自由空间中电磁波的基本波动算子。它永远会导致 $\mathfrak{L}$ 中的一项

$$\frac{1}{4}\left(1-\frac{c_0^2k^2}{\omega^2}\right)\varepsilon_0a^2,$$

其中 a 为电场中的振幅。(16.19)中的其它项包括了介质对振荡电场的响应。对于其它模型，或者为了表示已知的介质性质，通过类比而假定关于某些函数 $g_2(\omega)$，$g_4(\omega)$，有

$$\mathfrak{L}=\frac{1}{4}\left(1-\frac{c_0^2k^2}{\omega^2}\right)\varepsilon_0a^2+g_2(\omega)\varepsilon_0a^2+g_4(\omega)\varepsilon_0a^4\tag{16.20}$$

似乎是合理的。于是，由色散关系 $\mathfrak{L}_a=0$，g_2 和 g_4 可以与折射率的性态相一致。如果要求色散关系为

$$n=\frac{c_0k}{\omega}=n_0(\omega)+\frac{1}{2}n_2(\omega)a^2,\tag{16.21}$$

则我们必须选择

$$\mathfrak{L}=\frac{1}{4}\left\{n_0^2(\omega)-\frac{c_0^2k^2}{\omega^2}\right\}\varepsilon_0a^2+\frac{1}{8}n_0(\omega)n_2(\omega)\varepsilon_0a^4。\tag{16.22}$$

系数 $n_0(\omega)$ 为线性折射率，现在对它可以采用更真实的形式来代

替 (16.9)。例如，为包括更多的共振频率 ν_i，我们有

$$n_0^2(\omega)=1-\nu_P^2\sum_i\frac{f_i}{\omega^2-\nu_i^2},\quad \sum_i f_i=1,$$

其中 $f_i=N_i/N$ 为具有共振频率 ν_i 的电子所占的比例。这也和量子理论的描述相一致，在量子理论的描述中 ν_i 为跃迁频率，而 f^i 为跃迁几率。类似地，可以选择非线性系数 $n_2(\omega)$ 来代表其它模型或已知的介质性质。然而，必须仔细注意一个总的限制，即限于那些不出现二次平均场的情形。

16.2 一维调制

在近线性理论中，我们可以如在 14.2 节中那样简单地处理。在光学中，比较通常的作法是认为色散关系将 k 或 n 表示为 ω 的函数，因此在调制理论中我们用 ω 和 a 作为基本变量。将色散关系写成[1)]

$$k=k_0(\omega)+k_n(\omega)a^2,\tag{16.23}$$

其中

$$k_0(\omega)=\frac{\omega n_0(\omega)}{c_0},\quad k_n(\omega)=\frac{\omega n_2(\omega)}{2c_0}。\tag{16.24}$$

在最低一级近似下，与 (14.18)—(14.19) 相对应的调制方程为

$$\begin{aligned}&\frac{\partial a^2}{\partial x}+\frac{\partial}{\partial t}\{k_0'(\omega)a^2\}=0,\\&\frac{\partial\omega}{\partial x}+k_0'(\omega)\frac{\partial\omega}{\partial t}+k_n(\omega)\frac{\partial a^2}{\partial t}=0。\end{aligned}\tag{16.25}$$

求出特征速度为

$$\frac{1}{C}=k_0'(\omega)\pm\{k_n(\omega)k_0''(\omega)\}^{1/2}a。\tag{16.26}$$

如果 $k_nk_0''>0$，方程为双曲型，如果 $k_nk_0''<0$，方程为椭圆型。对于 (16.11) 来说，k_0'' 的符号与 $\nu_0^2-\omega^2$ 相同，而 k_n 的符号与 α 相同。因此我们有

---

1) 我们用 k_n 而不用 k_2 来表示非线性系数，因为以后需要用 k_2 来作为矢量 $\boldsymbol{k}$ 的 x_2 分量。

$$\begin{aligned}&\text{双曲型：}\ \alpha(\nu_0^2-\omega^2)>0,\\&\text{椭圆型：}\ \alpha(\nu_0^2-\omega^2)<0。\end{aligned}\tag{16.27}$$

这些结果是由 Ostrowskii (1967) 首先得到的。对于光学的通常情形是 $\omega^2<\nu_0^2$, $\alpha>0$，于是方程为双曲型。然而，Ostrowskii (1968)报告了在射电频率下用铁淦氧磁物和半导体二级管作的实验，其中两种情况都得到了。既发现了双曲型的变形，也发现了椭圆型的不稳定性，而最后似乎成为稳定的调制形式，与在 15.5 节中给出的关于高阶效应的讨论相一致。

高阶效应使 $\mathfrak{L}$ 的表达式 (16.17) 中出现与 a 和 b 的导数有关的二次项。于是，调制方程在结构上类似于在 15.5 节中讨论过的方程。定性说来，现象是相同的，因此对于这种情形我们将不给出细节。Ostrowskii (1967) 得到了主要结果，而 Small (1972) 指出了可以怎样应用变分方法。然而，我们将在下一节中讨论空间调制与光束自聚焦的类似问题。对于这些问题，高阶效应是重要的，于是我们来概述这一理论。

利用适当的 Lagrange 函数，可根据 15.2 节来得到与(16.26)—(16.27) 相对应的完全非线性结果。对于以前讨论的简单模型，这一函数由(16.15)给出。

16.3 光束的自聚焦

如果色散关系 (16.21) 中的非线性项是正的，即 $n_2(\omega)>0$，则当振幅从光束中心向光束外缘减小时，相速度 $c=\omega/k=c_0/n$ 是增加的。当然，这只是一个粗略的论证，现在我们来更详细地考虑这些问题。

对于空间调制，我们假定波局部地可以用沿矢量波数 $\boldsymbol{k}$ 的方向传播的周期波列来描述。由此决定平均 Lagrange 函数，并且在不涉及准频率的最简单情形下，它取 $\mathfrak{L}(\omega,k,a)$ 的形式，其中 ω 为频率，而 a 为电场的振幅。在近线性情形，$\mathfrak{L}(\omega,\boldsymbol{k},a)$ 由 (16.22) 给出，其中 $k=|\boldsymbol{k}|$。

对于 $\omega,\boldsymbol{k},a$ 与 t 无关的解，我们有 $\omega=$ 常数，于是由平均变

分原理所导出的调制方程为

$$\mathfrak{L}_a = 0, \tag{16.28}$$

$$\frac{\partial}{\partial x_i}\mathfrak{L}_{k_i} = 0,\ \frac{\partial k_i}{\partial x_j} - \frac{\partial k_j}{\partial x_i} = 0。 \tag{16.29}$$

如果介质为各向同性，因此 $\mathfrak{L}$ 只依赖于矢量 $\boldsymbol{k}$ 的大小 k，则(16.29)简化为

$$\frac{\partial}{\partial x_i}(k_i\rho) = 0,\ \frac{\partial k_i}{\partial x_j} - \frac{\partial k_j}{\partial x_i} = 0, \tag{16.30}$$

其中

$$\rho = -k^{-1}\mathfrak{L}_k。 \tag{16.31}$$

色散关系 (16.28) 给出 a 和 k 之间的一个关系式；因此，原则上可以认为 ρ 是 k 的函数(虽然实际消去 a 可能并不总是方便的)。

有兴趣的是注意到 (16.30) 中的两个方程与气体可压缩无旋定常流动方程相同，其中波数 $\boldsymbol{k}$ 代替流体速度矢量，而 ρ 代替密度。由 (16.31) 所给出的 ρ 与 k 的关系对应于流体流动问题中密度与速度之间的 Bernoulli 方程(见 6.17 节)。按照这一类比，光束对应于气体射流。但是，在直接由流体的流动获得定性结果时需要小心，因为在光学中 ρ 通常为 k 的增函数，而在气体中密度与速度的变化是相反的。然而，有益的是可将各种求解技巧移用过来。

方程 (16.30)—(16.31) 的类型决定着它们的数学结构。这一点与原始的、依赖于时间的方程是否为椭圆型的问题并不相干。况且，定常方程的椭圆型并不表明不稳定性；这一类型只影响解的性质和边界条件的形式。

对于二维或轴对称光束，我们将取 x 沿轴方向，而取 r 沿横向或径向。波数矢量将具有对应的分量 (k_1, k_2)，而 (16.30)—(16.31) 变为

$$\frac{\partial k_2}{\partial x} - \frac{\partial k_1}{\partial r} = 0, \tag{16.32}$$

$$\frac{\partial}{\partial x}(\rho k_1)+\frac{\partial}{\partial r}(\rho k_2)+\frac{m\rho k_2}{r}=0, \tag{16.33}$$

$$\rho=\rho(k), \tag{16.34}$$

其中，对于二维光束 $m=0$，而对于轴对称光束 $m=1$。

方程的类型

通过暂时重新引进位相 θ，使得

$$k_1=\theta_x,\ k_2=\theta_r,$$

并将(16.33)写成

$$\left(1+\frac{k_1^2}{k}\frac{\rho'}{\rho}\right)\theta_{xx}+\frac{2k_1k_2}{k}\frac{\rho'}{\rho}\theta_{xr}$$

$$+\left(1+\frac{k_2^2}{k}\frac{\rho'}{\rho}\right)\theta_{rr}+\frac{m}{r}\theta_r=0,$$

便可以非常容易地求出特征线。于是，在 (x,r) 平面中的特征线必须满足

$$\left(1+\frac{k_1^2}{k}\frac{\rho'}{\rho}\right)dr^2-\frac{2k_1k_2}{k}\frac{\rho'}{\rho}drdx+\left(1+\frac{k_2^2}{k}\frac{\rho'}{\rho}\right)dx^2=0。$$

如果

$$1+k\frac{\rho'}{\rho}>0,$$

这些特征线是虚的，于是方程为椭圆型；如果该量为负，则特征线是实的，于是方程为双曲型。

对于由 Lagrange 函数 (16.22) 所描述的近线性理论，我们有

$$\rho=-k^{-1}\mathfrak{L}_k=\frac{\varepsilon_0c_0^2}{2\omega^2}a^2, \tag{16.35}$$

因此

$$\frac{c_0k}{\omega}=n_0(\omega)+\frac{1}{2}n_2(\omega)a^2$$

$$=n_0(\omega)+\frac{\omega^2n_2(\omega)}{\varepsilon_0c_0^2}\rho。 \tag{16.36}$$

如果 $n_2(\omega)>0$，则 $\rho'(k)>0$，于是定常方程为椭圆型。我们将只考虑这种情形。如果此外还有 $k_0''(\omega)>0$，则由 (16.26)，我们

注意到原始的、依赖于时间的方程是双曲型的。

聚焦

由矢量场 $\boldsymbol{k}$ 所决定的“流线”为位相曲面族 $\theta=$ 常数的正交轨线。在各向同性介质中，群速度具有与 $\boldsymbol{k}$ 相同的方向，并且这些流线就是光线。我们可以想象，位相曲面沿这些光线移动出去，于是聚焦问题与光线的会聚有关。为分析这一点，对 (16.32)—(16.34) 进行变换、并根据光线和位相曲面而引进坐标 (ξ,η) 是方便的。如果我们引进

$$
\begin{gathered}
k_1=\xi_x,\ k_2=\xi_r,\ \theta=\xi(x,r)-\omega t,\\
\rho k_1 r^m=\eta_r,\ \rho k_2 r^m=-\eta_x,
\end{gathered}
\tag{16.37}
$$

则方程 (16.32)—(16.33) 恒得到满足；位相曲面的相继位置由 $\xi=$ 常数给出，而流线由 $\eta=$ 常数给出。关系式 (16.37) 可以按逆形式写成

$$
x_\xi=\frac{\cos\chi}{k},\ x_\eta=-\frac{\sin\chi}{\rho k r^m},
$$

$$
r_\xi=\frac{\sin\chi}{k},\ r_\eta=\frac{\cos\chi}{\rho k r^m},
$$

其中 χ 为 $\boldsymbol{k}$ 对于 x 轴的倾角。这样一来，一致性关系可以写成

$$
\frac{\partial\chi}{\partial\xi}=\frac{\rho r^m}{k}\frac{\partial k}{\partial\eta},\ \frac{\partial\chi}{\partial\eta}=k\frac{\partial}{\partial\xi}\left(\frac{1}{\rho k r^m}\right)。\tag{16.38}
$$

如果在离开该轴时 ρ 是减小的，则由 (16.36) 以及 $n_2>0$ 的假定，k 也是减小的。因此，由 (16.38) 中的第一个方程，有 $\partial\chi/\partial\xi<0$；这表示光线向该轴弯曲，于是光束聚焦。如果 $n_2<0$，存在着相应的发散。

细光束

Akhmanov 等 (1966) 在进一步假定光束为细的情况下构造出了该方程的一些有兴趣的解。假定非线性效应对于具有常波数 K 的线性平面波只给出小的修正，并且由于光束很细，对 r 的导数比对 x 的导数具有更大的量级。我们取

$$
\theta=-\omega t+Kx+Ks(x,r),
$$

其中 s_x 和 s_r 都是小量，而 s_x 与 s_r^2 可以相比。[形式上，通过选取

$$\theta = -\omega t + Kx + K\varepsilon^2 s\left(x,\ \frac{r}{\varepsilon}\right),$$

其中 ε 为振幅参数，便可以做到这一点。] 利用这一近似，我们得到

$$k \simeq K\left(1 + s_x + \frac{1}{2} s_r^2\right),$$

假定 $c_0K/\omega = n_0(\omega)$，则近线性色散关系 $n = c_0k/\omega = n_0 + \frac{1}{2} n_2 a^2$ 给出

$$s_x + \frac{1}{2} s_r^2 = \frac{1}{2} \frac{n_2}{n_0} a^2。 \qquad (16.39)$$

因为由 (16.35) 有 $\rho \propto a^2$，因此在(16.33)中 ρ 可用 a^2 代替。于是，在 $s_x \ll s_r$ 这一近似下，(16.33) 可以写成

$$\frac{\partial a^2}{\partial x} + s_r \frac{\partial a^2}{\partial r} + \left(s_{rr} + \frac{m}{r} s_r\right) a^2 = 0。 \qquad (16.40)$$

我们将用 (16.39) 和 (16.40) 来求解 s 和 a^2。

在轴附近，我们可以期望 s 由

$$s = \sigma(x) + \frac{1}{2} \frac{r^2}{R(x)} + O(r^4) \qquad (16.41)$$

给出，其中 $R(x)$ 为位相曲面在轴上的曲率半径。令人惊异的是，存在着 $s(x,r)$ 恰恰具有这两项的一个精确解。由 (16.39) 我们看到，a^2 必须也是 r 的二次式，而 (16.40) 给出了关于各种系数的关系式。结果为

$$a^2 = \frac{a_0^2}{f^{m+1}(x)} \left\{1 - \frac{r^2}{r_0^2 f^2(x)}\right\}, \qquad (16.42)$$

$$\sigma' = \frac{1}{2} \frac{n_2}{n_0} \frac{a_0^2}{f^{m+1}(x)},\quad \frac{1}{R(x)} = \frac{f'(x)}{f(x)}, \qquad (16.43)$$

其中

$$f'^2 = \frac{2n_2 a_0^2}{(m+1)n_0 r_0^2}\left(\frac{1}{f^{m+1}} - 1\right) + \frac{1}{R_0^2},\ f(0) = 1; \qquad (16.44)$$

r_0 为光束的初始半径，a_0 为轴上的初始振幅，而 R_0 为位相曲面的初始曲率半径。

如果在 $x=0$ 处的位相曲面为平面 $(R_0^{-1}=0)$，则(16.44)的解为

$$m=0:\ x=\left(\frac{n_0}{2n_2}\right)^{1/2}\frac{r_0}{a_0}\left\{f^{1/2}(1-f)^{1/2}-\sin^{-1}f^{1/2}+\frac{\pi}{2}\right\}, \tag{16.45}$$

$$m=1:\ x=\left(\frac{n_0}{n_2}\right)^{1/2}\frac{r_0}{a_0}(1-f^2)^{1/2}。 \tag{16.46}$$

在 $f(x)\to 0$ 的点光束聚焦，而解变为奇异的；在这一点曲率半径 $R(x)\to 0$，而振幅 $a\to\infty$。到焦点的距离为

$$x_f=\frac{\pi}{2}\left(\frac{n_2}{2n_2}\right)^{1/2}\frac{r_0}{a_0},\ 当\ m=0, \tag{16.47}$$

$$x_f=\left(\frac{n_0}{n_2}\right)^{1/2}\frac{r_0}{a_0},\ 当\ m=1。 \tag{16.48}$$

在这一奇点附近，a 的高阶导数变得重要，因而必须把它们加到(16.39)—(16.40)中去。正如我们将看到的那样，附加项引进了色散效应，这些色散效应抵消了聚焦，从而允许出现连续解。

在这样作之前，我们来提一提 Akhmanov 等所发现的二维方程 $(m=0)$ 的一个巧妙的解。如果我们引进

$$v=s_y,\ \tau=a^2,$$

则 (16.39)—(16.40) 等价于

$$v_x+vv_y-\gamma\tau_y=0,\ \gamma=\frac{n_2}{2n_0},$$

$$\tau_x+v\tau_y+\tau v_y=0,$$

在这里对于二维情形我们已经用 y 代替了 r。除了 γ 的符号变化以外，这些方程类似于不定常一维气体动力学方程。用速度图变换可将它们精确地线性化为

$$y_\tau-vx_\tau-\gamma x_v=0,$$

$$y_v-vx_v+\tau x_\tau=0。$$

由于它们是线性的，这些方程提供了通过迭加获得通解的可

能性。然而，关于这里所指的特解，Akhmanov 等大概注意到，采用变量

$$p = x\tau,\quad q = y - vx$$

对于写出速度图方程

$$q_\tau - \frac{\gamma}{\tau} p_v = 0,\quad q_v + p_\tau = 0$$

是特别方便的，但他们接着将它们变换为

$$v_p - \frac{\gamma}{\tau}\tau_q = 0,\quad \tau_p + v_q = 0。$$

利用 $v = -\Phi_p$，$\tau = \Phi_q$，我们得到

$$\Phi_q\Phi_{pp} + \gamma\Phi_{qq} = 0。$$

这一方程有可分离变量的解

$$\Phi = \left(ha_0^2 + \frac{\gamma}{h}p^2\right)\tanh\frac{q}{h},$$

它代表一个光束。采用原来的变量，解借助于参数 p 和 q 给出为

$$s_y = v = -\frac{2\gamma p}{h}\tanh\frac{q}{h},\quad a^2 = \tau = \left(a_0^2 + \frac{\gamma}{h^2}p^2\right)\operatorname{sech}^2\frac{q}{h},$$

$$x = \frac{p}{\tau},\quad y = \frac{vp}{\tau} + q。$$

在初始平面 $x = 0$ 上，我们有

$$s_y = 0,\quad a^2 = a_0^2\operatorname{sech}^2\frac{y}{h}。$$

光束以平行于 x 轴的光线开始，并具有一种实际的振幅分布。可以证明，在点

$$x_f = \frac{1}{2\gamma^{1/2}}\frac{h}{a_0} = \left(\frac{n_0}{2n_2}\right)^{1/2}\frac{h}{a_0} \tag{16.49}$$

处光束聚焦。为了使这个解与轴附近的 (16.42) 相一致，我们必须取 $h = r_0$，于是我们看到这一焦点与 (16.47) 可以很好地相比较。

16.4 高阶色散效应

我们暂时回到具有 Lagrange 函数 (16.12) 的特殊模型，来看

一看在调制近似中高阶项的效应。在近线性理论中，和以前一样，将展开式(16.10)代入，但现在要保留系数 a, $a_3\cdots$, b, b_3, $\cdots$ 的导数，正如在15.5节中解释过的那样。对于定常光束，这些调制参数只是位置 $\boldsymbol{x}$ 的函数，并且由(16.12)，显然对 $\boldsymbol{x}$ 的导数只来自 $-c_0^2\psi_{x_i}^2$ 这一项(已推广到多个空间维度的情形)。为与(16.10)相一致，选择

$$\psi=\frac{a}{\omega}\sin\theta+\frac{a^3}{3\omega}\sin 3\theta+\cdots,$$

将它代入后，我们发现，(16.17)中平均 Lagrange 函数的表达式得到附加项

$$-\frac{1}{4}\frac{\varepsilon_0 c_0^2}{\omega^2}a_{x_i}^2。$$

通过(16.18)来消去 b 与这一项无关。因此，这一项也应加到(16.19)中去。最后，象以前一样地更一般地解释(16.19)的形式，我们得到

$$\mathfrak{L}=\frac{1}{4}\left\{n_0^2(\omega)-\frac{c_0^2k^2}{\omega^2}\right\}\varepsilon_0a^2+\frac{1}{8}n_0(\omega)n_2(\omega)\varepsilon_0a^4$$
$$-\frac{1}{4}\frac{\varepsilon_0 c_0^2}{\omega^2}a_{x_i}^2。\qquad(16.50)$$

现在变分方程为

$$\delta a:\ \left(n_0^2-\frac{c_0^2k^2}{\omega^2}\right)a+n_0n_2a^3+\frac{c_0^2}{\omega^2}a_{x_ix_i}=0,\qquad(16.51)$$

$$\delta\theta:\ \frac{\partial}{\partial x_i}(k_ia^2)=0,\qquad(16.52)$$

$$一致性关系:\ \frac{\partial k_i}{\partial x_j}-\frac{\partial k_j}{\partial x_i}=0。\qquad(16.53)$$

(16.51)中的附加项性质上是色散的，它阻碍着聚焦。为了使一开始时会聚，非线性项必须优于色散项 $c_0^2a_{x_ix_i}/\omega^2$。如果光束具有初始半径 r_0，这便给出关于所要求的临界强度的估计

$$a_0^2\gtrsim\frac{n_0}{n_2}\frac{1}{k^2r_0^2}。\qquad(16.54)$$

在光束会聚的过程中，随着横向尺度的减小，$a_{x_i x_i}$ 的效应增加了，于是防止了聚焦到奇点。一般说来，可以预料，在非线性与色散的交替优势之下，光束厚度会发生振荡。

作为一个特例，我们可以期望存在这样的解：它代表一个均匀的光束，所有量均与沿着它的距离无关。对于二维或轴对称光束，方程将简化为

$$k_2 = 0, \quad k_1 = k = \text{常数},$$

$$\frac{c_0^2}{\omega^2}\left(a_{rr} + \frac{m}{r} a_r\right) + \left(n_0^2 - \frac{c_0^2 k^2}{\omega^2}\right) a + n_0 n_2 a^3 = 0。$$

如果 a^* 表示满足下式的振幅

$$\frac{c_0^2 k^2}{\omega^2} = n_0^2 + n_0 n_2 a^{*2}, \tag{16.55}$$

则我们有

$$a_{rr} + \frac{m}{r} a_r = 2\gamma K^2 a(a^{*2} - a^2), \tag{16.56}$$

其中象以前一样，$\gamma = n_2/2n_0$，$K^2 = \omega^2 n_0^2/c_0^2$。在二维情形 $m = 0$，该方程可以进一步积分成

$$a_y^2 = \gamma K^2 a^2(a_0^2 - a^2), \tag{16.57}$$

其中 $a_0 = a^*\sqrt{2}$ 为最大振幅；a^* 为剖面拐点处的振幅。解为

$$a = a_0 \operatorname{sech}(\gamma^{1/2} K a_0 y)。 \tag{16.58}$$

这与不定常问题中的孤波相类似。如果在 (16.57) 中允许有一个积分常数，我们便可以得到沿 y 振荡的周期解。这些解与椭圆余弦波相类似。

对于轴对称光束，$m = 1$，(16.56)的解已经由 Chiao, Garmire 和 Townes (1964) 以及 Haus (1966) 用数值方法得出。前者计算了与 (16.58) 相对应的解，它从 $r = 0$ 处的 a_0 开始，当 $r \to \infty$ 时单调衰减到零。Haus 找到了振幅逐渐衰减的振荡解，这些解代表被衍射环所包围的光束。Small (1972) 注意到，用 $\bar{a} = a/a^*$，$\bar{r} = rKa^*(2\gamma)^{1/2}$ 所得到的规范化形式的 (16.56) 是与变分原理

$$\delta \int_0^\infty \bar{r}\left(\bar{a}_{\bar{r}}^2 + \bar{a}^2 - \frac{1}{2}\bar{a}^4\right) d\bar{r} = 0$$

相联系的，并且他利用 Rayleigh-Ritz 方法证明

$$\bar{a} = 0.8488e^{-0.2495\bar{r}^2} + 1.3156e^{-1.1810\bar{r}^2}$$

对于 Chiao, Garmire, Townes 解是一个好的近似。用无量纲变量表示，所要求的强度为

$$P = \int_0^\infty \bar{a}^2\bar{r}d\bar{r} \simeq 1.86。$$

细光束

在和导致 (16.39)—(16.40) 的相同假设下，可得到对于 (16.51)—(16.52) 的细光束近似。现在有一个附加的二阶导数项加到 (16.39) 中去，于是我们得到

$$K^2(2s_x + s_r^2)a = \frac{n_2}{n_0}K^2a^3 + \left(a_{rr} + \frac{m}{r}a_r\right), \qquad (16.59)$$

$$\frac{\partial a^2}{\partial x} + s_r\frac{\partial a^2}{\partial r} + \left(s_{rr} + \frac{m}{r}s_r\right)a^2 = 0。 \qquad (16.60)$$

如果我们取

$$\Psi = ae^{iKs},$$

则两个方程便结合成为

$$2iK\frac{\partial \Psi}{\partial x} + \nabla_\perp^2\Psi + \frac{n_2}{n_0}K^2|\Psi|^2\Psi = 0, \qquad (16.61)$$

其中

$$\nabla_\perp^2 = \frac{\partial^2}{\partial r^2} + \frac{m}{r}\frac{\partial}{\partial r}。$$

在和 Korteweg-deVries 方程相同的意义下，这一非线性 Schrodinger 方程具有某种典型结构，并且出现于各种不同问题之中。令人惊异的是，利用 Gardner, Greene, Kruskal 和 Miura (1967) 对于 Korteweg-deVries 方程所发展的相同方法可以导出关于二维光束 ($m = 0$) 的一大批精确解。Zakharov 和 Shabat (1972) 指出了这一点，他们接着对于这一方程给出彻底的分析。我们在第十七章中将会叙述到。

在已经作了各种近似的情况下，直接从 Maxwell 方程组出发并假定 $\boldsymbol{P}$ 与 $\boldsymbol{E}$ 之间为非线性关系来推导(16.61)是更简单的。对

于二维光束，我们有

$$E_{tt}+\frac{1}{\varepsilon_0}P_{tt}=c_0^2(E_{xx}+E_{yy}),$$

再加上

$$P=(n_0^2-1)\varepsilon_0 E+n_0 n_2\varepsilon_0 a^2 E,$$

便给出(在足够的近似下)

$$n_0^2 E_{tt}+n_0 n_2 a^2 E_{tt}=c_0^2(E_{xx}+E_{yy})。$$

于是如果

$$E=\frac{1}{2}\Psi(x,y)e^{iKx-i\omega t}+\frac{1}{2}\Psi^*(x,y)e^{-iKx+i\omega t},$$

我们便有

$$\frac{n_2}{n_0}K^2|\Psi|^2\Psi=-2iK\Psi_x-\Psi_{xx}-\Psi_{yy}。$$

如果忽略 Ψ_{xx}，则得到 (16.61)。

16.5 二次谐波的产生

在非线性光学中，奇妙的实验之一是当一红色光束通过一个非线性晶体时，产生出一蓝色光束。这是由非线性效应产生二次谐波的一个很好的例子，而该理论是按照 15.6 节中所作的一般讨论的精神。 Franken, Hill, Peters 和 Weinrein (1961) 首先作了这一实验。 Yariv (1967，第二十一章)给出了该理论的完整说明。我们来简短地写出主要之点。

在这种情形下，适当的非线性效应是 $\boldsymbol{P}$ 对于 $\boldsymbol{E}$ 的二次依赖性，并假定分量由

$$P_i=(n_0^2-1)\varepsilon_0 E_i+d_{ijk}E_j E_k. \tag{16.62}$$

给出。例如，磷酸二氢铵呈现出这一效应，其中当 i, j 和 k 不相等时 d_{ijk} 不为零。关系式的各向异性对应于晶体的各向异性。利用一个非对称的势，即在 (16.4) 在三维情形所对应的方程中利用一项

$$V(\boldsymbol{P})\propto P_i P_j P_k,$$

将很好地模拟这一各向异性。一般说来，由于色散的缘故，n_0 依

赖于频率 ω，但是在许多情况下 d_{ijk} 并不依赖于 ω。

Maxwell 方程组可以简化为

$$\frac{\partial^2 E_i}{\partial t^2}+\frac{1}{\varepsilon_0}\frac{\partial^2 P_i}{\partial t^2}=c_0^2\nabla^2 E_i, \tag{16.63}$$

但是，当涉及若干个具有不同频率的相互作用的模式时，直接使用(16.62)需稍加小心，因为 n_0 依赖于 ω。然而，假如将 P_i 分成两部分 $P_i=P'_i+P''_i$，其中 P'_i 代表线性部分，而 P''_i 代表非线性部分，我们知道，对于任一特定的频率，有

$$\frac{1}{c_0^2}\left(\frac{\partial^2 E_i}{\partial t^2}+\frac{1}{\varepsilon_0}\frac{\partial^2 P'_i}{\partial t^2}\right)=-\frac{n_0^2\omega^2}{c_0^2}E_i=-k^2 E_i, \tag{16.64}$$

其中 $k(\omega)$ 为关于线性波的相应波数。现在我们选取一些相互作用的平面波，它们的 y 和 z 分量由

$$E_i=\frac{1}{2}\sum_\alpha A_i^{(\alpha)}(x)\exp(ik_\alpha-i\omega_\alpha t)$$

给出，其中 $\alpha=\pm1,\pm2,\cdots$，

$$k_{-n}=k_n,\ \omega_{-n}=-\omega_n,\ \boldsymbol{A}^{(-n)}=\boldsymbol{A}^{(n)*},$$

并且 k_n,ω_n 满足线性色散关系。代入(16.63)之后，我们得到

$$\sum_\alpha\left\{ik_\alpha\frac{dA_i^{(\alpha)}}{dx}+\frac{1}{2}\frac{d^2A_i^{(\alpha)}}{dx^2}\right\}\exp(ik_\alpha x-i\omega_\alpha t)=\mu_0\frac{\partial^2}{\partial t^2}P''_i。$$

非线性项 $\boldsymbol{P}''$ 产生振幅 $\boldsymbol{A}^{(\alpha)}$ 的调制。假定与波长相比调制是缓慢的，并略去对 x 的二阶导数。假定

$$P''_i=d_{ijk}E_jE_k,$$

我们得到

$$\begin{aligned}&\sum_\alpha ik_\alpha\frac{dA_i^{(\alpha)}}{dx}\exp(ik_\alpha x-i\omega_\alpha t)\\&\quad=-\frac{\mu_0}{4}\sum_{\beta,\gamma}(\omega_\beta+\omega_\gamma)^2 d_{ijk}A_j^{(\beta)}A_k^{(\gamma)}\exp\{i(k_\beta+k_\gamma)x\\&\qquad-i(\omega_\beta+\omega_\gamma)t\}。\end{aligned} \tag{16.65}$$

对于频率满足共振条件

$$\omega_1+\omega_2=\omega_3 \tag{16.66}$$

的三个相互作用波，与 $e^{i\omega_1 t}$ 成正比的项给出

$$\frac{dA_i^{(1)}}{dx}=\frac{i\mu_0c_0}{2n_0}\omega_1 d_{ijk}A_j^{(3)}A_k^{(2)*}\exp\{i(k_3-k_1-k_2)x\}。$$

类似地，

$$\frac{dA_i^{(2)}}{dx}=\frac{i\mu_0c_0}{2n_0}\omega_2 d_{ijk}A_j^{(3)}A_k^{(1)*}\exp\{i(k_3-k_1-k_2)x\},$$

$$\frac{dA_i^{(3)}}{dx}=\frac{i\mu_0c_0}{2n_0}\omega_3 d_{ijk}A_j^{(1)}A_k^{(2)}\exp\{-i(k_3-k_1-k_2)x\}。$$

如果我们假定初始时在 $x=0$ 处 $\boldsymbol{A}^{(3)}=0$，并假定主波 $\boldsymbol{A}^{(1)}$，$\boldsymbol{A}^{(2)}$ 被相互作用消耗得很少，我们便可以在关于 $d\boldsymbol{A}^{(3)}/dx$ 的方程中将 $\boldsymbol{A}^{(1)}$，$\boldsymbol{A}^{(2)}$ 作为常数，于是得到

$$A_i^{(3)}=\frac{\mu_0c_0}{2n_0}\omega_3 d_{ijk}A_j^{(1)}A_k^{(1)}\frac{(1-e^{-ix\Delta k})}{\Delta k},\quad \Delta k=k_3-k_1-k_2。$$

振幅正比于 $\left(\sin\frac{1}{2}x\Delta k\right)\Big/\frac{1}{2}\Delta k$。如果相互作用着的各波精确满足共振条件

$$\Delta k=k_3-k_1-k_2=0, \tag{16.67}$$

则开始时 $A^{(3)}$ 随 x 线性增加，但接下去必须把其它的相互作用方程包括进来(当 $\boldsymbol{A}_3$ 增长时，这些方程将使 $\boldsymbol{A}_1$，$\boldsymbol{A}_2$ 减小)。能量在相互作用的诸模式之间振荡。最后，必须将给与高次谐波的能量损失以及能量的耗散考虑进来。

在产生二次谐波的情形，二次谐波是由自相互作用而产生的，其中

$$\omega_1=\omega_2=\omega,\quad \omega_3=2\omega_1。$$

然而，在通常情况下，由于色散的缘故 $\Delta k=k(2\omega)-2k(\omega)\neq 0$，因此二次谐波的产生仍然是相当小的。为了改进这一点而得到真正的共振，Giordmaine (1962) 和 Maker 等 (1962) 提出一种巧妙的方法，用 (12.8 节中所描述的) 双折射晶体将频率为 ω 的寻常光线与频率为 2ω 的非常光线匹配起来。匹配条件

$$k^{(e)}(2\omega)-2k^{(0)}(\omega)=0$$

等价于

$$n^{(e)}(2\omega)-n^{(0)}(\omega)=0,$$

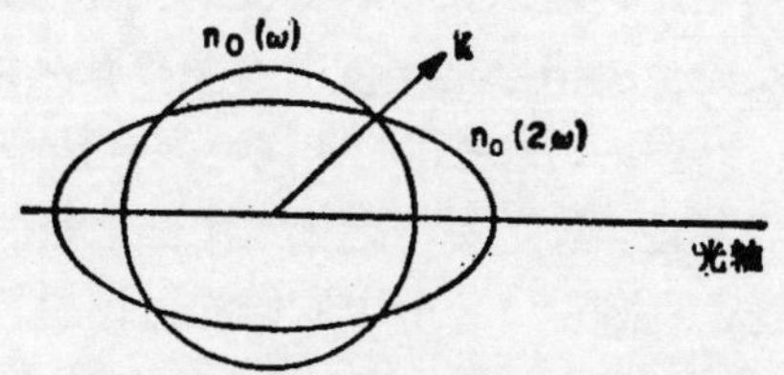

图 16.1 寻常与非常光线折射率的匹配

其中上标 e 和 0 分别表示非常和寻常光线。$n^{(e)}(2\omega)$ 和 $n^{(0)}(\omega)$ 随偏离光轴的角度的变化如图 16.1 所示。图中所示的矢量 $\boldsymbol{k}$ 给出共振所要求的方向。对于磷酸二氢钾晶体中的红宝石激光束($\lambda=6940$ Å)而言,该角度为 50.4°。Yariv (1967) 作了全面的详细讨论,并给出了其它的可能性。

对共振条件作了这些改进之后,理论得到实验的美妙证实。在 Yariv 书的卷头插图中复制了 R. W. Terhune 所摄的引人注目的照片。

水　　波

16.6 关于 Stokes 波的平均变分原理

现在我们将变分方法应用到水波理论中的某些问题上去。在 13.2 节的 (13.16)—(13.17) 中所给出的变分原理,以及 Stokes 和 Korteweg-deVries 所作的近似发展(它们得到以后数学的存在性证明的支持),保证了周期色散波列的存在性。由于 φ 是势,只是它的导数在 Lagrange 函数中出现,因此关于周期波列的最一般的形式为

$$\varphi=\beta x-\gamma t+\Phi(\theta,y),\quad \theta=kx-\omega t,\qquad (16.68)$$
$$\eta=N(\theta),$$

其中 $\Phi(\theta,y)$ 和 $N(\theta)$ 为 θ 的周期函数。参数 β 为水平速度 φ_x 的平均,而 γ 与波的平均高度有关。在均匀情形,可以选择一个其中 $\beta=0$ 并且平均高度为零的参考系。在以前的讨论中这样做过[见(13.120) 和 (13.121)]。注意,即使作了这样的选择,仍有 $\gamma\neq 0$。

在调制理论中，平均速度以及平均高度的变化与振幅变化相耦合。因此 β，γ 以及一个关于平均高度的有关参数必须是未定的。振幅调制与平均速度和高度之间的非线性耦合是一个重要的物理效应，因此十分自然地，数学要与之相适应。它是关于 (14.62) 中所记的情形以及接下去在 14.7 节中所作的讨论的首要的例子。

在最低一级调制近似中，平均 Lagrange 函数可通过将周期解 (16.68) 代入表达式 (13.17) 而得到。首先，我们将考虑水平的底部，并且把原点 $y=0$ 选择在底部上，于是 $h_0=0$。我们有

$$\mathfrak{L}=\frac{1}{2\pi}\int_0^{2\pi}Ld\theta, \tag{16.69}$$

其中

$$\begin{aligned}L=&\int_0^{N(\theta)}\rho\left\{\gamma+\omega\Phi_\theta-\frac{1}{2}(\beta+k\Phi_\theta)^2\right.\\&\left.-\frac{1}{2}\Phi_y^2-gy\right\}dy\\=&\rho\left(\gamma-\frac{1}{2}\beta^2\right)N-\frac{1}{2}\rho gN^2+(\omega-\beta k)\rho\int_0^N\Phi_\theta dy\\&-\rho\int_0^N\left(\frac{1}{2}k^2\Phi_\theta^2+\frac{1}{2}\Phi_y^2\right)dy。\end{aligned} \tag{16.70}$$

由于 $\Phi(\theta,y)$ 和 $N(\theta)$ 的精确表达式是不知道的，因此，要么采用 Stokes 的近线性展开，要么采用 Boussinesq 和 Korteweg-deVries 的长波理论，才能得到进一步的进展。我们遵循 Stokes 的阐述方法。将周期函数 $\Phi(\theta, y)$ 和 $N(\theta)$ 展开成如下形式的 Fourier 级数

$$\Phi(\theta,y)=\sum_1^\infty\frac{A_n}{n}\cosh nky\sin n\theta, \tag{16.71}$$

$$N(\theta)=h+a\cos\theta+\sum_2^\infty a_n\cos n\theta。 \tag{16.72}$$

最后，主要参数将是三元组 (ω, k, a) 和 (γ,β,h)；a 为振幅参数，而 h 为表面平均高度。可以事先假定，对于小的振幅，系数 a_n, A_n 将为 $O(a^n)$；将(16.71)—(16.72)代入(16.69)—(16.70)中，便可得

到精确到关于 a 的任何所需要的量级的 $\mathfrak{L}$ 的表达式。主要兴趣在于首次的非线性效应，它在 $\mathfrak{L}$ 中为 a^4 量级，因此将 $\mathfrak{L}$ 计算到这一量级是方便的。除了两个主要的三元组之外，系数 A_1, A_2, a_1 也出现于表达式之中，但是，通过求解变分方程

$$\mathfrak{L}_{A_1}=0,\ \mathfrak{L}_{A_2}=0,\ \mathfrak{L}_{a_1}=0$$

得出 A_1, A_2, a_1, 然后将结果再代入 $\mathfrak{L}$, 可以将它们消去。不论采用什么方法，这些步骤都是冗长而又不可避免的。大体说来，从变分原理出发来得到关于 A_1, A_2, a 的关系式，要比直接从在 13.13 节中所概述的方程出发要稍许简单些。这条途径还具有如下优点: $\mathfrak{L}$ 被一劳永逸地决定，而所有其它量，诸如质量，动量和能流都可以简单地由它推导出来，而不必重复类似的代数运算。

关于 $\mathfrak{L}$ 的最终表达式为

$$\mathfrak{L}=\rho\left(\gamma-\frac{1}{2}\beta^2\right)h-\frac{1}{2}\rho g h^2+\frac{1}{2}E\left\{\frac{(\omega-\beta k)^2}{gk\tanh kh}-1\right\}$$

$$-\frac{1}{2}\frac{k^2E^2}{\rho g}\left\{\frac{9T^4-10T^2+9}{8T^4}\right\}+O(E^3), \tag{16.73}$$

其中

$$E=\frac{1}{2}\rho g a^2,\ T=\tanh kh。$$

下面将看出，E 是在静水中移动的线性波的能量密度；它代替 a 而成为一个方便的振幅参数。一般说来，平均量 (γ, β, h) 的变化与波动相耦合，我们将看到这些变化为 $O(a^2)$。因此，在关于 a^4 的一项的系数中用未扰深度 h_0 来代替 h 和在该项中用

$$T_0=\tanh kh_0$$

来代替 T 是一致的。然而，在前面几项中保持用 h 是重要的。在关于 $\mathfrak{L}$ 的表达式的原始推导中 (Whitham, 1967), 曾建议 γ 和 β 为 $O(a^2)$, 因为那里感兴趣的情形是在初始静止的水中的传播。但事实上，(16.73) 的成立并不受那一限制。这一推广允许我们来研究流动上面的波，例如，其中由于波动而造成的 β 的变化将为 $O(a^2)$, 但 β 本身却包含流动速度的非零未扰值。

由于对势能零点的不同选择，$\mathfrak{L}$ 的形式会有某些轻微的差别。在由 (13.17) 推导(16.73)时，零点是取在底部，而底部假定为水平的。更一般地，假如平均表面为 $y=b$，而底部为 $y=-h_0$，则 (16.73) 中的项 $\frac{1}{2}\rho g h^2$ 由

$$\frac{1}{2}\rho g b^2-\frac{1}{2}\rho g h_0^2 \tag{16.74}$$

来代替；其它项均相同，其中 $h=h_0+b$。当底部不是水平的，因而不再能作为势能的参考水准时，必须采用这一修改。除了特别说明为相反情况外，我们将取底部为水平面并采用 (16.73)。

16.7 调制方程

对于一个被调制的波列，(16.68) 中的 $\beta x-\gamma t$ 这一项必须用准位相 $\psi(x,t)$ 来代替，而 γ,β 则由

$$\gamma=-\psi_t,\quad \beta=\psi_x$$

来定义，正如 $kx-\omega t$ 由位相 $\theta(x,t)$ 来代替一样(见 14.7 节)。平均变分原理

$$\delta\iint\mathfrak{L}(\omega,k,E;\gamma,\beta,h)dx\,dt=0 \tag{16.75}$$

将被应用于有关 $\delta E,\delta\theta,\delta h,\delta\psi$ 的变分，于是我们得到

$$\delta E:\quad \mathfrak{L}_E=0, \tag{16.76}$$

$$\delta\theta:\quad \frac{\partial}{\partial t}\mathfrak{L}_\omega-\frac{\partial}{\partial x}\mathfrak{L}_k=0,\qquad \frac{\partial k}{\partial t}+\frac{\partial\omega}{\partial x}=0, \tag{16.77}$$

$$\delta h:\quad \mathfrak{L}_h=0, \tag{16.78}$$

$$\delta\psi:\quad \frac{\partial}{\partial t}\mathfrak{L}_\gamma-\frac{\partial}{\partial x}\mathfrak{L}_\beta=0,\qquad \frac{\partial\beta}{\partial t}+\frac{\partial\gamma}{\partial x}=0。 \tag{16.79}$$

色散关系 $\mathfrak{L}_E=0$ 给出

$$\frac{(\omega-\beta k)^2}{gk\tanh kh}=1+\frac{9T_0^4-10T_0^2+9}{4T_0^4}\frac{k^2E}{\rho g}+O(E^2), \tag{16.80}$$

与 (13.123) 相一致。伴随关系式 $\mathfrak{L}_h=0$ 给出

$$\gamma = \frac{1}{2}\beta^2 + gh + \frac{1}{2}\left(\frac{1-T_0^2}{T_0}\right)\frac{kE}{\rho} + O(E^2)。$$

由于 $\gamma = -\psi_t$, $\beta = \psi_x$，这是关于平均流动势 ψ 的一个 Bernoulli 型的方程，受到与 a^2 成正比的波的贡献的修改。 在这些关系式中，将与 T_0 有关的系数用

$$\omega_0(k) = (gk\tanh kh_0)^{1/2},\ c_0(k) = (gk^{-1}\tanh kh_0)^{1/2},$$

$$C_0(k) = \frac{1}{2}c_0(k)\left\{1 + \frac{2kh_0}{\sinh 2kh_0}\right\}$$

来表示是方便的，它们是关于在深度为 h_0 的静水中移动的波的线性值。我们得到

$$\gamma = \frac{1}{2}\beta^2 + gh + \frac{1}{2}\left(\frac{2C_0}{c_0} - 1\right)\frac{E}{\rho h_0} + O(E^2)。\qquad (16.81)$$

16.8 守恒方程

在 (16.77) 中的波作用密度和流为

$$\mathfrak{L}_\omega = \frac{E(\omega - \beta k)}{gk\tanh kh} = \frac{E}{\omega_0} + O(E^2),\qquad (16.82)$$

$$-\mathfrak{L}_k = \frac{E\beta(\omega - \beta k)}{gk\tanh kh} + \frac{1}{2}\frac{E(\omega-\beta k)^2}{(gk\tanh kh)^2}\frac{d}{dk}\omega_0^2 + O(E^2)$$

$$= \frac{E}{\omega_0}(\beta + C_0) + O(E^2)。\qquad (16.83)$$

这两个式子采取了通常的用能量密度 E 表达的形式。

质量守恒

在 (16.79) 中的伴随量为

$$\mathfrak{L}_\gamma = \rho h,\ -\mathfrak{L}_\beta = \rho h\beta + \frac{E}{c_0} + O(E^2)。\qquad (16.84)$$

因此我们看到，(16.79) 中的第一个方程为质量守恒方程，而波加给质量流一个净贡献 E/c_0。于是，引进由

$$U = \beta + \frac{E}{\rho_0 c_0 h}\qquad (16.85)$$

定义的质量输运速度是特别有价值的。

能量和动量

我们求出在 (14.74) 中所定义的能量密度和流为

$$\omega\mathfrak{L}_\omega + \gamma\mathfrak{L}_\gamma - \mathfrak{L} = \frac{1}{2}\rho h U^2 + \frac{1}{2}\rho g h^2 + E + O(E^2), \tag{16.86}$$

$$-\omega\mathfrak{L}_k - \gamma\mathfrak{L}_\beta = \rho h U\left(\frac{1}{2}U^2 + gh\right) + U\left(\frac{2C_0}{c_0} - \frac{1}{2}\right)E + (U + C_0)E + O(E^2)。 \tag{16.87}$$

我们求出动量密度和流[见 (14.75)]为

$$k\mathfrak{L}_\omega + \beta\mathfrak{L}_\gamma = \rho h\beta + \frac{E}{c_0} = \rho h U + O(E^2), \tag{16.88}$$

$$-k\mathfrak{L}_k - \beta\mathfrak{L}_\beta + \mathfrak{L} = \rho h U^2 + \frac{1}{2}\rho g h^2 + \left(\frac{2C_0}{c_0} - \frac{1}{2}\right)E + O(E^2)。 \tag{16.89}$$

由于引进 U 来代替 β 而带来的形式上的简洁是特别应当注意的。因为这样一来，由平均流、波动以及它们的相互作用所给出的贡献便一目了然。由 (16.86)，证实了 E 为由波所贡献的能量密度。在 (16.88) 中的波动量 E/c_0 采取了通常的形式，而完全的项也可以方便地写成 $\rho h U$。关于动量流的表达式 (16.89) 包含着有趣的一项

$$S = \left(\frac{2C_0}{c_0} - \frac{1}{2}\right)E, \tag{16.90}$$

Longuet-Higgin 和 Stewart (1960, 1961) 首先指出了这一项并加以解释，他们把它称作辐射应力。于是我们应当注意到，它在能流 (16.87) 中贡献了一项功率 US；这是除了通常的能流 $(U + C_0)E$ 之外的一个波相互作用项。每当我们相对于一个和力学体系的质量中心一起运动的参考系来描述力学体系时，总能量为

$$\frac{1}{2}\sum m(U + v)^2 = \frac{1}{2}U^2\sum m + U\sum mv + \frac{1}{2}\sum mv^2,$$

中间一项为 U 乘以相对动量；在 (16.87) 中的三项与这一较简单情形相对应。

由上面所得到的各式，原始方程 (16.77)—(16.79) 可以写成

$$\frac{\partial}{\partial t}\left(\frac{E}{\omega_0}\right)+\frac{\partial}{\partial x}\left\{(\beta+C_0)\frac{E}{\omega_0}\right\}=0,\ \frac{\partial k}{\partial t}+\frac{\partial \omega}{\partial x}=0, \tag{16.91}$$

$$\frac{\partial}{\partial t}(\rho h)+\frac{\partial}{\partial x}\left(\rho h\beta+\frac{E}{c_0}\right)=0,\ \frac{\partial \beta}{\partial t}+\frac{\partial \gamma}{\partial x}=0, \tag{16.92}$$

其中 ω 和 γ 由(16.80)—(16.81)给出，并略去了 $O(E^2)$的各项。另一组方程［引进能量和动量方程来代替波作用和 β 与 γ 之间的一致性方程］为

$$k_t+\omega_x=0, \tag{16.93}$$

$$(\rho h)_t+(\rho hU)_x=0, \tag{16.94}$$

$$(\rho hU)_t+\left(\rho hU^2+\frac{1}{2}\rho gh^2+S\right)_x=0, \tag{16.95}$$

$$\left(\frac{1}{2}\rho hU^2+\frac{1}{2}\rho gh^2+E\right)_t+\left\{\rho hU\left(\frac{1}{2}U^2+gh\right)\right.$$
$$\left.+US+(U+C_0)E\right\}_x=0。 \tag{16.96}$$

在关于流动上面的波的早期工作中，曾有过一个关于 E 的"波能量"方程的正确形式的问题。推导这一正确形式的一种方法是尽可能根据前面几个方程来消去(16.96)中的 h 和 U。容易发现，

$$E_t+\{(U+C_0)E\}_x+SU_x=0 \tag{16.97}$$

是正确的。需要附加项 SU_x 是由 Longuet-Higgins 和 Stewart (1961) 指出的。当然，(16.97) 等价于 (16.91) 中的波作用方程，在本方法中它看来是更为基本的。为了看清楚这一等价性，我们注意到波作用方程可以展开成为

$$E_t+\{(\beta+C_0)E\}_x+\left[\frac{k}{\omega_0}\frac{\partial\omega_0}{\partial k}+\frac{h}{\omega_0}\frac{\partial\omega_0}{\partial h}\right]E\beta_x=0。$$

方括号中的系数等于 $\left(2C_0/C_0-\frac{1}{2}\right)$，而 $\beta=U+O(E)$，因此两

者是一致的。

16.9 诱导平均流

方程 16.92，或者 (16.94)—(16.95) 这两个方程，可看作是在决定着由波所诱导的 h 和 U 的变化。这些方程是带有附加波动项 S 的长波方程[见 (13.79)]。 这里我们关心由波列所诱导的 h 和 U 的变化。 对于在深度为 h_0 的静水中运动的波，我们可以假定 U 和 $b = h - h_0$ 是小的，于是把方程线性化为

$$b_t + h_0 U_x = 0,$$

$$U_t + g b_x = -\frac{S_x}{\rho h_0}。 \tag{16.98}$$

对于许多目的来说，把 S 取作为已由关于 k 和 E 的分布的线性色散理论决定了的一个已知的施力项是足够的。 由于按照该理论，

$$k_t + C_0(k)k_x = 0,\ E_t + (C_0 E)_x = 0,$$

并且由于 S 的形式为 $f(k)E$，因此对于任何函数 $g(k)$，得到

$$\{g(k)S\}_t + \{g(k)C_0 S\}_x = 0。$$

接下去容易证明 (16.98) 的解为

$$b = h - h_0 = -\frac{h_0}{gh_0 - C_0^2(k)} \cdot \frac{S}{\rho h_0},$$

$$U = \beta + \frac{E}{\rho c_0 h_0} = -\frac{C_0(k)}{gh_0 - C_0^2(k)} \cdot \frac{S}{\rho h_0}。 \tag{16.99}$$

可以将齐次方程的解(即 $x \pm \sqrt{gh_0}t$ 的函数)加到这些解上去。由 (16.99) 清楚地看出，与 a^2 相比，群速度和长波速度 $\sqrt{gh_0}$ 不应当太接近。但这一点是为 Stokes 展开的有效性所要求的；在 $C_0^2 \to gh_0$ 的极限情形，需要用 Korteweg-deVries 的阐述。

当波列刚刚产生时，瞬时的卡波将以速度 $\pm\sqrt{gh_0}$ 而传播，可是(再次假定 C_0 和 $\sqrt{gh_0}$ 足够地分开) 伴随该波列的平均流和平均高度由 (16.99) 给出。 Benjamin (1970) 详细讨论了在水中移动一个障碍物所建立起来的初始瞬间的波列。

16.10 深水

对于深水，$kh_0 \gg 1$，h 和 β 的诱导变化变得可以忽略。这一点事先会预料到，但它由 (16.99) 明显地证实。平均 Lagrange 函数 (16.73) 变为

$$\mathfrak{L}_W = \frac{1}{2}\left(\frac{\omega^2}{gk} - 1\right)E - \frac{1}{2}\frac{k^2E^2}{\rho g} + O(E^3)。\tag{16.100}$$

在平均流和由 $\mathfrak{L}_W$ 所描述的波之间没有相互作用。就波而言，我们可以完全从 $\mathfrak{L}_W$ 出发。它适合于以前一些问题的简单形式，在那里不出现准频率，而 ω, k, E 为仅有的波参数。由 $\mathfrak{L}_E = 0$ 所得的色散关系为

$$\begin{aligned}\omega^2 &= gk\left(1 + \frac{2k^2E}{\rho g} + \cdots\right)\\ &= gk(1 + k^2a^2 + \cdots),\end{aligned}\tag{16.101}$$

与以前的结果相一致。关于 E 和 k 的调制方程由 (16.77) 给出。

在一个给定的流动上面，上述的论证所指的是 $\beta - U_0$，而不是 β 本身，并且，在深水极限下，$\mathfrak{L}_W$ 修改为

$$\mathfrak{L}_W = \frac{1}{2}\left\{\frac{(\omega - U_0k)^2}{gk} - 1\right\}E - \frac{1}{2}\frac{k^2E^2}{\rho g} + O(E^3)。\tag{16.102}$$

16.11 Stokes 波的稳定性

对于深水波，14.2 节的简单理论适用。由 (16.101)，

$$\omega_0(k) = (gk)^{1/2},\ \omega_2(k) = \frac{1}{2}(gk)^{1/2}k。$$

量 $\omega_0''\omega_2 < 0$；因此调制随时间而增长。对于有限深度，与诱导平均流的耦合变得重要，并具有一种稳定化的效应。

稳定性由完整方程组 (16.91)—(16.92) 的类型决定，它是关于 k, E, β, h 的一个四阶方程组。而类型则又转过来由特征线所决定。直接通过标准方法来求特征速度是简单的，但却是冗长的。将论证分成两部分可以简化这一分析，并给出一个更重要的形式。

首先，(16.99) 是关于 h，β 和 E 的关系的足够的近似。同时，这第一步产生了有两个特征速度为 $\pm\sqrt{gh_0}$ 的结果。可以在关于 k 和 E 的方程 (16.91) 中使用关于 h，β 的表达式，以便决定另外两个特征速度。

如果认为 $b = h - h_0$ 和 β 为 $O(E)$，则色散关系 (16.80) 可由

$$\omega = \omega_0 + k\beta + k\left(C_0 - \frac{1}{2}c_0\right)\frac{b}{h_0} + \frac{9T_0^4 - 10T_0^2 + 9}{8T_0^3}\frac{k^2E}{\rho c_0} + O(E^2)。$$

由 (16.99)，这简化为

$$\omega = \omega_0(k) + \Omega_2(k)\frac{k^2E}{\rho c_0} + O(E^2), \tag{16.103}$$

其中

$$\Omega_2 = \frac{9T_0^4 - 10T_0^2 + 9}{8T_0^3} - \frac{1}{kh_0}\left\{\frac{(2C_0 - (1/2)c_0)^2}{gh_0 - C_0^2} + 1\right\}。$$

由于已消去了 b，β，现在我们得到了在 14.2 节讨论过的那种类型的关于 k，E 的简单调制方程，并且可以不用进一步计算便读出关于特征速度的结果！特征速度为

$$C_0 \pm \left(\frac{\omega_0''\Omega_2k^2E}{\rho c_0}\right)^{1/2}。 \tag{16.104}$$

这里 $\omega_0 = (gk\tanh kh_0)^{1/2}$，而 ω_0'' 永远为负。于是，当 $\Omega_2 > 0$ 时特征线为虚的，当 $\Omega_2 < 0$ 时特征线是实的。关于 Ω_2 的公式清楚表明当 kh_0 由深水极限减小时平均流的稳定化效应。关于稳定性的临界值由使得 $\Omega_2 = 0$ 的 kh_0 值所决定。在数值上求出这一值为 $kh_0 = 1.36$。当 $kh_0 > 1.36$ 时调制增长；当 $kh_0 < 1.36$ 时，它们以典型的双曲方式而传播。

Benjamin (1967) 用在 15.6 节中所述的 Fourier 模式分析首先导出了关于深水波的不稳定性。然后，这种不稳定性被理解为意味着椭圆型的调制方程，于是关于有限深情形导出了临界值 $kh_0 = 1.36$。接下去，Benjamin 用他的 Fourier 模式方法证实了这一数

值。这个序列表明，在这两种方法之间存在着有价值的相互影响。

应当再次提到，“不稳定情形”指的是调制的增长，而不一定指的是混乱的运动。为估计最终的性态，必须如 15.5 节中所述，把高阶色散项包括进来。由那一分析我们推断出，下一阶段调制将发展为那样一种状态，其中波列的包络为一系列的孤立波。

16.12 海滨上的 Stokes 波

对于一个趋向于海滨的波列，我们可以认为调制参数与 t 无关。由调制方程，我们于是有四个关系式

$$\omega,\ -\mathfrak{L}_k,\ \gamma,\ -\mathfrak{L}_\beta = \text{常数},$$

以使用它们在海上原来的常数值和深度分布 $h_0(x)$ 来决定 $k(x)$，$E(x)$，$\beta(x)$，$h(x)$。在最低一级近似下，前两个关系式为

$$\omega = \omega_0 = (gk\tanh kh_0)^{1/2} = \text{常数},$$

$$-\mathfrak{L}_k = \frac{E}{\omega_0} C_0 = \text{常数}, \tag{16.105}$$

它们对于用深度分布 $h_0(x)$ 来决定 $k(x)$，$E(x)$ 的分布来说是足够的。由于 ω_0 为常数，关于 E 的关系式也可以解释为一个常的能流 EC_0，但对于这种“绝热”过程来说，现在波作用似乎是更基本的。关系式 $\gamma =$ 常数，$-\mathfrak{L}_\beta =$ 常数决定关于 $h-h_0$ 和 β 的伴随着的小变化。结果是

$$b = h - h_0 = -\frac{1}{2}\left(\frac{2C_0}{c_0} - 1\right)\frac{E}{\rho g h_0},$$

$$\beta = -\frac{E}{\rho c_0 h_0}。 \tag{16.106}$$

[在计算 γ 时使用了在 (16.74) 中所提到的轻微修改.] 平均表面发生了降低，并出现了一股逆流，以便来平衡由波所诱导出的质量流。

在倾斜的海滨，当深度减小时振幅增加。在充分高的振幅处[可用各种方法估计振幅，由 Michell 的深水计算估计为 $a/\lambda =$

0.142，由 McCowan 孤立波的估计，得到 $a/h_0 = 0.78$] 波形成锐峰，于是 Stokes 理论不再适用。

16.13 在水流上面的 Stokes 波

类似的讨论适用于沿非均匀流 $U_0(x)$ 传播的波，可以假定非均匀流是由深度 $h_0(x)$ 的变化所引起，或由自下而上的喷涌所提供。在这种情形下，为决定 $k(x)$，我们有

$$\begin{aligned}\omega &= kU_0(x) + \omega_0(k) \\ &= kU_0(x) + \{gk\tanh kh_0(x)\}^{1/2} = \text{常数}，\end{aligned} \tag{16.107}$$

而为决定振幅，有

$$-\mathfrak{L}_k = \frac{E}{\omega_0}\{U_0(x) + C_0(x)\} = \text{常数}。 \tag{16.108}$$

对于深水

$$\omega_0 = (gk)^{1/2},\ c_0 = \left(\frac{g}{k}\right)^{1/2},\ C_0 = \frac{1}{2}c_0:$$

我们可以把结果表示为如下形式

$$\begin{aligned}&kU_0 + (gk)^{1/2} = \text{常数}, \\ &Ec_0(2U_0 + c_0) = \text{常数}。\end{aligned} \tag{16.109}$$

这些结果是由 Longuet-Higgins 和 Stewart (1961) 在详细地直接分析了运动方程之后首先得到的。对于在水流上运动的波，当群速度的大小等于流动速度时，结果是奇异的，预示着 $E \to \infty$。在这一阶段，具有 E^2 量级的下一级项成为关键性的，并保证了有限的结果。这一问题已由 Crapper (1972) 和 Holliday (1973) 研究过。

Korteweg-deVries 方程

为结束本章，我们将调制理论应用于 Korteweg-deVries 方程。这一推导中有一些特点，并且，为得到特征关系式的精确公式，需要某些不寻常的技巧。鉴于该方程在本学科中所占有的中心地位，以及这些结果可能与在该方程的精确分析方面的进一步发展有联系，因此，论证这些结果似乎是值得的。

16.14 变分表述

选择特殊的规范化方法,使得方程变为

$$\eta_t + 6\eta\eta_x + \eta_{xxx} = 0 \tag{16.110}$$

是方便的。

对于这一方程不存在变分原理,因而需要某种势的表示法。最简单的选择是 $\eta = \varphi_x$; 方程变为

$$\varphi_{xt} + 6\varphi_x\varphi_{xx} + \varphi_{xxxx} = 0, \tag{16.111}$$

而适当的 Lagrange 函数为

$$L = -\frac{1}{2}\varphi_t\varphi_x - \varphi_x^3 + \frac{1}{2}\varphi_{xx}^2。 \tag{16.112}$$

人们也可以在 (16.111) 中引入 $\chi = \varphi_{xx}$, 用一对函数 φ,χ 作为因变量,而采用一个只涉及一阶导数的 Lagrange 函数。那样做的好处是适合于在 14.7 节中所作的一般讨论,但是,从(16.112)出发并加上一些特殊运算是更简单的。

需要用势的表示法,这一点对于问题的结构具有基本的意义,并影响均匀波列中的参数数目。我们必须取

$$\varphi = \psi + \Phi(\theta),\ \psi = \beta x - \gamma t,\ \theta = kx - \omega t。$$

于是

$$\eta = \beta + k\Phi_\theta, \tag{16.113}$$

而参数 β 指的是 η 的平均值。借助于 η, (16.110) 的均匀波列解由

$$k^2\eta_{\theta\theta\theta} + 6\eta\eta_\theta - \frac{\omega}{k}\eta_\theta = 0$$

给出,它有两个直接的积分

$$k^2\eta_{\theta\theta} + 3\eta^2 - \frac{\omega}{k}\eta + B = 0,$$

$$k^2\eta_\theta^2 + 2\eta^3 - \frac{\omega}{k}\eta^2 + 2B\eta - 2A = 0, \tag{16.114}$$

其中 A,B 为积分常数。对于这个解, Lagrange 函数 (16.112) 可以首先用 η 表示为

$$L = \frac{1}{2}\left(\gamma - \frac{\omega}{k}\beta\right)\eta + \frac{1}{2}\frac{\omega}{k}\eta^2 - \eta^3 + \frac{1}{2}k^2\eta_\theta^2,$$

然后，由(16.114)，可写成等价的形式

$$L = k^2\eta_\theta^2 + \left\{B + \frac{1}{2}\left(\gamma - \frac{\omega}{k}\right)\beta\right\}\eta - A。\quad (16.115)$$

现在我们要求平均 Lagrange 函数

$$\mathfrak{L} = \frac{1}{2\pi}\int_0^{2\pi} L d\theta。$$

由 (16.113)，

$$\frac{1}{2\pi}\int_0^{2\pi}\eta d\theta = \bar{\eta} = \beta;$$

由 (16.114)，

$$\frac{1}{2\pi}\int_0^{2\pi} k^2\eta_\theta^2 d\theta = \frac{1}{2\pi}\oint k^2\eta_\theta d\eta = kW, \quad (16.116)$$

其中[1)]

$$W(A,B,U) = \frac{1}{2\pi}\oint\{2A - 2B\eta + U\eta^2 - 2\eta^3\}^{1/2}d\eta,$$

$$U = \frac{\omega}{k}。$$

于是，最后得到

$$\mathfrak{L} = kW(A,B,U) + \beta B + \frac{1}{2}\beta\gamma - \frac{1}{2}U\beta^2 - A。\quad (16.117)$$

关于三元组 (γ, β, B) 的变分方程为

$$\delta B:\quad \beta = -kW_B,$$

$$\delta\psi:\quad \frac{\partial}{\partial t}\left(\frac{1}{2}\beta\right) + \frac{\partial}{\partial x}\left(U\beta - \frac{1}{2}\gamma - B\right) = 0,$$

$$一致性关系:\quad \frac{\partial\beta}{\partial t} + \frac{\partial\gamma}{\partial x} = 0。$$

由最后两个方程，不失一般性，我们可以取 $\gamma = U\beta - B$，于是我

1) 与16.9—16.13节中用U表示质量流速度不同，现在我们用符号U表示非线性相速度。

们有

$$\beta = -kW_B,\ \gamma = -kUW_B - B,$$

和

$$\frac{\partial}{\partial t}(kW_B) + \frac{\partial}{\partial x}(kUW_B + B) = 0。 \quad (16.118)$$

对于三元组 (ω, k, A) 来说，用动量方程

$$\frac{\partial}{\partial t}(k\mathfrak{L}_\omega + \beta\mathfrak{L}_\gamma) + \frac{\partial}{\partial x}(\mathfrak{L} - k\mathfrak{L}_k - \beta\mathfrak{L}_\beta) = 0$$

来代替关于 $\delta\theta$ 的变分方程是方便的。我们有

$$\delta A:\ kW_A = 1, \quad (16.119)$$

$$\text{动量:}\quad \frac{\partial}{\partial t}(kW_U) + \frac{\partial}{\partial x}(kUW_U - A) = 0, \quad (16.120)$$

$$\text{一致性关系:}\quad \frac{\partial k}{\partial t} + \frac{\partial}{\partial x}(kU) = 0,\ \omega = kU。 \quad (16.121)$$

方程 (16.118), (16.120) 和 (16.121) 可以看成是关于 A, B, U 的三个方程，其中 k 由 (16.119) 给出。一个更为对称的等价形式为

$$\frac{\partial W_B}{\partial t} + U\frac{\partial W_B}{\partial x} + W_A\frac{\partial B}{\partial x} = 0,$$

$$\frac{\partial W_U}{\partial t} + U\frac{\partial W_U}{\partial x} - W_A\frac{\partial A}{\partial x} = 0,$$

$$\frac{\partial W_A}{\partial t} + U\frac{\partial W_A}{\partial x} - W_A\frac{\partial U}{\partial x} = 0。 \quad (16.122)$$

借助于这些变量，波数、频率和平均值 $\bar{\eta} = \beta$ 由下式给出:

$$k = \frac{1}{W_A},\ \omega = \frac{U}{W_A},\ \beta = -\frac{W_B}{W_A}。 \quad (16.123)$$

将 W 中的三次式的零点与系数 A, B, U 联系起来可得到振幅 a。在物理描述中，对基本参数的自然选择是 k, β, a; A, B, U 这三个数是一组等价的参数。(16.123) 中的第二个表达式隐含地给出色散关系 $\omega = \omega(k, \beta, a)$。

在 (16.122) 中的方程具有适当的对称模样，而原来的关于 β 和 γ 的变分方程看上去是难处理的。这似乎与作为水波原始提法

之近似的 Korteweg-deVries 方程的混合性质有关。在推导这一近似时，流体速度是用深度来表示的[见(13.102)]，因此 γ,β,B 这三个数便以非对称的方式互相掺合。例如，在(16.113)中 β 是作为平均高度而引入的，可是它的自然的作用却是平均流体速度。在更为对称的形式(16.122)中这种二重性被平滑掉了。与此有关的一点是，由于采用了势的表示法，我们不得不首先从一四阶方程组出发；只有当我们回到三阶方程组时，才会恢复到较为平衡的形式。

16.15 特征方程

方程组(16.122)一般说来是双曲型的，现在我们来考虑特征方程。函数 W 及其导数 W_A，W_B，W_U 都可以用完全椭圆积分来表示，因此这些方程的特征形式可以直接地慢慢推导出来，但要花费大量的劳动。然而，令人惊奇的是，假如用三次方程

$$\eta^3-\frac{1}{2}U\eta^2+B\eta-A=0 \tag{16.124}$$

的零点 p，q，r 作为新变量来代替 A，B，U，并且假如引进 W 的二阶导数之间的各种(非平凡的)恒等式，则方程可写成一种简单形式，从中立即看出特征关系式和特征速度。结果方程可以写成

$$\begin{gathered}(p+r)_t+P(q+r)_x=0,\\ P=2\left\{(p+q+r)-\frac{p(W_q-W_r)+q(W_r-W_p)+r(W_p-W_q)}{W_q-W_r}\right\},\end{gathered} \tag{16.125}$$

加上在循环置换中关于 $r+p$ 和 $p+q$ 的类似方程。这样一来，Riemann 不变量简单地就是

$$q+r,\ r+p,\ p+q, \tag{16.126}$$

而对应的特征速度 P，Q，R 就是(16.125)及其置换之中的系数。

在这一点上，将有关量用椭圆积分表示是有益的。我们引进

$$a = \frac{p-q}{2}, \quad s^2 = \frac{p-q}{p-r}, \quad p > q > r; \tag{16.127}$$

a 为振幅变量，而 s 为椭圆积分的模。于是可以证明

$$\beta = \bar{\eta} = p - 2a\frac{D(s)}{K(s)},$$

其中 $D(s)$, $K(s)$ 为标准记号的完全椭圆积分 (Jahnke 和 Emde, 1945)。假如我们宁愿采用 β, a, s 作为基本变量，我们有

$$p = \beta + 2a\frac{D}{K}, \quad q = \beta + 2a\left(\frac{D}{K} - 1\right),$$

$$r = \beta + 2a\left(\frac{D}{K} - \frac{1}{s^2}\right)。\tag{16.128}$$

波数和相速度由

$$k = \frac{1}{W_A} = \frac{\pi a^{1/2}}{sK}, \tag{16.129}$$

$$U = \frac{\omega}{k} = 2(p+q+r) = 6\beta + 4a\left(\frac{3D}{K} - \frac{1+s^2}{s^2}\right) \tag{16.130}$$

给出。Riemann 不变量和特征速度如下:

Riemann 不变量	特征速度
$q+r$	$P = U - \dfrac{4aK}{s^2 D}$
$r+p$	$Q = U - \dfrac{4a(1-s^2)K}{s^2(K-D)}$
$p+q$	$R = U - \dfrac{4a(1-s^2)K}{s^2(s^2 D - K)}$

一般说来，特征速度 P, Q, R 是不同的，并且 $P < Q < R$。于是系统为双曲型。$s^2 \to 0$ 和 $s^2 \to 1$ 这两个极限都是奇异的，因为有两个特征速度变为相等。于是，极限方程不严格是双曲型的，尽管（由于有一个方程是单独的）它们仍然可以通过沿特征线的积分来求解。 这是以前在线性理论中遇到过的情况，$s^2 \to 0$ 的极限对应于线性理论。

小振幅情形

如果我们令 $a\to 0, s^2\to 0$，但保持由 (16.129) 给出的波数 k 为有界并且不等于零，我们便得到

$$s\sim\frac{2a^{1/2}}{k}。$$

在极端的极限情形 $s^2\to 0$，我们得到

$$P, Q\to 6\beta-3k^2,\ R\to 6\beta。$$

线性理论略去 β 的变化，我们于是便得到作为双重特征速度的线性群速度 $-3k^2$。在下一级修正(近线性理论)中，我们得到

$$\begin{aligned}
P&\sim 6\beta-3k^2-3a+O\left(\frac{a^2}{k^2}\right),\\
Q&\sim 6\beta-3k^2+3a+O\left(\frac{a^2}{k^2}\right),\\
R&\sim 6\beta+O\left(\frac{a^2}{k^2}\right)。
\end{aligned}\tag{16.131}$$

在原始方程中的相应近似给出

$$\begin{aligned}
&\beta_t+6\beta\beta_x+\left[\frac{3}{2}a^2\right]_x=0,\\
&k_t+\left(6\beta k-k^3+\left[\frac{3}{2}\frac{a^2}{k}\right]\right)_x=0,\\
&(a^2)_t+\{(6\beta-3k^2)a^2\}_x+6a^2\beta_x=0。
\end{aligned}\tag{16.132}$$

方括号中的项为对于线性理论的近线性修正。在线性理论中，关于 β 的方程是分开的，于是可以独立地解出；它给出特征速度 $R=6\beta$。然而，通常 $\beta=0$ 这个解是合适的，于是我们得到通常的关于 a 和 k 的调制方程。近线性修正引入了重要的定性变化，这种变化使系统成为真正双曲型的，并使余下的群速度发生分裂。关于 β 的方程的修正是特别重要的。只要引进对于频率的修正 (在第二个方程中)，则这一对方程便具有虚的特征线，于是看来给出一种不稳定的情形。按照 14.2 节中的说法，我们有 $\omega_0=-k^3$, $\omega_2=3/2k$, $\omega_0''\omega_2<0$。但是，与 β 的耦合使调制稳定化，于是整个系统是双曲型的，我们可以直接计算 (16.132) 的特征线并验证(16.131)，

但是，采取 16.11 节中所用的途径又是有教益的。如果 β 完全是由波动所产生，我们可以用 (16.132) 中的第二和第三个方程来证明在最低一级近似下有 $(a^2)_x = (a^2/3k^2)_t$。于是，由第一个方程，

$$\beta = -\frac{a^2}{2k^2}。$$

将此式代入第二个方程后，频率的有效变化为

$$\Omega_2 = 6\beta k + \frac{3}{2}\frac{a^2}{k} = -\frac{3}{2}\frac{a^2}{k}。$$

现在，关于 a 和 k 的方程为具有特征速度 $-3k^2 \pm 3a$ 的双曲型方程，这与 (16.131) 相一致。

16.16 一列孤波

在 $s^2 \to 1$ 的另一极限下，波列成为一系列的近孤波。在这一情形下，K 和 D 渐近地由

$$K = \Lambda + O(1-s^2),\ D = \Lambda - O(1-s^2),$$

$$\Lambda = \log \frac{4}{(1-s^2)^{1/2}}$$

给出。在孤波极限下，我们自然地将振幅取为槽面以上的波峰高度，并把波数取为每单位长度中的数目(而不是每 2π 中的数目)。因此，我们引进

$$a_1 = 2a,\ k_1 = \frac{k}{2\pi}。$$

于是，由 (16.129)，我们有

$$\Lambda = \frac{(2a_1)^{1/2}}{4k_1}。\qquad (16.133)$$

量级为 $1-s^2$ 的误差按 $(2a_1)^{1/2}/k_1$ 的指数而减小，因此我们就作到那一级。于是

$$p \sim \beta + a_1 - 2k_1(2a_1)^{1/2};\ q, r \sim \beta - 2k_1(2a_1)^{1/2};\qquad (16.134)$$

$$U \sim 6\beta + 2a_1 - 12k_1(2a_1)^{1/2};\qquad (16.135)$$

$$P \sim 6\beta - 16k_1(2a_1)^{1/2}\left\{\frac{1-3k_1(2a_1)^{-1/2}}{1-4k_1(2a_1)^{-1/2}}\right\};$$

$$Q, R \sim 6\beta + 2a_1 - 12k_1(2a_1)^{1/2}。\qquad (16.136)$$

我们注意到

$$q = r + O\left\{\exp\left(\frac{-a_1^{1/2}}{k_1}\right)\right\}, \quad Q = R + O\left\{\exp\left(\frac{-a_1^{1/2}}{k_1}\right)\right\}。$$

在近线性极限，β 的变化主要沿最快的特征线(速度 R)传播，而 a 和 k 主要是由两个较慢的特征线所携带。与此相反，在这一极限下，β 主要由最慢的特征线 (P) 所携带，而 a_1 和 k_1 在前面传播开去。在前方区域中我们可以沿 P 特征线积分并推得 $q + r$ 保持等于其初始值。但是在这一极限下处处有 $q \simeq r$，因此 q 和 r 各自保持等于其初始值。通常的规范化作法是令 $q = r = 0$; 因此它们保持为零。于是，由 (16.134) 我们有

$$\beta \simeq 2k_1(2a_1)^{1/2} \qquad (16.137)$$

和

$$p \sim a_1; \ q, r \sim 0; \ U \sim 2a_1; \ Q, R \sim 2a_1。$$

可以证明，相应的近似方程为

$$\begin{aligned} k_{1t} + (2a_1k_1)_x &= 0, \\ a_{1t} + 2a_1a_{1x} &= 0。\end{aligned} \qquad (16.138)$$

在这一近似下，该系统不严格是双曲型的，但可以首先通过沿着特征线 $dx/dt = 2a_1$ 的积分来求出 a_1，然后通过沿同样特征线的积分可以求出 k_1。结构与在线性理论中求出的结构相类似。然而，这一次是 a_1 在特征线上保持常数而 k_1 象 $1/t$ 那样减小。

正如在线性极限情形中一样，超过 (16.137)—(16.138) 的下一级近似修正了方程的结构；特征线被分开，于是系统更为真正双曲型的。

(16.138) 中的方程这时已经如此简单，以至于人们要假定存在着某种直接的推导，而不必首先通过一般情形，这一点的确是对的。Korteweg-deVries 方程可以写成守恒形式

$$\eta_t + (3\eta^2 + \eta_{xx})_x = 0, \qquad (16.139)$$

如果将它沿一些波来平均，我们有

$$(\overline{\eta})_t + (\overline{3\eta^2})_x = 0。\qquad (16.140)$$

现在，$q = r = 0$ 而 $p = a_1$ 的孤波由下式给出：

$$\eta = a_1 \operatorname{sech}^2 \left\{ \left(\frac{a_1}{2}\right)^{1/2} x - 4\left(\frac{a_1}{2}\right)^{3/2} t \right\}。\tag{16.141}$$

如果利用这个解而由

$$\bar{\eta} = k_1 \int_{-\infty}^{\infty} \eta dx, \quad \overline{\eta^2} = k_1 \int_{-\infty}^{\infty} \eta^2 dx$$

来计算平均值，我们有

$$\bar{\eta} = 4k_1 \left(\frac{a_1}{2}\right)^{1/2}, \quad \overline{\eta^2} = \frac{16k_1}{3}\left(\frac{a_1}{2}\right)^{3/2}。$$

方程 16.140 成为

$$(k_1 a_1^{1/2})_t + (2k_1 a_1^{3/2})_x = 0。\tag{16.142}$$

由 (16.141)，相速度 $U = 2a_1$；因此一致性方程 $k_{1t} + (k_1 U)_x = 0$ 成为

$$k_{1t} + (2a_1 k_1)_x = 0。\tag{16.143}$$

这一对关于 k_1 和 a_1 的方程等价于 (16.138) 中的一对方程。注意，在这一推导中我们隐含地假定了在调制中 q 和 r 保持等于零。

这两个方程的一个重要特解为

$$a_1 = \frac{x}{2t}, \quad k_1 = \frac{1}{2t} f\left(\frac{x}{2t}\right),\tag{16.144}$$

其中 f 为一任意函数。 这一点是容易解释的。一个振幅为 a_1 的孤波以速度 $2a_1$ 运动。 因此，(16.144) 代表着各自保持不变的振幅并且沿轨迹 $x = 2a_1 t$ 运动的一系列孤波。k_1 的减小是由于具有不同振幅的孤波的发散。 这个解在图 17.1 中表示出来，在那里，它是从精确解的讨论推导出来的。可是，在那里，它是借助于一个关于 a_1 和 k_1 的间断面而完成的。因此，我们来考虑，对于我们的方程，跳跃条件是什么。

这里存在着哪些守恒方程在穿过间断面时保持成立这样一个通常的问题。假如我们接受 (16.142)—(16.143)，则跳跃条件便是

$$-V[k_1 a_1^{1/2}] + [2k_1 a_1^{3/2}] = 0,$$
$$-V[k_1] + [2a_1 k_1] = 0,$$

其中 V 为间断面的速度。因此，从 $a_1=0$ 到非零值 $a_1^{(0)}$ 的跳跃将具有 $V=2a_1^{(0)}$。这就是相速度，并且结果表明，解 (16.144) 可以在该系列之中的任一孤波处截断。正是这一选择为 17.5 节中的精确解所证实。函数 f 和振幅 $a_1^{(0)}$ 只能由初始条件来决定，它们将在 17.5 节中给出。当然，在 Korteweg-deVries 方程情形，精确分析要优于孤波的调制理论。但是，在这一情形下对于调制理论结果的证实为在那些不知道精确解的问题中类似地应用调制理论提供了支持。

最后，可能注意到的一点是，如果将孤立波解写成

$$\eta = a_1 \operatorname{sech}^2\left(\frac{a_1}{2}\right)^{1/2}\left(x-\frac{\omega_1}{k_1}t\right),$$

并用它来计算由

$$\mathfrak{L} = k_1\int_{-\infty}^{\infty} L dx$$

定义的平均 Lagrange 函数，我们便得到

$$\mathfrak{L} \propto \omega_1 a_1^{3/2} - \frac{6}{5}k_1 a_1^{5/2}。$$

变分方程为

$$\delta a:\quad \omega_1 = 2a_1k_1,$$

$$\delta\theta:\quad (a_1^{3/2})_t + \left(\frac{6}{5}a_1^{5/2}\right)_x = 0,$$

一致性关系： $k_{1t}+\omega_{1x}=0$。

这些方程等价于 (16.142)—(16.143)。

第十七章　精确解；相互作用的孤波

17.1　典型方程

近来关于非线性色散波的工作中最显著的发展之一是对于该学科的一些简单的典型方程发现了各种明显的精确解。有关的主要方程如下：

1. Korteweg-deVries 方程，现在规范化为

$$\eta_t + \sigma\eta\eta_x + \eta_{xxx} = 0, \tag{17.1}$$

其中 σ 为一个常数，

2. 三次 Schrödinger 方程

$$iu_t + u_{xx} + \nu|u|^2u = 0, \tag{17.2}$$

3. Sine-Gordon 方程

$$\varphi_{tt} - \varphi_{xx} + \sin\varphi = 0。 \tag{17.3}$$

可以构造出代表任意数量的孤波之间相互作用的明显解，可以从任意有限的初始扰动中精确预言最终出现的孤波个数。

这些方程对于该学科之所以为典型的，是由于它们将最简单类型的色散与最简单类型的非线性结合起来。Korteweg-deVries 方程将线性色散

$$\omega = -\kappa^3 \tag{17.4}$$

与一典型的非线性对流算子结合起来。方程 (17.2) 将由

$$\omega = \kappa^2 \tag{17.5}$$

所代表的色散与一简单的三次非线性结合起来。在两种情形，色散关系都可以看作是对于更一般的色散关系的 Taylor 级数近似，(17.4) 指那些 κ 的奇函数，(17.5) 指那些 κ 的偶函数。[加到 (17.4) 或 (17.5) 中去的与 κ 成正比的一项可通过选取运动参考系而消去]。由于这个缘故，这些方程不仅是模型，而且常常可以作为对于长波的正确近似而推导出来。在 (17.3) 中的线性色散关

系 $\omega^2=\kappa^2+1$ 仍是相当明显的一般形式，且不说它与 Klein-Gordon 方程中相对论性粒子的原始联系；在 14.1 节中我们曾提到适当的非线性项为 $\sin\varphi$ 的一些问题。

自从 Cole-Hopf 得到 Burgers 方程的解以来，一定有无数的人尝试过用类似的技巧解 (17.1)，但最终的解法所要求的要比一种简单的技巧多得多。Gardner, Greene, Kruskal 和 Miura (1967) 发展了一系列的巧妙步骤，把这个方程和逆散射问题联系起来。最终结果是将 (17.1) 变换成为一个线性积分方程，但似乎很难想象有谁会不经过中间各步骤而发现它。事后，人们可以看出，代换

$$\sigma\eta=12(\log F)_{xx}\tag{17.6}$$

[它是关于 Burgers 方程的代换

$$c=-2\nu(\log\varphi)_x$$

的一个合理的推广] 提供了获得代表孤波之间相互作用的特解的一条容易的途径。关于 F 的方程并不是线性的，但是它具有某种特殊结构，并且指数级数解导致孤波。然而，如何从关于 F 的方程中得出更一般的信息，这一点是不清楚的。

Zakharov 和 Shabat (1971) 用一种类似的逆散射技巧解出方程 (17.2)，他们的解法在某种程度上依赖于 Lax (1968) 的一般想法。

Perring 和 Skyrme (1962) 显然是基于他们的数值计算而首先注意到 (17.3) 的关于两个相互作用孤波的明显解。以后，Lamb (1967, 1971) 证明了如何可以始终应用 Bäcklund 变换来产生进一步的解。近来，Lamb (1973) 和 Ablowitz 等 (1973) 证明了如何可以应用逆散射理论。

令人惊奇的总体结果是，如果允许初始时刻足够分开的各孤波相互作用，它们最终将从相互作用之中分离出来而恢复它们原来的形状和速度。它们相互作用的唯一遗迹是从它们在没有相互作用时本来将具有的位置上发生一个常位移。与粒子碰撞的类比是令人感兴趣的。本章中将叙述主要解和推导方法。

我们再添加两个有关话题。Toda (1967a, 1967b) 考虑了质

量-弹簧练，它们是某些我们所考虑的问题在离散情形下的翻版。如果第 n 个弹簧从其平衡长度算起的伸长为 $r_n(t)$，则方程可以写成

$$m\ddot{r}_n = 2f(r_n) - f(r_{n+1}) - f(r_{n-1}), \tag{17.7}$$

其中 $f(r)$ 为对于每个弹簧的力的定律。如果$f(r)$为 r 的非线性函数，则这个差分方程的连续极限将是一个波动方程。在非线性情形下，根据 Stokes 类型的振幅幕展开可以证明(17.7)的均匀波列解的存在性。但是，对于

$$f(r) = -\alpha(1 - e^{-\beta r}) \tag{17.8}$$

这一情形，Toda 发现了用椭圆函数表示的巧妙的精确表达式。而且，这些解以孤波作为极限情形，并且 Toda 能够求出代表相互作用的解，其性态与连续解相类似。

最后，Born-Infeld (1934) 通过变分原理

$$\delta \iint \{1 - \varphi_t^2 + \varphi_x^2\}^{1/2} dx\,dt = 0$$

曾提出方程

$$(1 - \varphi_t^2)\varphi_{xx} + 2\varphi_x\varphi_t\varphi_{xt} - (1 + \varphi_x^2)\varphi_{tt} = 0。 \tag{17.9}$$

他们的想法是将简单的波动方程$\left(\text{具有 Lagrange 函数 } \frac{1}{2}\varphi_t^2 - \frac{1}{2}\varphi_x^2\right)$加以推广并引入非线性效应，而保持 Lorentz 协变性。这个方程允许以速度 $+1$ 或 -1 运动的任意形状的波。它们可以被选择为“孤波”，但缺少前述各情形中的那种特殊的内在结构。然而，Barbishov 和 Chernikov (1967) 证明了可以找到关于相互作用的明显解，它们又具有保形性，并且由于相互作用而发生位置移动。尽管与其它方程可能没有深刻联系，并且它们不是色散波，我们还是加了一段简短的叙述。

Korteweg-deVries 方程

17.2 相互作用的孤波

我们首先给出可由变换(17.6)导出的解。当然，不论(17.1)

还是 (17.6) 中的参数 σ 均可通过规范化而消去，但在文献中，对应于 $\sigma = 1, 6, -6$ 的不同选择全都使用过，因此在这里不把它固定是方便的，以利于进行相互引证。在 13.11 节中，我们曾说明过对于水波情形(17.1) 式的推导，以及在其它情形中，它通过 (17.4) 作为长波近似所具有的更为一般的意义。

从 η 到 F 的变换可以非常容易地分两步而作出。首先引入 $\eta = p_x$，于是方程被积分成

$$p_t + \frac{1}{2}\sigma p_x^2 + p_{xxx} = 0; \tag{17.10}$$

然后再作非线性变换

$$\sigma p = 12(\log F)_x。$$

F 及其导数的直到四次的项出现了，但该变换的特点是，三次项与四次项相抵消。结果是二次方程

$$\begin{aligned} &F(F_t + F_{xxx})_x - F_x(F_t + F_{xxx}) \\ &\quad + 3(F_{xx}^2 - F_x F_{xxx}) = 0。\end{aligned} \tag{17.11}$$

人们注意到出现了基本算子

$$\frac{\partial}{\partial t} + \frac{\partial^3}{\partial x^3}$$

以及方程的某种均衡。关于该变换的一种可能的(但相当无力的)动机开始于求解单独孤波解，该孤波解可以写成

$$\sigma\eta = 3\alpha^2 \operatorname{sech}^2\frac{\theta - \theta_0}{2}, \ \theta = \alpha x - \alpha^3 t \tag{17.12}$$

其中 α 和 θ_0 为参数。这个解是

$$6\alpha\left\{\tanh\left(\frac{\theta - \theta_0}{2}\right) - 1\right\}$$

对 x 的导数，而后者又是 $12\log F$ 对 x 的导数，其中

$$\begin{aligned} F &= 1 + \exp\{-(\theta - \theta_0)\} \\ &= 1 + \exp\{-\alpha(x - s) + \alpha^3 t\}, \ s = \frac{\theta_0}{\alpha}。\end{aligned} \tag{17.13}$$

这一“推导”的关键在于寻找该区域中精确解的一个资用法则：考

虑那些使孤波特解呈现简单指数形式的变换。为便于比较，人们可以注意，关于 Burgers 方程的变换 $c=-2\nu(\log\varphi)_x$ 将定常激波解 (4.23) 变为如下形式

$$\varphi=\exp(-\alpha_1 x+\nu\alpha_1^2 t)+\exp(-\alpha_2 x+\nu\alpha_2^2 t),$$

$$\alpha_i=\frac{c_i}{2\nu}。\tag{17.14}$$

不管所采用的动机是什么，我们立即看出，对于任何 α 和 s，(17.13) 是 (17.11) 的解。它是与算子

$$\frac{\partial}{\partial t}+\frac{\partial^3}{\partial x^3}$$

相对应的解；它满足 $F_t+F_{xxx}=0$，而 (17.11) 中的第三个括号为零，因为它关于导数是齐次的。

假如 (17.11) 为线性的，我们便可以将不同 α 和 s 的解迭加，但由于非线性，将存在着相互作用项。一个标准的相互作用方法是取

$$F=1+F^{(1)}+F^{(2)}+\cdots,$$

得到一系列待解的方程

$$\{F_t^{(1)}+F_{xxx}^{(1)}\}_x=0,$$

$$\{F_t^{(2)}+F_{xxx}^{(2)}\}_x=-3\{F_{xx}^{(1)^2}-F_x^{(1)}F_{xxx}^{(1)}\},$$

等等。对于 $F^{(1)}$，让我们取象 (17.13) 那样的两项：

$$F^{(1)}=f_1+f_2,\quad f_j=\exp\{-\alpha_j(x-s_j)+\alpha_j^3 t\},\quad j=1,2。\tag{17.15}$$

关于 $F^{(2)}$ 的方程为

$$\{F_t^{(2)}+F_{xxx}^{(2)}\}_x=3\alpha_1\alpha_2(\alpha_2-\alpha_1)^2 f_1 f_2,\tag{17.16}$$

它的解为

$$F^{(2)}=\frac{(\alpha_2-\alpha_1)^2}{(\alpha_2+\alpha_1)^2}f_1 f_2。\tag{17.17}$$

令人惊奇的是，接下去在该系列中所有其余的方程右端皆为零，因此

$$F=1+f_1+f_2+\frac{(\alpha_2-\alpha_1)^2}{(\alpha_2+\alpha_1)^2}f_1 f_2\tag{17.18}$$

是(17.11)的一个精确解。

在这一解法之中的要点是，在(17.16)右端，相互作用项只产生乘积项 f_1f_2，而不产生涉及 f_1^2 和 f_2^2 的项，它们本来也是可以期望会出现的。这一结果推广到高阶情形，于是方程中的非线性项从不产生含有重复下标的各 f 的乘积。这样一来，如果象(17.15)中那样只输入两项，则只需要组合 f_1，f_2，f_1f_2，于是我们得到一个精确解。如果我们从

$$F^{(1)}=\sum_{j=1}^{N} f_j。$$

出发，则 $F^{(2)}$ 包含所有 $i\neq k$ 的项 f_if_k，但不包含 f_i^2；$F^{(3)}$ 包含所有 $i\neq k\neq l$ 的项 $f_if_kf_l$，但不包含 f_i^3 或 $f_i^2f_k$；等等。这样一来，该序列终止于

$$F^{(N)}\propto f_1f_2\cdots f_N$$

(已包括了所有不含重复 f 的乘积)，于是有如下形式的精确解

$$F=1+\sum_i f_i+\sum_{i\neq k} a_{ik}f_if_k + \sum_{i\neq k\neq l} a_{ikl}f_if_kf_l+\cdots+a_{12\cdots N}f_1f_2\cdots f_N。$$

好象这还不够令人惊异似的，还可以证明这个解可以写成

$$F=\det|F_{mn}|, \tag{17.19}$$

其中[1)]

$$F_{mn}=\delta_{mn}+\frac{2\alpha_m}{\alpha_m+\alpha_n}f_m。 \tag{17.20}$$

这一结果首先是用上面指出的更一般方法得到的，并将在下一节中叙述，但它可以直接在(17.11)中证实(见 Hirota, 1971)。

借助于 N 个模式 f_i，解代表 N 个孤波的相互作用。我们讨论 $N=2$ 的情形。F 的解在(17.18)中给出，而由(17.6)给出的关于 η 的相应表达式为

1) 关于 F_{mn} 存在着一些等价形式，它们导致相同的关于 η 的最后表达式。

$$\frac{\sigma}{12}\eta=\frac{\alpha_1^2 f_1+\alpha_2^2 f_2+2(\alpha_2-\alpha_1)^2 f_1 f_2+\{(\alpha_2-\alpha_1)/(\alpha_2+\alpha_1)\}^2(\alpha_2^2 f_1^2 f_2+\alpha_1^2 f_1 f_2^2)}{(1+f_1+f_2+\{(\alpha_2-\alpha_1)/(\alpha_2+\alpha_1)\}^2 f_1 f_2)^2}, \tag{17.21}$$

其中

$$f_i=\exp\{-\alpha_i(x-s_i)+\alpha_i^3 t\}。$$

借助于 f，单个孤波 (17.12) 可以写成

$$\frac{\sigma}{12}\eta=\frac{\alpha^2 f}{(1+f)^2}, \tag{17.22}$$

其中 $\sigma\eta$ 的最大值在 $f=1$ 时发生。我们注意到，

$$\begin{aligned} \sigma\eta \text{ 的最大振幅} &= 3\alpha^2, \\ \text{最大值的位置} &= s+\alpha^2 t, \\ \text{波的速度} &= \alpha^2。\end{aligned} \tag{17.23}$$

对于 (x,t) 平面上 $f_1\simeq 1$ 而 f_2 要么很大要么很小的区域，解 (17.21) 近似为一个带有参数 α_1 的孤波。为证实这一点，请看下文:

1. 对于 $f_1\simeq 1$, $f_2\ll 1$,

$$\frac{\sigma}{12}\eta\simeq\frac{\alpha_1^2 f_1}{(1+f_1)^2}。$$

2. 对于 $f_1\simeq 1$, $f_2\gg 1$,

$$\begin{aligned}\frac{\sigma}{12}\eta &\simeq \frac{\{(\alpha_2-\alpha_1)/(\alpha_2+\alpha_1)\}^2\alpha_1^2 f_1 f_2^2}{(f_2+\{(\alpha_2-\alpha_1)/(\alpha_2+\alpha_1)\}^2 f_1 f_2)^2} \\ &= \frac{\alpha_1^2\tilde{f}_1}{(1+\tilde{f}_1)^2},\quad \tilde{f}_1=\left(\frac{\alpha_2-\alpha_1}{\alpha_2+\alpha_1}\right)^2 f_1。\end{aligned}$$

后者为孤波 α_1，其中 s_1 用

$$\tilde{s}_1=s_1-\frac{1}{\alpha_1}\log\left(\frac{\alpha_2+\alpha_1}{\alpha_2-\alpha_1}\right)^2 \tag{17.24}$$

来代替；这代表剖面沿 x 方向的一个有限的位移。类似地，在 $f_2\simeq 1$ 而 f_1 要么很大要么很小的区域，我们得到 s_2 有位移或没有位移的孤波 α_2。在 $f_1\simeq 1$ 并且 $f_2\simeq 1$ 的区域，我们得到相互作用区；在 f_1 和 f_2 都很小或都很大的区域，我们有 $\sigma\eta\simeq 0$。

现在可以看清楚由（17.21）所描述的相互作用孤波的性态。为明确起见，我们取 $\alpha_2 > \alpha_1 > 0$，于是由（17.23）我们注意到，孤波 α_2 比孤波 α_1 更强并且运动得更快。当 $t \to -\infty$，不存在 $f_1 \simeq 1$，$f_2 \simeq 1$ 的相互作用区，而（17.21）描述着

孤波 α_1 （在 $x = s_1 + \alpha_1^2 t$，$f_1 \simeq 1$，$f_2 \ll 1$），

孤波 α_2 $\left(\text{在 } x = s_2 - \dfrac{1}{\alpha_2}\log\left(\dfrac{\alpha_2+\alpha_1}{\alpha_2-\alpha_1}\right)^2 + \alpha_2^2 t,\right.$

$\left. f_1 \gg 1,\ f_2 \simeq 1\right)$；

在其余地方 $\sigma\eta \simeq 0$（f_1 和 f_2 都很大或都很小）。

这表示一个较大的孤波 α_2 越过一个较小的孤波 α_1。当 $t \to +\infty$，我们有：

孤波 α_1 $\left(\text{在 } x = s_1 - \dfrac{1}{\alpha_1}\log\left(\dfrac{\alpha_2+\alpha_1}{\alpha_2-\alpha_1}\right)^2 + \alpha_1^2 t,\right.$

$\left. f_1 \simeq 1,\ f_2 \gg 1\right)$，

孤波 α_2 （在 $x = s_2 + \alpha_2^2 t$，$f_1 \ll 1$，$f_2 \simeq 1$）；

在其余地方 $\sigma\eta \simeq 0$。

值得注意的结果是，两个孤波不改变其形状、带着原来的参数 α_1 和 α_2 浮现出来。碰撞过程的唯一遗迹是对于波 α_2 的一个向前的位移

$$\frac{1}{\alpha_2}\log\left(\frac{\alpha_2+\alpha_1}{\alpha_2-\alpha_1}\right)^2,$$

和对于波 α_1 的一个向后的位移

$$\frac{1}{\alpha_1}\log\left(\frac{\alpha_2+\alpha_1}{\alpha_2-\alpha_1}\right)^2。$$

相互作用发生在

$$t = -\frac{s_2 - s_1}{\alpha_2^2 - \alpha_1^2},\quad x = \frac{\alpha_2^2 s_1 - \alpha_1^2 s_2}{\alpha_2^2 - \alpha_1^2}$$

附近。在这一区域 $f_1 \simeq 1$，$f_2 \simeq 1$，而（17.21）描述着两个波峰如何合并而成为一个单峰而后又以相反的次序重新浮现出来。

对于 N 个波的情形可由 (17.19)—(17.20) 推断出类似的结果。当 $t\to\infty$ 时的最终性态由 N 个孤波组成，它们按照强度和速度朝前方增加的次序排列，并且当 t 增加时，离得越开越远。

17.3 逆散射理论

在建立这一理论时，我们暂时令

$$u=-\frac{\sigma}{6}\eta,\tag{17.25}$$

以便与原始文章相一致；于是方程为

$$u_t-6uu_x+u_{xxx}=0。\tag{17.26}$$

根据与 Burgers 方程的类比，代换

$$u\propto\frac{\psi_{xx}}{\psi}$$

是为找到解而一般容易采取的初步尝试，但仅仅这一代换不能走得很远。Gardner, Greene, Kruskal 和 Miura (1967) 将它进一步引伸，而选取

$$u=\frac{\psi_{xx}}{\psi}+\lambda,$$

并注意到此式改写后便是简化的 Schrödinger 方程

$$\psi_{xx}+(\lambda-u)\psi=0。\tag{17.27}$$

在这一点上，大概重点改变了，不是把 (17.27) 看作是一个会产生关于 ψ 的较简单方程的变换，而把它看作是一个有联系的散射问题，从中得到的关于 ψ 的信息可用来诊断 u 的性质。按照这种看法，波剖面 $u(x,t)$ 给出散射势。时间 t 作为参数出现；对于每个 t 存在一个不同的散射问题。这个时间参数是与时间 τ 完全独立的，在通过 $\varphi(x,\tau,t)=\psi(x,t)e^{i\sqrt{\lambda}\tau}$ 而将波动方程

$$\varphi_{xx}-\varphi_{\tau\tau}-u(x,t)\varphi=0\tag{17.28}$$

化成 (17.27) 的过程中，τ 可能是被消去了。

为应用 (17.27)，我们必须由 (17.26) 求出关于 ψ 的方程。由于 λ 的值将属于散射问题 (17.27) 的谱，而这一问题是随时间变

化的，因此一开始就令 λ 为 t 的函数是适宜的。将(12.27)代入(12.26)，并且运用某些技巧之后，该方程可以取如下形式

$$\psi^2 \frac{d\lambda}{dt} + \frac{\partial}{\partial x}\{\psi Q_x - \psi_x Q\} = 0, \tag{17.29}$$

$$Q = \psi_t + \psi_{xxx} - 3(u+\lambda)\psi_x。 \tag{17.30}$$

现在我们限于讨论当 $|x| \to \infty$ 时 $u \to 0$ 并且 u 为可积的解。在这一条件下，(17.27) 的谱在 $\lambda < 0$ 为离散的，在 $\lambda > 0$ 为连续的。对于点本征值，$\lambda = -\kappa_n^2$，相应的本征函数 ψ_n 满足

$$|\psi_n| \to 0,\quad |x| \to 0,$$

$$\int_{-\infty}^{\infty} \psi_n^2 dx = \text{有限数} > 0。$$

因此，将(17.29)从 $-\infty$ 到 ∞ 积分，我们便导出 λ_n 与 t 无关。对于连续谱，我们可以选择与 t 无关的 $\lambda > 0$，并考虑解 ψ 随 t 的性态。在两种情形下，利用 $d\lambda/dt = 0$，我们都可以从(17.29)导出

$$Q \equiv \psi_t + \psi_{xxx} - 3(u+\lambda)\psi_x = C\psi, \tag{17.31}$$

其中 C 与 x 无关。现在我们知道，对于固定的 λ，(17.27) 的任何解 ψ 都将按照(17.31)而随时间发展。在分析本征值问题(17.27)时，方便的作法是引入 $\lambda = \mu^2$，并以函数 χ 作为未知函数，它满足(17.27)以及如下条件

$$\chi \sim e^{i\mu x},\quad \mathscr{I}\mu \geqslant 0,\quad \text{当 } x \to +\infty。 \tag{17.32}$$

为了使这一函数(比如说是对于 $t=0$ 引进的)在随时间发展过程中保持相同的规范化形式(17.32)，我们要求(17.32)对于所有 t 都是(17.31)的渐近解。这就要求选择 $C = -4i\mu^3$，于是我们的一对方程变为

$$\psi_{xx} + (\mu^2 - u)\psi = 0, \tag{17.33}$$

$$\psi_t + \psi_{xxx} - 3(u+\mu^2)\psi_x + 4i\mu^3\psi = 0。 \tag{17.34}$$

现在我们必须解释这一奇特表述如何使得我们能够计算 $u(x,t)$。

这一方法依赖于下述结果，即，(17.33)中的散射势 u 可根据关于从 $x = +\infty$ 入射的波的反射系数的知识，以及关于点谱的某些信息构造出来。这是逆散射问题，原问题是由反射性质来决定

未知的散射。在本问题中所需要的关于解 ψ 的信息不是由实验来决定，而是由第二个方程 (17.34) 来决定。具体地说，我们考虑的是给定 $u(x,0)$ 而求 $t>0$ 时的 $u(x,t)$ 的问题。程序如下：对于给定的 $u(x,0)$，我们首先解本征值问题 (17.33)，并决定点本征值 $\mu=i\kappa_n$，相应的本征函数 ψ_n，以及对于入射波的反射系数 β。对于本征函数的一种选择是

$$\psi_n(x)=\chi(i\kappa_n,x),$$

其中 χ 由 (17.32) 来规定；于是，归一化常数由

$$\gamma_n=\left\{\int_{-\infty}^{\infty}\psi_n^2dx\right\}^{-1}$$

给出。 至于反射系数 β，我们用 $u(x,0)$ 来决定 (17.33) 的解 Ψ，当 k 为正实数时，它在 $\pm\infty$ 具有如下性态：

$$\Psi(k,x)\sim\begin{cases}e^{-ikx}+\beta(k)e^{ikx}, & x\to+\infty,\\ \alpha(k)e^{-ikx}, & x\to-\infty。\end{cases}$$

这就决定了反射系数 $\beta(k)$ 和透射系数 $\alpha(k)$。 这是正散射问题：对于给定的 $u(x,0)$ 来求 κ_n, γ_n, $\beta(k)$。 逆问题则是由关于 κ_n, γ_n, $\beta(k)$ 的知识来决定 $u(x,0)$。

现在我们转向这些解随时间的发展。我们知道 κ_n 是不变的。由 (17.34) 和 (17.33)，

$$\frac{d}{dt}\int_{-\infty}^{\infty}\chi^2dx=[-2\chi\chi_{xx}+4\chi_x^2+6\mu^2\chi^2]_{-\infty}^{\infty}$$

$$-8i\mu^3\int_{-\infty}^{\infty}\chi^2dx。$$

对于本征函数，$\mu=i\kappa_n$，并且当 $x\to\pm\infty$ 时，$\psi_n(x,t)=\chi(x,t,i\kappa_n)\to 0$；因此，归一化常数为

$$c_n(t)=\left\{\int_{-\infty}^{\infty}\psi_n^2dx\right\}^{-1}=\gamma_ne^{8\kappa_n^3t}。$$

对于散射波，解 $\Psi(k,x,t)$ 将有某种性态

$$\Psi(k,x,t)\sim f(k,t)e^{-ikx}+g(k,t)e^{ikx},\quad x\to\infty,$$

但这必须是(17.34)当 $\mu=k$ 时的渐近解。代入后，我们导出

$$f(k,t)=e^{-8ik^3t},\quad g(k,t)=\beta。$$

反射系数为

$$b(k,t)=\frac{g(k,t)}{f(k,t)}=\beta(k)e^{8ik^3t}。$$

逆散射理论给出由

$$\kappa_n,\ c_n(t),\ b(k,t)$$

来构造 $u(x,t)$ 的方法。于是总而言之，对于 $u(x,0)$ 的正散射问题决定了 κ_n, $c_n(0)$, $b(k,0)$; (17.34) 给出它们随时间的发展；逆问题则由这些量决定出 $u(x,t)$。

当然，现在主要需要的是逆问题的解。这个解由 Gelfand-Levitan 的著名文章 (1951) 及其各种推广所给出。他们的文章的提法是：由谱函数 $\rho(\lambda)$ 来决定散射势 u，而谱函数 $\rho(\lambda)$ 在点本征值 $\lambda=-\kappa_n^2$ 处有大小为 c_n 的跳跃，在 $0<\lambda<\infty$ 有与 b 有关的连续谱。Kay 和 Moses (1956) 和 Marchenko (1955) 给出由 κ_n, c_n, b 来直接构造的方法；Faddeyev (1959) 给出详尽的评述。结果为

$$u(x,t)=-2\frac{d}{dx}K(x,x,t), \tag{17.35}$$

这里函数 $K(x,y,t)$ 满足线性积分方程

$$\begin{aligned}K(x,y,t)&+B(x+y,t)\\&+\int_x^\infty K(x,z,t)B(z+y,t)dz=0,\quad y>x,\end{aligned} \tag{17.36}$$

其中

$$\begin{aligned}B(x+y,t)&=\sum c_n(t)\exp\{-\kappa_n(x+y)\}\\&\quad+\frac{1}{2\pi}\int_{-\infty}^\infty b(k,t)\exp\{ik(x+y)\}dk\\&=\sum\gamma_n\exp\{-\kappa_n(x+y)+8\kappa_n^3t\}\\&\quad+\frac{1}{2\pi}\int_{-\infty}^\infty \beta(k)\exp\{ik(x+y)+8ik^3t\}dk;\end{aligned} \tag{17.37}$$

初始函数 $u(x,0)$ 给出适当的 κ_n, γ_n, $\beta(k)$。

由谱方法来推导 (17.35)—(17.37) 需要比适合于这里的更为

全面的讨论。但是 Balanis (1972) 证明了(至少是形式上证明了)，如果采用“未简化的”方程 (17.28)，并且对于入射的 δ 函数 (代替入射的周期波)而由其反射性质来“诊断”势 $u(x,t)$，则可以非常简单地得到结果。本质上，这种想法是采用一个等效的时间区域来代替频率区域。Balanis 对于逆散射的处理可以包括在对于根据这种观点的解法的重新估价之中。

另一种方法

我们认为 (17.33) 和 (17.34) 是将函数 $u(x;t)$ 与函数 $\varphi(x,\tau;t)$ 耦合起来的

$$\varphi_{xx}-\varphi_{\tau\tau}-u\varphi=0,$$

$$\varphi_t+\varphi_{xxx}-3u\varphi_x+3\varphi_{x\tau\tau}-4\varphi_{\tau\tau\tau}=0$$

的 Fourier 变换，使得

$$\varphi(x,\tau;t)=\int_{-\infty}^{\infty}\psi(x,\mu;t)e^{i\mu\tau}d\mu。$$

这两个方程可以更对称地写成

$$M\varphi\equiv\varphi_{xx}-\varphi_{\tau\tau}-u\varphi=0, \tag{17.38}$$

$$N\varphi\equiv\varphi_t+\partial^3\varphi-3u\partial\varphi=0, \tag{17.39}$$

其中

$$\partial\equiv\frac{\partial}{\partial x}-\frac{\partial}{\partial\tau}。$$

可以很简单地证明

$$(NM-MN)\varphi=-(u_t-6uu_x+u_{xxx})\varphi+3u_xM\varphi。$$

因此，(17.38)—(17.39) 就意味着 Korteweg-deVries 方程，于是，对于采用这两个方程，我们得到一种直接的论证。现在我们通过与前述方法的类比来进行。根据 (x,τ) 平面中逆散射问题的 Balanis 表述，可由 φ 在 $x=+\infty$ 的性态来决定 (17.38) 中的散射势 u。φ 随 t 的发展由 (17.39) 给出。

现在我们给出 Balanis 对于 (17.38) 的论证，并且暂时不写出参数 t。考虑一个从 $x=+\infty$ 入射的波 $\varphi=\delta(x+\tau)$，并设反射波为 $B(x-\tau)$。即

$$\varphi \sim \varphi_\infty = \delta(x+\tau) + B(x-\tau) \quad \text{当 } x \to +\infty。\tag{17.40}$$

我们建议 (17.38) 的相应的完全解可以写为

$$\varphi(x,\tau) = \varphi_\infty(x,\tau) + \int_x^\infty K(x,\xi)\varphi_\infty(\xi,\tau)d\xi。\tag{17.41}$$

(这等价于 Gelfand-Levitan 工作中的一个关键步骤。) 通过直接代入 (17.38), 我们证明存在着这样的解, 只要

$$\begin{aligned} &K_{\xi\xi} - K_{xx} + u(x)K = 0, \quad \xi > x, \\ &u(x) = -2\frac{d}{dx}K(x,x), \\ &K, K_\xi \to 0, \ \xi \to \infty。\end{aligned}\tag{17.42}$$

这是一个适定的问题, 因此 K 存在。由波动方程 (17.38) 的因果性质, 我们知道当 $x+\tau<0$, φ 必须等于零。因此

$$\varphi_\infty(x,\tau) + \int_x^\infty K(x,\xi)\varphi_\infty(\xi,\tau)d\xi = 0, \ x+\tau<0。$$

在 (17.40) 中引进 φ_∞ 的表达式, 我们得到

$$\begin{aligned} &B(x-\tau) + K(x,-\tau) \\ &\quad + \int_x^\infty K(x,\xi)B(\xi-\tau)d\xi = 0, \ x+\tau<0。\end{aligned}$$

如令 $\tau = -y$, 这就是 Gelfand-Levitan 方程 (17.36)。

为将此式纳入 Korteweg-deVries 方程的解, 我们注意到函数 B 随 t 的发展由 (17.39) 给出。但在 $x=+\infty$, $u\to 0$; 因此 B 满足

$$\begin{aligned} &B_{xx} - B_{\tau\tau} = 0, \\ &B_t + \partial^3 B = 0。\end{aligned}\tag{17.43}$$

对于 $t=0$, B 由关于 (17.38) [其中 u 为 $u(x,0)$] 的正散射问题决定为

$$\begin{aligned} B(x-\tau) &= \sum \gamma_n \exp\{-\kappa_n(x-\tau)\} \\ &\quad + \frac{1}{2\pi}\int_{-\infty}^\infty \beta(k)\exp\{ik(x-\tau)\}dk。\end{aligned}$$

(17.43) 对于 $t>0$ 的解为

$$\begin{aligned} B(x-\tau,t) &= \sum \gamma_n \exp\{-\kappa_n(x-\tau) + 8\kappa_n^3 t\} \\ &\quad + \frac{1}{2\pi}\int_{-\infty}^\infty \beta(k)\exp\{ik(x-\tau) + 8ik^3 t\}dk。\end{aligned}$$

再一次，如令 $\tau = -y$，这就精确地是 (17.37)。

撇开其速度不谈，这种方法与相当难处理的 (17.34) 相反，对 (17.39) 给出更为对称的样子，并且，它更清楚地阐明了怎样拟订出一个比较简单的线性问题 (17.43)。基本色散算子

$$\frac{\partial}{\partial t} + \frac{\partial^3}{\partial x^3}$$

出现于 (17.39) 和 (17.43) 之中，但是是以推广的形式

$$\frac{\partial}{\partial t} + \left(\frac{\partial}{\partial x} - \frac{\partial}{\partial \tau}\right)^3$$

出现的。这一推广形式表明了为什么在 (17.37) 对 t 的依赖关系中会出现因子 8。

我们将 (17.35)—(17.37) 称为解，尽管一般说来线性积分方程 (17.36) 仍然是难于处理的。然而，可以得到各种结果。首先，可以明显解出特殊情形 $\beta(k) = 0$，并给出在上一节中所讨论的孤波的相互作用；每一个点本征值对应于一个孤波。第二，由一任意的初始扰动 $u(x, 0)$ 而最终出现的孤波数目可由它的谱来决定。第三，可以证明 (Segur, 1973)，连续谱对 $u(x, t)$ 的贡献当 $t \to \infty$ 时象 $t^{-1/3}$ 那样衰减。在下一节中考虑前两个课题。

17.4 只有离散谱的特殊情形

在这种情形下 (17.37) 可以写成

$$B(x + y) = \sum g_n(x) h_n(y),$$

其中未表现出对于 t 的明显依赖性。因子 $\exp 8\kappa_n^3 t$ 可以包括在 g_n 或 h_n 中，或者分在两者之中。于是，(17.36) 的解可以取如下形式

$$K(x, y) = \sum w_n(x) h_n(y),$$

并且我们有

$$w_m(x) + g_m(x) + \sum_n w_n(x) \int_x^\infty g_m(z) h_n(z) dz = 0。$$

如果用

$$P_{mn}(x)=\delta_{mn}+\int_x^\infty g_m(z)h_n(z)dz$$

来定义矩阵 $P(x)$，并用 f,g,h 来表示具有分量 f_m，g_m，h_m 的列向量，我们有

$$w(x)=-P^{-1}(x)g(x)$$

和

$$K(x,x)=h^T(x)w(x)=-h^T(x)P^{-1}(x)g(x)。$$

由于

$$\frac{d}{dx}P_{mn}(x)=-g_m(x)h_n(x),$$

$K(x,x)$ 可以表示为

$$\begin{aligned}K(x,x)&=\operatorname{Trace}\left\{P^{-1}\frac{dP}{dx}\right\}\\&=\sum_{l=n}\sum_m\frac{\mathscr{P}_{ml}}{|P|}\frac{dP_{mn}}{dx}\\&=\frac{1}{|P|}\frac{d}{dx}|P|,\end{aligned}$$

其中 $|P|$ 表示 P 的行列式，而 $\mathscr{P}_{ml}$ 为 P_{ml} 的余子式。因此，

$$u=-2\frac{d}{dx}K(x,x)=-2\frac{d^2}{dx^2}\log|P|。$$

由于 $u=-\sigma\eta/6$，这就是变换式(17.6)，$|P|$ 与(17.19)—(17.20)中引用的函数 F 相一致这一点留待证明。

有各种选择可以导致关于 u 的相同的表达式。如果我们取

$$g_m(x)=\gamma_m\exp(-\kappa_m x+8\kappa_m^3 t),\quad h_n(x)=\exp(-\kappa_n x),$$

来表示(17.37)中的 B，我们有

$$P_{mn}=\delta_{mn}+\frac{\gamma_m\exp\{-(\kappa_m+\kappa_n)x+8\kappa_m^3 t\}}{\kappa_m+\kappa_n}。$$

可以将指数因子放入或者移出行列式而不影响关于 u 的最后表达式；$\log|P|$ 将它们变为关于 x 为线性的相加项，在推导 u 的过程中通过取二阶导数而将它们消去。因此，如果将 P 的每一列乘以 $e^{\kappa_n x}$，每一行乘以 $e^{-\kappa_m x}$，我们便得到等价形式

$$|P| \propto \left| \delta_{mn} + \frac{\gamma_m \exp(-2\kappa_m x + 8\kappa_m^3 t)}{\kappa_m + \kappa_n} \right|。$$

此式与(17.20)相一致，只要令

$$\alpha_m = 2\kappa_m, \ \gamma_m = \alpha_m \exp \alpha_m s_m。$$

关于P的一种对称形式可由

$$g_m(x) = h_m(x) = \gamma_m^{1/2} \exp(-\kappa_m x + 4\kappa_m^3 t)$$

得到，结果为

$$P_{mn} = \delta_{mn} + \frac{(\gamma_m \gamma_n)^{1/2}}{\kappa_m + \kappa_n} \exp\{-(\kappa_m + \kappa_n)x + 4(\kappa_m^3 + \kappa_n^3)t\}。$$

17.5 由任意初始扰动产生的孤波

为决定由一初始扰动 $\eta = \eta_0(x)$ 所产生的孤波，我们只需求出 Schrödinger 方程

$$\psi_{xx} + \{\lambda - u_0(x)\}\psi = 0 \tag{17.44}$$

的点本征值，其中

$$\frac{\sigma\eta_0(x)}{6} = -u_0(x)。$$

根据(17.12)，在相互作用之后所出现的、与 $\lambda = -\kappa_n^2$ 相对应的孤波将由下式给出

$$-u = \frac{\sigma\eta}{6} = a_n \operatorname{sech}^2(\kappa_n x - 4\kappa_n^3 t + 常数), \ a_n = 2\kappa_n^2。 \tag{17.45}$$

现在我们将给出一些具体例子，引述关于本征值问题的一些结果，这些结果可在关于量子理论的多数标准书籍中找到。

1. $u_0(x) = -Q\delta(x)$。

如果 $Q > 0$，存在一个点本征值 $\kappa = Q/2$。因此产生一个单个孤波。在(17.45)中 u 的振幅为 $Q^2/2$。如果 $Q < 0$，没有点本征值，因而也没有孤波。

2. 方势阱。

如果 $u_0(x)$ 为一个具有宽度 l 和深度 A 的方势阱，则本征值必须满足 (Landau 和 Lifshitz,1958，第63页)

$$\sin\xi = \pm\frac{2\xi}{S}, \ \tan\xi < 0。 \tag{17.46}$$

或者

$$\cos\xi = \pm\frac{2\xi}{S}, \ \tan\xi > 0, \tag{17.47}$$

其中

$$S = A^{1/2}l, \ \xi = \frac{1}{2}S\sqrt{1-\frac{\kappa^2}{A}} \geqslant 0。$$

本征值的个数受参数 S 控制。当 S 增加时（对应于较强的初始扰动），孤波的个数增加。对于一切 $S>0$，本征方程至少有一个解；因此永远有一个孤波。对于很小的 S，它是(17.47)的一个解，其中

$$\xi \simeq \frac{S}{2}, \ \kappa \simeq \frac{1}{2}SA^{1/2}, \ a \simeq \frac{1}{2}S^2A, \ S \ll 1。$$

在 S 增加的过程中，当 S 达到 π 时便产生第二个孤波，并且(17.46)的解在 $\xi=\pi/2$ 处首先出现。当 S 取该值时，有

$$\left.\begin{array}{l} \xi_1 = 0.934, \ \kappa_1 = 0.804A^{1/2}, \ a_1 = 1.30A, \\ \xi_2 = \dfrac{\pi}{2}, \ \kappa_2 = 0, \ a_2 = 0, \end{array}\right\} S = \pi。$$

当 S 增加时将出现更多的孤波；个数 N 由

$$N = \leqslant \frac{S}{\pi} + 1 \text{ 的最大整数。}$$

给出。

在方势阱问题中 S 对于 A 和 l 的依赖关系暗示着，在更一般的情况下，就这一方面而言，

$$z = \int_{-\infty}^{\infty} |u|^{1/2}dx$$

将是扰动和波形状的一个有兴趣的量度。的确，如果我们对于单个孤波(17.45)来计算这个量，参数 κ 被消去，于是我们有

$$Z_s = \int_{-\infty}^{\infty} |u|^{1/2}dx = 2^{1/2}\pi \tag{17.48}$$

与振幅无关。因此，在这种量度中，孤波具有一个单位的大小。对于N个孤波的波列，我们有 $Z=2^{1/2}\pi N$；对于孤波存在着一个 Planck 常数！

参数S是初始扰动中的积分值。对于很大的S，由上述结果我们有$S\sim\pi N$，因此当时间很大时的性态之中，孤波波列的Z值为

$$Z=2^{1/2}\pi N\sim 2^{1/2}S。\tag{17.49}$$

此式表明最终的Z和初始的S之间的密切关系。但是我们也看到"作用" $\int|u|^{1/2}dx$ 是并不守恒的。对于很小的S也看出这一点：即使当S比(17.48)中所要求的单位还小时，也永远会产生一个孤波。所要求的值必须在初始的分离过程中建立起来，可能还要补偿连续谱部分的消耗。然而，我们将发现，当S很大时，对于由单个势阱组成的初始扰动$u_0(x)$以及由

$$S=\int_{-\infty}^{\infty}|u_0|^{1/2}dx \tag{17.50}$$

所定义的S而言，$N\sim S/\pi$是一个一般的结果。对于例 1 中的δ函数，我们可以认为u_0是$-Q(m/\pi)^{1/2}e^{-mx^2}$当$m\to\infty$时的极限。对于这种情形，当$m\to\infty$时$S\to 0$并且只产生一个孤波是与其它例子的结果相吻合的。

3. $u_0=-A\operatorname{sech}^2 x/l$。

在这种情形下，本征值由下式给出 (Landau 和 Lifshitz, 1958, 第 70 页)

$$\kappa_n=\frac{1}{2l}\{(1+4Al^2)^{1/2}-(2n-1)\}\geqslant 0。$$

由(17.50)所定义的S之值为

$$S=\pi A^{1/2}l。$$

孤波个数由下式给出

$$N=\leqslant\frac{1}{2}\left\{\left(1+\frac{4S^2}{\pi^2}\right)^{1/2}+1\right\}\text{的最大整数。}$$

和以前一样，对于小的S永远有一个孤波，当S增加时，会出现更

多的孤波；当 $S\to\infty$ 时，我们又有

$$N\sim\frac{S}{\pi},$$

于是 (17.49) 成立。

4. 孤波的连续分布。

当初始扰动很大 ($S\to\infty$) 时，存在着许多相距很近的本征值，它们满足 Bohr-Sommerfeld 法则

$$\oint p\,dx=\oint\sqrt{\lambda-u_0(x)}\,dx=2\pi\left(n+\frac{1}{2}\right) \tag{17.51}$$

(见 Landau 和 Lifshitz, 1958, 第 162 页)。因此，孤波个数(当 $\lambda=0$ 时 n 的最大值)为

$$N\sim\frac{1}{\pi}\int_{-\infty}^{\infty}|u_0|^{1/2}dx=\frac{S}{\pi}。 \tag{17.52}$$

这证明在以上两个例子中得到的结果是一般的。

对于 (17.51) 中的束缚态，$|\lambda|$ 的最大值为 u_m，其中 $u_m=|u_0|_{\max}$，因此 κ 的范围是 $0<\kappa<u_m^{1/2}$，而 (17.45) 中振幅的范围是

$$0<a<2u_m。 \tag{17.53}$$

在 $(\lambda,\lambda+d\lambda)$ 中本征值的个数近似为

$$\frac{1}{4\pi}\oint\frac{dx}{\sqrt{\lambda-u_0(x)}}d\lambda。$$

因此，振幅处于 $(a,a+da)$ 之中的孤波个数近似为 $f(a)da$，其中

$$f(a)=\frac{1}{8\pi}\oint\frac{dx}{\sqrt{|u_0|-a/2}}, \tag{17.54}$$

这是由 Karpman (1967) 首先得到的结果（也见 Karpman 和 Sokolov, 1968)。这一分布遍及 $0<a<2u_m$ 这一范围之中，因而总数为

$$N=\int_0^{2u_m}f(a)da=\frac{1}{\pi}\int_{-\infty}^{\infty}|u_0|^{1/2}dx,$$

与(17.52)相一致。

经过初始的一段相互作用之后，每一个振幅为 a 的孤波以速

度 $2a$ 运动，因此，它出现于

$$x = 2at \quad 当\ t \to \infty。$$

因此，振幅的分布由下式给出

$$a = \frac{x}{2t}, \ 0 < \frac{x}{2t} < 2u_m。 \tag{17.55}$$

我们得到在图 17.1 中给出并且在 16.16 节中讨论过的三角形分布。

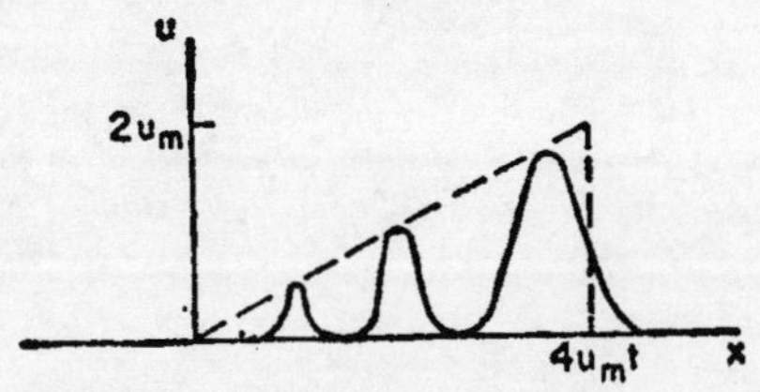

图 17.1 在 Korteweg-deVries 方程的解中的孤波系列

在 $(x, x + dx)$ 中的波数 $k(x, t)$ 由

$$kdx = f(a)da$$

给出；因此

$$k(x, t) = \frac{1}{2t} f\left(\frac{x}{2t}\right), \tag{17.56}$$

其中 f 由(17.54)给出。这就确定了任意函数(16.144)。

17.6 Miura 变换和守恒方程

求 Korteweg-deVries 方程上述解的途径在很大程度上是受到存在着无穷多个守恒方程的鼓励。得到这些守恒方程的一条途径是通过 Miura 变换，它具有独立的兴趣。如果将

$$u = -\frac{\sigma\eta}{6} = v^2 + v_x \tag{17.57}$$

代入 Korteweg-deVries 方程，则结果可以写为

$$\left(2v + \frac{\partial}{\partial x}\right)(v_t - 6v^2 v_x + v_{xxx}) = 0。$$

因此，也可以通过将方程

$$v_t - 6v^2 v_x + v_{xxx} = 0 \tag{17.58}$$

与 Korteweg-deVries 方程联系起来来研究这一方程。

通过对此作修改，可以产生无穷多个守恒定律。如果作代换

$$\sigma\eta = w + i\varepsilon w_x + \frac{1}{6}\varepsilon^2 w^2, \tag{17.59}$$

则

$$\left(1 + i\varepsilon\frac{\partial}{\partial x} + \frac{1}{3}\varepsilon^2 w^2\right) \cdot \left\{w_t + \left(w + \frac{1}{6}\varepsilon^2 w^2\right) w_x + w_{xxx}\right\} = 0。$$

我们选择w满足

$$w_t + \left(w + \frac{1}{6}\varepsilon^2 w^2\right) w_x + w_{xxx} = 0。$$

关于w的一个简单的守恒方程为

$$w_t + \left(\frac{1}{2} w^2 + \frac{1}{18}\varepsilon^2 w^3 + w_{xx}\right)_x = 0。 \tag{17.60}$$

现在，如果利用(17.59)，将w借助于$\zeta = \sigma\eta$而反解出来，则我们形式地有

$$w = \sum_0^\infty \varepsilon^n w_n\{\zeta\},$$

其中w_n依赖于ζ及其对x的导数。当把此式代入(17.60)之后，每一个ε^n的系数给出一个守恒定律。前面几个守恒密度为

$$\zeta,\ \frac{1}{2}\zeta^2,\ \frac{1}{3}\zeta^3 - \zeta_x^2,\ \frac{1}{4}\zeta^4 - 3\zeta\zeta_x^2 + \frac{9}{5}\zeta_{xx}^2,$$

$$\frac{1}{5}\zeta^5 - 6\zeta^2\zeta_x^2 + \frac{36}{5}\zeta\zeta_{xx}^2 - \frac{108}{35}\zeta_{xxx}^2。$$

存在着无穷多个守恒量

$$\int_{-\infty}^{\infty} w_n\{\zeta\} dx$$

这一点明显地增加了找到显式解的信心。

三次 Schrödinger 方程

17.7 方程的重要性

在 16.4 节中，我们曾解释过方程

$$iu_t + u_{xx} + \nu|u|^2 u = 0$$

的意义，它是作为非线性光学中对于调制光束的一种近似。这里我们来评述它对于依赖于时间的色散波的一般意义。线性色散模式的一般解为

$$\int_{-\infty}^{\infty} F(k) e^{ikx - i\omega(k)t} dk, \tag{17.61}$$

其中 $\omega = \omega(k)$ 为色散关系。对于一个多数能量都处在某一 k 值附近波数中的调制波列，$F(k)$ 集中在 $k = k_0$ 附近，于是(17.61)可以近似为

$$\Phi = \int_{-\infty}^{\infty} F(k) \exp\Big(ikx - \Big\{\omega_0 + (k - k_0)\omega_0'$$
$$+ \frac{1}{2}(k - k_0)^2 \omega_0''\Big\} t\Big) dk,$$

其中 $\omega_0 = \omega(k_0)$, $\omega_0' = \omega'(k_0)$, ……此式又可以写成

$$\Phi = \varphi \exp\{i(k_0 x - \omega_0 t)\}, \tag{17.62}$$

其中

$$\varphi = \int_{-\infty}^{\infty} F(k_0 + \kappa) \exp\left\{i\kappa x - i\left(\kappa\omega_0' + \frac{1}{2}\kappa^2\omega_0''\right)t\right\} d\kappa,$$

并且我们作了代换 $k = k_0 + \kappa$。函数 φ 描述 (17.62) 中的调制；它满足方程

$$i(\varphi_t + \omega_0'\varphi_x) + \frac{1}{2}\omega_0''\varphi_{xx} = 0, \tag{17.63}$$

它对应于色散关系

$$W = \kappa\omega_0' + \frac{1}{2}\kappa^2\omega_0''。 \tag{17.64}$$

关于 Φ 的方程与原始展开式

$$\omega = \omega_0 + (k - k_0)\omega_0' + \frac{1}{2}(k - k_0)^2\omega_0''$$

相对应；该方程为

$$i\Phi_t-\left(\omega_0-k_0\omega_0'+\frac{1}{2}k_0^2\omega_0''\right)\Phi+i(\omega_0'-k_0\omega_0'')\Phi_x$$

$$-\frac{1}{2}\omega_0''\Phi_{xx}=0。$$

附加项通过变换 (17.62) 而被消去。

如果将对于线性色散的这一近似与三次的非线性结合起来，我们有

$$i(\varphi_t+\omega_0'\varphi_x)+\frac{1}{2}\omega_0''\varphi_{xx}+q|\varphi|^2\varphi=0。\qquad(17.65)$$

由于 $\varphi=ae^{i\kappa x-iWt}$ 仍然是一个解，我们看到，对于色散关系的非线性修正将 (17.64) 修改为

$$W=\kappa\omega_0'+\frac{1}{2}k^2\omega_0''-qa^2。$$

因此，按照下述条件，调制在 14.2 和 15.3 节的意义下为稳定或不稳定：

$$q\omega_0''<0:\ 稳定，$$

$$q\omega_0''>0:\ 不稳定。$$

方程 (17.65) 可以规范化如下：首先，选择以线性群速度 ω_0' 运动的参考系，以便消去与 φ_x 有关的项，然后，重新选取各变量的尺度，便得到

$$iu_t+u_{xx}+\nu|u|^2u=0,\qquad(17.66)$$

其中 ν 的符号与 $q\omega_0''$ 相同。

17.8 均匀波列与孤波

象通常一样，这些波可通过寻找依赖于一个运动坐标 $X=x-Ut$ 的解而得到，这里我们只作少许推广，即允许

$$u=e^{irx-ist}v(X),\ X=x-Ut,$$

其中 r 和 s 为常数。这一点可以解释为在选择 (17.62) 中指数因子上的少许灵活性。代入之后，关于 v 的常微分方程为

$$v''+i(2r-U)v'+(s-r^2)v+\nu|v|^2v=0。$$

现在我们选择

$$r=\frac{U}{2},\ s=\frac{U^2}{4}-\alpha,$$

前一式对于消去与 v' 有关的一项是重要的。然后，可以取 v 为实的，于是

$$v''-\alpha v+\nu v^3=0。$$

这给出关于 v 的一个典型的椭圆余弦波动方程。 它可以积分一次，得到

$$v'^2=A+\alpha v^2-\frac{\nu}{2}v^4,$$

它可以用椭圆函数解出。当 $\nu>0$ 时孤波极限情形是可能的；我们取 $A=0,\ \alpha>0$，则该孤波解为

$$v=\left(\frac{2\alpha}{\nu}\right)^{1/2}\operatorname{sech}\alpha^{1/2}(x-Ut)。\tag{17.67}$$

对于 u 而言，这个解代表一个类似于图 15.2 中所示的波包；它不改变形状地以常速度传播。

有兴趣的是，$|\varphi|^2$ 与 sech^2 成正比，后者正是描述关于 Korteweg-deVries 方程孤波的同一函数。 然而，这里的重要区别是，振幅和速度为独立参数。

应当特别注意的是，解 (17.67) 只在不稳定情形 $\nu>0$ 才是可能的。 这又一次暗示着，受到微小调制的不稳定波列的最终结果为一系列孤波。 这一点为下节中将叙述的 Zakharov 和 Shabat 的分析所证实。

17.9 逆散射

Zakharov 和 Shabat (1972) 在一篇涉及该领域的更巧妙的文章中证明，如何可以仿照 Lax (1968)，类似于 Korteweg-deVries 解的方法来应用逆散射方法。该方法可以应用于任何方程

$$u_t=Su,$$

只要该方程可以表为如下形式

$$\frac{\partial L}{\partial t}=i[L,A]=i(LA-AL), \tag{17.68}$$

其中 L 和 A 为线性微分算子，其系数中包括函数 $u(x,t)$，而 $\frac{\partial L}{\partial t}$ 指的是将 L 表达式中的 u 对 t 微商。一旦得到这一因子分解的形式(这是很不寻常的一步)，该方法便可如下进行。

考虑本征值问题

$$L\psi=\lambda\psi。 \tag{17.69}$$

对 t 微分后，我们得到

$$\begin{aligned} i\psi\frac{d\lambda}{dt}+i\lambda\frac{\partial\psi}{\partial t} &= iL\psi_t+i\frac{\partial L}{\partial t}\psi \\ &= iL\psi_t-(LA-AL)\psi \\ &= L(i\psi_t-A\psi)+\lambda A\psi。\end{aligned}$$

因此

$$i\psi\frac{d\lambda}{dt}=(L-\lambda)(i\psi_t-A\psi)。$$

如果在初始时刻 ψ 满足 $L\psi=\lambda\psi$，并且允许它按照

$$i\psi_t=A\psi \tag{17.70}$$

而随时间发展，则 ψ 继续满足 $L\psi=\lambda\psi$ (其中 λ 不变)。方程 17.69 和 17.70 是将系数中的函数 $u(x,t)$ 与一散射问题耦合起来的一对方程。求解如以前一样进行。ψ 的性态决定 (17.69) 中的散射势；ψ 随时间的发展由 (17.70) 给出。

关键性的步骤仍然是按照 (17.68) 来建立因子 L。大概是通过视察，Zakharov 和 Shabat 注意到，矩阵算子

$$L=i\begin{bmatrix}1+p & 0\\ 0 & 1-p\end{bmatrix}\frac{\partial}{\partial x}+\begin{bmatrix}0 & u^*\\ u & 0\end{bmatrix},\quad \nu=\frac{2}{1-p^2},$$

$$A=-p\begin{bmatrix}1 & 0\\ 0 & 1\end{bmatrix}\frac{\partial^2}{\partial x^2}+\begin{bmatrix}\frac{|u|^2}{1+p} & iu_x^*\\ -iu_x & \frac{-|u|^2}{1-p}\end{bmatrix}$$

将满足它！

从这一点开始，他们的分析与 Korteweg-deVries 的讨论相平行，尽管在处理关于(17.69)的逆散射问题时引进了一个主要的修改，因为算子 L 不是自伴的。 在非自伴问题中，由复 λ 平面中 Green 函数的奇异性得到直接的本征函数展开。 Zakharov 和 Shabat 利用 ϕ 按照 (17.70) 的发展来得到关于 Green 函数和有关函数奇异性的信息，然后由此来构造 $u(x, t)$。 然而，采用与 (17.38)—(17.39) 相类似的变换后的方程的另外一种作法要简单得多。

结果定性地与 Korteweg-deVries 方程结果相类似。明显地导出了关于相互作用孤波的解，并且是在只有点谱有贡献的情况下得到的。关于 $|u|^2$ 的表达式又具有形式

$$|u|^2 \propto \frac{d^2}{dx^2} \log |P|,$$

其中 $|P|$ 为一指数行列式，这一次是与算子

$$i\frac{\partial}{\partial t} + \frac{\partial^2}{\partial x^2}$$

有关。解再次证实，孤波保持它们的结构，并且除了由于相互作用而可能造成延迟之外，将以它们精确的本来形式而出现。

可以象以前一样地得到初值问题的解，并且似乎明显的是，当时间很大时，点谱的贡献是主要的。这就是说，扰动倾向于变成一系列的孤波。这一分析只限于那些当 $|x| \to \infty$ 时 $|u| \to 0$ 的解，但是，作这样的推断——波列对于调制的不稳定性的最终结果是一系列的孤波——似乎是公平的。

Sine-Gordon 方程

在 14.1 节中我们叙述了其中出现 Sine-Gordon 方程的那些物理问题。 在那里的讨论中包括了 φ 围绕 $\varphi = 0$ 作周期振荡的解族。现在我们考虑更一般的解。特别是，由于φ为角变量，那些在每一周期中 φ 增加 2π 的解是物理上的周期解。这样一来，作为周期波列，包括了那些 φ 连续增加的螺旋形波。 极限情形为单一

纽结，其中从 $x=-\infty$ 到 $x=\infty$ 时 φ 变化 2π；这是一个孤波。代表相互作用孤波的解表现出和前述各例中同样的守恒性质，纽结守恒的拓扑解释是特别耐人寻味的。

17.10 周期波列与孤波

将方程取为规范化形式

$$\varphi_{tt}-\varphi_{xx}+\sin\varphi=0,$$

于是，定常剖面解 $\varphi=\Phi(X)$, $X=x-Ut$ 满足

$$\frac{1}{2}(U^2-1)\Phi_X^2+2\sin^2\frac{1}{2}\Phi=A,$$

其中 A 为一与振幅有关的积分常数。可以分为以下各种情形。

1. $0<A<2$, $U^2-1>0$。这些是 Φ 在 $\Phi=0$ 附近 $-\Phi_0<\Phi<\Phi_0$ 的范围中振荡的周期解，其中

$$\Phi_0=2\sin^{-1}\left(\frac{A}{2}\right)^{1/2}。$$

2. $0<A<2$, $U^2-1<0$。这些是 Φ 在 $\Phi=\pi$ 附近、在

$$\pi-\Phi_0<\Phi<\pi+\Phi_0$$

范围中振荡的周期解。

3. $A<0$, $U^2-1<0$。这些是满足

$$\Phi_X=\pm\left\{\frac{2}{1-U^2}\left(|A|+2\sin^2\frac{1}{2}\Phi\right)\right\}^{1/2}$$

的螺旋形波，Φ 单调增加或减小。

4. $A>2$, $U^2-1>0$。这些也是螺旋形波，满足

$$\Phi_X=\pm\left\{\frac{2}{U^2-1}\left(A-2\sin^2\frac{1}{2}\Phi\right)\right\}^{1/2}。$$

5. 极限情形 $A=0$, $U^2-1<0$。解为

$$\tan\left(\frac{\Phi}{4}\right)=\pm\exp\{\pm(1-U^2)^{-1/2}(X-X_0)\}。$$

它们代表大小为 2π 为单纽结。 如果两个符号都取正号，它是从 $x=-\infty$ 处 $\Phi=0$ 到 $x=+\infty$ 处 $\Phi=2\pi$ 的一个正纽结；如果两个符号都取负号，它仍然是一个正纽结，不过是从 $x=-\infty$ 处

的 $\Phi = -2\pi$ 变到 $x = +\infty$ 处的 $\Phi = 0$。如果两个符号相反，则给出负纽结。

6. 极限情形 $A = 2$, $U^2 - 1 > 0$。解为

$$\tan\left(\frac{\Phi + \pi}{4}\right) = \exp\{\pm(U^2 - 1)^{-1/2}(X - X_0)\},$$

而这个解代表一个在 $\Phi = -\pi$ 和 $\Phi = \pi$ 之间的纽结。

14.2 节和 15.3 节中关于稳定性的论证表明，上面情形 1 中的周期波对于调制是不稳定的。 这些论证可以推广到其它类型的解，并证明情形 1 和 2 是不稳定的，而螺旋形波 3 和 4 是稳定的。应当记住，这些关于稳定性的论证只适用于比较长的调制。 它们并不给出关于稳定性的全面讨论，它们也不包括极限情形 5 和 6 。我们可以予料情形 6 是完全不稳定的，因为它要求在无穷远处 $\Phi = \pm\pi$。例如，在 Scott 摆模型中，这对应于摆处在铅直向上的位置。现在我们来集中讨论孤波(情形 5)。

17.11 孤波的相互作用

Perring 和 Skyrme (1962) 显然是猜到了他们关于两个相互作用的孤波的数值解可以写成

$$\psi = \tan\frac{\varphi}{4} = U\frac{\sinh x(1 - U^2)^{-1/2}}{\cosh Ut(1 - U^2)^{-1/2}}, \qquad (17.71)$$

然后证明了这是一个精确解！为了看清楚它代表两个孤波的相互作用，注意当 $t \to \pm\infty$ 时它的性态由下式给出：

$$t \to -\infty:\ \psi \sim U\exp\left(\frac{x + Ut}{\sqrt{1 - U^2}}\right) - U\exp\left(-\frac{x - Ut}{\sqrt{1 - U^2}}\right),$$

$$t \to +\infty:\ \psi \sim -U\exp\left(-\frac{x + Ut}{\sqrt{1 - U^2}}\right) + U\exp\left(\frac{x - Ut}{\sqrt{1 - U^2}}\right)。$$

这两个式子中的每一式都代表着沿相反方向运动的孤波。以速度 U 运动的正纽结从 $x = -\infty$ 入射，并且在相互作用后仍作为正纽

结而出现。指数外面的因子 U 可以作为 x 的位移而吸收到指数中去。由于相互作用，从 $-\infty$ 入射的正组结位移了一个量

$$2\sqrt{1-U^2}\log\frac{1}{U}。$$

与 $\psi=\tan(\varphi/4)$ 有关的这一形式暗示着，一般说来，把方程变换为关于 ψ 的方程可能是有益的。ψ 所满足的方程为

$$(1+\psi^2)(\psi_{tt}-\psi_{xx}+\psi)-2\psi(\psi_t^2-\psi_x^2+\psi^2)=0。\tag{17.72}$$

此式具有一种平衡的结构，并引出最密切有关的线性算子

$$\frac{\partial^2}{\partial t^2}-\frac{\partial^2}{\partial x^2}+1。\tag{17.73}$$

在这些方面，它使人想起 F 的方程 (17.11) 在讨论 Korteweg-deVries 方程中所起的作用。(17.72) 的单个孤波解由

$$\psi=\pm\exp\left(\pm\frac{x-Ut}{\sqrt{1-U^2}}\right)\tag{17.74}$$

给出，于是，又可以通过寻找使孤波成为指数，并且事实上满足 (17.73) 的变换这一粗略的实用法则来找出变换。

尽管关于 ψ 的方程是非线性的，通过分离变量法，即

$$\psi=f(x)g(t),$$

可以找到 Perring-Skyrme 的解。只要

$$f'^2=\mu f^4+(1+\lambda)f^2-\nu,$$

$$g'^2=\nu g^4+\lambda g^2-\mu,$$

则满足方程，其中 λ,μ,ν 为分离常数。这两个方程有椭圆函数解，Perring-Skyrme 解为其中的特殊情形。

然而，求相互作用孤波的一种更一致的方法并不是基于 (17.72)，而是由 Lamb (1967, 1971) 利用 Bäcklund 变换发展起来的。

17.12 Bäcklund 变换

这些变换最初是作为接触变换的推广而引进的，并且特别是

与曲面几何的研究相联系。正如以前（14.1 节）提到的那样，Sine-Gordon 方程的出现与 Gauss 曲率为 -1 的曲面相联系。在 Forsyth 的书(1959，第 VI 卷，第 21 章)中给出 Bäcklund 变换及其应用的说明。当应用于 Sine-Gordon 方程时，选择如下规范化形式是方便的:

$$\frac{\partial^2\varphi}{\partial\xi\partial\eta}=\sin\varphi;\ \xi=\frac{x-t}{2},\ \eta=\frac{x+t}{2}。\tag{17.75}$$

一般说来，对于一个关于 $\varphi(\xi,\eta)$ 的二阶方程，Bäcklund 变换具有形式

$$\varphi'_\xi=P(\varphi',\varphi,\varphi_\xi,\varphi_\eta,\xi,\eta),$$
$$\varphi'_\eta=Q(\varphi',\varphi,\varphi_\xi,\varphi_\eta,\xi,\eta)。$$

两个表达式的一致性导致关于 $\varphi'(\xi,\eta)$ 的一个新的微分方程。该变换的思想似乎是以这种方式来找到有兴趣的等价方程。的确，将 Burgers 方程

$$\varphi_\eta+\varphi\varphi_\xi-\nu\varphi_{\xi\xi}=0$$

化简为热传导方程

$$\varphi'_\eta-\nu\varphi'_{\xi\xi}=0$$

可以写成一个 Bäcklund 变换

$$\varphi'_\xi=-\frac{\varphi\varphi'}{2\nu},\ \varphi'_\eta=-(2\nu\varphi_\xi-\varphi^2)\frac{\varphi'}{4\nu}。$$

然而，一般说来，将原来的方程化简为一个线性方程这一希望也许是太高了。但是，另一种用途是找到那种可以映射到本身的方程，于是关于 φ 的任何已知的解(即使是平凡解)都可以给出一个新的解 φ'. 如何决定将 (17.75) 映射到其本身，这在 Forsyth 的书(其中提到 Bianchi 和 Darboux 的参考文献)中是作为一个问题提出的。容易证明，适当的 Bäcklund 变换为

$$\frac{\partial\varphi'}{\partial\xi}=\frac{\partial\varphi}{\partial\xi}+2\lambda\sin\frac{\varphi'+\varphi}{2},$$
$$\frac{\partial\varphi'}{\partial\eta}=-\frac{\partial\varphi}{\partial\eta}+\frac{2}{\lambda}\sin\frac{\varphi'-\varphi}{2},\tag{17.76}$$

其中 λ 为一任意参数。我们注意到，它们分别给出

$$\frac{\partial}{\partial\eta}\varphi'_\xi=\varphi_{\xi\eta}+\lambda(\varphi'_\eta+\varphi_\eta)\cos\frac{\varphi'+\varphi}{2}$$

$$=\varphi_{\xi\eta}+2\sin\frac{\varphi'-\varphi}{2}\cos\frac{\varphi'+\varphi}{2},$$

$$\frac{\partial}{\partial\xi}\varphi'_\eta=-\varphi_{\eta\xi}+\frac{1}{\lambda}(\varphi'_\xi-\varphi_\xi)\cos\frac{\varphi'-\varphi}{2}$$

$$=-\varphi_{\eta\xi}+2\sin\frac{\varphi'+\varphi}{2}\cos\frac{\varphi'-\varphi}{2}。$$

如果

$$\varphi_{\xi\eta}=\sin\varphi,$$

则上面两个关于 $\varphi'_{\xi\eta}$ 的表达式相等(因而一致)。此外，将两式相加，我们看到

$$\varphi'_{\xi\eta}=\sin\varphi'.$$

Lamb 的程序是由 (17.76) 逐次产生新的解。

首先，由于 $\varphi_0=0$ 是一个解，由

$$\frac{\partial\varphi_1}{\partial\eta}=2\lambda\sin\frac{\varphi_1}{2},\quad\frac{\partial\varphi_1}{\partial\xi}=\frac{2}{\lambda}\sin\frac{\varphi_1}{2}$$

可以得到另一个解 φ_1. 容易证明这是孤波

$$\tan\frac{\varphi_1}{4}=C\exp\left(\lambda\eta+\frac{\xi}{\lambda}\right)=C\exp\left(\frac{x-Ut}{\sqrt{1-U^2}}\right),$$

$$\lambda=\sqrt{\frac{1-U}{1+U}}。$$

其次，如果在 (17.76) 中取 φ 为 φ_1，则发现解 $\varphi'=\varphi_2$ 为关于两个相互作用孤波的 Perring-Skyrme 结果。一般说来，关于 $n-1$ 个孤波的解 φ_{n-1} 产生关于 n 个孤波的解 φ_n. 借助于 $\psi=\tan(\varphi/4)$, $\psi'=\tan(\varphi'/4)$，变换(17.76)为

$$\psi'_\xi=(1+\psi^2)^{-1}\{(1+\psi'^2)\psi_\xi+\lambda(1-\psi^2)\psi'$$
$$+\lambda\psi(1-\psi'^2)\},$$

$$\psi'_\eta=(1+\psi^2)^{-1}\left\{-(1+\psi'^2)\psi_\eta+\frac{1}{\lambda}(1-\psi^2)\psi'\right.$$

$$-\frac{1}{\lambda}\psi(1-\psi'^2)\Big\}。$$

每一个都是关于 ψ' 的 Riccati 方程，或者采用另一作法，可以从两个方程中消去 ψ'^2 而给出一个关于 ψ' 的线性一阶偏微分方程。原则上总可以找到后一方程的解，但是，关于 φ_n 的实际表达式变得越来越复杂。

17.13 关于 Sine-Gordon 方程的逆散射

近来，Lamb (1973) 和 Ablowitz 等 (1973) 证明了如何可以应用逆散射方法。关键的步骤是分解成一个关于所要求的解 φ 的散射问题和一个关于本征函数的演化方程。 如果将 Sine-Gordon 方程写成规范化形式

$$\varphi_{xt}=\sin\varphi$$

(为了使得与上述情形的类比更明显，回复到 x 和 t)，则适当的散射方程为

$$\frac{\partial v_1}{\partial x}+i\lambda v_1=-\frac{1}{2}\varphi_x(x,t)v_2,$$

$$\frac{\partial v_2}{\partial x}-i\lambda v_2=\frac{1}{2}\varphi_x(x,t)v_1,$$

而关于向量本征函数 (v_1,v_2) 的演化方程为

$$\frac{\partial v_1}{\partial t}=\frac{i}{4\lambda}(v_1\cos\varphi+v_2\sin\varphi),$$

$$\frac{\partial v_2}{\partial t}=\frac{i}{4\lambda}(v_1\sin\varphi-v_2\cos\varphi)。$$

可以直接应用 Zakharov 和 Shabat 的结果来重新构造 $\varphi(x,t)$。与(17.38)—(17.39)相对应的另一方法看来又是比较简单的。

Toda 列

作为晶体中点阵振动的模型，在相邻质点间存在非线性力的质点系是有兴趣的，于是，关于能量在各个振动模式之间的分配问

题，在激发之下的热膨胀问题等具有物理上的兴趣。可以将它们看作是本书中所考虑的连续系统在空间上为离散的情形下的类比。由(17.7)所描述的单列是关于波传播的最简单情形。它是借助于质量一弹簧系统写出的，但也可能作出其它的解释，例如解释为在集总传输线中的传播，如 Hirota 和 Suzuki (1970, 1973) 讨论过的那样。后两位作者还进行了实验来证实关于孤波及其相互作用的预言。

在线性化极限 $f(r)=-\gamma r$ 情形下，(17.7) 成为

$$m\ddot{r}_n=\gamma(r_{n+1}+r_{n-1}-2r_n).$$

行波解

$$r_n=a\cos\theta,\quad \theta=\omega t-pn$$

是熟知的。它是一个解，因为将它代入后，我们有

$$-\frac{m\omega^2}{\gamma}\cos\theta=\cos(\theta-p)+\cos(\theta+p)-2\cos\theta, \tag{17.77}$$

由三角函数的和差公式，右端化为 $\cos\theta$ 的倍数。我们得到"色散关系"

$$\frac{m\omega^2}{\gamma}=2(1-\cos p)=4\sin^2\frac{p}{2}. \tag{17.78}$$

参数 p 类比于连续线中的波数。

当振幅 a 很小时，可以展成形式为

$$r_n=a\cos\theta+a_2\cos 2\theta+\cdots\cdots$$

的 Stokes 类型的展开式；它们给出 (17.78) 的非线性修正，并且可以象在连续情形那样地发展调制理论 (Lowell, 1970)。然而，要得到完全非线性解，特别是孤波，是一个比连续情形困难得多的问题。人们会预料到它们是存在的，但明显的例子将是受欢迎的。困难的是，要求函数及其相加公式便于处理对应于 (17.77) 的右端。对于情形

$$f(r)=-\alpha(1-e^{-\beta r}), \tag{17.79}$$

Toda (1967a, 1967b) 给出了这样的解。

17.14 关于指数列的 Toda 解

将差分方程 (17.7) 转换成一等价形式(其中引入 $\dot{s}_n = f(r_n)$)是方便的。首先,我们有方程组

$$\dot{s}_n = f(r_n),$$
$$m\dot{r}_n = 2s_n - s_{n+1} - s_{n-1}。\tag{17.80}$$

对于指数型的力 (17.79),

$$\ddot{s}_n = f'(r_n)\dot{r}_n = -\alpha\beta e^{-\beta r_n}\dot{r}_n$$
$$= -\beta(\alpha + \dot{s}_n)\dot{r}_n。$$

因此,(17.80) 可以结合而成为

$$\frac{m}{\beta}\frac{\ddot{s}_n}{\alpha + \dot{s}_n} = s_{n+1} + s_{n-1} - 2s_n。\tag{17.81}$$

对于定常进波

$$s_n = S(\theta),\ \theta = \omega t - pn,$$

函数 $S(\theta)$ 必须满足常微分差分方程

$$\frac{m\omega^2}{\beta}\frac{S''}{\alpha + \omega S'} = S(\theta + p) + S(\theta - p) - 2S(\theta)。\tag{17.82}$$

按照 Toda 的作法,现在我们记得

$$\mathrm{dn}^2(\theta + p) - \mathrm{dn}^2(\theta - p)$$
$$= -2k^2\frac{d}{dp}\left(\frac{\mathrm{sn}\theta\mathrm{cn}\theta\mathrm{dn}\theta\mathrm{sn}^2 p}{1 - k^2\mathrm{sn}^2\theta\mathrm{sn}^2 p}\right),$$

其中 sn, cn, dn 为 Jacobi 椭圆函数,而 k 为这些函数的模。如果

$$E(\zeta) = \int_0^\zeta \mathrm{dn}^2 z dz,$$

这个方程关于 p 的积分为

$$E(\theta + p) + E(\theta - p) - 2E(\theta)$$
$$= -2k^2\frac{\mathrm{sn}\theta\mathrm{cn}\theta\mathrm{dn}\theta\mathrm{sn}^2 p}{1 - k^2\mathrm{sn}^2\theta\mathrm{sn}^2 p}。\tag{17.83}$$

而且,

$$E'(\theta) = \mathrm{dn}^2\theta = 1 - k^2\mathrm{sn}^2\theta,$$

$$E''(\theta)=-2k^2\mathrm{sn}\theta\mathrm{cn}\theta\mathrm{dn}\theta。$$

因此,(17.83)的右端为

$$\frac{E''(\theta)}{q+E'(\theta)},\ q=\frac{1}{\mathrm{sn}^2 p}-1。$$

我们看到,关于 $E(\theta)$ 的方程本质上是 (17.82)。函数 $E(\theta)$ 并不是 θ 的周期函数,但有关的 Jacobi ζ 函数

$$Z(\theta)=E(\theta)-\theta\frac{E(K)}{K} \tag{17.84}$$

具有周期 $2K$, 并且,由 $E(\theta)$ 变换成 $Z(\theta)$ 只对方程作了轻微的修正。s_n 的解可以写成如下形式

$$s_n=S(\theta)=bZ(2k\theta),\ \theta=\omega t-pn, \tag{17.85}$$

其中

$$b=\left(\frac{m\alpha}{\beta}\right)^{1/2}\left(\frac{1}{\mathrm{sn}^2 2Kp}-1+\frac{E}{K}\right)^{-1/2}, \tag{17.86}$$

$$\omega=\frac{1}{2K}\left(\frac{\alpha\beta}{m}\right)^{1/2}\left(\frac{1}{\mathrm{sn}^2 2Kp}-1+\frac{E}{K}\right)^{-1/2}。 \tag{17.87}$$

r_n 的表达式由

$$-\alpha(1-e^{-\beta r_n})=\dot{s}_n=2K\omega b\left(\mathrm{dn}^2 2K\theta-\frac{E}{K}\right)。 \tag{17.88}$$

函数 $Z(\zeta)$ 和 $\mathrm{dn}^2\zeta$ 以 $2K$ 为周期;这里已经对位相作了规范化,使得一个周期对应于 θ 增加 1,而不是象线性理论那样对应于 θ 增加 2π。$Z(\zeta)$ 的振幅为 k 的函数,因此 s_n 的振幅为一函数 $A(k, p)$。与 (17.87) 相结合,我们得到一个用参数形式表示的 ω, p, A 之间的色散关系

$$A=A(k,p),\ \omega=\omega(k,p)。$$

在线性极限 $k\to 0$ 情形,我们有

$$\mathrm{sn}^2\zeta\sim\sin^2\zeta,\ K,E\sim\frac{\pi}{2}$$

$$\mathrm{dn}^2\zeta\sim 1-k^2\sin^2\zeta,\ \frac{E}{K}\sim 1-\frac{k^2}{2},$$

$$Z(\zeta)\sim\frac{k^2}{4}\sin 2\zeta。$$

因此

$$s_n \sim \frac{bk^2}{4}\sin 2\pi\theta,\ \theta = \omega t - pn,$$

$$b \sim \left(\frac{m\alpha}{\beta}\right)^{1/2}\sin \pi p,\quad \omega \sim \frac{1}{\pi}\left(\frac{\alpha\beta}{m}\right)^{1/2}\sin \pi p,$$

并且

$$-\alpha(1 - e^{-\beta r_n}) \sim -\gamma r_n \sim \frac{\pi\omega bk^2}{2}\cos 2\pi\theta。$$

这些式子可以改写为

$$s_n \sim A\sin 2\pi(\omega t - pn),\ -\gamma r_n \sim 2\pi\omega A\cos 2\pi(\omega t - pn),$$

$$\frac{m(2\pi\omega)^2}{\gamma} \sim 4\sin^2\pi p,\ k^2 \sim 4\left(\frac{\beta}{m\alpha}\right)^{1/2}\frac{A}{\sin \pi p} \ll 1;$$

除去不重要的重新规范化之外，这些结果再次产生了线性解。

当 $k \to 1$ 时，$K \to \infty$，于是我们必须取关于

$$2K\omega \to \Omega,\ 2Kp \to P$$

为有限极限的情形。椭圆函数具有极限形式

$$\mathrm{sn}\zeta \to \tanh\zeta,\ \mathrm{dn}\zeta \to \mathrm{sech}\zeta,\ Z(\zeta) \to \tanh\zeta;$$

关系式(17.86)—(17.87)变为

$$b \to \left(\frac{m\alpha}{\beta}\right)^{1/2}\sinh P,\ \Omega = \left(\frac{\alpha\beta}{m}\right)^{1/2}\sinh P。$$

因此

$$s_n \sim \frac{m\Omega}{\beta}\tanh(\Omega t - pn),$$

$$-\alpha(1 - \beta e^{-r_n}) \sim \frac{m\Omega^2}{\beta}\mathrm{sech}^2(\Omega t - pn)。$$

这些是孤波。

根据各种近似形式和特殊情形，Toda 给出令人信服的证据：这些孤波的相互作用和连续情形一样，在相互作用之后以原来的形状出现。

Born-Infeld 方程

Born-Infeld 方程

$$(1-\varphi_t^2)\varphi_{xx}+2\varphi_x\varphi_t\varphi_{xt}-(1+\varphi_x^2)\varphi_{tt}=0$$

有一种孤波解，但是它们与前面所讨论的孤波解很不相同。我们可以很简单地验证，对于任意函数 Φ，

$$\varphi=\Phi(x-t) \text{ 或 } \varphi=\Phi(x-t)$$

是精确解。特别，可以选择函数 Φ 为一单峰以便给出一个孤波的样子。但是不涉及自然的结构。对于

$$1+\varphi_x^2-\varphi_t^2>0$$

的解，方程是双曲型的，某些方面或许应当属于第 I 部分。注意孤波具有常特征速度 ± 1，于是避免了通常关于非线性双曲波所预料的间断。

17.15 相互作用波

利用速度图变换可以非常自然地得到 Barbishov 和 Chernikov (1967) 的解，虽然变换后方程的简单性是未曾预料的。首先，如果引进新变量

$$\xi=x-t,\quad \eta=x+t,$$
$$u=\varphi_\xi,\quad v=\varphi_\eta,$$

我们可以采取等价方程组

$$\begin{aligned}&u_\eta-v_\xi=0,\\&v^2u_\xi-(1+2uv)u_\eta+u^2v_\eta=0。\end{aligned}\tag{17.89}$$

然后，交换因变量和自变量的作用，使给出

$$\begin{aligned}&\xi_v-\eta_u=0,\\&v^2\eta_v+(1+2uv)\xi_v+u^2\xi_u=0,\end{aligned}\tag{17.90}$$

或者等价地，给出单个方程

$$u^2\xi_{uu}+(1+2uv)\xi_{uv}+v^2\xi_{vv}+2u\xi_u+2v\xi_v=0。\tag{17.91}$$

假定在双曲型区域中寻找有关的解，于是，求线性方程组 (17.90) 和线性方程 (17.91) 的特征线是个自然的步骤。它们是具有微分形式

$$u^2dv^2-(1+2uv)dudv+v^2du^2=0$$

的积分曲线，求出这些曲线是 $r=$ 常数，$s=$ 常数，其中

$$r=\frac{\sqrt{1+4uv}-1}{2v},\quad s=\frac{\sqrt{1+4uv}-1}{2u}。\tag{17.92}$$

如果引进新变量 r,s 来代替 u,v，方程组(17.90)变为

$$\begin{aligned}r^2\xi_r+\eta_r&=0,\\ \xi_s+s^2\eta_s&=0。\end{aligned}\tag{17.93}$$

令人惊奇的结果是，为推得(17.91)的新形式而消去 η 后，我们简单地得到

$$\xi_{rs}=0。\tag{17.94}$$

速度图变换保证得到了一个线性方程，但是从实用来看这可能完全是不可能的。

通解可以取为

$$x-t=\xi=F(r)-\int s^2G'(s)ds,\tag{17.95}$$

$$x+t=\eta=G(s)-\int r^2F'(r)dr,\tag{17.96}$$

其中 $F(r),G(s)$ 为任意函数。由于

$$\begin{aligned}\varphi_r=u\xi_r+v\eta_r&=\frac{r}{1-rs}\xi_r+\frac{s}{1-rs}\eta_r\\ &=rF'(r),\end{aligned}$$

以及类似地

$$\varphi_s=sG'(s),$$

关于 φ 的相应表达式为

$$\varphi=\int rF'(r)dr+\int sG'(s)ds。\tag{17.97}$$

最后，方便的作法是引进

$$F(r)=\rho,\ G(s)=\sigma,$$
$$r=\Phi_1'(\rho),\ s=\Phi_2'(\sigma),$$

并把解取成形式

$$\varphi=\Phi_1(\rho)+\Phi_2(\sigma),\tag{17.98}$$

$$x-t=\rho-\int_{-\infty}^{\sigma}\Phi_2'^2(\sigma)d\sigma,\tag{17.99}$$

$$x+t=\sigma+\int_{\rho}^{\infty}\Phi_1'^2(\rho)d\rho. \tag{17.100}$$

如果限制 $\Phi_1(\rho)$ 和 $\Phi_2(\sigma)$，例如说令它们分别在

$$-1<\rho<0,\ 0<\sigma<1$$

中不为零，则

$$\varphi=\Phi_1(x-t)+\Phi_2(x+t)\ \text{当}\ t<0。$$

波 Φ_1 从 $x=-\infty$ 入射，而波 Φ_2 从 $x=+\infty$ 入射。当 $t\to+\infty$ 时，解趋向于

$$\varphi=\Phi_1\left\{x-t+\int_{-\infty}^{\infty}\Phi_2'^2(\sigma)d\sigma\right\}$$

$$+\Phi_2\left\{x+t-\int_{-\infty}^{\infty}\Phi_1'^2(\rho)d\rho\right\}。 \tag{17.101}$$

每一个波在与其传播方向相反的方向上得到一个等于

$$\int_{-\infty}^{\infty}\Phi_i'^2(\tau)d\tau$$

的位移。在这一方面，相互作用所余下的后果与相互作用孤波的其它例子相类似。但是，在多数其它方面，这些解以及 Born-Infeld 方程看来是属于不同的一类。

关于在(17.98)—(17.100)中给出的解还有最后一点注释：在相互作用过程中，由 (x,t) 平面到 (ρ,σ) 平面的映射可能成为奇异的，尽管 (17.101) 表明从后果来看解又是单值的。这一点可以解释为激波的形成，并与下述事实相联系：在相互作用过程中，特征速度偏离了值 ±1 并可能形成包络。在这种情形下，以后的性态将需要修正，而(17.101)不应按原样而接受。然而，间断将要求充分大的振幅，因此将存在一个不出现这种间断的解的范围。

在这一特殊例子中，变换后的方程 (17.94) 中所实行的线性叠加使波实体的守恒性成为明显的事。的确，在所有情形中，结构的守恒多半都可以追朔到某一适当变换的空间中的线性迭加。但是，映射的性质以及所涉及的线性解是关键性的。在 4.7 节中关于激波汇合的解对应于线性热传导方程解的叠加。但是，由于热传导方程的解是指数型的，而不是局部化的，于是两个激波结合而形

成一个单个的新激波，而不是互相穿过。

在结束本章时，我们只能再一次评述这些最近的发展中所涉及的各作者的显著技巧。这些结果大大推动了非线性波（以及一般说来非线性现象）的研究。无疑，更多得多的价值将被发现，并且不同途径已大大增添了“数学方法”的武库。一个相当重要的教训是，精确解仍然到处存在，因此我们不应当总是太快地转向寻找8。

参 考 文 献

Abbott, M. R. 1956. A theory of the propagation of bores in channels and rivers. *Proc. Camb. Phil. Soc.* **52**, 344–362.

Ablowitz, M. J. 1971. Applications of slowly varying nonlinear dispersive wave theories. *Studies Appl. Math.* **50**, 329–344.

Ablowitz, M. J. and D. J. Benney. 1970. The evolution of multiphase modes for nonlinear dispersive waves. *Studies Appl. Math.* **49**, 225–238.

Ablowitz, M. J., D. J. Kaup, A. C. Newell, and H. Segur. 1973. The initial value solution for the Sine-Gordon equation. To be published.

Akhmanov, S. A., A. P. Sukhorukov, and R. V. Khokhlov. 1966. Self-focusing and self-trapping of intense light beams in a nonlinear medium. *Soviet Physics J.E.T.P.* **23**, 1025–1033.

Balanis, G. N. 1972. The plasma inverse problem. *J. Math. Phys.* **13**, 1001–1005.

Barbishov, B. M. and N. A. Chernikov. 1966. Solution of the two plane wave scattering problem in a nonlinear scalar field theory of the Born-Infeld type. *Soviet Physics J.E.T.P.* **24**, 437–442.

Barcilon, V. 1968. Axisymmetric inertial oscillations of a rotating ring of fluid. *Mathematika* **15**, 93–102.

Barone, A., F. Esposito, C. J. Magee, and A. C. Scott. 1971. Theory and applications of the Sine-Gordon equation. *Rivista del Nuovo Cimento (2)* **1**, 227–267.

Bateman, H. 1915. Some recent researches on the motion of fluids. *Monthly Weather Review* **43**, 163–170.

Benjamin, T. B. 1967. Instability of periodic wavetrains in nonlinear dispersive systems. *Proc. Roy. Soc. A* **299**, 59–75.

Benjamin, T. B. 1970. Upstream influence. *J. Fluid Mech.* **40**, 49–79.

Benjamin, T. B., J. L. Bona, and J. J. Mahony. 1972. Model equations for long waves in nonlinear dispersive systems. *Phil. Trans. Roy. Soc. A* **272**, 47–78.

Benjamin, T. B. and M. J. Lighthill. 1954. On cnoidal waves and bores. *Proc. Roy. Soc. A* **224**, 448–460.

Born, M. and L. Infeld. 1934. Foundations of a new field theory. *Proc. Roy. Soc. A* **144**, 425–451.

Boussinesq, J. 1871. Théorie de l'intumescence liquide appelée onde solitaire ou de translation se propageant dans un canal rectangulaire. *Comptes Rendus* **72**, 755–759.

Broderick, J. B. 1949. Supersonic flow round pointed bodies of revolution. *Q. J. Mech. Appl. Math.* **2**, 98–120.

Bryson, A. E. and R. W. F. Gross. 1961. Diffraction of strong shocks by cones, cylinders and spheres. *J. Fluid Mech.* **10**, 1–16.

Burgers, J. M. 1948. A mathematical model illustrating the theory of turbulence. *Adv. Appl. Mech.* 1, 171–199.

Butler, D. S. 1954. Converging spherical and cylindrical shocks. Report No. 54/54 Armament Research and Development Establishment, Ministry of Supply. Fort Halstead, Kent.

Butler, D. S. 1955. Symposium on blast and shock waves. Armament Research and Development Establishment, Ministry of Supply. Fort Halstead, Kent.

Chandler, R. E., R. Herman, and E. W. Montroll. 1958. Traffic dynamics: Studies in car-following. *Oper. Res.* 6, 165–184.

Chester, W. 1954. The quasi-cylindrical shock tube. *Phil. Mag.* (7) 45, 1293–1301.

Chiao, R. Y., E. Garmire, and C. H. Townes. 1964. Self-trapping of optical beams. *Phys. Rev. Lett.* 13, 479–482.

Chisnell, R. F. 1955. The normal motion of a shock wave through a nonuniform one-dimensional medium. *Proc. Roy. Soc. A* 232, 350–370.

Chisnell, R. F. 1957. The motion of a shock wave in a channel, with applications to cylindrical and spherical shock waves. *J. Fluid Mech.* 2, 286–298.

Cohen, D. S. and J. W. Blum. 1971. Acoustic wave propagation in an underwater sound channel. *J. Inst. Math. Applns.* 8, 186–220.

Cole, J. D. 1951. On a quasilinear parabolic equation occurring in aerodynamics. *Q. Appl. Math.* 9, 225–236.

Cornish, V. 1934. *Ocean waves and kindred geophysical phenomena.* Cambridge University Press.

Courant, R. and K. O. Friedrichs. 1948. *Supersonic flow and shock waves.* Interscience, New York-London.

Courant, R. and D. Hilbert. 1962. *Methods of mathematical physics.* Vol. II. Interscience, New York-London.

Crapper, G. D. 1972. Nonlinear gravity waves on steady non-uniform currents. *J. Fluid Mech.* 52, 713–724.

Delaney, M. E. 1971. On the averaged Lagrangian technique for nonlinear dispersive waves. Ph.D. Thesis California Institute of Technology.

Donnelly, R. J., R. Herman, and I. Prigogine. 1966. *Non-equilibrium thermodynamics.* University of Chicago Press.

Dressler, R. F. 1949. Mathematical solution of the problem of roll waves in inclined open channels. *Comm. Pure Appl. Math.* 2, 149–194.

Dressler, R. F. 1952. Hydraulic resistance effect upon the dam-break functions. *J. Res. Nat. Bur. Stand.* 49, 217–225.

Earnshaw, S. 1858. On the mathematical theory of sound. *Phil. Trans.* 150, 133–148.

Faddeyev, L. D. 1959. The inverse problem in the quantum theory of scattering. *Uspekhi Matem. Nauk* 14, 57 (Transl. in *J. Math. Phys.* 4, 72–104, 1963.)

Favre, H. 1935. *Etude théorique et expérimentale des ondes de translation dans les canaux decouverts.* Dunod et Cie, Paris.

Finsterwalder, S. 1907. Die Theorie der Gletscherschwankungen. *Z. Gletscherkunde* 2, 81–103.

Forsyth, A. R. 1959. *Theory of differential equations,* Vol. VI. Dover Publications, New York.

Franken, P. A., A. E. Hill, C. W. Peters, and G. Weinreich. 1961. Generation of optical harmonics. *Phys. Rev. Lett.* 7, 118–119.

Franklin, J. N. 1972. Axisymmetric inertial oscillations of a rotating fluid. *J. Math. Anal. Appl.* 39, 742–760.

Friedman, M. P. 1960. An improved perturbation theory for shock waves propagating through non-uniform regions. *J. Fluid Mech.* 8, 193–209.

Friedman, M. P., E. J. Kane, and A. Signalla. 1963. Effects of atmosphere and aircraft motion on the location and intensity of a sonic boom. *A.I.A.A.J.* 1, 1327–1335.

Gardner, C. S., J. M. Greene, M. D. Kruskal, and R. M. Miura. 1967. Method for solving the Korteweg-deVries equation. *Phys. Rev. Lett.* 19, 1095–1097.

Gelfand, I. M. and B. M. Levitan. 1951. On the determination of a differential equation from its spectral function. *Am. Math. Transl.* (2) 1, 253–304.

Gelfand, I. M. and S. V. Fomin. 1963. *Calculus of variations*. Prentice-Hall, Englewood Cliffs, N. J.

Giordmaine, J. A. 1962. Mixing of light beams in crystals. *Phys. Rev. Lett.* 8, 19–20.

Goldstein, S. 1953. On the mathematics of exchange processes in fixed columns. Parts I and II. *Proc. Roy. Soc. A* 219, 151–185.

Goldstein, S. and J. D. Murray. 1959. On the mathematics of exchange processes in fixed columns. Parts III, IV, V. *Proc. Roy Soc. A* 252, 334–375.

Greenberg, H. 1959. An analysis of traffic flow. *Oper. Res.* 7, 79–85.

Greenspan, H. P. 1968. *The theory of rotating fluids*. Cambridge University Press.

Griffith, W. C., D. Brickl, and V. Blackman. 1956. Structure of shock waves in polyatomic gases. *Phys. Rev.* 102, 1209–1216.

Griffith, W. C. and A. Kenny. 1957. On fully dispersed shock waves in carbon dioxide. *J. Fluid Mech.* 3, 286–288.

Guderley, G. 1942. Starke kugelige und zylindrische Verdichtungsstösse in der Nähe des Kugelmittelpunktes bzw der Zylinderachse. *Luftfahrtforschung* 19, 302–312.

Haus, H. A. 1966. Higher order trapped light beam solutions. *Appl. Phys. Lett.* 8, 128–129.

Hayes, W. D. 1968. Self-similar strong shocks in an exponential medium. *J. Fluid Mech.* 32, 305–315.

Hayes, W. D. 1973. Group velocity and nonlinear dispersive wave propagation. *Proc. Roy. Soc. A* 332, 199–221.

Herman, R., E. W. Montroll, R. B. Potts, and R. W. Rothery. 1959. Traffic dynamics: Analysis of stability in car following. *Oper. Res.* 7, 86–106.

Hirota, R. 1971. Exact solution of the Korteweg-deVries equation for multiple collisions of solitons. *Phys. Rev. Lett.* 27, 1192–1194.

Hirota, R. and K. Suzuki. 1970. Studies on lattice solitons by using electrical networks. *J. Phys. Soc. Japan* 28, 1366–1367.

Hirota, R. and K. Suzuki. 1973. Theoretical and experimental studies of lattice solitons in nonlinear lumped networks. To appear in *I.E.E.E. Proceedings*.

Hoffman, A. L. 1967. A single fluid model for shock formation in MHD shock tubes. *J. Plasma Phys.* 1, 193–207.

Holliday, D. 1973. Nonlinear gravity-capillary surface waves in a slowly varying current. *J. Fluid Mech.* 57, 797–802.

Hopf, E. 1950. The partial differential equation $u_t + uu_x = \mu u_{xx}$. *Comm. Pure Appl. Math.* 3, 201–230.

Hugoniot, H. 1889. Sur la propagation du mouvement dans les corps et spécialement dans les gaz parfaits. *J. l'Ecole Polytech.* 58, 1–125.

Huppert, H. E. and J. W. Miles. 1968. A note on shock diffraction by a supersonic wedge. *J. Fluid Mech.* 31, 455–458.

Jahnke, E. and F. Emde. 1945. *Tables of functions.* Dover Publications, New York.

Jeffreys, H. 1925. The flow of water in an inclined channel of rectangular section. *Phil. Mag.* (6) 49, 793–807.

Jeffreys, H. and B. S. Jeffreys. 1956. *Methods of mathematical physics,* 3rd ed. Cambridge University Press.

Jimenez, J. 1972. Wavetrains with small dissipation. Ph.D. Thesis, California Institute of Technology.

von Karman, Th., and N. B. Moore. 1932. Resistance of slender bodies moving with supersonic velocities with special reference to projectiles. *Trans. Am. Soc. Mech. Engrs.* 54, 303–310.

Karpman, V. I. 1967. An asymptotic solution of the Korteweg-deVries equations. *Phys. Lett.* 25A, 708–709.

Karpman, V. I. and V. P. Sokolov. 1968. On solitons and the eigenvalues of the Schrödinger equation. *Soviet Physics J.E.T.P.* 27, 839–845.

Kay, I. and J. B. Keller. 1954. Asymptotic evaluation of the field at a caustic. *J. Appl. Phys.* 25, 876–883.

Kay, I. and H. E. Moses. 1956. The determination of the scattering potential from the spectral measure function. *Nuovo Cimento (10)* 3, 276–304.

Komentani, E. and T. Sasaki. 1958. On the stability of traffic flow. *Oper. Res. (Japan)* 2, 11–26.

Korteweg, D. J. and G. deVries. 1895. On the change of form of long waves advancing in a rectangular channel, and on a new type of long stationary waves. *Phil. Mag. (5)* 39, 422–443.

Kynch, G. F. 1952. A theory of sedimentation. *Trans. Faraday Soc.* 48, 166–176.

Lamb, G. L., Jr. 1967. Propagation of ultrashort optical pulses. *Phys. Lett.* 25A, 181–182.

Lamb, G. L., Jr. 1971. Anlytical descriptions of ultrashort optical pulse propagation in a resonant medium. *Rev. Mod. Phys.* 43, 99–124.

Lamb, G. L., Jr. 1973. Coherent optical pulse propagation as an inverse problem. To be published.

Lamb, H. 1932. *Hydrodynamics,* 6th ed. Cambridge University Press.

Landau, L. D. 1945. On shock waves at large distances from the place of their origin. *Soviet Journal of Physics* 9, 496–500.

Landau, L. D. and E. M. Lifshitz. 1958. *Quantum mechanics—Nonrelativistic theory.* Pergamon Press Addison-Wesley Publishing Co., Reading, Mass.

Landau, L. D. and E. M. Lifshitz. 1959. *Theory of elasticity.* Pergamon Press Addison-Wesley Publishing Co., Reading, Mass.

Landau, L. D. and E. M. Lifshitz. 1960. *Electrodynamics of continuous media.* Pergamon Press Addison-Wesley Publishing Co., Reading, Mass.

Landau, L. D. and E. M. Lifshitz. 1960. *Mechanics.* Pergamon Press Addison-Wesley Publishing Co., Reading, Mass.

Laporte, O. 1954. On the interaction of a shock with a constriction. Rep. No. LA-1740 Los Alamos Scientific Laboratory.

Lax, P. D. 1968. Integrals of nonlinear equations of evolution and solitary waves, *Comm. Pure Appl. Math.* 21, 467–490.

Lighthill, M. J. 1945. Supersonic flow past bodies of revolution. R&M 2003 Aeronautical Research Council Ministry of Supply H. M. Stationery Office, London.

Lighthill, M. J. 1948. The position of the shock wave in certain aerodynamic problems. *Q. J. Mech. Appl. Math.* **1**, 309–318.

Lighthill, M. J. 1949. A technique for rendering approximate solutions to physical problems uniformly valid. *Phil. Mag. (7)* **44**, 1179–1201.

Lighthill, M. J. 1949. The diffraction of blast I. *Proc. Roy. Soc. A* **198**, 454–470.

Lighthill, M. J. 1956. Viscosity effects in sound waves of finite amplitude. In *Surveys in mechanics*, Edited by G. K. Batchelor and R. M. Davies. Cambridge University Press.

Lighthill, M. J. 1957. River waves. Naval hydrodynamics publication 515 National Academy of Sciences-National Research Council.

Lighthill, M. J. and G. B. Whitham. 1955. On kinematic waves: I. Flood movement in long rivers; II. Theory of traffic flow on long crowded roads. *Proc. Roy. Soc. A* **229**, 281–345.

Longuet-Higgins, M. S. and R. W. Stewart. 1960. Changes in the form of short gravity waves on long waves and tidal currents. *J. Fluid Mech.* **8**, 565–583.

Longuet-Higgins, M. S. and R. W. Stewart. 1961. The changes in amplitude of short gravity waves on steady nonuniform currents. *J. Fluid Mech.* **10**, 529–549.

Lowell, S. C. 1970. Wave propagation in monatomic lattices with anharmonic potential. *Proc. Roy. Soc. A* **318**, 93–106.

Luke, J. C. 1966. A perturbation method for nonlinear dispersive wave problems. *Proc. Roy. Soc. A* **292**, 403–412.

Luke, J. C. 1967. A variational principle for a fluid with a free surface. *J. Fluid Mech.* **27**, 395–397.

Maker, P. D., R. W. Terhune, M. Nisenoff, and C. M. Savage. 1962. Effects of dispersion and focusing on the production of optical harmonics. *Phys. Rev. Lett.* **8**, 21–22.

Marchenko, V. A. 1955. *Dokl. Acad. Nauk SSSR* **104**, 433.

Marshall, W. 1955. The structure of magnetohydrodynamic shock waves. *Proc. Roy. Soc. A* **233**, 367–376.

McCowan, J. 1894. On the highest wave of permanent type. *Phil. Mag. (5)* **38**, 351–358.

Michell, A. G. M. 1893. The highest waves in water. *Phil. Mag. (5)* **36**, 430–437.

Moeckel, W. E. 1952. Interaction of oblique shock waves with regions of variable pressure, entropy and energy. Tech. Note 2725 Nat. Adv. Comm Aero, Washington.

Mowbray, D. E. and B. S. H. Rarity. 1967a. A theoretical and experimental investigation of the phase configuration of internal waves of small amplitude in a density stratified liquid. *J. Fluid Mech.* **28**, 1–16.

Mowbray, D. E. and B. S. H. Rarity. 1967b. The internal wave pattern produced by a sphere moving vertically in a density stratified liquid. *J. Fluid Mech.* **30**, 489–496.

Newell, G. F. 1961. Nonlinear effects in the dynamics of car-following. *Oper. Res.* **9**, 209–229.

Nigam, S. D. and P. D. Nigam. 1962. Wave propagation in rotating liquids. *Proc. Roy. Soc. A* **266**, 247–256.

Nye, J. F. 1960. The response of glaciers and ice-sheets to seasonal and climatic changes. *Proc. Roy. Soc. A* **256**, 559–584.

Nye, J. F. 1963. The response of a glacier to changes in the rate of nourishment and wastage. *Proc. Roy. Soc. A* **275**, 87–112.

Ostrowskii, L. A. 1967. Propagation of wave packets and space-time self-focusing in a nonlinear medium. *Soviet Physics J.E.T.P.* **24**, 797–800.

Ostrowskii, L. S. 1968. The theory of waves or envelopes in nonlinear media. U.R.S.I. Symposium on electromagnetic waves VI, Stresa, Italy.

Penney, W. G. and A. T. Price. 1952. Finite periodic stationary gravity waves in a perfect liquid. *Phil. Trans. Roy. Soc. A* **244**, 254–284.

Perring, J. K. and T. H. R. Skyrme. 1962. A model unified field equation. *Nucl. Phys.* **31**, 550–555.

Perry, R. W. and A. Kantrowitz. 1951. The production and stability of converging shock waves. *J. Appl. Phys.* **22**, 878–886.

Petrovsky, I. G. 1954. *Lectures on partial differential equations*. Interscience, New York-London.

Phillips, O. M. 1967. Theoretical and experimental studies of gravity wave interactions. *Proc. Roy. Soc. A* **299**, 104–119.

Poisson, S. D. 1807. Memoire sur la theorie du son. *J. l'Ecole Polytech.* **7**, 319–392.

Rankine, W. J. M. 1870. On the thermodynamic theory of waves of finite longitudinal disturbance. *Phil. Trans.* **160**, 277–288.

Rarity, B. S. H. 1967. The two-dimensional wave pattern produced by a disturbance moving in an arbitrary density stratified liquid. *J. Fluid Mech.* **30**, 329–336.

Rayleigh, Lord, 1910. Aerial plane waves of finite amplitude. *Proc. Roy. Soc. A* **84**, 247–284. (*Papers* **5**, 573–610.)

Rayleigh, Lord, 1876. On waves. *Phil. Mag. (5)* **1**, 257–279. (*Papers* **1**, 251–271.)

Richards, P. I. 1956. Shock waves on the highway. *Oper. Res.* **4**, 42–51.

Riemann, B. 1858. *Uber die Fortpflanzung ebener Luftwellen von endlicher Schwingungsweite.* Göttingen Abhandlungen, Vol. viii, p. 43. (*Werke*, 2te Aufl., Leipzig, 1892, p. 157.)

Sakurai, A. 1960. On the problem of a shock wave arriving at the edge of a gas. *Comm. Pure Appl. Math.* **13**, 353–370.

Schiff, L. I. 1951. Nonlinear meson theory of nuclear forces. *Phys. Rev.* **84**, 1–11.

Scott, A. C. 1970. *Active and nonlinear wave propagation in electronics*. Wiley-Interscience, New York.

Scott Russell, J. 1844. Report on waves. Brit. Assoc. Rep.

Seddon, J. A. 1900. River hydraulics. *Trans. Am. Soc. Civ. Engrs.* **43**, 179–243.

Sedov, L. I. 1959. *Similarity and dimensional methods in mechanics*. Academic Press, New York, London.

Segur, H. 1973. The Korteweg-deVries equation and water waves. I. Solutions of the equation. *J. Fluid Mech.* **59**, 721–736.

Seliger, R. L. 1968. A note on the breaking of waves. *Proc. Roy. Soc. A* **303**, 493–496.

Seliger, R. L. and G. B. Whitham. 1968. Variational principles in continuum mechanics. *Proc. Roy. Soc. A* **305**, 1–25.

Shercliff, J. A. 1969. Anisotropic surface waves under a vertical magnetic force. *J. Fluid Mech.* **38**, 353–364.

Skews, B. W. 1967. The shape of a diffracting shock wave. *J. Fluid Mech.* **29**, 297–304.

Small, R. D. 1972. Nonlinear dispersive waves in nonlinear optics. Ph.D. Thesis, California Institute of Technology.

Snodgrass, F. E., et al. 1966. Propagation of ocean swell across the pacific. *Phil. Trans. Roy. Soc. A* **259**, 431–497.

Sommerfeld, A. 1954. *Optics*. Academic Press, New York.

Stokes, G. G. 1847. On the theory of oscillatory waves. *Camb. Trans.* **8**, 441–473. (*Papers* **1**, 197–229.)

Stokes, G. G. 1848. On a difficulty in the theory of sound. *Phil. Mag.* (3) **23**, 349–356. (*Papers* **2**, 51–58.)

Taylor, G. I. 1910. The conditions necessary for discontinuous motion in gases. *Proc. Roy. Soc. A* **84**, 371–377.

Taylor, G. I. 1922. The motion of a sphere in a rotating liquid. *Proc. Roy. Soc. A* **102**, 180–189.

Taylor, G. I. 1946. The air wave surrounding an expanding sphere. *Proc. Roy. Soc. A* **186**, 273–292.

Taylor, G. I. 1950. The formation of a blast wave by a very intense explosion. I. Theoretical discussion. *Proc. Roy. Soc. A* **201**, 159–174.

Taylor, G. I. 1953. An experimental study of standing waves. *Proc. Roy. Soc. A* **218**, 44–59.

Taylor, G. I. 1959. The dynamics of thin sheets of fluid. II. Waves on fluid sheets. *Proc. Roy. Soc. A* **253**, 296–312.

Taylor, G. I. and J. W. Maccoll. 1933. The air pressure on a cone moving at high speeds. *Proc. Roy. Soc. A* **139**, 278–311.

Thomas, H. C. 1944. Heterogeneous ion exchange in a flowing system. *J. Am. Chem. Soc.* **66**, 1664–1666.

Toda, M. 1967a. Vibration of a chain with nonlinear interaction. *J. Phys. Soc. Japan* **22**, 431–436.

Toda, M. 1967b. Wave propagation in anharmonic lattices. *J. Phys. Soc. Japan* **23**, 501–506.

Ursell, F. 1960a. On Kelvin's ship wave pattern. *J. Fluid Mech.* **8**, 418–431.

Ursell, F. 1960b. Steady wave patterns on a non-uniform steady fluid flow. *J. Fluid Mech.* **9**, 333–346.

Weertman, J. 1958. Union géodesique and geophysique internationale, association internationale d'hydrologie scientifique. *Symposium de Chamonix*, Sept. 1958, pp. 162–168.

Whitham, G. B. 1950a. The behaviour of supersonic flow past a body of revolution, far from the axis. *Proc. Roy. Soc. A* **201**, 89–109.

Whitham, G. B. 1950b. The propagation of spherical blast. *Proc. Roy. Soc. A* **203**, 571–581.

Whitham, G. B. 1952. The flow pattern of a supersonic projectile. *Comm. Pure Appl. Math.* **5**, 301–348.

Whitham, G. B. 1955. The effects of hydraulic resistance in the dam-break problem. *Proc. Roy. Soc. A* **227**, 399–407.

Whitham, G. B. 1956. On the propagation of weak shock waves. *J. Fluid Mech.* **1**, 290–318.

Whitham, G. B. 1957. A new approach to problems of shock dynamics. Part I. Two-dimensional problems. *J. Fluid Mech.* **2**, 146–171.

Whitham, G. B. 1958. On the propagation of shock waves through regions of non-uniform area or flow. *J. Fluid Mech.* **4**, 337–360.

Whitham, G. B. 1959a. Some comments on wave propagation and shock wave structure with application to magnetohydrodynamics. *Comm. Pure Appl. Math.* **12**, 113–158.

Whitham, G. B. 1959b. A new approach to problems of shock dynamics. Part II. Three-dimensional problems. *J. Fluid Mech.* **5**, 369–386.

Whitham, G. B. 1965. A general approach to linear and nonlinear dispersive waves using a Lagrangian. *J. Fluid Mech.* **22**, 273–283.

Whitham, G. B. 1967. Nonlinear dispersion of water waves. *J. Fluid Mech.* 27, 399–412.

Whitham, G. B. 1968. A note on shock dynamics relative to a moving frame. *J. Fluid Mech.* 31, 449–453.

Whitham, G. B. 1970. Two-timing, variational principles and waves. *J. Fluid Mech.* 44, 373–395.

Wu, T. T. 1961. A note on the stability condition for certain wave propagation problems. *Comm. Pure Appl. Math.* 14, 745–747.

Yariv, A. 1967. *Quantum electronics*. John Wiley & Sons, New York.

Zakharov, V. E. and A. B. Shabat. 1972. Exact theory of two-dimensional self focusing and one-dimensional self modulation of waves in nonlinear media. *Soviet Physics J.E.T.P.* 34, 62–69.

Zeldovich, Ya. B. and Yu. P. Raizer. 1966. *Physics of shock waves and high temperature hydrodynamic phenomena*. Academic Press, New York.